中国农业标准经典收藏系列

中国农业行业标准汇编

(2020)

综合分册

农业标准出版分社　编

中国农业出版社

北　京

主　　编：刘　伟

副 主 编：冀　刚

编写人员（按姓氏笔画排序）：

　　　　刘　伟　杨桂华　杨晓改

　　　　胡烨芳　廖　宁　冀　刚

出 版 说 明

近年来，我们陆续出版了多版《中国农业标准经典收藏系列》标准汇编，已将2004—2017年由我社出版的4 100多项标准单行本汇编成册，得到了广大读者的一致好评。无论从阅读方式还是从参考使用上，都给读者带来了很大方便。

为了加大农业标准的宣贯力度，扩大标准汇编本的影响，满足和方便读者的需要，我们在总结以往出版经验的基础上策划了《中国农业行业标准汇编（2020）》。本次汇编对2018年出版的319项农业标准进行了专业细分与组合，根据专业不同分为种植业、畜牧兽医、植保、农机、综合和水产6个分册。

本书收录了绿色食品、转基因、土壤肥料、农产品加工、沼气、生物质能源及设施建设方面的国家标准和农业行业标准59项，并在书后附有2018年发布的6个标准公告供参考。

特别声明：

1. 汇编本着尊重原著的原则，除明显差错外，对标准中所涉及的有关量、符号、单位和编写体例均未做统一改动。

2. 从印制工艺的角度考虑，原标准中的彩色部分在此只给出黑白图片。

3. 本辑所收录的个别标准，由于专业交叉特性，故同时归于不同分册当中。

本书可供农业生产人员、标准管理干部和科研人员使用，也可供有关农业院校师生参考。

农业标准出版分社

2019年10月

目　　录

出版说明

第一部分　绿色食品标准

NY/T 288—2018　绿色食品　茶叶 …………………………………………………………………………… 3

NY/T 436—2018　绿色食品　蜜饯 …………………………………………………………………………… 9

NY/T 471—2018　绿色食品　饲料及饲料添加剂使用准则 ………………………………………………… 17

NY/T 749—2018　绿色食品　食用菌 ………………………………………………………………………… 27

NY/T 1041—2018　绿色食品　干果 ………………………………………………………………………… 35

NY/T 1050—2018　绿色食品　龟鳖类 ……………………………………………………………………… 43

NY/T 1053—2018　绿色食品　味精 ………………………………………………………………………… 49

NY/T 1327—2018　绿色食品　鱼糜制品 …………………………………………………………………… 57

NY/T 1328—2018　绿色食品　鱼罐头 ……………………………………………………………………… 63

NY/T 1406—2018　绿色食品　速冻蔬菜 …………………………………………………………………… 69

NY/T 1407—2018　绿色食品　速冻预包装面米食品 ……………………………………………………… 75

NY/T 1712—2018　绿色食品　干制水产品 ………………………………………………………………… 83

NY/T 1713—2018　绿色食品　茶饮料 ……………………………………………………………………… 89

NY/T 2104—2018　绿色食品　配制酒 ……………………………………………………………………… 97

第二部分　转基因类标准

农业农村部公告第 111 号—1—2018　转基因植物及其产品成分检测　基因组 DNA 标准物质
制备技术规范 …………………………………………………………………………………………… 107

农业农村部公告第 111 号—2—2018　转基因植物及其产品成分检测　基因组 DNA 标准物质
定值技术规范 …………………………………………………………………………………………… 117

农业农村部公告第 111 号—3—2018　转基因植物及其产品成分检测　抗虫耐除草剂棉花
GHB119 及其衍生品种定性 PCR 方法 ……………………………………………………………… 123

农业农村部公告第 111 号—4—2018　转基因植物及其产品成分检测　抗虫耐除草剂棉花
T304-40 及其衍生品种定性 PCR 方法 ……………………………………………………………… 133

农业农村部公告第 111 号—5—2018　转基因植物及其产品成分检测　抗虫水稻 T2A-1 及其
衍生品种定性 PCR 方法 ……………………………………………………………………………… 143

农业农村部公告第 111 号—6—2018　转基因植物及其产品成分检测　抗病番木瓜 55-1 及其
衍生品种定性 PCR 方法 ……………………………………………………………………………… 151

农业农村部公告第 111 号—7—2018　转基因植物及其产品成分检测　抗虫玉米 Bt506 及其
衍生品种定性 PCR 方法 ……………………………………………………………………………… 159

农业农村部公告第 111 号—8—2018　转基因植物及其产品成分检测　耐除草剂玉米 C0010.1.1 及其
衍生品种定性 PCR 方法 ……………………………………………………………………………… 167

农业农村部公告第 111 号—9—2018　转基因植物及其产品成分检测　抗虫大豆 DAS-81419-2 及其

　　　　　　　　　　　　　衍生品种定性 PCR 方法 ································ 175

农业农村部公告第 111 号—10—2018　转基因植物及其产品成分检测　耐除草剂大豆 SYHT0H2
　　　　　　　　　　　　　及其衍生品种定性 PCR 方法 ·························· 183

农业农村部公告第 111 号—11—2018　转基因植物及其产品成分检测　耐除草剂大豆
　　　　　　　　　　　　　DAS-444Ø6-6 及其衍生品种定性 PCR 方法 ············ 193

农业农村部公告第 111 号—12—2018　转基因动物及其产品成分检测　合成的 ω-3 脂肪酸去饱和酶
　　　　　　　　　　　　　基因（sFat-1）定性 PCR 方法 ······················ 201

农业农村部公告第 111 号—13—2018　转基因植物环境安全检测　外源杀虫蛋白对非靶标生物影响
　　　　　　　　　　　　　第 1 部分：日本通草蛉幼虫 ························· 209

农业农村部公告第 111 号—14—2018　转基因植物环境安全检测　外源杀虫蛋白对非靶标生物影响
　　　　　　　　　　　　　第 2 部分：日本通草蛉成虫 ························· 215

农业农村部公告第 111 号—15—2018　转基因植物环境安全检测　外源杀虫蛋白对非靶标生物影响
　　　　　　　　　　　　　第 3 部分：龟纹瓢虫幼虫 ··························· 221

农业农村部公告第 111 号—16—2018　转基因植物环境安全检测　外源杀虫蛋白对非靶标生物影响
　　　　　　　　　　　　　第 4 部分：龟纹瓢虫成虫 ··························· 229

农业农村部公告第 111 号—17—2018　转基因生物良好实验室操作规范　第 2 部分：环境
　　　　　　　　　　　　　安全检测 ································· 235

第三部分　土壤肥料标准

NY/T 1979—2018　肥料和土壤调理剂　标签及标明值判定要求 ····················· 251
NY/T 1980—2018　肥料和土壤调理剂　急性经口毒性试验及评价要求 ··············· 263
NY/T 3180—2018　土壤墒情监测数据采集规范 ··· 271
NY/T 3181—2018　缓释类肥料肥效田间评价技术规程 ··································· 289
NY/T 3241—2018　肥料登记田间试验通则 ·· 299
NY/T 3242—2018　土壤水溶性钙和水溶性镁的测定 ····································· 307
NY/T 3343—2018　耕地污染治理效果评价准则 ··· 313

第四部分　农产品加工标准

NY/T 3177—2018　农产品分类与代码 ··· 327
NY/T 3192—2018　木薯变性燃料乙醇生产技术规程 ····································· 519
NY/T 3204—2018　农产品质量安全追溯操作规程　水产品 ····························· 527
NY/T 3290—2018　水果、蔬菜及其制品中酚酸含量的测定　液质联用法 ············ 533
NY/T 3292—2018　蔬菜中甲醛含量的测定　高效液相色谱法 ························· 543
NY/T 3294—2018　食用植物油料油脂中风味挥发物质的测定　气相色谱质谱法 ······ 549
NY/T 3295—2018　油菜籽中芥酸、硫代葡萄糖苷的测定　近红外光谱法 ············· 559
NY/T 3296—2018　油菜籽中硫代葡萄糖苷的测定　液相色谱-串联质谱法 ············ 565
NY/T 3297—2018　油菜籽中总酚、生育酚的测定　近红外光谱法 ···················· 581
NY/T 3298—2018　植物油料中粗蛋白质的测定　近红外光谱法 ······················ 587
NY/T 3299—2018　植物油料中油酸、亚油酸的测定　近红外光谱法 ·················· 593
NY/T 3300—2018　植物源性油料油脂中甘油三酯的测定　液相色谱-串联质谱法 ······ 599
NY/T 3304—2018　农产品检测样品管理技术规范 ·· 611
NY/T 3313—2018　生乳中 β-内酰胺酶的测定 ··· 629
NY/T 3342—2018　花生中白藜芦醇及白藜芦醇苷异构体含量的测定　超高效液相色谱法 ········ 637

第五部分 沼气、生物质能源及设施建设标准

NY/T 1451—2018 温室通风设计规范 ……………………………………………………… 647

NY/T 3202—2018 标准化剑麻园建设规范 ……………………………………………… 725

NY/T 3206—2018 温室工程 催芽室性能测试方法 ……………………………………… 731

NY/T 3223—2018 日光温室设计规范 …………………………………………………… 739

NY/T 3239—2018 沼气工程远程监测技术规范 ………………………………………… 765

NY/T 3337—2018 生物质气化集中供气站建设标准 …………………………………… 789

附录

中华人民共和国农业部公告 第 2656 号 ………………………………………………… 797

中华人民共和国农业农村部公告 第 23 号 ……………………………………………… 800

国家卫生健康委员会 农业农村部 国家市场监督管理总局公告 2018 年第 6 号 ……… 803

中华人民共和国农业农村部公告 第 50 号 ……………………………………………… 804

中华人民共和国农业农村部公告 第 111 号 …………………………………………… 808

中华人民共和国农业农村部公告 第 112 号 …………………………………………… 810

第一部分
绿色食品标准

ICS 67.140.10
X 55

中华人民共和国农业行业标准

NY/T 288—2018
代替 NY/T 288—2012

绿色食品 茶叶

Green food—Tea

2018-05-07 发布

2018-09-01 实施

中华人民共和国农业农村部 发布

前　言

本标准按照 GB/T 1.1—2009 给出的规则起草。

本标准代替 NY/T 288—2012《绿色食品　茶叶》。与 NY/T 288—2012 相比,除编辑性修改外主要技术变化如下:

——增补了感官要求、部分茶类水分和水浸出物 2 项理化指标限量值;

——增加了灭多威、硫丹、水胺硫磷、茚虫威、多菌灵、吡虫啉 6 项农药残留限量指标;

——删除了六六六、敌敌畏、乐果(含氧乐果)、溴氰菊酯 4 项农药残留限量指标;

——修改了三氯杀螨醇、乙酰甲胺磷 2 项农药残留限量指标。

——修改了部分农药残留检测方法标准。

本标准由农业农村部农产品质量安全监管局提出。

本标准由中国绿色食品发展中心归口。

本标准起草单位:中国农业科学院茶叶研究所、农业农村部茶叶质量监督检验测试中心、中国绿色食品发展中心、浙江省诸暨绿剑茶业有限公司。

本标准主要起草人:刘新、汪庆华、张宪、蒋迎、陈利燕、陈红平、马亚平。

本标准所代替标准的历次版本发布情况为:

——NY/T 288—1995、NY/T 288—2002、NY/T 288—2012。

绿色食品 茶叶

1 范围

本标准规定了绿色食品茶叶的要求,检验规则,标签,包装、储藏和运输。

本标准适用于绿色食品茶叶产品。

2 规范性引用文件

下列文件对于本文件的应用是必不可少的。凡是注日期的引用文件,仅注日期的版本适用于本文件。凡是不注日期的引用文件,其最新版本(包括所有的修改单)适用于本文件。

GB 5009.3 食品安全国家标准 食品中水分的测定

GB 5009.4 食品安全国家标准 食品中灰分的测定

GB 5009.12 食品安全国家标准 食品中铅的测定

GB 5009.13 食品安全国家标准 食品中铜的测定

GB/T 5009.103 植物性食品中甲胺磷和乙酰甲胺磷农药残留量的测定

GB 7718 食品安全国家标准 预包装食品标签通则

GB/T 8302 茶 取样

GB/T 8305 茶 水浸出物测定

GB 23200.13 食品安全国家标准 茶叶中448种农药及相关化学品残留量的测定 液相色谱-质谱法

GB/T 23204 茶叶中519种农药及相关化学品残留量的测定 气相色谱-质谱法

GB/T 23776 茶叶感官审评方法

JJF 1070 定量包装商品净含量计量检验规则

NY/T 391 绿色食品 产地环境质量

NY/T 393 绿色食品 农药使用准则

NY/T 394 绿色食品 肥料使用准则

NY/T 658 绿色食品 包装通用准则

NY/T 1055 绿色食品 产品检验规则

NY/T 1056 绿色食品 贮藏运输准则

国家质量监督检验检疫总局令2005年第75号 定量包装商品计量监督管理办法

3 要求

3.1 产地环境

应符合NY/T 391的要求。

3.2 生产和加工

3.2.1 生产过程中农药的使用应符合NY/T 393的要求。

3.2.2 生产过程中肥料的使用应符合NY/T 394的要求。

3.2.3 加工过程不应着色,不应添加任何人工合成的化学物质和香味物质。

3.3 感官

应符合表1的要求。

表 1 感官要求

项 目	要 求	检验方法
外形	符合所属茶类产品应有的特色,具有正常的商品外形和固有的色泽。具有该类产品相应等级外形要求,无劣变,无霉变	GB/T 23776
汤色	具有所属茶类产品固有的汤色	
香气、滋味	具有所属茶类产品固有的香气和滋味,无异气、味,无劣变	
叶底	洁净,不含非茶类夹杂物	

3.4 理化指标

应符合表 2 的要求。

表 2 理化指标

单位为克每百克

项 目	指 标	检验方法
水分	≤7.0(碧螺春 7.5,茉莉花茶 8.5,黑茶 12.0)	GB 5009.3
总灰分	≤7.0	GB 5009.4
水浸出物	≥34.0(紧压茶 32.0)	GB/T 8305

3.5 污染物、农药残留和真菌毒素限量

污染物、农药残留和真菌毒素限量应符合食品安全国家标准及规定的要求,同时符合表 3 的要求。

表 3 污染物、农药残留限量

单位为毫克每千克

项 目	指 标	检验方法
滴滴涕	≤0.05	GB/T 23204
啶虫脒	≤0.1	GB 23200.13
氯氟氰菊酯和高效氯氟氰菊酯	≤3	GB/T 23204
氯氰菊酯和高效氯氰菊酯	≤0.5	GB/T 23204
甲胺磷	不得检出(<0.01)	GB/T 5009.103
硫丹	不得检出(<0.03)	GB/T 23204
灭多威	不得检出(<0.01)	GB 23200.13
氰戊菊酯和 S-氰戊菊酯	不得检出(<0.02)	GB/T 23204
三氯杀螨醇	不得检出(<0.01)	GB/T 23204
杀螟硫磷	不得检出(<0.01)	GB/T 23204
水胺硫磷	不得检出(<0.01)	GB/T 23204
乙酰甲胺磷	不得检出(<0.01)	GB/T 5009.103
铜(以 Cu 计)	≤30	GB 5009.13

3.6 净含量

应符合国家质量监督检验检疫总局令 2005 年第 75 号的要求,检验方法按照 JJF 1070 的规定执行。

4 检验规则

申请绿色食品的茶叶产品应按照 3.3～3.6 及附录 A 所确定的项目进行检验,取样按照 GB/T 8302 的规定执行,其他要求应符合 NY/T 1055 的要求。本标准规定的农药残留量检测方法,如有其他国家标准、行业标准以及部文公告的检测方法,且其检出限和定量限能满足限量值要求时,在检测时可采用。

5 标签

标签应符合 GB 7718 的要求。

6 包装、储藏和运输

6.1 包装

按照 NY/T 658 的规定执行。

6.2 储藏和运输

按照 NY/T 1056 的规定执行。

附　录　A

（规范性附录）

绿色食品茶叶产品申报检验项目

表 A.1 规定了除 3.3～3.6 所列项目外，依据食品安全国家标准和绿色食品茶叶生产实际情况，绿色食品茶叶申报检验还应检验的项目。

表 A.1　农药残留和污染物项目

单位为毫克每千克

序号	项　目	指标	检测方法
1	茚虫威	≤5	GB 23200.13
2	吡虫啉	≤0.5	GB 23200.13
3	多菌灵	≤5	GB 23200.13
4	联苯菊酯	≤5	GB/T 23204
5	甲氰菊酯	≤5	GB/T 23204
6	铅（以 Pb 计）	≤5	GB 5009.12
注：如食品安全国家标准及相关国家规定中上述项目和指标有调整，且严于本标准规定，则按最新国家标准及相关规定执行。			

ICS 67.080.01
B 31

中华人民共和国农业行业标准

NY/T 436—2018
代替 NY/T 436—2009

绿色食品　蜜饯

Green food—Preserved fruits

2018-05-07 发布

2018-09-01 实施

中华人民共和国农业农村部 发布

前　言

本标准按照 GB/T 1.1—2009 给出的规则起草。

本标准代替 NY/T 436—2009《绿色食品　蜜饯》。与 NY/T 436—2009 相比,除编辑性修改外主要技术变化如下:

——取消了无机砷、铜靛蓝、乙酰磺胺酸钾、滑石粉的项目;

——增加了阿力甜、新红及其铝色淀、展青霉素项目及其限量值;

——修改了铅限量值。

本标准由农业农村部农产品质量安全监管局提出。

本标准由中国绿色食品发展中心归口。

本标准起草单位:农业农村部乳品质量监督检验测试中心、河北怡达食品集团有限公司。

本标准主要起草人:张均媚、刘忠、刘壮、何清毅、张进、王金华、刘伟娟、刘亚兵、王春天、王洪亮、高文瑞、姜珊、赵亚鑫、王强、刘陶然、李卓、薛刚、赵荣、王佳佳。

本标准所代替标准的历次版本发布情况为:

——NY/T 436—2000、NY/T 436—2009。

绿色食品　蜜饯

1　范围

本标准规定了绿色食品蜜饯的术语和定义,产品分类,要求,检验规则,标签,包装、运输和储存。

本标准适用于绿色食品蜜饯。

2　规范性引用文件

下列文件对于本文件的应用是必不可少的。凡是注日期的引用文件,仅注日期的版本适用于本文件。凡是不注日期的引用文件,其最新版本(包括所有的修改单)适用于本文件。

GB/T 191　包装储运图示标志

GB 4789.2　食品安全国家标准　食品微生物学检验　菌落总数的测定

GB 4789.3　食品安全国家标准　食品微生物学检验　大肠菌群计数

GB 4789.4　食品安全国家标准　食品微生物学检验　沙门氏菌检验

GB 4789.10—2016　食品安全国家标准　食品微生物学检验　金黄色葡萄球菌检验

GB 4789.15　食品安全国家标准　食品微生物学检验　霉菌和酵母计数

GB 4789.36　食品安全国家标准　食品微生物学检验　大肠埃希氏菌O157:H7/NM检验

GB 5009.3　食品安全国家标准　食品中水分的测定

GB 5009.12　食品安全国家标准　食品中铅的测定

GB 5009.28—2016　食品安全国家标准　食品中苯甲酸、山梨酸和糖精钠的测定

GB 5009.34　食品安全国家标准　食品中二氧化硫的测定

GB 5009.35　食品安全国家标准　食品中合成着色剂的测定

GB 5009.44　食品安全国家标准　食品中氯化物的测定

GB 5009.97—2016　食品安全国家标准　食品中环己基氨基磺酸钠的测定

GB 5009.185　食品安全国家标准　食品中展青霉素的测定

GB 5009.246　食品安全国家标准　食品中二氧化钛的测定

GB 5009.263　食品安全国家标准　食品中阿斯巴甜和阿力甜的测定

GB 7718　食品安全国家标准　预包装食品标签通则

GB 8956　食品安全国家标准　蜜饯生产卫生规范

GB/T 10782—2006　蜜饯通则

CCAA 0020　食品安全管理体系　果蔬制品生产企业要求

JJF 1070　定量包装商品净含量计量检验规则

NY/T 391　绿色食品　产地环境质量

NY/T 392　绿色食品　食品添加剂使用准则

NY/T 422　绿色食品　食用糖

NY/T 658　绿色食品　包装通用准则

NY/T 750　绿色食品　热带、亚热带水果

NY/T 752　绿色食品　蜂产品

NY/T 844　绿色食品　温带水果

NY/T 1040　绿色食品　食用盐

NY/T 1055　绿色食品　产品检验规则

NY/T 1056 绿色食品 贮藏运输准则

国家质量监督检验检疫总局令 2005 年第 75 号 定量包装商品计量监督管理办法

3 术语和定义

下列术语和定义适用于本文件。

3.1

蜜饯 preserved fruit

以果蔬等为主要原料,添加(或不添加)食品添加剂和其他辅料,经糖或蜂蜜或食盐腌制(或不腌制)等工艺制成的制品。

本定义等同于 GB/T 10782—2006 定义 3.1。

4 产品分类

4.1 糖渍类

原料经糖(或蜂蜜)熬煮或浸渍,干燥(或不干燥)等工艺制成的带有湿润糖液面或浸渍在浓糖液中的制品,如糖青梅、蜜樱桃、蜜金橘、红绿瓜、糖桂花、糖玫瑰、炒红果等。

4.2 糖霜类

原料经加糖熬煮、干燥等工艺制成的表面附有白色糖霜的制品,如糖冬瓜条、糖橘饼、红绿丝、金橘饼、姜片等。

4.3 果脯类

原料经加糖渍、干燥等工艺制成的略有透明感,表面无糖霜析出的制品,如杏脯、桃脯、苹果脯、梨脯、枣脯、海棠脯、地瓜脯、胡萝卜脯、番茄脯等。

4.4 凉果类

原料经盐渍、糖渍、干燥等工艺制成的半干态制品,如加应子、西梅、黄梅、雪花梅、陈皮梅、八珍梅、丁香榄、福果、丁香李等。

4.5 话化类

原料经盐渍、糖渍(或不糖渍)、干燥等工艺制成的制品,分为不加糖和加糖两类,如话梅、话李、话杏、九制陈皮、甘草榄、甘草金橘、相思梅、杨梅干、佛手果、芒果干、陈皮丹、盐津葡萄等。

4.6 果糕类

原料加工成酱状,经成型、干燥(或不干燥)等工艺制成的制品,分为糕类、条类和片类,如山楂糕、山楂条、果丹皮、山楂片、陈皮糕、酸枣糕等。

5 要求

5.1 原料要求

5.1.1 温带水果应符合 NY/T 844 的要求;热带、亚热带水果应符合 NY/T 750 的要求;蔬菜应符合相应产品的绿色食品标准要求。

5.1.2 加工用糖、盐和蜂蜜应分别符合 NY/T 422、NY/T 1040 和 NY/T 752 的要求。

5.1.3 食品添加剂应符合 NY/T 392 的要求。

5.1.4 加工用水应符合 NY/T 391 的要求。

5.2 生产过程

按照 CCAA 0020 和 GB 8956 的规定执行。

5.3 感官

应符合表 1 的要求。

表 1 感官要求

项目	指标								检验方法
	糖渍类	糖霜类	果脯类	凉果类	话化类	果糕类			
						糕类	条(果丹皮)类	片类	
色泽	具有该品种所应有的色泽,色泽基本一致								取适量试样置于洁净的白色盘(瓷盘或同类容器)中,在自然光下观察色泽和状态,检查有无异物,闻其气味,用温开水漱口,品尝滋味
组织状态	糖渗透均匀,表面糖汁呈黏稠或微呈干燥状	果(块)形状完整,表面干燥、有糖霜	糖分渗透均匀,有透明感,无返砂,不流糖	糖(盐)液渗透均匀,无霉变	果(块)形状完整,表面干燥有糖霜或盐霜	组织细腻,软硬适度,略有弹性,不牙碜,呈糕状,不流糖	组织细腻,形状基本完整,厚薄均匀,略有韧性,不牙碜	组织细腻,不牙碜,片形基本完整,厚薄均匀,有酥松感	
滋味与气味	具有该品种应有的滋味与气味,酸甜适口,无异味								
杂质	无肉眼可见杂质								

5.4 理化指标

理化要求应符合表2的要求。

表 2 理化指标

单位为克每百克

项目	指标										检验方法
	糖渍类		糖霜类	果脯类	凉果类	话化类		果糕类			
	干燥	不干燥				不加糖类	加糖类	糕类	条(果丹皮)类	片类	
水分	≤35	≤85	≤20	≤35	≤35	≤30	≤35	≤55	≤30	≤20	GB 5009.3
总糖(以葡萄糖计)	≤70		≤85	≤85	≤70	≤6	≤60	≤75	≤70	≤80	GB/T 10782—2006
氯化钠	≤4		—	—	≤8	≤35	≤15	—	—	—	GB 5009.44

5.5 污染物、食品添加剂和真菌毒素限量

污染物、食品添加剂和真菌毒素限量应符合食品安全国家标准及相关规定,同时符合表3的要求。

表 3 食品添加剂和真菌毒素限量

单位为毫克每千克

项 目	指标	检验方法
二氧化硫[a]	≤350	GB 5009.34
糖精钠	不得检出(<5)	GB 5009.28—2016 第一法
环己基氨基磺酸钠及环己基氨基磺酸钙(以环己基氨基磺酸钠计)	不得检出(<0.03)	GB 5009.97—2016 第三法
阿力甜	不得检出(<5.0)	GB 5009.263
苯甲酸及其钠盐(以苯甲酸计)	不得检出(<5)	GB 5009.28—2016 第一法
新红及其铝色淀(以新红计)[b]	不得检出(<0.5)	GB 5009.35
赤藓红及其铝色淀(以赤藓红计)[b]	不得检出(<0.2)	GB 5009.35
二氧化钛(TiO_2)	不得检出(<0.3)	GB 5009.246
展青霉素[c]	≤0.025	GB 5009.185
[a] 生产中不得使用硫黄。		
[b] 仅适用于红色蜜饯。		
[c] 仅适用于苹果、山楂制成的蜜饯。		

5.6 净含量

应符合国家质量监督检验检疫总局令 2005 年第 75 号的要求,检验方法按照 JJF 1070 的规定执行。

6 检验规则

申报绿色食品应按照 5.1.1、5.3～5.6 以及附录 A 所确定的项目进行检验。每批次产品交收(出厂)前,都应进行交收(出厂)检验,交收(出厂)检验内容包括包装、标志、标签、净含量、感官、理化指标、微生物。其他要求应符合 NY/T 1055 的规定。本标准规定的农药残留限量检测方法,如有其他国家标准、行业标准以及部文公告的检测方法,且检出限和定量限能满足限量值要求时,在检测时可采用。

7 标签

按照 GB 7718 的规定执行,储运图示按照 GB/T 191 的规定执行。

8 包装、运输和储存

8.1 包装

按照 NY/T 658 的规定执行。

8.2 运输和储存

按照 NY/T 1056 的规定执行。

附　录　A

（规范性附录）

绿色食品蜜饯产品申报检验项目

表 A.1 和表 A.2 规定了除 5.3～5.6 所列项目外，依据食品安全国家标准和绿色食品生产实际情况，绿色食品蜜饯申报检验还应检验的项目。

表 A.1　农药残留、食品添加剂项目

单位为毫克每千克

检验项目	指标	检验方法
铅（以 Pb 计）	≤1.0	GB 5009.12
山梨酸及其钾盐（以山梨酸计）	≤500	GB 5009.28
苋菜红及其铝色淀（以苋菜红计）[a]	≤50	GB 5009.35
胭脂红及其铝色淀（以胭脂红计）[a]	≤50	GB 5009.35
柠檬黄及其铝色淀（以柠檬黄计）[b]	≤100	GB 5009.35
日落黄及其铝色淀（以日落黄计）[b]	≤100	GB 5009.35
亮蓝及其铝色淀（以亮蓝计）[c]	≤25	GB 5009.35
[a]　适用于红色产品。		
[b]　适用于黄色产品。		
[c]　适用于绿色产品。		

表 A.2　微生物项目

微生物	采样方案及限量（若非指定，均以/25 g 表示）				检验方法
	n	c	m	M	
菌落总数	5	2	10^3 CFU/g	10^4 CFU/g	GB 4789.2
大肠菌群	5	2	10 CFU/g	10^2 CFU/g	GB 4789.3
霉菌	≤50 CFU/g				GB 4789.15
沙门氏菌	5	0	0	—	GB 4789.4
金黄色葡萄球菌	5	1	100 CFU/g	1 000 CFU/g	GB 4789.10—2016 第二法
大肠埃希氏菌 O157：H7	5	0	0	—	GB 4789.36
注：n 为同一批次产品采集的样品件数；c 为最大可允许超出 m 值的样品数；m 为微生物指标可接受水平的限量值；M 为微生物指标的最高安全限量值。					

ICS 65.220
X 40

中华人民共和国农业行业标准

NY/T 471—2018
代替 NY/T 471—2010，NY/T 2112—2011

绿色食品 饲料及饲料添加剂使用准则

Green food—Guideline for the use of feeds and feed
additives in animals

2018-05-07 发布

2018-09-01 实施

中华人民共和国农业农村部 发布

前　言

本标准按照 GB/T 1.1—2009 给出的规则起草。

本标准替代 NY/T 471—2010《绿色食品　畜禽饲料及饲料添加剂使用准则》和 NY/T 2112—2011《绿色食品　渔业饲料及饲料添加剂使用准则》。与 NY/T 471—2010 和 NY/T 2112—2011 相比，除编辑性修改外主要技术变化如下：

——增加了使用原则；

——修订了饲料原料的使用规定；

——修订了饲料添加剂的使用规定。

本标准由农业农村部农产品质量安全监管局提出。

本标准由中国绿色食品发展中心归口。

本标准起草单位：中国农业科学院饲料研究所、北京昕大洋科技发展有限公司、长沙兴嘉生物工程股份有限公司、北京精准动物营养研究中心。

本标准主要起草人：刁其玉、屠焰、王世琴、李光智、黄逸强、崔凯、张亚伟、马涛、郭宝林、张卫兵。

本标准所代替标准的历次版本发布情况为：

——NY/T 471—2001、NY/T 471—2010；

——NY/T 2112—2011。

绿色食品 饲料及饲料添加剂使用准则

1 范围

本标准规定了生产绿色食品畜禽、水产产品允许使用的饲料和饲料添加剂的术语和定义、使用原则、要求和使用规定。

本标准适用于生产绿色食品畜禽、水产产品。

2 规范性引用文件

下列文件对于本文件的应用是必不可少的。凡是注日期的引用文件，仅注日期的版本适用于本文件。凡是不注日期的引用文件，其最新版本（包括所有的修改单）适用于本文件。

GB/T 10647　饲料工业术语

GB 13078　饲料卫生标准

GB/T 16764　配合饲料企业卫生规范

NY/T 391　绿色食品　产地环境质量

NY/T 393　绿色食品　农药使用准则

NY/T 394　绿色食品　肥料使用准则

NY/T 658　绿色食品　包装通用准则

NY/T 1056　绿色食品　贮藏运输准则

中华人民共和国国务院第 609 号令　饲料和饲料添加剂管理条例

中华人民共和国农业部公告第 176 号　禁止在饲料和动物饮水中使用的药物品种目录

中华人民共和国农业部公告第 1224 号　饲料添加剂安全使用规范

中华人民共和国农业部公告第 1519 号　禁止在饲料和动物饮水中使用的物质

中华人民共和国农业部公告第 1773 号　饲料原料目录

中华人民共和国农业部公告第 2038 号　饲料原料目录修订

中华人民共和国农业部公告第 2045 号　饲料添加剂品种目录(2013)

中华人民共和国农业部公告第 2133 号　饲料原料目录修订

中华人民共和国农业部公告第 2134 号　饲料添加剂品种目录修订

3 术语和定义

GB/T 10647 界定的以及下列术语和定义适用于本文件。

3.1

天然植物饲料添加剂 **natural plant feed additives**

以一种或多种天然植物全株或其部分为原料，经粉碎、物理提取或生物发酵法加工，具有营养、促生长、提高饲料利用率和改善动物产品品质等功效的饲料添加剂。

3.2

有机微量元素 **organic trace elements**

微量元素的无机盐与有机物及其分解产物通过螯(络)合或发酵形成的化合物。

4 使用原则

4.1 安全优质原则

生产过程中,饲料和饲料添加剂的使用应对养殖动物机体健康无不良影响,所生产的动物产品品质优,对消费者健康无不良影响。

4.2 绿色环保原则

绿色食品生产中所使用的饲料和饲料添加剂应对环境无不良影响,在畜禽和水产动物产品及排泄物中存留量对环境也无不良影响,有利于生态环境和养殖业可持续发展。

4.3 以天然原料为主原则

提倡优先使用微生物制剂、酶制剂、天然植物添加剂和有机矿物质,限制使用化学合成饲料和饲料添加剂。

5 要求

5.1 基本要求

5.1.1 饲料原料的产地环境应符合 NY/T 391 的要求,植物源性饲料原料种植过程中肥料和农药的使用应符合 NY/T 394 和 NY/T 393 的要求。

5.1.2 饲料和饲料添加剂的选择和使用应符合中华人民共和国国务院第 609 号令,及中华人民共和国农业部公告第 176 号、中华人民共和国农业部公告第 1519 号、中华人民共和国农业部公告第 1773 号、中华人民共和国农业部公告第 2038 号、中华人民共和国农业部公告第 2045 号、中华人民共和国农业部公告第 2133 号、中华人民共和国农业部公告第 2134 号的规定;对于不在目录之内的原料和添加剂应是农业农村部批准使用的品种,或是允许进口的饲料和饲料添加剂品种,且使用范围和用量应符合相关标准的规定;本标准颁布实施后,国家相关规定不再允许使用的品种,则本标准也相应不再允许使用。

5.1.3 使用的饲料原料、饲料添加剂、配合饲料、浓缩饲料和添加剂预混合饲料应符合其产品质量标准的规定。

5.1.4 应根据养殖动物不同生理阶段和营养需求配制饲料,原料组成宜多样化,营养全面,各营养素间相互平衡,饲料的配制应当符合健康、节约、环保的理念。

5.1.5 应保证草食动物每天都能得到满足其营养需要的粗饲料。在其日粮中,粗饲料、鲜草、青干草或青贮饲料等所占的比例不应低于 60%(以干物质计);对于育肥期肉用畜和泌乳期的前 3 个月的乳用畜,此比例可降低为 50%(以干物质计)。

5.1.6 购买的商品饲料,其原料来源和生产过程应符合本标准的规定。

5.1.7 应做好饲料原料和添加剂的相关记录,确保所有原料和添加剂的可追溯性。

5.2 卫生要求

饲料和饲料添加剂的卫生指标应符合 GB 13078 的要求。

6 使用规定

6.1 饲料原料

6.1.1 植物源性饲料原料应是已通过认定的绿色食品及其副产品;或来源于绿色食品原料标准化生产基地的产品及其副产品;或按照绿色食品生产方式生产、并经绿色食品工作机构认定基地生产的产品及其副产品。

6.1.2 动物源性饲料原料只应使用乳及乳制品、鱼粉,其他动物源性饲料不应使用;鱼粉应来自经国家饲料管理部门认定的产地或加工厂。

6.1.3 进口饲料原料应来自经过绿色食品工作机构认定的产地或加工厂。

6.1.4 宜使用药食同源天然植物。

6.1.5 不应使用:

——转基因品种（产品）为原料生产的饲料；

——动物粪便；

——畜禽屠宰场副产品；

——非蛋白氮；

——鱼粉（限反刍动物）。

6.2 饲料添加剂

6.2.1 饲料添加剂和添加剂预混合饲料应选自取得生产许可证的厂家，并具有产品标准及其产品批准文号。进口饲料添加剂应具有进口产品许可证及配套的质量检验手段，经进出口检验检疫部门鉴定合格。

6.2.2 饲料添加剂的使用应根据养殖动物的营养需求，按照中华人民共和国农业部公告第1224号的推荐量合理添加和使用，尽量减少对环境的污染。

6.2.3 不应使用药物饲料添加剂（包括抗生素、抗寄生虫药、激素等）及制药工业副产品。

6.2.4 饲料添加剂的使用应按照附录A的规定执行；附录A的添加剂来自以下物质或方法生产的也不应使用：

——含有转基因成分的品种（产品）；

——来源于动物蹄角及毛发生产的氨基酸。

6.2.5 矿物质饲料添加剂中应有不少于60％的种类来源于天然矿物质饲料或有机微量元素产品。

6.3 加工、包装、储存和运输

6.3.1 饲料加工车间（饲料厂）的工厂设计与设施的卫生要求、工厂和生产过程的卫生管理应符合GB/T 16764的要求。

6.3.2 生产绿色食品的饲料和饲料添加剂的加工、储存、运输全过程都应与非绿色食品饲料和饲料添加剂严格区分管理，并防霉变、防雨淋、防鼠害。

6.3.3 包装应按照NY/T 658的规定执行。

6.3.4 储存和运输应按照NY/T 1056的规定执行。

附 录 A

（规范性附录）

生产绿色食品允许使用的饲料添加剂种类

A.1 可用于饲喂生产绿色食品的畜禽和水产动物的矿物质饲料添加剂

见表 A.1。

表 A.1 生产绿色食品允许使用的矿物质饲料添加剂

类 别	通用名称	适用范围
矿物元素及其络（螯）合物	氯化钠、硫酸钠、磷酸二氢钠、磷酸氢二钠、磷酸二氢钾、磷酸氢二钾、轻质碳酸钙、氯化钙、磷酸氢钙、磷酸二氢钙、磷酸三钙、乳酸钙、葡萄糖酸钙、硫酸镁、氧化镁、氯化镁、柠檬酸亚铁、富马酸亚铁、乳酸亚铁、硫酸亚铁、氯化亚铁、氯化铁、碳酸亚铁、氯化铜、硫酸铜、碱式氯化铜、氧化锌、氯化锌、碳酸锌、硫酸锌、乙酸锌、碱式氯化锌、氯化锰、氧化锰、硫酸锰、碳酸锰、磷酸氢锰、碘化钾、碘化钠、碘酸钾、碘酸钙、氯化钴、乙酸钴、硫酸钴、亚硒酸钠、钼酸钠、蛋氨酸铜络（螯）合物、蛋氨酸铁络（螯）合物、蛋氨酸锰络（螯）合物、蛋氨酸锌络（螯）合物、赖氨酸铜络（螯）合物、赖氨酸锌络（螯）合物、甘氨酸铜络（螯）合物、甘氨酸铁络（螯）合物、酵母铜、酵母铁、酵母锰、酵母硒、氨基酸铜络合物（氨基酸来源于水解植物蛋白）、氨基酸铁络合物（氨基酸来源于水解植物蛋白）、氨基酸锰络合物（氨基酸来源于水解植物蛋白）、氨基酸锌络合物（氨基酸来源于水解植物蛋白）	养殖动物
	蛋白铜、蛋白铁、蛋白锌、蛋白锰	养殖动物（反刍动物除外）
	羟基蛋氨酸类似物络（螯）合锌、羟基蛋氨酸类似物络（螯）合锰、羟基蛋氨酸类似物络（螯）合铜	奶牛、肉牛、家禽和猪
	烟酸铬、酵母铬、蛋氨酸铬、吡啶甲酸铬	猪
	丙酸铬、甘氨酸锌	猪
	丙酸锌	猪、牛和家禽
	硫酸钾、三氧化二铁、氧化铜	反刍动物
	碳酸钴	反刍动物
	乳酸锌（α-羟基丙酸锌）	生长育肥猪、家禽
	苏氨酸锌螯合物	猪
注：所列物质包括无水和结晶水形态。		

A.2 可用于饲喂生产绿色食品的畜禽和水产动物的维生素

见表 A.2。

表 A.2 生产绿色食品允许使用的维生素

类 别	通用名称	适用范围
维生素及类维生素	维生素 A、维生素 A 乙酸酯、维生素 A 棕榈酸酯、β-胡萝卜素、盐酸硫胺（维生素 B_1）、硝酸硫胺（维生素 B_1）、核黄素（维生素 B_2）、盐酸吡哆醇（维生素 B_6）、氰钴胺（维生素 B_{12}）、L-抗坏血酸（维生素 C）、L-抗坏血酸钙、L-抗坏血酸钠、L-抗坏血酸-2-磷酸酯、L-抗坏血酸-6-棕榈酸酯、维生素 D_2、维生素 D_3、天然维生素 E、dl-α-生育酚、dl-α-生育酚乙酸酯、亚硫酸氢钠甲萘醌（维生素 K_3）、二甲基嘧啶醇亚硫酸甲萘醌、亚硫酸氢烟酰胺甲萘醌、烟酸、烟酰胺、D-泛醇、D-泛酸钙、DL-泛酸钙、叶酸、D-生物素、氯化胆碱、肌醇、L-肉碱、L-肉碱盐酸盐、甜菜碱、甜菜碱盐酸盐	养殖动物
	25-羟基胆钙化醇（25-羟基维生素 D_3）	猪、家禽

A.3 可用于饲喂生产绿色食品的畜禽和水产动物的氨基酸

见表 A.3。

表 A.3 生产绿色食品允许使用的氨基酸

类 别	通用名称	适用范围
氨基酸、氨基酸盐及其类似物	L-赖氨酸、液体 L-赖氨酸(L-赖氨酸含量不低于 50%)、L-赖氨酸盐酸盐、L-赖氨酸硫酸盐及其发酵副产物(产自谷氨酸棒杆菌、乳糖发酵短杆菌,L-赖氨酸含量不低于 51%)、DL-蛋氨酸、L-苏氨酸、L-色氨酸、L-精氨酸、L-精氨酸盐酸盐、甘氨酸、L-酪氨酸、L-丙氨酸、天(门)冬氨酸、L-亮氨酸、异亮氨酸、L-脯氨酸、苯丙氨酸、丝氨酸、L-半胱氨酸、L-组氨酸、谷氨酸、谷氨酰胺、缬氨酸、胱氨酸、牛磺酸	养殖动物
	半胱胺盐酸盐	畜禽
	蛋氨酸羟基类似物、蛋氨酸羟基类似物钙盐	猪、鸡、牛和水产养殖动物
	N-羟甲基蛋氨酸钙	反刍动物
	α-环丙氨酸	鸡

A.4 可用于饲喂生产绿色食品的畜禽和水产动物的酶制剂、微生物、多糖和寡糖

见表 A.4。

表 A.4 生产绿色食品允许使用的酶制剂、微生物、多糖和寡糖

类 别	通用名称	适用范围
酶制剂	淀粉酶(产自黑曲霉、解淀粉芽孢杆菌、地衣芽孢杆菌、枯草芽孢杆菌、长柄木霉、米曲霉、大麦芽、酸解支链淀粉芽孢杆菌)	青贮玉米、玉米、玉米蛋白粉、豆粕、小麦、次粉、大麦、高粱、燕麦、豌豆、木薯、小米、大米
	α-半乳糖苷酶(产自黑曲霉)	豆粕
	纤维素酶(产自长柄木霉、黑曲霉、孤独腐质霉、绳状青霉)	玉米、大麦、小麦、麦麸、黑麦、高粱
	β-葡聚糖酶(产自黑曲霉、枯草芽孢杆菌、长柄木霉、绳状青霉、解淀粉芽孢杆菌、棘孢曲霉)	小麦、大麦、菜籽粕、小麦副产物、去壳燕麦、黑麦、黑小麦、高粱
	葡萄糖氧化酶(产自特异青霉、黑曲霉)	葡萄糖
	脂肪酶(产自黑曲霉、米曲霉)	动物或植物源性油脂或脂肪
	麦芽糖酶(产自枯草芽孢杆菌)	麦芽糖
	β-甘露聚糖酶(产自迟缓芽孢杆菌、黑曲霉、长柄木霉)	玉米、豆粕、椰子粕
	果胶酶(产自黑曲霉、棘孢曲霉)	玉米、小麦
	植酸酶(产自黑曲霉、米曲霉、长柄木霉、毕赤酵母)	玉米、豆粕等含有植酸的植物籽实及其加工副产品类饲料原料
	蛋白酶(产自黑曲霉、米曲霉、枯草芽孢杆菌、长柄木霉)	植物和动物蛋白
	角蛋白酶(产自地衣芽孢杆菌)	植物和动物蛋白
	木聚糖酶(产自米曲霉、孤独腐质霉、长柄木霉、枯草芽孢杆菌、绳状青霉、黑曲霉、毕赤酵母)	玉米、大麦、黑麦、小麦、高粱、黑小麦、燕麦
	饲用黄曲霉毒素 B_1 分解酶(产自发光假蜜环菌)	肉鸡、仔猪
	溶菌酶	仔猪、肉鸡
微生物	地衣芽孢杆菌、枯草芽孢杆菌、两歧双歧杆菌、粪肠球菌、屎肠球菌、乳酸肠球菌、嗜酸乳杆菌、干酪乳杆菌、德式乳杆菌乳酸亚种(原名:乳酸乳杆菌)、植物乳杆菌、乳酸片球菌、戊糖片球菌、产朊假丝酵母、酿酒酵母、沼泽红假单胞菌、婴儿双歧杆菌、长双歧杆菌、短双歧杆菌、青春双歧杆菌、嗜热链球菌、罗伊氏乳杆菌、动物双歧杆菌、黑曲霉、米曲霉、迟缓芽孢杆菌、短小芽孢杆菌、纤维二糖乳杆菌、发酵乳杆菌、德氏乳杆菌保加利亚亚种(原名:保加利亚乳杆菌)	养殖动物

表 A.4（续）

类 别	通用名称	适用范围
微生物	产丙酸丙酸杆菌、布氏乳杆菌	青贮饲料、牛饲料
	副干酪乳杆菌	青贮饲料
	凝结芽孢杆菌	肉鸡、生长育肥猪和水产养殖动物
	侧孢短芽孢杆菌（原名:侧孢芽孢杆菌）	肉鸡、肉鸭、猪、虾
	丁酸梭菌	断奶仔猪、肉仔鸡
多糖和寡糖	低聚木糖（木寡糖）	鸡、猪、水产养殖动物
	低聚壳聚糖	猪、鸡和水产养殖动物
	半乳甘露寡糖	猪、肉鸡、兔和水产养殖动物
	果寡糖、甘露寡糖、低聚半乳糖	养殖动物
	壳寡糖(寡聚 β-(1-4)-2-氨基-2-脱氧-D-葡萄糖)($n=2\sim10$)	猪、鸡、肉鸭、虹鳟
	β-1,3-D-葡聚糖(源自酿酒酵母)	水产养殖动物
	N,O-羧甲基壳聚糖	猪、鸡
	低聚异麦芽糖	蛋鸡、断奶仔猪
	褐藻酸寡糖	肉鸡、蛋鸡

注 1:酶制剂的适用范围为典型底物,仅作为推荐,并不包括所有可用底物。

注 2:目录中所列长柄木霉也可称为长枝木霉或李氏木霉。

A.5 可用于饲喂生产绿色食品的畜禽和水产动物的抗氧化剂

见表 A.5。

表 A.5 生产绿色食品允许使用的抗氧化剂

类 别	通用名称	适用范围
抗氧化剂	乙氧基喹啉、丁基羟基茴香醚(BHA)、二丁基羟基甲苯(BHT)、没食子酸丙酯、特丁基对苯二酚(TBHQ)、茶多酚、维生素 E、L-抗坏血酸-6-棕榈酸酯	养殖动物

A.6 可用于饲喂生产绿色食品的畜禽和水产动物的防腐剂、防霉剂和酸度调节剂

见表 A.6。

表 A.6 生产绿色食品允许使用的防腐剂、防霉剂和酸度调节剂

类 别	通用名称	适用范围
防腐剂、防霉剂和酸度调节剂	甲酸、甲酸铵、甲酸钙、乙酸、双乙酸钠、丙酸、丙酸铵、丙酸钠、丙酸钙、丁酸、丁酸钠、乳酸、山梨酸、山梨酸钠、山梨酸钾、富马酸、柠檬酸、柠檬酸钾、柠檬酸钠、柠檬酸钙、酒石酸、苹果酸、磷酸、氢氧化钠、碳酸氢钠、氯化钾、碳酸钠	养殖动物
	乙酸钙	畜禽
	二甲酸钾	猪
	氯化铵	反刍动物
	亚硫酸钠	青贮饲料

A.7 可用于饲喂生产绿色食品的畜禽和水产动物的粘结剂、抗结块剂、稳定剂和乳化剂

见表 A.7。

表 A.7 生产绿色食品允许使用的粘结剂、抗结块剂、稳定剂和乳化剂

类 别	通用名称	适用范围
粘结剂、抗结块剂、稳定剂和乳化剂	α-淀粉、三氧化二铝、可食脂肪酸钙盐、可食用脂肪酸单/双甘油酯、硅酸钙、硅铝酸钠、硫酸钙、硬脂酸钙、甘油脂肪酸酯、聚丙烯酸树脂Ⅱ、山梨醇酐单硬脂酸酯、丙二醇、二氧化硅(沉淀并经干燥的硅酸)、卵磷脂、海藻酸钠、海藻酸钾、海藻酸铵、琼脂、瓜尔胶、阿拉伯树胶、黄原胶、甘露糖醇、木质素磺酸盐、羧甲基纤维素钠、聚丙烯酸钠、山梨醇酐脂肪酸酯、蔗糖脂肪酸酯、焦磷酸二钠、单硬脂酸甘油酯、聚乙二醇 400、磷脂、聚乙二醇甘油蓖麻酸酯、辛烯基琥珀酸淀粉钠	养殖动物
	丙三醇	猪、鸡和鱼
	硬脂酸	猪、牛和家禽

A.8 除表 A.1～表 A.7 外,也可用于饲喂生产绿色食品的畜禽和水产动物的饲料添加剂

见表 A.8。

表 A.8 生产绿色食品允许使用的其他类饲料添加剂

类 别	通用名称	适用范围
其他	天然类固醇萨洒皂角苷(源自丝兰)、天然三萜烯皂角苷(源自可来雅皂角树)、二十二碳六烯酸(DHA)	养殖动物
	糖萜素(源自山茶籽饼)	猪和家禽
	乙酰氧肟酸	反刍动物
	苜蓿提取物(有效成分为苜蓿多糖、苜蓿黄酮、苜蓿皂苷)	仔猪、生长育肥猪、肉鸡
	杜仲叶提取物(有效成分为绿原酸、杜仲多糖、杜仲黄酮)	生长育肥猪、鱼、虾
	淫羊藿提取物(有效成分为淫羊藿苷)	鸡、猪、绵羊、奶牛
	共轭亚油酸	仔猪、蛋鸡
	4,7-二羟基异黄酮(大豆黄酮)	猪、产蛋家禽
	地顶孢霉培养物	猪、鸡
	紫苏籽提取物(有效成分为α-亚油酸、亚麻酸、黄酮)	猪、肉鸡和鱼
	植物甾醇(源于大豆油/菜籽油,有效成分为β-谷甾醇、菜油甾醇、豆甾醇)	家禽、生长育肥猪
	藤茶黄酮	鸡

ICS 67.080.20
B 31

中华人民共和国农业行业标准

NY/T 749—2018
代替 NY/T 749—2012

绿色食品 食用菌

Green food—Edible mushroom

2018-05-07 发布

2018-09-01 实施

中华人民共和国农业农村部 发布

前　言

本标准按照 GB/T 1.1—2009 给出的规则起草。

本标准代替 NY/T 749—2012《绿色食品　食用菌》。与 NY/T 749—2012 相比，除编辑性修改外主要技术变化如下：

——修改了适用范围，取消了虫草、灵芝、野生食用菌以及人工培养食用菌菌丝体及其菌丝粉，增加了大球盖菇、滑子菇、长根菇、真姬菇、绣球菌、榆黄蘑、元蘑、姬松茸、黑皮鸡枞、暗褐网柄牛肝菌、裂褶菌等食用菌以及国家批准可食用的其他食用菌；

——修改了感官要求，取消了松茸以及其他野生食用菌的感官要求，增加了白灵菇、姬松茸、元蘑、猴头菇、榛蘑感官分级要求；

——修改了安全卫生指标，取消了六六六、滴滴涕、毒死蜱、敌敌畏、志贺氏菌项目及其限量，增加了氯氟氰菊酯、氟氯氰菊酯、咪鲜胺、氟氰戊菊酯、马拉硫磷、吡虫啉、菌落总数项目及其限量，修改了溴氰菊酯、百菌清限量值，将沙门氏菌、金黄色葡萄球菌项目调整到附录 A；

——修改了附录 A，取消了氯氟氰菊酯、氟氯氰菊酯、咪鲜胺项目及其限量，增加了氯菊酯、氰戊菊酯、腐霉利、除虫脲、代森锰锌、甲基阿维菌素苯甲酸盐项目及其限量以及致病菌项目及其限量。

本标准由农业农村部农产品质量安全监管局提出。

本标准由中国绿色食品发展中心归口。

本标准起草单位：农业农村部农产品质量监督检验测试中心（昆明）、云南省农业科学院质量标准与检测技术研究所、农业农村部食用菌产品质量监督检验测试中心、云南锦翔菌业股份有限公司。

本标准主要起草人：汪庆平、黎其万、周昌艳、汪禄祥、刘宏程、严红梅、梅文泉、谢锦明。

本标准所代替标准的历次版本发布情况为：

——NY/T 749—2003、NY/T 749—2012。

绿色食品　食用菌

1　范围

本标准规定了绿色食品食用菌的术语和定义、要求、检验规则、标签、包装、运输和储存。

本标准适用于人工培养的绿色食品食用菌鲜品、食用菌干品(包括压缩食用菌、食用菌干片、食用菌颗粒)和食用菌粉,包括香菇、金针菇、平菇、草菇、双孢蘑菇、茶树菇、猴头菇、大球盖菇、滑子菇、长根菇、白灵菇、真姬菇、鸡腿菇、杏鲍菇、竹荪、灰树花、黑木耳、银耳、毛木耳、金耳、羊肚菌、绣球菌、榛蘑、榆黄蘑、口蘑、元蘑、姬松茸、黑皮鸡枞、暗褐网柄牛肝菌、裂褶菌等食用菌以及国家批准可食用的其他食用菌。不适用于食用菌罐头、腌渍食用菌、水煮食用菌和食用菌熟食制品。

2　规范性引用文件

下列文件对于本文件的应用是必不可少的。凡是注日期的应用文件,仅注日期的版本适用于本文件。凡是不注日期的引用文件,其最新版本(包括所有的修改单)适用于本文件。

GB/T 191　包装储运图示标志

GB 4789.2　食品安全国家标准　食品微生物学检验　菌落总数测定

GB 4789.3　食品安全国家标准　食品微生物学检验　大肠菌群计数

GB 4789.4　食品安全国家标准　食品微生物学检验　沙门氏菌检验

GB 4789.10—2016　食品安全国家标准　食品微生物学检验　金黄色葡萄球菌检验

GB 4789.15　食品安全国家标准　食品微生物学检验　霉菌和酵母计数

GB 5009.3　食品安全国家标准　食品中水分的测定

GB 5009.4　食品安全国家标准　食品中灰分的测定

GB 5009.11　食品安全国家标准　食品中总砷及无机砷的测定

GB 5009.12　食品安全国家标准　食品中铅的测定

GB 5009.15　食品安全国家标准　食品中镉的测定

GB 5009.17　食品安全国家标准　食品中总汞和有机汞的测定

GB 5009.34　食品安全国家标准　食品中亚硫酸盐的测定

GB/T 5009.147　植物性食品中除虫脲残留量的测定

GB 5009.189　食品安全国家标准　银耳中米酵菌酸的测定

GB/T 6192　黑木耳

GB 7718　食品安全国家标准　预包装食品标签通则

GB/T 12533　食用菌中杂质的测定

GB 14881　食品安全国家标准　食品生产通用卫生规范

GB/T 20769　水果和蔬菜中450种农药及相关化学品残留量的测定　液相色谱-串联质谱法

GB/T 23189　平菇

GB/T 23190　双孢蘑菇

GB/T 23775　压缩食用菌

JJF 1070　定量包装商品净含量计量检验规则

LY/T 1696　姬松茸

LY/T 1919　元蘑干制品

LY/T 2132　森林食品　猴头菇干制品

LY/T 2465 榛蘑

NY/T 391 绿色食品 产地环境质量

NY/T 392 绿色食品 食品添加剂使用准则

NY/T 393 绿色食品 农药使用准则

NY/T 658 绿色食品 包装通用准则

NY/T 761 蔬菜和水果中有机磷、有机氯、拟除虫菊酯和氨基甲酸酯类农药多残留的测定

NY/T 833 草菇

NY/T 834 银耳

NY/T 836 竹荪

NY/T 1055 绿色食品 产品检验规则

NY/T 1056 绿色食品 贮藏运输准则

NY/T 1061 香菇等级规格

NY/T 1257 食用菌荧光物质的检测

NY/T 1836 白灵菇等级规格

SN 0157 出口水果中二硫代氨基甲酸酯残留量检验方法

国家质量监督检验检疫总局令 2005 年第 75 号 定量包装商品计量监督管理办法

3 术语和定义

下列术语和定义适用于本文件。

3.1

食用菌鲜品 fresh edible mushroom

经过挑选或预冷、冷冻和包装的新鲜食用菌产品。

3.2

食用菌干品 dried edible mushroom

以食用菌鲜品为原料，经热风干燥、冷冻干燥等工艺加工而成的食用菌脱水产品，以及再经压缩成型、切片、粉碎等工艺加工而成的食用菌产品，如压缩食用菌、食用菌干片、食用菌颗粒等。

3.3

食用菌粉 edible mushroom powder

以食用菌干品为原料，经研磨、粉碎等工艺加工而成的粉状食用菌产品。

3.4

杂质 extraneous matter

除食用菌以外的一切有机物（包括非标称食用菌以外的杂菌）和无机物。

4 要求

4.1 产地环境及生产过程

食用菌人工培养产地土壤、水质、基质应符合 NY/T 391 的要求，农药使用应符合 NY/T 393 的要求，食品添加剂使用应符合 NY/T 392 的要求，加工过程应符合 GB 14881 的要求。不应使用转基因食用菌品种。

4.2 感官

4.2.1 黑木耳、平菇、双孢蘑菇、草菇、银耳、竹荪、香菇、白灵菇、姬松茸、元蘑、猴头菇、榛蘑

应分别符合 GB/T 6192、GB/T 23189、GB/T 23190、NY/T 833、NY/T 834、NY/T 836、NY/T 1061、NY/T 1836、LY/T 1696、LY/T 1919、LY/T 2132、LY/T 2465 中第二等级及以上等级的规定。

4.2.2 其他食用菌

应符合表1的规定。

表 1 感官要求

项 目	要 求			检测方法
	食用菌鲜品	食用菌干品	食用菌粉	
外观形状	菇形正常,饱满有弹性,大小一致	菇形正常,或菇片均匀,或菌颗粒粗细均匀,或压缩食用菌块状规整	呈疏松状,菌粉粗细均匀	目测法观察菇的形状、大小、菌颗粒和菌粉粗细均匀程度,以及压缩食用菌块形是否规整,手捏法判断菇的弹性
色泽、气味	具有该食用菌的固有色泽和香味,无酸、臭、霉变、焦煳等异味			目测法和鼻嗅法
杂质	无肉眼可见外来异物(包括杂菌)			GB/T 12533
破损菇	≤5%	≤10%(压缩品残缺块≤8%)	—	随机取样500 g(精确至0.1 g),分别拣出破损菇、虫蛀菇、霉烂菇、压缩品残缺块,用台秤称量,分别计算其质量百分比
虫蛀菇	无			
霉烂菇	无		—	

4.3 理化指标

应符合表2的规定。

表 2 理化指标

项 目	指 标			检测方法
	食用菌鲜品	食用菌干品	食用菌粉	
水分,%	≤90(花菇≤86)	≤12.0(冻干品≤6.0)(香菇、黑木耳≤13.0,银耳≤15.0)	≤9.0	GB 5009.3
灰分(以干基计),%	≤8.0			GB 5009.4
干湿比	—	[(1:7)~(1:10)]ᵃ(黑木耳≥1:12)	—	GB/T 23775

注:其他理化指标应符合相应食用菌产品的国家标准、行业标准或地方标准要求。

ᵃ 仅适用于压缩食用菌。

4.4 污染物限量、农药残留限量和食品添加剂限量

应符合食品安全国家标准及相关规定,同时符合表3的规定。

表 3 污染物、农药残留和食品添加剂限量

单位为毫克每千克

项 目	指 标		检测方法
	食用菌鲜品	食用菌干品(含食用菌粉)	
镉(以Cd计)	≤0.2(香菇≤0.5,姬松茸≤1.0)	≤1.0(香菇≤2.0,姬松茸≤5.0)	GB 5009.15
马拉硫磷	≤0.03		NY/T 761
乐果	≤0.02		NY/T 761
氯氟氰菊酯和高效氯氟氰菊酯	≤0.02		NY/T 761
氟氯氰菊酯和高效氟氯氰菊酯	≤0.01		NY/T 761
溴氰菊酯	≤0.01		NY/T 761
氯氰菊酯和高效氯氰菊酯	≤0.05		NY/T 761
氟氰戊菊酯	≤0.01		NY/T 761
咪鲜胺和咪鲜胺锰盐	≤0.01		GB/T 20769
多菌灵	≤1		GB/T 20769
百菌清	≤0.01		NY/T 761
吡虫啉	≤0.5		GB/T 20769
二氧化硫残留(以SO₂计)	≤10	≤50	GB 5009.34

4.5 净含量

应符合国家质量监督检验检疫总局令 2005 年第 75 号的规定,检验方法按 JJF 1070 的规定执行。

5 检验规则

申报绿色食品的食用菌产品应按照本标准中 4.2～4.5 以及附录 A 所确定的项目进行检验。其他要求应符合 NY/T 1055 的规定。本标准规定的农药残留限量检测方法,如有其他国家标准、行业标准以及部文公告的检测方法,且其检出限和定量限能满足限量值要求时,在检测时可采用。

6 标签

6.1 储运图示应符合 GB/T 191 的规定。

6.2 标签应符合 GB 7718 的规定。

7 包装、运输和储存

7.1 包装应符合 NY/T 658 的规定。

7.2 运输和储存应符合 NY/T 1056 的规定。

附　录　A
（规范性附录）
绿色食品食用菌产品申报检验项目

表 A.1 和表 A.2 规定了除 4.2～4.5 所列项目外,依据食品安全国家标准和绿色食品生产实际情况,绿色食品食用菌产品申报检验还需检验的项目。

表 A.1　污染物和农药残留项目

单位为毫克每千克

项　目	指　标		检测方法
	食用菌鲜品	食用菌干品(含食用菌粉)	
总砷(以 As 计)	≤0.5	≤1.0	GB 5009.11
铅(以 Pb 计)	≤1.0	≤2.0	GB 5009.12
总汞(以 Hg 计)	≤0.1	≤0.2	GB 5009.17
噻菌灵	≤5		GB/T 20769
氯菊酯	≤0.1		NY/T 761
氰戊菊酯和 S-氰戊菊酯	≤0.2		NY/T 761
腐霉利	≤5		NY/T 761
除虫脲	≤0.3		GB/T 5009.147
甲基阿维菌素苯甲酸盐	≤0.02		GB/T 20769
代森锰锌	≤1		SN 0157
米酵菌酸	—	≤0.25(银耳)	GB 5009.189
荧光增白剂	阴性(白色食用菌)	—	NY/T 1257

表 A.2　微生物项目

微生物	采样方案[a] 及限量(若非指定,均以/25 g 表示)				检验方法
	n	c	m	M	
菌落总数	5	2	10^3(CFU/g)	10^4(CFU/g)	GB 4789.2
大肠菌群	5	2	10(CFU/g)	10^2(CFU/g)	GB 4789.3
霉菌	≤50(CFU/g)				GB 4789.15
沙门氏菌[b]	5	0	0	—	GB 4789.4
金黄色葡萄球菌[b]	5	1	100 CFU/g	1 000 CFU/g	GB 4789.10—2016 第二法

[a] n 为同一批次产品采集的样品件数;c 为最大可允许超出 m 值的样品数;m 为致病菌指标可接受水平的限量值;M 为致病菌指标的最高安全限量值。

[b] 仅适用于即食型食用菌产品。

ICS 67.080.10
X 24

中华人民共和国农业行业标准

NY/T 1041—2018
代替 NY/T 1041—2010

绿色食品　干果

Green food—Dried fruits

2018-05-07 发布

2018-09-01 实施

中华人民共和国农业农村部 发布

前　言

本标准按照 GB/T 1.1—2009 给出的规则起草。

本标准代替 NY/T 1041—2010《绿色食品　干果》。与 NY/T 1041—2010 相比，除编辑性修改外主要技术变化如下：

——适用范围增加了酸角干，并在要求中增加其相应内容；

——增加了阿力甜、新红及其铝色淀、诱惑红项目、赭曲霉毒素 A 及其指标值；

——取消了胭脂红、苋菜红、柠檬黄、日落黄、霉菌项目及其指标值；

——修改了致病菌项目及其指标值，修改了二氧化硫指示值。

本标准由农业农村部农产品质量安全监管局提出。

本标准由中国绿色食品发展中心归口。

本标准起草单位：农业农村部乳品质量监督检验测试中心、山东沾化天厨食品有限公司。

本标准主要起草人：闫磊、刘忠、刘壮、王春天、戴洋洋、王洪亮、高文瑞、张燕、邱路、耿泉荣。

本标准所代替标准的历次版本发布情况为：

——NY/T 1041—2006、NY/T 1041—2010。

绿色食品　干果

1　范围

本标准规定了绿色食品干果的要求、检验规则、标签、标志、包装、运输和储存。

本标准适用于以绿色食品水果为原料，经脱水，未经糖渍，添加或不添加食品添加剂而制成的荔枝干、桂圆干、葡萄干、柿饼、干枣、杏干（包括包仁杏干）、香蕉片、无花果干、酸梅（乌梅）干、山楂干、苹果干、菠萝干、芒果干、梅干、桃干、猕猴桃干、草莓干、酸角干。

2　规范性引用文件

下列文件对于文件的应用是必不可少的。凡是注日期的引用文件，仅注日期的版本适用于本文件。凡是不注日期的引用文件，其最新版本（包括所有的修改单）适用于本文件。

GB/T 191　包装储运图示标志

GB 4789.4　食品安全国家标准　食品微生物学检验　沙门氏菌检验

GB 4789.10—2016　食品安全国家标准　食品微生物学检验　金黄色葡萄球菌检验

GB 4789.36　食品安全国家标准　食品微生物学检验　大肠埃希氏菌O157：H7/NM检验

GB 5009.3　食品安全国家标准　食品中水分的测定

GB 5009.22　食品安全国家标准　食品中黄曲霉毒素B族和G族的测定

GB 5009.28—2016　食品安全国家标准　食品中苯甲酸、山梨酸和糖精钠的测定

GB 5009.34　食品安全国家标准　食品中二氧化硫的测定

GB 5009.35　食品安全国家标准　食品中合成着色剂的测定

GB 5009.96　食品安全国家标准　食品中赭曲霉毒素A的测定

GB 5009.97—2016　食品安全国家标准　食品中环己基氨基磺酸钠的测定

GB 5009.141　食品安全国家标准　食品中诱惑红的测定

GB 5009.185　食品安全国家标准　食品中展青霉素的测定

GB 5009.263　食品安全国家标准　食品中阿斯巴甜和阿力甜的测定

GB/T 5835　干制红枣

GB 7718　食品安全国家标准　预包装食品标签通则

GB/T 12456　食品中总酸的测定

CCAA 0020　食品安全管理体系　果蔬制品生产企业要求

JJF 1070　定量包装商品净含量计量检验规则

NY/T 391　绿色食品　产地环境质量

NY/T 392　绿色食品　食品添加剂使用准则

NY/T 658　绿色食品　包装通用准则

NY/T 750　绿色食品　热带、亚热带水果

NY/T 844　绿色食品　温带水果

NY/T 1055　绿色食品　产品检验规则

NY/T 1056　绿色食品　贮藏运输准则

国家质量监督检验检疫总局令2005年第75号　定量包装商品计量监督管理办法

3　要求

3.1　原料要求

3.1.1 温带水果应符合 NY/T 844 的要求;热带、亚热带水果应符合 NY/T 750 的要求。

3.1.2 食品添加剂应符合 NY/T 392 的要求。

3.1.3 加工用水应符合 NY/T 391 的要求。

3.2 生产过程

3.2.1 晾晒场地

3.2.1.1 场址要求

应远离饲料堆放地、堆放池和废物堆放地,具有效排水渠道。

3.2.1.2 构建要求

构建规范,场地表面保持清洁,去除残留干果。建隔离设施,防止植物草类和杂物碎屑吹入场地。去核、去皮或切块应在密封的建筑物内或敞棚内完成,但应防止鼠、虫、鸟进入。具合适的照明、通风和清洗设施。应有自来水用于洗手和设备、原料清洗。待加工鲜果和干果储存库应防止鼠、虫、鸟进入。

3.2.1.3 卫生操作要求

晾晒容器、切块设备和储存库房应保持清洁,以防水果残留物和外来杂质污染。

3.2.2 工厂脱水

应符合 CCAA 0020 的要求。

3.3 感官

应符合表 1 的规定。

表 1 感官要求

品种	要 求					检验方法
	外观	色泽	气味及滋味	组织状态	杂质	
荔枝干	外观完整,无破损,无虫蛀,无霉变	果肉呈棕色或深棕色	具有本品固有的甜酸味,无异味	组织致密	无肉眼可见杂质	称取约250 g 样品置于白色搪瓷盘中,在自然光线下对其外观、色泽、组织状态和杂质采用目测方法进行检验,气味和滋味采用鼻嗅和口尝方法进行检验
桂圆干	外观完整,无破损,无虫蛀,无霉变	果肉呈黄亮棕色或深棕色	具有本品固有的甜香味,无异味,无焦苦味	组织致密		
葡萄干	大小整齐,颗粒完整,无破损,无虫蛀,无霉变	根据鲜果的颜色分别呈黄绿色、红棕色、棕色或黑色,色泽均匀	具有本品固有的甜香味,略带酸味,无异味	柔软适中		
柿饼	完整,不破裂,蒂贴肉而不翘,无虫蛀,无霉变	表层呈白色或灰白色霜,剖面呈橘红至棕褐色	具有本品固有的甜香味,无异味,无涩味	果肉致密,具有韧性		
干枣	外观完整,无破损,无虫蛀,无霉变	根据鲜果的外皮颜色分别呈枣红色、紫色或黑色,色泽均匀	具有本品固有的甜香味,无异味	果肉柔软适中		
杏干	外观完整,无破损,无虫蛀,无霉变	呈杏黄色或暗黄色,色泽均匀	具有本品固有的甜香味,略带酸味,无异味	组织致密,柔软适中		
包仁杏干	外观完整,无破损,无虫蛀,无霉变	呈杏黄色或暗黄色,仁体呈白色	具有本品固有的甜香味,略带酸味,无异味,无苦涩味	组织致密,柔软适中,仁体致密		
香蕉片	片状,无破损,无虫蛀,无霉变	呈浅黄色、金黄色或褐黄色	具有本品固有的甜香味,无异味	组织致密		

表1（续）

品种	要求					检验方法
	外观	色泽	气味及滋味	组织状态	杂质	
无花果干	外观完整，无破损，无虫蛀，无霉变	表皮呈不均匀的乳黄色，果肉呈浅绿色，果籽棕色	具有本品固有的甜香味，无异味	皮质致密，肉体柔软适中	无肉眼可见杂质	称取约250 g样品置于白色搪瓷盘中，在自然光线下对其外观、色泽、组织状态和杂质采用目测方法进行检验，气味和滋味采用鼻嗅和口尝方法进行检验
酸梅（乌梅）干	外观完整，无破损，无虫蛀，无霉变	呈紫黑色	具有本品固有的酸味	组织致密		
山楂干	外观完整，无破损，无虫蛀，无霉变	皮质呈暗红色，肉质呈黄色或棕黄色	具有本品固有的酸甜味	组织致密		
苹果干	外观完整，无破损，无虫蛀，无霉变	呈黄色或褐黄色	具有本品固有的甜香味，无异味	组织致密		
菠萝干	外观完整，无破损，无虫蛀，无霉变	呈浅黄色、金黄色	具有本品固有的甜香味，无异味	组织致密		
芒果干	外观完整，无破损，无虫蛀，无霉变	呈浅黄色、金黄色	具有本品固有的甜香味，无异味	组织致密		
梅干	外观完整，无破损，无虫蛀，无霉变	呈橘红色或浅褐红色	具有本品固有的甜香味，无异味	皮质致密，肉体柔软适中		
桃干	外观完整，无破损，无虫蛀，无霉变	呈褐色	具有本品固有的甜香味，无异味	皮质致密，肉体柔软适中		
猕猴桃干	外观完整，无破损，无虫蛀，无霉变	果肉呈绿色，果籽呈褐色	具有本品固有的甜香味，无异味	皮质致密，肉体柔软适中		
草莓干	外观完整，无破损，无虫蛀，无霉变	呈浅褐红色	具有本品固有的甜香味，无异味	组织致密		
酸角干	外观完整，无破损，无虫蛀，无霉变	呈灰色至深褐色	具有本品固有的气味及滋味，无异味	皮质致密，肉体柔软适中		

3.4 理化指标

应符合表2的规定。

表2 理化指标

单位为克每百克

项目	指标										检验方法
	香蕉片	荔枝干、桂圆干	桃干	干枣[a]	草莓干、梅干	葡萄干、菠萝干、猕猴桃干、无花果干、苹果干	酸梅（乌梅）干	芒果干、山楂干	杏干（包括包仁杏干）	柿饼	酸角干	
水分	≤15	≤25	≤30	干制小枣≤28，干制大枣≤25	≤25	≤20	≤25	≤20	≤30	≤35	≤16	GB 5009.3
总酸	≤1.5	≤1.5	≤2.5	≤2.5	≤2.5	≤2.5	≤6.0	≤6.0	≤6.0	≤6.0	—	GB/T 12456

[a] 干制小枣和干制大枣的定义应符合GB/T 5835的规定。

3.5 污染物限量、农药残留限量、食品添加剂限量和真菌毒素限量

污染物、农药残留、食品添加剂和真菌毒素限量应符合食品安全国家标准及相关规定，同时符合表

3 和表 4 的规定。

表 3　污染物和农药残留的倍数

项目	干果品种										
	干枣	无花果干	酸梅（乌梅）干	荔枝干	香蕉干、酸角干	杏干（包括包仁杏干）、梅干、桃干	桂圆干、柿饼、山楂干	草莓干	葡萄干	苹果干、猕猴桃干	菠萝干、芒果干
倍数	1.5			2.0						2.5	

表 4　食品添加剂和真菌毒素限量

单位为毫克每千克

项　　目	指　标	检验方法
糖精钠	不得检出（<5）	GB 5009.28—2016 第一法
诱惑红及其铝色淀（以诱惑红计）^{a}	不得检出（<25）	GB 5009.141
黄曲霉毒素 B_1 ^{b}	≤0.002	GB 5009.22
赭曲霉毒素 A^b	≤0.010	GB 5009.96
展青霉素^c	≤0.025	GB 5009.185
^{a}　仅适用于红色干果。		
^{b}　仅适用于葡萄干。		
^{c}　仅适用于苹果干和山楂干。		

以温带水果和热带、亚热带水果为原料的干果分别执行 NY/T 844 和 NY/T 750 中规定的污染物和农药残留项目,其指标值除保留不得检出或检出限外,均应乘以表 3 规定的倍数。

3.6　净含量

应符合国家质量监督检验检疫总局令 2005 年第 75 号的规定,检验方法按 JJF 1070 的规定执行。

4　检验规则

申报绿色食品应按照本标准 3.3～3.6 以及附录 A 所确定的项目进行检验。每批产品交收(出厂)前,都应进行交收(出厂)检验,交收(出厂)检验内容包括包装、标志、标签、净含量、感官、理化、微生物指标。其他要求应符合 NY/T 1055 的规定。本标准规定的农药残留量检测方法,如有其他国家标准、行业标准以及部文公告的检测方法,且其检出限和定量限能满足限量值要求时,在检测时可采用。

5　标签和标志

5.1　标签

按 GB 7718 的规定执行。

5.2　标志

应有绿色食品标志,储运图示按 GB/T 191 的规定执行。

6　包装、运输和储存

6.1　包装

按 NY/T 658 的规定执行。

6.2　运输和储存

按 NY/T 1056 的规定执行。

附 录 A

（规范性附录）

绿色食品干果产品申报检验项目

表 A.1 和表 A.2 规定了除 3.3～3.6 所列项目外，依据食品安全国家标准和绿色食品生产实际情况，绿色食品申报检验还应检验的项目。

表 A.1 食品添加剂项目

单位为毫克每千克

序号	检验项目	指 标	检验方法
1	二氧化硫[a]	≤100	GB 5009.34
2	苯甲酸及其钠盐(以苯甲酸计)[a]	不得检出(<5)	GB 5009.28—2016 第一法
3	环己基氨基磺酸钠及环己基氨基磺酸钙(以环己基氨基磺酸钠计)	不得检出(<0.03)	GB 5009.97—2016 第三法
4	阿力甜	不得检出(<5)	GB 5009.263
5	新红及其铝色淀(以新红计)[b]	不得检出(<0.5)	GB 5009.35
6	赤藓红及其铝色淀(以赤藓红计)[b]	不得检出(<0.2)	GB 5009.35
[a] 不适用于干枣产品。			
[b] 仅适用于红色产品。			

表 A.2 微生物项目

序号	致病菌	采样方案及限量(若非指定,均以/25 g表示)				检验方法
		n	c	m	M	
1	沙门氏菌	5	0	0	—	GB 4789.4
2	金黄色葡萄球菌	5	1	100 CFU/g	1 000 CFU/g	GB 4789.10—2016 第二法
3	大肠埃希氏菌 O157∶H7	5	0	0	—	GB 4789.36
注:n 为同一批次产品采集的样品件数;c 为最大可允许超出 m 值的样品数;m 为微生物指标可接受水平的限量值;M 为微生物指标的最高安全限量值。						

ICS 67.120.30
B 50

中华人民共和国农业行业标准

NY/T 1050—2018
代替 NY/T 1050—2006

绿色食品　龟鳖类

Green food—Tortoise turtle

2018-05-07 发布

2018-09-01 实施

中华人民共和国农业农村部 发布

NY/T 1050—2018

前　言

本标准按照 GB/T 1.1—2009 给出的规则起草。

本标准代替 NY/T 1050—2006《绿色食品　龟鳖类》。与 NY/T 1050—2006 相比，除编辑性修改外主要技术变化如下：

——删除了六六六、滴滴涕、总汞和呋喃唑酮项目；

——增加了多氯联苯和硝基呋喃类代谢物的限量值及检验方法；

——修改了土霉素、金霉素、四环素和敌百虫的限量规定；

——修改了磺胺类药物、噁喹酸、孔雀石绿、己烯雌酚和氯霉素的检验方法。

本标准由农业农村部农产品质量安全监管局提出。

本标准由中国绿色食品发展中心归口。

本标准起草单位：唐山市畜牧水产品质量监测中心、湖南开天新农业科技有限公司。

本标准主要起草人：张建民、刘洋、蒙君丽、肖珊、张秀平、齐彪、张立田、周鑫、张鑫、杜瑞焕。

本标准所代替标准的历次版本发布情况为：

——NY/T 1050—2006。

绿色食品　龟鳖类

1　范围

本标准规定了绿色食品龟鳖类的要求,检验规则,标签,包装、运输和储存。

本标准适用于绿色食品龟鳖类,包括中华鳖(甲鱼、团鱼、王八、元鱼)、黄喉拟水龟、三线闭壳龟(金钱龟、金头龟、红肚龟)、红耳龟(巴西龟、巴西彩龟、秀丽锦龟、彩龟)、鳄龟(肉龟、小鳄龟、小鳄鱼龟)以及其他淡水养殖的食用龟鳖。不适用非人工养殖的野生龟鳖。

2　规范性引用文件

下列文件对于本文件的应用是必不可少的。凡是注日期的引用文件,仅注日期的版本适用于本文件。凡是不注日期的引用文件,其最新版本(包括所有的修改单)适用于本文件。

GB 5009.11　食品安全国家标准　食品中总砷及无机砷的测定

GB 5009.12　食品安全国家标准　食品中铅的测定

GB 5009.15　食品安全国家标准　食品中镉的测定

GB 5009.17　食品安全国家标准　食品中总汞及有机汞的测定

GB 5009.123　食品安全国家标准　食品中铬的测定

GB 5009.190　食品安全国家标准　食品中指示性多氯联苯含量的测定

GB 7718　食品安全国家标准　预包装食品标签通则

GB/T 20361　水产品中孔雀石绿和结晶紫残留量的测定

GB/T 20756　可食动物肌肉、肝脏和水产品中氯霉素、甲砜霉素和氟苯尼考残留量的测定

GB/T 23198　动物源性食品中噁喹酸残留量的测定

GB/T 26876　中华鳖池塘养殖技术规范

农业部 783 号公告—1—2006　水产品中硝基呋喃类代谢物残留量的测定

农业部 1025 号公告—23—2008　动物源食品中磺胺类药物残留检测

农业部 1163 号公告—9—2009　水产品中己烯雌酚残留检测

NY/T 391　绿色食品　产地环境质量

NY/T 471　绿色食品　饲料及饲料添加剂使用准则

NY/T 658　绿色食品　包装通用准则

NY/T 755　绿色食品　渔药使用准则

NY/T 1055　绿色食品　产品检验准则

NY/T 1056　绿色食品　贮藏运输准则

SC/T 3015　水产品中四环素、土霉素、金霉素残留量的测定

SN/T 0125　进出口食品中敌百虫残留量检测方法

3　要求

3.1　产地环境

产地环境应符合 NY/T 391 的要求,捕捞工具应无毒、无污染。

3.2　养殖

3.2.1　种质与培育条件

亲本的质量应符合 GB/T 26876 的要求,不得使用转基因龟鳖亲本。苗种繁育过程呈封闭式,繁育

地应水源充足、无污染,进、排水方便。养殖用水应符合 NY/T 391 的要求,并经沉淀和消毒。苗种培育过程不得使用禁用药物,投喂质量安全饵料。苗种出场前需经检疫和消毒。

3.2.2 养殖管理

养殖模式应采用健康养殖、生态养殖方式,饲料及饲料添加剂的使用应符合 NY/T 471 的要求,渔药使用应符合 NY/T 755 的要求。

3.3 感官

应符合表1的要求。

表 1 感官指标

项目	指 标		检验方法
	鳖	龟	
外观	体表完整无损,裙边宽而厚,体质健壮,爬行、游泳动作自如、敏捷,同品种、同规格的鳖,个体均匀、体表清洁	体表完整无损,体质健壮,爬行、游泳动作自如、敏捷,同品种、同规格的龟,个体均匀、体表清洁	在光线充足、无异味环境、能保证龟鳖正常活动的温度条件下进行。将鳖腹部朝上,背部朝下放置于白瓷盘中,数秒钟内立即翻正,视为体质健壮,否则为体质弱;用手拉龟鳖的后腿,有力回缩的视为体质健壮,否则为体质弱;用手将龟鳖头和颈部拉出背甲外,能迅速缩回甲内的视为体质健壮;若颈部粗大,不易缩回甲内的为病龟鳖;用手轻压腹甲,腹部皮肤向外膨胀的为浮肿龟鳖或脂肪肝病龟鳖
色泽	保持活体状态固有体色		
气味	本品应有的气味,无异味		
组织	肌肉紧密、有弹性		

3.4 污染物、农药残留和渔药残留限量

污染物、农药残留和渔药残留限量应符合相关食品安全国家标准及相关规定,同时符合表2的要求。

表 2 农药残留和渔药残留限量

项 目	指 标	检验方法
敌百虫,mg/kg	不得检出(<0.002)	SN/T 0125
土霉素、金霉素、四环素(以总量计),mg/kg	不得检出(<0.1)	SC/T 3015
磺胺类药物(以总量计),μg/kg	不得检出(<0.5)	农业部 1025 号公告—23—2008
噁喹酸,μg/kg	不得检出(<1)	GB/T 23198

4 检验规则

申报绿色食品应按照 3.3～3.4 以及附录 A 所确定的项目进行检验。其他要求应符合 NY/T 1055 的要求。

5 标签

标签应符合 GB 7718 的规定。

6 包装、运输和储存

6.1 包装

包装应符合 NY/T 658 的要求。包装容器应具有良好的排水、透气条件,箱内垫充物应清洗、消毒、无污染。

6.2 运输

运输应符合 NY/T 1056 的要求。活的龟鳖运输应用冷藏车或其他有降温装置的运输设备。运输途中,应有专人管理,随时检查运输包装情况,观察温度和水草(垫充物)的湿润程度,以保持龟鳖皮肤湿

润。淋水的水质应符合 NY/T 391 的要求。

6.3 储存

储存应符合 NY/T 1056 的要求。活的龟鳖可在洁净、无毒、无异味的水泥池、水族箱等水体中暂养,暂养用水应符合 NY/T 391 的要求。储运过程中应严防蚊子叮咬、暴晒。

附 录 A

（规范性附录）

绿色食品龟鳖类产品申报检验项目

表 A.1 规定了除 3.3～3.4 所列项目外，按食品安全国家标准和绿色食品生产实际情况，绿色食品龟鳖类产品申报检验还应检验的项目。

表 A.1 污染物、鱼药残留项目

序号	项 目	指 标	检验方法
1	甲基汞,mg/kg	≤0.5	GB 5009.17
2	无机砷(以 As 计),mg/kg	≤0.5	GB 5009.11
3	铅(以 Pb 计),mg/kg	≤0.5	GB 5009.12
4	镉(以 Cd 计),mg/kg	≤0.1	GB 5009.15
5	铬(以 Cr 计),mg/kg	≤2.0	GB 5009.123
6	多氯联苯[a],mg/kg	≤0.5	GB 5009.190
7	硝基呋喃类代谢物[b],μg/kg	不得检出(<0.25)	农业部 783 号公告—1—2006
8	氯霉素,μg/kg	不得检出(<0.1)	GB/T 20756
9	己烯雌酚,μg/kg	不得检出(<0.6)	农业部 1163 号公告—9—2009
10	孔雀石绿,μg/kg	不得检出(<0.5)	GB/T 20361
[a] 以 PCB28、PCB52、PCB101、PCB118、PCB138、PCB153 和 PCB180 总和计。			
[b] 以 AOZ、AMOZ、SEM 和 AHD 计。			

ICS 67.220.10
X 66

中华人民共和国农业行业标准

NY/T 1053—2018
代替 NY/T 1053—2006

绿色食品　味精

Green food—Monosodium L-glutamate

2018-05-07 发布

2018-09-01 实施

中华人民共和国农业农村部 发布

前　言

本标准按照 GB/T 1.1—2009 给出的规则起草。

本标准代替 NY/T 1053—2006《绿色食品　味精》。与 NY/T 1053—2006 相比,除编辑性修改外主要技术变化如下:

——重新设置了产品分类、感官要求;

——修改了 pH、增鲜味精中透光率和干燥失重、加盐味精中硫酸盐指标;

——修改了谷氨酸钠含量的检验方法;

——删除了氟、锌、镉、总汞、亚硝酸盐和增鲜味精中食用盐指标。

本标准由农业农村部农产品质量安全监管局提出。

本标准由中国绿色食品发展中心归口。

本标准起草单位:辽宁省分析科学研究院、中国生物发酵产业协会、菱花集团有限公司、中国绿色食品发展中心。

本标准主要起草人:王志嘉、王璐、关丹、孙晶、魏静元、刘成雁、张志华、张宪、满德恩。

本标准所代替标准的历次版本发布情况为:

——NY/T 1053—2006。

绿色食品 味精

1 范围

本标准规定了绿色食品味精的术语和定义、产品分类、要求、检验规则、标签、包装、运输和储存。

本标准适用于绿色食品味精。

2 规范性引用文件

下列文件对于本文件的应用是必不可少的。凡是注日期的引用文件，仅注日期的版本适用于本文件。凡是不注日期的引用文件，其最新版本（包括所有的修改单）适用于本文件。

GB/T 191　包装储运图示标志

GB 1886.97　食品安全国家标准　食品添加剂　5′-肌苷酸二钠

GB 1886.170　食品安全国家标准　食品添加剂　5′-鸟苷酸二钠

GB 1886.171　食品安全国家标准　食品添加剂　5′-呈味核苷酸二钠

GB 5009.11　食品安全国家标准　食品中总砷及无机砷的测定

GB 5009.12　食品安全国家标准　食品中铅的测定

GB 5009.43　食品安全国家标准　味精中麸氨酸钠（谷氨酸钠）的测定

GB 5749　生活饮用水卫生标准

GB 7718　食品安全国家标准　预包装食品标签通则

GB/T 8967—2007　谷氨酸钠（味精）

GB 14881　食品安全国家标准　食品企业通用卫生规范

GB 28050　食品安全国家标准　预包装食品营养标签通则

JJF 1070　定量包装商品净含量计量检验规则

NY/T 392　绿色食品　食品添加剂使用准则

NY/T 658　绿色食品　包装通用准则

NY/T 1040　绿色食品　食用盐

NY/T 1055　绿色食品　产品检验规则

NY/T 1056　绿色食品　贮藏运输准则

国家质量监督检验检疫总局令 2005 年第 75 号　定量包装商品计量监督管理办法

3 术语和定义

下列术语和定义适用于本文件。

3.1

谷氨酸钠（味精）　monosodium L-glutamate

以碳水化合物（如淀粉、玉米、糖蜜等糖质）为原料，经微生物（谷氨酸棒杆菌等）发酵、提取、中和、结晶、分离、干燥而制成的具有特殊鲜味的白色结晶或粉末状调味品。

3.2

加盐味精　salted monosodium L-glutamate

在谷氨酸钠（味精）中，定量添加了精制盐的混合物。

3.3

增鲜味精　special delicious monosodium L-glutamate

在谷氨酸钠(味精)中,定量添加了核苷酸二钠[5′-鸟苷酸二钠(GMP)、5′-肌苷酸二钠(IMP)或呈味核苷酸二钠(GMP+IMP)]等增味剂的混合物。

4 产品分类

按加入成分分为三类。

4.1 味精

4.2 加盐味精

4.3 增鲜味精

5 要求

5.1 原料要求

生产谷氨酸钠所用的主要发酵原料应符合绿色食品质量安全要求。

5.2 辅料要求

5.2.1 食用盐应符合 NY/T 1040 的要求。

5.2.2 5′-肌苷酸二钠应符合 GB 1886.97 的要求。

5.2.3 5′-鸟苷酸二钠应符合 GB 1886.170 的要求。

5.2.4 5′-呈味核苷酸二钠应符合 GB 1886.171 的要求。

5.2.5 半成品 L-谷氨酸应符合 GB/T 8967—2007 附录 A 的要求。

5.2.6 食品添加剂应符合 NY/T 392 的要求。

5.2.7 加工用水应符合 GB 5749 的要求。

5.3 生产过程

产品的加工过程应符合国家相关规定和绿色食品生产过程控制要求;生产过程的卫生控制还应符合 GB 14881 的要求。

5.4 感官

应符合表1的要求。

表 1 感官要求

项 目	要 求	检验方法
色泽	无色至白色	取适量试样于洁净白色瓷盘内,在自然光线下,观察其色泽和状态。闻其气味,用温开水漱口后尝其滋味
滋味和气味	具有特殊的鲜味,无异味	
状态	结晶状颗粒或粉末状,无正常视力可见外来异物	

5.5 理化指标

5.5.1 味精

应符合表2的要求。

表 2 味精理化指标

项 目	指 标	检验方法
谷氨酸钠含量,%	≥99.0	GB 5009.43
透光率,%	≥98	GB/T 8967
比旋光度[α]$_D^{20}$,°	+24.9～+25.3	GB/T 8967
pH	6.7～7.5	GB/T 8967
干燥失重,%	≤0.5	GB/T 8967
铁(以 Fe 计),mg/kg	≤5	GB/T 8967
硫酸盐(以 SO_4^{2-} 计),%	≤0.05	GB/T 8967
氯化物(以 Cl^- 计),%	≤0.1	GB/T 8967

5.5.2 加盐味精

应符合表3的要求。

表3 加盐味精理化指标

项 目	指 标	检验方法
谷氨酸钠含量,%	≥80.0	GB 5009.43
透光率,%	≥89	GB/T 8967
食用盐(以 NaCl 计),%	<20.0	GB/T 8967
干燥失重,%	≤0.9	GB/T 8967
铁(以 Fe 计),mg/kg	≤5	GB/T 8967
硫酸盐(以 SO₄²⁻ 计),%	≤0.5	GB/T 8967

5.5.3 增鲜味精

应符合表4的要求。

表4 增鲜味精理化指标

项 目	指 标			检验方法
	添加 5′-鸟苷酸二钠	添加呈味核苷酸二钠	添加 5′-肌苷酸二钠	
谷氨酸钠含量,%	≥97.0			GB 5009.43
核苷酸二钠,%	≥1.08	≥1.5	≥2.5	GB 1886.170 GB 1886.171 GB 1886.97
透光率,%	≥98			GB/T 8967
干燥失重,%	≤0.5			GB/T 8967
铁(以 Fe 计),mg/kg	≤5			GB/T 8967
硫酸盐(以 SO₄²⁻ 计),%	≤0.05			GB/T 8967
氯化物(以 Cl⁻ 计),%	≤0.1			GB/T 8967

5.6 污染物、食品添加剂限量

污染物、食品添加剂限量应符合食品安全国家标准及相关规定,同时还应符合表5的要求。

表5 污染物限量

单位为毫克每千克

项 目	指 标	检验方法
铅(以 Pb 计)	≤0.5	GB 5009.12

5.7 净含量

应符合国家质量监督检验检疫总局令 2005 年第 75 号的要求,检验方法按照 JJF 1070 的规定执行。

6 检验规则

申报绿色食品应按照 5.4～5.7 以及附录 A 所确定的项目进行检验。其他要求应符合 NY/T 1055 的要求。

7 标签

标签应符合 GB 7718 和 GB 28050 的要求。

8 包装、运输和储存

8.1 包装应符合 NY/T 658 和 GB/T 191 的有关要求。

8.2 运输和储存应按照 NY/T 1056 的规定执行。

附　录　A

（规范性附录）

绿色食品味精产品申报检验项目

表 A.1 规定了除 5.4～5.7 所列项目外，依据食品安全国家标准和绿色食品生产实际情况，绿色食品申报检验还应检验的项目。

表 A.1　污染物项目

单位为毫克每千克

序号	检验项目	指标	检验方法
1	总砷（以 As 计）	≤0.5	GB 5009.11

ICS 67.120.30
X 20

中华人民共和国农业行业标准

NY/T 1327—2018
代替 NY/T 1327—2007

绿色食品 鱼糜制品

Green food—Surimi product

2018-05-07 发布

2018-09-01 实施

中华人民共和国农业农村部 发布

前　言

本标准按照 GB/T 1.1—2009 给出的规则起草。

本标准代替 NY/T 1327—2007《绿色食品　鱼糜制品》。与 NY/T 1327—2007 相比，除编辑性修改外主要技术变化如下：

——删除了氟、志贺氏菌项目；

——增加了挥发性盐基氮、组胺、N-二甲基亚硝铵、二氧化钛的限量值及检验方法。

——修改了甲基汞、铅、镉、土霉素、磺胺类、多氯联苯、硝基呋喃类代谢物、菌落总数、大肠菌群、沙门氏菌、副溶血性弧菌、金黄色葡萄球菌的限量值及检验方法。

本标准由农业农村部农产品质量安全监管局提出。

本标准由中国绿色食品发展中心归口。

本标准起草单位：唐山市畜牧水产品质量监测中心、浙江省温州永高食品有限公司。

本标准主要起草人：郑百芹、杜瑞焕、张建民、栗强、李爱军、董李学、张鑫、周鑫、段晓然、张立田、肖珊、刘洋。

本标准所代替标准的历次版本发布情况为：

——NY/T 1327—2007。

绿色食品 鱼糜制品

1 范围

本标准规定了绿色食品鱼糜制品的要求、检验规则、标签、包装、运输和储存。

本标准适用于绿色食品鱼糜制品,包括冻鱼丸、鱼糕、烤鱼卷、虾丸、虾饼、墨鱼丸、贝肉丸、模拟扇贝柱、模拟蟹肉和鱼肉香肠等。

2 规范性引用文件

下列文件对于本文件的应用是必不可少的。凡是注日期的引用文件,仅注日期的版本适用于本文件。凡是不注日期的引用文件,其最新版本(包括所有的修改单)适用于本文件。

GB 4789.2 食品安全国家标准 食品微生物学检验 菌落总数测定

GB 4789.3 食品安全国家标准 食品微生物学检验 大肠菌群计数

GB 4789.4 食品安全国家标准 食品微生物学检验 沙门氏菌检验

GB 4789.7 食品安全国家标准 食品微生物学检验 副溶血性弧菌检验

GB 4789.10 食品安全国家标准 食品微生物学检验 金黄色葡萄球菌检验

GB 5009.3 食品安全国家标准 食品中水分的测定

GB 5009.9 食品安全国家标准 食品中淀粉的测定

GB 5009.11 食品安全国家标准 食品中总砷及无机砷的测定

GB 5009.12 食品安全国家标准 食品中铅的测定

GB 5009.15 食品安全国家标准 食品中镉的测定

GB 5009.17 食品安全国家标准 食品中总汞及有机汞的测定

GB 5009.26 食品安全国家标准 食品中 N-亚硝胺类化合物的测定

GB 5009.28 食品安全国家标准 食品中苯甲酸、山梨酸和糖精钠的测定

GB 5009.190 食品安全国家标准 食品中指示性多氯联苯含量的测定

GB 5009.208 食品安全国家标准 食品中生物胺的测定

GB 5009.228 食品安全国家标准 食品中挥发性盐基氮的测定

GB 5009.246 食品安全国家标准 食品中二氧化钛的测定

GB 5749 生活饮用水卫生标准

GB 7718 食品安全国家标准 预包装食品标签通则

GB/T 20756 可食动物肌肉、肝脏和水产品中氯霉素、甲砜霉素和氟苯尼考残留量的测定

GB 20941 食品安全国家标准 水产制品生产卫生规范

GB/T 27304 食品安全管理体系 水产品加工企业要求

农业部 783 号公告—1—2006 水产品中硝基呋喃类代谢物残留量的测定

农业部 1025 号公告—23—2008 动物源食品中磺胺类药物残留检测

NY/T 392 绿色食品 食品添加剂使用准则

NY/T 422 绿色食品 食用糖

NY/T 658 绿色食品 包装通用准则

NY/T 840 绿色食品 虾

NY/T 842 绿色食品 鱼

NY/T 1040 绿色食品 食用盐

NY/T 1327—2018

NY/T 1053　绿色食品　味精

NY/T 1055　绿色食品　产品检验规则

NY/T 1329　绿色食品　海水贝

NY/T 2975　绿色食品　头足类水产品

NY/T 2984　绿色食品　淀粉类蔬菜粉

SC/T 3015　水产品中四环素、土霉素、金霉素残留量的测定

国家质量监督检验检疫总局令 2005 年第 75 号　定量包装商品计量监督管理办法

3　要求

3.1　主要原辅材料

3.1.1　原料

用于生产鱼（虾、贝）肉糜的原料，鱼类应符合 NY/T 842 的要求，虾类应符合 NY/T 840 的要求，贝类应符合 NY/T 1329 的要求，头足类应符合 NY/T 2975 的要求，所用鱼（虾、贝）肉糜应鲜度和弹性良好。

3.1.2　辅料

食品添加剂应符合 NY/T 392 的要求，食用糖应符合 NY/T 422 的要求，食用盐应符合 NY/T 1040 的要求，味精应符合 NY/T 1053 的要求，淀粉类蔬菜粉应符合 NY/T 2984 的要求。

3.1.3　加工用水

应符合 GB 5749 的要求。

3.2　生产过程

应符合 GB 20941 和 GB/T 27304 的要求。

3.3　感官

应符合表 1 的要求。

表 1　感官要求

项目	要　　求	检验方法
外观	包装袋完整无破损，袋内产品形状良好，个体大小基本均匀、完整，较饱满，丸类有丸子的形状，模拟制品应具有特定的形状	在光线充足、无异味的环境中，将样品置于白色搪瓷盘或不锈钢工作台上，目测外观、色泽和杂质，鼻闻气味，品尝滋味
色泽	鱼丸、鱼糕、墨鱼丸、贝肉丸、模拟扇贝柱白度较好，虾丸、虾饼要有虾红色，模拟蟹肉正面和侧面要有蟹红色、肉体和背面白度较好，烤鱼卷、鱼肉香肠要有鱼肉加工后的色泽	
肉质	口感好，有一定弹性	
气味与滋味	鱼丸、鱼糕、烤鱼卷、鱼肉香肠要有鱼鲜味，虾丸、虾饼要有虾鲜味，贝肉丸、模拟扇贝柱要有扇贝柱鲜味，模拟蟹肉要有蟹肉鲜味	
杂质	无正常视力可见的外来杂质	

3.4　理化指标

应符合表 2 的要求。

表 2　理化指标

项　　目	指　　标	检验方法
水分，%	≤80	GB 5009.3
淀粉，%	≤10（模拟蟹肉） ≤15（其他产品）	GB 5009.9

表 2（续）

项　目	指　标	检验方法
挥发性盐基氮,mg/100 g	以板鳃鱼类为主的鱼糜制品≤30 其他鱼类为主的鱼糜制品≤15 以牡蛎为主的鱼糜制品≤10 其他贝类为主的鱼糜制品≤15 以淡水虾为主的鱼糜制品≤10 以海水虾为主的鱼糜制品≤20	GB 5009.228
组胺[a],mg/100g	≤20	GB 5009.208
[a]　仅适用于以海水鱼为主要原料制成的鱼糜制品。		

3.5　污染物、渔药残留、食品添加剂限量

污染物、渔药残留、食品添加剂限量应符合食品安全国家标准及相关规定,同时符合表 3 的要求。

表 3　污染物、渔药残留、食品添加剂限量

项　目	指　标	检验方法
土霉素[a],mg/kg	不得检出(<0.05)	SC/T 3015
磺胺类(以总量计)[a],μg/kg	不得检出(<0.5)	农业部 1025 号公告—23—2008
苯甲酸及其钠盐,g/kg	不得检出(<0.005)	GB 5009.28
二氧化钛,mg/kg	不得检出(<1.5)	GB 5009.246
[a]　仅适用于以养殖海水、淡水产品为主要原料制成的鱼糜制品。		

3.6　净含量

应符合国家质量监督检验检疫总局令 2005 年第 75 号的规定。

4　检验规则

申报绿色食品应按照 3.3～3.6 以及附录 A 所确定的项目进行检验。其他要求应符合 NY/T 1055 的规定。出厂检验项目还应包括水分、微生物。

5　标签

标签按照 GB 7718 的规定执行。

6　包装、运输和储存

6.1　包装

按照 NY/T 658 的规定执行。

6.2　运输和储存

按照 NY/T 1056 的规定执行。

附　录　A
（规范性附录）
绿色食品鱼糜制品申报检验项目

表 A.1 和表 A.2 规定了除 3.2～3.6 所列项目外,按食品安全国家标准和绿色食品生产实际情况,绿色食品鱼糜制品申报检验还应检验的项目。

表 A.1　污染物、渔药残留、农药残留及食品添加剂项目

项　目	指　标	检验方法
甲基汞,mg/kg	其他鱼糜制品(以肉食性鱼类为主要原料的鱼糜制品除外)≤0.5 以肉食性鱼类为主要原料的鱼糜制品≤1.0	GB 5009.17
无机砷(以 As 计),mg/kg	≤0.1(以鱼类为主要原料的鱼糜制品) ≤0.5(其他水产品为主要原料的鱼糜制品)	GB 5009.11
铅(以 Pb 计),mg/kg	鱼糜制品≤1.0	GB 5009.12
镉(以 Cd 计),mg/kg	其他鱼糜制品(以凤尾鱼、旗鱼为主要原料的鱼糜制品除外)≤0.1 以凤尾鱼、旗鱼为主要原料的鱼糜制品≤0.3	GB 5009.15
多氯联苯[a],mg/kg	≤0.5	GB 5009.190
N-二甲基亚硝铵,μg/kg	≤4.0	GB 5009.26
硝基呋喃类代谢物,μg/kg	不得检出(<0.25)	农业部 783 号公告—1—2006
氯霉素,μg/kg	不得检出(<0.1)	GB/T 20756
山梨酸及其钾盐,g/kg	≤0.075	GB 5009.28

　[a]　以 PCB28、PCB52、PCB101、PCB118、PCB138、PCB153、PCB180 总和计。

表 A.2　微生物项目

项　目	采样方案及限量				检验方法
	n	c	m	M	
菌落总数	5	2	5×10^4 CFU/g	10^5 CFU/g	GB 4789.2
大肠菌群	5	2	10 CFU/g	10^2 CFU/g	GB 4789.3
沙门氏菌	5	0	0	—	GB 4789.4
副溶血性弧菌	5	1	100 MPN/g	1 000 MPN/g	GB 4789.7
金黄色葡萄球菌	5	1	100 CFU/g	1 000 CFU/g	GB 4789.10

　注:n 为同一批次产品应采集的样品件数;c 为最大可允许超出 m 值的样品数;m 为致病菌指标可接受水平的限量值;M 为致病菌指标的最高安全限量值。

ICS 67.120.30
X 20

中华人民共和国农业行业标准

NY/T 1328—2018
代替 NY/T 1328—2007

绿色食品　鱼罐头

Green food—Canned fish

2018-05-07 发布

2018-09-01 实施

中华人民共和国农业农村部 发布

前　言

本标准按照 GB/T 1.1—2009 给出的规则起草。

本标准代替 NY/T 1328—2007《绿色食品　鱼罐头》。与 NY/T 1328—2007 相比，除编辑性修改外主要技术变化如下：

——修改了标准的适用范围；

——增加了鱼罐头的分类；

——增加了原料产地环境要求和生产过程要求；

——修改了罐头的分类和感官要求；

——删除了卫生指标，增加了理化指标和污染物限量，修改了组胺限量值；

——修改了多氯联苯限量值，增加了铬的限量，删除了苯并芘、铜的限量值。

本标准由农业农村部农产品质量安全监管局提出。

本标准由中国绿色食品发展中心归口。

本标准起草单位：中国水产科学研究院黄海水产研究所、蓬莱汇洋食品有限公司、青岛益和兴食品有限公司、荣成泰祥食品股份有限公司、中国绿色食品发展中心。

本标准主要起草人：周德庆、赵峰、牟伟丽、苏志卫、朱兰兰、张宪、李钰金、刘光明、孙永、刘楠、李娜。

本标准所代替标准的历次版本发布情况为：

——NY/T 1328—2007。

绿色食品 鱼罐头

1 范围

本标准规定了绿色食品鱼罐头的分类、要求、检验规则、标志、标签、包装、运输和储存。

本标准适用于绿色食品鱼罐头,包括海水鱼罐头和淡水鱼罐头;不适用于烟熏类的鱼罐头。

2 规范性引用文件

下列文件对于本文件的应用是必不可少的。凡是注日期的引用文件,仅注日期的版本适用于本文件。凡是不注日期的引用文件,其最新版本(包括所有的修改单)适用于本文件。

GB/T 191 包装储运图示标志

GB 4789.26 食品安全国家标准 食品微生物学检验 商业无菌检验

GB 5009.11 食品安全国家标准 食品中总砷及无机砷的测定

GB 5009.12 食品安全国家标准 食品中铅的测定

GB/T 5009.14 食品中锌的测定

GB 5009.15 食品安全国家标准 食品中镉的测定

GB/T 5009.16 食品中锡的测定

GB 5009.17 食品安全国家标准 食品中总汞及有机汞的测定

GB 5009.33 食品安全国家标准 食品中亚硝酸盐与硝酸盐的测定

GB 5009.123 食品安全国家标准 食品中铬的测定

GB 5009.190 食品安全国家标准 食品中指示性多氯联苯含量的测定

GB 5009.208 食品安全国家标准 食品中生物胺的测定

GB 7718 食品安全国家标准 预包装食品标签通则

GB 8950 食品安全国家标准 罐头食品生产卫生规范

GB/T 10786 罐头食品的检验方法

GB/T 19857 水产品中孔雀石绿和结晶紫残留量的测定

GB/T 20756 可食动物肌肉、肝脏和水产品中氯霉素、甲砜霉素和氟苯尼考残留量的测定

GB/T 27303 食品安全管理体系 罐头食品生产企业要求

农业部 783 号公告—1—2006 水产品中硝基呋喃类代谢物残留量的测定液相色谱-串联质谱法

JJF 1070 定量包装商品净含量计量检验规则

NY/T 391 绿色食品 产地环境质量

NY/T 392 绿色食品 食品添加剂使用准则

NY/T 658 绿色食品 包装通用准则

NY/T 751 绿色食品 食用植物油

NY/T 842 绿色食品 鱼

NY/T 1040 绿色食品 食用盐

NY/T 1055 绿色食品 产品检验规则

NY/T 1056 绿色食品 贮藏运输准则

SC/T 3015 水产品中四环素、土霉素、金霉素残留量的测定

国家质量监督检验检疫总局令 2005 年第 75 号 定量包装商品计量监督管理办法

3 分类

3.1

油浸鱼罐头 canned fish with oil

鱼经预煮后装罐,再加入精炼植物油等工序制成的罐头产品。如油浸鲭鱼等罐头。

3.2

调味鱼罐头 canned flavored fish

将处理好的鱼经腌渍脱水(或油炸)后装罐,加入调味料等工序制成的罐头产品。这类罐头产品又可分为红烧、茄汁、葱烧、鲜炸、五香、豆豉、酱油等。如茄汁鲭鱼、葱烧鲫鱼、豆豉鲮鱼等罐头。

3.3

清蒸鱼罐头 canned steamed fish

将处理好的鱼经预煮脱水(或在柠檬酸水中浸渍)后装罐,再加入精盐、味精而成的罐头产品。如水浸金枪鱼等罐头。

4 要求

4.1 原料产地环境

应符合 NY/T 391 的规定。

4.2 加工原料

用于加工的海水鱼、淡水鱼原料质量应符合 NY/T 842 的规定。其他原料应符合相应的规定。

4.3 加工辅料

4.3.1 食用油应符合 NY/T 751 的规定。

4.3.2 食用盐应符合 NY/T 1040 的规定。

4.3.3 加工用水应符合 NY/T 391 的规定。

4.4 食品添加剂

应符合 NY/T 392 的规定。

4.5 生产过程

应符合 GB/T 27303 和 GB 8950 的规定。

4.6 感官

应符合表 1 的规定。

表 1 感官要求

项 目	要 求			检验方法
容器	密封完好,无泄漏、胖听现象;容器外表无锈蚀,内壁涂料无脱落			
内容物	色泽	滋味及气体	组织状态	
油浸鱼罐头	具有新鲜鱼的光泽,油应清晰,汤汁允许有轻微混浊及沉淀	具有油浸鱼罐头应有的滋味及气味,无异味	组织紧密适度,鱼块小心从罐内倒出时,不碎散,无粘罐现象;马口铁罐罐头无硫化铁污染内容物;鱼块应竖装(按鱼段)排列整齐,块形大小均匀,无杂质存在,不应有弯曲或变形。肚肠、鱼鳞不得检出,鱼皮无损伤,杀菌后鱼骨在拇指按压下柔软	GB/T 10786
调味鱼罐头	肉色正常,具有特定调味鱼罐头色泽,或呈该品种鱼的自然色泽	具有各种鲜鱼经处理、烹调装罐加调味液制成的调味鱼罐头应有的滋味及气味,无异味		
清蒸鱼罐头	具有鲜鱼的光泽,略显带淡黄色,汁液澄清	具有新鲜鱼经处理、装罐、加盐及糖制成的清蒸鱼罐头应有的滋味及气味,无异味		

4.7 理化指标

应符合表 2 的规定。

表 2 理化指标要求

单位为毫克每百克

项 目	指 标	检验方法
组胺(海水鱼)	≤20	GB 5009.208

4.8 污染物限量、渔药残留限量

污染物限量、渔药残留限量应符合食品安全国家标准及相关规定,同时应符合表 3 的规定。

表 3 污染物和限量

单位为毫克每千克

项 目	指 标	检验方法
铅	≤0.2	GB 5009.12
锌	≤30	GB/T 5009.14
锡[a](镀锡罐头)	≤50	GB/T 5009.16
亚硝酸盐	≤3.0	GB 5009.33
土霉素、金霉素、四环素(以总量计)[b]	≤0.10	SC/T 3015
[a] 仅适用于镀锡罐头产品。		
[b] 适用于以养殖的海水、淡水鱼为原料制成的罐头。		

4.9 微生物要求

微生物要求应符合商业无菌,检测方法按照 GB 4789.26 的规定执行。

4.10 净含量和固形物

应符合国家质量监督检验检疫总局令 2005 年第 75 号的规定。净含量检验方法按 JJF 1070 的规定执行,固形物检验按 GB/T 10786 的规定执行。净含量和固形物含量应与标签标注一致。

5 检验规则

申报绿色食品应按照 4.6~4.10 及附录 A 所确定的项目进行检验。其他要求应符合 NY/T 1055 的规定。

6 标签

应符合 GB 7718 的规定。

7 包装、运输和储存

7.1 包装

应符合 GB/T 191 和 NY/T 658 的规定。

7.2 运输和储藏

运输和储藏应符合 NY/T 1056 的规定。

附 录 A

（规范性附录）

绿色食品鱼罐头申报检验项目

表 A.1 规定了除 4.3～4.10 所列项目外，依据食品安全国家标准和绿色食品生产实际情况，绿色食品申报还应检验的项目。

表 A.1 污染物和渔药残留项目

序号	项 目		指 标	检验方法
1	铬，mg/kg		≤2.0	GB 5009.123
2	镉，mg/kg		≤0.1	GB 5009.15
3	甲基汞，mg/kg	食肉鱼类（旗鱼、金枪鱼、梭子鱼等）	≤1.0	GB 5009.17
		非食肉鱼类	≤0.5	
4	无机砷，mg/kg		≤0.1	GB 5009.11
5	多氯联苯总量[a]，mg/kg		≤0.5	GB 5009.190
6	孔雀石绿[b]，μg/kg		不得检出（<2.0）	GB/T 19857
7	硝基呋喃类代谢物[b]，μg/kg		不得检出（<0.5）	农业部 783 号公告—1—2006
8	氯霉素[b]，μg/kg		不得检出（<0.1）	GB/T 20756
[a] 以 PCB28、PCB52、PCB101、PCB118、PCB138、PCB153 和 PCB180 总和计。				
[b] 适用于以养殖的海水、淡水鱼为原料制成的罐头。				

ICS 67.080.20
X 26

中华人民共和国农业行业标准

NY/T 1406—2018
代替 NY/T 1406—2007

绿色食品　速冻蔬菜

Green food—Quick-frozen vegetables

2018-05-07 发布

2018-09-01 实施

中华人民共和国农业农村部 发布

NY/T 1406—2018

前　言

本标准按照GB/T 1.1—2009给出的规则起草。

本标准代替NY/T 1406—2007《绿色食品　速冻蔬菜》。与NY/T 1406—2007相比，除编辑性修改外主要技术变化如下：

——修改了原料要求、生产过程和感官要求；

——修改了农药残留检验项目要求，改为直接采用原料的绿色食品标准要求；

——删除了亚硝酸盐的卫生指标，将无机砷项目修改为总砷；

本标准由农业农村部农产品质量安全监管局提出。

本标准由中国绿色食品发展中心归口。

本标准起草单位：广东省农业科学院农产品公共监测中心、农业农村部蔬菜水果质量监督检验测试中心（广州）、山东泰华食品股份有限公司。

本标准主要起草人：陈岩、杨慧、王富华、耿安静、赵晓丽、廖若昕、李丽、马爱玲。

本标准所代替标准的历次版本发布情况为：

——NY/T 1406—2007。

绿色食品 速冻蔬菜

1 范围

本标准规定了绿色食品速冻蔬菜的术语和定义、要求、检验规则、标签、包装、运输和储存。

本标准适用于绿色食品速冻蔬菜。

2 规范性引用文件

下列文件对于本文件的应用是必不可少的。凡是注日期的引用文件,仅注日期的版本适用于本文件。凡是不注日期的引用文件,其最新版本(包括所有的修改单)适用于本文件。

GB 4789.2 食品安全国家标准 食品微生物学检验 菌落总数测定

GB 4789.3 食品安全国家标准 食品微生物学检验 大肠菌群计数

GB 4789.4 食品安全国家标准 食品微生物学检验 沙门氏菌检验

GB 4789.10 食品安全国家标准 食品微生物学检验 金黄色葡萄球菌检验

GB 5009.11 食品安全国家标准 食品中总砷及无机砷的测定

GB 5009.12 食品安全国家标准 食品中铅的测定

GB 5009.15 食品安全国家标准 食品中镉的测定

GB 5009.17 食品安全国家标准 食品中总汞及有机汞的测定

GB 5749 生活饮用水卫生标准

GB 7718 食品安全国家标准 预包装食品标签通则

GB/T 31273 速冻水果和速冻蔬菜生产管理规范

JJF 1070 定量包装商品净含量计量检验规则

NY/T 392 绿色食品 食品添加剂使用准则

NY/T 658 绿色食品 包装通用准则

NY/T 1055 绿色食品 产品检验规则

NY/T 1056 绿色食品 贮藏运输准则

国家质量监督检验检疫总局令 2005 年第 75 号 定量包装商品计量监督管理办法

3 术语和定义

下列术语和定义适用于本文件。

3.1

速冻 quick frozen

将被冻产品迅速通过最大冰晶区域,使其热中心温度达到－18℃以下的冻结过程。

3.2

漂烫 blanching

一种降低酶活性的热处理方法。

3.3

速冻蔬菜 quick-frozen vegetable

以新鲜、清洁的蔬菜为原料,经清洗、分割或不分割、漂烫或不漂烫、冷却、沥干或不沥干、速冻等工序生产,在冷链条件下进入销售市场的产品。

4 要求

4.1 原料要求

4.1.1 蔬菜原料应符合相应绿色食品的标准要求。

4.1.2 加工用水应符合 GB 5749 的规定。

4.1.3 食品添加剂应符合 NY/T 392 的规定。

4.2 生产过程

应符合 GB/T 31273 的规定。

4.3 感官

应符合表1的规定。

表 1 感官要求

项　目	要　求	检验方法
形态	同一品种或相似品种,具有本品应有的形态,形态规则、大小均一整齐、质地良好,无粘连、结块、结霜和风干现象	形态、色泽、杂质等外观特征,用目测法鉴定 气味用嗅的方法鉴定 滋味用品尝的方法鉴定
色泽	色泽一致,具有本品应有的颜色	
缺陷	无病虫害伤,无漂烫过度、腐烂、揉烂,无机械伤,无肉眼可见外来杂质,无不正常外来水分	
滋味和气味	解冻后具有本产品应有的风味,无异味	

4.4 污染物限量

产品质量安全应符合食品安全国家标准及相关规定,同时符合表2的规定。农药残留限量应符合食品安全国家标准,同时符合相应蔬菜的绿色食品标准的规定。

表 2 污染物限量

单位为毫克每千克

项　目	指标	检验方法
铅(以 Pb 计)	≤0.1	GB 5009.12
镉(以 Cd 计)	≤0.05	GB 5009.15

4.5 净含量

应符合国家质量监督检验检疫总局令 2005 年第 75 号的规定,检验方法按 JJF 1070 的规定执行。

5 检验规则

申报绿色食品应按照标准中 4.1.1、4.3～4.5 以及附录 A 所确定的项目进行检验,农药残留还应按照相应蔬菜的绿色食品标准进行检验。其他要求应符合 NY/T 1055 的规定。

6 标签

应符合 GB 7718 的规定。

7 包装、运输和储存

7.1 包装

应符合 NY/T 658 的规定。

7.2 运输和储存

7.2.1 应符合 NY/T 1056 的规定。

7.2.2 应采用专用运输设备冷链输送,厢体在装载前应预冷到≤10℃,箱内产品温度应保持在≤－18℃,运输设备装卸时应采用"门对门"连接。

7.2.3 冷藏设备应具有降温、保温、除霜、温度遥测、温度自动控制等功能,储藏温度为≤－18℃。

附　录　A

（规范性附录）

绿色食品速冻蔬菜申报检验项目

表 A.1、表 A.2 和表 A.3 规定了除 4.3～4.5 所列项目外,依据食品安全国家标准和绿色食品生产实际情况,绿色食品申报检验还应检验的项目。

表 A.1　污染物项目

单位为毫克每千克

项　　目	指标	检验方法
总砷(以 As 计)	≤0.5	GB 5009.11
总汞(以 Hg 计)	≤0.01	GB 5009.17

表 A.2　微生物项目

项　　目	指标	检验方法
菌落总数,CFU/g	≤10 000	GB 4789.2
大肠菌群,MPN/g	≤3.0	GB 4789.3

表 A.3　致病菌限量项目

微生物	采样方案及限量(若非指定,均以/25 g 表示)				检验方法
	n	c	m	M	
沙门氏菌	5	0	0	—	GB 4789.4
金黄色葡萄球菌	5	1	100 CFU/g	1 000 CFU/g	GB 4789.10
注:n 为同一批次产品采集的样品件数;c 为最大可允许超出 m 值的样品数;m 为致病菌指标可接受水平的限量值;M 为致病菌指标的最高安全限量值。					

ICS 67.060
B 22

中华人民共和国农业行业标准

NY/T 1407—2018
代替 NY/T 1407—2007

绿色食品　速冻预包装面米食品

Green food—Quick-frozen and pre-packed food made of wheat flour or rice

2018-05-07 发布

2018-09-01 实施

中华人民共和国农业农村部 发布

前　言

本标准按照 GB/T 1.1—2009 给出的规则起草。

本标准代替 NY/T 1407—2007《绿色食品　速冻预包装面米食品》。与 NY/T 1407—2007 相比，除编辑性修改外主要技术变化如下：

——删除了酸价、山梨酸、霉菌、志贺氏菌指标；

——增加了总砷指标，修改了无机砷的限量值；

——修改了镉、铅、菌落总数、大肠菌群、金黄色葡萄球菌、沙门氏菌的限量值，修改了过氧化苯甲酰、复合磷酸盐的检验方法。

本标准由农业农村部农产品质量安全监管局提出。

本标准由中国绿色食品发展中心归口。

本标准起草单位：辽宁省分析科学研究院、三全食品股份有限公司、中国绿色食品发展中心。

本标准主要起草人：刘成雁、魏静元、孙晶、王志嘉、王璐、张志华、张宪、朱香杰。

本标准所代替标准的历次版本发布情况为：

——NY/T 1407—2007。

绿色食品 速冻预包装面米食品

1 范围

本标准规定了绿色食品速冻预包装面米食品的术语和定义、产品分类、要求、检验规则、标签、包装、运输和储存。

本标准适用于绿色食品速冻预包装面米食品。

2 规范性引用文件

下列文件对于本文件的应用是必不可少的。凡是注日期的引用文件,仅注日期的版本适用于本文件。凡是不注日期的引用文件,其最新版本(包括所有的修改单)适用于本文件。

GB/T 191 包装储运图示标志

GB 4789.1 食品安全国家标准 食品微生物学检验 总则

GB 4789.2 食品安全国家标准 食品微生物学检验 菌落总数测定

GB 4789.3—2016 食品安全国家标准 食品微生物学检验 大肠菌群计数

GB 4789.4 食品安全国家标准 食品微生物学检验 沙门氏菌检验

GB 4789.10—2016 食品安全国家标准 食品微生物学检验 金黄色葡萄球菌检验

GB 5009.11 食品安全国家标准 食品中总砷及无机砷的测定

GB 5009.12 食品安全国家标准 食品中铅的测定

GB 5009.15 食品安全国家标准 食品中镉的测定

GB 5009.17 食品安全国家标准 食品中总汞及有机汞的测定

GB 5009.22 食品安全国家标准 食品中黄曲霉毒素 B 族和 G 族的测定

GB 5009.28 食品安全国家标准 食品中苯甲酸、山梨酸和糖精钠的测定

GB 5009.33 食品安全国家标准 食品中亚硝酸盐与硝酸盐的测定

GB 5009.97 食品安全国家标准 食品中环己基氨基磺酸钠的测定

GB 5009.182 食品安全国家标准 食品中铝的测定

GB 5009.227 食品安全国家标准 食品中过氧化值的测定

GB 5009.228 食品安全国家标准 食品中挥发性盐基氮的测定

GB 5009.256 食品安全国家标准 食品中多种磷酸盐的测定

GB 5749 生活饮用水卫生标准

GB 7718 食品安全国家标准 预包装食品标签通则

GB 14881 食品安全国家标准 食品生产通用卫生规范

GB/T 22325 小麦粉中过氧化苯甲酰的测定 高效液相色谱法

GB 28050 食品安全国家标准 预包装食品营养标签通则

JJF 1070 定量包装商品净含量计量检验规则

NY/T 392 绿色食品 食品添加剂使用准则

NY/T 658 绿色食品 包装通用准则

NY/T 1055 绿色食品 产品检验规则

NY/T 1056 绿色食品 贮藏运输准则

国家质量监督检验检疫总局令 2005 年第 75 号 定量包装商品计量监督管理办法

3 术语和定义

下列术语和定义适用于本文件。

3.1

速冻预包装面米食品 quick-frozen and pre-packed food made of wheat flour or rice

以小麦、大米、杂粮等谷物为主要原料,或同时配以肉、禽、蛋、水产品、蔬菜、果料、糖、油、调味品等为馅料,经加工成型(或熟制),采用速冻工艺,并在冻结条件下储存、运输及销售的各种预包装面、米制品。

3.2

速冻 quick-freezing

使被冻产品迅速通过最大冰晶区,使其热中心温度达到−18℃及以下的冻结过程。

3.3

生制品 uncooked food

产品冻结前未经加热成熟的制品。

3.4

熟制品 cooked food

产品冻结前经加热成熟的非即食制品。

3.5

坚果 nut

具有坚硬外壳的木本类植物的籽粒,包括核桃、板栗、杏核、扁桃核、山核桃、开心果、香榧、夏威夷果、松子等。

3.6

籽类 seed

瓜、果、蔬菜、油料等植物的籽粒,包括葵花籽、西瓜籽、南瓜籽、花生、蚕豆、豌豆、大豆等。

4 产品分类

4.1 肉类馅料速冻预包装面米食品

馅料完全由畜肉、禽肉、水产品等可食肉类原料加调味品组成。

4.2 含肉类馅料速冻预包装面米食品

馅料中含有畜肉、禽肉、水产品等可食肉类原料。

4.3 非肉类馅料速冻预包装面米食品

馅料中含有蔬菜、水果、坚果、干果及其磨碎制品等原料,不含有畜肉、禽肉、水产品等可食肉类原料。

4.4 无馅料速冻预包装面米食品

以面、米为主要原料,不含馅料。

5 要求

5.1 原料要求

5.1.1 面、米原料及馅料符合绿色食品标准的要求。

5.1.2 其他辅料应符合相应的绿色食品标准的要求。

5.1.3 食品添加剂应符合 NY/T 392 的要求。

5.1.4 加工用水应符合 GB 5749 的要求。

5.2 生产过程

应符合 GB 14881 的要求。

5.3 感官

应符合表 1 的要求。

表 1 感官要求

项 目	指 标	检验方法
组织形态	具有该品种应有的形态,不变形,不破损,表面不结霜	取 2 袋以上样品置于洁净白瓷盘中,肉眼观察组织状态、色泽和杂质,并按包装上标明的食用方法进行加热或熟制,分别品尝和嗅味,检查其滋味和气味
色泽	外表及内部具有该品种应有的色泽,且均匀	
滋味气味	外表及内部具有该品种应有的滋味和气味,无异味	
杂质	外表及内部均无肉眼可见杂质	

5.4 理化指标

应符合表 2 的要求。

表 2 理化指标

项 目	指 标				检验方法
	肉类馅料速冻预包装面米食品	含肉类馅料速冻预包装面米食品	非肉类馅料速冻预包装面米食品	无馅料速冻预包装面米食品	
挥发性盐基氮[a],mg/100 g	≤15	≤15	—	—	GB 5009.228
过氧化值(以脂肪计)[a,b],g/100 g	≤0.15	≤0.15	≤0.15[c]	—	GB 5009.227

[a] 以馅料为检测样本。
[b] 适用于主要馅料为肉类、坚果和籽类及其制品。
[c] 不适用于脂肪含量低的蚕豆、板栗、橡子、银杏、芡实(米)、莲子、菱角等馅料速冻预包装面米食品。

5.5 污染物食品添加剂限量

应符合食品安全国家标准及相关规定,同时符合表 3 的要求。

表 3 污染物、食品添加剂限量

单位为毫克每千克

项 目	指 标				检验方法
	肉类馅料速冻预包装面米食品	含肉类馅料速冻预包装面米食品	非肉类馅料速冻预包装面米食品	无馅料速冻预包装面米食品	
铅(以 Pb 计)	≤0.2				GB 5009.12
铝(以 Al 计)	≤25				GB 5009.182
亚硝酸盐(以 NaNO₂ 计)	≤3	≤3	≤4	—	GB 5009.33
苯甲酸及其钠盐(以苯甲酸计)	不得检出(<5)				GB 5009.28
糖精钠(以糖精计)	不得检出(<5)				GB 5009.28
甜蜜素(以环己基氨基磺酸计)	不得检出(<10)				GB 5009.97

5.6 净含量

应符合国家质量监督检验检疫总局令 2005 年第 75 号的要求。检验方法按照 JJF 1070 的规定执行。

6 检验规则

申报绿色食品应按照 5.3~5.6 以及附录 A 所确定的项目进行检验。其他要求应符合 NY/T 1055 的要求。

7 标签

标签应符合 GB 7718 和 GB 28050 的规定。

8 包装、运输和储存

8.1 包装

8.1.1 应按照 GB/T 191 和 NY/T 658 的规定执行。

8.1.2 包装容器应有足够的支撑强度。连同产品蒸煮或复热用的托盘、衬盒等容器,应能维持食品成熟或耐温特性,不变形。

8.2 运输和储存

8.2.1 应按照 NY/T 1056 的规定执行。

8.2.2 运输产品的厢体应符合卫生要求。厢内温度应保持在−18℃以下,产品从冷藏库运出后,运输途中允许升到−15℃,但交货后应尽快降至−18℃。产品装卸或进出冷库要迅速。

8.2.3 产品应储存在−18℃以下的冷藏库内,温度波动要求控制在±2℃以内。不应与未经速冻的食品混放。

附 录 A
（规范性附录）
绿色食品速冻预包装面米食品产品申报检验项目

表 A.1 和表 A.2 规定了除 5.3～5.6 所列项目外,依据食品安全国家标准和绿色食品生产实际情况,绿色食品申报检验还应检验的项目。

表 A.1 污染物、食品添加剂和真菌毒素项目

序号	检验项目	指 标				检验方法
		肉类馅料速冻预包装面米食品	含肉类馅料速冻预包装面米食品	非肉类馅料速冻预包装面米食品	无馅料速冻预包装面米食品	
1	总砷(以 As 计)[a],mg/kg	≤0.5				GB 5009.11
2	无机砷(以 As 计)[b,c],mg/kg	≤0.1[d](0.5[e])	≤0.1[d](0.5[e])	—	—	GB 5009.11
3	总汞(以 Hg 计)[a],mg/kg	≤0.05	≤0.05	≤0.02	≤0.02	GB 5009.17
4	甲基汞[b,c],mg/kg	≤0.5	≤0.5			GB 5009.17
5	镉(以 Cd 计),mg/kg	≤0.1(0.2[f])				GB 5009.15
6	复合磷酸盐(以 PO_4^{3-} 计),g/kg	≤5		—		GB 5009.256
7	过氧化苯甲酰,mg/kg	不得检出(<0.5)				GB/T 22325
8	黄曲霉毒素 B_1,µg/kg	≤5				GB 5009.22

[a] 不适用于仅以水产品为馅料的速冻预包装面米食品。

[b] 适用于以水产品为主要馅料的速冻预包装面米食品。

[c] 水产品主要馅料制品可先测定总砷(总汞),当总砷(总汞)水平不超过无机砷(甲基汞)限量值时,不必测定无机砷(甲基汞);否则,需再测定无机砷(甲基汞)。

[d] 适用于以鱼类及其制品为主要馅料的速冻预包装面米食品。

[e] 适用于以除鱼类及其制品以外的水产动物及其制品为主要馅料的速冻预包装面米食品。

[f] 适用于以大米为主要原料的速冻预包装面米食品。

表 A.2 熟制品微生物项目

序号	检验项目	采样方案[a] 及限量				检验方法
		n	c	m	M	
1	菌落总数	5	1	10 000 CFU/g	100 000 CFU/g	GB 4789.2
2	大肠菌群	5	1	10 CFU/g	100 CFU/g	GB 4789.3—2016 第二法
3	金黄色葡萄球菌	5	1	100 CFU/g	1 000 CFU/g	GB 4789.10—2016 第二法
4	沙门氏菌	5	0	0/25 g	—	GB 4789.4

注 1:n 为同一批次产品应采集的样品件数;c 为最大可允许超出 m 值的样品数;m 为致病菌指标可接受水平的限量值;M 为致病菌指标的最高安全限量值。

注 2:如食品安全国家标准及相关国家规定中上述项目和指标有调整,且严于本标准,则按最新国家标准及相关规定执行。

[a] 样品的采样及处理按照 GB 4789.1 的规定执行。

ICS 67.120.30
X 20

中华人民共和国农业行业标准

NY/T 1712—2018
代替 NY/T 1712—2009

绿色食品　干制水产品

Green food—Dried aquatic product

2018-05-07 发布　　　　　　　　　　　　2018-09-01 实施

中华人民共和国农业农村部 发布

前　言

本标准按照 GB/T 1.1—2009 给出的规则起草。

本标准代替 NY/T 1712—2009《绿色食品　干制水产品》。与 NY/T 1712—2009 相比,除编辑性修改外主要技术变化如下:

——增加了原料产地环境要求;

——删除了外观项目,增加了组织状态项目;修改了感官要求指标,增加了检验方法;

——修改了"盐分"指标为"氯化物",并修改了指标要求;

——删除了敌百虫项目;

——修改了镉、无机砷、多氯联苯限量;增加了 N-亚硝胺类化合物项目;

——修改了微生物指标要求。

本标准由农业农村部农产品质量安全监管局提出。

本标准由中国绿色食品发展中心归口。

本标准起草单位:中国水产科学研究院黄海水产研究所、青岛耀栋食品有限公司、中国绿色食品发展中心、荣成泰祥食品股份有限公司。

本标准主要起草人:周德庆、朱兰兰、李国栋、赵峰、张宪、李钰金、王珊珊、马玉洁、刘楠、孙永、李娜。

本标准所代替标准的历次版本发布情况为:

——NY/T 1712—2009。

绿色食品　干制水产品

1　范围

本标准规定了绿色食品干制水产品的术语和定义、要求、检验规则、标志、标签、包装、运输与储存。

本标准适用于绿色食品干制水产品,包括鱼类干制品、虾类干制品、贝类干制品和其他类干制品;本标准不适用于海参和藻类干制产品、即食干制水产品。

2　规范性引用文件

下列文件对于本文件的应用是必不可少的。凡是注日期的引用文件,仅注日期的版本适用于本文件。凡是不注日期的引用文件,其最新版本(包括所有的修改单)适用于本文件。

GB 5009.3　食品安全国家标准　食品中水分的测定

GB 5009.11　食品安全国家标准　食品中总砷及无机砷的测定

GB 5009.12　食品安全国家标准　食品中铅的测定

GB 5009.15　食品安全国家标准　食品中镉的测定

GB 5009.17　食品安全国家标准　食品中总汞及有机汞的测定

GB 5009.26　食品安全国家标准　食品中N-亚硝胺类化合物的测定

GB 5009.29　食品安全国家标准　食品中山梨酸、苯甲酸的测定

GB 5009.34　食品安全国家标准　食品中亚硫酸盐的测定

GB 5009.35　食品安全国家标准　食品中合成着色剂的测定

GB 5009.44　食品安全国家标准　食品中氯化物的测定

GB 5009.190　食品安全国家标准　食品中指示性多氯联苯含量的测定

GB 7718　食品安全国家标准　预包装食品标签通则

GB 14881　食品安全国家标准　食品生产通用卫生规范

GB/T 20361　水产品中孔雀石绿和结晶紫残留量的测定

GB/T 20756　可食动物肌肉、肝脏和水产品中氯霉素、甲砜霉素和氟苯尼考残留量的测定

GB 20941　食品安全国家标准　水产制品生产卫生规范

GB/T 30891　水产品抽样规范

农业部783号公告—1—2006　水产品中硝基呋喃类代谢物残留量的测定　液相色谱-串联质谱法

JJF 1070　定量包装商品净含量计量检验规则

NY/T 391　绿色食品　产地环境技术条件

NY/T 392　绿色食品　食品添加剂使用准则

NY/T 658　绿色食品　包装通用准则

NY/T 840　绿色食品　虾

NY/T 842　绿色食品　鱼

NY/T 896　绿色食品　产品抽样准则

NY/T 1040　绿色食品　食用盐

NY/T 1055　绿色食品　产品检验规则

NY/T 1056　绿色食品　贮藏运输准则

NY/T 1329　绿色食品　海水贝

SC/T 3025　水产品中甲醛的测定

国家质量监督检验检疫总局令 2005 年第 75 号 定量包装商品计量监督管理办法

3 术语和定义

下列术语和定义适用于本文件。

3.1

干制水产品 dried aquatic product

水产品原料直接或经过盐渍、预煮、调味后在自然或人工条件下干燥脱水制成的产品。

4 要求

4.1 原料产地环境

应符合 NY/T 391 的要求。

4.2 加工原料

干制水产品所选用的原料,鱼类应符合 NY/T 842 的规定;虾类应符合 NY/T 840 的规定;海水贝类应符合 NY/T 1329 的规定;其他原料应符合相应的标准规定。

4.3 加工辅料

食用盐应符合 NY/T 1040 的规定,其他辅料应符合相应标准的规定。

4.4 食品添加剂

应符合 NY/T 392 的规定。

4.5 加工过程

应符合 GB 20941 和 GB 14881 的规定。

4.6 感官

应符合表 1 的规定。

表 1 感官要求

项 目	指 标	检验方法
色泽	体表洁净而干燥,具有各种干制水产品应有的色泽	在光线充足、无异味的环境中,按 GB/T 30891 和 NY/T 896 规定抽样,将样品置于白色陶瓷盘或不锈钢工作台上,目测色泽和杂质,鼻闻气味,手测组织。若依此不能判定气味和组织时,可做蒸煮试验,即在容器中加入 500 mL 饮用水,煮沸,将用清水洗净切成 3 cm×3 cm 大小的样品放入容器中,盖上盖,煮 5 min 后,打开盖,嗅蒸汽气味,再品尝肉质
组织状态	各种形态应基本完整,同一形状的产品应厚薄、大小基本一致,无碎屑,无杂质,无虫害,无霉变	
气味及滋味	具有干制水产品固有的气味,无油脂酸败等腐败气味,无异味	
杂质	无肉眼可见外来杂质	

4.7 理化指标

应符合表 2 的规定。

表 2 理化指标

单位为克每百克

项 目	指 标	检验方法
水分 　干制品 　(不包含冷冻条件下储存的干制品)	≤22	GB 5009.3
氯化物 　鱼类 　虾类 　贝类 　头足类	≤3.6 ≤3.6 ≤3.6 ≤1.2	GB 5009.44

4.8 污染物限量、食品添加剂限量

应符合食品安全国家标准及相关规定,同时符合表3的规定。

表3 污染物限量、食品添加剂限量

项　目	指　标	检验方法
亚硫酸盐(以二氧化硫计),mg/kg	≤30	GB 5009.34
N-二甲基亚硝胺,μg/kg	≤4.0	GB 5009.26
山梨酸及其钾盐(以山梨酸计),g/kg	≤1.0	GB 5009.29
胭脂红及其铝色淀(虾类),mg/kg	不得检出(<0.5)	GB 5009.35

4.9 净含量

应符合国家质量监督检验检疫总局令2005年第75号的规定,检验方法按 JJF 1070 的规定执行。

5 检验规则

申报绿色食品应按照4.6~4.9及附录A所确定的项目进行检验。其他要求应符合NY/T 1055的规定。

6 标签

应符合 GB 7718 的规定。

7 包装、运输和储存

7.1 包装

应符合 NY/T 658 的规定。

7.2 运输、储存

应符合 NY/T 1056 的规定。

附　录　A

（规范性附录）

绿色食品干制水产品申报检验项目

表 A.1 规定了除 4.6～4.9 所列项目外,依据食品安全国家标准和绿色食品生产实际情况,绿色食品申报还应检验的项目。

表 A.1　污染物限量、食品添加剂限量和渔药残留限量

项　　目	指　　标	检验方法
铅(Pb),mg/kg 　　鱼类 　　虾类 　　贝类和其他类	≤0.5 ≤0.5 ≤1.0	GB 5009.12
镉(Cd),mg/kg 　　鱼类 　　虾类 　　贝类和其他类	≤0.1 ≤0.5 ≤2.0	GB 5009.15
无机砷(以 As 计),mg/kg 　　鱼类 　　虾类(以干重计) 　　贝类和其他类(以干重计)	≤0.1 ≤0.5 ≤0.5	GB 5009.11
甲基汞,mg/kg 　　鱼(不包括食肉鱼类)及其他水产品 　　食肉鱼类(旗鱼、金枪鱼、梭子鱼等)	≤0.5 ≤1.0	GB 5009.17
甲醛,mg/kg	＜10.0	SC/T 3025
孔雀石绿[a],μg/kg	不得检出(＜0.5)	GB 20361
硝基呋喃类代谢物[a],μg/kg(虾制品不检测 SEM)	不得检出(＜0.25)	农业部 783 号公告—1—2006
氯霉素[a],μg/kg	不得检出(＜0.3)	GB/T 20756
多氯联苯[b],mg/kg	≤0.5	GB 5009.190
[a]　适用于养殖的海水、淡水产品。 [b]　以 PCB28、PCB52、PCB101、PCB118、PCB138、PCB153 和 PCB180 总和计。		

ICS 67.140
X 50

中华人民共和国农业行业标准

NY/T 1713—2018
代替 NY/T 1713—2009

绿色食品 茶饮料

Green food—Tea beverage

2018-05-07 发布　　　　　　　　　　　　　2018-09-01 实施

中华人民共和国农业农村部 发布

前　言

本标准按照 GB/T 1.1—2009 给出的规则起草。

本标准代替 NY/T 1713—2009《绿色食品　茶饮料》。与 NY/T 1713—2009 相比，除编辑性修改外主要技术变化如下：

——取消了总砷、铜和志贺氏菌的限量要求；

——增加了锡、阿力甜、柠檬黄及其铝色淀、诱惑红及其铝色淀、乙酰磺胺酸钾的限量要求及二氧化碳气容量要求。

本标准由农业农村部农产品质量安全监管局提出。

本标准由中国绿色食品发展中心归口。

本标准起草单位：农业农村部乳品质量监督检验测试中心、河南省新乡市大明饮品有限公司。

本标准主要起草人：马文宏、张玮、张晓晨、李东业、戴洋洋、任玲、张凤娇、王莹、金一尘、宋爽、李卉、李婧、刘正、曲建伟。

本标准所代替标准的历次版本发布情况为：

——NY/T 1713—2009。

绿色食品 茶饮料

1 范围

本标准规定了绿色食品茶饮料的术语和定义、产品分类、要求、检验规则、标签、包装、运输和储存。

本标准适用于绿色食品茶饮料。

2 规范性引用文件

下列文件对于本文件的应用是必不可少的。凡是注日期的引用文件,仅注日期的版本适用于本文件。凡是不注日期的引用文件,其最新版本(包括所有的修改单)适用于本文件。

GB/T 191 包装储运图示标志

GB 4789.2 食品安全国家标准 食品微生物学检验 菌落总数的测定

GB 4789.3 食品安全国家标准 食品微生物学检验 大肠菌群计数

GB 4789.4 食品安全国家标准 食品微生物学检验 沙门氏菌检验

GB 4789.10—2016 食品安全国家标准 食品微生物学检验 金黄色葡萄球菌检验

GB 4789.15 食品安全国家标准 食品微生物学检验 霉菌和酵母计数

GB 4789.26 食品安全国家标准 食品微生物学检验 商业无菌检验

GB 5009.5 食品安全国家标准 食品中蛋白质的测定

GB 5009.12 食品安全国家标准 食品中铅的测定

GB 5009.16 食品安全国家标准 食品中锡的测定

GB 5009.28—2016 食品安全国家标准 食品中苯甲酸、山梨酸和糖精钠的测定

GB 5009.35 食品安全国家标准 食品中合成着色剂的测定

GB 5009.97—2016 食品安全国家标准 食品中环己基氨基磺酸钠的测定

GB 5009.139 食品安全国家标准 饮料中咖啡因的测定

GB/T 5009.140 饮料中乙酰磺胺酸钾的测定

GB 5009.263 食品安全国家标准 食品中阿斯巴甜和阿力甜的测定

GB 5749 生活饮用水卫生标准

GB 7718 食品安全国家标准 预包装食品标签通则

GB/T 10792 碳酸饮料(汽水)

GB 13432 食品安全国家标准 预包装特殊膳食用食品标签

GB/T 21733 茶饮料

CCAA 0016 食品安全管理体系 饮料生产企业要求

JJF 1070 定量包装商品净含量计量检验规则

NY/T 288 绿色食品 茶叶

NY/T 392 绿色食品 食品添加剂使用准则

NY/T 658 绿色食品 包装通用准则

NY/T 1055 绿色食品 产品检验规则

NY/T 1056 绿色食品 贮藏运输准则

SN/T 1743 食品中诱惑红、酸性红、亮蓝、日落黄的含量检测 高效液相色谱法

国家质量监督检验检疫总局令 2005 年第 75 号 定量包装商品计量监督管理办法

3 术语和定义

下列术语和定义适用于本文件。

3.1

茶饮料 tea beverage
茶汤

以茶叶的水提取液、茶粉等为原料,添加(或不添加)少量食糖和食品添加剂,经加工制成的保持原茶汁应有风味的液体饮料。

3.2

复(混)合茶饮料 blended tea beverage

以茶叶和植(谷)物的水提取液或其干燥粉为原料,添加(或不添加)少量食糖和食品添加剂,经加工制成的保持原茶汁应有风味的液体饮料。

3.3

果汁茶饮料和果味茶饮料 fruit juice tea beverage and fruit flavored tea beverage

以茶叶的水提取液、茶粉等为原料,加入果汁或食用果味香精,添加(或不添加)少量食糖和其他食品添加剂,经加工制成的保持原茶汁应有风味的液体饮料。

3.4

奶茶饮料和奶味茶饮料 milk tea beverage and flavored milk tea beverage

以茶叶的水提取液、茶粉等为原料,加入乳或乳制品,添加(或不添加)少量食糖和食品添加剂,经加工制成的保持原茶汁应有风味的液体饮料。

3.5

碳酸茶饮料 carbonated tea beverage

以茶叶的水提取液、茶粉等为原料,加入二氧化碳,添加(或不添加)少量食糖和食品添加剂,经加工制成的保持原茶汁应有风味的液体饮料。

4 产品分类

4.1 茶饮料

4.2 调味茶饮料

包括果汁茶饮料、果味茶饮料、奶茶饮料、奶味茶饮料、碳酸茶饮料。

4.3 复(混)合茶饮料

5 要求

5.1 原料要求

5.1.1 茶叶应符合 NY/T 288 的要求。

5.1.2 加工用糖、乳与乳制品、食用植(谷)物应分别符合相应绿色食品标准的要求。

5.1.3 食品添加剂应符合 NY/T 392 的要求。

5.1.4 加工用水应符合 GB 5749 的要求。

5.2 生产过程

按照 CCAA 0016 的规定执行。

5.3 感官

应符合表 1 的要求。

表 1　感官要求

项　目	要　求	检验方法
色泽	具有该产品应有的色泽	取约 50 mL 混合均匀试样置于无色透明的容器中,在自然光下观察色泽和状态,检查有无异物,闻其气味,品尝其滋味
滋味、气味	具有该产品应有的滋味、气味,无异味,无异臭	
状态	状态均匀,无正常视力可见外来异物	

5.4 理化指标

应符合表 2 的要求。

表 2　理化指标

项　目		指　标							检验方法
		茶饮料(茶汤)	调味茶饮料					复(混)合茶饮料	
			果汁、果味	奶	奶味	碳酸	其他		
茶多酚 mg/kg	红茶	≥300	200	200		100	150	150	GB/T 21733
	绿茶	≥500							
	乌龙茶	≥400							
	花茶	≥300							
	其他	≥300							
咖啡因[a] mg/kg	红茶	≥40	35	35		20	25	25	GB 5009.139
	绿茶	≥60							
	乌龙茶	≥50							
	花茶	≥40							
	其他	≥40							
蛋白质,g/100g		—		≥0.5		—			GB 5009.5
二氧化碳气容量,20℃/倍		—				≥1.5		—	GB/T 10792
注:低糖和无糖产品应按照 GB 13432 的规定执行。									
[a]　低咖啡因产品的咖啡因含量应不大于同类产品咖啡因最低含量的 50%。									

5.5 污染物、食品添加剂限量和真菌毒素限量

污染物、食品添加剂和真菌毒素限量应符合食品安全国家标准及相关规定,同时符合表 3 的要求。

表 3　食品添加剂限量

单位为毫克每千克

项　目	指　标	检验方法
环己基氨基磺酸钠及环己基氨基磺酸钙(以环己基氨基磺酸钠计)	不得检出(<0.03)	GB 5009.97—2016 第三法
阿力甜	不得检出(<5.0)	GB 5009.263
苯甲酸及其钠盐(以苯甲酸计)	不得检出(<5)	GB 5009.28—2016 第一法
新红及其铝色淀(以新红计)	不得检出(<0.5)	GB 5009.35
赤藓红及其铝色淀(以赤藓红计)	不得检出(<0.2)	GB 5009.35

5.6 净含量

应符合国家质量监督检验检疫总局令 2005 年第 75 号的要求,检验方法按照 JJF 1070 的规定执行。

6 检验规则

申报绿色食品应按照 5.3～5.6 以及附录 A 所确定的项目进行检验。每批产品交收(出厂)前,都应进行交收(出厂)检验,交收(出厂)检验内容包括包装、标志、标签、净含量、感官、理化指标、微生物。

其他要求应符合 NY/T 1055 的要求。

7 标签和标志

7.1 标签

按照 GB 7718 的规定执行。

7.2 标志

应有绿色食品标志,储运图示按照 GB/T 191 的规定执行。

8 包装、运输和储存

8.1 包装

按照 NY/T 658 的规定执行。

8.2 运输和储存

按照 NY/T 1056 的规定执行。

附　录　A
（规范性附录）
绿色食品茶饮料产品申报检验项目

表 A.1 和表 A.2 规定了除 5.3～5.6 所列项目外，依据食品安全国家标准和绿色食品生产实际情况，绿色食品茶饮料申报检验还应检验的项目。

表 A.1　污染物和食品添加剂项目

序号	检验项目	指　标	检验方法
1	铅（以 Pb 计），mg/L	≤0.3	GB 5009.12
2	锡ª（以 Sn 计），mg/kg	≤150	GB 5009.16
3	山梨酸及其钾盐（以山梨酸计），mg/kg	≤500	GB 5009.28—2016 第一法
4	糖精钠，mg/kg	不得检出（＜5）	GB 5009.28—2016 第一法
5	乙酰磺胺酸钾，mg/kg	≤300	GB/T 5009.140
6	诱惑红及其铝色淀（以诱惑红计），mg/kg	≤100	SN/T 1743
7	柠檬黄及其铝色淀（以柠檬黄计），mg/kg	≤100	GB 5009.35
ª　仅适用于采用镀锡薄板容器包装的产品。			

表 A.2　微生物项目

序号	项　目	采样方案及限量（若非指定，均以/25 g 表示）				检验方法
		n	c	m	M	
1	菌落总数	5	2	10^3 CFU/g	10^4 CFU/g	GB 4789.2
2	大肠菌群	5	2	1 CFU/g	10 CFU/g	GB 4789.3
3	霉菌	≤20 CFU/g				GB 4789.15
4	酵母	≤20 CFU/g				GB 4789.15
5	沙门氏菌	5	0	0	—	GB 4789.4
6	金黄色葡萄球菌	5	1	100 CFU/g	1 000 CFU/g	GB 4789.10—2016 第二法

注1：若产品为镀锡薄板容器包装，则要求商业无菌，检验方法按照 GB 4789.26 的规定执行。
注2：n 为同一批次产品应采集的样品件数；c 为最大可允许超出 m 值的样品数；m 为致病菌指标可接受水平的限量值；M 为致病菌指标的最高安全限量值。

ICS 67.160.10
X 63

中华人民共和国农业行业标准

NY/T 2104—2018
代替 NY/T 2104—2011

绿色食品 配制酒

Green food—Blended alcoholic beverage

2018-05-07 发布　　　　　　　　　　　　　　　2018-09-01 实施

中华人民共和国农业农村部 发布

前　言

本标准按照 GB/T 1.1—2009 给出的规则起草。

本标准代替 NY/T 2104—2011《绿色食品　配制酒》。与 NY/T 2104—2011 相比,除编辑性修改外主要技术变化如下:

——增加了产品分类;

——将澄清度改为外观;

——修改了酒精度、甲醇、总二氧化硫、铅、山梨酸及其甲盐、沙门氏菌、金黄色葡萄球菌指标;

——删除了锰、菌落总数、大肠菌群和志贺氏菌指标;

——将合成着色剂由定性改为定量检测;

——增加了铁、铜、总酯、干浸出物、赭曲霉毒素、三氯蔗糖(蔗糖素)指标。

本标准由农业农村部农产品质量安全监管局提出。

本标准由中国绿色食品发展中心归口。

本标准起草单位:山东省农业科学院农业质量标准与检测技术研究所,山东省标准化研究院,中国绿色食品发展中心,山东标准检测技术有限公司,烟台张裕葡萄酿酒股份有限公司,国家葡萄酒及白酒、露酒产品质量监督检验中心,山东省绿色食品发展中心。

本标准主要起草人:滕葳、李倩、陈倩、张宪、王磊、董峥、甄爱华、刘建洋、柳琪、赵一民、吕振荣、赵玉华、刘学锋、高磊、张志然、徐薇。

本标准所代替标准的历次版本发布情况为:

——NY/T 2104—2011。

绿色食品 配制酒

1 范围

本标准规定了绿色食品配制酒的术语和定义、分类、要求、检验规则、标签、包装、运输和储存。

本标准适用于绿色食品配制酒（包括植物类、动物类、动植物类和其他类配制酒）。

2 规范性引用文件

下列文件对于本文件的应用是必不可少的。凡是注日期的引用文件，仅注日期的版本适用于本文件。凡是不注日期的引用文件，其最新版本（包括所有的修改单）适用于本文件。

GB/T 191 包装储运图示标志

GB 2757 食品安全国家标准 蒸馏酒及其配制酒

GB 2758 食品安全国家标准 发酵酒及其配制酒

GB 2760 食品安全国家标准 食品添加剂使用标准

GB 4789.4 食品安全国家标准 食品微生物学检验 沙门氏菌检验

GB 4789.10 食品安全国家标准 食品微生物学检验 金黄色葡萄球菌检验

GB 5009.12 食品安全国家标准 食品中铅的测定

GB 5009.13 食品安全国家标准 食品中铜的测定

GB 5009.28—2016 食品安全国家标准 食品中苯甲酸、山梨酸和糖精钠的测定

GB 5009.35 食品安全国家标准 食品中合成着色剂的测定

GB 5009.36 食品安全国家标准 食品中氰化物的测定

GB/T 5009.49 发酵酒及其配制酒卫生标准的分析方法

GB 5009.90 食品安全国家标准 食品中铁的测定

GB 5009.96 食品安全国家标准 食品中赭曲霉毒素 A 的测定

GB 5009.97—2016 食品安全国家标准 食品中环己基氨基磺酸钠的测定

GB 5009.141 食品安全国家标准 食品中诱惑红的测定

GB 5009.185 食品安全国家标准 食品中展青霉素的测定

GB 5009.225 食品安全国家标准 酒中乙醇浓度的测定

GB 5009.266 食品安全国家标准 食品中甲醇的测定

GB 5749 生活饮用水卫生标准

GB 7718 食品安全国家标准 预包装食品标签通则

GB/T 10345 白酒分析方法

GB 14881 食品安全国家标准 食品生产通用卫生规范

GB/T 15038 葡萄酒、果酒通用分析方法

GB 22255 食品安全国家标准 食品中三氯蔗糖（蔗糖素）的测定

JJF 1070 定量包装商品净含量计量检验规则

NY/T 392 绿色食品 食品添加剂使用准则

NY/T 658 绿色食品 包装通用准则

NY/T 1055 绿色食品 产品检验规则

NY/T 1056 绿色食品 贮藏运输准则

国家质量监督检验检疫总局令 2005 年第 75 号 定量包装商品计量监督管理办法

3 术语和定义

下列术语和定义适用于本文件。

3.1

配制酒 blended alcoholic beverage

以发酵酒或蒸馏酒为酒基,加入可食用的辅料或食品添加剂,进行直接浸泡或复蒸馏、调配、混合或再加工制成的、已改变了其原酒基风格的酒。配制酒又称为露酒。

3.2

植物类配制酒 integrated alcoholic beverages from plants

利用食用或药食两用植物的花、叶、根、茎、果为香源及营养源,经再加工制成的、具有明显植物香及有效成分的配制酒。

3.3

动物类配制酒 integrated alcoholic beverages from animals

利用食用或药食两用动物及其制品为香源和营养源,经再加工制成的、具有明显动物脂香及有效成分的配制酒。

3.4

动植物类配制酒 integrated alcoholic beverages from plants and animals

同时利用动物、植物有效成分制成的配制酒。

4 分类

4.1 按照成分分类

4.1.1 植物类配制酒。

4.1.2 动物类配制酒。

4.1.3 动植物类配制酒。

4.1.4 其他类配制酒。

4.2 按照酒基分类

4.2.1 发酵酒为酒基的配制酒。

4.2.2 蒸馏酒为酒基的配制酒。

5 要求

5.1 原料及生产过程

5.1.1 配制酒的原料应符合 GB 2757、GB 2758 和 GB 5749 及绿色食品相关产品的要求。食品添加剂使用应符合 GB 2760 和 NY/T 392 的要求。

5.1.2 生产加工过程应符合 GB 14881 和绿色食品生产加工要求。

5.1.3 不应使用转基因原料生产绿色食品配制酒。

5.2 感官

应符合表 1 的要求。

表 1　感官要求

项目	指　标				检验方法
	植物类配制酒	动物类配制酒	动植物类配制酒	其他类配制酒	
外观ª	清亮透明,无沉淀及悬浮物				GB/T 15038
色泽	具有该产品固有的色泽				
香气	具有相应的植物香和酒香,诸香和谐纯正	具有相应的动物脂香和酒香,诸香和谐纯正	具有相应的动植物香和酒香,诸香和谐纯正	具有本类型酒应有的香气,诸香和谐纯正	
滋味	具有该产品固有的滋味,醇和、舒顺协调,无异味				
风格	具有该产品固有的风格				
ª　12个月以上的瓶装产品允许出现少量的沉淀。					

5.3　理化指标

应符合表2的要求。

表 2　理化指标

序号	项　目		指　标		检验方法
			发酵酒(酒基)	蒸馏酒(酒基)	
1	酒精度ª(20℃),%vol		4.0~60.0		GB 5009.225
2	总酸ᵇ(以乙酸计),g/L		≤6.00		GB/T 10345
3	总糖ᶜ(以葡萄糖计),g/L		≤200		GB/T 15038
4	总酯ᵈ(以乙酸乙酯计),g/L		—	≥0.35	GB/T 10345
5	甲醇ᵉ,g/L		—	≤0.6	GB 5009.266
6	氰化物ᵉ(以 HCN 计),mg/L		—	≤2	GB 5009.36
7	干浸出物,g/L	植物类	≥0.30		GB/T 15038
		动植物类	≥0.50		
		动物类	≥4.00		
8	铁ᶠ(以 Fe 计),mg/L		≤8.0	—	GB 5009.90
9	铜ᶠ(以 Cu 计),mg/L		≤1.0	—	GB 5009.13
注:具有保健功能的配制酒还应符合保健食品的相关要求。					
ª　酒精度标签标识值与实测值偏差不得超过±1.0/%vol。					
ᵇ　葡萄酒为酒基的配制酒总酸以酒石酸计,其他酒基的配制酒总酸以乙酸计。					
ᶜ　总糖标签标示值与实测值偏差不得超过±10.0%。					
ᵈ　总酯仅限于蒸馏酒为酒基(酒精度≥25%vol)的配制酒。					
ᵉ　甲醇、氰化物指标均按100%酒精度折算。					
ᶠ　铁、铜仅限于葡萄酒为酒基的配制酒。					

5.4　食品添加剂限量

应符合食品安全国家标准及相关规定,同时应符合表3的要求。

表 3　食品添加剂限量

单位为毫克每千克

序号	项　目	指　标	检验方法
1	苯甲酸及其钠盐(以苯甲酸计)	不得检出(<5)	GB 5009.28—2016 第一法
2	糖精钠	不得检出(<5)	
3	环己基氨基磺酸钠(甜蜜素)(以环己基氨基磺酸计)	不得检出(<0.03)	GB 5009.97—2016 第三法
4	合成着色剂ª	不得检出ᵇ	GB 5009.35 GB 5009.141
ª　合成着色剂具体检测项目视产品色泽而定。			
ᵇ　合成着色剂方法检出限:柠檬黄、新红、苋菜红、胭脂红、日落黄均为0.5 mg/kg,亮蓝、赤藓红均为0.2 mg/kg,诱惑红为25 mg/kg。			

5.5 净含量

应符合国家质量监督检验检疫总局令 2005 年第 75 号的要求,检验方法按照 JJF 1070 的规定执行。

6 检验规则

绿色食品申报检验应按照 5.2～5.5 以及附录 A 所确定的项目进行检验。每批产品交收(出厂)前,都应进行交收(出厂)检验,交收(出厂)检验内容包括包装、标签、净含量、感官、理化指标和微生物指标。其他要求应符合 NY/T 1055 的要求。

7 标签

应符合 GB 2757、GB 2758 和 GB 7718 的要求。

8 包装、运输和储存

8.1 包装

应符合 NY/T 658 的要求。包装储运图示标志按照 GB/T 191 的规定执行。

8.2 运输和储存

应符合 NY/T 1056 的要求。

附　录　A
（规范性附录）
绿色食品配制酒产品申报检验项目

表 A.1 和表 A.2 规定了除 5.2～5.5 所列项目外，依据食品安全国家标准和绿色食品生产实际情况，绿色食品配制酒申报检验还应检验的项目。

表 A.1　污染物、添加剂和真菌毒素项目

序号	项　　目	指　　标		检验方法
		发酵酒（酒基）	蒸馏酒（酒基）	
1	铅（以 Pb 计），mg/kg	≤0.2	≤0.5（含黄酒）	GB 5009.12
2	山梨酸及其钾盐（以山梨酸计），g/kg	≤0.4		GB 5009.28
3	三氯蔗糖（蔗糖素），g/kg	≤0.25		GB 22255
4	二氧化硫残留量（以 SO_2 计），g/L	≤0.25	—	GB/T 5009.49
5	展青霉素[a]，μg/kg	≤50	—	GB 5009.185
6	赭曲霉毒素 A[b]，μg/kg	≤2.0	—	GB 5009.96

[a]　展青霉素仅限于以苹果、山楂为原料制成的产品。
[b]　赭曲霉毒素 A 仅限于以葡萄酒为酒基的配制酒。

表 A.2　微生物项目

序号	项　　目	采样方案及限量			检验方法
		n	c	m	
1	沙门氏菌	5	0	0/25 mL	GB 4789.4
2	金黄色葡萄球菌	5	0	0/25 mL	GB 4789.10

注 1：沙门氏菌、金黄色葡萄球菌适用于发酵酒为酒基的配制酒和蒸馏酒为酒基（且酒精度≤24%vol）的配制酒。
注 2：n 为同一批次产品应采集的样品件数；c 为最大可允许超出 m 值的样品数；m 为微生物指标最高限量值。

第二部分
转基因类标准

ICS 65.020.01
B 04

中华人民共和国国家标准

农业农村部公告第111号—1—2018

转基因植物及其产品成分检测
基因组 DNA 标准物质制备技术规范

Detection of genetically modified plants and derived products—
Technical specification for preparation of genomic DNA reference materials

2018-12-19 发布

2019-06-01 实施

中华人民共和国农业农村部 发布

前　言

本标准按照 GB/T 1.1—2009 给出的规则起草。

请注意本文件的某些内容可能涉及专利。本文件的发布机构不承担识别这些专利的责任。

本标准由中华人民共和国农业农村部提出。

本标准由全国农业转基因生物安全管理标准化技术委员会归口。

本标准起草单位:农业农村部科技发展中心、中国农业科学院油料作物研究所、农业农村部环境保护科研监测所。

本标准主要起草人:吴刚、宋贵文、武玉花、沈平、张丽、李文龙、李俊、李晓飞、李允静、章秋艳。

转基因植物及其产品成分检测
基因组 DNA 标准物质制备技术规范

1 范围

本标准规定了利用植物叶片制备转基因检测基因组 DNA 标准物质的基本要求、制备流程和技术参数。

本标准适用于利用植物叶片制备转基因检测基因组 DNA 标准物质。

2 规范性引用文件

下列文件对于本文件的应用是必不可少的。凡是注日期的引用文件,仅注日期的版本适用于本文件。凡是不注日期的引用文件,其最新版本(包括所有的修改单)适用于本文件。

CNAS-CL04:2010 标准物质/标准样品生产者能力认可准则

GB/T 27403 实验室质量控制规范 食品分子生物学检测

JJF 1186 标准物质认定证书和标签内容编写规则

JJF 1342 标准物质研制(生产)机构通用要求

JJF 1343 标准物质定值的通用原则及统计学原理

农业部 1485 号公告—4—2010 转基因植物及其产品成分检测 DNA 提取和纯化

农业农村部公告第 111 号—2—2018 转基因植物及其产品成分检测 基因组 DNA 标准物质定值技术规范

3 术语和定义

下列术语和定义适用于本文件。

3.1

基因组 DNA 标准物质 genomic DNA reference materials

以植物叶片中提取的基因组 DNA 为候选物,制备的足够均匀和稳定、具有特性量值的标准物质。

3.2

拷贝数浓度 copy number concentration

单位体积内的单倍体基因组 DNA 的个数。

3.3

转基因成分含量 GMO content

转基因特异性序列拷贝数占单倍体基因组拷贝数的比值。

3.4

基因组 DNA 标准物质的特性量值 property value of genomic DNA reference materials

与转基因植物及其产品成分检测用途相关的值,包括基因组 DNA 拷贝数浓度和转基因成分含量。

3.5

短期稳定性 short-term stability

在规定运输条件下标准物质特性在运输过程中的稳定性。

3.6

长期稳定性 long-term stability

在标准物质生产者规定储存条件下标准物质特性的稳定性。

3.7

冻融稳定性 freeze/thaw stability

在反复冻融条件下标准物质特性在冻融过程中的稳定性。

4 要求

4.1 基因组 DNA 标准物质制备实验室应符合以下要求：

——在设施和环境条件等方面应符合 JJF 1342（或 CNAS-CL04:2010）的要求；

——制备实验室必须进行明确分区,分别用于基因组 DNA 候选物加工、基因组 DNA 标准物质分装、保存；

——分析实验室应符合 GB/T 27403 的要求。

4.2 基因组 DNA 标准物质制备人员应符合以下要求：

——具备转基因产品检测的专业理论和操作技术；

——具备标准物质研制相关技术和业务知识。

4.3 基因组 DNA 标准物质原材料应符合以下要求：

——选用基因组 DNA 含量高,易于大量提取基因组 DNA 的组织作为原材料,如叶片；

——对采集叶片的转基因单株逐一进行典型性鉴定和基因型鉴定,采集纯合单株的叶片作为原材料。

4.4 基因组 DNA 候选物应符合以下要求：

——基因组 DNA 候选物要完整性好、纯度高、浓度大于 100 ng/μL、无 PCR 反应抑制物。

4.5 基因组 DNA 标准物质应符合以下要求：

——有 2 个特性量值,分别是转基因成分含量和拷贝数浓度；

——单元间具有良好的均匀性；

——长期稳定性达到 6 个月或 1 年以上；

——8 家以上实验室采用数字 PCR 方法联合定值。

5 制备流程

5.1 转基因植株鉴定

5.1.1 典型性鉴定

5.1.1.1 特异性检测

根据转基因材料的遗传信息,选用转化体特异性普通 PCR 或实时荧光 PCR 方法,鉴定原材料中是否含有目标转化体。

5.1.1.2 排他性检测

选用同物种其他转化体特异性普通 PCR 或实时荧光 PCR 方法,鉴定原材料中是否含有其他转化体。

5.1.2 基因型鉴定

转基因植株的基因型分为纯合、杂合和阴性 3 种类型,可以采用定性 PCR 方法、实时荧光 PCR 方法、数字 PCR 方法或传统的遗传分离方法等进行鉴定。转基因植株的基因型与基因组 DNA 标准物质的转基因成分含量直接相关,制备实验室要至少选用 2 种不同的方法,逐一鉴定每个转基因单株的基因型。

5.2 原料采集和加工

5.2.1 原料采集

对鉴定的纯合单株挂牌标记,当植株进入营养生长的旺盛期,采集叶片,用于基因组 DNA 的大量提取。采集的叶片储藏在低于－70℃超低温冰箱中待用。

5.2.2 原料研磨

采用人工液氮研磨或冷冻研磨系统进行叶片的低温研磨。研磨不同候选物时要进行时间和空间隔离,以防交错污染。

5.2.3 基因组 DNA 提取

基因组 DNA 提取按农业部 1485 号公告—4—2010 的规定执行,也可采用经验证的 CTAB 法或基因组 DNA 大量提取试剂盒。提取的基因组 DNA 充分溶解在 0.1×TE 稀释缓冲液中。

5.3 基因组 DNA 质量评估

5.3.1 DNA 完整性评价

可采用凝胶电泳法或其他经验证的方法进行 DNA 分子完整性检测。若采用凝胶电泳法,要求基因组 DNA 主带清晰、无明显弥散、无 RNA 杂带。若 DNA 完整性差,要重新制备基因组 DNA。

5.3.2 DNA 纯度评价

可用紫外分光光度法评价提取的基因组 DNA 纯度,要求 OD_{260}/OD_{280} 在 1.8～2.0、OD_{260}/OD_{230} 大于等于 2.0。若提取的基因组 DNA 纯度低,需进一步纯化。

5.3.3 DNA 浓度评价

用荧光染料法或二苯胺染色法测定提取的基因组 DNA 浓度,基因组 DNA 浓度值要大于 100 ng/μL。若浓度偏低,需进一步浓缩基因组 DNA 溶液。用 0.1×TE 稀释缓冲液将基因组 DNA 浓度调整到 100 ng/μL～200 ng/μL,充分混匀。

5.3.4 PCR 反应抑制物检测

可用荧光定量 PCR 方法或其他经验证的方法评价提取的基因组 DNA 中是否含有影响 PCR 扩增效率的抑制物,PCR 扩增效率在 90%～110%。若基因组 DNA 中含有 PCR 反应抑制物,需进一步纯化。

5.4 基因组 DNA 均匀性初检

在 4℃下将基因组 DNA 溶液充分混匀,混匀过程中,每隔 6 h 取样 1 次。每个时间点选上、中、下 3 个不同的取样部位,每个部位取 3 个样品,每个样品取样 10 μL。检测 9 份样品的 DNA 浓度,每个样品测 3 个重复。利用 F 检验法考察每个时间点抽取的 9 份样品 DNA 浓度的差异。当不同部位抽取的 DNA 样品浓度无显著差异时,表明 DNA 溶液已经充分混匀,可以进行后续的浓度测量和分装。

5.5 基因组 DNA 拷贝数浓度的测量

分装前,制备实验室采用数字 PCR 方法测量基因组 DNA 候选物的拷贝数浓度。从不同部位抽取 6 个 DNA 溶液样品进行检测,每个样品设 3 个重复。

5.6 标准物质候选物分装、保存

在洁净环境中将充分混匀后的基因组 DNA 溶液分装到合适容器中,如无 DNA 酶的螺旋盖冻存管。

按 JJF 1186 标准物质认定证书和标签内容编写规则粘贴"基因组 DNA 标准物质"初级标签,保存在低于－70℃超低温冰箱中。

6 均匀性评估

6.1 基本要求

对基因组 DNA 标准物质的 2 个特性量值(拷贝数浓度和转基因成分含量)分别进行均匀性评估。

采用不低于定值方法精密度且有足够灵敏度的测量方法进行均匀性检验,宜选用数字 PCR 方法或荧光定量 PCR 方法。

在重复性条件下(同一操作者、同一台仪器、同一测量方法)短期内完成均匀性评估。

检测时随机化样品瓶的顺序,避免测量系统在不同时间的变化而干扰对样品均匀性的评估。

6.2　抽样方式和抽样数目

按 JJF 1343 的规定,从分装成最小包装单元的样品中随机抽样,抽样点的分布对该批标准物质要有足够的代表性。

抽取的单元数取决于该批标准物质的总单元数。若记总体单元数为 N,当 $N \leqslant 200$ 时,抽取单元数不少于 11 个;当 $200 < N \leqslant 500$ 时,抽取单元数不少于 15 个;当 $500 < N \leqslant 1\ 000$ 时,抽取单元数不少于 25 个;当总体单元数 $N > 1\ 000$ 时,抽取单元数不少于 30 个,或抽取单元数等于 $3\sqrt[3]{N}$。

6.3　均匀性评估统计方式

每一抽取单元内从上、中、下 3 个不同部位取 3 份子样进行测定。采用荧光定量 PCR 技术或数字 PCR 技术进行基因组 DNA 标准物质单元内均匀性和单元间均匀性评估。测定每个样品中基因组 DNA 拷贝数浓度和拷贝数比值。

PCR 结束后,采用方差分析法(F 检验法)对数据进行统计分析。均匀性数据统计分析步骤按 JJF 1343 的规定执行。通过比较组间方差和组内方差,判断各组测量值之间有无系统性差异。如果二者的比值 F 小于统计检验的临界值 F_a,则认为样品是均匀的。若 $F > F_a$,表明单元间方差与单元内方差有显著性差异,样品不均匀,需要重新混匀。

6.4　最小取样量

基因组 DNA 标准物质可将均匀性评估中所使用的样品量规定为该标准物质使用时的最小取样量。

6.5　样品不均匀性引起的不确定度

6.5.1　根据均匀性检验中计算的单元间方差(S_1^2)和单元内方差(S_2^2),计算样品不均匀性引起的标准不确定度 u_{bb}。

6.5.2　若 $S_1^2 > S_2^2$,按照式(1)计算单元间不均匀性引起的标准不确定度 u_{bb}。

$$u_{bb} = \sqrt{\frac{1}{n}(S_1^2 - S_2^2)} \quad \cdots\cdots\cdots\cdots\cdots\cdots\cdots\cdots\cdots\cdots\cdots\cdots (1)$$

式中:

u_{bb}——单元间不均匀性引起的标准不确定度;

n　——单元内重复测定次数,单位为次;

S_1^2——单元间方差;

S_2^2——单元内方差。

6.5.3　当均匀性检验的测量方法重复性较差,导致 $S_1^2 < S_2^2$,此时不均匀性产生的单元间标准偏差可按式(2)计算。

$$S_{bb} = u_{bb} = \sqrt{\frac{S_2^2}{n}} \sqrt[4]{\frac{2}{\upsilon_{S_2^2}}} \quad \cdots\cdots\cdots\cdots\cdots\cdots\cdots\cdots\cdots\cdots\cdots (2)$$

式中:

S_{bb}　——单元间标准偏差;

$\upsilon_{S_2^2}$　——S_2^2 的自由度。

样品不均匀性引起的相对标准不确定度 $u_{rel(bb)}$ 按式(3)计算。

$$u_{rel(bb)} = \frac{u_{bb}}{\overline{X}} \quad \cdots\cdots\cdots\cdots\cdots\cdots\cdots\cdots\cdots\cdots\cdots\cdots\cdots (3)$$

式中:

$u_{rel(bb)}$——相对标准不确定度;

$\overline{X}$ ——均匀性评估样品的平均值。

7 稳定性评估

7.1 基本要求

测定基因组 DNA 标准物质的量值随时间和环境条件(主要是温度)的变化趋势,确定标准物质的运输条件、储存温度、有效期限和冻融次数等。

稳定性评估应选择不低于定值方法精密度和具有足够灵敏度的测量方法进行稳定性评估,宜选用数字 PCR 方法或实时荧光定量 PCR 方法。

推荐采用同步稳定性评估方案,在重复性条件下对抽取的样品进行操作和检测。通常认为基因组 DNA 标准物质在 $-70\,^{\circ}\!\text{C}$ 条件下不发生变化,以 $-70\,^{\circ}\!\text{C}$ 作为同步稳定性研究的参考温度。

7.2 抽样方式和取样数目

稳定性评估是在均匀性评估之后进行的,在样品判断为均匀的情况下,稳定性测定样品数可适当减少。稳定性评估的样品应从最小包装单元中随机抽取,抽样点的分布对于总体样品应有足够的代表性。

7.3 短期稳定性评估

短期稳定性评估设定周期为 1 个月;设置 4 个抽样时间点,分别是第 0 周、第 1 周、第 2 周、第 4 周;每个时间点设置 3 个储藏温度,分别是 $4\,^{\circ}\!\text{C}$、$25\,^{\circ}\!\text{C}$ 和 $37\,^{\circ}\!\text{C}$。每个时间点每个温度随机抽取 3 个单元,放置在规定的环境条件下,到时间后取出并放置在 $-70\,^{\circ}\!\text{C}$ 超低温冰箱中。样品收集完后,每管取 2 个子样进行同步检测。

7.4 长期稳定性评估

长期稳定性评估设定周期为 6 个月以上;抽样时间点设置采用先密后疏的原则,如时间点可设置为 0 个月、1 个月、3 个月、6 个月、12 个月、24 个月……每个时间点设置 2 个储存温度,分别是 $-20\,^{\circ}\!\text{C}$ 和 $4\,^{\circ}\!\text{C}$。每个时间点每个温度随机抽取 3 个单元,放置在规定的环境条件下,到时间后取出并放置在 $-70\,^{\circ}\!\text{C}$ 超低温冰箱中。样品收集完后,每管取 2 个子样进行同步检测。

7.5 稳定性评估数据结果判断

根据荧光定量 PCR 或数字 PCR 的检测结果,计算出每个样品中基因组 DNA 标准物质的拷贝数浓度和拷贝数比值。

若测量结果在监测时间内有单方向性变化趋势,应通过回归曲线方法进行稳定性评估。基本模型为以时间为 X 轴,以测量值为 Y 轴,拟合出一条直线,描绘测量值与时间的关系。稳定性评估模型可表示为式(4)。

$$Y = \beta_0 + \beta_1 X \quad\cdots\cdots\cdots\cdots\cdots\cdots\cdots\cdots\cdots\cdots\cdots\cdots \quad (4)$$

式中:

β_1, β_0 ——回归系数;

X ——时间;

Y ——标准物质候选物的特性量值。

按 JJF 1343 中规定的数据分析步骤,计算回归系数 β_1 及 β_1 的标准偏差 $s(\beta_1)$。

基于 β_1 的标准偏差 $s(\beta_1)$,用 t-检验判断回归系数 β_1 的显著性。

查 t 分布表,得临界值 $t_{0.95,n-2}$,若 $|\beta_1| < t_{0.95,n-2} \cdot s(\beta_1)$,表明拟合直线斜率不显著,未观测到不稳定性。

若测量结果在监测时间内没有单方向性变化趋势时,可采用方差分析法进行稳定性研究。

7.6 有效期限确定

当稳定性评估结果表明特性量值没有显著性变化,或其变化值在标准值的不确定范围内波动时,认为特性量值在此时间间隔内稳定。该时间间隔可作为标准物质的有效期。

标准物质生产者应持续监测标准物质的稳定性,并根据监测结果随时延长有效期。

7.7 稳定性引入的不确定度

在稳定性变化趋势不明显的情况下,可根据式(5)来推算稳定性引入的标准不确定度 u_s。

$$u_s = s(\beta_1) \cdot X \quad \cdots\cdots\cdots\cdots\cdots\cdots\cdots\cdots\cdots\cdots\cdots\cdots\cdots \quad (5)$$

式中:

u_s ——稳定性标准不确定度;

$s(\beta_1)$ ——斜率 β_1 的标准偏差;

X ——稳定性检测时间间隔。

根据式(6)计算稳定性引入的相对标准不确定度 $u_{rel(s)}$。

$$u_{rel(s)} = \frac{u_s}{\overline{X}_s} \quad \cdots\cdots\cdots\cdots\cdots\cdots\cdots\cdots\cdots\cdots\cdots\cdots\cdots \quad (6)$$

式中:

$u_{rel(s)}$ ——稳定性引入的相对标准不确定度;

$\overline{X}_s$ ——稳定性评估样品的平均值。

7.8 冻融稳定性评估

随机抽取 5 个单元基因组 DNA 标准物质进行冻融稳定性评估,设定 0 次冻融、5 次冻融、10 次冻融和 20 次冻融 4 种冻融循环。从超低温冰箱中取出标准物质在 25℃ 水浴中融化,完全融化后再放回超低温冰箱中冷冻,完成 1 次冻融操作,每隔 2 天冻融 1 次。完成 1 种冻融循环后,每管移取 20 μL 溶液到新离心管中,保存在 −70℃ 超低温冰箱中。样品收集完后,进行同步稳定性检测,每个样品检测 3 次。

通过弥合测量值与冻融次数间的回归曲线评估冻融稳定性,方法同 7.5。

当反复冻融后的特性量值与 0 次冻融的量值没有显著性变化时,认为特性量值在该冻融次数内稳定,将该冻融次数作为标准物质可反复冻融的最高次数。

8 定值及不确定度评估

8.1 定值策略

基因组 DNA 拷贝数浓度和转基因成分含量是转基因检测标准物质的 2 个关键特性量值,由多家实验室采用数字 PCR 方法进行联合测量。

8.2 多家联合定值

联合定值实施方案的制订、组织、实施、数据收集及统计处理按农业农村部公告第 111 号—2—2018 的规定执行。

8.3 不确定度评估

标准物质特性量值的不确定度评估按农业农村部公告第 111 号—2—2018 的规定执行。

9 定值结果的表示

基因组 DNA 标准物质定值结果的表示形式按农业农村部公告第 111 号—2—2018 的规定执行。

10 量值的计量学溯源性

基因组 DNA 标准物质的 2 个特性值拷贝数浓度和转基因成分含量均溯源到多家实验室联合定值采用的数字 PCR 方法。

11 包装、储存与运输

标准物质的包装应满足该标准物质特有的用途。按 JJF 1186 标准物质认定证书和标签内容编写规则的要求,在标准物质的最小包装单元上粘贴标签。

根据短期稳定性评估结果确定标准物质的运输条件;根据长期稳定性评估结果确定标准物质的储存条件;根据冻融稳定性评估结果确定标准物质可反复冻融的次数。

―――――――――――――

ICS 65.020.01
B 04

中华人民共和国国家标准

农业农村部公告第111号—2—2018

转基因植物及其产品成分检测
基因组DNA标准物质定值技术规范

Detection of genetically modified plants and derived products—
Technical specification for certified value assessment of genomic DNA
reference materials

2018-12-19 发布　　　　　　　　　　　　　　2019-06-01 实施

中华人民共和国农业农村部 发布

前　言

本标准按照 GB/T 1.1—2009 给出的规则起草。

请注意本文件的某些内容可能涉及专利。本文件的发布机构不承担识别这些专利的责任。

本标准由中华人民共和国农业农村部提出。

本标准由全国农业转基因生物安全管理标准化技术委员会归口。

本标准起草单位:农业农村部科技发展中心、中国农业科学院生物技术研究所、黑龙江省农业科学院。

本标准主要起草人:李亮、沈平、宛煜嵩、梁晋刚、张秀杰、宋贵文、金芜军、温洪涛、兰青阔、武利庆、刘卫晓、董美。

转基因植物及其产品成分检测
基因组 DNA 标准物质定值技术规范

1 范围

本标准规定的转基因植物及其产品成分检测用基因组 DNA 标准物质定值是多家实验室采用数字 PCR 进行协作定值,以及规定了定值结果的统计与表示方式。

本标准适用于转基因植物及其产品成分检测用基因组 DNA 标准物质特性量值的确定。

2 规范性引用文件

下列文件对于本文件的应用是必不可少的。凡是注日期的引用文件,仅注日期的版本适用于本文件。凡是不注日期的引用文件,其最新版本(包括所有的修改单)适用于本文件。

农业部 2259 号公告—1—2015 转基因植物及其产品成分检测 基体标准物质定值技术规范

农业部 2259 号公告—5—2015 转基因植物及其产品成分检测 实时荧光定量 PCR 方法制定指南

农业农村部公告第 111 号—1—2018 转基因植物及其产品成分检测 基因组 DNA 标准物质制备技术规范

JJF 1059.1 测量不确定度评定与表示

JJF 1343 标准物质定值的通用原则及统计学原理

3 术语和定义

下列术语和定义适用于本文件。

3.1

基因组 DNA 标准物质 genomic DNA reference materials

以植物叶片提取的基因组 DNA 为候选物,制备的足够均匀和稳定、具有特性量值的标准物质。

3.2

拷贝数浓度 copy number concentration

单位体积内的单倍体基因组 DNA 的个数。

3.3

转基因成分含量 GMO content

转基因特异性序列拷贝数占单倍体基因组拷贝数的比值。

3.4

基因组 DNA 标准物质的特性量值 property value of genomic DNA reference materials

与转基因植物及其产品成分检测用途相关的值,包括基因组 DNA 拷贝数浓度和转基因成分含量。

4 原理

以符合农业农村部公告第 111 号—1—2018 制备的基因组 DNA 作为标准物质候选物,采用数字 PCR 技术,邀请不少于 8 家的实验室协作测定,并将结果经统计分析后获得基因组 DNA 溶液的拷贝数浓度及转基因成分含量。

5 通用要求

5.1 参加标准物质协作定值的实验室应符合以下要求：

    a) 具有资质的转基因成分检测实验室或从事核酸检测工作的实验室；

    b) 数量不少于 8 家。

5.2 标准物质协作定值人员应符合以下要求：

    a) 具备转基因植物产品检测基本理论知识和操作经验；

    b) 具备标准物质研制或应用相关业务知识。

5.3 标准物质协作定值使用的试剂耗材应符合以下要求：

    a) 具有充分质量保障能力的供应商；

    b) 经验收满足基因组 DNA 标准物质协作定值的实验要求。

5.4 标准物质协作定值的方法应符合以下要求：

    a) 数字 PCR 的方法，应使用国家标准、行业标准、国际标准中规定的实时荧光定量 PCR 方法，并根据数字 PCR 仪器适当调整反应体系和反应程序；

    b) 若为非标准方法，应依据农业部 2259 号公告—5—2015 先进行方法确认，再进行数字 PCR 定值。

6 组织实施

6.1 由标准物质研制实验室、指定实验室或成立标准物质定值组织作为组织实验室。

6.2 组织实验室通过资质调研或能力验证确定参加协作定值的实验室。

6.3 由组织实验室制订协作定值计划及具体实施方案，至少包括参加实验室名单、测试材料详单、测试方法、具体操作步骤、测试结果报告格式和时间要求等。

6.4 标准物质研制实验室提供待测标准物质，由组织实验室统一发放给参加实验室。

6.5 参加实验室严格按照实施方案的要求进行定值操作，提交测试结果及相关原始数据；测试结果包括拷贝数浓度和转基因成分含量，且每个参与实验室提供的每种量值结果不得少于 9 次。

6.6 组织实验室对数据进行统计分析、不确定度评定，为标准物质赋值，编写定值报告。

7 数据处理

    组织实验室负责收集数据，对于每一个待测标准物质，一般应有 $m(\geqslant 8)$ 家实验室（组）数据，每家实验室（组）测定 $n(\geqslant 9)$ 次。

    a) 组内可疑值检验：对每一组独立测量结果，用适当的统计学方法，如格拉布斯法、狄克逊法和 T-检验。尽可能采用两种方法判断可疑值。统计与计算按照 JJF 1343 的规定执行。如存在可疑数据，剔除该数据后继续运算，或补充实验数据，直至符合统计要求。

    b) 正态性检验：经组内可疑值检验的数据应通过正态性检验，下述方法四选一：偏态系数与峰态系数检验、夏皮洛-威尔克系数检验、达戈斯-提诺系数检验、爱泼斯-普利系数检验。统计与计算按照 JJF 1343 的规定执行。如未通过正态性检验，则重新按照步骤 a)补充实验数据，直至符合统计要求。

    c) 组间平均值检验：经正态性检验后，进行组间平均值检验。下述方法三选一：格拉布斯法、狄克逊法和 T-检验。统计与计算按照 JJF 1343 的规定执行。如存在可疑数据，剔除后继续运算，或补充实验数据，直至符合统计要求。

    d) 组间等精度检验：经组间平均值检验后，进行组间等精度检验。下述方法二选一：科克伦法和

F -检验。统计与计算按照 JJF 1343 的规定执行。如存在可疑数据,剔除该数组后继续运算,或补充实验数据,直至符合统计要求。

e) 正态性检验:将通过步骤 a)～步骤 d)的全部数据进行正态性检验,方法同步骤 b)。如果符合正态分布,可计算平均值,即为定值结果;如果不符合正态分布,再经技术审查剔除可疑数据之后合并数据,再按步骤 b)方法进行统计,或补充实验数据,直至符合统计要求。最终数据组不得少于 8 组。

8 定值结果与测量不确定度评定

8.1 拷贝数浓度定值

8.1.1 拷贝数浓度定值结果

多个实验室采用数字 PCR 技术为拷贝数浓度定值,每个实验室(或方法)的测定平均值为 $\overline{X}_i$,测定的数据服从正态分布,且 $\overline{X}_i$ 间等精度时,则用 y_n 表示定值结果,按式(1)计算。

$$y_n = \sum_{i=1}^{m} \overline{X}_i / m \quad\cdots\cdots\cdots\cdots\cdots\cdots\cdots\cdots\cdots\cdots\cdots (1)$$

式中:

y_n ——拷贝数浓度定值结果;

m ——参加测试的实验室数量;

$\overline{X}_i$ ——第 i 个实验室测试结果的平均值。

8.1.2 拷贝数浓度的不确定度评定

8.1.2.1 定值过程引入的不确定度

定值过程引入的不确定度分为两个部分:第一部分是方法重复性引入的不确定度分量,采用基于统计的不确定度 A 类评定方法进行评定,按照农业部 2259 号公告—1—2015 的规定执行;第二部分是由非统计方法引入的不确定度分量,采用不确定度 B 类评定方法进行评定,按照 JJF 1059.1 的规定执行。定值过程引入的不确定度见式(2)。

$$u_{char} = \sqrt{u_A^2 + u_B^2} \quad\cdots\cdots\cdots\cdots\cdots\cdots\cdots\cdots\cdots (2)$$

式中:

u_{char} ——定值引入的标准不确定度;

u_A ——重复性引入的不确定度;

u_B ——非统计分析方法引入的不确定度。

根据式(3)计算定值引入的相对标准不确定度。

$$u_{rel(char)} = u_{char} / y_n \quad\cdots\cdots\cdots\cdots\cdots\cdots\cdots\cdots (3)$$

式中:

$u_{rel(char)}$ ——定值引入的相对标准不确定度;

u_{char} ——定值引入的标准不确定度;

y_n ——拷贝数浓度定值结果。

8.1.2.2 均匀性引入的不确定度

不均匀引入的相对标准不确定度分量 $u_{rel(bb)}$ 由基因组 DNA 标准物质制备实验室提供。

8.1.2.3 稳定性引入的不确定度

不稳定引入的相对标准不确定度分量 $u_{rel(s)}$ 由基因组 DNA 标准物质制备实验室提供。

8.1.2.4 合成相对标准不确定度

将标准物质各不确定度分量按式(4)进行合成,即得标准物质的合成相对标准不确定度 u_{rel} 。

$$u_{rel} = \sqrt{u_{rel(char)}^2 + u_{rel(bb)}^2 + u_{rel(s)}^2} \quad\cdots\cdots\cdots\cdots\cdots\cdots (4)$$

式中：

u_{rel} ——合成相对标准不确定度；

$u_{rel(bb)}$ ——不均匀引入的相对标准不确定度；

$u_{rel(s)}$ ——不稳定引入的相对标准不确定度。

8.2 转基因成分含量定值

8.2.1 转基因成分含量定值结果

8.2.1.1 转基因含量的表示

采用数字 PCR 技术分别测量基因组 DNA 样品中转基因拷贝数 a 和内标准基因的拷贝数 b，转基因成分含量 y_c 按式(5)计算。

$$y_c = \frac{a}{b} \quad\cdots\cdots\cdots\cdots\cdots\cdots\cdots\cdots\cdots\cdots\cdots\cdots\cdots\cdots\cdots\cdots\cdots\cdots (5)$$

式中：

a ——转基因拷贝数；

b ——内标准基因的拷贝数；

y_c ——转基因成分含量定值结果。

8.2.1.2 转基因含量定值结果的统计

多家实验室转基因成分含量结果的统计按式(1)计算。

8.2.2 转基因成分含量的不确定度评定

按照 8.1.2 的规定执行。

8.3 扩展不确定度

拷贝数浓度和转基因成分含量的合成标准不确定度均按式(6)计算。

$$u_{CRM} = u_{rel} \times y \quad\cdots\cdots\cdots\cdots\cdots\cdots\cdots\cdots\cdots\cdots\cdots\cdots\cdots\cdots\cdots\cdots (6)$$

式中：

u_{CRM} ——合成标准不确定度；

y ——定值结果 y_n 和 y_c。

按式(7)计算扩展不确定度。

$$U_{CRM} = k \times u_{CRM} \quad\cdots\cdots\cdots\cdots\cdots\cdots\cdots\cdots\cdots\cdots\cdots\cdots\cdots\cdots\cdots (7)$$

式中：

U_{CRM} ——扩展不确定度；

k ——包含因子，一般 $k=2$，对应于 95% 的置信概率；

u_{CRM} ——合成标准不确定度。

9 结果的表示

基因组 DNA 标准物质有两个特性值：基因组 DNA 的拷贝数浓度 y_n 和转基因成分含量 y_c，每个值由两部分组成，都可通过以下形式表示：

    a) 被测的特性量值 y，也称标准物质的标准值或认定值；

    b) 该标准值的扩展不确定度 U_{CRM}。

即表示为：$y \pm U_{CRM}$ 或 $y \pm k \cdot u_{CRM}$

ICS 65.020.01
B 04

中华人民共和国国家标准

农业农村部公告第111号—3—2018

转基因植物及其产品成分检测
抗虫耐除草剂棉花 GHB119 及其衍生品种
定性 PCR 方法

Detection of genetically modified plants and derived products—
Qualitative PCR method for insect-resistant and herbicide-tolerant cotton
GHB119 and its derivates

2018-12-19 发布

2019-06-01 实施

中华人民共和国农业农村部 发布

前　言

本标准按照 GB/T 1.1—2009 给出的规则起草。

请注意本文件的某些内容可能涉及专利。本文件的发布机构不承担识别这些专利的责任。

本标准由中华人民共和国农业农村部提出。

本标准由全国农业转基因生物安全管理标准化技术委员会归口。

本标准起草单位:农业农村部科技发展中心、中国农业科学院植物保护研究所。

本标准主要起草人:谢家建、沈平、彭于发、梁晋刚、陈秀萍、韩兰芝、李云河、梁革梅、黄春蒙、王叶。

转基因植物及其产品成分检测
抗虫耐除草剂棉花 GHB119 及其衍生品种定性 PCR 方法

1 范围

本标准规定了抗虫耐除草剂棉花 GHB119 转化体特异性普通 PCR 和实时荧光 PCR 两种检测方法。

本标准适用于抗虫耐除草剂棉花 GHB119 及其衍生品种,以及制品中 GHB119 转化体成分的定性 PCR 检测。

2 规范性引用文件

下列文件对于本文件的应用是必不可少的。凡是注日期的引用文件,仅注日期的版本适用于本文件。凡是不注日期的引用文件,其最新版本(包括所有的修改单)适用于本文件。

GB/T 6682 分析实验室用水规格和试验方法

农业部 1485 号公告—4—2010 转基因植物及其产品成分检测 DNA 提取和纯化

农业部 1943 号公告—1—2013 转基因植物及其产品成分检测 棉花内标准基因定性 PCR 方法

农业部 2031 号公告—19—2013 转基因植物及其产品成分检测 抽样

NY/T 672 转基因植物及其产品检测 通用要求

3 术语和定义

农业部 1943 号公告—1—2013 界定的以及下列术语和定义适用于本文件。

3.1

抗虫耐除草剂棉花 GHB119 insect-resistant and herbicide-tolerant cotton GHB119

拜耳公司开发的转 *cry2Ae* 基因和 *bar* 基因的抗虫耐除草剂棉花品种,OECD 标识符 BCS - GHØØ5 - 8。

3.2

GHB119 转化体特异性序列 event-specific sequence of GHB119

抗虫耐除草剂棉花 GHB119 外源片段插入位点 5′端的棉花基因组与转化载体的连接区序列。

4 原理

根据 GHB119 转化体特异性序列设计特异性引物,对试样进行 PCR 扩增。依据是否扩增获得预期的 DNA 片段或典型的扩增曲线,判断样品中是否含有抗虫耐除草剂棉花 GHB119 转化体成分。

5 试剂和材料

除非另有说明,仅使用分析纯试剂和重蒸馏水或符合 GB/T 6682 规定的二级水。

5.1 琼脂糖。

5.2 10 g/L 溴化乙锭(EB)溶液:称取 1.0 g 溴化乙锭,溶解于 100 mL 水中,避光保存。

警告——溴化乙锭有致癌作用,配制和使用时应戴一次性手套操作并妥善处理废弃物。

注:根据需要可选择其他效果相当的核酸染料代替溴化乙锭作为核酸电泳的染色剂。

5.3 10 mol/L 氢氧化钠(NaOH)溶液:在 160 mL 水中加入 80.0 g 氢氧化钠,溶解后,冷却至室温,再

加水定容到 200 mL。

5.4 500 mmol/L 乙二胺四乙酸二钠(EDTA-Na₂)溶液(pH 8.0):称取 18.6 g 乙二胺四乙酸二钠,加入 70 mL 水中,缓慢滴加氢氧化钠溶液(见 5.3)直至 EDTA-Na₂ 完全溶解,用氢氧化钠溶液(见 5.3)调 pH 至 8.0,加水定容至 100 mL。在 103.4 kPa(121℃)条件下灭菌 20 min。

5.5 1 mol/L 三羟甲基氨基甲烷-盐酸(Tris-HCl)溶液(pH 8.0):称取 121.1 g 三羟甲基氨基甲烷溶解于 800 mL 水中,用盐酸调 pH 至 8.0,加水定容至 1 000 mL。在 103.4 kPa(121℃)条件下灭菌 20 min。

5.6 TE 缓冲液(pH 8.0):分别量取 10 mL 三羟甲基氨基甲烷-盐酸溶液(见 5.5)和 2 mL 乙二胺四乙酸二钠溶液(5.4),加水定容至 1 000 mL。在 103.4 kPa(121℃)条件下灭菌 20 min。

5.7 50×TAE 缓冲液:称取 242.2 g 三羟甲基氨基甲烷(Tris),先用 500 mL 水加热搅拌溶解后,加入 100 mL 乙二胺四乙酸二钠溶液(见 5.4),用冰乙酸调 pH 至 8.0,然后加水定容到 1 000 mL。使用时用水稀释成 1×TAE。

5.8 加样缓冲液:称取 250.0 mg 溴酚蓝,加入 10 mL 水,在室温下溶解 12 h;称取 250.0 mg 二甲基苯腈蓝,加 10 mL 水溶解;称取 50.0 g 蔗糖,加 30 mL 水溶解。混合以上 3 种溶液,加水定容至 100 mL,在 4℃下保存。

5.9 DNA 分子量标准:可以清楚区分 100 bp～1 000 bp 的 DNA 片段。

5.10 dNTPs 混合溶液:将浓度为 10 mmol/L 的 dATP、dTTP、dGTP、dCTP 4 种脱氧核糖核苷酸溶液等体积混合。

5.11 *Taq* DNA 聚合酶、PCR 扩增缓冲液及 25 mmol/L 氯化镁(MgCl₂)溶液。

5.12 棉花内标准基因引物(见农业部 1943 号公告—1—2013)

5.12.1 普通 PCR 方法引物

5.12.1.1 *ACP* 基因引物:

    ACP-F:5'-GTATATGGTTTCAGGTTGAG-3';

    ACP-R:5'-GGTTTGCGGTCTAGTATGTG-3'。

    预期扩增目标片段大小为 210 bp。

5.12.1.2 *Sad1* 基因引物:

    Sad1-F:5'-TGGCCTCTAATCATTGTTATGATG-3';

    Sad1-R:5'-TTGAGGTGAGTCAGAATGTTGTTC-3'。

    预期扩增目标片段大小为 282 bp。

5.12.2 实时荧光 PCR 方法引物/探针

5.12.2.1 *ACP* 基因引物:

    ACP-QF:5'-ATTGTGATGGGACTTGAGGAAGA-3';

    ACP-QR:5'-CTTGAACAGTTGTGATGGATTGTG-3';

    ACP-QP:5'-ATTGTCCTCTTCCACCGTGATTCCGAA-3'。

    预期扩增目标片段大小为 76 bp。

    注:ACP-QP 为 *ACP* 基因的 Taqman 探针,其 5'端标记荧光报告基团(如 FAM,HEX 等),3'端标记对应的淬灭基团(如 TAMRA,BHQ1 等)。

5.12.2.2 *Sad1* 基因引物:

    Sad1-QF:5'-CCAAAGGAGGTGCCTGTTCA-3';

    Sad1-QR:5'-TTGAGGTGAGTCAGAATGTTGTTC-3';

    Sad1-QP:5'-TCACCCACTCCATGCCGCCTCACA-3'。

    预期扩增目标片段大小为 107 bp。

注:Sad1‐QP 为 sad1 基因的 Taqman 探针,其 5′端标记荧光报告基团(如 FAM,HEX 等),3′端标记对应的淬灭基团(如 TAMRA,BHQ1 等)。

5.13 GHB119 转化体特异性序列引物

5.13.1 普通 PCR 方法引物:

GHB119‐F:5′‐GAAATTGCGTGACTCAAATTCC‐3′;

GHB119‐R:5′‐GGTTTCGCTCATGTGTTGAGC‐3′。

预期扩增片段大小为 189 bp(参见附录 A)。

5.13.2 实时荧光 PCR 方法引物/探针:

GHB119‐QF:5′‐GAAATTGCGTGACTCAAATTCC‐3′;

GHB119‐QR:5′‐CCAGTACTAAAATCCAGATCATGCA‐3′;

GHB119‐QP:5′‐CCTGCAGGTCGACGGCCGAGTAC‐3′。

预期扩增片段大小为 90 bp(参见附录 A)。

注:GHB119‐QP 为 GHB119 转化体特异性序列的 Taqman 探针,其 5′端标记荧光报告基团(如 FAM,HEX 等),3′端标记对应的淬灭基团(如 TAMRA,BHQ1 等)。

5.14 引物溶液:用 TE 缓冲液(见 5.6)或水分别将上述引物稀释到 10 μmol/L。

5.15 石蜡油。

5.16 DNA 提取试剂盒。

5.17 定性 PCR 试剂盒。

5.18 PCR 产物回收试剂盒。

5.19 实时荧光 PCR 试剂盒。

6 主要仪器和设备

6.1 分析天平:感量 0.1 g 和 0.1 mg。

6.2 PCR 扩增仪:升降温速度>1.5℃/s,孔间温度差异<1.0℃。

6.3 实时荧光 PCR 仪。

6.4 电泳槽、电泳仪等电泳装置。

6.5 凝胶成像系统或照相系统。

7 分析步骤

7.1 抽样

按 NY/T 672 和农业部 2031 号公告—19—2013 的规定执行。

7.2 试样制备

按 NY/T 672 和农业部 2031 号公告—19—2013 的规定执行。

7.3 试样预处理

按农业部 1485 号公告—4—2010 的规定执行。

7.4 DNA 模板制备

按农业部 1485 号公告—4—2010 的规定执行。

7.5 PCR 扩增

7.5.1 普通 PCR 方法

7.5.1.1 试样 PCR 扩增

7.5.1.1.1 棉花内标准基因 PCR 扩增

按农业部 1943 号公告—1—2013 中 7.5.1 的规定执行。

7.5.1.1.2 转化体特异性序列 PCR 扩增

7.5.1.1.2.1 每个试样 PCR 设置 3 个平行。

7.5.1.1.2.2 在 PCR 管中按表 1 依次加入反应试剂,混匀,再加 25 μL 石蜡油(有热盖功能的 PCR 仪可不加)。也可采用经验证的、效果相当的定性 PCR 试剂盒配制反应体系。

表 1　普通 PCR 检测反应体系

试　　剂	终浓度	体积
ddH$_2$O	—	
10×PCR 缓冲液	1×	2.5 μL
25 mmol/L 氯化镁溶液	1.5 mmol/L	1.5 μL
dNTPs 混合溶液(各 2.5 mmol/L)	0.2 mmol/L	2.0 μL
10 μmol/L GHB119 - F	0.6 μmol/L	1.5 μL
10 μmol/L GHB119 - R	0.6 μmol/L	1.5 μL
Taq DNA 聚合酶	0.025 U/μL	—
50 mg/L DNA 模板	4.0 mg/L	2.0 μL
总体积		25.0 μL
"—"表示体积不确定,如果 PCR 缓冲液中含有氯化镁,则不加氯化镁溶液,根据 *Taq* DNA 聚合酶的浓度确定其体积,并相应调整 ddH$_2$O 的体积,使反应体系总体积达到 25.0 μL。 若采用定性 PCR 试剂盒,则按试剂盒的推荐用量配制反应体系,但上下游引物用量按表 1 执行。		

7.5.1.1.2.3 将 PCR 管放在离心机上,500 g～3 000 g 离心 10 s,然后取出 PCR 管,放入 PCR 仪中。

7.5.1.1.2.4 进行 PCR 扩增。反应程序为:94℃变性 5 min;94℃变性 30 s,56℃退火 30 s,72℃延伸 30 s,共进行 35 次循环;72℃延伸 2 min;10℃保存。

7.5.1.1.2.5 反应结束后取出 PCR 管,对 PCR 扩增产物进行电泳检测。

7.5.1.2 对照 PCR 扩增

在试样 PCR 扩增的同时,应设置 PCR 阳性对照、PCR 阴性对照和 PCR 空白对照。

以抗虫耐除草剂棉花 GHB119 为阳性对照(抗虫耐除草剂棉花 GHB119 的质量分数为 0.1%～1.0% 的棉花基因组 DNA,或 GHB119 转化体特异性序列与棉花基因组内标准基因相比的拷贝数分数为 0.1%～1.0% 的 DNA 溶液);以非转基因棉花基因组 DNA 作为阴性对照;以水作为空白对照。

除模板外,对照 PCR 扩增与试样 PCR 扩增相同(见 7.5.1.1)。

7.5.1.3 PCR 产物电泳检测

按 20 g/L 的质量浓度称量琼脂糖,加入 1×TAE 缓冲液中,加热溶解,配制成琼脂糖溶液。每 100 mL 琼脂糖溶液中加入 5 μL EB 溶液或适量的其他核酸染料,混匀,稍适冷却后,将其倒入电泳槽上,插上梳板,室温下凝固成凝胶后,放入 1×TAE 缓冲液中,垂直向上轻轻拔去梳板。取 12 μL PCR 产物与 3 μL 加样缓冲液混合后加入凝胶点样孔,同时在其中一个点样孔中加入 DNA 分子量标准,接通电源在 2 V/cm～5 V/cm 条件下电泳检测。

7.5.1.4 凝胶成像分析

电泳结束后,取出琼脂糖凝胶,置于凝胶成像仪上成像。根据 DNA 分子量标准估计扩增条带的大小,将电泳结果形成电子文件存档或用照相系统拍照。如需通过序列分析确认 PCR 扩增片段是否为目的 DNA 片段,按照 7.5.1.5 和 7.5.1.6 的规定执行。

7.5.1.5 PCR 产物回收

按 PCR 产物回收试剂盒说明书,回收 PCR 扩增的 DNA 片段。

7.5.1.6 PCR 产物测序验证

将回收的 PCR 产物克隆测序,与 GHB119 转化体特异性序列(参见附录 A)进行比对,确定 PCR 扩增的 DNA 片段是否为目的 DNA 片段。

7.5.2 实时荧光 PCR 方法

7.5.2.1 试样 PCR 扩增

7.5.2.1.1 棉花内标准基因 PCR 扩增

按农业部 1943 号公告—1—2013 中 7.5.2 的规定执行。

7.5.2.1.2 转化体特异性序列 PCR 扩增

7.5.2.1.2.1 每个试样 PCR 扩增设置 3 个平行。

7.5.2.1.2.2 在 PCR 管中按表 2 依次加入反应试剂,混匀。也可采用经验证的、效果相当的实时荧光 PCR 试剂盒配制反应体系。

表 2 实时荧光 PCR 检测反应体系

试　剂	终浓度	体积
ddH$_2$O		—
10×PCR 缓冲液	1×	2.0 μL
25 mmol/L 氯化镁溶液	2.5 mmol/L	2.0 μL
dNTPs 混合溶液(各 2.5 mmol/L)	0.2 mmol/L	0.4 μL
10 μmol/L GHB119 - QF	1.0 μmol/L	2.0 μL
10 μmol/L GHB119 - QR	1.0 μmol/L	2.0 μL
10 μmol/L GHB119 - QP	0.5 μmol/L	1.0 μL
Taq DNA 聚合酶	0.04 U/μL	—
50 mg/L DNA 模板	5.0 mg/L	2.0 μL
总体积		20 μL
"—"表示体积不确定。如果 PCR 缓冲液中含有氯化镁,则不加氯化镁溶液,根据 *Taq* 酶的浓度确定其体积,并相应调整 ddH$_2$O 的体积,使反应体系总体积达到 20.0 μL。若采用实时荧光 PCR 试剂盒,则按试剂盒的推荐用量配制反应体系,但引物和探针用量按表 2 执行。		

7.5.2.1.2.3 将 PCR 管放在离心机上,500 g～3 000 g 离心 10 s,然后取出 PCR 管,放入 PCR 仪中。

7.5.2.1.2.4 运行实时荧光 PCR 扩增。反应程序为 95℃变性 2 min;95℃变性 5 s,60℃退火延伸 34 s,共进行 40 个循环;在第二阶段的退火延伸(60℃)时段收集荧光信号。

注:不同仪器可根据仪器要求将反应参数做适当调整。

7.5.2.2 对照 PCR 扩增

在试样 PCR 扩增的同时,应设置 PCR 阳性对照、PCR 阴性对照和 PCR 空白对照。

以抗虫耐除草剂棉花 GHB119 为阳性对照(抗虫耐除草剂棉花 GHB119 的质量分数为 0.1%～1.0%的棉花基因组 DNA,或 GHB119 转化体特异性序列与棉花基因组内标准基因相比的拷贝数分数为 0.1%～1.0%的 DNA 溶液);以非转基因棉花基因组 DNA 作为阴性对照;以水作为空白对照。

除模板外,对照 PCR 扩增与试样 PCR 扩增相同(见 7.5.2.1)。

8 结果分析与表述

8.1 普通 PCR 方法

8.1.1 对照检测结果分析

阳性对照 PCR 中棉花内标准基因和 GHB119 转化体特异性序列得到扩增,而阴性对照 PCR 中仅扩增出棉花内标准基因片段,空白对照 PCR 中没有预期扩增片段,表明 PCR 检测反应体系正常工作。否则,重新检测。

8.1.2 样品检测结果分析和表述

8.1.2.1 试样棉花内标准基因和 GHB119 转化体特异性序列均得到扩增,表明样品中检测出抗虫耐除草剂棉花 GHB119 转化体成分,表述为"样品中检测出抗虫耐除草剂棉花 GHB119 转化体成分,检测结果为阳性"。

8.1.2.2 试样棉花内标准基因片段得到扩增,而 GHB119 转化体特异性序列未得到扩增,表明样品中未检测出抗虫耐除草剂棉花 GHB119 转化体成分,表述为"样品中未检测出抗虫耐除草剂棉花 GHB119 转化体成分,检测结果为阴性"。

8.1.2.3 试样棉花内标准基因片段未得到扩增,表明样品中未检出棉花成分,结果表述为"样品中未检测出棉花基因组 DNA 成分,检测结果为阴性"。

8.2 实时荧光 PCR 方法

8.2.1 基线与阈值的设定

实时荧光 PCR 扩增结束后,以 PCR 扩增刚好进入指数期扩增来设置荧光信号阈值,并根据仪器噪声情况进行调整。

8.2.2 对照检测结果分析

阳性对照 PCR 中棉花内标准基因和 GHB119 转化体特异性序列均出现典型扩增曲线,且 Ct 值小于或等于 36;阴性对照 PCR 中仅棉花内标准基因出现典型扩增曲线,且 Ct 值小于或等于 36;空白对照 PCR 中无典型扩增曲线,荧光信号低于设定的阈值,表明 PCR 检测反应体系工作正常。否则,重新检测。

8.2.3 样品检测结果分析和表述

8.2.3.1 试样棉花内标准基因和 GHB119 转化体特异性序列均出现典型扩增曲线且 Ct 值小于或等于 36,表明样品中检测出抗虫耐除草剂棉花 GHB119 转化体成分,表述为"样品中检测出抗虫耐除草剂棉花 GHB119 转化体成分,检测结果为阳性"。

8.2.3.2 试样棉花内标准基因出现典型扩增曲线且 Ct 值小于或等于 36,而 GHB119 转化体特异性序列无典型扩增曲线或 Ct 值大于 36,表明样品中未检测出抗虫耐除草剂棉花 GHB119 转化体成分,表述为"样品中未检测出抗虫耐除草剂棉花 GHB119 转化体成分,检测结果为阴性"。

8.2.3.3 试样棉花内标准基因未出现典型扩增曲线或 Ct 值大于 36,表明样品中未检出棉花成分,结果表述为"样品中未检测出棉花基因组 DNA 成分,检测结果为阴性"。

注:3 个平行的 PCR 扩增结果出现不一致的,应重做 PCR 扩增样品 2 次,最终以多数结果为准。

9 检出限

9.1 普通 PCR 方法的检出限为 0.1%(含靶序列样品 DNA/总样品 DNA)。

9.2 实时荧光 PCR 方法的检出限为 0.025%(含靶序列样品 DNA/总样品 DNA)。

注:本标准的检出限是在 PCR 检测反应体系中加入 100 ng DNA 模板进行测算的。

附 录 A

（资料性附录）

抗虫耐除草剂棉花 GHB119 转化体特异性序列

1 GAAATTGCGT GACTCAAATT CCTGTTAAAA ATAAAACAGT ACTCGGCCGT CGACCTGCAG

61 GTCCATGCAT GATCTGGATT TTAGTACTGG ATTTTGGTTT TAGGAATTAG AAATTTTATT

121 GATAGAAGTA TTTTACAAAT ACAAATACAT ACTAAGGGTT TCTTATATGC TCAACACATG

181 AGCGAAACC

注 1：序列方向为 5′-3′。

注 2：5′端单下划线部分为普通 PCR 方法引物 GHB119‐F 和实时荧光 PCR 方法 GHB119‐QF 引物序列，3′端单下划线部分为 GHB119‐R 引物的反向互补序列，3′端双下划线部分为 GHB119‐QR 引物的反向互补序列，方框内部分为实时荧光 PCR 方法 GHB119‐QP 探针的反向互补序列。

注 3：1～36 为棉花基因组序列，37～189 为转化载体序列。

ICS 65.020.01
B 04

中华人民共和国国家标准

农业农村部公告第111号—4—2018

转基因植物及其产品成分检测
抗虫耐除草剂棉花 T304-40 及其衍生品种
定性 PCR 方法

Detection of genetically modified plants and derived products—
Qualitative PCR method for insect–resistant and herbicide–tolerant cotton T304–40
and its derivates

2018-12-19 发布

2019-06-01 实施

中华人民共和国农业农村部 发布

前　言

本标准按照 GB/T 1.1—2009 给出的规则起草。

请注意本文件的某些内容可能涉及专利。本文件的发布机构不承担识别这些专利的责任。

本标准由中华人民共和国农业农村部提出。

本标准由全国农业转基因生物安全管理标准化技术委员会归口。

本标准起草单位:农业农村部科技发展中心、农业农村部环境保护科研监测所。

本标准主要起草人:宋贵文、李夏莹、张秀杰、沈平、刘鹏程、沈晓玲、章秋艳、李文龙、梁晋刚、王颢潜、张旭冬。

转基因植物及其产品成分检测
抗虫耐除草剂棉花 T304‑40 及其衍生品种定性 PCR 方法

1 范围

本标准规定了转基因抗虫耐除草剂棉花 T304‑40 转化体特异性普通 PCR 和实时荧光 PCR 两种检测方法。

本标准适用于转基因抗虫耐除草剂棉花 T304‑40 及其衍生品种，以及制品中 T304‑40 转化体成分的定性 PCR 检测。

2 规范性引用文件

下列文件对于本文件的应用是必不可少的。凡是注日期的引用文件，仅注日期的版本适用于本文件。凡是不注日期的引用文件，其最新版本（包括所有的修改单）适用于本文件。

GB/T 6682　分析实验室用水规格和试验方法

农业部 1485 号公告—4—2010　转基因植物及其产品成分检测　DNA 提取和纯化

农业部 1943 号公告—1—2013　转基因植物及其产品成分检测　棉花内标准基因定性 PCR 方法

农业部 2031 号公告—19—2013　转基因植物及其产品成分检测　抽样

NY/T 672　转基因植物及其产品检测　通用要求

3 术语和定义

农业部 1943 号公告—1—2013 界定的以及下列术语和定义适用于本文件。

3.1

抗虫耐除草剂棉花 T304‑40　insect-resistant and herbicide-tolerant cotton T304‑40

拜耳公司开发的转 *cry1Ab* 基因和 *bar* 基因的抗虫耐除草剂棉花品种，OECD 标识 BCS‑GHØØ4‑7。

3.2

T304‑40 转化体特异性序列　event-specific sequence of T304‑40

T304‑40 的外源插入片段 3′端与棉花基因组的连接区序列，包括转化载体 T‑DNA 部分序列及棉花基因组部分序列。

4 原理

根据转基因抗虫耐除草剂棉花 T304‑40 转化体特异性序列设计特异性引物及探针，对试样进行 PCR 扩增。依据是否扩增获得预期的 DNA 片段或典型的扩增曲线，判断样品中是否含有 T304‑40 转化体成分。

5 试剂和材料

除非另有说明，仅使用分析纯试剂和重蒸馏水或符合 GB/T 6682 规定的二级水。

5.1　琼脂糖。

5.2　10 g/L 溴化乙锭（EB）溶液：称取 1.0 g 溴化乙锭，溶解于 100 mL 水中，避光保存。

警告——溴化乙锭有致癌作用，配制和使用时应戴一次性手套操作并妥善处理废弃物。

注：根据需要可选择其他效果相当的核酸染料代替溴化乙锭作为核酸电泳的染色剂。

5.3 10 mol/L 氢氧化钠(NaOH)溶液:在 160 mL 水中加入 80.0 g 氢氧化钠,溶解后,冷却至室温,再加水定容到 200 mL。

5.4 500 mmol/L 乙二胺四乙酸二钠(EDTA - Na₂)溶液(pH 8.0):称取 18.6 g 乙二胺四乙酸二钠,加入 70 mL 水中,缓慢滴加氢氧化钠溶液(见 5.3)直至 EDTA - Na₂ 完全溶解,用氢氧化钠溶液(见 5.3)调 pH 至 8.0,加水定容至 100 mL。在 103.4 kPa(121℃)条件下灭菌 20 min。

5.5 1 mol/L 三羟甲基氨基甲烷-盐酸(Tris - HCl)溶液(pH 8.0):称取 121.1 g 三羟甲基氨基甲烷溶解于 800 mL 水中,用盐酸调 pH 至 8.0,加水定容至 1 000 mL。在 103.4 kPa(121℃)条件下灭菌 20 min。

5.6 TE 缓冲液(pH 8.0):分别量取 10 mL 三羟甲基氨基甲烷-盐酸溶液(见 5.5)和 2 mL 乙二胺四乙酸二钠溶液(见 5.4),加水定容至 1 000 mL。在 103.4 kPa(121℃)条件下灭菌 20 min。

5.7 50×TAE 缓冲液:称取 242.2 g 三羟甲基氨基甲烷(Tris),先用 500 mL 水加热搅拌溶解后,加入 100 mL 乙二胺四乙酸二钠溶液(见 5.4),用冰乙酸调 pH 至 8.0,然后加水定容到 1 000 mL。使用时用水稀释成 1×TAE。

5.8 加样缓冲液:称取 250.0 mg 溴酚蓝,加入 10 mL 水,在室温下溶解 12 h;称取 250.0 mg 二甲基苯腈蓝,加 10 mL 水溶解;称取 50.0 g 蔗糖,加 30 mL 水溶解。混合以上 3 种溶液,加水定容至 100 mL,在 4℃下保存。

5.9 DNA 分子量标准:可以清楚区分 100 bp～1 000 bp 的 DNA 片段。

5.10 dNTPs 混合溶液:将浓度为 10 mmol/L 的 dATP、dTTP、dGTP、dCTP 4 种脱氧核糖核苷酸溶液等体积混合。

5.11 *Taq* DNA 聚合酶、PCR 扩增缓冲液及 25 mmol/L 氯化镁(MgCl₂)溶液。

5.12 棉花内标准基因 ACP 和 Sad1 引物(见农业部 1943 号公告—1—2013)

5.12.1 普通 PCR 方法引物

5.12.1.1 *ACP* 基因引物:

ACP - F:5′- GTATATGGTTTCAGGTTGAG - 3′;

ACP - R:5′- GGTTTGCGGTCTAGTATGTG - 3′。

预期扩增目标片段大小为 210 bp。

5.12.1.2 *Sad1* 基因引物:

Sad1 - F:5′- TGGCCTCTAATCATTGTTATGATG - 3′;

Sad1 - R:5′- TTGAGGTGAGTCAGAATGTTGTTC - 3′。

预期扩增目标片段大小为 282 bp。

5.12.2 实时荧光 PCR 方法引物/探针

5.12.2.1 *ACP* 基因引物:

ACP - QF:5′- ATTGTGATGGGACTTGAGGAAGA - 3′;

ACP - QR:5′- CTTGAACAGTTGTGATGGATTGTG - 3′;

ACP - QP:5′- ATTGTCCTCTTCCACCGTGATTCCGAA - 3′。

预期扩增目标片段大小为 76 bp。

注:ACP - QP 为 *ACP* 基因的 Taqman 探针,其 5′端标记荧光报告基团(如 FAM,HEX 等),3′端标记对应的淬灭基团(如 TAMRA,BHQ1 等)。

5.12.2.2 *Sad1* 基因引物:

Sad1 - QF:5′- CCAAAGGAGGTGCCTGTTCA - 3′;

Sad1 - QR:5′- TTGAGGTGAGTCAGAATGTTGTTC - 3′;

Sad1 - QP:5′- TCACCCACTCCATGCCGCCTCACA - 3′。

预期扩增目标片段大小为 107 bp。

注:Sad1‑QP 为 sad1 基因的 Taqman 探针,其 5′端标记荧光报告基团(如 FAM,HEX 等),3′端标记对应的淬灭基团(如 TAMRA,BHQ1 等)。

5.13 T304‑40 转化体特异性序列引物

5.13.1 普通 PCR 方法引物

T304‑40‑F:5′‑GATTAGAGTCCCGCAATTATACATTTAA‑3′;

T304‑40‑R:5′‑ATCGGCATCAGCCTTCCCTTA‑3′。

预期扩增目标片段大小为 212 bp(参见附录 A)。

5.13.2 实时荧光 PCR 方法引物/探针

T304‑40‑QF:5′‑AGCGCGCAAACTAGGATAAATT‑3′;

T304‑40‑QR:5′‑CCTAGATCTTGGGATAACTTGAAAAGA‑3′;

T304‑40‑QP:5′‑TCGCGCGCGGTGTCATCTATCTC‑3′。

预期扩增目标片段大小为 78 bp(参见附录 A)。

注:T304‑40‑QP 为 T304‑40 转化体的 Taqman 探针,其 5′端标记荧光报告基团(如 FAM,HEX 等),3′端标记对应的淬灭基团(如 TAMRA,BHQ1 等)。

5.14 引物溶液:用 TE 缓冲液(见 5.6)或水分别将上述引物稀释到 10 μmol/L。

5.15 石蜡油。

5.16 DNA 提取试剂盒。

5.17 定性 PCR 试剂盒。

5.18 PCR 产物回收试剂盒。

5.19 实时荧光 PCR 试剂盒。

6 主要仪器和设备

6.1 分析天平:感量 0.1 g 和 0.1 mg。

6.2 PCR 扩增仪:升降温速度>1.5℃/s,孔间温度差异<1.0℃。

6.3 实时荧光 PCR 仪。

6.4 电泳槽、电泳仪等电泳装置。

6.5 凝胶成像系统或照相系统。

7 分析步骤

7.1 抽样

按 NY/T 672 和农业部 2031 号公告—19—2013 的规定执行。

7.2 试样制备

按 NY/T 672 和农业部 2031 号公告—19—2013 的规定执行。

7.3 试样预处理

按农业部 1485 号公告—4—2010 的规定执行。

7.4 DNA 模板制备

按农业部 1485 号公告—4—2010 的规定执行。

7.5 PCR 扩增

7.5.1 普通 PCR 方法

7.5.1.1 试样 PCR 扩增

7.5.1.1.1 棉花内标准基因 PCR 扩增

按农业部 1943 号公告—1—2013 中 7.5.1 的规定执行。

7.5.1.1.2 转化体特异性序列 PCR 扩增

7.5.1.1.2.1 每个试样 PCR 扩增设置 3 个平行。

7.5.1.1.2.2 在 PCR 管中按表 1 依次加入反应试剂,混匀,再加 25 μL 石蜡油(有热盖功能的 PCR 仪可不加)。也可采用经验证的、效果相当的定性 PCR 试剂盒配制反应体系。

表 1 普通 PCR 检测反应体系

试 剂	终浓度	体积
ddH$_2$O	—	—
10×PCR 缓冲液	1×	2.5 μL
25 mmol/L 氯化镁溶液	1.5 mmol/L	1.5 μL
dNTPs 混合溶液(各 2.5 mmol/L)	0.2 mmol/L	2.0 μL
10 μmol/L T304-40-F	0.6 μmol/L	1.5 μL
10 μmol/L T304-40-R	0.6 μmol/L	1.5 μL
Taq DNA 聚合酶	0.025 U/μL	—
25 mg/L DNA 模板	2.0 mg/L	2.0 μL
总体积		25.0 μL
"—"表示体积不确定,如果 PCR 缓冲液中含有氯化镁,则不加氯化镁溶液,根据 *Taq* DNA 聚合酶的浓度确定其体积,并相应调整 ddH$_2$O 的体积,使反应体系总体积达到 25.0 μL。 若采用定性 PCR 试剂盒,则按试剂盒说明书的推荐用量配制反应体系,但上下游引物用量按表 1 执行。		

7.5.1.1.2.3 将 PCR 管放在离心机上,500 g～3 000 g 离心 10 s,然后取出 PCR 管,放入 PCR 仪中。

7.5.1.1.2.4 进行 PCR 扩增。反应程序为:94℃变性 5 min;94℃变性 30 s,56℃退火 30 s,72℃延伸 30 s,共进行 35 次循环;72℃延伸 2 min;10℃保存。

7.5.1.1.2.5 反应结束后取出 PCR 管,对 PCR 扩增产物进行电泳检测。

7.5.1.2 对照 PCR 扩增

在试样 PCR 扩增的同时,应设置 PCR 阳性对照、PCR 阴性对照和 PCR 空白对照。

以转基因抗虫耐除草剂棉花 T304-40 为阳性对照(转基因抗虫耐除草剂棉花 T304-40 的质量分数为 0.1%～1.0%的棉花基因组 DNA,或转基因抗虫耐除草剂棉花 T304-40 转化体特异性序列与棉花基因组内标准基因相比的拷贝数分数为 0.1%～1.0%的 DNA 溶液);以非转基因棉花基因组 DNA 作为阴性对照;以水作为空白对照。

除模板外,对照 PCR 扩增与试样 PCR 扩增相同(见 7.5.1.1)。

7.5.1.3 PCR 产物电泳检测

按 20 g/L 的质量浓度称量琼脂糖,加入 1×TAE 缓冲液中,加热溶解,配制成琼脂糖溶液。每 100 mL 琼脂糖溶液中加入 5 μL EB 溶液或适量的其他核酸染料,混匀,稍适冷却后,将其倒入电泳板上,插上梳板,室温下凝固成凝胶后,放入 1×TAE 缓冲液中,垂直向上轻轻拔去梳板。取 12 μL PCR 产物与 3 μL 加样缓冲液混合后加入凝胶点样孔,同时在其中一个点样孔中加入 DNA 分子量标准,接通电源在 2 V/cm～5 V/cm 条件下电泳检测。

7.5.1.4 凝胶成像分析

电泳结束后,取出琼脂糖凝胶,置于凝胶成像仪上成像。根据 DNA 分子量标准估计扩增条带的大小,将电泳结果形成电子文件存档或用照相系统拍照。如需通过序列分析确认 PCR 扩增片段是否为目的 DNA 片段,按照 7.5.1.5 和 7.5.1.6 的规定执行。

7.5.1.5 PCR 产物回收

按 PCR 产物回收试剂盒说明书,回收 PCR 扩增的 DNA 片段。

7.5.1.6 PCR 产物测序验证

将回收的 PCR 产物克隆测序,与转基因抗虫耐除草剂棉花 T304-40 转化体特异性序列(参见附录 A)进行比对,确定 PCR 扩增的 DNA 片段是否为目的 DNA 片段。

7.5.2 实时荧光 PCR 方法

7.5.2.1 试样 PCR 扩增

7.5.2.1.1 棉花内标准基因 PCR 扩增

按农业部 1943 号公告—1—2013 中 7.5.2 的规定执行。

7.5.2.1.2 转化体特异性序列 PCR 扩增

7.5.2.1.2.1 每个试样 PCR 扩增设置 3 个平行。

7.5.2.1.2.2 在 PCR 管中按表 2 依次加入反应试剂,混匀。也可采用经验证的、效果相当的实时荧光 PCR 试剂盒配制反应体系。

表 2 实时荧光 PCR 检测反应体系

试　　剂	终浓度	体积
ddH$_2$O		—
10×PCR 缓冲液	1×	2.0 μL
25 mmol/L 氯化镁溶液	2.5 mmol/L	2.0 μL
dNTPs 混合溶液(各 2.5 mmol/L)	0.2 mmol/L	1.6 μL
10 μmol/L T304-40-QF	1.0 μmol/L	2.0 μL
10 μmol/L T304-40-QR	1.0 μmol/L	2.0 μL
10 μmol/L T304-40-QP	0.5 μmol/L	1.0 μL
Taq DNA 聚合酶	0.025 U/μL	—
25 mg/L DNA 模板	2.5 mg/L	2.0 μL
总体积		20.0 μL
"—"表示体积不确定。如果 PCR 缓冲液中含有氯化镁,则不加氯化镁溶液,根据 Taq DNA 聚合酶的浓度确定其体积,并相应调整 ddH$_2$O 的体积,使反应体系总体积达到 20.0 μL。 若采用实时荧光 PCR 试剂盒,则按试剂盒说明书的推荐用量配制反应体系,但上下游引物用量按表 2 执行。		

7.5.2.1.2.3 将 PCR 管放在离心机上,500 g～3 000 g 离心 10 s,然后取出 PCR 管,放入实时荧光 PCR 仪中。

7.5.2.1.2.4 进行实时荧光 PCR 扩增。反应程序为 95℃变性 10 min;95℃变性 15 s,60℃退火延伸 60 s,循环数 40;在第二阶段的退火延伸(60℃)时段收集荧光信号。

注:可根据仪器要求将反应参数做适当调整。

7.5.2.2 对照 PCR 扩增

在试样 PCR 扩增的同时,应设置 PCR 阳性对照、PCR 阴性对照和 PCR 空白对照。

以转基因抗虫耐除草剂棉花 T304-40 为阳性对照(转基因抗虫耐除草剂棉花 T304-40 的质量分数为 0.1%～1.0% 的棉花基因组 DNA,或转基因抗虫耐除草剂棉花 T304-40 转化体特异性序列与棉花基因组内标准基因相比的拷贝数分数为 0.1%～1.0% 的 DNA 溶液);以非转基因棉花基因组 DNA 作为阴性对照;以水作为空白对照。

除模板外,对照 PCR 扩增与试样 PCR 扩增相同(见 7.5.2.1)。

8 结果分析与表述

8.1 普通 PCR 方法

8.1.1 对照检测结果分析

阳性对照 PCR 扩增中,棉花内标准基因和抗虫耐除草剂棉花 T304-40 转化体特异性序列均得到扩增,而阴性对照 PCR 中仅扩增出棉花内标准基因片段,空白对照 PCR 中没有预期扩增片段,表明 PCR 检测反应体系正常工作。否则,重新检测。

8.1.2 样品检测结果分析和表述

8.1.2.1 试样棉花内标准基因和抗虫耐除草剂棉花 T304‐40 转化体特异性序列均得到扩增,表明样品中检测出抗虫耐除草剂棉花 T304‐40 转化体成分,表述为"样品中检测出抗虫耐除草剂棉花 T304‐40 转化体成分,检测结果为阳性"。

8.1.2.2 试样棉花内标准基因片段得到扩增,而抗虫耐除草剂棉花 T304‐40 转化体特异性序列未得到扩增,表明样品中未检测出抗虫耐除草剂棉花 T304‐40 转化体成分,表述为"样品中未检测出抗虫耐除草剂棉花 T304‐40 转化体成分,检测结果为阴性"。

8.1.2.3 试样棉花内标准基因片段未得到扩增,表明样品中未检测出棉花成分,表述为"样品中未检测出棉花基因组 DNA 成分,检测结果为阴性"。

8.2 实时荧光 PCR 方法

8.2.1 基线与阈值的设定

实时荧光 PCR 扩增结束后,以 PCR 扩增刚好进入指数期扩增来设置荧光信号阈值,并根据仪器噪声情况进行调整。

8.2.2 对照检测结果分析

阳性对照 PCR 中,棉花内标准基因和抗虫耐除草剂棉花 T304‐40 转化体特异性序列均出现典型扩增曲线且 Ct 值小于或等于 36;阴性对照 PCR 中仅棉花内标准基因出现典型扩增曲线且 Ct 值小于或等于 36;空白对照 PCR 中无典型扩增曲线,荧光信号低于设定的阈值,表明 PCR 检测反应体系工作正常。否则,重新检测。

8.2.3 样品检测结果分析和表述

8.2.3.1 试样棉花内标准基因和抗虫耐除草剂棉花 T304‐40 转化体特异性序列均出现典型扩增曲线且 Ct 值小于或等于 36,表明样品中检测出抗虫耐除草剂棉花 T304‐40 转化体成分,表述为"样品中检测出抗虫耐除草剂棉花 T304‐40 转化体成分,检测结果为阳性"。

8.2.3.2 试样棉花内标准基因出现典型扩增曲线且 Ct 值小于或等于 36,而抗虫耐除草剂棉花 T304‐40 转化体特异性序列无典型扩增曲线或 Ct 值大于 36,表明样品中未检测出抗虫耐除草剂棉花 T304‐40 转化体成分,表述为"样品中未检测出抗虫耐除草剂棉花 T304‐40 转化体成分,检测结果为阴性"。

8.2.3.3 试样棉花内标准基因未出现典型扩增曲线或 Ct 值大于 36,表明样品中未检出棉花成分,表述为"样品中未检测出棉花基因组 DNA 成分,检测结果为阴性"。

注:3 个平行的 PCR 扩增结果出现不一致的,应重做 PCR 扩增样品 2 次,最终以多数结果为准。

9 检出限

9.1 普通 PCR 方法的检出限为 0.1%(含靶序列样品 DNA/ 总样品 DNA)。

9.2 实时荧光 PCR 方法的检出限为 0.05%(含靶序列样品 DNA/ 总样品 DNA)。

注:本标准的检出限是在 PCR 检测反应体系中加入 50 ng DNA 模板进行测算的。

附 录 A

（资料性附录）

抗虫耐除草剂棉花 T304－40 转化体 3′端特异性序列

1   GATTAGAGTC CCGCAATTAT ACATTTAATA CGCGATAGAA AACAAAATAT

51   AGCGCGCAAA CTAGGATAAA TTATCGCGCG CGGTGTCATC TATCTCCTTT

101   TTCTTTTCAA GTTATCCCAA GATCTAGGGG TATTTTGCAT CATTAAGAGA

151   AAACTTTGTT TAATTAGACT TCCAATCACC AGTCTTAGGT ATAAGGGAAG

201   GCTGATGCCG AT

注 1：序列方向为 5′-3′。

注 2：5′端单下划线部分为普通 PCR 方法 T304－40－F 引物序列，3′端单下划线部分为 T304－40－R 引物的反向互
      补序列；5′端双下划线部分为实时荧光 PCR 方法 T304－40－QF 引物序列，3′端双下划线部分为 T304－40－
      QR 引物的反向互补序列，方框内部分为实时荧光 PCR 方法 T304－40－QP 探针序列。

注 3：1～87 为转化载体序列；88～212 为棉花基因组部分序列。

ICS 65.020.01
B 04

中华人民共和国国家标准

农业农村部公告第111号—5—2018

转基因植物及其产品成分检测 抗虫水稻T2A-1及其衍生品种 定性PCR方法

Detection of genetically modified plants and derived products—
Qualitative PCR method for insect–resistant rice T2A-1
and its derivates

2018-12-19 发布

2019-06-01 实施

中华人民共和国农业农村部 发布

农业农村部公告第 111 号—5—2018

前　言

本标准按照 GB/T 1.1—2009 给出的规则起草。

请注意本文件的某些内容可能涉及专利。本文件的发布机构不承担识别这些专利的责任。

本标准由中华人民共和国农业农村部提出。

本标准由全国农业转基因生物安全管理标准化技术委员会归口。

本标准起草单位:农业农村部科技发展中心、安徽省农业科学院水稻研究所、中国农业科学院生物技术研究所、浙江省农业科学院。

本标准主要起草人:杨剑波、沈平、秦瑞英、梁晋刚、马卉、李莉、汪秀峰、金芜军、倪大虎、徐俊锋、魏鹏程、李浩、陆徐忠、王淑云、李亮、汪小福。

转基因植物及其产品成分检测
抗虫水稻 T2A-1 及其衍生品种定性 PCR 方法

1 范围

本标准规定了转基因抗虫水稻 T2A－1 转化体特异性普通 PCR 检测方法。

本标准适用于转基因抗虫水稻 T2A－1 及其衍生品种，以及制品中 T2A－1 转化体成分的定性 PCR 检测。

2 规范性引用文件

下列文件对于本文件的应用是必不可少的。凡是注日期的引用文件，仅注日期的版本适用于本文件。凡是不注日期的引用文件，其最新版本（包括所有的修改单）适用于本文件。

GB/T 6682 分析实验室用水规格和试验方法

农业部 1485 号公告—4—2010 转基因植物及其产品成分检测 DNA 提取和纯化

农业部 1861 号公告—1—2012 转基因植物及其产品成分检测 水稻内标准基因定性 PCR 方法

农业部 2031 号公告—19—2013 转基因植物及其产品成分检测 抽样

NY/T 672 转基因植物及其产品检测 通用要求

3 术语和定义

农业部 1861 号公告—1—2012 界定的以及下列术语和定义适用于本文件。

3.1

抗虫水稻 T2A－1 insect-resistant rice T2A－1

将 Bt 抗虫基因 *cry2A* 进行密码子优化后，通过农杆菌介导转入籼稻恢复系明恢 63 中，从而获得了对鳞翅目昆虫具有优良抗性的转基因水稻 T2A－1。

3.2

T2A－1 转化体特异性序列 event-specific sequence of T2A－1

T2A－1 外源插入片段 5′端与水稻基因组的连接区序列，包括水稻基因组序列与转化载体 T－DNA 部分序列。

4 原理

根据转基因抗虫水稻 T2A－1 转化体特异性序列设计特异性引物，对试样进行 PCR 扩增。依据是否扩增获得预期的 DNA 片段，判断样品中是否含有 T2A－1 转化体成分。

5 试剂和材料

除非另有说明，仅使用分析纯试剂和重蒸馏水或符合 GB/T 6682 规定的二级水。

5.1 琼脂糖。

5.2 10 g/L 溴化乙锭溶液：称取 1.0 g 溴化乙锭（EB），溶解于 100 mL 水中，避光保存。

警告——溴化乙锭有致癌作用，配制和使用时应戴一次性手套操作并妥善处理废弃物。

注：根据需要可选择其他效果相当的核酸染料代替溴化乙锭作为核酸电泳的染色剂。

5.3 10 mol/L 氢氧化钠（NaOH）溶液：在 160 mL 水中加入 80.0 g 氢氧化钠，溶解后，冷却至室温，再加水定容到 200 mL。

5.4　500 mmol/L 乙二胺四乙酸二钠(EDTA‐Na$_2$)溶液(pH 8.0):称取 18.6 g 乙二胺四乙酸二钠,加入 70 mL 水中,缓慢滴加氢氧化钠溶液(见 5.3)直至 EDTA‐Na$_2$ 完全溶解,用氢氧化钠溶液(见 5.3)调 pH 至 8.0,加水定容至 100 mL。在 103.4 kPa(121℃)条件下灭菌 20 min。

5.5　1 mol/L 三羟甲基氨基甲烷-盐酸(Tris‐HCl)溶液(pH 8.0):称取 121.1 g 三羟甲基氨基甲烷溶解于 800 mL 水中,用盐酸调 pH 至 8.0,加水定容至 1 000 mL。在 103.4 kPa(121℃)条件下灭菌 20 min。

5.6　TE 缓冲液(pH 8.0):分别量取 10 mL 三羟甲基氨基甲烷-盐酸溶液(见 5.5)和 2 mL 乙二胺四乙酸二钠溶液(见 5.4)溶液,加水定容至 1 000 mL。在 103.4 kPa(121℃)条件下灭菌 20 min。

5.7　50×TAE 缓冲液:称取 242.2 g 三羟甲基氨基甲烷(Tris),先用 500 mL 水加热搅拌溶解后,加入 100 mL 乙二胺四乙酸二钠溶液(见 5.4),用冰乙酸调 pH 至 8.0,然后加水定容到 1 000 mL。使用时用水稀释成 1×TAE。

5.8　加样缓冲液:称取 250.0 mg 溴酚蓝,加入 10 mL 水,在室温下溶解 12 h;称取 250.0 mg 二甲基苯腈蓝,加 10 mL 水溶解;称取 50.0 g 蔗糖,加 30 mL 水溶解。混合以上 3 种溶液,加水定容至 100 mL,在 4℃下保存。

5.9　DNA 分子量标准:可以清楚区分 100 bp～1 000 bp 的 DNA 片段。

5.10　dNTPs 混合溶液:将浓度为 10 mmol/L 的 dATP、dTTP、dGTP、dCTP 4 种脱氧核糖核苷酸溶液等体积混合。

5.11　Taq DNA 聚合酶、PCR 扩增缓冲液及 25 mmol/L 氯化镁(MgCl$_2$)溶液。

5.12　**水稻内标准基因 SPS 基因引物**(见农业部 1861 号公告—1—2012)
　　SPS‐F:5′‐ATCTGTTTACTCGTCAAGTGTCATCTC‐3′;
　　SPS‐R:5′‐GCCATGGATTACATATGGCAAGA‐3′。
　　预期扩增片段大小 287 bp。

5.13　**水稻内标准基因 PEPC 基因引物**(见农业部 1861 号公告—1—2012)
　　PEPC‐F:5′‐TCCCTCCAGAAGGTCTTTGTGTC‐3′;
　　PEPC‐R:5′‐GCTGGCAACTGGTTGGTAATG‐3′。
　　预期扩增片段大小为 271 bp。

5.14　**T2A‐1 转化体特异性序列引物**
　　T2A‐1‐F:5′‐CCTCGTTTATTCCTGGTCATC‐3′;
　　T2A‐1‐R:5′‐CCTTCTCTAGATCGGCGTTC‐3′。
　　预期扩增片段大小为 183 bp(参见附录 A)。

5.15　引物溶液:用 TE 缓冲液(见 5.6)或水分别将上述引物稀释到 10 μmol/L。

5.16　石蜡油。

5.17　DNA 提取试剂盒。

5.18　定性 PCR 试剂盒。

5.19　PCR 产物回收试剂盒。

6　主要仪器和设备

6.1　分析天平:感量 0.1 g 和 0.1 mg。

6.2　PCR 扩增仪:升降温速度>1.5℃/s,孔间温度差异<1.0℃。

6.3　电泳槽、电泳仪等电泳装置。

6.4 凝胶成像系统或照相系统。

7 分析步骤

7.1 抽样

按 NY/T 672 和农业部 2031 号公告—19—2013 的规定执行。

7.2 试样制备

按 NY/T 672 和农业部 2031 号公告—19—2013 的规定执行。

7.3 试样预处理

按农业部 1485 号公告—4—2010 的规定执行。

7.4 DNA 模板制备

按农业部 1485 号公告—4—2010 的规定执行。

7.5 PCR 扩增

7.5.1 试样 PCR 扩增

7.5.1.1 水稻内标准基因 PCR 扩增

按农业部 1861 号公告—1—2012 中 7.5.1.1.1 的规定执行。

7.5.1.2 转化体特异性序列 PCR 扩增

7.5.1.2.1 每个试样 PCR 扩增设置 3 个平行。

7.5.1.2.2 在 PCR 管中按表 1 依次加入反应试剂,混匀,再加 25 μL 石蜡油(有热盖功能的 PCR 仪可不加)。也可采用经验证的、效果相当的定性 PCR 试剂盒配制反应体系。

表 1 PCR 检测反应体系

试　　剂	终浓度	体积
ddH$_2$O	—	—
10×PCR 缓冲液	1×	2.5 μL
25 mmol/L 氯化镁溶液	1.5 mmol/L	1.5 μL
dNTPs 混合溶液(各 2.5 mmol/L)	0.2 mmol/L	2.0 μL
10 μmol/L T2A-1-F	0.3 μmol/L	0.75 μL
10 μmol/L T2A-1-R	0.3 μmol/L	0.75 μL
Taq DNA 聚合酶	0.025 U/μL	—
25 mg/L DNA 模板	2.0 mg/L	2.0 μL
总体积		25.0 μL
"—"表示体积不确定,如果 PCR 缓冲液中含有氯化镁,则不加氯化镁溶液,根据 Taq DNA 聚合酶的浓度确定其体积,并相应调整 ddH$_2$O 的体积,使反应体系总体积达到 25.0 μL。 若采用定性 PCR 试剂盒,则按试剂盒的推荐用量配制反应体系,但上下游引物用量按表 1 执行。		

7.5.1.2.3 将 PCR 管放在离心机上,500 g～3 000 g 离心 10 s,然后取出 PCR 管,放入 PCR 仪中。

7.5.1.2.4 进行 PCR 扩增。反应程序为:95℃变性 5 min;95℃变性 30 s,58℃退火 30 s,72℃延伸 30 s,共进行 35 次循环;72℃延伸 7 min;10℃保存。

7.5.1.2.5 反应结束后取出 PCR 管,对 PCR 扩增产物进行电泳检测。

7.5.2 对照 PCR 扩增

在试样 PCR 扩增的同时,应设置 PCR 阳性对照、阴性对照和空白对照。

以转基因抗虫水稻 T2A-1 为阳性对照(转基因抗虫水稻 T2A-1 的质量分数为 0.1%～1.0%的水稻基因组 DNA,或转基因抗虫水稻 T2A-1 转化体特异性序列与水稻基因组内标准基因相比的拷贝数分数为 0.1%～1.0%的 DNA 溶液);以非转基因水稻基因组 DNA 作为阴性对照;以水作为空白对照。

除模板外,对照 PCR 扩增与试样 PCR 扩增相同(见 7.5.1)。

7.6 PCR 产物电泳检测

按 20 g/L 的质量浓度称量琼脂糖,加入 1×TAE 缓冲液中,加热溶解,配制成琼脂糖溶液。每 100 mL 琼脂糖溶液中加入 5 μL EB 溶液或适量的其他核酸染料,混匀,稍适冷却后,将其倒入电泳板上,插上梳板,室温下凝固成凝胶后,放入 1×TAE 缓冲液中,垂直向上轻轻拔去梳板。取 12 μL PCR 产物与 3 μL 加样缓冲液混合后加入凝胶点样孔,同时在其中一个点样孔中加入 DNA 分子量标准,接通电源在 2 V/cm～5 V/cm 条件下电泳检测。

7.7 凝胶成像分析

电泳结束后,取出琼脂糖凝胶,置于凝胶成像仪上成像。根据 DNA 分子量标准估计扩增条带的大小,将电泳结果形成电子文件存档或用照相系统拍照。如需通过序列分析确认 PCR 扩增片段是否为目的 DNA 片段,按照 7.8 和 7.9 的规定执行。

7.8 PCR 产物回收

按 PCR 产物回收试剂盒说明书,回收 PCR 扩增的 DNA 片段。

7.9 PCR 产物测序验证

将回收的 PCR 产物克隆测序,与转基因抗虫水稻 T2A－1 转化体特异性序列(参见附录 A)进行比对,确定 PCR 扩增的 DNA 片段是否为目的 DNA 片段。

8 结果分析与表述

8.1 对照检测结果分析

阳性对照 PCR 中水稻内标准基因和转基因抗虫水稻 T2A－1 转化体特异性序列得到扩增,而阴性对照 PCR 中仅扩增出水稻内标准基因片段,空白对照 PCR 中没有预期扩增片段,表明 PCR 扩增体系正常工作。否则,重新检测。

8.2 样品检测结果分析和表述

8.2.1 试样水稻内标准基因和转基因抗虫水稻 T2A－1 转化体特异性序列均得到扩增,表明样品中检测出转基因抗虫水稻 T2A－1 转化体成分,表述为"样品中检测出转基因抗虫水稻 T2A－1 转化体成分,检测结果为阳性"。

8.2.2 试样水稻内标准基因片段得到扩增,而转基因抗虫水稻 T2A－1 转化体特异性序列未得到扩增,表明样品中未检测出转基因抗虫水稻 T2A－1 转化体成分,表述为"样品中未检测出转基因抗虫水稻 T2A－1 转化体成分,检测结果为阴性"。

8.2.3 试样水稻内标准基因片段未得到扩增,表明样品中未检出水稻成分,结果表述为"样品中未检测出水稻基因组 DNA 成分,检测结果为阴性"。

注:3 个平行的 PCR 扩增出现不一致的,应重做 PCR 扩增样品 2 次,最终以多数结果为准。

9 检出限

本标准方法的检出限为 0.1%(含靶序列样品 DNA/总样品 DNA)。

注:本标准的检出限是在 PCR 检测反应体系中加入 50 ng DNA 模板进行测算的。

附　录　A

（资料性附录）

抗虫水稻 T2A‐1 转化体特异性序列

1	<u>CCTCGTTTAT</u>	<u>TCCTGGTCAT</u>	CGTCAACGAA	TCTTCCTGTC	TGCCTGCTAG	CTATTGGTAC
61	CTAGCTTAAA	CTGTACGAAC	GCTAGCAGCA	CGGATCTAAC	ACAAACACGG	ATCTAACACA
121	AACATGAACA	GAAGTAGAAC	TACCGGGCCC	TAACCATGGA	CCGG<u>AACGCC	GATCTAGAGA</u>
181	<u>AGG</u>

注 1：序列方向为 5′‐3′。

注 2：5′端划线部分为 T2A‐1‐F 引物序列，3′端划线部分为 T2A‐1‐R 引物的反向互补序列。

注 3：1～62 为水稻基因组序列，63～183 为转化载体序列。

ICS 65.020.01
B 04

中华人民共和国国家标准

农业农村部公告第 111 号－6－2018

转基因植物及其产品成分检测
抗病番木瓜 55-1 及其衍生品种
定性 PCR 方法

Detection of genetically modified plants and derived products—
Qualitative PCR method for PRSV-resistant Papaya 55-1 and its derivates

2018-12-19 发布 2019-06-01 实施

中华人民共和国农业农村部 发布

前　言

本标准按照 GB/T 1.1—2009 给出的规则起草。

请注意本文件的某些内容可能涉及专利。本文件的发布机构不承担识别这些专利的责任。

本标准由中华人民共和国农业农村部提出。

本标准由全国农业转基因生物安全管理标准化技术委员会归口。

本标准起草单位：农业农村部科技发展中心、华南农业大学、农业农村部环境保护科研监测所。

本标准主要起草人：姜大刚、张秀杰、姚涓、章秋艳、周峰、王声斌、潘志文、陈伟庭、高洁儿。

转基因植物及其产品成分检测
抗病番木瓜 55－1 及其衍生品种定性 PCR 方法

1 范围

本标准规定了转基因抗病番木瓜 55－1 转化体特异性普通 PCR 检测方法。

本标准适用于转基因抗病番木瓜 55－1 及其衍生品种，以及制品中 55－1 转化体成分的定性 PCR 检测。

2 规范性引用文件

下列文件对于本文件的应用是必不可少的。凡是注日期的引用文件，仅注日期的版本适用于本文件。凡是不注日期的引用文件，其最新版本（包括所有的修改单）适用于本文件。

GB/T 6682 分析实验室用水规格和试验方法

农业部 1485 号公告—4—2010 转基因植物及其产品成分检测 DNA 提取和纯化

农业部 2031 号公告—19—2013 转基因植物及其产品成分检测 抽样

NY/T 672 转基因植物及其产品检测 通用要求

3 术语和定义

下列术语和定义适用于本文件。

3.1

Papain 基因 *Papain* gene

编码番木瓜蛋白酶的基因，Genebank 登录号为 M15203，在本标准中用作番木瓜的内标准基因。

3.2

抗病番木瓜 55－1 PRSV-resistant Papaya 55－1

由夏威夷大学和康奈尔大学等合作研发的转 *npt* Ⅱ 基因、*uidA* 基因和 PRSV 外壳蛋白 CP 基因的抗病番木瓜 55－1，OECD 标示符 CUH－CP551－8。

3.3

55－1 转化体特异性序列 event-specific sequence of 55－1

55－1 番木瓜外源插入片段 5′端与番木瓜基因组的连接区序列，包括转化载体 T-DNA 部分序列及番木瓜基因组的部分序列。

4 原理

根据转基因抗病番木瓜 55－1 转化体特异性序列设计特异性引物，对试样进行 PCR 扩增。依据是否扩增获得预期的 DNA 片段，判断样品中是否含有 55－1 转化体成分。

5 试剂和材料

除非另有说明，仅使用分析纯试剂和重蒸馏水或符合 GB/T 6682 规定的二级水。

5.1 琼脂糖。

5.2 10 g/L 溴化乙锭(EB)溶液：称取 1.0 g 溴化乙锭，溶解于 100 mL 水中，避光保存。

警告——溴化乙锭有致癌作用,配制和使用时应戴一次性手套操作并妥善处理废弃物。

注:根据需要可选择其他效果相当的核酸染料代替溴化乙锭作为核酸电泳的染色剂。

5.3 10 mol/L 氢氧化钠(NaOH)溶液:在 160 mL 水中加入 80.0 g 氢氧化钠,溶解后,冷却至室温,再加水定容到 200 mL。

5.4 500 mmol/L 乙二胺四乙酸二钠(EDTA-Na$_2$)溶液(pH 8.0):称取 18.6 g 乙二胺四乙酸二钠,加入 70 mL 水中,缓慢滴加氢氧化钠溶液(见 5.3)直至 EDTA-Na$_2$ 完全溶解,用氢氧化钠溶液(见 5.3)调 pH 至 8.0,加水定容至 100 mL。在 103.4 kPa(121℃)条件下灭菌 20 min。

5.5 1 mol/L 三羟甲基氨基甲烷-盐酸(Tris-HCl)溶液(pH 8.0):称取 121.1 g 三羟甲基氨基甲烷溶解于 800 mL 水中,用盐酸调 pH 至 8.0,加水定容至 1 000 mL。在 103.4 kPa(121℃)条件下灭菌 20 min。

5.6 TE 缓冲液(pH 8.0):分别量取 10 mL 三羟甲基氨基甲烷-盐酸溶液(见 5.5)和 2 mL 乙二胺四乙酸二钠溶液(见 5.4),加水定容至 1 000 mL。在 103.4 kPa(121℃)条件下灭菌 20 min。

5.7 50×TAE 缓冲液:称取 242.2 g 三羟甲基氨基甲烷(Tris),先用 500 mL 水加热搅拌溶解后,加入 100 mL 乙二胺四乙酸二钠溶液(见 5.4),用冰乙酸调 pH 至 8.0,然后加水定容到 1 000 mL。使用时用水稀释成 1×TAE。

5.8 加样缓冲液:称取 250.0 mg 溴酚蓝,加入 10 mL 水,在室温下溶解 12 h;称取 250.0 mg 二甲基苯腈蓝,加 10 mL 水溶解;称取 50.0 g 蔗糖,加 30 mL 水溶解。混合以上 3 种溶液,加水定容至 100 mL,在 4℃下保存。

5.9 DNA 分子量标准:可以清楚区分 100 bp~1 000 bp 的 DNA 片段。

5.10 dNTPs 混合溶液:将浓度为 10 mmol/L 的 dATP、dTTP、dGTP、dCTP 4 种脱氧核糖核苷酸溶液等体积混合。

5.11 Taq DNA 聚合酶、PCR 扩增缓冲液及 25 mmol/L 氯化镁(MgCl$_2$)溶液。

5.12 番木瓜内标准基因 Papain 基因引物

PAPAIN-F:5′-GGGCATTCTCAGCTGTTGTA-3′;

PAPAIN-R:5′-CGACAATAACGTTGCACTCC-3′。

预期扩增片段大小为 211 bp。

5.13 55-1 转化体特异性序列引物

55-1-F:5′-AATCCCTTCTGTCGTGTATCCA-3′;

55-1-R:5′-GCAGAAGTGGTCCTGCAACTTT-3′。

预期扩增片段大小为 125 bp(参见附录 A)。

5.14 引物溶液:用 TE 缓冲液(见 5.6)或水分别将上述引物稀释到 10 μmol/L。

5.15 石蜡油。

5.16 DNA 提取试剂盒。

5.17 定性 PCR 试剂盒。

5.18 PCR 产物回收试剂盒。

6 主要仪器和设备

6.1 分析天平:感量 0.1 g 和 0.1 mg。

6.2 PCR 扩增仪:升降温速度＞1.5℃/s,孔间温度差异＜1.0℃。

6.3 电泳槽、电泳仪等电泳装置。

6.4 凝胶成像系统或照相系统。

7 分析步骤

7.1 抽样

按 NY/T 672 和农业部 2031 号公告—19—2013 的规定执行。

7.2 试样制备

按 NY/T 672 和农业部 2031 号公告—19—2013 的规定执行。

7.3 试样预处理

按农业部 1485 号公告—4—2010 的规定执行。

7.4 DNA 模板制备

按农业部 1485 号公告—4—2010 的规定执行。

7.5 PCR 扩增

7.5.1 试样 PCR 扩增

7.5.1.1 每个试样 PCR 设置 3 个平行。

7.5.1.2 在 PCR 管中按表 1 依次加入反应试剂,混匀,再加 25 μL 石蜡油(有热盖设备的 PCR 仪可不加)。也可采用经验证的、效果相当的定性 PCR 试剂盒配制反应体系。

表 1 PCR 检测反应体系

试 剂	终浓度	体积
ddH$_2$O	—	—
10×PCR 缓冲液	1×	2.5 μL
25 mmol/L 氯化镁溶液	1.5 mmol/L	1.5 μL
dNTPs 混合溶液(各 2.5 mmol/L)	0.2 mmol/L	2.0 μL
10 μmol/L 上游引物	0.3 μmol/L	0.75 μL
10 μmol/L 下游引物	0.30 μmol/L	0.75 μL
Taq DNA 聚合酶	0.025 U/μL	—
25 mg/L DNA 模板	2.0 mg/L	2.0 μL
总体积		25.0 μL
"—"表示体积不确定,如果 PCR 缓冲液中含有氯化镁,则不加氯化镁溶液,根据 Taq DNA 聚合酶和 DNA 模板的浓度确定其体积,并相应调整 ddH$_2$O 的体积,使反应体系总体积达到 25.0 μL。 若采用定性 PCR 试剂盒,则按试剂盒说明书的推荐用量配制反应体系,但上下游引物用量按表 1 执行。		

7.5.1.3 将 PCR 管放在离心机上,500 g～3 000 g 离心 10 s,然后取出 PCR 管,放入 PCR 仪中。

7.5.1.4 进行 PCR 扩增。反应程序为:95℃变性 5 min;95℃变性 30 s,60℃退火 30 s,72℃延伸 30 s,共进行 35 次循环;72℃延伸 5 min;10℃保存。

7.5.1.5 反应结束后取出 PCR 管,对 PCR 扩增产物进行电泳检测。

7.5.2 对照 PCR 扩增

在试样 PCR 扩增的同时,应设置 PCR 阳性对照、PCR 阴性对照和 PCR 空白对照。

以转基因抗病番木瓜 55 - 1 为阳性对照(转基因抗病番木瓜 55 - 1 的质量分数为 0.1%～1.0% 的番木瓜基因组 DNA,或转基因抗病番木瓜 55 - 1 转化体特异性序列与番木瓜基因组内标准基因相比的拷贝数分数为 0.1%～1.0% 的 DNA 溶液);以非转基因番木瓜基因组 DNA 作为阴性对照;以水作为空白对照。

除模板外,对照 PCR 扩增与试样 PCR 扩增相同(见 7.5.1)。

7.6 PCR 产物电泳检测

按 20 g/L 的质量浓度称量琼脂糖,加入 1×TAE 缓冲液中,加热溶解,配制成琼脂糖溶液。每 100 mL 琼脂糖溶液中加入 5 μL EB 溶液或适量的其他核酸染料,混匀,稍适冷却后,将其倒入电泳板

上,插上梳板,室温下凝固成凝胶后,放入 1×TAE 缓冲液中,垂直向上轻轻拔去梳板。取 12 μL PCR 产物与 3 μL 加样缓冲液混合后加入凝胶点样孔,同时在其中一个点样孔中加入 DNA 分子量标准,接通电源在 2 V/cm~5 V/cm 条件下电泳检测。

7.7 凝胶成像分析

电泳结束后,取出琼脂糖凝胶,置于凝胶成像仪上成像。根据 DNA 分子量标准估计扩增条带的大小,将电泳结果形成电子文件存档或用照相系统拍照。如需通过序列分析确认 PCR 扩增片段是否为目的 DNA 片段,按照 7.8 和 7.9 的规定执行。

7.8 PCR 产物回收

按 PCR 产物回收试剂盒说明书,回收 PCR 扩增的 DNA 片段。

7.9 PCR 产物测序验证

将回收的 PCR 产物克隆测序,与转基因抗病番木瓜 55-1 转化体特异性序列(参见附录 A)进行比对,确定 PCR 扩增的 DNA 片段是否为目的 DNA 片段。

8 结果分析与表述

8.1 对照检测结果分析

阳性对照 PCR 中番木瓜内标准基因和转基因抗病番木瓜 55-1 转化体特异性序列得到扩增,而阴性对照 PCR 中仅扩增出番木瓜内标准基因片段,空白对照 PCR 中没有预期扩增片段,表明 PCR 检测反应体系正常工作。否则,重新检测。

8.2 样品检测结果分析和表述

8.2.1 试样番木瓜内标准基因和转基因抗病番木瓜 55-1 转化体特异性序列均得到扩增,表明样品中检测出转基因抗病番木瓜 55-1 转化体成分,表述为"样品中检测出转基因抗病番木瓜 55-1 转化体成分,检测结果为阳性"。

8.2.2 试样番木瓜内标准基因片段得到扩增,而转基因抗病番木瓜 55-1 转化体特异性序列未得到扩增,表明样品中未检测出转基因抗病番木瓜 55-1 转化体成分,表述为"样品中未检测出转基因抗病番木瓜 55-1 转化体成分,检测结果为阴性"。

8.2.3 试样番木瓜内标准基因片段未得到扩增,表明样品中未检出番木瓜成分,结果表述为"样品中未检出番木瓜基因组 DNA 成分,检测结果为阴性"。

注:3 个平行的 PCR 扩增结果出现不一致的,应重做 PCR 扩增样品 2 次,最终以多数结果为准。

9 检出限

本标准方法的检出限为 0.1%(含靶序列样品 DNA/总样品 DNA)。

注:本标准的检出限是以 PCR 检测反应体系中加入 50 ng DNA 模板进行测算的。

附　录　A
（资料性附录）
抗病番木瓜 55‑1 转化体 5′端特异性序列

1　AATCCCTTCT　GTCGTGTATC　CACGATTAAT　GCAGCCTTAG　ATGCTTCAAG　AAAAGAGTCT

61　TCTAGCTTCC　CGGCAACAAT　TAATAGACTG　GATGGAGGCG　GATAAAGTTG　CAGGACCACT

121　TCTGC

注 1:序列方向为 5′‑3′。

注 2:5′端划线部分为 55‑1‑F 引物序列,3′端划线部分为 55‑1‑R 引物的反向互补序列。

注 3:1~49 为番木瓜基因组序列,50~125 为转化载体序列。

ICS 65.020.01

B 04

中华人民共和国国家标准

农业农村部公告第111号—7—2018

转基因植物及其产品成分检测 抗虫玉米 Bt506 及其衍生品种 定性 PCR 方法

Detection of genetically modified plants and derived products—
Qualitative PCR method for insect-resistant maize Bt506
and its derivates

2018-12-19 发布

2019-06-01 实施

中华人民共和国农业农村部 发布

前　　言

本标准按照 GB/T 1.1—2009 给出的规则起草。

请注意本文件的某些内容可能涉及专利。本文件的发布机构不承担识别这些专利的责任。

本标准由中华人民共和国农业农村部提出。

本标准由全国农业转基因生物安全管理标准化技术委员会归口。

本标准起草单位：农业农村部科技发展中心、吉林省农业科学院、浙江省农业科学院、天津市农业质量标准与检测技术研究所、中国农业科学院生物技术研究所。

本标准主要起草人：李飞武、李文龙、李葱葱、王颢潜、龙丽坤、闫伟、董立明、邵改革、夏蔚、邢珍娟、刘娜、徐俊锋、王永、金芜军。

转基因植物及其产品成分检测
抗虫玉米 Bt506 及其衍生品种定性 PCR 方法

1 范围

本标准规定了转基因抗虫玉米 Bt506 转化体特异性普通 PCR 检测方法。

本标准适用于转基因抗虫玉米 Bt506 及其衍生品种，以及制品中 Bt506 转化体成分的定性 PCR 检测。

2 规范性引用文件

下列文件对于本文件的应用是必不可少的。凡是注日期的引用文件，仅注日期的版本适用于本文件。凡是不注日期的引用文件，其最新版本（包括所有的修改单）适用于本文件。

GB/T 6682 分析实验室用水规格和试验方法

农业部 1485 号公告—4—2010 转基因植物及其产品成分检测 DNA 提取和纯化

农业部 1861 号公告—3—2012 转基因植物及其产品成分检测 玉米内标准基因定性 PCR 方法

农业部 2031 号公告—19—2013 转基因植物及其产品成分检测 抽样

NY/T 672 转基因植物及其产品检测 通用要求

3 术语和定义

农业部 1861 号公告—3—2012 界定的以及下列术语和定义适用于本文件。

3.1

抗虫玉米 Bt506 转化体 insect-resistant maize Bt506

中国农业大学开发的转 *mcry1Ac* 基因抗虫玉米 Bt506。

3.2

Bt506 转化体特异性序列 event-specific sequence of Bt506

Bt506 玉米外源插入片段 3′端与玉米基因组的连接区序列，包括转化载体 T - DNA 部分序列及玉米基因组的部分序列。

4 原理

根据转基因抗虫玉米 Bt506 转化体特异性序列设计特异性引物，对试样进行 PCR 扩增。依据是否扩增获得预期的 DNA 片段，判断样品中是否含有 Bt506 转化体成分。

5 试剂和材料

除非另有说明，仅使用分析纯试剂和重蒸馏水或符合 GB/T 6682 规定的二级水。

5.1 琼脂糖。

5.2 10 g/L 溴化乙锭（EB）溶液：称取 1.0 g 溴化乙锭，溶解于 100 mL 水中，避光保存。

警告——溴化乙锭有致癌作用，配制和使用时应戴一次性手套操作并妥善处理废弃物。

注：根据需要可选择其他效果相当的核酸染料代替溴化乙锭作为核酸电泳的染色剂。

5.3 10 mol/L 氢氧化钠（NaOH）溶液：在 160 mL 水中加入 80.0 g 氢氧化钠，溶解后，冷却至室温，再加水定容到 200 mL。

5.4　500 mmol/L 乙二胺四乙酸二钠(EDTA - Na₂)溶液(pH 8.0):称取 18.6 g 乙二胺四乙酸二钠,加入 70 mL 水中,缓慢滴加氢氧化钠溶液(见 5.3)直至 EDTA - Na₂ 完全溶解,用氢氧化钠溶液(见 5.3)调 pH 至 8.0,加水定容至 100 mL。在 103.4 kPa(121℃)条件下灭菌 20 min。

5.5　1 mol/L 三羟甲基氨基甲烷-盐酸(Tris - HCl)溶液(pH 8.0):称取 121.1 g 三羟甲基氨基甲烷溶解于 800 mL 水中,用盐酸调 pH 至 8.0,加水定容至 1 000 mL。在 103.4 kPa(121℃)条件下灭菌 20 min。

5.6　TE 缓冲液(pH 8.0):分别量取 10 mL 三羟甲基氨基甲烷-盐酸溶液(见 5.5)和 2 mL 乙二胺四乙酸二钠溶液(见 5.4),加水定容至 1 000 mL。在 103.4 kPa(121℃)条件下灭菌 20 min。

5.7　50×TAE 缓冲液:称取 242.2 g 三羟甲基氨基甲烷(Tris),先用 500 mL 水加热搅拌溶解后,加入 100 mL 乙二胺四乙酸二钠溶液(见 5.4),用冰乙酸调 pH 至 8.0,然后加水定容到 1 000 mL。使用时用水稀释成 1×TAE。

5.8　加样缓冲液:称取 250.0 mg 溴酚蓝,加入 10 mL 水,在室温下溶解 12 h;称取 250.0 mg 二甲基苯腈蓝,加 10 mL 水溶解;称取 50.0 g 蔗糖,加 30 mL 水溶解。混合以上 3 种溶液,加水定容至 100 mL,在 4℃下保存。

5.9　DNA 分子量标准:可以清楚区分 100 bp~1 000 bp 的 DNA 片段。

5.10　dNTPs 混合溶液:将浓度为 10 mmol/L 的 dATP、dTTP、dGTP、dCTP 4 种脱氧核糖核苷酸溶液等体积混合。

5.11　*Taq* DNA 聚合酶、PCR 扩增缓冲液及 25 mmol/L 氯化镁(MgCl₂)溶液。

5.12　玉米内标准基因 *zSSIIb* 基因引物(见农业部 1861 号公告—3—2012)
　　　zSSIIb - 1F:5′- CTCCCAATCCTTTGACATCTGC - 3′;
　　　zSSIIb - 2R:5′- TCGATTTCTCTCTTGGTGACAGG - 3′。
　　　预期扩增片段大小为 151 bp。

5.13　**Bt506 转化体特异性序列引物**
　　　Bt506 - F:5′- GGACCCTTTCCTCCACCCTTTA - 3′;
　　　Bt506 - R:5′- CCAATTACCATATCCGCGTGCC - 3′。
　　　预期扩增片段大小为 231 bp(参见附录 A)。

5.14　引物溶液:用 TE 缓冲液(见 5.6)或水分别将上述引物稀释到 10 μmol/L。

5.15　石蜡油。

5.16　DNA 提取试剂盒。

5.17　定性 PCR 试剂盒。

5.18　PCR 产物回收试剂盒。

6　主要仪器和设备

6.1　分析天平:感量 0.1 g 和 0.1 mg。

6.2　PCR 扩增仪:升降温速度>1.5℃/s,孔间温度差异<1.0℃。

6.3　电泳槽、电泳仪等电泳装置。

6.4　凝胶成像系统或照相系统。

7　分析步骤

7.1　抽样

　　按 NY/T 672 和农业部 2031 号公告—19—2013 的规定执行。

7.2 试样制备

按 NY/T 672 和农业部 2031 号公告—19—2013 的规定执行。

7.3 试样预处理

按农业部 1485 号公告—4—2010 的规定执行。

7.4 DNA 模板制备

按农业部 1485 号公告—4—2010 的规定执行。

7.5 PCR 扩增

7.5.1 试样 PCR 扩增

7.5.1.1 玉米内标准基因 PCR 扩增

按农业部 1861 号公告—3—2012 中 7.5.1.1.1 的规定执行。

7.5.1.2 转化体特异性序列 PCR 扩增

7.5.1.2.1 每个试样 PCR 设置 3 个平行。

7.5.1.2.2 在 PCR 管中按表 1 依次加入反应试剂,混匀,再加 25 μL 石蜡油(有热盖功能的 PCR 仪可不加)。也可采用经验证的、效果相当的定性 PCR 试剂盒配制反应体系。

表 1 PCR 检测反应体系

试 剂	终浓度	体积
ddH$_2$O	—	—
10×PCR 缓冲液	1×	2.5 μL
25 mmol/L 氯化镁溶液	1.5 mmol/L	1.5 μL
dNTPs 混合溶液(各 2.5 mmol/L)	0.2 mmol/L	2.0 μL
10 μmol/L Bt506-F	0.2 μmol/L	0.5 μL
10 μmol/L Bt506-R	0.2 μmol/L	0.5 μL
Taq DNA 聚合酶	0.025 U/μL	—
25 mg/L DNA 模板	2.0 mg/L	2.0 μL
总体积		25.0 μL
"—"表示体积不确定,如果 PCR 缓冲液中含有氯化镁,则不加氯化镁溶液,根据 Taq DNA 聚合酶的浓度确定其体积,并相应调整 ddH$_2$O 的体积,使反应体系总体积达到 25.0 μL。 若采用定性 PCR 试剂盒,则按试剂盒说明书的推荐用量配制反应体系,但上下游引物用量按表 1 执行。		

7.5.1.2.3 将 PCR 管放在离心机上,500 g～3 000 g 离心 10 s,然后取出 PCR 管,放入 PCR 仪中。

7.5.1.2.4 进行 PCR 扩增。反应程序为:94℃变性 5 min;94℃变性 30 s,58℃退火 30 s,72℃延伸 30 s,共进行 35 次循环;72℃延伸 5 min;10℃保存。

7.5.1.2.5 反应结束后取出 PCR 管,对 PCR 扩增产物进行电泳检测。

7.5.2 对照 PCR 扩增

在试样 PCR 扩增的同时,应设置 PCR 阳性对照、PCR 阴性对照和 PCR 空白对照。

以转基因抗虫玉米 Bt506 为阳性对照(转基因抗虫玉米 Bt506 的质量分数为 0.1%～1.0% 的玉米基因组 DNA,或转基因抗虫玉米 Bt506 转化体特异性序列与玉米基因组内标准基因相比的拷贝数分数为 0.1%～1.0% 的 DNA 溶液);以非转基因玉米基因组 DNA 作为阴性对照;以水作为空白对照。

除模板外,对照 PCR 扩增与试样 PCR 扩增相同(见 7.5.1)。

7.6 PCR 产物电泳检测

按 20 g/L 的质量浓度称量琼脂糖,加入 1×TAE 缓冲液中,加热溶解,配制成琼脂糖溶液。每 100 mL 琼脂糖溶液中加入 5 μL EB 溶液或适量的其他核酸染料,混匀,稍适冷却后,将其倒入电泳板上,插上梳板,室温下凝固成凝胶后,放入 1×TAE 缓冲液中,垂直向上轻轻拔去梳板。取 12 μL PCR 产物与 3 μL 加样缓冲液混合后加入凝胶点样孔,同时在其中一个点样孔中加入 DNA 分子量标准,接通电源在 2 V/cm～5 V/cm 条件下电泳检测。

7.7 凝胶成像分析

电泳结束后,取出琼脂糖凝胶,置于凝胶成像仪上成像。根据 DNA 分子量标准估计扩增条带的大小,将电泳结果形成电子文件存档或用照相系统拍照。如需通过序列分析确认 PCR 扩增片段是否为目的 DNA 片段,按照 7.8 和 7.9 的规定执行。

7.8 PCR 产物回收

按 PCR 产物回收试剂盒说明书,回收 PCR 扩增的 DNA 片段。

7.9 PCR 产物测序验证

将回收的 PCR 产物克隆测序,与转基因抗虫玉米 Bt506 转化体特异性序列(参见附录 A)进行比对,确定 PCR 扩增的 DNA 片段是否为预期 DNA 片段。

8 结果分析与表述

8.1 对照检测结果分析

阳性对照 PCR 中玉米内标准基因和转基因抗虫玉米 Bt506 转化体特异性序列得到扩增,而阴性对照 PCR 中仅扩增出玉米内标准基因片段,空白对照 PCR 中没有预期扩增片段,表明 PCR 检测反应体系正常工作。否则,重新检测。

8.2 样品检测结果分析和表述

8.2.1 试样中玉米内标准基因和转基因抗虫玉米 Bt506 转化体特异性序列均得到扩增,表明样品中检测出转基因抗虫玉米 Bt506 转化体成分,表述为"样品中检测出转基因抗虫玉米 Bt506 转化体成分,检测结果为阳性"。

8.2.2 试样中玉米内标准基因片段得到扩增,而转基因抗虫玉米 Bt506 转化体特异性序列未得到扩增,表明样品中未检测出转基因抗虫玉米 Bt506 转化体成分,表述为"样品中未检测出转基因抗虫玉米 Bt506 转化体成分,检测结果为阴性"。

8.2.3 试样中玉米内标准基因片段未得到扩增,表明样品中未检出玉米成分,结果表述为"样品中未检测出玉米基因组 DNA 成分,检测结果为阴性"。

注:3 个平行的 PCR 扩增结果出现不一致的,应重做 PCR 扩增样品 2 次,最终以多数结果为准。

9 检出限

本标准方法的检出限为 0.1%(含靶序列样品 DNA/总样品 DNA)。

注:本标准的检出限是以 PCR 检测反应体系中加入 50 ng DNA 模板进行测算的。

附 录 A
（资料性附录）
抗虫玉米 Bt506 转化体特异性序列

```
  1   GGACCCTTTC CTCCACCCTT TACAGGAGGC CCTTCAACAT CGGTATCAAC AACCAGCAGC
 61   TTTCCGTGCT TGACGGTACC GAGTTCGCCT ACGGTACCTC CTCCAACCTT CCCTCCGCCG
121   TGTACAGGAA GTCCGGTACC GTGGACTCCC TTGACGAGCC CCGCTTGCGC CGCGCCTCCG
181   CCCCCGTCTC CTGTGAGATC AGCTCCGGCG GCACGCGGAT ATGGTAATTG G
```

注 1:序列方向为 5'-3'。

注 2:5'端划线部分为 Bt506-F 引物序列,3'端划线部分为 Bt506-R 引物的反向互补序列。

注 3:1～157 为转化载体序列,158～231 为玉米基因组序列。

ICS 65.020.01
B 04

中华人民共和国国家标准

农业农村部公告第111号—8—2018

转基因植物及其产品成分检测
耐除草剂玉米 C0010.1.1 及其衍生品种定
性 PCR 方法

Detection of genetically modified plants and derived products—
Qualitative PCR method for herbicide–tolerant maize C0010.1.1
and its derivates

2018-12-19 发布　　　　　　　　　　　　　　2019-06-01 实施

中华人民共和国农业农村部 发布

前　言

本标准按照 GB/T 1.1—2009 给出的规则起草。

请注意本文件的某些内容可能涉及专利。本文件的发布机构不承担识别这些专利的责任。

本标准由中华人民共和国农业农村部提出。

本标准由全国农业转基因生物安全管理标准化技术委员会归口。

本标准起草单位：农业农村部科技发展中心、农业农村部环境保护科研监测所。

本标准主要起草人：修伟明、沈平、杨殿林、章秋艳、李刚、赵建宁、张贵龙、赖欣、皇甫超河、刘红梅。

转基因植物及其产品成分检测
耐除草剂玉米 C0010.1.1 及其衍生品种定性 PCR 方法

1 范围

本标准规定了转基因耐除草剂玉米 C0010.1.1(DBN9858)转化体特异性普通 PCR 检测方法。

本标准适用于转基因耐除草剂玉米 C0010.1.1 及其衍生品种,以及制品中 C0010.1.1 转化体成分的定性 PCR 检测。

2 规范性引用文件

下列文件对于本文件的应用是必不可少的。凡是注日期的引用文件,仅注日期的版本适用于本文件。凡是不注日期的引用文件,其最新版本(包括所有的修改单)适用于本文件。

GB/T 6682 分析实验室用水规格和试验方法

农业部 1485 号公告—4—2010 转基因植物及其产品成分检测 DNA 提取和纯化

农业部 1861 号公告—3—2012 转基因植物及其产品成分检测 玉米内标准基因定性 PCR 方法

农业部 2031 号公告—19—2013 转基因植物及其产品成分检测 抽样

NY/T 672 转基因植物及其产品检测 通用要求

3 术语和定义

农业部 1861 号公告—3—2012 界定的以及下列术语和定义适用于本文件。

3.1

耐除草剂玉米 C0010.1.1 herbicide-tolerant maize C0010.1.1

北京大北农生物技术有限公司开发的转 *epsps* 和 *pat* 基因的耐除草剂玉米品种,产品编号 DBN9858。

3.2

C0010.1.1 转化体特异性序列 event-specific sequence of C0010.1.1

耐除草剂玉米 C0010.1.1 外源插入片段 5′端与玉米基因组的连接区序列,包括玉米基因组的部分序列与转化载体 T-DNA 部分序列。

4 原理

根据转基因耐除草剂玉米 C0010.1.1 转化体特异性序列设计特异性引物,对试样进行 PCR 扩增。依据是否扩增获得预期的 DNA 片段,判断样品中是否含有 C0010.1.1 转化体成分。

5 试剂和材料

除非另有说明,仅使用分析纯试剂和重蒸馏水或符合 GB/T 6682 规定的二级水。

5.1 琼脂糖。

5.2 10 g/L 溴化乙锭(EB)溶液:称取 1.0 g 溴化乙锭(EB),溶解于 100 mL 水中,避光保存。

警告——溴化乙锭有致癌作用,配制和使用时应戴一次性手套操作并妥善处理废弃物。

注:根据需要可选择其他效果相当的核酸染料代替溴化乙锭作为核酸电泳的染色剂。

5.3 10 mol/L 氢氧化钠(NaOH)溶液:在 160 mL 水中加入 80.0 g 氢氧化钠,溶解后,冷却至室温,再

加水定容到 200 mL。

5.4 500 mmol/L 乙二胺四乙酸二钠(EDTA - Na$_2$)溶液(pH 8.0):称取 18.6 g 乙二胺四乙酸二钠,加入 70 mL 水中,缓慢滴加氢氧化钠溶液(见 5.3)直至 EDTA - Na$_2$ 完全溶解,用氢氧化钠溶液(见 5.3)调 pH 至 8.0,加水定容至 100 mL。在 103.4 kPa(121℃)条件下灭菌 20 min。

5.5 1 mol/L 三羟甲基氨基甲烷-盐酸(Tris - HCl)溶液(pH 8.0):称取 121.1 g 三羟甲基氨基甲烷溶解于 800 mL 水中,用盐酸调 pH 至 8.0,加水定容至 1 000 mL。在 103.4 kPa(121℃)条件下灭菌 20 min。

5.6 TE 缓冲液(pH 8.0):分别量取 10 mL 三羟甲基氨基甲烷-盐酸溶液(见 5.5)和 2 mL 乙二胺四乙酸二钠溶液(见 5.4)溶液,加水定容至 1 000 mL。在 103.4 kPa(121℃)条件下灭菌 20 min。

5.7 50×TAE 缓冲液:称取 242.2 g 三羟甲基氨基甲烷(Tris),先用 500 mL 水加热搅拌溶解后,加入 100 mL 乙二胺四乙酸二钠溶液(见 5.4),用冰乙酸调 pH 至 8.0,然后加水定容到 1 000 mL。使用时用水稀释成 1×TAE。

5.8 加样缓冲液:称取 250.0 mg 溴酚蓝,加入 10 mL 水,在室温下溶解 12 h;称取 250.0 mg 二甲基苯腈蓝,加 10 mL 水溶解;称取 50.0 g 蔗糖,加 30 mL 水溶解。混合以上 3 种溶液,加水定容至 100 mL,在 4℃下保存。

5.9 DNA 分子量标准:可以清楚地区分 100 bp~1 000 bp 的 DNA 片段。

5.10 dNTPs 混合溶液:将浓度为 10 mmol/L 的 dATP、dTTP、dGTP、dCTP 4 种脱氧核糖核苷酸溶液等体积混合。

5.11 *Taq* DNA 聚合酶、PCR 扩增缓冲液及 25 mmol/L 氯化镁(MgCl$_2$)溶液。

5.12 **玉米内标准基因 *zSSIIb* 基因引物(见农业部 1861 号公告—3—2012)**

    zSSIIb - 1F:5′- CTCCCAATCCTTTGACATCTGC - 3′;

    zSSIIb - 2R:5′- TCGATTTCTCTCTTGGTGACAGG - 3′。

    预期扩增片段大小为 151 bp。

5.13 **C0010.1.1 转化体特异性序列引物**

    C0010.1.1 - F:5′- AGGAGGCCCTTGTTTTGTGA - 3′;

    C0010.1.1 - R:5′- ACGGCGAGTTCTGTTAGGTC - 3′。

    预期扩增片段大小为 239 bp(参见附录 A)。

5.14 引物溶液:用 TE 缓冲液(见 5.6)或水分别将上述引物稀释到 10 μmol/L。

5.15 石蜡油。

5.16 DNA 提取试剂盒。

5.17 定性 PCR 试剂盒。

5.18 PCR 产物回收试剂盒。

6 主要仪器和设备

6.1 分析天平:感量 0.1 g 和 0.1 mg。

6.2 PCR 扩增仪:升降温速度>1.5℃/s,孔间温度差异<1.0℃。

6.3 电泳槽、电泳仪等电泳装置。

6.4 凝胶成像系统或照相系统。

7 分析步骤

7.1 抽样

按 NY/T 672 和农业部 2031 号公告—19—2013 的规定执行。

7.2　试样制备

按 NY/T 672 和农业部 2031 号公告—19—2013 的规定执行。

7.3　试样预处理

按农业部 1485 号公告—4—2010 的规定执行。

7.4　DNA 模板制备

按农业部 1485 号公告—4—2010 的规定执行。

7.5　PCR 扩增

7.5.1　试样 PCR 扩增

7.5.1.1　玉米内标准基因 PCR 扩增

按农业部 1861 号公告—3—2012 中 7.5.1.1.1 的规定执行。

7.5.1.2　转化体特异性序列 PCR 扩增

7.5.1.2.1　每个试样 PCR 设置 3 个平行。

7.5.1.2.2　在 PCR 管中按表 1 依次加入反应试剂,混匀,再加 25 μL 石蜡油(有热盖功能的 PCR 仪可不加)。也可采用经验证的、效果相当的定性 PCR 试剂盒配制反应体系。

表 1　PCR 检测反应体系

试　剂	终浓度	体积
ddH$_2$O	—	—
10×PCR 缓冲液	1×	2.5 μL
25 mmol/L 氯化镁溶液	1.5 mmol/L	1.5 μL
dNTPs 混合溶液(各 2.5 mmol/L)	0.2 mmol/L	2.0 μL
10 μmol/L C0010.1.1-F	0.4 μmol/L	1.0 μL
10 μmol/L C0010.1.1-R	0.4 μmol/L	1.0 μL
Taq DNA 聚合酶	0.025 U/μL	—
25 mg/L DNA 模板	2.0 mg/L	2.0 μL
总体积		25.0 μL
"—"表示体积不确定,如果 PCR 缓冲液中含有氯化镁,则不加氯化镁溶液,根据 *Taq* DNA 聚合酶的浓度确定其体积,并相应调整 ddH$_2$O 的体积,使反应体系总体积达到 25.0 μL。 若采用定性 PCR 试剂盒,则按试剂盒说明书的推荐用量配制反应体系,但上下游引物用量按表 1 执行。		

7.5.1.2.3　将 PCR 管放在离心机上,500 g～3 000 g 离心 10 s,然后取出 PCR 管,放入 PCR 仪中。

7.5.1.2.4　进行 PCR 扩增。反应程序为:94℃变性 5 min;94℃变性 30 s,58℃退火 30 s,72℃延伸 30 s,共进行 35 次循环;72℃延伸 5 min;10℃保存。

7.5.1.2.5　反应结束后取出 PCR 管,对 PCR 产物进行电泳检测。

7.5.2　对照 PCR 扩增

在试样 PCR 扩增的同时,应设置 PCR 阳性对照、PCR 阴性对照和 PCR 空白对照。

以转基因耐除草剂玉米 C0010.1.1 为阳性对照(转基因耐除草剂玉米 C0010.1.1 的质量分数为 0.1%～1.0% 的玉米基因组 DNA,或转基因耐除草剂玉米 C0010.1.1 转化体特异性序列与玉米基因组内标准基因相比的拷贝数分数为 0.1%～1.0% 的 DNA 溶液);以非转基因玉米基因组 DNA 作为阴性对照;以水作为空白对照。

除模板外,对照 PCR 扩增与试样 PCR 扩增相同(见 7.5.1)。

7.6　PCR 产物电泳检测

按 20 g/L 的质量浓度称量琼脂糖,加入 1×TAE 缓冲液中,加热溶解,配制成琼脂糖溶液。每 100 mL 琼脂糖溶液中加入 5 μL EB 溶液或适量的其他核酸染料,混匀,稍适冷却后,将其倒入电泳板

上,插上梳板,室温下凝固成凝胶后,放入 1×TAE 缓冲液中,垂直向上轻轻拔去梳板。取 12 μL PCR 产物与 3 μL 加样缓冲液混合后加入凝胶点样孔,同时在其中一个点样孔中加入 DNA 分子量标准,接通电源在 2 V/cm～5 V/cm 条件下电泳检测。

7.7 凝胶成像分析

电泳结束后,取出琼脂糖凝胶,置于凝胶成像仪上成像。根据 DNA 分子量标准估计扩增条带的大小,将电泳结果形成电子文件存档或用照相系统拍照。如需通过序列分析确认 PCR 扩增片段是否为目的 DNA 片段,按照 7.8 和 7.9 的规定执行。

7.8 PCR 产物回收

按 PCR 产物回收试剂盒说明书,回收 PCR 扩增的 DNA 片段。

7.9 PCR 产物测序验证

将回收的 PCR 产物克隆测序,与转基因耐除草剂玉米 C0010.1.1 转化体特异性序列(参见附录 A)进行比对,确定 PCR 扩增的 DNA 片段是否为目的 DNA 片段。

8 结果分析与表述

8.1 对照检测结果分析

阳性对照 PCR 中玉米内标准基因和转基因耐除草剂玉米 C0010.1.1 转化体特异性序列均得到扩增,而阴性对照 PCR 中仅扩增出玉米内标准基因片段,空白对照 PCR 中没有预期扩增片段,表明 PCR 反应体系正常工作。否则,重新检测。

8.2 样品检测结果分析和表述

8.2.1 试样中玉米内标准基因和转基因耐除草剂玉米 C0010.1.1 转化体特异性序列得到扩增,表明样品中检测出转基因耐除草剂玉米 C0010.1.1 转化体成分,表述为"样品中检测出转基因耐除草剂玉米 C0010.1.1 转化体成分,检测结果为阳性"。

8.2.2 试样中玉米内标准基因片段得到扩增,而转基因耐除草剂玉米 C0010.1.1 转化体特异性序列未得到扩增,表明样品中未检测出转基因耐除草剂玉米 C0010.1.1 转化体成分,表述为"样品中未检测出转基因耐除草剂玉米 C0010.1.1 转化体成分,检测结果为阴性"。

8.2.3 试样中玉米内标准基因片段未得到扩增,表明样品中未检测出玉米成分,结果表述为"样品中未检测出玉米基因组 DNA 成分,检测结果为阴性"。

注:3 个平行的 PCR 扩增结果出现不一致的,应重做 PCR 扩增样品 2 次,最终以多数结果为准。

9 检出限

本标准方法的检出限为 0.1%(含靶序列样品 DNA／总样品 DNA)。

注:本标准的检出限是以 PCR 检测反应体系中加入 50 ng DNA 模板进行测算的。

附 录 A

（资料性附录）

耐除草剂玉米 C0010.1.1 转化体特异性序列

1	<u>AGGAGGCCCT</u>	<u>TGTTTTGTGA</u>	GACTTTTGTC	TGCCTGTATT	GTACTAATAT	AGTATTCTGA
61	ATTCGTATTC	GTATATACTT	TCTGGATAAT	ATGAATCGAT	CAAAGGATAT	ATTGTGGTGT
121	AAACAAATTG	ACGCTTAGAC	AACTTAATAA	CACATTGCGG	ATACGGCCAT	GCTGGCCGCC
181	CATATAAGGC	GCGCCATGGA	GTCAAAGATT	CAAATAGAG<u>G</u>	<u>ACCTAACAGA</u>	<u>ACTCGCCGT</u>

注 1：序列方向为 5'- 3'。

注 2：5'端下划线部分为引物 C0010.1.1 - F 序列，3'端下划线部分为引物 C0010.1.1 - R 的反向互补序列。

注 3：1～103 为玉米基因组序列，104～239 为转化载体序列。

ICS 65.020.01
B 04

中华人民共和国国家标准

农业农村部公告第111号—9—2018

转基因植物及其产品成分检测
抗虫大豆 DAS-81419-2 及其衍生品种
定性 PCR 方法

Detection of genetically modified plants and derived products—
Qualitative PCR method for insect-resistant soybean DAS-81419-2
and its derivates

2018-12-19 发布

2019-06-01 实施

中华人民共和国农业农村部 发布

前　言

本标准按照 GB/T 1.1—2009 给出的规则起草。

请注意本文件的某些内容可能涉及专利。本文件的发布机构不承担识别这些专利的责任。

本标准由中华人民共和国农业农村部提出。

本标准由全国农业转基因生物安全管理标准化技术委员会归口。

本标准起草单位:农业农村部科技发展中心、天津市农业质量标准与检测技术研究所、中国农业科学院生物技术研究所、吉林省农业科学院、黑龙江省农业科学院农产品质量安全研究所。

本标准主要起草人:兰青阔、梁晋刚、赵新、张旭冬、陈锐、王永、王成、沈晓玲、兰璞、李亮、李葱葱、温洪涛。

转基因植物及其产品成分检测
抗虫大豆 DAS‑81419‑2 及其衍生品种定性 PCR 方法

1 范围

本标准规定了转基因抗虫大豆 DAS‑81419‑2 转化体特异性普通 PCR 检测方法。

本标准适用于转基因抗虫大豆 DAS‑81419‑2 及其衍生品种,以及制品中 DAS‑81419‑2 转化体成分的定性 PCR 检测。

2 规范性引用文件

下列文件对于本文件的应用是必不可少的。凡是注日期的引用文件,仅注日期的版本适用于本文件。凡是不注日期的引用文件,其最新版本(包括所有的修改单)适用于本文件。

GB/T 6682 分析实验室用水规格和试验方法

农业部 1485 号公告—4—2010 转基因植物及其产品成分检测 DNA 提取和纯化

农业部 2031 号公告—8—2013 转基因植物及其产品成分检测 大豆内标准基因定性 PCR 方法

农业部 2031 号公告—19—2013 转基因植物及其产品成分检测 抽样

NY/T 672 转基因植物及其产品检测 通用要求

3 术语和定义

农业部 2031 号公告—8—2013 界定的以及下列术语和定义适用于本文件。

3.1

抗虫大豆 DAS‑81419‑2 insect‑resistant soybean DAS‑81419‑2

陶氏益农公司开发的转 *cry1Ac*(*synpro*)基因、*cry1Fv3* 基因和 *pat* 基因的抗虫大豆品种,OECD 标识符 DAS‑81419‑2。

3.2

DAS‑81419‑2 转化体特异性序列 event‑specific sequence of DAS‑81419‑2

DAS‑81419‑2 大豆基因组与外源插入片段 5′端的连接区序列,包括大豆基因组的部分序列和转化载体 T‑DNA 部分序列。

4 原理

根据转基因抗虫大豆 DAS‑81419‑2 转化体特异性序列设计特异性引物,对试样进行 PCR 扩增。依据是否扩增获得预期的 DNA 片段,判断样品中是否含有 DAS‑81419‑2 转化体成分。

5 试剂和材料

除非另有说明,仅使用分析纯试剂和重蒸馏水或符合 GB/T 6682 规定的二级水。

5.1 琼脂糖。

5.2 10 g/L 溴化乙锭(EB)溶液:称取 1.0 g 溴化乙锭,溶解于 100 mL 水中,避光保存。

警告——溴化乙锭有致癌作用,配制和使用时应戴一次性手套操作并妥善处理废弃物。

注:根据需要可选择其他效果相当的核酸染料代替溴化乙锭作为核酸电泳的染色剂。

5.3 10 mol/L 氢氧化钠溶液:在 160 mL 水中加入 80.0 g 氢氧化钠(NaOH),溶解后,冷却至室温,再加水定容到 200 mL。

5.4 500 mmol/L 乙二胺四乙酸二钠(EDTA-Na₂)溶液(pH 8.0):称取 18.6 g 乙二胺四乙酸二钠,加入 70 mL 水中,缓慢滴加氢氧化钠溶液(见 5.3)直至 EDTA-Na₂ 完全溶解,用氢氧化钠溶液(见 5.3)调 pH 至 8.0,加水定容至 100 mL。在 103.4 kPa(121℃)条件下灭菌 20 min。

5.5 1 mol/L 三羟甲基氨基甲烷-盐酸(Tris-HCl)溶液(pH 8.0):称取 121.1 g 三羟甲基氨基甲烷溶解于 800 mL 水中,用盐酸调 pH 至 8.0,加水定容至 1 000 mL。在 103.4 kPa(121℃)条件下灭菌 20 min。

5.6 TE 缓冲液(pH 8.0):分别量取 10 mL 三羟甲基氨基甲烷-盐酸溶液(见 5.5)和 2 mL 乙二胺四乙酸二钠溶液(见 5.4),加水定容至 1 000 mL。在 103.4 kPa(121℃)条件下灭菌 20 min。

5.7 50×TAE 缓冲液:称取 242.2 g 三羟甲基氨基甲烷(Tris),先用 500 mL 水加热搅拌溶解后,加入 100 mL 乙二胺四乙酸二钠溶液(见 5.4),用冰乙酸调 pH 至 8.0,然后加水定容到 1 000 mL。使用时用水稀释成 1×TAE。

5.8 加样缓冲液:称取 250.0 mg 溴酚蓝,加入 10 mL 水,在室温下溶解 12 h;称取 250.0 mg 二甲基苯腈蓝,加 10 mL 水溶解;称取 50.0 g 蔗糖,加 30 mL 水溶解。混合以上 3 种溶液,加水定容至 100 mL,在 4℃下保存。

5.9 DNA 分子量标准:可以清楚区分 100 bp～1 000 bp 的 DNA 片段。

5.10 dNTPs 混合溶液:将浓度为 10 mmol/L 的 dATP、dTTP、dGTP、dCTP 4 种脱氧核糖核苷酸溶液等体积混合。

5.11 Taq DNA 聚合酶、PCR 扩增缓冲液及 25 mmol/L 氯化镁(MgCl₂)溶液。

5.12 **大豆内标准基因 Lectin 引物**(见农业部 2031 号公告—8—2013)

lec-1672F:5′-GGGTGAGGATAGGGTTCTCTG-3′;

lec-1881R:5′-GCGATCGAGTAGTGAGAGTCG-3′。

预期扩增片段大小 210 bp。

5.13 **DAS-81419-2 转化体特异性序列引物**

DAS-81419-2-F:5′-CCCATGTGAAGAAAATCCAACCAT-3′;

DAS-81419-2-R:5′-CCGAGAAGGTCAAACATGCTAA-3′。

预期扩增片段大小为 252 bp(参见附录 A)。

5.14 引物溶液:用 TE 缓冲液(见 5.6)或水分别将上述引物稀释到 10 μmol/L。

5.15 石蜡油。

5.16 DNA 提取试剂盒。

5.17 定性 PCR 试剂盒。

5.18 PCR 产物回收试剂盒。

6 主要仪器和设备

6.1 分析天平:感量 0.1 g 和 0.1 mg。

6.2 PCR 扩增仪:升降温速度>1.5℃/s,孔间温度差异<1.0℃。

6.3 电泳槽、电泳仪等电泳装置。

6.4 凝胶成像系统或照相系统。

7 分析步骤

7.1 抽样

按 NY/T 672 和农业部 2031 号公告—19—2013 的规定执行。

7.2　试样制备

按 NY/T 672 和农业部 2031 号公告—19—2013 的规定执行。

7.3　试样预处理

按农业部 1485 号公告—4—2010 的规定执行。

7.4　DNA 模板制备

按农业部 1485 号公告—4—2010 的规定执行。

7.5　PCR 扩增

7.5.1　试样 PCR 扩增

7.5.1.1　大豆内标准基因 PCR 扩增

按农业部 2031 号公告—8—2013 中 7.5.1.1.1 的规定执行。

7.5.1.2　转化体特异性序列 PCR 扩增

7.5.1.2.1　每个试样 PCR 设置 3 个平行。

7.5.1.2.2　在 PCR 管中按表 1 依次加入反应试剂,混匀,再加 25 μL 石蜡油(有热盖功能的 PCR 仪可不加)。也可采用经验证的、效果相当的定性 PCR 试剂盒配制反应体系。

表 1　PCR 检测反应体系

试　剂	终浓度	体积
ddH$_2$O	—	
10×PCR 缓冲液	1×	2.5 μL
25 mmol/L 氯化镁溶液	1.5 mmol/L	1.5 μL
dNTPs 混合溶液(各 2.5 mmol/L)	0.2 mmol/L	2.0 μL
10 μmol/L DAS-81419-2-F	0.4 μmol/L	1.0 μL
10 μmol/L DAS-81419-2-R	0.4 μmol/L	1.0 μL
Taq DNA 聚合酶	0.025 U/μL	—
25 mg/L DNA 模板	2.0 mg/L	2.0 μL
总体积		25.0 μL
"—"表示体积不确定,如果 PCR 缓冲液中含有氯化镁,则不加氯化镁溶液,根据 Taq DNA 聚合酶的浓度确定其体积,并相应调整 ddH$_2$O 的体积,使反应体系总体积达到 25.0 μL。 若采用定性 PCR 试剂盒,则按试剂盒说明书的推荐用量配制反应体系,但上下游引物用量按表 1 执行。		

7.5.1.2.3　将 PCR 管放在离心机上,500 g～3 000 g 离心 10 s,然后取出 PCR 管,放入 PCR 仪中。

7.5.1.2.4　进行 PCR 扩增。反应程序为:94℃变性 5 min;94℃变性 30 s,58℃退火 30 s,72℃延伸 30 s,共进行 35 次循环;72℃延伸 7 min;10℃保存。

7.5.1.2.5　反应结束后取出 PCR 管,对 PCR 扩增产物进行电泳检测。

7.5.2　对照 PCR 扩增

在试样 PCR 扩增的同时,应设置 PCR 阳性对照、PCR 阴性对照和 PCR 空白对照。

以转基因抗虫大豆 DAS-81419-2 为阳性对照(转基因大豆 DAS-81419-2 的质量分数为 0.1%～1.0%的大豆基因组 DNA,或转基因抗虫大豆 DAS-81419-2 转化体特异性序列与大豆基因组内标准基因相比的拷贝数分数为 0.1%～1.0%的 DNA 溶液);以非转基因大豆基因组 DNA 作为阴性对照;以水作为空白对照。

除模板外,对照 PCR 扩增与试样 PCR 扩增相同(见 7.5.1)。

7.6　PCR 产物电泳检测

按 20 g/L 的质量浓度称量琼脂糖,加入 1×TAE 缓冲液中,加热溶解,配制成琼脂糖溶液。每 100 mL 琼脂糖溶液中加入 5 μL EB 溶液或适量的其他核酸染料,混匀,稍适冷却后,将其倒入电泳板

上,插上梳板,室温下凝固成凝胶后,放入 1×TAE 缓冲液中,垂直向上轻轻拔去梳板。取 12 μL PCR 产物与 3 μL 加样缓冲液混合后加入凝胶点样孔,同时在其中一个点样孔中加入 DNA 分子量标准,接通电源在 2 V/cm~5 V/cm 条件下电泳检测。

7.7 凝胶成像分析

电泳结束后,取出琼脂糖凝胶,置于凝胶成像仪上成像。根据 DNA 分子量标准估计扩增条带的大小,将电泳结果形成电子文件存档或用照相系统拍照。如需通过序列分析确认 PCR 扩增片段是否为目的 DNA 片段,按照 7.8 和 7.9 的规定执行。

7.8 PCR 产物回收

按 PCR 产物回收试剂盒说明书,回收 PCR 扩增的 DNA 片段。

7.9 PCR 产物测序验证

将回收的 PCR 产物克隆测序,与转基因抗虫大豆 DAS-81419-2 转化体特异性序列(参见附录 A)进行比对,确定 PCR 扩增的 DNA 片段是否为目的 DNA 片段。

8 结果分析与表述

8.1 对照检测结果分析

阳性对照 PCR 中大豆内标准基因和转基因抗虫大豆 DAS-81419-2 转化体特异性序列均得到扩增,而阴性对照中仅扩增出大豆内标准基因片段,空白对照中没有预期扩增片段,表明 PCR 检测反应体系正常工作。否则,重新检测。

8.2 样品检测结果分析和表述

8.2.1 试样中大豆内标准基因和转基因抗虫大豆 DAS-81419-2 转化体特异性序列均得到扩增,表明样品中检测出转基因抗虫大豆 DAS-81419-2 转化体成分,表述为"样品中检测出转基因抗虫大豆 DAS-81419-2 转化体成分,检测结果为阳性"。

8.2.2 试样中大豆内标准基因片段得到扩增,而转基因抗虫大豆 DAS-81419-2 转化体特异性序列未得到扩增,表明样品中未检测出 DAS-81419-2 转化体成分,表述为"样品中未检测出转基因抗虫大豆 DAS-81419-2 转化体成分,检测结果为阴性"。

8.2.3 试样中大豆内标准基因片段未得到扩增,表明样品中未检测出大豆成分,结果表述为"样品中未检测出大豆基因组 DNA 成分,检测结果为阴性"。

注:3 个平行的 PCR 扩增结果出现不一致的,应重做 PCR 扩增样品 2 次,最终以多数结果为准。

9 检出限

本标准方法的检出限为 0.1%(含靶序列样品 DNA/总样品 DNA)。

注:本标准的检出限是以 PCR 检测反应体系中加入 50 ng DNA 模板进行测算的。

附 录 A
（资料性附录）
抗虫大豆 DAS－81419－2 转化体 5′端特异性序列

```
  1  CCCATGTGAA GAAAATCCAA CCATTGGAAT AAAAAATAAA GTTTTTTCTT TGGAATTGCT
 61  AATGCTACAG CACTTATTGG TACTTGTCCT AAAAATGAAA CTCTAGCTAT ATTTAGCACT
121  TGATATTCAT GAATCAAACT TCTCTATGAA ATAACCGCGG TGCGCATCGG TGCCTGTTGA
181  TCCCGCGCAA GTTGGGATCT TGAAGCAAGT TCCGCTCATC ACTAAGTCGC TTAGCATGTT
241  TGACCTTCTC GG
```

注 1:序列方向为 5′- 3′。
注 2:5′端划线部分为 DAS - 81419 - 2 - F 引物序列,3′端划线部分为 DAS - 81419 - 2 - R 引物的反向互补序列。
注 3:1～146 为大豆基因组序列,147～252 为转化载体序列。

ICS 65.020.01
B 04

中华人民共和国国家标准

农业农村部公告第111号－10－2018

转基因植物及其产品成分检测
耐除草剂大豆 SYHT0H2 及其衍生品种
定性 PCR 方法

Detection of genetically modified plants and derived products—
Qualitative PCR method for herbicide−tolerant soybean SYHT0H2
and its derivates

2018-12-19 发布

2019-06-01 实施

中华人民共和国农业农村部 发布

农业农村部公告第 111 号—10—2018

前　言

本标准按照 GB/T 1.1—2009 给出的规则起草。

请注意本文件的某些内容可能涉及专利。本文件的发布机构不承担识别这些专利的责任。

本标准由中华人民共和国农业农村部提出。

本标准由全国农业转基因生物安全管理标准化技术委员会归口。

本标准起草单位：农业农村部科技发展中心、黑龙江省农业科学院农产品质量安全研究所、农业农村部环境保护科研监测所、天津市农业质量标准与检测技术研究所、中国农业科学院生物技术研究所。

本标准主要起草人：温洪涛、宋贵文、张瑞英、李夏莹、关海涛、沈平、章秋艳、兰青阔、李亮、丁一佳、黄盈莹、王永。

转基因植物及其产品成分检测
耐除草剂大豆 SYHT0H2 及其衍生品种定性 PCR 方法

1 范围

本标准规定了转基因耐除草剂大豆 SYHT0H2 转化体特异性普通 PCR 和实时荧光 PCR 两种检测方法。

本标准适用于转基因耐除草剂大豆 SYHT0H2 及其衍生品种，以及制品中 SYHT0H2 转化体成分的定性 PCR 检测。

2 规范性引用文件

下列文件对于本文件的应用是必不可少的。凡是注日期的引用文件，仅注日期的版本适用于本文件。凡是不注日期的引用文件，其最新版本（包括所有的修改单）适用于本文件。

GB/T 6682 分析实验室用水规格和试验方法

农业部 1485 号公告—4—2010 转基因植物及其产品成分检测 DNA 提取和纯化

农业部 2031 号公告—8—2013 转基因植物及其产品成分检测 大豆内标准基因定性 PCR 方法

农业部 2031 号公告—19—2013 转基因植物及其产品成分检测 抽样

NY/T 672 转基因植物及其产品检测 通用要求

3 术语和定义

农业部 2031 号公告—8—2013 界定的以及下列术语和定义适用于本文件。

3.1

耐除草剂大豆 SYHT0H2 genetically modified herbicide-tolerant soybean SYHT0H2

先正达和拜耳公司共同研发的转 $avhppd$-03 基因和 pat 基因的耐除草剂大豆品种，OECD 标识符 SYN - ØØØH2 - 5。

3.2

SYHT0H2 转化体 5′特异性序列 5′event-specific sequence of SYHT0H2

大豆基因组与外源插入片段 5′端的连接区序列，包括大豆基因组的部分序列和转化载体 T-DNA 部分序列。

3.3

SYHT0H2 转化体 3′特异性序列 3′event-specific sequence of SYHT0H2

外源插入片段 3′端与大豆基因组的连接区序列，包括转化载体 T-DNA 部分序列和大豆基因组的部分序列。

4 原理

根据耐除草剂大豆 SYHT0H2 转化体特异性序列设计特异性引物及探针，对试样进行 PCR 扩增。依据是否扩增获得预期的 DNA 片段或典型扩增曲线，判断样品中是否含有 SYHT0H2 转化体成分。

5 试剂和材料

除非另有说明，仅使用分析纯试剂和重蒸馏水或符合 GB/T 6682 规定的二级水。

5.1 琼脂糖。

5.2 10 g/L 溴化乙锭(EB)溶液:称取 1.0 g 溴化乙锭,溶解于 100 mL 水中,避光保存。

警告——溴化乙锭有致癌作用,配制和使用时应戴一次性手套操作并妥善处理废弃物。

注:根据需要可选择其他效果相当的核酸染料代替溴化乙锭作为核酸电泳的染色剂。

5.3 10 mol/L 氢氧化钠(NaOH)溶液:在 160 mL 水中加入 80.0 g 氢氧化钠,溶解后,冷却至室温,再加水定容到 200 mL。

5.4 500 mmol/L 乙二胺四乙酸二钠(EDTA-Na₂)溶液(pH 8.0):称取 18.6 g 乙二胺四乙酸二钠,加入 70 mL 水中,缓慢滴加氢氧化钠溶液(见 5.3)直至 EDTA-Na₂ 完全溶解,用氢氧化钠溶液(见 5.3)调 pH 至 8.0,加水定容至 100 mL。在 103.4 kPa(121℃)条件下灭菌 20 min。

5.5 1 mol/L 三羟甲基氨基甲烷-盐酸(Tris-HCl)溶液(pH 8.0):称取 121.1 g 三羟甲基氨基甲烷溶解于 800 mL 水中,用盐酸调 pH 至 8.0,加水定容至 1 000 mL。在 103.4 kPa(121℃)条件下灭菌 20 min。

5.6 TE 缓冲液(pH 8.0):分别量取 10 mL 三羟甲基氨基甲烷-盐酸溶液(见 5.5)和 2 mL 乙二胺四乙酸二钠溶液(见 5.4),加水定容至 1 000 mL。在 103.4 kPa(121℃)条件下灭菌 20 min。

5.7 50×TAE 缓冲液:称取 242.2 g 三羟甲基氨基甲烷(Tris),先用 500 mL 水加热搅拌溶解后,加入 100 mL 乙二胺四乙酸二钠溶液(见 5.4),用冰乙酸调 pH 至 8.0,然后加水定容到 1 000 mL。使用时用水稀释成 1×TAE。

5.8 加样缓冲液:称取 250.0 mg 溴酚蓝,加入 10 mL 水,在室温下溶解 12 h;称取 250.0 mg 二甲基苯腈蓝,加 10 mL 水溶解;称取 50.0 g 蔗糖,加 30 mL 水溶解。混合以上 3 种溶液,加水定容至 100 mL,在 4℃下保存。

5.9 DNA 分子量标准:可以清楚区分 100 bp~1 000 bp 的 DNA 片段。

5.10 dNTPs 混合溶液:将浓度为 10 mmol/L 的 dATP、dTTP、dGTP、dCTP 4 种脱氧核糖核苷酸溶液等体积混合。

5.11 *Taq* DNA 聚合酶、PCR 扩增缓冲液及 25 mmol/L 氯化镁(MgCl₂)溶液。

5.12 大豆内标准基因 *Lectin* 基因引物(见农业部 2031 号公告—8—2013)

5.12.1 普通 PCR 方法引物:

lec-1672F:5′-GGGTGAGGATAGGGTTCTCTG-3′;

lec-1881R:5′-GCGATCGAGTAGTGAGAGTCG-3′。

预期扩增目的片段大小为 210 bp。

5.12.2 实时荧光 PCR 方法引物/探针:

lec-1215F:5′-GCCCTCTACTCCACCCCCA-3′;

lec-1332R:5′-GCCCATCTGCAAGCCTTTTT-3′;

lec-1269P:5′-AGCTTCGCCGCTTCCTTCAACTTCAC-3′。

预期扩增目的片段大小为 118 bp。

注:lec-1269P 为 *Lectin* 基因的 TaqMan 探针,探针的 5′ 端标记荧光报告基团(FAM、HEX 等),探针的 3′ 端标记对应的荧光报告基团(TAMRA、BHQ1 等)。

5.13 SYHT0H2 转化体特异性序列引物

5.13.1 普通 PCR 方法引物:

SYHT0H2-F:5′-GAGGCACCAACATTCTT-3′;

SYHT0H2-R:5′-TATCCGCAATGTGTTATTAA-3′。

预期扩增目的片段大小为 234 bp(参见附录 A 的 A.1)。

5.13.2 实时荧光 PCR 方法引物/探针:

SYHT0H2-QF:5′-GTTACTAGATCGGGAATTGG-3′;

SYHT0H2-QR:5′-GTGCCATTGGTTTAGGGTTT-3′;

SYHT0H2-P:5′-CCAGCATGGCCGTATCCGCAA-3′。

注:SYHT0H2-P 为 SYHT0H2 转化体的 TaqMan 探针,探针的 5′端标记荧光报告基团(FAM、HEX 等),探针的 3′端标记对应的荧光报告基团(TAMRA、BHQ1 等)。

预期扩增目的片段大小为 96 bp(参见附录 A.2)。

5.14 引物溶液:用 TE 缓冲液(见 5.6)或水分别将上述引物或探针稀释到 10 μmol/L。

5.15 石蜡油。

5.16 DNA 提取试剂盒。

5.17 定性 PCR 试剂盒。

5.18 PCR 产物回收试剂盒。

5.19 实时荧光 PCR 试剂盒。

6 主要仪器和设备

6.1 分析天平:感量 0.1 g 和 0.1 mg。

6.2 PCR 扩增仪:升降温速度＞1.5℃/s,孔间温度差异＜1.0℃。

6.3 实时荧光 PCR 仪。

6.4 电泳槽、电泳仪等电泳装置。

6.5 凝胶成像系统或照相系统。

7 分析步骤

7.1 抽样

按 NY/T 672 和农业部 2031 号公告—19—2013 的规定执行。

7.2 试样制备

按 NY/T 672 和农业部 2031 号公告—19—2013 的规定执行。

7.3 试样预处理

按农业部 1485 号公告—4—2010 的规定执行。

7.4 DNA 模板制备

按农业部 1485 号公告—4—2010 的规定执行。

7.5 PCR 扩增

7.5.1 普通 PCR 方法

7.5.1.1 试样 PCR 扩增

7.5.1.1.1 大豆内标准基因 PCR 扩增

按农业部 2031 号公告—8—2013 中 7.5.1 的规定执行。

7.5.1.1.2 转化体特异性序列 PCR 扩增

7.5.1.1.2.1 每个试样 PCR 扩增设置 3 个平行。

7.5.1.1.2.2 在 PCR 管中按表 1 依次加入反应试剂,混匀,再加 25 μL 石蜡油(有热盖功能的 PCR 仪可不加)。也可采用经验证的、效果相当的定性 PCR 试剂盒配制反应体系。

7.5.1.1.2.3 将 PCR 管放在离心机上,500 g~3 000 g 离心 10 s,然后取出 PCR 管,放入 PCR 仪中。

7.5.1.1.2.4 进行 PCR 扩增。反应程序为:94℃变性 5 min;94℃变性 30 s,58℃退火 30 s,72℃延伸 30 s,共进行 35 次循环;72℃延伸 7 min;10℃保存。

7.5.1.1.2.5 反应结束后取出 PCR 管,对 PCR 扩增产物进行电泳检测。

表1 普通PCR检测反应体系

试　　剂	终浓度	体积
ddH$_2$O		—
10×PCR缓冲液	1×	2.5 μL
25 mmol/L氯化镁溶液	1.5 mmol/L	1.5 μL
dNTPs混合溶液(各2.5 mmol/L)	0.2 mmol/L	2.0 μL
10 μmol/L SYHT0H2‐F	0.4 μmol/L	1.0 μL
10 μmol/L SYHT0H2‐R	0.4 μmol/L	1.0 μL
Taq DNA聚合酶	0.025 U/μL	—
25 mg/L DNA模板	2.0 mg/L	2.0 μL
总体积		25.0 μL
"—"表示体积不确定,如果PCR缓冲液中含有氯化镁,则不加氯化镁溶液,根据Taq DNA聚合酶的浓度确定其体积,并相应调整ddH$_2$O的体积,使反应体系总体积达到25.0 μL。		
若采用定性PCR试剂盒,则按试剂盒说明书的推荐用量配制反应体系,但上下游引物用量按表1执行。		

7.5.1.2　对照PCR扩增

在试样PCR扩增的同时,应设置PCR阳性对照、PCR阴性对照和PCR空白对照。

以转基因耐除草剂大豆SYHT0H2为阳性对照(转基因耐除草剂大豆SYHT0H2的质量分数为0.1%～1.0%的大豆基因组DNA,或转基因耐除草剂大豆SYHT0H2转化体特异性序列与大豆基因组内标准基因相比的拷贝数分数为0.1%～1.0%的DNA溶液);以非转基因大豆基因组DNA作为阴性对照;以水作为空白对照。

除模板外,对照PCR扩增与试样PCR扩增相同(见7.5.1.1)。

7.5.1.3　PCR产物电泳检测

按20 g/L的质量浓度称量琼脂糖,加入1×TAE缓冲液中,加热溶解,配制成琼脂糖溶液。每100 mL琼脂糖溶液中加入5 μL EB溶液或适量的其他核酸染料,混匀,稍适冷却后,将其倒入电泳板上,插上梳板,室温下凝固成凝胶后,放入1×TAE缓冲液中,垂直向上轻轻拔去梳板。取12 μL PCR产物与3 μL加样缓冲液混合后加入凝胶点样孔,同时在其中一个点样孔中加入DNA分子量标准,接通电源在2 V/cm～5 V/cm条件下电泳检测。

7.5.1.4　凝胶成像分析

电泳结束后,取出琼脂糖凝胶,置于凝胶成像仪上成像。根据DNA分子量标准估计扩增条带的大小,将电泳结果形成电子文件存档或用照相系统拍照。如需通过序列分析确认PCR扩增片段是否为目的DNA片段,按照7.5.1.5和7.5.1.6的规定执行。

7.5.1.5　PCR产物回收

按PCR产物回收试剂盒说明书,回收PCR扩增的DNA片段。

7.5.1.6　PCR产物测序验证

将回收的PCR产物克隆测序,与转基因大豆SYHT0H2转化体特异性序列(参见附录A.1)进行比对,确定PCR扩增的DNA片段是否为目的DNA片段。

7.5.2　实时荧光PCR方法

7.5.2.1　试样PCR扩增

7.5.2.1.1　大豆内标准基因PCR扩增

按农业部2031号公告—8—2013中7.5.2的规定执行。

7.5.2.1.2　转化体特异性序列PCR扩增

7.5.2.1.2.1　每个试样PCR扩增设置3个平行。

7.5.2.1.2.2　在PCR管中按表2依次加入反应试剂,混匀。也可采用经验证的、效果相当的实时荧光

PCR试剂盒配制反应体系。

表2 实时荧光PCR检测反应体系

试　　剂	终浓度	体积
ddH$_2$O		—
10×PCR缓冲液	1×	2.0 μL
25 mmol/L氯化镁溶液	2.5 mmol/L	2.0 μL
dNTPs混合溶液(各2.5 mmol/L)	0.2 mmol/L	0.4 μL
10 μmol/L SYHT0H2‐QF	0.4 μmol/L	0.8 μL
10 μmol/L SYHT0H2‐QR	0.4 μmol/L	0.8 μL
10 μmol/L SYHT0H2‐P	0.4 μmol/L	0.8 μL
Taq DNA聚合酶	0.04 U/μL	—
25 mg/L DNA模板	2.5 mg/L	2.0 μL
总体积		20.0 μL

"—"表示体积不确定。如果PCR缓冲液中含有氯化镁,则不加氯化镁溶液,根据*Taq*酶的浓度确定其体积,并相应调整ddH$_2$O的体积,使反应体系总体积达到20.0 μL。

若采用实时荧光PCR试剂盒,则按试剂盒说明书的推荐用量配制反应体系,但上下游引物用量按表2执行。

7.5.2.1.2.3 将PCR管放在离心机上,500 g～3 000 g离心10 s,然后取出PCR管,放入实时荧光PCR仪中。

7.5.2.1.2.4 运行实时荧光PCR扩增。反应程序为95℃变性5 min;95℃变性15 s,60℃退火延伸60 s,共进行40个循环;在第二阶段的退火延伸(60℃)时段收集荧光信号。

注:不同仪器可根据仪器要求将反应参数作适当调整。

7.5.2.2 对照PCR扩增

在试样PCR扩增的同时,应设置PCR阳性对照、PCR阴性对照和PCR空白对照。

以转基因耐除草剂大豆SYHT0H2为阳性对照(转基因耐除草剂大豆SYHT0H2质量分数为0.1%～1.0%的大豆基因组DNA,或转基因耐除草剂大豆SYHT0H2转化体特异性序列与大豆基因组内标准基因相比的拷贝数分数为0.1%～1.0%的DNA溶液);以非转基因大豆基因组DNA作为阴性对照;以水作为空白对照。

除模板外,对照PCR扩增的反应体系和程序与试样PCR扩增相同(见7.5.2.1)。

8 结果分析与表述

8.1 普通PCR方法

8.1.1 对照检测结果分析

阳性对照PCR中大豆内标准基因和转基因耐除草剂大豆SYHT0H2转化体特异性序列得到扩增,而阴性对照PCR中仅扩增出大豆内标准基因片段;空白对照PCR中没有预期扩增片段,以上结果表明PCR扩增体系正常工作。否则,重新检测。

8.1.2 样品检测结果分析和表述

8.1.2.1 试样大豆内标准基因和转基因耐除草剂大豆SYHT0H2转化体特异性序列均得到扩增,表明样品中检测出转基因耐除草剂大豆SYHT0H2转化体成分,表述为"样品中检测出转基因耐除草剂大豆SYHT0H2转化体成分,检测结果为阳性"。

8.1.2.2 试样大豆内标准基因片段得到扩增,而转基因耐除草剂大豆SYHT0H2转化体特异性序列未得到扩增,表明样品中未检测出转基因耐除草剂大豆SYHT0H2转化体成分,表述为"样品中未检测出转基因耐除草剂大豆SYHT0H2转化体成分,检测结果为阴性"。

8.1.2.3 试样大豆内标准基因片段未得到扩增,表明样品中未检出大豆成分,结果表述为"样品中未检测出大豆基因组 DNA 成分,检测结果为阴性"。

8.2 实时荧光 PCR 方法

8.2.1 基线与阈值的设定

实时荧光 PCR 反应结束后,以 PCR 刚好进入指数期扩增来设置荧光信号阈值,并根据仪器噪声情况进行调整。

8.2.2 对照检测结果分析

阳性对照 PCR 中大豆内标准基因和转基因耐除草剂大豆 SYHT0H2 转化体特异性序列均出现典型扩增曲线且 Ct 值小于或等于 36;阴性对照 PCR 中仅大豆内标准基因出现典型扩增曲线且 Ct 值小于或等于 36;空白对照 PCR 中无典型扩增曲线,表明 PCR 检测反应体系正常工作。否则,重新检测。

8.2.3 样品检测结果分析和表述

8.2.3.1 试样大豆内标准基因和转基因耐除草剂大豆 SYHT0H2 转化体特异性序列均出现典型扩增曲线且 Ct 值小于或等于 36,表明样品中检测出转基因耐除草剂大豆 SYHT0H2 转化体成分,结果表述为"样品中检测出转基因耐除草剂大豆 SYHT0H2 转化体成分,检测结果为阳性"。

8.2.3.2 试样大豆内标准基因出现典型扩增曲线且 Ct 值小于或等于 36,但转基因耐除草剂大豆 SYHT0H2 转化体特异性序列无典型扩增曲线或 Ct 值大于 36,表明样品中未检测出转基因耐除草剂大豆 SYHT0H2 转化体成分,结果表述为"样品中未检测出转基因耐除草剂大豆 SYHT0H2 转化体成分,检测结果为阴性"。

8.2.3.3 试样大豆内标准基因未出现典型扩增曲线或 Ct 值大于 36,表明样品中未检出大豆成分,表述为"样品中未检测出大豆基因组 DNA 成分,检测结果为阴性"。

注:3 个平行的 PCR 扩增结果出现不一致的,应重做 PCR 扩增样品 2 次,最终以多数结果为准。

9 检出限

9.1 普通 PCR 方法的检出限为 0.1%(含靶序列样品 DNA/总样品 DNA)。

9.2 实时荧光 PCR 方法的检出限为 0.05%(含靶序列样品 DNA/总样品 DNA)。

注:本标准的检出限是以 PCR 检测反应体系中加入 50 ng DNA 模板进行测算的。

附 录 A

（资料性附录）

耐除草剂大豆 SYHT0H2 转化体特异性序列

A.1 耐除草剂大豆 SYHT0H2 普通 PCR 产物序列

```
  1  GAGGCACCAA CATTCTTGTG GTAATATTAA ATTTTCTGTT GACTTTTTTT TACGTAAATG
 61  ATACTTGATT AGAAGATGAC TAATAAATGA AGGCTTTACA TATACTACAT AAGAAGGAGG
121  TGGAGAAAGT GTATGTAACC GACAACAAAA AACTAATAGG AATATATAGG ATGAAGAGAT
181  GAGAGAACCA TCACAGAATT GACGCTTAGA CAACTTAATA ACACATTGCG GATA
```

注 1：序列方向为 5'-3'。

注 2：5'端划线部分为普通 PCR 方法 SYHT0H2-F 引物序列，3'端划线部分为普通 PCR 方法 SYHT0H2-R 引物的反向互补序列。

注 3：1～196 为大豆基因组序列，197～234 为转化载体序列。

A.2 耐除草剂大豆 SYHT0H2 实时荧光 PCR 产物序列

```
  1  GTTACTAGAT CGGGAATTGG GTACCATGCC CGGGCGGCCA GCATGGCCGT ATCCGCAATG
 61  TGTTATTAAG TTGTCTAAAC CCTAAACCAA TGGCAC
```

注 1：序列方向为 5'-3'。

注 2：5'端划线部分为实时荧光 PCR 方法 SYHT0H2-QF 引物序列，3'端划线部分为实时荧光 PCR 方法 SYHT0H2-QR 引物的反向互补序列，方框内部为实时荧光 PCR 方法 SYHT0H2-P 探针序列。

注 3：1～78 为转化载体序列，79～96 为大豆基因组序列。

ICS 65.020.01
B 04

中华人民共和国国家标准

农业农村部公告第111号－11－2018

转基因植物及其产品成分检测
耐除草剂大豆 DAS-444Ø6-6 及其衍生
品种定性 PCR 方法

Detection of genetically modified plants and derived products—
Qualitative PCR method for herbicide–tolerant soybean DAS–444Ø6–6
and its derivates

2018-12-19 发布

2019-06-01 实施

中华人民共和国农业农村部 发布

前　　言

本标准按照 GB/T 1.1—2009 给出的规则起草。

请注意本文件的某些内容可能涉及专利。本文件的发布机构不承担识别这些专利的责任。

本标准由中华人民共和国农业农村部提出。

本标准由全国农业转基因生物安全管理标准化技术委员会归口。

本标准起草单位:农业农村部科技发展中心、山西农业大学、农业农村部环境保护科研监测所。

本标准主要起草人:王金胜、张秀杰、高建华、曹筱晗、李丽、乔永刚、章秋艳、史宗勇、刘霞宇、米怡、王文斌、袁建琴、许冬梅、唐中伟。

转基因植物及其产品成分检测
耐除草剂大豆 DAS‐444Ø6‐6 及其衍生品种定性 PCR 方法

1 范围

本标准规定了转基因耐除草剂大豆 DAS‐444Ø6‐6 转化体特异性定性 PCR 检测方法。

本标准适用于转基因耐除草剂大豆 DAS‐444Ø6‐6 及其衍生品种,以及制品中 DAS‐444Ø6‐6 转化体成分的定性 PCR 检测。

2 规范性引用文件

下列文件对于本文件的应用是必不可少的。凡是注日期的引用文件,仅注日期的版本适用于本文件。凡是不注日期的引用文件,其最新版本(包括所有的修改单)适用于本文件。

GB/T 6682　分析实验室用水规格和试验方法

农业部 1485 号公告—4—2010　转基因植物及其产品成分检测　DNA 提取和纯化

农业部 2031 号公告—8—2013　转基因植物及其产品成分检测　大豆内标准基因定性 PCR 方法

农业部 2031 号公告—19—2013　转基因植物及其产品成分检测　抽样

NY/T 672　转基因植物及其产品检测　通用要求

3 术语和定义

农业部 2031 号公告—8—2013 界定的以及下列术语和定义适用于本文件。

3.1

耐除草剂大豆 DAS‐444Ø6‐6　herbicide tolerant soybean DAS‐444Ø6‐6

陶氏益农公司开发的转 *2mepsps* 基因、*aad‐12* 基因和 *pat* 基因的耐除草剂大豆品种,OECD 标识符为 DAS‐444Ø6‐6。

3.2

DAS‐444Ø6‐6 转化体特异性序列　event‐specific sequence of DAS‐444Ø6‐6

DAS‐444Ø6‐6 的外源插入片段 5′端与大豆基因组的连接区序列,包括大豆基因组的部分序列与转化载体 T‐DNA 部分序列。

4 原理

根据转基因耐除草剂大豆 DAS‐444Ø6‐6 转化体特异性序列设计特异性引物,对试样进行 PCR 扩增。依据是否扩增获得预期的 DNA 片段,判断样品中是否含有 DAS‐444Ø6‐6 转化体成分。

5 试剂和材料

除非另有说明,仅使用分析纯试剂和重蒸馏水或符合 GB/T 6682 规定的二级水。

5.1　琼脂糖。

5.2　10 g/L 溴化乙锭(EB)溶液:称取 1.0 g 溴化乙锭,溶解于 100 mL 水中,避光保存。

警告——溴化乙锭有致癌作用,配制和使用时应戴一次性手套操作并妥善处理废弃物。

注:根据需要可选择其他效果相当的核酸染料代替溴化乙锭作为核酸电泳的染色剂。

5.3　10 mol/L 氢氧化钠(NaOH)溶液:在 160 mL 水中加入 80.0 g 氢氧化钠,溶解后,冷却至室温,再

加水定容到 200 mL。

5.4　500 mmol/L 乙二胺四乙酸二钠(EDTA-Na$_2$)溶液(pH 8.0)：称取 18.6 g 乙二胺四乙酸二钠，加入 70 mL 水中，缓慢滴加氢氧化钠溶液(见 5.3)直至 EDTA-Na$_2$ 完全溶解，用氢氧化钠溶液(见 5.3)调 pH 至 8.0，加水定容至 100 mL。在 103.4 kPa(121℃)条件下灭菌 20 min。

5.5　1 mol/L 三羟甲基氨基甲烷-盐酸(Tris-HCl)溶液(pH 8.0)：称取 121.1 g 三羟甲基氨基甲烷溶解于 800 mL 水中，用盐酸调 pH 至 8.0，加水定容至 1 000 mL。在 103.4 kPa(121℃)条件下灭菌 20 min。

5.6　TE 缓冲液(pH 8.0)：分别量取 10 mL 三羟甲基氨基甲烷-盐酸溶液(见 5.5)和 2 mL 乙二胺四乙酸二钠溶液(见 5.4)，加水定容至 1 000 mL。在 103.4 kPa(121℃)条件下灭菌 20 min。

5.7　50×TAE 缓冲液：称取 242.2 g 三羟甲基氨基甲烷(Tris)，先用 500 mL 水加热搅拌溶解后，加入 100 mL 乙二胺四乙酸二钠溶液(见 5.4)，用冰乙酸调 pH 至 8.0，然后加水定容到 1 000 mL。使用时用水稀释成 1×TAE。

5.8　加样缓冲液：称取 250.0 mg 溴酚蓝，加入 10 mL 水，在室温下溶解 12 h；称取 250.0 mg 二甲基苯腈蓝，加 10 mL 水溶解；称取 50.0 g 蔗糖，加 30 mL 水溶解。混合以上 3 种溶液，加水定容至 100 mL，在 4℃下保存。

5.9　DNA 分子量标准：可以清楚区分 100 bp～1 000 bp 的 DNA 片段。

5.10　dNTPs 混合溶液：将浓度为 10 mmol/L 的 dATP、dTTP、dGTP、dCTP 4 种脱氧核糖核苷酸溶液等体积混合。

5.11　Taq DNA 聚合酶、PCR 扩增缓冲液及 25 mmol/L 氯化镁(MgCl$_2$)溶液。

5.12　**大豆内标准基因 Lectin 基因引物(见农业部 2031 号公告—8—2013)**

　　　lec-1672F：5′-GGGTGAGGATAGGGTTCTCTG-3′；

　　　lec-1881R：5′-GCGATCGAGTAGTGAGAGTCG-3′。

　　　预期扩增片段大小为 210 bp。

5.13　**DAS-44406-6 转化体特异性序列引物**

　　　44406-F：5′-GGGGCCTGACATAGTAGCT-3′；

　　　44406-R：5′-TAATATTGTACGGCTAAGAGCGAA-3′。

　　　预期扩增片段大小为 259 bp(参见附录 A)。

5.14　引物溶液：用 TE 缓冲液(见 5.6)或水分别将上述引物稀释到 10 μmol/L。

5.15　石蜡油。

5.16　DNA 提取试剂盒。

5.17　定性 PCR 试剂盒。

5.18　PCR 产物回收试剂盒。

6　主要仪器和设备

6.1　分析天平：感量 0.1 g 和 0.1 mg。

6.2　PCR 扩增仪：升降温速度＞1.5℃/s，孔间温度差异＜1.0℃。

6.3　电泳槽、电泳仪等电泳装置。

6.4　凝胶成像系统或照相系统。

7　分析步骤

7.1　抽样

按 NY/T 672 和农业部 2031 号公告—19—2013 的规定执行。

7.2 试样制备

按 NY/T 672 和农业部 2031 号公告—19—2013 的规定执行。

7.3 试样预处理

按农业部 1485 号公告—4—2010 的规定执行。

7.4 DNA 模板制备

按农业部 1485 号公告—4—2010 的规定执行。

7.5 PCR 扩增

7.5.1 试样 PCR 扩增

7.5.1.1 大豆内标准基因 PCR 扩增

按农业部 2031 号公告—8—2013 中 7.5.1 规定的反应体系和反应程序执行。

7.5.1.2 转化体特异性序列 PCR 扩增

7.5.1.2.1 每个试样 PCR 扩增设置 3 个平行。

7.5.1.2.2 在 PCR 管中按表 1 依次加入反应试剂,混匀,再加 25 μL 石蜡油(有热盖功能的 PCR 仪可不加)。也可采用经验证的、效果相当的定性 PCR 试剂盒配制反应体系。

表 1 PCR 检测反应体系

试　　　剂	终浓度	体积
ddH$_2$O		—
10×PCR 缓冲液	1×	2.5 μL
25 mmol/L 氯化镁溶液	1.5 mmol/L	1.5 μL
dNTPs 混合溶液(各 2.5 mmol/L)	0.2 mmol/L	2.0 μL
10 μmol/L 444Ø6‑F	0.2 μmol/L	0.5 μL
10 μmol/L 444Ø6‑R	0.2 μmol/L	0.5 μL
Taq DNA 聚合酶	0.05 U/μL	—
25 mg/L DNA 模板	2.0 mg/L	2.0 μL
总体积		25.0 μL
"—"表示体积不确定,如果 PCR 缓冲液中含有氯化镁,则不加氯化镁溶液,根据 Taq DNA 聚合酶的浓度确定其体积,并相应调整 ddH$_2$O 的体积,使反应体系总体积达到 25.0 μL。 若采用定性 PCR 试剂盒,则按试剂盒说明书的推荐用量配制反应体系,但上下游引物用量按表 1 执行。		

7.5.1.2.3 将 PCR 管放在离心机上,500 g~3 000 g 离心 10 s,然后取出 PCR 管,放入 PCR 仪中。

7.5.1.2.4 进行 PCR 扩增。反应程序为:95℃变性 5 min;95℃变性 30 s,58℃退火 30 s,72℃延伸 30 s,共进行 35 次循环;72℃延伸 5 min;10℃保存。

7.5.1.2.5 反应结束后取出 PCR 管,对 PCR 扩增产物进行电泳检测。

7.5.2 对照 PCR 扩增

在试样 PCR 扩增的同时,应设置 PCR 阳性对照、PCR 阴性对照和 PCR 空白对照。

以转基因耐除草剂大豆 DAS‑444Ø6‑6 作为阳性对照(转基因耐除草剂大豆 DAS‑444Ø6‑6 质量分数为 0.1%~1.0% 的大豆基因组 DNA,或采用转基因耐除草剂大豆 DAS‑444Ø6‑6 转化体特异性序列与大豆基因组内标准基因相比的拷贝数分数为 0.1%~1.0% 的 DNA 溶液);以非转基因大豆基因组 DNA 作为阴性对照;以无菌水作为空白对照。

除模板外,对照 PCR 扩增与试样 PCR 扩增相同(见 7.5.1.1)。

7.6 PCR 产物电泳检测

按 20 g/L 的质量浓度称量琼脂糖,加入 1×TAE 缓冲液中,加热溶解,配制成琼脂糖溶液。每 100 mL 琼脂糖溶液中加入 5 μL EB 溶液或适量的其他核酸染料,混匀,稍适冷却后,将其倒入电泳板上,插上梳板,室温下凝固成凝胶后,放入 1×TAE 缓冲液中,垂直向上轻轻拔去梳板。取 12 μL PCR 产物与 3 μL 加样缓冲液混合后加入凝胶点样孔,同时在其中一个点样孔中加入 DNA 分子量标准,接通电源在 2 V/cm～5 V/cm 条件下电泳检测。

7.7 凝胶成像分析

电泳结束后,取出琼脂糖凝胶,置于凝胶成像仪上成像。根据 DNA 分子量标准估计扩增条带的大小,将电泳结果形成电子文件存档或用照相系统拍照。如需通过序列分析确认 PCR 扩增片段是否为目的 DNA 片段,按照 7.8 和 7.9 的规定执行。

7.8 PCR 产物回收

按 PCR 产物回收试剂盒说明书,回收 PCR 扩增的 DNA 片段。

7.9 PCR 产物测序验证

将回收的 PCR 产物克隆测序,与转基因耐除草剂大豆 DAS-444Ø6-6 转化体特异性序列(参见附录 A)进行比对,确定 PCR 扩增的 DNA 片段是否为目的 DNA 片段。

8 结果分析与表述

8.1 对照检测结果分析

阳性对照 PCR 反应中,大豆内标准基因和转基因耐除草剂大豆 DAS-444Ø6-6 转化体特异性序列得到扩增,而阴性对照 PCR 中仅扩增出大豆内标准基因片段,空白对照 PCR 中没有预期扩增片段,表明 PCR 体系正常工作。否则,重新检测。

8.2 样品检测结果分析和表述

8.2.1 试样中大豆内标准基因和转基因耐除草剂大豆 DAS-444Ø6-6 转化体特异性序列均得到扩增,表明样品中检测出转基因耐除草剂大豆 DAS-444Ø6-6 转化体成分,表述为"样品中检测出转基因耐除草剂大豆 DAS-444Ø6-6 转化体成分,检测结果为阳性"。

8.2.2 试样中大豆内标准基因片段得到扩增,而转基因耐除草剂大豆 DAS-444Ø6-6 转化体特异性序列未得到扩增,表明样品中未检测出转基因耐除草剂大豆 DAS-444Ø6-6 转化体成分,表述为"样品中未检测出转基因耐除草剂大豆 DAS-444Ø6-6 转化体成分,检测结果为阴性"。

8.2.3 试样大豆内标准基因片段未得到扩增,表明样品中未检出大豆成分,结果表述为"样品中未检测出大豆基因组 DNA 成分,检测结果为阴性"。

注:3 个平行的 PCR 扩增结果出现不一致的,应重做 PCR 扩增样品 2 次,最终以多数结果为准。

9 检出限

本标准方法的检出限为 0.1%(含靶序列样品 DNA/总样品 DNA)。

注:本标准的检出限是以在 PCR 检测反应体系中加入 50 ng DNA 模板进行测算的。

附 录 A

（资料性附录）

耐除草剂大豆 DAS‐4440⃝6‐6 转化体特异性 5′端序列

1　　GGGGCCTGAC ATAGTAGCTT GCTACTGGGG GTTCTTAAGC GTAGCCTGTG TCTTGCACTA

61　　CTGCATGGGC CTGGCGCACC CTACGATTCA GTGTATATTT ATGTGTGATA ATGTCATGGG

121　　TTTTTATTGT TCTTGTTGTT TCCTCTTTAG GAACTTACAT GTAAACGGTA AGGTCATCAT

181　　GGAGGTCCGA ATAGTTTGAA ATTAGAAAGC TCGCAATTGA GGTCTACAGG CCAAATTCGC

241　　TCTTAGCCGT ACAATATTA

注 1：序列方向为 5′‐3′。

注 2：5′端划线部分为 4440⃝6‐F 引物序列，3′端划线部分为 4440⃝6‐R 引物的反向互补序列。

注 3：1～183 为大豆基因组序列，184～259 为转化载体序列。

———————————

ICS 65.020.01
B 04

中华人民共和国国家标准

农业农村部公告第111号—12—2018

转基因动物及其产品成分检测
合成的 ω-3 脂肪酸去饱和酶基因（*sFat-1*）
定性 PCR 方法

Detection of genetically modified animals and derived products—
Qualitative PCR method for *sFat-1*(*Synthetic Omega-3 Fatty Acid Desaturase Gene*)

2018-12-19 发布

2019-06-01 实施

中华人民共和国农业农村部 发布

前　言

本标准按照 GB/T 1.1—2009 给出的规则起草。

请注意本文件的某些内容可能涉及专利。本文件的发布机构不承担识别这些专利的责任。

本标准由中华人民共和国农业农村部提出。

本标准由全国农业转基因生物安全管理标准化技术委员会归口。

本标准起草单位:农业农村部科技发展中心、华中农业大学、湖北省农业科学院、中国检验检疫科学研究院、农业农村部环境保护科研监测所。

本标准主要起草人:刘榜、章秋艳、付明、沈平、郑新民、武文艳、任红艳、王勤。

转基因动物及其产品成分检测
合成的 ω‑3 脂肪酸去饱和酶基因($sFat$‑1)定性 PCR 方法

1 范围

本标准规定了合成的 ω‑3 脂肪酸去饱和酶基因($sFat$‑1)的定性 PCR 检测方法。

本标准适用于转合成的 ω‑3 脂肪酸去饱和酶基因($sFat$‑1)猪及其产品的定性 PCR 检测。

2 规范性引用文件

下列文件对于本文件的应用是必不可少的。凡是注日期的引用文件,仅注日期的版本适用于本文件。凡是不注日期的引用文件,其最新版本(包括所有的修改单)适用于本文件。

GB/T 6682 分析实验室用水规格和试验方法

农业部 2122 号公告—1—2014 转基因动物及其产品成分检测 猪内标准基因定性 PCR 方法

农业部 2406 号公告—7—2016 转基因动物及其产品成分检测 DNA 提取和纯化

3 术语和定义

下列术语和定义适用于本文件。

3.1

合成的 ω‑3 脂肪酸去饱和酶基因 *Synthetic Omega‑3 Fatty Acid Desaturase Gene($sFat$‑1)*

ω‑3 脂肪酸去饱和酶基因来源于广杆属线虫 *C. briggsae*,GenBank 登录号为 XM_002634175.1,编码 ω‑3 脂肪酸去饱和酶。此酶以 18～20 碳的 ω‑6 PUFAs(ω‑6 polyunsaturated fatty acids,ω‑6 PUFAs)为底物进行脱氢反应,生成相应的 ω‑3 PUFAs,可平衡体内 ω‑6/ω‑3 PUFAs 比例;合成的 ω‑3 脂肪酸去饱和酶基因 $sFat$‑1 是指在不改变基因编码氨基酸序列的前提下,对其部分密码子进行了优化而合成得到的,从而使其在哺乳动物中更好地表达,其 CDS 序列参见附录 A 中的 A.1。

4 原理

根据 $sFat$‑1 基因 CDS 序列设计特异性引物,对试样进行 PCR 扩增。依据是否扩增获得预期 170 bp 的特异性 DNA 片段,判断试样中是否含有 $sFat$‑1 基因成分。

5 试剂和材料

除非另有说明,仅使用分析纯试剂和重蒸馏水或符合 GB/T 6682 规定的二级水。

5.1 琼脂糖。

5.2 10 g/L 溴化乙锭(EB)溶液:称取 1.0 g 溴化乙锭,溶解于 100 mL 水中,避光保存。

警告——溴化乙锭有致癌作用,配制和使用时应戴一次性手套操作并妥善处理废弃物。

注:根据需要可选择其他效果相当的核酸染料代替溴化乙锭作为核酸电泳的染色剂。

5.3 10 mol/L 氢氧化钠(NaOH)溶液:在 160 mL 水中加入 80.0 g 氢氧化钠,溶解后,冷却至室温,再加水定容至 200 mL。

5.4 500 mmol/L 乙二胺四乙酸二钠(EDTA‑Na₂)溶液(pH 8.0):称取 18.6 g 乙二胺四乙酸二钠,加入 70 mL 水中,缓慢滴加氢氧化钠溶液(见 5.3)直至 EDTA‑Na₂ 完全溶解,用氢氧化钠溶液(见 5.3)调 pH 至 8.0,加水定容至 100 mL。在 103.4 kPa(121℃)条件下灭菌 20 min。

5.5　1 mol/L 三羟甲基氨基甲烷-盐酸(Tris-HCl)溶液(pH 8.0):称取 121.1 g 三羟甲基氨基甲烷溶解于 800 mL 水中,用盐酸(HCl)调 pH 至 8.0,加水定容至 1 000 mL。在 103.4 kPa(121℃)条件下灭菌 20 min。

5.6　TE 缓冲液(pH 8.0):分别量取 10 mL 三羟甲基氨基甲烷-盐酸溶液(见 5.5)和 2 mL 乙二胺四乙酸二钠溶液(见 5.4),加水定容至 1 000 mL。在 103.4 kPa(121℃)条件下灭菌 20 min。

5.7　50×TAE 缓冲液:称取 242.2 g 三羟甲基氨基甲烷(Tris),先用 500 mL 水加热搅拌溶解后,加入 100 mL 乙二胺四乙酸二钠溶液(见 5.4),用冰乙酸调 pH 至 8.0,然后加水定容到 1 000 mL。使用时,用水稀释成 1×TAE。

5.8　加样缓冲液:称取 250.0 mg 溴酚蓝,加入 10 mL 水,在室温下溶解 12 h;称取 250.0 mg 二甲基苯腈蓝,加 10 mL 水溶解;称取 50.0 g 蔗糖,加 30 mL 水溶解。混合以上 3 种溶液,加水定容至 100 mL,在 4℃下保存。

5.9　DNA 分子量标准:可清楚地区分 100 bp~1 000 bp 的 DNA 片段。

5.10　dNTPs 混合溶液:将浓度分别为 10 mmol/L 的 dATP、dTTP、dGTP、dCTP 4 种脱氧核糖核苷酸溶液等体积混合。

5.11　*Taq* DNA 聚合酶、PCR 缓冲液及 25 mmol/L 氯化镁(MgCl$_2$)溶液。

5.12　猪内标准基因引物(见农业部 2122 号公告—1—2014)
Linc_CAB-F:5-GCCCATCATAAAAGGTGATG-3′;
Linc_CAB-R:5-CAAGGCCAGGACATACAAAG-3′。
预期扩增片段大小为 200 bp。

5.13　sFat-1 基因引物
正向引物 sFat1-F:5-ATGCGTGATTTCCGCTACTT-3′;
反向引物 sFat1-R:5-CGTACACCTCAGCCACTTCAT-3′。
预期扩增片段大小为 170 bp(参见 A.2)。

5.14　引物溶液:用 TE 缓冲液(见 5.6)或水分别将引物稀释到 10 μmol/L。

5.15　石蜡油。

5.16　动物基因组 DNA 提取试剂盒。

5.17　定性 PCR 试剂盒。

5.18　PCR 产物回收试剂盒。

6　主要仪器和设备

6.1　分析天平:感量 0.1 g 和 0.1 mg。

6.2　PCR 扩增仪:升降温速度>1.5℃/s,孔间温度差异<1.0℃。

6.3　电泳槽、电泳仪等电泳装置。

6.4　凝胶成像系统或照相系统。

7　分析步骤

7.1　DNA 模板制备
按农业部 2406 号公告—7—2016 的规定执行。

7.2　PCR 扩增
7.2.1　试样 PCR 扩增
7.2.1.1　内标准基因 PCR 扩增

按农业部 2122 号公告—1—2014 的规定执行。

7.2.1.2 基因特异性序列 PCR 扩增

7.2.1.2.1 每个试样 PCR 扩增设置 3 个平行。

7.2.1.2.2 在 PCR 管中按表 1 依次加入反应试剂,涡旋振荡混匀,再加 25 μL 石蜡油(有热盖功能的 PCR 仪可不加)。也可采用经验证的、效果相当的定性 PCR 扩增试剂盒配制反应体系。

表 1　PCR 检测反应体系

试　　剂	终浓度	体积
ddH$_2$O	—	—
10×PCR 缓冲液	1×	2.5 μL
25 mmol/L 氯化镁溶液	1.5 mmol/L	1.5 μL
dNTPs 混合溶液(各 2.5 mmol/L)	0.2 mmol/L	2.0 μL
10 μmol/L sFat1 - F	0.2 μmol/L	0.5 μL
10 μmol/L sFat1 - R	0.2 μmol/L	0.5 μL
Taq DNA 聚合酶	0.025 U/μL	—
25 mg/L DNA 模板	2.0 mg/L	2.0 μL
总体积		25.0 μL
"—"表示体积不确定,如果 PCR 缓冲液中含有氯化镁,则不加氯化镁溶液,根据 Taq DNA 聚合酶的浓度确定其体积,并相应调整 ddH$_2$O 的体积,使反应体系总体积达到 25.0 μL。 若采用定性 PCR 试剂盒,则按试剂盒说明书的推荐用量配制反应体系,但上下游引物用量按表 1 执行。		

7.2.1.2.3 将 PCR 管放在离心机上,500 g～3 000 g 离心 10 s,然后取出 PCR 管,放入 PCR 仪中。

7.2.1.2.4 进行 PCR 扩增。反应程序为:94℃预变性 5 min;94℃变性 30 s,60℃退火 30 s,72℃延伸 30 s,共进行 35 次循环;72℃延伸 5 min,10℃保存。

7.2.1.2.5 反应结束后取出 PCR 管,对 PCR 扩增产物进行电泳检测。

7.2.2 对照 PCR 扩增

在试样 PCR 扩增的同时,应设置 PCR 阳性对照、PCR 阴性对照和 PCR 空白对照。

以含有 sFat - 1 基因的质量分数为 0.1%～1.0% 的转基因动物基因组 DNA 作为阳性对照,以与试样相同种类的非转基因动物基因组 DNA 作为阴性对照,以水作为空白对照。

除模板外,对照 PCR 扩增与试样 PCR 扩增相同(见 7.2.1)。

7.3 PCR 产物电泳检测

按 20 g/L 的质量浓度称量琼脂糖,加入 1×TAE 缓冲液中,加热溶解,配制成琼脂糖溶液。每 100 mL 琼脂糖溶液中加入 5 μL EB 溶液或适量的其他核酸染料,混匀,稍适冷却后,将其倒入电泳板上,插上梳板,室温下凝固成凝胶后,放入 1×TAE 缓冲液中,垂直向上轻轻拔去梳板。取 5 μL PCR 产物与 2 μL 加样缓冲液混合后加入凝胶点样孔,同时在其中一个点样孔中加入 DNA 分子量标准,接通电源在 2 V/cm～5 V/cm 条件下电泳检测。

7.4 凝胶成像分析

电泳结束后,取出琼脂糖凝胶,置于凝胶成像仪上成像。根据 DNA 分子量标准判断扩增条带的大小,将电泳结果形成电子文件存档或用照相系统拍照。如需通过序列分析确认 PCR 扩增片段是否为目的 DNA 片段,按照 7.5 和 7.6 的规定执行。

7.5 PCR 产物回收

按 PCR 产物回收试剂盒说明书,回收 PCR 扩增的 DNA 片段。

7.6 PCR 产物测序验证

将回收的 PCR 产物克隆测序,与 sFat - 1 基因的特异性序列(参见 A.2)进行比对,确定 PCR 扩增的 DNA 片段是否为目的 DNA 片段。

8 结果分析与表述

8.1 对照检测结果分析

阳性对照 PCR 中,猪内标准基因和 *sFat-1* 基因特异性序列均得到扩增,而阴性对照 PCR 中仅扩增出猪内标准基因片段,空白对照 PCR 中没有预期扩增片段,表明 PCR 检测反应体系正常工作;否则,重新检测。

8.2 样品检测结果分析和表述

8.2.1 试样猪内标准基因和 *sFat-1* 特异性序列得到扩增,表明样品中检测出合成的 ω-3 脂肪酸去饱和酶基因成分,表述为"样品中检测出合成的 ω-3 脂肪酸去饱和酶基因成分,检测结果为阳性"。

8.2.2 试样猪内标准基因片段得到扩增,而 *sFat-1* 特异性序列未得到扩增,表明样品中未检测出合成的 ω-3 脂肪酸去饱和酶基因成分,表述为"样品中未检测出合成的 ω-3 脂肪酸去饱和酶基因成分,检测结果为阴性"。

8.2.3 试样猪内标准基因片段未得到扩增,表明样品中未检测出猪基因组成分,结果表述为"样品中未检出猪源成分,检测结果为阴性"。

注:3 个平行的 PCR 扩增结果出现不一致的,应重做 PCR 扩增样品 2 次,最终以多数结果为准。

9 检出限

本标准方法的检出限为 0.1%(含靶序列样品 DNA/总样品 DNA)。

注:本标准的检出限是以 PCR 检测反应体系中加入 50 ng DNA 模板进行测算的。

附　录　A

（资料性附录）

sFat－1 基因 CDS 序列及其特异性序列信息

A.1　优化后 *sFat－1* 基因 CDS 序列

```
   1  ATGGTCGCTC ATTCCTCCGA CGGGCTGTCC GCCACCGCTC CTGTGACCGG CGGAGATGTG
  61  CTGGTCGATG CTCGTGTTTC TATTGAAGAG AAGCCCCCTC GCTCCCTGGA CTCCACTCAA
 121  CAGTCTACTG AGGAGGAGCG CGTGCAATTG CCCACTGTGG ATGCTTTCCG CCGCGCCATT
 181  CCACCCCATT GCTTCGAACG CGATCTGACC AGATCCCTCC GATATCTGGT GCAAGACTTT
 241  GCCGCTCTGG CTTTTCTCTA CTTTGCTCTG CCTGTGTTCG AATACTTTGG ACTGGTGGGC
 301  TATCTGGCTT GGAACGTGCT GATGGGCGTC TTCGGATTCG CTTTGTTCGT GGTCGGCCAC
 361  GATTGTCTGC ATGGATCCTT CTCCGATAAC CAAGTGCTGA ACGATATTAT TGGCCACATC
 421  GCTTTCTCCC CTCTGTTCTC CCCCTATTTC CCTTGGCAGA AGTCCCACAA ACTGCACCAC
 481  GCTTTCACCA ACCATATTGA CAAGGATCAC GGACACGTGT GGATTCAAGA CAAAGACTAT
 541  GAAAAGATGC CTACATGGAA GAAGCTGTTC AACCCTATGC CCTTCTCCGG ATGGCTGAAA
 601  TGGTTCCCCG TGTACACTCT GTTCGGATTC TGCGATGGAT CCCATTTCTG GCCTTACTCC
 661  TCTCTGTTCG TGCGCGATTC CGAGCGCGTC CAATGCGTGA TTTCCGCTAC TTGCTGTGTG
 721  GCCTGTGCCT ATGTGGCTCT GGCTATTGCC GGCTCCTACT CCAACTGGTT CTGGTACTAC
 781  TGGGTGCCTC TGTCCTTCTT CGGATGCATG CTGGTGATTG TCACCTATCT GCAACACGCT
 841  GATGAAGTGG CTGAGGTGTA CGAAGCTGAT GAGTGGAGTT TCGTGCGTGG ACAAACCCAG
 901  ACTATCGACC GCTTCTATGG ATTTGGACTG GATGAGACCA TGCACCATAT TACTGACGGA
 961  CACGTGGCCC ATCACTTCTT CAATAAGATT CCTCATTACC ATCTGATCGA AGCTACTGAA
1021  GGTGTGAAGA AGGTGTTGGA GCCTCTGTTC GAGACTCAGT ACGGATACAA GTACCAAGTG
1081  AACTACGACT TCTTCGTCCG CTTCCTGTGG TTCAACCTGA AGCTGGACTA TCTGGTGCAT
1141  AAGACTAAAG GTATCCTGCA ATTCCGCACA ACTCTGGAGG AGAAGGCGAA GGCCAAGTAA
```

注:序列方向为 5'－3'。

A.2　*sFat－1* 扩增片段特异性核苷酸序列

```
   1  ATGCGTGATT TCCGCTACTT GCTGTGTGGC CTGTGCCTAT GTGGCTCTGG CTATTGCCGG
  61  CTCCTACTCC AACTGGTTCT GGTACTACTG GGTGCCTCTG TCCTTCTTCG GATGCATGCT
 121  GGTGATTGTC ACCTATCTGC AACACGCTGA TGAAGTGGCT GAGGTGTACG
```

注 1:序列方向为 5'－3'。

注 2:5'端划线部分为 sFat1－F 引物序列,3'端划线部分为 sFat1－R 引物的反向互补序列。

ICS 65.020.01
B 04

中华人民共和国国家标准

农业农村部公告第111号－13－2018

转基因植物环境安全检测
外源杀虫蛋白对非靶标生物影响
第1部分：日本通草蛉幼虫

The detection of environmental safety of genetically modified plants—
Effects of exogenous insecticidal protein on non–target organisms—
Part 1: larvae of *Chrysoperla nipponensis*

2018-12-19 发布　　　　　　　　　　　　　　　2019-06-01 实施

中华人民共和国农业农村部 发布

前　言

本标准按照 GB/T 1.1—2009 给出的规则起草。

请注意本文件的某些内容可能涉及专利。本文件的发布机构不承担识别这些专利的责任。

本标准由中华人民共和国农业农村部提出。

本标准由全国农业转基因生物安全管理标准化技术委员会归口。

本标准起草单位:农业农村部科技发展中心、中国农业科学院植物保护研究所。

本标准主要起草人:李云河、宋贵文、彭于发、张秀杰、李夏莹、王亚南、梁晋刚、谢家建、陈秀萍。

转基因植物环境安全检测
外源杀虫蛋白对非靶标生物影响
第 1 部分 : 日本通草蛉幼虫

1 范围

本标准规定了转基因植物外源基因表达的杀虫蛋白对日本通草蛉幼虫影响的检测方法。

本标准适用于转基因植物外源基因表达的杀虫蛋白对日本通草蛉幼虫潜在经口毒性的检测。

2 规范性引用文件

下列文件对于本文件的应用是必不可少的。凡是注日期的引用文件,仅注日期的版本适用于本文件。凡是不注日期的引用文件,其最新版本(包括所有的修改单)适用于本文件。

GB/T 21812—2008 化学品 蜜蜂急性经口毒性试验

农业部 1485 号公告—17—2010 转基因生物及其产品食用安全检测 外源基因异源表达蛋白质等同性分析导则

3 术语和定义

下列术语和定义适用于本文件。

3.1

外源杀虫蛋白 exogenous insecticidal protein

转入植物的外源抗虫基因所表达的杀虫蛋白。

3.2

经口毒性 oral toxicity

通过将受试杀虫蛋白均匀混入饲料,经口给予受试生物,对受试生物的生存和生长发育产生的有害影响。

3.3

剂量 dose

受试蛋白的使用量。用每克人工饲料(鲜重)中混入受试蛋白的质量(μg)来表述。

3.4

死亡率 mortality

死亡的受试生物占总受试生物的比率(%)。

3.5

幼虫历期 larval developmental time

从日本通草蛉幼虫初孵到化蛹所经历的时间(d)。

3.6

化蛹率 pupation rate

化蛹的受试昆虫个体数占总存活受试昆虫个体数的比率(%)。

3.7

羽化成虫体重 weight of freshly emerged adult

刚羽化 12 h 内的日本通草蛉成虫的质量(mg)。

3.8

半数致死剂量 median lethal dose, LD₅₀

经口给予受试蛋白后,通过统计分析获得的预期能够引起受试生物死亡率为 50% 的受试蛋白剂量 (基于 7 d 日本通草蛉幼虫死亡率进行计算)。

3.9

最大耐受剂量 maximum tolerated dose, MTD

与阴性对照相比,受试物不引起受试对象死亡率显著提高的最大剂量。

4 试验原理

按一定剂量(浓度)把转基因植物外源杀虫蛋白均匀混入人工饲料直接饲喂日本通草蛉幼虫。以纯人工饲料(或混入受试蛋白溶剂/介质的饲料)作为阴性对照,以混入已知对日本通草蛉幼虫有毒的有机或无机胃毒性化合物的人工饲料为阳性对照,观察计算日本通草蛉幼虫的死亡率、发育历期、化蛹率等生命参数,比较分析处理间日本通草蛉幼虫不同生命参数的差异,明确外源杀虫蛋白对草蛉幼虫的潜在经口毒性。

5 试剂和材料

5.1 溶剂

蒸馏水、磷酸盐缓冲液或其他溶剂。

5.2 受试外源杀虫蛋白

受试外源杀虫蛋白可直接从转基因植物提取纯化获得,也可经微生物表达、提取和纯化获得,但需要保证所获得的杀虫蛋白与植物组织中表达的杀虫蛋白具有实质等同性,符合农业部 1485 号公告—17—2010 的要求。

5.3 阳性对照化合物

采用砷酸二氢钾(potassium arsenate monobasic, PA; KH_2AsO_4)(分析纯)作为阳性对照化合物。

5.4 日本通草蛉幼虫人工饲料

日本通草蛉幼虫人工饲料配方及制备方法见附录 A。

5.5 试验昆虫

采用实验室多代饲养(2 代以上)、遗传背景相对一致的日本通草蛉种群。随机选择日本通草蛉初孵幼虫(孵化 12 h 内)用于生物测定试验。

6 试验仪器

6.1 电子天平:感量为 0.01 mg。

6.3 离心机。

6.4 酶标仪。

6.5 研磨仪。

7 试验步骤

7.1 试验处理

7.1.1 阴性对照组:在日本通草蛉幼虫人工饲料中均匀混入等质量受试蛋白溶剂。

7.1.2 阳性对照组:将 PA 均匀混入日本通草蛉幼虫人工饲料,浓度为 36 μg/g(按鲜重计)。

7.1.3 受试蛋白处理组:在日本通草蛉幼虫饲料中均匀混入受试外源杀虫蛋白,剂量要求为日本通草蛉幼虫在自然条件下可摄取到的受试蛋白最高剂量的 10 倍以上(可将植物组织中外源杀虫蛋白的最高浓度作为受试昆虫可摄取到的受试蛋白最高剂量)。如果发现受试蛋白对日本通草蛉幼虫有显著不利影响,则需要进一步试验计算 LD_{50},试验剂量组的设置可按照 GB/T 21812—2008 中 6.1 的规定执行;如果无法或不需要计算 LD_{50},则只需设 1 个符合要求的剂量。

7.2 各处理饲料制备

7.2.1 受试蛋白应先溶解或均匀悬浮于蒸馏水、PBS 或其他适宜的溶剂或介质中。

7.2.2 如果需要助溶剂,必须保证该含助溶剂的溶液对日本通草蛉幼虫没有不利影响,且要在对照饲料中加入等量该溶液。

7.2.3 饲料制备按照附录 A 的规定执行,并在制备过程的 A.2.6 先将制备好的受试蛋白或对照化合物溶液加入蒸馏水中,再与其他组分混合,充分搅拌,保证受试物在饲料中均匀分布。

7.3 试验操作与记录

7.3.1 试验在光照培养箱或人工气候室内进行,温度为 (26 ± 1)℃,相对湿度为 (75 ± 5)％,光照为 16 h∶8 h(L∶D)。

7.3.2 随机选择的日本通草蛉初孵幼虫单头置于指形玻璃管(直径 1.2 cm,长 7.5 cm)或其他适宜的养虫器皿,每个器皿中放置一个人工饲料胶囊和一个吸饱蒸馏水的棉球。每个饲料处理设 3 个重复,每个重复不少于 20 头幼虫。饲料每 2 d 更换一次。

7.3.3 每天观察、记录试虫生长发育情况,如死亡头数、龄期、化蛹等情况。待阴性对照组幼虫全部羽化或者死亡,试验结束。

7.4 受试蛋白在饲料中的稳定性检测

在含受试蛋白的饲料胶囊提供给日本通草蛉幼虫前及 2 d 后,分别取 3 个～5 个样品(每样品 2 个饲料胶囊),于 -20℃冰箱保存。可采用酶联免疫法(ELISA)或其他蛋白测定方法检测样品中受试蛋白的含量。

8 结果分析与表述

8.1 对照处理结果分析

阴性对照组日本通草蛉幼虫死亡率低于 20％,阳性对照组日本通草蛉幼虫死亡率显著高于阴性对照组,表明试验体系工作正常,可用于检测外源杀虫蛋白对日本通草蛉幼虫的潜在毒性;否则,需要查找原因,重新进行试验。

8.2 受试蛋白稳定性分析

暴露于日本通草蛉幼虫 2 d 后的人工饲料中受试蛋白浓度不低于暴露前新鲜饲料中蛋白浓度的 70％,如果受试蛋白降解率超过 30％,需要查找原因,重新进行试验。

8.3 数据处理

根据试验记录计算日本通草蛉幼虫死亡率、幼虫发育历期、化蛹率和羽化成虫体重(雌雄分开)。数据应该以表格形式表述。幼虫死亡率和化蛹率直接用百分数描述,幼虫历期和成虫体重用平均数±标准误(样本数 n)描述。可用成对比较(pair-wise)分析不同处理组或阳性对照组与阴性对照组差异。如果处理组与阴性对照组具有显著性差异,并可求得受试蛋白的 LD_{50},则通过概率单位法(Probit analysis)、寇氏(Korbor)或其他计算方法求得 LD_{50}。

8.4 结果表述

根据统计分析结果,评估转基因植物外源杀虫蛋白对日本通草蛉幼虫的影响,结果表述为"与阴性对照组相比,处理组的幼虫历期(幼虫死亡率、化蛹率、成虫体重)增加(或减少)××,差异达(或未达)显著(或极显著)水平"。可求得 LD_{50},提供 LD_{50}。处理组与阴性对照组没有显著性差异,结果表述为"日本通草蛉幼虫对该蛋白的经口毒性最大耐受剂量(MTD)>××(最大试验剂量)"。

附 录 A
（规范性附录）
日本通草蛉幼虫人工饲料

A.1 配方

日本通草蛉幼虫人工饲料配方见表 A.1。

表 A.1 人工饲料配方

成 分	重量，g	成 分	重量，g
新鲜牛肉	15.00	山梨酸钾	0.15
新鲜猪肝	15.00	抗坏血酸	0.05
新鲜鸡蛋黄	20.00	硫酸链霉素	0.13
蔗糖	3.75	头孢霉素	0.05
啤酒酵母粉	4.00	复合维生素液ᵃ	0.13
20%蜂蜜水	6.50	蒸馏水	35.00
麦胚油	0.25		

ᵃ 复合维生素液配方：烟酸(0.31 g)、泛酸钙(1.31 g)、核黄素(0.15 g)、盐酸吡哆辛(0.08 g)、盐酸硫胺(0.08 g)、叶酸 (0.08 g)、生物素(0.06 g)、氰钴胺素(0.000 6 g)和蒸馏水(100 mL)。

A.2 制备方法

A.2.1 按照表 A.1 配方配制复合维生素液，并用蒸馏水配制 20%的蜂蜜水，4℃冰箱保存。

A.2.2 称取所需新鲜牛肉和猪肝，加入等重量蒸馏水，置于搅拌机中粉碎搅拌成糊状，得到组分 A。

A.2.3 按比例将蔗糖、啤酒酵母粉、山梨酸钾、抗坏血酸、硫酸链霉素、头孢霉素、麦胚油、复合维生素液和蜂蜜水充分混合后加入到组分 A，得到组分 B。

A.2.4 将新鲜鸡蛋黄与适量蒸馏水混合，搅拌后在水浴锅中80℃～90℃加热 2 min～4 min，边加热边搅拌，得到组分 C。

A.2.5 待组分 C 冷却至室温，与组分 B 混合。

A.2.6 加入适量蒸馏水，使最终有效组分比例达到表 A.1 要求，即得日本通草蛉幼虫人工饲料，分装后于－20℃保存(不超过 1 个月)。

A.2.7 为避免反复冻融，每次取适量冷冻饲料进行解冻。提供给日本通草蛉幼虫前，需要制备成胶囊。把石蜡封口膜(1.5 cm×1.5 cm)拉伸 2 倍～3 倍，包上 50 μL 配制好的人工饲料，把封口捏紧，制成胶囊，4℃冰箱保存(不超过 3 d)。每次饲料胶囊供给日本通草蛉幼虫后使用时间不超过 3 d。

ICS 65.020.01
B 04

中华人民共和国国家标准

农业农村部公告第111号—14—2018

转基因植物环境安全检测
外源杀虫蛋白对非靶标生物影响
第2部分：日本通草蛉成虫

The detection of environmental safety of genetically modified plants—
Effects of exogenous insecticidal protein on non-target organisms—
Part 2: Adult of *Chrysoperla nipponensis*

2018-12-19 发布

2019-06-01 实施

中华人民共和国农业农村部 发布

农业农村部公告第 111 号—14—2018

前　言

本标准按照 GB/T 1.1—2009 给出的规则起草。

请注意本文件的某些内容可能涉及专利。本文件的发布机构不承担识别这些专利的责任。

本标准由中华人民共和国农业农村部提出。

本标准由全国农业转基因生物安全管理标准化技术委员会归口。

本标准起草单位:农业农村部科技发展中心、中国农业科学院植物保护研究所。

本标准主要起草人:李云河、宋贵文、彭于发、张秀杰、李夏莹、王亚南、梁晋刚、谢家建、陈秀萍。

转基因植物环境安全检测
外源杀虫蛋白对非靶标生物影响
第 2 部分：日本通草蛉成虫

1 范围

本标准规定了转基因植物外源基因表达的杀虫蛋白对日本通草蛉成虫影响的检测方法。

本标准适用于转基因植物外源基因表达的杀虫蛋白对日本通草蛉成虫潜在经口毒性的检测。

2 规范性引用文件

下列文件对于本文件的应用是必不可少的。凡是注日期的引用文件，仅注日期的版本适用于本文件。凡是不注日期的引用文件，其最新版本（包括所有的修改单）适用于本文件。

农业部 1485 号公告—17—2010 转基因生物及其产品食用安全检测 外源基因异源表达蛋白质等同性分析导则

农业农村部公告第 111 号—13—2018 转基因植物环境安全检测 外源杀虫蛋白对非靶标生物影响 第 1 部分：日本通草蛉幼虫

3 术语和定义

下列术语和定义适用于本文件。

3.1

外源杀虫蛋白 exogenous insecticidal protein

转入植物的外源抗虫基因所表达的杀虫蛋白。

3.2

经口毒性 oral toxicity

通过将受试杀虫蛋白均匀混入饲料，经口给予受试生物，对受试生物的生存和生长发育产生的有害影响。

3.3

剂量 dose

受试蛋白的使用量。用每克人工饲料（干重）中混入受试蛋白的质量（μg）来表述。

3.4

死亡率 mortality

死亡的受试生物占总受试生物的比率（%）。

3.5

产卵前期 preoviposition period

从日本通草蛉成虫羽化到第一次产卵的间隔期（d）。

3.6

总产卵量 total fecundity

日本通草蛉成虫在整个试验期间（28 d）总产卵数（粒）。

3.7

成虫体重　adult weight

试验结束时(羽化后 28 d)所存活的日本通草蛉成虫(雌雄分开)经冷冻干燥后的质量(mg)。

3.8

半数致死剂量　median lethal dose,LD$_{50}$

经口给予受试蛋白后,通过统计分析获得的预期能够引起受试生物死亡率为 50% 的受试蛋白剂量(基于 28 d 日本通草蛉成虫死亡率进行计算)。

3.9

最大耐受剂量　maximum tolerated dose,MTD

与阴性对照相比,受试物不引起受试对象死亡率显著提高的最大剂量。

4　试验原理

按一定剂量(浓度)把转基因植物外源蛋白均匀混入人工饲料直接饲喂日本通草蛉成虫。以纯人工饲料(或混入受试蛋白溶剂/介质的饲料)作为阴性对照,以混入已知对日本通草蛉成虫有毒的有机或无机化合物的人工饲料作为阳性对照,观察计算日本通草蛉成虫的产卵前期、死亡率、每天产卵量、体重等生命参数,比较分析处理间日本通草蛉成虫不同生命参数的差异,明确外源杀虫蛋白对日本通草蛉成虫的潜在经口毒性。

5　试剂和材料

5.1　溶剂

蒸馏水、磷酸盐缓冲液或其他溶剂。

5.2　受试外源杀虫蛋白

受试外源杀虫蛋白可直接从转基因植物提取纯化获得,也可经微生物表达、提取和纯化获得,但需要保证所获得的杀虫蛋白与植物组织中表达的杀虫蛋白具有实质等同性,符合农业部 1485 号公告—17—2010 的要求。

5.3　阳性对照化合物

采用砷酸二氢钾(potassium arsenate monobasic,PA;KH$_2$AsO$_4$)(分析纯)作为阳性对照化合物。

5.4　日本通草蛉成虫人工饲料

日本通草蛉成虫人工饲料由蔗糖、啤酒酵母粉和蒸馏水 3 种组分,按 7∶4∶4 的质量比充分混匀获得(如果需要向饲料中混入受试物,可以把受试化合物先溶入蒸馏水或其他溶剂/介质,然后加入其他组分,充分搅匀)。将配制好的饲料进行适当分装,置于−20℃冰箱保存(不超过 1 个月)。为避免反复冻融,每次使用前置室温下融化,解冻后的饲料每次供给日本通草蛉成虫后的使用时间不超过 3 d。

5.5　试验昆虫

采用实验室多代饲养(2 代以上)、遗传背景相对一致的日本通草蛉种群。随机选择新羽化(羽化 12 h 内)的日本通草蛉成虫用于生物测定试验。

6　试验仪器

6.1　电子天平:感量为 0.01 mg。

6.2　离心机。

6.3　酶标仪。

6.4　真空冷冻干燥仪。

6.5　研磨仪。

7 试验步骤

7.1 试验处理

7.1.1 阴性对照组：在日本通草蛉成虫人工饲料中均匀混入等量受试蛋白溶剂。

7.1.2 阳性对照组：将 PA 均匀混入日本通草蛉成虫人工饲料，浓度为 64 μg/g(按干重计)。

7.1.3 受试蛋白处理组：在日本通草蛉成虫人工饲料中均匀混入受试外源杀虫蛋白，剂量一般要求为日本通草蛉成虫在自然条件下可摄取到的受试蛋白最高剂量的 10 倍以上(可将植物组织中外源杀虫蛋白的最高浓度作为受试昆虫可摄取到的受试蛋白最高剂量)。如果发现受试蛋白对日本通草蛉成虫有显著不利影响，则需要进一步试验计算 LD_{50}，试验剂量组的设置可按照农业农村部公告第 111 号—13—2018 中 7.1.3 的要求；如果无法或不需要计算 LD_{50}，则只需设 1 个符合要求的剂量。

7.2 各处理饲料制备

7.2.1 受试蛋白应先溶解或均匀悬浮于蒸馏水、PBS 或其他适宜的溶剂或介质中。

7.2.2 如果需要助溶剂，必须保证该含助溶剂的溶液对日本通草蛉成虫没有不利影响，且要在对照饲料中加入等量该溶液。

7.2.3 饲料制备按照 5.4 的规定执行，在制备过程中先将制备好的受试蛋白或对照化合物溶液加入适量蒸馏水中，再与其他组分按 7∶4∶4 质量比混合，充分搅拌，保证受试物在饲料中均匀分布。

7.3 试验操作与记录

7.3.1 试验在培养箱或气候室内进行，温度(26±1)℃，相对湿度(75±5)％，光照 16 h∶8 h(L∶D)。

7.3.2 将同 1 d 新羽化的日本通草蛉成虫，解剖镜下鉴别雌雄，随机配对，单对置于透明塑料瓶中(直径 8 cm，高 8 cm)或其他适宜的养虫器皿中。每个饲料处理设 3 个重复，每个重复不少于 15 对成虫。将适量人工饲料涂抹于小培养皿底部(直径 3.0 cm，高 1.0 cm)，然后置于器皿内。饲料 2 d 更换一次。用吸饱水的棉球置于器皿底提供水源。试验持续 28 d。

7.3.3 试验过程中每天观察记录日本通草蛉成虫的存活和产卵情况。试验结束后，将所有存活的草蛉成虫鉴定雌雄，冷冻干燥后称重。

7.4 受试蛋白在饲料中的稳定性检测

在含受试蛋白的人工饲料提供给日本通草蛉成虫前及 2 d 后，分别取 3 个～5 个样品(每样品 10 mg)，于—20℃冰箱保存。可采用酶联免疫法(ELISA)或其他蛋白测定方法检测样品中受试蛋白的含量。

8 结果分析与表述

8.1 对照处理结果分析

阴性对照组日本通草蛉成虫死亡率低于 20％，阳性对照组日本通草蛉成虫死亡率显著高于阴性对照组，表明试验体系工作正常，可用于检测外源杀虫蛋白对日本通草蛉成虫的潜在毒性；否则，需要查找原因，重新进行试验。

8.2 受试蛋白稳定性分析

暴露于日本通草蛉成虫 2 d 后的人工饲料中受试蛋白浓度不低于暴露前新鲜饲料中蛋白浓度的 70％，如果受试蛋白降解率超过 30％，需要查找原因，重新进行试验。

8.3 数据处理

根据试验记录计算日本通草蛉成虫死亡率、产卵前期、总产卵量和试验结束时成虫体重(干重，雌雄分开)。数据应该以表格形式表述。死亡率直接用百分数描述，产卵前期、总产卵量和成虫体重用平均数±标准误(样本数 n)描述。可用成对比较(pair-wise)分析不同处理组或阳性对照组与阴性对照组差异。如果处理组与阴性对照组具有显著性差异,并可求得受试蛋白的 LD_{50},则通过概率单位法(Probit analysis)、寇氏(Korbor)或其他计算方法求得 LD_{50}。

8.4 结果表述

根据统计分析结果,评估转基因植物外源杀虫蛋白对日本通草蛉成虫的影响,结果表述为"与阴性对照组相比,处理组的产卵前期(成虫死亡率、产卵量、成虫体重)增加(或减少)××,差异达(或未达)显著(或极显著)水平"。可求得 LD_{50},提供 LD_{50}。处理组与阴性对照组没有显著性差异,结果表述为"日本通草蛉成虫对该蛋白的经口毒性最大耐受剂量(MTD)＞××(最大试验剂量)"。

ICS 65.020.01
B 04

中华人民共和国国家标准

农业农村部公告第111号—15—2018

转基因植物环境安全检测
外源杀虫蛋白对非靶标生物影响
第3部分：龟纹瓢虫幼虫

The detection of environmental safety of genetically modified plants—
Effects of exogenous insecticidal protein on non-target organisms—
Part 3: larvae of *Propylea japonica*

2018-12-19 发布 2019-06-01 实施

中华人民共和国农业农村部 发布

农业农村部公告第 111 号—15—2018

前　言

本标准按照 GB/T 1.1—2009 给出的规则起草。

请注意本文件的某些内容可能涉及专利。本文件的发布机构不承担识别这些专利的责任。

本标准由中华人民共和国农业农村部提出。

本标准由全国农业转基因生物安全管理标准化技术委员会归口。

本标准起草单位:农业农村部科技发展中心、中国农业科学院棉花研究所、农业农村部环境保护科研监测所。

本标准主要起草人:崔金杰、宋贵文、张帅、张秀杰、李文龙、梁晋刚、雒珺瑜、马艳、姜伟丽、朱香镇、王丽、张利娟、章秋艳。

转基因植物环境安全检测
外源杀虫蛋白对非靶标生物影响
第 3 部分:龟纹瓢虫幼虫

1 范围

本标准规定了转基因植物外源基因表达的杀虫蛋白对龟纹瓢虫(*Propylea japonica*)幼虫影响的检测方法。

本标准适用于转基因植物外源基因表达的杀虫蛋白对龟纹瓢虫幼虫潜在经口毒性的检测。

2 规范性引用文件

下列文件对于本文件的应用是必不可少的。凡是注日期的引用文件,仅注日期的版本适用于本文件。凡是不注日期的引用文件,其最新版本(包括所有的修改单)适用于本文件。

GB/T 21812—2008 化学品 蜜蜂急性经口毒性试验

农业部 1485 号公告—17—2010 转基因生物及其产品食用安全检测 外源基因异源表达蛋白质等同性分析导则

3 术语和定义

下列术语和定义适用于本文件。

3.1

外源杀虫蛋白 exogenous insecticidal protein

转入植物的外源抗虫基因所表达的杀虫蛋白。

3.2

经口毒性 oral toxicity

通过将受试杀虫蛋白均匀混入饲料,经口给予受试生物,对受试生物的生存和生长发育产生的有害影响。

3.3

剂量 dose

受试杀虫蛋白的使用量。用每克人工饲料(鲜重)中混入受试杀虫蛋白的质量(μg)来表述。

3.4

半数致死剂量 median lethal dose, LD_{50}

经口给予受试杀虫蛋白后,通过统计获得的预期能够引起受试生物死亡率为 50% 的受试杀虫蛋白剂量(基于第 7 d 龟纹瓢虫幼虫死亡率进行计算)。

3.5

最大耐受剂量 maximum tolerated dose, MTD

在试验周期内,受试杀虫蛋白不引起受试生物出现死亡的最大试验用剂量。当受试杀虫蛋白对受试生物无毒或极低毒性的情况下,无法或不需要计算出半数致死剂量时,采用试验中所设立的最大剂量作为受试生物可耐受的最大剂量。

3.6

死亡率 mortality

死亡的受试生物个体数占总受试生物个体数的比率(%)。

3.7

幼虫历期 larval developmental time

从龟纹瓢虫幼虫初孵到化蛹所经历的时间(d)。

3.8

化蛹率 pupation rate

化蛹的受试生物个体数占总存活受试生物个体数的比率(%)。

3.9

新羽化成虫体重 weight of freshly emerged adult

龟纹瓢虫羽化 12 h 内成虫的重量(mg)。

4 原理

按一定剂量(浓度)把转基因植物外源杀虫蛋白均匀混入人工饲料,直接饲喂龟纹瓢虫幼虫。以纯人工饲料(或混入受试杀虫蛋白溶剂/介质的饲料)作为阴性对照,以混入已知对龟纹瓢虫幼虫有毒的有机或无机化合物的人工饲料为阳性对照,观察计算龟纹瓢虫幼虫的死亡率、幼虫历期、化蛹率和新羽化成虫体重等生命参数,比较分析处理间龟纹瓢虫幼虫不同生命参数的差异。受试杀虫蛋白处理组与阴性对照组龟纹瓢虫幼虫死亡率差异达显著水平时,求得半数致死剂量(LD_{50}),检测外源杀虫蛋白对龟纹瓢虫幼虫的潜在经口毒性。

5 试剂和材料

5.1 溶剂

蒸馏水、磷酸盐缓冲液(PBS)或其他适宜溶剂。

5.2 受试杀虫蛋白

受试外源杀虫蛋白可直接从转基因植物提取纯化获得,也可经微生物表达、提取和纯化获得,但需要保证所获得的杀虫蛋白与植物组织中表达的杀虫蛋白具有实质等同性,符合农业部 1485 号公告—17—2010 的要求。

5.3 阳性对照化合物

采用蛋白酶抑制剂 E-64(纯度大于 98%)作为阳性对照化合物。

5.4 试验昆虫(试虫)

受试生物采用实验室饲养 2 代以上、遗传背景相对一致的龟纹瓢虫种群。随机选择龟纹瓢虫初孵幼虫(孵化 12 h 内)用于生物测定试验。

5.5 龟纹瓢虫幼虫人工饲料

见附录 A(也可采用等效的、经验证的龟纹瓢虫幼虫人工饲料)。

6 主要仪器

6.1 分析天平:感量 0.1 g 和 0.01 mg。

6.2 解剖镜。

6.3 酶标仪。

7 试验步骤

7.1 试验处理

7.1.1 阴性对照组:在龟纹瓢虫幼虫人工饲料中均匀混入等质量受试杀虫蛋白的溶剂。

7.1.2 阳性对照组:将 E-64 均匀混入龟纹瓢虫幼虫人工饲料,浓度为 400 $\mu g/g$(按鲜重计)。

7.1.3 受试杀虫蛋白处理组:在龟纹瓢虫幼虫饲料中均匀混入受试杀虫蛋白,剂量为龟纹瓢虫幼虫在自然条件下可摄取到的受试杀虫蛋白最高剂量的 10 倍以上。如果发现受试杀虫蛋白对龟纹瓢虫幼虫存活有显著不利影响,则需要进一步试验计算 LD_{50},试验剂量组的设置可按照 GB/T 21812—2008 中 6.1 的规定执行;如果无法或不需要计算 LD_{50},则只需设 1 个符合一般要求的剂量。

7.2 各处理组饲料制备

7.2.1 受试杀虫蛋白应先溶解或悬浮于蒸馏水、PBS 或其他适宜溶剂中。

7.2.2 如果需要助溶剂,必须保证含该助溶剂的溶液对龟纹瓢虫幼虫没有显著影响,且要在对照组饲料中加入等量该溶剂。

7.2.3 饲料制备按照附录 A 的规定执行,并在制备过程的 A.2.3 步骤将预先制备好的受试蛋白或对照化合物溶液加入蒸馏水中,再与其他组分混合,充分搅拌,保证受试物在饲料中均匀分布。

7.3 试验操作与记录

7.3.1 试验在光照培养箱或人工气候室中进行,温度为(25±1)℃,相对湿度为(75±5)%,光周期为 16 h:8 h(L:D)。

7.3.2 将初孵龟纹瓢虫幼虫单头置于 5 mL~7 mL 离心管中,管体用 5 mL 注射器针头刺穿 3 个~5 个小孔,保证透气性。用注射器将 5 mg~10 mg 人工饲料加到离心管内壁上,每天更换新鲜饲料并将剩余饲料去除干净,直至化蛹。每组饲料处理不少于 20 头幼虫,至少 3 次重复。

7.3.3 每天观察记录试虫生长发育情况,如死亡个体数、龄期、化蛹个体数和羽化情况等;羽化后成虫雌雄分别称重并记录,待阴性对照组试虫全部羽化或死亡,试验结束。

7.4 受试杀虫蛋白在饲料中的稳定性检测

在含受试杀虫蛋白人工饲料供给龟纹瓢虫幼虫前和暴露于试虫饲养环境条件[温度(25±1)℃,湿度(75±5)%]24 h 后,分别取 3 个以上样品(每个样品 5 mg~10 mg 人工饲料),于-20℃冰箱保存。采用酶联免疫法(ELISA)或其他蛋白测定方法检测样品中受试杀虫蛋白的含量。

8 结果分析与表述

8.1 对照处理结果分析

如果阴性对照组龟纹瓢虫幼虫死亡率低于 20%,阳性对照组龟纹瓢虫幼虫死亡率显著高于阴性对照组,表明试验体系工作正常,可用于检测外源杀虫蛋白对龟纹瓢虫幼虫的潜在经口毒性;否则,需查找原因,重新进行试验。

8.2 受试杀虫蛋白稳定性分析

暴露于龟纹瓢虫幼虫饲养环境条件 24 h 后的人工饲料中受试杀虫蛋白浓度应不低于新鲜饲料中受试杀虫蛋白浓度的 70%,如果受试杀虫蛋白降解率超过 30%,需查找原因,重新进行试验。

8.3 数据处理

根据试验记录计算龟纹瓢虫幼虫死亡率、幼虫历期、化蛹率和新羽化成虫体重(雌雄分开)。数据以表格形式表述。死亡率和化蛹率用百分数描述,幼虫历期和新羽化成虫体重用平均数±标准差(样本数 n)描述。可用成对比较(pair-wise)统计分析受试杀虫蛋白处理组与阳性对照组或阴性对照组间的差异。如果受试杀虫蛋白处理组与阴性对照组龟纹瓢虫幼虫死亡率具有显著性差异,并可求得受试杀虫蛋白的 LD_{50},则通过概率单位法(Probit analysis)、寇氏(Korbor)或其他计算方法求得 LD_{50};如果无法求得 LD_{50},仅给出实际的统计分析数据。

8.4 结果表述

　　根据统计分析结果,评估转基因植物外源杀虫蛋白对龟纹瓢虫幼虫的潜在经口毒性,结果表述为"与阴性对照组相比,受试杀虫蛋白处理组的幼虫历期延长(缩短),差异达(未达)显著(极显著)水平;死亡率(化蛹率、新羽化成虫体重)高于(低于)阴性对照组,差异达(未达)显著(极显著)水平"。

　　如果受试杀虫蛋白处理组与阴性对照组死亡率有显著性差异,并可求得 LD_{50},结果表述为"受试杀虫蛋白对龟纹瓢虫幼虫的半数致死剂量为××";如果受试杀虫蛋白处理组与阴性对照组死亡率有显著性差异,但无法求得 LD_{50},或受试杀虫蛋白处理组与阴性对照组死亡率没有显著性差异,结果表述为"龟纹瓢虫幼虫对该受试杀虫蛋白的经口毒性最大耐受剂量(MTD)>××(最大试验剂量)"。

附 录 A

（规范性附录）

龟纹瓢虫幼虫人工饲料

A.1 配方

龟纹瓢虫幼虫人工饲料配方见表 A.1。

表 A.1 龟纹瓢虫幼虫人工饲料配方

序号	成分	加入量
1	新鲜牛肉	15.00 g
2	新鲜虾仁	20.00 g
3	新鲜牛肝	32.00 g
4	新鲜蛋黄	15.00 g
5	酵母提取物	0.50 g
6	蜂蜜	6.00 g
7	奶粉	0.50 g
8	蔗糖	6.00 g
9	蜂王浆	0.30 g
10	橄榄油	100 μL
11	维生素 C	0.05 g
12	山梨酸	0.15 g
13	丙酸钠	0.05 g
14	电解多维[a]	0.35 g
15	琼脂	0.40 g
16	Neisenheimer's 盐溶液[b]	3.00 mL
17	水	50.00 mL
[a] 电解多维为商品化兽用营养性添加剂。		
[b] Neisenheimer's 盐溶液：NaCl 7.5 g、KCl 0.1 g、CaCl$_2$ 0.2 g、NaHCO$_3$ 0.2 g，加水定容至 1 000 mL。		

A.2 制备方法

A.2.1 按 A.1 规定的加入量，将新鲜牛肉、新鲜虾仁、新鲜牛肝和新鲜蛋黄打碎并均匀搅拌，得到混合物Ⅰ。

A.2.2 按 A.1 规定的加入量，将酵母提取物、蜂蜜、奶粉、蔗糖、蜂王浆、橄榄油、维生素 C、山梨酸、丙酸钠、电解多维、Neisenheimer's 盐溶液充分混合后得到混合物Ⅱ。

A.2.3 按 A.1 规定的加入量，将琼脂与水混合后，加热至琼脂溶解，冷却至 50℃～60℃，加入混合物Ⅰ和Ⅱ，搅拌均匀即得到龟纹瓢虫幼虫人工饲料。分装到 1.5 mL 离心管中，放置于－20℃冰箱保存（保存时间不超过 1 个月）。

A.2.4 为避免反复冻融，每次取适量冷冻饲料进行解冻。每次供给龟纹瓢虫幼虫的人工饲料使用时间不超过 2 d。

ICS 65.020.01
B 04

中华人民共和国国家标准

农业农村部公告第111号－16－2018

转基因植物环境安全检测
外源杀虫蛋白对非靶标生物影响
第4部分：龟纹瓢虫成虫

The detection of environmental safety of genetically modified plants—
Effects of exogenous insecticidal protein on non-target organisms—
Part 4:Adult of *Propylea japonica*

2018-12-19 发布
2019-06-01 实施

中华人民共和国农业农村部 发布

农业农村部公告第 111 号—16—2018

前　言

本标准按照 GB/T 1.1—2009 给出的规则起草。

请注意本文件的某些内容可能涉及专利。本文件的发布机构不承担识别这些专利的责任。

本标准由中华人民共和国农业农村部提出。

本标准由全国农业转基因生物安全管理标准化技术委员会归口。

本标准起草单位：农业农村部科技发展中心、中国农业科学院棉花研究所、农业农村部环境保护科研监测所。

本标准主要起草人：张帅、宋贵文、崔金杰、张秀杰、李文龙、梁晋刚、雒珺瑜、马艳、姜伟丽、朱香镇、王丽、张利娟、章秋艳。

转基因植物环境安全检测
外源杀虫蛋白对非靶标生物影响
第 4 部分:龟纹瓢虫成虫

1 范围

本标准规定了转基因植物外源基因表达的杀虫蛋白对龟纹瓢虫(*Propylea japonica*)成虫影响的检测方法。

本标准适用于转基因植物外源基因表达的杀虫蛋白对龟纹瓢虫成虫潜在经口毒性的检测。

2 规范性引用文件

下列文件对于本文件的应用是必不可少的。凡是注日期的引用文件,仅注日期的版本适用于本文件。凡是不注日期的引用文件,其最新版本(包括所有的修改单)适用于本文件。

GB/T 21812—2008 化学品 蜜蜂急性经口毒性试验

农业农村部公告第 111 号—15—2018 转基因植物环境安全检测 外源杀虫蛋白对非靶标生物影响 第 3 部分:龟纹瓢虫幼虫

3 术语和定义

下列术语和定义适用于本文件。

3.1

外源杀虫蛋白 exogenous insecticidal protein

转入植物的外源抗虫基因所表达的杀虫蛋白。

3.2

经口毒性 orao toxicity

通过将受试杀虫蛋白均匀混入饲料,经口给予受试生物,对受试生物的生存和生长发育产生的有害影响。

3.3

剂量 dose

受试杀虫蛋白的使用量。用每毫升蔗糖水(鲜重)中混入受试杀虫蛋白的质量(μg)来表述。

3.4

半数致死剂量 median lethal dose, LD_{50}

经口给予受试杀虫蛋白后,通过统计获得的预期能够引起受试生物死亡率为 50% 的受试杀虫蛋白剂量(基于第 20 d 成虫死亡率进行计算)。

3.5

最大耐受剂量 maximum tolerated dose, MTD

在试验周期内,受试杀虫蛋白不引起受试生物出现死亡的最大试验用剂量。当受试杀虫蛋白对受试生物无毒或极低毒性的情况下,无法或不需要计算出半数致死剂量时,采用试验中所设立的最大剂量作为受试生物可耐受的最大剂量。

3.6

死亡率 mortality

死亡的受试生物个体数占总受试生物个体数的比率(%)。

3.7

产卵前期 preoviposition period

从龟纹瓢虫成虫羽化到第一次产卵的间隔时间(d)。

3.8

总产卵量 total fecundity

龟纹瓢虫成虫在整个试验期间(20 d)总产卵数量(粒)。

3.9

成虫体重 adult weight

试验结束时(羽化后 20 d)所存活的龟纹瓢虫成虫(雌雄分开)经冷冻干燥后的质量(mg)。

4 原理

按一定剂量(浓度)把转基因植物外源杀虫蛋白均匀混入蔗糖溶液,直接饲喂龟纹瓢虫成虫。以纯蔗糖溶液(或混入受试杀虫蛋白溶剂/介质的蔗糖溶液)作为阴性对照,以混入已知对龟纹瓢虫成虫有毒的有机或无机化合物的蔗糖溶液为阳性对照,各处理均需辅以豌豆蚜饲养。观察记录龟纹瓢虫成虫的死亡率、产卵前期、总产卵量和体重等生命参数,比较分析处理间龟纹瓢虫成虫不同生命参数的差异。受试杀虫蛋白处理组与阴性对照组龟纹瓢虫成虫死亡率差异达显著水平时,求得半数致死剂量(LD_{50}),检测外源杀虫蛋白对龟纹瓢虫成虫的潜在经口毒性。

5 试剂和材料

5.1 溶剂

按农业农村部公告第 111 号—15—2018 中 5.1 的规定执行。

5.2 受试杀虫蛋白

按农业农村部公告第 111 号—15—2018 中 5.2 的规定执行。

5.3 阳性对照化合物

按农业农村部公告第 111 号—15—2018 中 5.3 的规定执行。

5.4 试验昆虫(试虫)

受试生物采用实验室饲养 2 代以上、遗传背景相对一致的龟纹瓢虫种群。随机选择新羽化(羽化 12 h 内)的龟纹瓢虫成虫用于生物测定试验。

6 主要仪器

6.1 分析天平:感量 0.1 g 和 0.01 mg。

6.2 酶标仪。

6.3 解剖镜。

7 试验步骤

7.1 试验处理

7.1.1 阴性对照组:在 2 mol/L 的蔗糖溶液中均匀混入等质量受试杀虫蛋白的溶剂。

7.1.2 阳性对照组:将 E-64 均匀混入 2 mol/L 的蔗糖溶液,浓度为 400 μg/mL(按鲜重计)。

7.1.3 受试杀虫蛋白处理组:在 2 mol/L 的蔗糖溶液中均匀混入受试杀虫蛋白,剂量为龟纹瓢虫成虫在自然条件下可摄取到的受试杀虫蛋白最高剂量的 10 倍以上。如果发现受试杀虫蛋白对龟纹瓢虫成虫存活有显著不利影响,则需要进一步试验计算 LD_{50},试验剂量组的设置可按照 GB/T 21812—2008 中 6.1 的规定执行;如果无法或不需要计算 LD_{50},则只需设 1 个符合一般要求的剂量。

7.2 各处理组蔗糖溶液制备

7.2.1 受试杀虫蛋白应先溶解或悬浮于蒸馏水、PBS 或其他适宜溶剂中。

7.2.2 如果需要助溶剂,必须保证含该助溶剂的溶液对龟纹瓢虫成虫没有显著影响,且要在对照蔗糖溶液中加入等量该溶剂。

7.2.3 将制备好的受试杀虫蛋白混合物或对照试剂加入到 2 mol/L 蔗糖溶液中,充分搅拌,保证受试物在蔗糖溶液中均匀分布。分装到离心管后,置于−20℃冰箱保存(不超过 1 个月),使用前置于室温融化。

7.3 试验操作与记录

7.3.1 试验在光照培养箱或人工气候室中进行,温度为(25±1)℃,相对湿度为(75±5)%,光周期为 16 h:8 h(L:D)。

7.3.2 将新羽化的龟纹瓢虫成虫在解剖镜下辨别雌雄,随机配对,单对置于适宜的养虫器皿中。在养虫器皿中分别放置装有受试杀虫蛋白处理组或对照组蔗糖溶液的离心管,离心管管盖刺孔,插入适宜长度的毛细管至溶液底部,用毛细管引流蔗糖溶液喂食龟纹瓢虫成虫。每 2 d 更换一次离心管中蔗糖溶液,根据取食情况适时补充豌豆蚜。每处理不少于 15 对龟纹瓢虫成虫,至少 3 次重复。试验持续 20 d。

7.3.3 试验过程中每天观察记录龟纹瓢虫成虫的存活和产卵情况。试验结束后,将所有存活的龟纹瓢虫成虫辨别雌雄,冷冻干燥后分别称重。

7.4 受试杀虫蛋白在饲料中的稳定性检测

在含受试杀虫蛋白蔗糖溶液供给龟纹瓢虫成虫前和暴露于试虫饲养环境条件[温度(25±1)℃,湿度(75±5)%]2 d 后,分别取 3 个以上样品(每个样品 100 μL～200 μL),用酶联免疫法(ELISA)或其他蛋白测定方法检测样品中受试杀虫蛋白的含量。

8 结果分析与表述

8.1 对照处理结果分析

如果阴性对照组龟纹瓢虫成虫死亡率低于 20%,阳性对照组龟纹瓢虫成虫死亡率显著高于阴性对照组,表明试验体系工作正常,可用于检测外源杀虫蛋白对龟纹瓢虫成虫的潜在经口毒性;否则,需查找原因,重新进行试验。

8.2 受试杀虫蛋白稳定性分析

暴露于龟纹瓢虫成虫饲养环境条件 2 d 后的蔗糖溶液中受试杀虫蛋白浓度应不低于新鲜蔗糖溶液中受试杀虫蛋白浓度的 70%,如果受试杀虫蛋白降解率超过 30%,需要查找原因,重新进行试验。

8.3 数据处理

根据试验记录计算龟纹瓢虫成虫死亡率、产卵前期、总产卵量和试验结束时成虫体重(干重,雌雄分开)。数据以表格形式表述。死亡率用百分数描述,产卵前期、总产卵量和成虫体重用平均数±标准差(样本数 n)描述。可用成对比较(pair-wise)统计分析受试杀虫蛋白处理组与阳性对照组或阴性对照组间的差异。如果受试杀虫蛋白处理组与阴性对照组龟纹瓢虫成虫死亡率具有显著性差异,并可求得受试杀虫蛋白的 LD_{50},则通过概率单位法(Probit analysis)、寇氏(Korbor)或其他计算方法求得 LD_{50};如果无法求得 LD_{50},仅给出实际的统计分析数据。

8.4 结果表述

根据统计分析结果,评估转基因植物外源杀虫蛋白对龟纹瓢虫成虫的潜在经口毒性,结果表述为"与阴性对照组相比,受试杀虫蛋白处理组的产卵前期延长(缩短),差异达(未达)显著(极显著)水平;死亡率(总产卵量、成虫体重)高于(低于)阴性对照组,差异达(未达)显著(极显著)水平"。

如果受试杀虫蛋白处理组与阴性对照组死亡率有显著性差异,并可求得 LD_{50},结果表述为"受试杀虫蛋白对龟纹瓢虫成虫的半数致死剂量为××";如果受试杀虫蛋白处理组与阴性对照组死亡率有显著性差异,但无法求得 LD_{50},或受试杀虫蛋白处理组与阴性对照组死亡率没有显著性差异,结果表述为"龟纹瓢虫成虫对该受试杀虫蛋白的经口毒性最大耐受剂量(MTD)>××(最大试验剂量)"。

———————————

ICS 65.020.01
B 04

中华人民共和国国家标准

农业农村部公告第111号—17—2018

转基因生物良好实验室操作规范
第2部分：环境安全检测

Good laboratory practice for genetically modified organisms—
Part 2:Environment safety detection

2018-12-19 发布

2019-06-01 实施

中华人民共和国农业农村部 发布

农业农村部公告第 111 号—17—2018

前　言

本标准按照 GB/T 1.1—2009 给出的规则起草。

本标准等效采用经济合作与发展组织(OECD)良好实验室操作规范(GLP)原则和符合性监督系列文件。

请注意本文件的某些内容可能涉及专利。本文件的发布机构不承担识别这些专利的责任。

本标准由中华人民共和国农业农村部提出。

本标准由全国农业转基因生物安全管理标准化技术委员会归口。

本标准起草单位:农业农村部科技发展中心、浙江省农业科学院、吉林省农业科学院。

本标准主要起草人:杨华、宋贵文、蔡磊明、李夏莹、胡秀卿、徐俊锋、李飞武、王颢潜、陈笑芸、俞瑞鲜、李葱葱。

转基因生物良好实验室操作规范
第 2 部分:环境安全检测

1 范围

本标准规定了农业转基因植物环境安全检测实验室应遵从的良好实验室规范。

本标准适用于为转基因生物安全管理部门提供转基因植物环境安全检测数据而开展的试验。

2 规范性引用文件

下列文件对于本文件的应用是必不可少的。凡是注日期的引用文件,仅注日期的版本适用于本文件。凡是不注日期的引用文件,其最新版本(包括所有的修改单)适用于本文件。

农业部 2406 号公告—3—2016   农业转基因生物安全管理通用要求   试验基地

3 术语和定义

下列术语和定义适用于本文件。

3.1

试验项目   study

为获得转基因植物环境安全检测数据而进行的一项或一组试验。

3.2

良好实验室规范   good laboratory practice

有关试验项目的设计、实施、审查、记录、归档和报告等的组织程序和试验条件的质量体系。

3.3

试验机构   test facility

开展试验项目所必需的人员、试验场所和操作设施的总和。对于多场所试验即在一个以上的场所开展的试验中,试验机构包括试验项目负责人所在的试验场所和所有其他各个试验场所,这些试验场所可单独或整体作为试验机构。

3.4

试验机构管理者   test facility management

对试验机构的组织和职能具有管理权的人员。

3.5

试验场所   test site

开展一个试验项目的某一阶段或多个阶段的试验地点。

3.6

试验场所管理者   test site management

在一项试验中,负责某一试验场所并能确保在该场所进行的试验各阶段都按照良好实验室规范实施的管理人员。

3.7

委托方   sponsor

委托、出资及申报试验项目人员。

3.8

试验项目负责人　study director

对试验项目的实施和管理全面负责的人员。

3.9

主要研究者　principal investigator

在多场所试验中,代表试验项目负责人专门负责该试验中某一委托试验阶段的试验人员。

3.10

质量保证　quality assurance

独立于试验项目,旨在保证试验机构遵循良好实验室规范的体系,包括组织、制度和人员。

3.11

标准操作规程　standard operating procedure

描述如何进行试验操作或相关活动的文件化规程。

3.12

主计划表　master schedule

反映试验机构的试验进行情况、工作量及时间安排的信息总汇。

3.13

短期试验　short-term study

采用常规技术,在短时间内进行的试验项目。

3.14

试验计划书　study plan

规定试验目的和试验设计以及包括所有修订记录的文本文件。

3.15

试验计划书修订　study plan amendment

试验项目启动后对试验计划书提出的任何有计划的改动。

3.16

试验计划书偏离　study plan deviation

试验项目启动后对试验计划书不因主观意识而发生的变动。

3.17

试验体系　test system

用于试验的生物(一般包括试验生物及其特定生存条件)、化学、物理的或者三者组合的任何一个体系。对于生物试验体系,指将在试验中施用或加入供试物或对照物的任何动物、植物、微生物或组织,也包括未施用供试物或对照物的那部分体系。

3.18

原始数据　raw data

在试验中记载的原始记录和有关的文书材料,或经核实的复印件。包括:观察记录、试验记录、照片、底片、色谱图、微缩胶卷片、磁性载体、计算机打印资料、自动化仪器记录材料、标准物质保管记录以及其他公认的存储介质。

3.19

计算机数据处理系统　computerised system

由硬件、软件以及与其操作环境的接口构成并由经过培训的人员实施的系统。其中,硬件由系统的物理部件构成,包括计算机本身和相应的外部设备;软件则为一个或一组控制计算机化系统操作的程序。

3.20

样本 specimen

来源于试验体系的用于检查、分析和保存的任何材料。

3.21

试验开始时间 experimental starting date

第一次采集试验数据的日期。

3.22

试验完成时间 experimental completion date

最后一次采集试验数据的日期。

3.23

试验项目启动时间 study initiation date

试验项目负责人签署试验计划书的日期。

3.24

试验项目完成时间 study completion date

试验项目负责人签署最终报告的日期。

3.25

供试物 test item

试验项目中需要测试的物质。

3.26

对照物 control item

在试验中与供试物进行比较的物质。

3.27

批次 batch

在一个确定周期内生产的一定数量、可被视为具有一致的性状的供试物或对照物。

4 组织和人员

4.1 试验机构

试验机构应是相对独立的专职机构,有机构法人证明或法人单位授权证明,能够独立、客观、公正地从事试验活动,并承担相应的法律责任。

4.2 试验机构管理者的职责

4.2.1 试验机构管理者应确保其机构遵从本规范。

4.2.2 试验机构管理者的基本职责至少应包括:

 a) 确保有一份确认试验机构按照良好实验室规范要求履行管理者职责的声明。

 b) 确保人员数量与素质与所承担的工作相适应,并配备相应的试验设施、设备和材料,能够保证试验项目及时、正常进行。

 c) 确保建立和保存技术人员档案,包括资格证书、学历证明、培训记录、技术业绩、工作经历和工作职责等。

 d) 确保每个工作人员能胜任本职工作,必要时需进行岗位培训。

 e) 确保制定适当的、可行的标准操作规程并得到批准和执行。

 f) 确保设立配备有指定人员的质量保证部门,任命相关人员,并保证遵从良好实验室规范履行其职责。

 g) 确保每项试验项目启动前,任命具有相应资历、训练有素、经验丰富的人员担当试验项目负责

239

人。试验机构管理者应该制定政策性文件,详细规定试验项目负责人的选择、任命和更换程序。试验期间更换试验项目负责人应备有相应程序并备有证明文件。

    h) 确保在多场所试验中,根据需要任命具有相应资历、训练有素、经验丰富的人员担当主要研究者,监督指导被委派的某一试验阶段的研究工作。试验期间更换主要研究者需有相应程序,并备有证明文件。

    i) 确保试验项目负责人书面批准试验计划书。

    j) 确保质量保证人员能获取试验项目负责人批准的试验计划书。

    k) 确保保存所有的标准操作规程历史卷宗。

    l) 确保专人负责档案及试验材料的管理。

    m) 确保主计划表的保存管理。

    n) 确保试验机构的条件供应满足相应试验要求。

    o) 确保多场所试验中试验项目负责人、主要研究者、质量保证人员和试验人员之间的信息交流畅通。

    p) 确保按性状明确标识供试物和对照物。

    q) 确保建立相应程序,使计算机数据处理系统满足预定目标的需要,并保证遵从良好实验室规范进行系统验证、运转和维护。

    r) 在多场所试验时,试验场所管理者对受委托的试验阶段应承担除 g)、h)、i)和 j)以外的各项职责。

4.3　试验项目负责人的职责

4.3.1　试验项目负责人是试验项目管理的核心,对试验项目的实施负全部责任。对试验项目进行的全过程和最终试验报告负责,确保试验遵守良好实验室规范。

4.3.2　试验项目负责人的职责至少应包括:

    a) 在试验项目正式启动前,试验项目负责人应确保试验计划书得到质量保证人员的审查,确认其是否包含良好实验室规范要求的所有信息;确保满足委托方的技术要求;确认试验机构管理者已承诺具有足够的资源进行试验,供试物、对照物等均能满足试验要求。

    b) 批准试验计划书及其修改页,签字并注明日期。

    c) 确保及时向质量保证人员提交试验计划和修改页的副本,在试验过程中根据需要保证与质量保证人员进行有效沟通。

    d) 确保试验人员可随时获取试验计划及其修改页,以及相关的标准操作规程。

    e) 确保多场所试验的试验计划书和最终报告中,明确规定了主要研究者的职责,详细说明了相关试验机构及各试验场所所在项目实施过程中的任务和功能。

    f) 确保试验项目按照试验计划书指定的标准操作规程实施。

    g) 确保能够及时了解偏离试验计划书的情况,并对所出现的问题进行记录。应就偏离试验计划书对试验质量和完整性的影响进行评估并记录,必要时采取适当的纠正措施。注明试验过程中偏离标准操作规程的情况。

    h) 确保完整记录试验产生的全部原始数据。

    i) 确保试验中使用经过验证的计算机处理系统。

    j) 在最终报告中签字,承诺试验报告完整、真实、准确地反映了试验过程和试验结果,签署日期,并说明遵从良好实验室规范的程度,对任何偏离试验计划书的情况予以说明。

    k) 确保试验完成(包括试验终止)后,试验计划书、最终报告、原始数据和相关材料的及时归档。最终试验报告中应说明所有的供试物、试验样品、原始数据、试验计划书、最终报告和其他的有关文件、材料的保存地点。

    l) 若有委托试验,试验项目负责人(和质量保证人员)应了解合同试验机构的良好实验室规范遵从情况。如果某个合同机构不遵从良好实验室规范,试验项目负责人应在最终报告中说明。

4.4 主要研究者的职责

4.4.1 负责试验项目负责人委托的试验某一阶段的工作,对其所承担的试验工作遵从良好实验室规范负责。主要研究者与试验项目负责人应保持良好的沟通和交流。

4.4.2 应签订书面文件,承诺依据试验计划书和本规范要求实施所承担的指定试验。

4.4.3 应及时了解试验场所中偏离试验计划书或试验标准操作规程的情况,并及时向试验项目负责人书面报告。

4.4.4 应向试验项目负责人提交编写最终报告的分报告。在分报告中,应有主要研究者就所承担的试验部分遵从良好实验室规范的书面保证。

4.4.5 应保证根据试验计划书的要求,向试验项目负责人提交或存档其承担试验部分的所有资料和试验样本;如果存档,应向试验项目负责人通报,说明资料和样本的存档场所及存档时间。试验期间,如果没有试验项目负责人的事先书面同意,主要研究者无权处置任何试验样本。试验结束后,主要研究者负责处理生物活性样本和有毒试剂。

4.5 试验人员的职责

4.5.1 应掌握与其承担试验部分相关的良好实验室规范的要求。

4.5.2 应了解试验计划书的内容和其承担的试验内容相关的标准操作规程,并按其要求进行试验。

4.5.3 应及时、准确地记录原始数据,并对其质量负责。

4.5.4 应书面记录试验中的任何偏离,并及时和直接向试验项目负责人或主要研究者报告。

4.5.5 应采取健康保护措施,降低对自身的危害,以保证试验的完整性。

5 质量保证

5.1 概要

5.1.1 试验机构应有描述质量保证的文件,以保证所承担的试验遵循本规范。

5.1.2 机构管理者应任命一名或多名熟悉试验程序和本规范的人员负责开展质量保证的工作(以下简称质量保证人员),质量保证人员直接对试验机构管理者负责。

5.1.3 质量保证人员不得参与所负责质量保证的试验。

5.2 质量保证人员的任职资格

5.2.1 质量保证人员应有足够的专业技能和资历以及必要的培训经历。对质量保证人员的培训并对其工作能力进行评价应有记录,培训记录应随时更新并存档。

5.2.2 质量保证人员应理解要检查的试验项目的基本内容,应深刻理解本规范。

5.3 质量保证人员的职责

5.3.1 质量保证人员的职责至少应包括:

    a) 审核标准操作规程,判断其是否符合本规范要求。

    b) 持有全部已被批准的试验计划书和在用的标准操作规程的副本,并及时得到最新的主计划表。

    c) 审核试验计划书是否包含良好实验室规范所要求的内容,并将审核情况形成书面文件。

    d) 实施检查,以确定所有的试验项目是否按照本规范实施,检查试验人员是否可方便得到、熟悉并遵守试验计划书和相关的标准操作规程。检查记录应存档。质量保证的标准操作规程明确的检查方式有 3 种:

        1) 针对试验项目的检查:针对给定的试验项目日程,对确认的试验关键时期进行的检查。

        2) 针对试验机构的检查:不针对具体的试验项目,而是针对试验机构的设施和日常活动(技术支持、计算机系统、培训、环境监测、仪器维护和检定等)进行的检查。

3) 针对操作过程的检查:不针对具体的试验项目,而是针对实验室中重复进行的过程和步骤所进行的检查。当实验室的某个过程的重复频率非常高时,可进行针对操作过程的检查。对经常开展的标准化的短期试验,不需对每个试验项目都实施检查,针对过程的检查可能就覆盖了一个试验项目类型。根据这种试验的数量、频率以及试验的复杂性,在质量保证标准操作规程中应规定检查频率,并规定这种针对过程的检查是常规的。

e) 检查最终报告,并提供相关的质量保证声明。质量保证人员应确认最终报告是否详细、正确地记录了试验方法、试验步骤和观察结果,试验结果是否能够正确、完整地反映试验的原始数据。对最终报告内容的任何增加和修改都应经过质量保证人员的审核。

f) 以书面形式及时向试验机构管理者、试验项目负责人、主要研究者以及各个相关管理者(如果适用)通报检查结果。

5.3.2 质量保证声明

5.3.2.1 最终报告中应包含一份质量保证声明,说明对试验进行检查的方式、日期及检查的阶段,以及将检查结果通报给试验机构管理者、试验项目负责人和主要研究者的日期。若根据质量保证检查计划未进行针对试验项目的检查,应在声明中详细说明所做的其他类型方式的检查。

5.3.2.2 在签署质量保证声明之前,质量保证人员应确认在审核中提出的所有问题在最终报告中都有反馈、所采取的纠正措施都已完成、最终报告无需修改和进一步审核。

5.4 质量保证与非良好实验室规范试验

某些试验机构可能在同一试验场所区域内进行两类试验,即以向管理机构提交报告为目的的试验和不以此为目的的其他试验(如科研试验等)。若后者不按良好实验室规范进行操作,则可能会对良好实验室规范的试验项目产生负面影响。

质量保证人员应持有良好实验室规范试验项目和非良好实验室规范试验项目的主计划表,对工作量、可应用的设施以及可能的干扰因素进行客观评估。当一个非良好实验室规范试验开始后,不得再改为良好实验室规范试验项目。如果原定的试验项目在试验当中改为非良好实验室规范试验,也应详细注明。

5.5 质量保证与多场所试验

5.5.1 多场所试验中,应对质量保证工作进行周密计划和组织,以保证试验的过程遵从良好实验室规范。

5.5.2 在多场所试验中,质量保证人员的职责主要包括:

a) 试验机构质量保证人员应与各场所质量保证人员保持联系,确保质量保证检查涵盖整个试验过程。各场所试验开始之前,应首先确认质量保证人员的工作职责。

b) 各试验场所的质量保证人员应了解试验计划书中所承担的有关试验部分的职责,并且应持有批准的试验计划书及其修改页的复印件。

c) 试验场所质量保证人员应根据场所标准操作规程检查计划书中其承担的试验部分,以书面形式及时地分别向主要研究者、场所管理者、试验项目负责人、试验机构管理者及机构质量保证部门报告检查结果,并就场所的质量保证工作提交书面声明。

d) 质量保证负责人应依据试验计划书,对最终报告遵从良好实验室规范的情况进行检查,其检查内容包括是否接受主要研究者的试验结果及各场所的质量保证声明。

5.6 小型试验机构的质量保证

对安排专职质量保证人员困难的小型的试验机构,试验机构管理者应至少安排一个固定人员兼职负责质量保证工作,但该人员不能参与其所负责质量保证的试验。

6 试验设施

6.1 试验机构应配备足够的符合转基因生物管理要求的试验设施条件,要求结构和布局合理,防止交叉污染,符合相应试验级别的要求,尽量减少影响试验有效性的干扰因素。应配备相应的环境调控设施,环境条件及其调控应符合试验要求。

6.2 田间试验设施一般为农业用地等室外试验场所,符合农业部 2406 号公告—3—2016 的要求。应避免邻近田地对试验区域的潜在污染,尽量减少干扰试验的可能性。对试验区域的前茬作物、土壤类型等有书面记录。

6.3 与试验体系相关的各类设施的配置应合理、完善,以保证试验体系的准备、应用和处理符合试验质量要求。

6.4 当试验方法、标准和程序有要求,或对试验结果有影响时,应监测、控制和记录环境条件,确保试验设施内外环境的粉尘、电磁干扰、辐射、湿度、噪声、供电、温度、声级和震级等不影响试验结果。

6.5 应对影响试验质量的区域的进入和使用,应加以控制。

6.6 应采取保护人身健康与安全的防护措施。

6.7 试验体系应在适当的房间或地点存放,并建立适当保护措施,以确保其不受污染或变质。

6.8 为避免污染和混杂,供试物和对照物的接收、储存和前处理应单独设立房间或区域。

6.9 供试物的储存房间和区域应与放置试验体系的房间或区域分开。建立相应的保护措施,确保其性状、含量和稳定性不发生改变。

6.10 应配备档案设施。档案设施应具有足够的空间,能够安全保管试验计划书、原始记录、最终报告以及技术人员档案、仪器设备相关记录等资料。档案设施的设计和环境条件应满足所存资料长期保存的要求。

6.11 在不影响试验项目完整性的情况下对废弃物进行处理。处理程序应遵守有关废弃物的收集、储存和处理程序的相关规定。

7 仪器、材料和试剂

7.1 应配备满足试验以及环境要求的仪器设备

各类仪器,包括用于数据生成、储存和检索的计算机数据处理系统,以及控制与试验有关的环境条件的设备等,都应确保将其妥善安置于足够空间。

7.2 应按程序对仪器设备进行管理

7.2.1 应具有仪器设备的使用、维护、校准、检定、确认和管理程序,以及异常情况发生时应采取的措施。

7.2.2 应指定专人对仪器设备进行负责。

7.2.3 仪器设备检查、维护、使用、检定都应备有证明文件。当仪器设备发生故障时应备有维修记录,明确说明故障种类、原因、处理措施及处理结果。

7.3 仪器设备应有表明其功能状态的明显标识

7.4 保存仪器设备档案,内容包括:

  a) 仪器设备名称、型号;

  b) 实验室唯一性编号;

  c) 制造厂商名称;

  d) 仪器接收日期、状态和启用日期;

  e) 使用说明书;

  f) 仪器安装、调试、验收记录;

  g) 检定/校准日期和结果(证书)以及下次检定/校准日期;

  h) 故障、损坏、维修及报废记录;

  i) 使用记录。

7.5 用于试验的仪器设备和试验材料不应对试验样品有不良影响

7.6 化学试剂和溶液的管理

7.6.1 化学试剂应标明名称、等级、批号、数量、有效期及储存条件;有效期可根据有关书面资料或分析结果予以延长。

7.6.2 化学溶液应有配制程序及记录。标签应标明溶液名称、浓度、配制人、配制日期、有效期及储存条件,不得使用变质或过期的试剂或溶液。

8 试验体系

8.1 物理/化学试验体系

8.1.1 测定生理生化指标的仪器都应妥善安置,并要设计合理,有足够的容量。

8.1.2 要确保理化试验体系的完整性。

8.2 生物试验体系

8.2.1 应建立和维持良好的环境条件,以保证生物试验体系的保存、管理、处理和饲喂满足试验质量的要求。

8.2.2 新引进的动植物试验体系在健康状况评价完成之前应先隔离。如果出现任何不正常的死亡或发病现象,就不能用于试验,并按符合动物福利的要求予以销毁。试验开始时,应保证试验体系处于良好状态,避免因疾病或不良状况影响试验。在试验期间,试验体系出现患病或受伤现象,为保证试验的完整性,则应及时进行隔离和治疗,试验前和试验期间所有疾病的诊断和治疗都应有记录。

在短期生物学试验中,可以不需要进行动植物试验体系的隔离。试验机构的标准操作规程应该规定健康状况评价系统(即群体的系谱和供应商提供的信息、观察和检查)和随后采取的措施。

8.2.3 应保存试验体系的来源、引进日期和引进时状况的记录。有必要明确转基因的性状,并监测其在适当条件下的表达水平。

8.2.4 生物试验体系在第一次喷药或处理前都应设置一定的试验环境适应期。

8.2.5 试验体系饲育和处理的笼具与容器上应清楚地标识能够明确识别试验体系的主要信息。试验期间从笼具和容器上取出的单个试验体系也尽量标识。

8.2.6 试验体系饲育和处理的容器应定期清洗和消毒。任何接触试验体系的材料均不应含有污染物,或其水平不得高于可能干扰试验结果的程度。按照饲育管理规范的要求,定期更换动物垫料,施用杀虫剂应及时记录。

8.2.7 田间试验的试验体系区域的选择应避免前期农事操作的影响。土壤微生物试验体系的选择应使用相应的检测方法,确保土壤属性或微生物量以及其活性符合试验规定的要求。

8.2.8 当试剂盒用作试验时,必需的记录包括相应批号的试剂盒对阳性、阴性、空白对照物测试的历史记录,并可作为延长使用期限的依据。

9 供试物和对照物

9.1 接收、处理、取样和储藏

9.1.1 应保管供试物和对照物的性状描述、接收时间、有效期、接收数量和试验已用量的记录。

9.1.2 应建立供试物等材料的处理、取样和储存的程序,以尽量保证其均匀性和稳定性,排除其他物质的污染或混淆。

9.1.3 储存容器应标有明确的识别信息、有效期和特殊储藏要求。

9.2 特征描述

9.2.1 各种供试物和对照物都应有明确的标识(目标性状、受体信息、供体信息、植入DNA的信息、基因修改的类型和目的等）。

9.2.2 对每个试验项目，应根据试验性质的要求，了解每批供试物和对照物的性状（如抗虫性、除草剂耐受性、抗旱性等），以满足环境安全评价试验的需求。

9.2.3 如果委托方提供供试物，试验机构应与委托方之间建立一种合作机制，以核实用于试验的供试物的性状。

9.2.4 对所有试验应了解供试物和对照物在储存和试验条件下的稳定性。

9.2.5 除短期试验以外，所有试验的每批供试物均应保留用于分析的样品。

10 标准操作规程

10.1 试验机构应有经试验机构管理者批准的标准操作规程，以保证试验过程的规范及试验数据的准确完整。

10.2 应保证标准操作规程现行有效、方便使用。标准操作规程的修订，应经质量保证部门的确认，试验机构管理者书面批准后生效。公开出版的教科书、分析方法、论文和手册都可作为标准操作规程的补充材料。

10.3 试验中有关偏离标准操作规程的情况应有书面记录，并由试验项目负责人或主要研究者确认。

10.4 应制定标准操作规程的编写和修订程序。

10.5 标准操作规程应经质量保证人员审核签字和试验机构管理者书面批准后生效。失效的标准操作规程除一份存档之外应及时销毁。

10.6 标准操作规程的制定、修订、生效日期及分发、销毁情况应记录并归档。

10.7 应保存标准操作规程的所有版本。

10.8 标准操作规程至少应包括的内容：

 a) 供试物和对照物的接收、识别、标签、处置、取样和储存；

 b) 仪器设备的使用、维护、校准和检定；

 c) 实验室环境控制；

 d) 计算机系统确认、操作、维护、安全、变更管理和备份；

 e) 田间试验相关操作，如试验用地的选择、供试物的储存与使用、转基因安全注意事项等；

 f) 易耗品的采购、验收、使用、保存与管理；

 g) 实验室样品制备、保存与管理；

 h) 标准溶液的配制、标定、校验、标识、保存和管理；

 i) 试验方法的验证与建立；

 j) 试验体系准备、观察、标本采集、形态学评估、测定、检验、分析和试验后的处理；

 k) 原始数据的采集与处理；

 l) 废弃物的处理；

 m) 最终报告的编写、审核和批准；

 n) 试验计划书的制订；

 o) 人员培训、考核、聘任及健康检查；

 p) 质量保证程序：质量保证人员实施质量保证检查的计划、安排、实施、记录和报告的工作程序；

 q) 工作人员履历、仪器设备文件、原始记录、最终报告等技术文件的档案管理。

11 试验计划书和试验的实施

11.1 试验计划书

11.1.1 每个试验项目启动之前，都应有书面的试验计划书。试验计划书应经质量保证人员按本规范的要求对其进行审核,由试验项目负责人签字批准,并注明日期。必要时,试验计划书还应得到试验机构管理者和委托方的认可。

11.1.2 试验计划书的更改应经质量保证人员审核、试验项目负责人批准,必要时应经委托方认可。变更的内容、理由及日期,应与原试验计划书一起归档保存。

11.1.3 试验项目负责人或主要研究者应及时说明、解释和通告偏离试验计划书的情况,签名并注明日期,与原始数据一并保存。

11.1.4 对于短期试验,可使用一份通用的试验计划书再辅以一个与每个具体试验相关的附件作为补充。通用试验计划书包括计划书要求的主要信息,并可提前经试验机构管理者和执行试验的试验项目负责人及质量保证部门的批准。针对此类计划书的试验补充(如供试物的详细信息、试验的起止日期)经试验项目负责人签名,并注明日期。这个补充应尽快递交给试验机构管理者和质量保证人员。

11.1.5 每项多场所试验只能有一个试验计划书,说明如何将多场所产生的试验数据提供给试验项目负责人,说明不同场所所产生试验数据、供试物和对照物及样本等拟保存的地点。对于在多个国家中进行的试验,必要时,试验计划书应有一种以上的文字译本,被翻译的试验计划书应与原文版本一致。

11.2 **试验计划书至少应包括以下基本内容:**

    a) 试验项目名称、试验编号及试验目的;

    b) 供试物及对照物的名称、代号、批号、生物学特征、来源等;

    c) 试验委托方、经办人和试验机构、涉及的试验场所的名称和地址;

    d) 试验项目负责人的姓名和地址;

    e) 主要研究者的姓名和地址,试验项目负责人指定的主要研究者所负责的试验阶段和责任;

    f) 试验项目负责人、试验机构管理者(必要时)、委托方(必要时)批准试验计划书的签名和日期;

    g) 拟采用的试验方法,根据试验目的,可参考国家标准、行业标准、其他公认的国际组织试验准则和方法;

    h) 预计的试验开始和完成日期;

    i) 选择试验体系的理由;

    j) 试验体系的特征;

    k) 试验设计的详细资料,包括试验项目的时间进程表、田间试验要求、方法、材料和条件的描述,需进行的测量、观察、检查和分析的类型和次数,以及拟采用的统计方法;

    l) 应保存的记录清单;

    m) 资料及标本的存档地点。

11.3 试验实施

11.3.1 每个试验项目都应设定唯一的编号,涉及该试验的所有试验样品、记录、文件均须标明此编号,通过编号可追溯试验样品和试验过程。

11.3.2 试验项目负责人全面负责项目的运行管理。参加试验人员应严格按照试验计划书及标准操作规程进行工作,试验中若出现异常或预想不到的现象,应及时报告主要研究者或试验项目负责人,并详细记录。在试验进行过程中如有人员变化应按程序进行更换。

11.3.3 试验中生成的所有数据应直接、及时、准确地记录,字迹清楚且不易消除,签名并注明日期。

11.3.4 记录数据需修改时,应保持原记录清晰可辨,注明修改理由及修改日期,并由修改者签名。

11.3.5 直接输入计算机的数据应由负责数据输入者在数据输入时确认。计算机系统应能够保留全部核查记录的系统以显示全部修改数据的痕迹,而不覆盖原始数据。修改数据的人员应对所有修改的数据标明日期并签章。数据修改时,应输入改变的理由。

12 试验报告

12.1 概述

12.1.1 每个试验项目均应有一份最终的试验报告。

12.1.2 对于多场所试验,与试验有关的主要研究者应在报告上签字,并注明日期。

12.1.3 试验项目负责人应在最终报告上签字并注明日期,声明其承担数据真实性、完整性和准确性的责任。同时应说明遵循良好实验室规范的程度。

12.1.4 最终报告的改正或补充应以报告修订的形式进行。修订应明确说明改正或补充的理由,最后应有试验项目负责人的签字并注明日期。

12.1.5 若最终报告需要按委托方要求在格式上进行重排时,不应构成对最终报告的修正、增加或增补。

12.2 最终报告至少应包括的基本内容:

    a) 试验项目、供试物和对照物的基本内容:
        1) 试验项目的名称及编号;
        2) 供试物名称、编码、生物学特性和来源等;
        3) 对照物名称、纯度及来源;
        4) 供试物性状(如纯度、稳定性、质量等级等)。

    b) 委托方和试验机构的情况:
        1) 委托方名称和地址;
        2) 所有涉及的试验机构和试验场所的名称及地址;
        3) 试验项目负责人的姓名和地址;
        4) 主要研究者姓名和地址及其所承担的试验部分(若有);
        5) 为最终报告做了工作的其他人员的姓名。

    c) 试验开始时间和试验完成时间;

    d) 质量保证声明:质量保证声明应列出质量保证检查方式及其检查日期,包括检查试验阶段和向试验机构管理者、试验项目负责人及主要研究者报告检查结果的日期;

    e) 试验与方法的描述:
        1) 所用的试验方法与材料;
        2) 实验室环境条件控制;
        3) 实验室样品制备;
        4) 试验体系的准备、建立、观察、标本采集;
        5) 试验样品的检测与分析频率及方法;
        6) 分析处理数据的统计学方法以及数据处理软件;
        7) 参考文献。

    f) 试验结果:
        1) 摘要;
        2) 试验计划书所要求的所有信息和数据;
        3) 试验结果,包括相关的统计计算;
        4) 对试验结果的讨论和评价,必要时作出结论。

    g) 归档:归档的资料包括试验计划书、供试物、对照物、样本、原始数据和最终报告等。应注明保存场所。

13 档案和试验材料的保管

13.1 下列资料应按照规定的保存期限归档保管:
    a) 每个试验项目的试验计划书、偏离记录、原始数据和最终报告;

b) 质量保证部门所有的检查记录以及主计划表；

c) 工作人员的技术档案,包括资格、培训情况、经历和工作职责等记录；

d) 仪器设备档案以及维护、检定和使用的记录；

e) 计算机系统的有效确认文件；

f) 标准操作规程的所有卷宗；

g) 环境监测记录。

13.2 供试物、对照物和试验样品等试验材料按规定进行保管。应考虑保留可以长期保存的试验体系,尤其是那些非常有限或较难获得的试验体系,以便于试验体系特征的确认和可能的试验重建。如果在规定的保存期限结束之前将其处理,应提供正当理由并备有证明文件。

13.3 档案材料应按顺序摆放和保存,便于查询。任何存档材料的处理应有书面记录。

13.4 只有试验机构管理者授权的人员才能进入档案室,借阅应填写相应的记录。

13.5 如果试验机构或合同档案室破产,且没有合法的继承人,则这些档案应转移至相应试验委托方档案室。

───────────

第三部分
土壤肥料标准

ICS 65.080
B 10

中华人民共和国农业行业标准

NY/T 1979—2018
代替 NY 1979—2010

肥料和土壤调理剂
标签及标明值判定要求

Fertilizers and soil amendments—
Regulations of label and specification assessment

2018-03-15 发布

2018-06-01 实施

中华人民共和国农业部 发布

前　言

本标准按照 GB/T 1.1—2009 给出的规则起草。

本标准代替 NY 1979—2010《肥料登记　标签技术要求》。与 NY 1979—2010 相比,除编辑性修改外主要变化如下:

——将标准名称修订为《肥料和土壤调理剂　标签及标明值判定要求》,英文为"Fertilizers and soil amendments—Regulations of label and specification assessment";

——范围中增加了订单合同、试验方法及检验规则,不适用于有机肥料;

——增加了肥料和土壤调理剂的术语和定义;

——进一步明确了肥料和土壤调理剂技术指标包括有效成分含量指标、性能指标或其他指标、限量成分含量指标等;

——进一步明确了缓释肥料、肥料增效剂、土壤调理剂的相关要求;

——进一步明确了标明值判定要求,增加了氯、硫、微量元素及其他元素等的标明值范围要求;

——增加了试验方法部分,并在规范性引用文件中增加了方法标准文件;

——将检验规则内容增加到标准文本中,并增加买卖双方订单合同的相关要求;

——增加了资料性附录"偏差和相对偏差的计算与符合判定"。

本标准由中华人民共和国农业部提出并归口。

本标准起草单位:中国农业科学院农业资源与农业区划研究所、中国农学会、中国植物营养与肥料学会、土壤肥料产业联盟。

本标准主要起草人:王旭、刘红芳、孙蓟锋、保万魁、侯晓娜。

本标准所代替标准的历次版本发布情况为:

——NY 1979—2010。

肥料和土壤调理剂 标签及标明值判定要求

1 范围

本标准规定了肥料和土壤调理剂标签规范、标明值判定、试验方法及检验规则的技术要求。

本标准适用于中华人民共和国境内生产、销售、使用的肥料和土壤调理剂商品标签、订单合同以及标明值判定。

本标准不适用于中华人民共和国境内生产和销售的微生物肥料、有机肥料。

2 规范性引用文件

下列文件对于本文件的应用是必不可少的。凡是注日期的引用文件，仅注日期的版本适用于本文件。凡是不注日期的引用文件，其最新版本（包括所有的修改单）适用于本文件。

GB 190　危险货物包装标志

GB/T 191　包装储运图示标志

GB/T 6679　固体化工产品采样通则

GB/T 6680　液体化工产品采样通则

GB/T 8170—2008　数值修约规则与极限数值的表示和判定

GB 18382　肥料标识　内容和要求

JJF 1070　定量包装商品净含量计量检验规则

NY/T 886　农林保水剂

NY/T 887　液体肥料　密度的测定

NY/T 1116　肥料　硝态氮、铵态氮、酰胺态氮含量的测定

NY/T 1117　水溶肥料　钙、镁、硫、氯含量的测定

NY/T 1971　水溶肥料　腐植酸含量的测定

NY/T 1972　水溶肥料　钠、硒、硅含量的测定

NY/T 1973　水溶肥料　水不溶物含量和 pH 的测定

NY/T 1974　水溶肥料　铜、铁、锰、锌、硼、钼含量的测定

NY/T 1975　水溶肥料　游离氨基酸含量的测定

NY/T 1976　水溶肥料　有机质含量的测定

NY/T 1977　水溶肥料　总氮、磷、钾含量的测定

NY/T 1978　肥料　汞、砷、镉、铅、铬含量的测定

NY/T 2272　土壤调理剂　钙、镁、硅含量的测定

NY/T 2273　土壤调理剂　磷、钾含量的测定

NY/T 2540　肥料　钾含量的测定

NY/T 2541　肥料　磷含量的测定

NY/T 2542　肥料　总氮含量的测定

NY 2670　尿素硝酸铵溶液

NY/T 2876　肥料和土壤调理剂　有机质分级测定

NY/T 2877　肥料增效剂　双氰胺含量的测定

NY/T 2878　水溶肥料　聚天门冬氨酸含量的测定

NY/T 2879　水溶肥料　钴、钛含量的测定

NY/T 3035　土壤调理剂　铝、镍含量的测定

NY/T 3036　肥料和土壤调理剂　水分含量、粒度、细度的测定

NY/T 3037　肥料增效剂　2-氯-6-三氯甲基吡啶含量的测定

NY/T 3038　肥料增效剂　正丁基硫代磷酰三胺(NBPT)、正丙基硫代磷酰三胺(NPPT)含量的测定

NY/T 3039　水溶肥料　聚谷氨酸含量的测定

NY/T 3040　缓释肥料　养分释放率的测定

NY/T 3174　水溶肥料　海藻酸含量的测定

NY/T 3175　水溶肥料　壳聚糖含量的测定

产品质量仲裁检验和产品质量鉴定管理办法

3　术语和定义

下列术语和定义适用于本文件。

3.1

肥料　fertilizers

用以提供植物必需营养成分,改善作物质量和品质并增强其抗逆性,改良土壤物理、化学、生物特性的物料。

3.1.1

水溶肥料　water-soluble fertilizers

经水溶解或稀释,用于灌溉施肥、叶面施肥、无土栽培、浸种蘸根等用途的固体或液体肥料。

3.1.2

缓释肥料　slow-release fertilizers

通过添加特殊材料和经特殊工艺制成的,使肥料氮、磷、钾养分在设定时间内缓慢释放的肥料。

3.2

肥料增效剂　fertilizer synergists

脲酶抑制剂和硝化抑制剂的统称。

3.2.1

脲酶抑制剂　urease inhibitors

在尿素中添加的一定数量物料。通过降低土壤脲酶活性,抑制尿素水解过程,以减少酰胺态氮的氨挥发损失量,提高肥料利用率。

3.2.2

硝化抑制剂　nitrification inhibitors

在铵态氮肥和/或尿素中添加的一定数量物料。通过降低土壤亚硝酸细菌活性,抑制铵态氮向硝态氮转化过程,以减少肥料氮的流失量,提高肥料利用率。

3.3

土壤调理剂　soil amendments/soil conditioners

加入障碍土壤中以改善土壤物理、化学和/或生物性状的物料,适用于改良土壤结构、降低土壤盐碱危害、调节土壤酸碱度、改善土壤水分状况或修复污染土壤等。

3.3.1

农林保水剂　agro-forestry absorbtent polymer

用于改善植物根系或种子周围土壤水分性状的土壤调理剂。

4 通用要求

4.1 肥料和土壤调理剂技术指标包括：有效成分含量指标、性能指标或其他指标、限量成分含量指标等。

4.2 肥料和土壤调理剂中的有效成分包括：植物必需元素、其他元素、有机成分、肥料增效剂等。

4.2.1 植物必需元素包括：大量元素、中量元素和微量元素等。
　　——大量元素：碳(C)、氢(H)、氧(O)、氮(N)、磷(P)、钾(K)。
　　——中量元素：钙(Ca)、镁(Mg)、硫(S)。
　　——微量元素：铜(Cu)、铁(Fe)、锰(Mn)、锌(Zn)、硼(B)、钼(Mo)、氯(Cl)。

4.2.2 其他元素包括：钴(Co)、钠(Na)、镍(Ni)、硒(Se)、硅(Si)、钛(Ti)、铝(Al)等。

4.2.3 有机成分包括：易氧化有机质、有机质、有机物、游离氨基酸、腐植酸、聚天门冬氨酸、聚谷氨酸、海藻酸、壳聚糖等。

4.2.4 肥料增效剂包括：双氰胺、2-氯-6-三氯甲基吡啶、正丁基硫代磷酰三胺(NBPT)、正丙基硫代磷酰三胺(NPPT)等。

4.3 肥料和土壤调理剂中的性能指标包括：养分释放率、吸水倍率、吸盐水倍数等。

4.4 肥料和土壤调理剂中的其他指标包括：粒度、细度、密度、pH 等。

4.5 肥料和土壤调理剂中的限量成分包括：有毒有害元素、水不溶物、水分、缩二脲及其他限量成分等。其中，有毒有害元素包括汞(Hg)、砷(As)、镉(Cd)、铅(Pb)、铬(Cr)等。

4.6 标明值：肥料和土壤调理剂的标签或合同中不同的技术指标标明值应规范标明。标明值应仅以数值和计量单位表示；最低标明值应以"≥标明值"表示；最高标明值应以"≤标明值"表示；标明值范围应以"最低标明值-最高标明值"表示。

4.6.1 肥料标明值要求：
　　——大量元素以"N+P₂O₅+K₂O"的最低标明值形式标明，同时还应标明单一大量元素的标明值。氮、磷、钾应分别以总氮(N)、磷(P₂O₅)和钾(K₂O)形式标明。必要时，不同的氮形态应分别以硝态氮、铵态氮和酰胺态氮形式标明。
　　注：元素碳(C)、氢(H)、氧(O)不单独作为肥料和土壤调理剂营养成分标明。
　　——中量元素以"Ca+Mg"的最低标明值形式标明，同时还应标明单一钙(Ca)、镁(Mg)的标明值。中量元素硫(S)应标明单一硫(S)的标明值或标明值范围。螯合态成分应以"螯合剂缩写-螯合元素"形式标明。
　　——微量元素以"Cu+Fe+Mn+Zn+B+Mo"的最低标明值形式标明，同时还应标明单一铜(Cu)、铁(Fe)、锰(Mn)、锌(Zn)、硼(B)、钼(Mo)的标明值或标明值范围。微量元素氯(Cl)应标明单一氯(Cl)的标明值或标明值范围。螯合态成分应以"螯合剂缩写-螯合元素"形式标明。
　　——其他元素应标明单一元素的标明值。钴、钠、镍、硒、硅、钛、铝应分别标明钴(Co)、钠(Na)、镍(Ni)、硒(Se)、硅(Si)、钛(Ti)、铝(Al)的标明值或标明值范围。
　　——有机成分应分别标明易氧化有机质、有机质、有机物、游离氨基酸、腐植酸、聚天门冬氨酸、聚谷氨酸、海藻酸、壳聚糖等的最低标明值。

4.6.2 肥料增效剂标明值要求：应分别标明双氰胺、2-氯-6-三氯甲基吡啶、正丁基硫代磷酰三胺(NBPT)、正丙基硫代磷酰三胺(NPPT)等的最低标明值或标明值范围。

4.6.3 土壤调理剂标明值要求：钙、镁、硅、磷、钾等应分别标明钙(CaO)、镁(MgO)、硅(SiO₂)、磷(P₂O₅)、钾(K₂O)等的最低标明值或标明值范围。其他同肥料有效成分标明要求。

4.6.4 肥料和土壤调理剂中的性能指标标明值要求：缓释肥料应标明 24 h 初期释放率的最高标明值、28 d(或更多释放天数的)累积释放率的最高标明值、养分释放期标明值；农林保水剂应标明吸水倍数的标明值范围、吸盐水倍数的最低标明值。

4.6.5 肥料和土壤调理剂中的其他指标标明值要求:粒度、细度等应分别标明其最低标明值;密度、pH应分别标明其标明值或标明值范围。

4.6.6 肥料和土壤调理剂限量成分标明值要求:汞(Hg)、砷(As)、镉(Cd)、铅(Pb)、铬(Cr)等应分别标明其最高标明值;水不溶物、水分(H_2O)、缩二脲等应分别标明其最高标明值或标明值范围。

4.7 标签计量单位应使用中华人民共和国法定计量单位。

4.7.1 固体产品有效成分含量、水不溶物含量以质量分数(百分比,%)表示。

4.7.2 液体产品有效成分含量、水不溶物含量以质量浓度(克/升,g/L)表示。

4.7.3 固体和液体产品有毒有害元素含量以质量分数(毫克/千克,mg/kg)表示。

4.7.4 用量以单位面积(公顷,hm^2)所使用产品数量表示。采用亩作为单位面积或采用稀释倍数表述的,均应同时标明每公顷用量。

4.8 标签文字应使用汉字,并符合汉字书写规范要求。标签同时使用汉语拼音、少数民族文字或外文,但字体应不大于汉字。

4.9 标签图示应按 GB 190 和 GB/T 191 的规定执行。

4.10 标签应牢固粘贴在包装容器上,或将标签内容直接印刷于包装容器上。

4.11 标签其余按 GB 18382 的规定执行。

注:水分仅适用于固体产品。

5 内容要求

5.1 标签应至少包含通用名称、执行标准号、剂型、技术指标要求、限量指标要求、使用说明、注意事项、净含量、储存和运输要求、企业名称、生产地址、联系方式等标明项目。

5.2 最小销售包装中进行分量包装的,分量包装容器上应标明其通用名称和净含量。

5.3 最小销售包装上的标签内容应包括:

5.3.1 行政审批证号。

5.3.2 通用名称。应按行政审批要求执行。

5.3.3 商品名称。应按行政审批要求执行。不应使用数字、序列号、外文(境外产品标签需标明生产国文字作为商品名称的,以括弧的形式表述在中文商品名称之后)。

5.3.4 产品说明。应包含对产品原料和生产工艺的说明。

5.3.5 商标。应在中华人民共和国境内正式注册,商标注册范围应包含肥料和/或土壤调理剂。

5.3.6 执行标准号。应标明产品的执行标准。

5.3.7 剂型。应按行政审批要求执行。

5.3.8 技术指标要求。

——大量元素含量、中量元素含量和/或微量元素含量应按执行标准或行政审批要求标明最低标明值,还应标明各单一养分标明值。硫(S)、氯(Cl)、不同的氮形态(硝态氮、铵态氮或酰胺态氮)应分别按行政审批要求执行。

——其他元素、有机成分(有机质分级)应按标准或行政审批执行。有机成分不应被重复标明。

——缓释肥料、肥料增效剂、土壤调理剂等技术指标应按执行标准或行政审批执行。

5.3.9 限量指标要求。应符合执行标准或行政审批要求,标明汞(Hg)、砷(As)、镉(Cd)、铅(Pb)、铬(Cr)、水不溶物、水分(H_2O)、缩二脲等最高标明值。

5.3.10 适宜范围。指经试验结果证明适宜的作物和/或适宜土壤(区域)。

5.3.11 限用范围。指经试验结果证明不适宜的作物和/或不适宜土壤(区域)。

5.3.12 使用说明。应包含使用时间、用法、用量以及与其他制剂混用的条件和要求。

5.3.13 注意事项。不宜使用的作物生长期、作物敏感的光热条件、对人畜存在的潜在危害及防护、急救措施等。

5.3.14 净含量。固体产品以克(g)、千克(kg)表示,液体产品以毫升(mL)、升(L)表示。其余按 JJF 1070 的规定执行。

5.3.15 生产日期及批号。

5.3.16 可追溯识别编码。

5.3.17 有效期。含有机营养成分的产品应标明有效期,其他产品应根据其特点酌情标明有效期。有效期应以月为单位、自生产日期始计。

5.3.18 储存和运输要求。对储存和运输环境的光照、温度、湿度等有特殊要求的产品,应标明条件要求。对于具有酸、碱等腐蚀性、易碎、易潮、不宜倒置或其他特殊要求的产品,应标明警示标识和说明。

5.3.19 企业名称。指生产企业名称,应与行政审批一致。境外产品标签还应标明境内代理机构名称。

5.3.20 生产地址。指企业生产登记产品所在地的地址。若企业具有 2 个或 2 个以上生产厂点,标签上应只标明实际生产所在地的地址。境外产品标签还应标明境内代理机构的地址。

5.3.21 联系方式。应包含企业联系电话、传真等。境外产品标签还应标明境内代理机构的联系电话、传真等。

5.4 订单合同卖方应按买方需求提供商品清单的标签及质量证明书内容信息。

注:境外指国外及我国香港、澳门、台湾。

6 标明值判定要求

当对肥料和土壤调理剂标签或合同中标明值进行符合判定时,下列要求可作为判定依据。

6.1 单一大量元素标明值之和应符合大量元素含量最低标明值要求。

当单一大量元素标明值不大于 4.0% 或 40 g/L 时,各测定值与标明值负相对偏差的绝对值应不大于 40%;当单一大量元素标明值大于 4.0% 或 40 g/L 时,各测定值与标明值负偏差的绝对值应不大于 1.5% 或 15 g/L。

6.2 单一中量元素标明值之和应符合中量元素含量最低标明值要求。

当单一中量元素标明值不大于 2.0% 或 20 g/L 时,各测定值与标明值负相对偏差的绝对值应不大于 40%;当单一中量元素标明值大于 2.0% 或 20 g/L 时,各测定值与标明值负偏差的绝对值应不大于 1.0% 或 10 g/L。

注:中量元素仅指钙和镁。肥料以钙(Ca)和镁(Mg)计;土壤调理剂以钙(CaO)和镁(MgO)计。

6.3 单一微量元素标明值之和应符合微量元素含量最低标明值或标明值范围要求。

当单一微量元素标明值不大于 2.0% 或 20 g/L 时,各测定值与标明值正负相对偏差的绝对值应不大于 40%;当单一微量元素标明值大于 2.0% 或 20 g/L 时,各测定值与标明值正负偏差的绝对值应不大于 1.0% 或 10 g/L。

注:微量元素仅指铜(Cu)、铁(Fe)、锰(Mn)、锌(Zn)、硼(B)和钼(Mo)。

6.4 硫(S)、氯(Cl)元素含量测定值应符合其标明值或标明值范围要求。

当单一标明值不大于 3.0% 或 30 g/L 时,各测定值应不大于 3.0% 或 30 g/L;当单一标明值大于 3.0% 或 30 g/L 时,各测定值与标明值负偏差的绝对值应不大于 1.5% 或 15 g/L。

6.5 钴(Co)、钠(Na)、镍(Ni)、硒(Se)、硅(Si)、钛(Ti)、铝(Al)元素含量测定值应符合其标明值或标明值范围要求。

当单一标明值不大于 2.0% 或 20 g/L 时,各测定值与标明值正负相对偏差的绝对值应不大于 40%;当单一标明值大于 2.0% 或 20 g/L 时,各测定值与标明值正负偏差的绝对值应不大于 1.0% 或

10 g/L。

6.6 易氧化有机质、有机质、有机物、游离氨基酸、腐植酸、聚天门冬氨酸、聚谷氨酸、海藻酸、壳聚糖等含量的测定值应分别符合其最低标明值要求。

当单一标明值不大于2.0%或20 g/L时,各测定值与标明值负相对偏差的绝对值应不大于40%;当单一标明值大于2.0%或20 g/L时,各测定值与标明值负偏差的绝对值应不大于1.0%或10 g/L。

6.7 肥料增效剂双氰胺、2-氯-6-三氯甲基吡啶、正丁基硫代磷酰三胺(NBPT)、正丙基硫代磷酰三胺(NPPT)等含量的测定值应分别符合最低标明值或标明值范围要求。

当单一标明值不大于2.0%或20 g/L时,各测定值与标明值负相对偏差的绝对值应不大于40%;当单一标明值大于2.0%或20 g/L时,各测定值与标明值负偏差的绝对值应不大于1.0%或10 g/L。

6.8 缓释肥料24 h初期释放率、28 d(或更多释放天数的)累积释放率的测定值应符合其最高标明值要求,养分释放期的累积释放率测定值应符合其标明值范围(标明值±5.0%)要求。

6.9 农林保水剂吸水倍数测定值应符合其标明值范围(标明值±100 g/g)要求;吸盐水倍数等测定值应符合其最低标明值要求。

6.10 土壤调理剂钙(CaO)、镁(MgO)、硅(SiO_2)、磷(P_2O_5)、钾(K_2O)等含量的测定值应分别符合其最低标明值或标明值范围要求。其他同肥料有效成分相关要求。

当单一标明值不大于4.0%或40 g/L时,各测定值与标明值负相对偏差的绝对值应不大于40%;当单一标明值大于4.0%或40 g/L时,各测定值与标明值负偏差的绝对值应不大于1.5%或15 g/L。

6.11 粒度、细度等测定值应符合其最低标明值要求;密度测定值应符合其标明值或标明值范围要求;pH测定值应符合其标明值范围(标明值±1.0)要求。

6.12 汞(Hg)、砷(As)、镉(Cd)、铅(Pb)、铬(Cr)元素测定值应符合其最高标明值要求。

6.13 水不溶物含量、水分含量、缩二脲含量测定值应符合其最高标明值或标明值范围要求。

6.14 偏差和相对偏差的计算与符合判定参见附录A。

7 试验方法

7.1 肥料 总氮含量的测定
按NY/T 2542的规定执行。

7.2 肥料 硝态氮、铵态氮、酰胺态氮含量的测定
按NY/T 1116的规定执行。

7.3 肥料 磷含量的测定
按NY/T 2541的规定执行。

7.4 肥料 钾含量的测定
按NY/T 2540的规定执行。

7.5 水溶肥料 总氮、磷、钾含量的测定
按NY/T 1977的规定执行。

7.6 水溶肥料 钙、镁、硫、氯含量的测定
按NY/T 1117的规定执行。

7.7 水溶肥料 铜、铁、锰、锌、硼、钼含量的测定
按NY/T 1974的规定执行。

7.8 水溶肥料 钠、硒、硅含量的测定
按NY/T 1972的规定执行。

7.9 水溶肥料 钴、钛含量测定

按 NY/T 2879 的规定执行。

7.10 水溶肥料　有机质含量的测定

按 NY/T 1976 的规定执行。

7.11 水溶肥料　游离氨基酸含量的测定

按 NY/T 1975 的规定执行。

7.12 水溶肥料　腐植酸含量的测定

按 NY/T 1971 的规定执行。

7.13 水溶肥料　聚天门冬氨酸含量的测定

按 NY/T 2878 的规定执行。

7.14 水溶肥料　聚谷氨酸含量的测定

按 NY/T 3039 的规定执行。

7.15 水溶肥料　海藻酸含量的测定

按 NY/T 3174 的规定执行。

7.16 水溶肥料　壳聚糖含量的测定

按 NY/T 3175 的规定执行。

7.17 缓释肥料　养分释放率的测定

按 NY/T 3040 的规定执行。

7.18 肥料增效剂　双氰胺含量的测定

按 NY/T 2877 的规定执行。

7.19 肥料增效剂　2-氯-6-三氯甲基吡啶含量的测定

按 NY/T 3037 的规定执行。

7.20 肥料增效剂　正丁基硫代磷酰三胺(NBPT)、正丙基硫代磷酰三胺(NPPT)含量的测定

按 NY/T 3038 的规定执行。

7.21 土壤调理剂　钙、镁、硅含量的测定

按 NY/T 2272 的规定执行。

7.22 土壤调理剂　磷、钾含量的测定

按 NY/T 2273 的规定执行。

7.23 土壤调理剂　铝、镍含量的测定

按 NY/T 3035 的规定执行。

7.24 农林保水剂　吸水倍数和吸盐水倍数的测定

按 NY/T 886 的规定执行。

7.25 肥料和土壤调理剂　有机质分级测定

按 NY/T 2876 的规定执行。

7.26 肥料和土壤调理剂　汞、砷、镉、铅、铬含量的测定

按 NY/T 1978 的规定执行。

7.27 肥料和土壤调理剂　粒度、细度的测定

按 NY/T 3036 的规定执行。

7.28 肥料和土壤调理剂　水分含量的测定

按 NY/T 3036 的规定执行。

7.29 液体肥料　密度的测定

按 NY/T 887 的规定执行。

7.30　水溶肥料　水不溶物含量和 pH 的测定

按 NY/T 1973 的规定执行。

7.31　尿素硝酸铵溶液　缩二脲含量的测定

按 NY 2670 的规定执行。

8　检验规则

8.1　固体或散装产品采样按 GB/T 6679 的规定执行。液体产品采样按 GB/T 6680 的规定执行。

8.2　将所采样品置于洁净、干燥的容器中,迅速混匀。取液体样品 1 L、固体粉剂样品 1 kg、固体颗粒样品 2 kg、缓释肥料 4 kg,分装于 2 个洁净、干燥容器中,密封并贴上标签,注明生产企业名称、产品名称、批号或生产日期、采样日期、采样人姓名。其中一部分用于产品质量分析,另一部分应保存至少 2 个月,以备复验。

8.3　固体样品经多次缩分后,取出约 100 g,将其迅速研磨至全部通过 0.50 mm 孔径筛(如样品潮湿,可通过 1.00 mm 筛子),混合均匀,置于洁净、干燥容器中,用于测定。

8.4　液体样品经多次摇动后,迅速取出约 100 mL,置于洁净、干燥容器中,用于测定。

8.5　测定值与标明值的合格判定,采用 GB/T 8170—2008 中"修约值比较法"。

8.6　生产商应按执行标准的要求进行生产和销售,商品应附有标签及质量证明书。

8.7　买方可根据标签标明值或买卖双方订单合同,按本标准规定的试验方法和检验规则,对卖方所供货品进行核验。

8.8　当买卖双方对产品质量发生异议需仲裁时,应按《产品质量仲裁检验和产品质量鉴定管理办法》的规定执行。

附　录　A

（资料性附录）

偏差和相对偏差的计算与符合判定

A.1　范围

本附录对测定值与标明值偏差、相对偏差计算进行说明，并做符合判定举例。

A.2　计算

偏差用 d 表示，相对偏差用 d_r 表示，分别按式（A.1）和式（A.2）计算。

$$d = x_1 - x_0 \cdots\cdots\cdots\cdots\cdots\cdots\cdots\cdots\cdots\cdots (A.1)$$

式中：

x_1——测定值；

x_0——标明值。

$$d_r = \frac{x_1 - x_0}{x_0} \times 100\% \cdots\cdots\cdots\cdots\cdots\cdots\cdots (A.2)$$

A.3　符合判定举例

以单一大量元素标明值要求为例：当单一大量元素标明值不大于 4.0% 或 40 g/L 时，各测定值与标明值负相对偏差的绝对值应不大于 40%；当单一大量元素标明值大于 4.0% 或 40 g/L 时，各测定值与标明值负偏差的绝对值应不大于 1.5% 或 15 g/L。

若肥料产品标签总氮（N）含量标明值为 4.0%，样品测定值为 3.0%，则测量值与标明值的负相对偏差绝对值为 25%，该值不大于 40%，即判定为符合。

反过来，按"各测定值与标明值负相对偏差的绝对值应不大于 40%"计算，只要测定值不小于 2.4%，即判定为符合。

ICS 65.080
B 10

中华人民共和国农业行业标准

NY/T 1980—2018
代替 NY 1980—2010

肥料和土壤调理剂
急性经口毒性试验及评价要求

Fertilizers and soil amendments—
Determination and evaluation of acute oral toxicity

2018-03-15 发布

2018-06-01 实施

中华人民共和国农业部 发布

前　言

本标准按照 GB/T 1.1—2009 给出的规则起草。

本标准代替 NY 1980—2010《肥料登记　急性经口毒性试验及评价要求》。与 NY 1980—2010 相比,除编辑性修改外主要变化如下:

——修改标准名称为《肥料和土壤调理剂　急性经口毒性试验及评价要求》,英文为"Fertilizers and soil amendments—Determination and evaluation of acute oral toxicity"。

——修改标准范围为"本标准规定了肥料和土壤调理剂急性经口毒性试验方法、技术要求、结果评价及毒性分级。本标准适用于中华人民共和国境内生产、销售的肥料和土壤调理剂。"

本标准由中华人民共和国农业部提出并归口。

本标准起草单位:中国农业科学院农业资源与农业区划研究所、中国疾病预防控制中心职业卫生与中毒控制所、中国农学会、中国植物营养与肥料学会、土壤肥料产业联盟。

本标准主要起草人:刘红芳、王旭、李斌、孙蓟锋、肖经纬、保万魁、侯晓娜、张星。

本标准所代替标准的历次版本发布情况为:

——NY 1980—2010。

肥料和土壤调理剂 急性经口毒性试验及评价要求

1 范围

本标准规定了肥料和土壤调理剂急性经口毒性试验方法、技术要求、结果评价及毒性分级。

本标准适用于中华人民共和国境内生产、销售的肥料和土壤调理剂。

2 规范性引用文件

下列文件对于本文件的应用是必不可少的。凡是注日期的引用文件,仅注日期的版本适用于本文件。凡是不注日期的引用文件,其最新版本(包括所有的修改单)适用于本文件。

GB/T 6679 固体化工产品采样通则

GB/T 6680 液体化工产品采样通则

GB 15193.3 食品安全国家标准 急性毒性试验

3 术语和定义

下列术语和定义适用于本文件。

3.1

实验动物 laboratory animal

经人工饲育,对其携带的微生物实行控制,遗传背景明确或者来源清楚的,用于科学研究、教学、生产、检定以及其他科学实验的动物。本标准采用的实验动物为小鼠。

3.2

急性经口毒性 acute oral toxicity

一次或 24 h 内多次经口给予小鼠受试物后所引起的健康损害效应。

3.3

剂量 dose

所给受试物的量,常以小鼠单位体重所接受的受试物的质量(mg/kg 体重)表示。

3.4

经口半数致死剂量 median lethal oral dose

一次或 24 h 内多次经口给予小鼠受试物后引起 50％小鼠死亡的统计学剂量,以小鼠单位体重接受受试物的质量(mg/kg 体重)表示(即 LD_{50})。毒性结果以小鼠急性经口半数致死剂量(LD_{50})进行分级评价。

3.5

靶器官 target organ

受试物引起机体出现显著毒性效应的器官。

4 分级及评价要求

4.1 分级指标

急性经口毒性分为实际无毒、低毒、中等毒和高毒四级。指标应符合表 1 的要求。

表 1

单位为毫克每千克体重

毒性级别	经口 LD_{50}
实际无毒	$LD_{50} \geqslant 5\ 000$
低毒	$500 \leqslant LD_{50} < 5\ 000$
中等毒	$50 \leqslant LD_{50} < 500$
高毒	$LD_{50} < 50$

4.2 评价要求

急性经口毒性评价分为符合和基本符合两级。毒性级别为实际无毒的,即小鼠急性经口半数致死剂量(LD_{50})不小于 5 000 mg/kg 体重的,为符合肥料和土壤调理剂急性毒性评价要求;毒性级别为低毒的,即小鼠急性经口半数致死剂量(LD_{50})不小于 500 mg/kg 体重的,为基本符合肥料和土壤调理剂急性毒性评价要求。

5 试验方法

5.1 受试物

肥料或土壤调理剂。

5.2 小鼠的准备

观察 3 d 并确认健康后开始试验。

5.3 试样处理

受试物加水配制成相应浓度的受试物溶液/混悬液,移入试剂瓶中备用。如果受试物不溶于水,用食用植物油配制。

5.4 剂量分组

至少设 4 个剂量组,各剂量组之间要有适当的剂量间距,以便各组出现不同程度的毒性效应(死亡率),求得剂量-效应曲线及 LD_{50}。

5.5 限量试验

如果剂量达 5 000 mg/kg 体重,20 只小鼠(雌雄各半)仍未见与受试物有关的死亡,则可以不设 4 个剂量组的完整试验。

5.6 灌胃量

按 20 g 体重灌 0.4 mL 计算,用处理好的试样灌胃。

5.7 试验方法及观察时间

小鼠给受试物前应隔夜禁食但不禁水,称重后,单次灌胃给予受试物,2 h 后进食。染毒后对小鼠的反应情况连续观察 2 h~4 h,其后每天至少观察 1 次。记录中毒症状出现、消失和小鼠死亡的时间。如果在染毒 4 d 后出现迟发性的毒效应,则应延长观察期 3 周~4 周。

6 观察指标

6.1 中毒症状记录

观察小鼠中毒体征的发生、发展过程以及中毒特点和毒作用的靶器官。观察的系统包括:

    a) 中枢神经系统和神经肌肉系统:体位异常、叫声异常、不安、呆滞、痉挛、抽搐麻痹、运动失调、对外反应过敏或迟钝;

    b) 植物神经系统:瞳孔扩大或缩小、流涎或流泪;

    c) 呼吸系统:鼻孔流液、鼻翼扇动、呼吸深缓、呼吸过速、蜂腰;

    d) 泌尿生殖系统:会阴部污秽、有分泌物、阴道或乳房肿胀;

e) 皮肤和毛:皮肤充血、紫绀、被毛蓬松、污秽;

f) 眼:眼球突出、结膜充血、角膜混浊;

g) 消化系统:腹泻、厌食。

6.2 体重记录

小鼠灌胃前、试验结束时各称量一次体重。观察期间对濒死小鼠称量体重一次。

6.3 病理组织学检查

应对濒死和试验结束时处死的小鼠做大体病理学观察,包括组织器官的颜色、大小、位置等状况。如果观察有可疑病变时,应做病理组织学检查。

7 半数致死剂量统计方法

7.1 霍恩氏法(Horn method)(仲裁法)

7.1.1 预试验

通常采用 10 mg/kg 体重或 1 000 mg/kg 体重的剂量,各剂量使用 4 只～6 只小鼠(雌雄各半)。根据 24 h 内小鼠死亡情况,估计 LD_{50} 的可能范围,以确定正式试验剂量。

7.1.2 剂量组的选择

按预试验所确定的致死剂量范围选择一组剂量系列,常用的剂量系列包括:

$$
\left.\begin{array}{l} 1.0 \\ 2.15 \\ 4.65 \\ 10.0 \end{array}\right\} \times 10^{t} \qquad \left.\begin{array}{l} 1.0 \\ 3.16 \\ 10.0 \\ 31.6 \end{array}\right\} \times 10^{t}
$$

$t = 0, \pm 1, \pm 2, \pm 3 \cdots\cdots$

7.1.3 正式试验

根据 4 个剂量组的小鼠死亡数,查表求得 LD_{50} 及其 95% 可信限。霍恩氏法 LD_{50} 计算用表见 GB 15193.3。

7.2 机率单位-对数图解法

每剂量组使用不少于 20 只小鼠(雌雄各半),但各组小鼠数不一定均等。此法不要求剂量组呈等比关系,但等比可使各点距离相等,利于作图。

7.2.1 半数致死剂量的计算

先将剂量的对数值和相应死亡率用点画在图上,即用机率对数图纸直接把剂量和死亡率画在图上。画线时应使点散布在直线的上下,尽量使直线接近死亡率在 15%～85% 的点,即机率单位4～6的点。直线上 50% 死亡率(机率单位为 5)的相应剂量对数值,经反对数变换后即得 LD_{50} 的剂量。

7.2.2 半数致死剂量的可信限估计

7.2.2.1 LD_{50} 的标准差 S 按式(1)计算。

$$ S = \frac{X_2 - X_1}{Y_2 - Y_1} \quad\cdots\cdots\cdots\cdots\cdots\cdots\cdots\cdots\cdots\cdots\cdots\cdots\cdots\cdots\cdots\cdots\cdots\cdots \quad (1) $$

式中:

X_2——机率单位为 6 时,相应 X 轴上的对数剂量;

X_1——机率单位为 4 时,相应 X 轴上的对数剂量;

Y_2——机率单位为 6;

Y_1——机率单位为 4。

7.2.2.2 估计 $\lg LD_{50}$ 的标准误按式(2)计算。

$$S_{\lg LD_{50}} = \frac{S}{\sqrt{\dfrac{N}{2}}} \quad\cdots\cdots\cdots\cdots\cdots\cdots\cdots\cdots\cdots\cdots\cdots\cdots\cdots\cdots\cdots\cdots\cdots\cdots\cdots\cdots \quad (2)$$

式中：

N——为死亡率15%～85%之间所用小鼠数。

7.2.2.3 半数致死剂量对数值的95%可信限为$\lg LD_{50} \pm 1.96 S_{\lg LD_{50}}$。

7.2.2.4 $\lg LD_{50}$经反对数变换后，可得到LD_{50}的95%可信限剂量。

7.3 寇氏法(Karber method)

采用10只小鼠(雌雄各半)。

7.3.1 预试验

预试验中小鼠全部死亡(或90%以上死亡)的剂量作为正式试验的最高剂量，小鼠不死亡(或10%以下死亡)的剂量作为正式试验的最低剂量。

7.3.2 正式试验

正式试验应设5个～10个剂量组。将最高、最低剂量换算为对数，然后将最高、最低剂量的对数差，按所需要的组数，分成对数等距的剂量组。

7.3.3 结果计算和统计

7.3.3.1 数据列表

分别列出各剂量组的剂量、剂量对数、小鼠数、小鼠死亡数和小鼠死亡率(以小数表示)。

7.3.3.2 半数致死剂量的计算

7.3.3.2.1 本试验所得的任何结果均可按式(3)计算$\lg LD_{50}$。

$$\lg LD_{50} = \frac{1}{2} \sum (X_i + X_{i+1})(P_{i+1} - P_i) \quad\cdots\cdots\cdots\cdots\cdots\cdots\cdots\cdots\cdots \quad (3)$$

式中：

X_i、X_{i+1}——相邻两组的剂量对数；

P_i、P_{i+1}——相邻两组的小鼠死亡率。

7.3.3.2.2 各组间剂量为对数等距时，$\lg LD_{50}$按式(4)计算。

$$\lg LD_{50} = X_k - \frac{d}{2} \sum (P_i + P_{i+1}) \quad\cdots\cdots\cdots\cdots\cdots\cdots\cdots\cdots \quad (4)$$

式中：

X_k　　　——最高剂量对数；

d　　　——相邻两剂量对数值的差数；

P_i、P_{i+1}——相邻两组的小鼠死亡率。

7.3.3.2.3 各组间剂量为对数等距，且最高、最低剂量组小鼠死亡率分别为1.0(全死)和0(全不死)时，$\lg LD_{50}$按式(5)计算。

$$\lg LD_{50} = X_k - d \left(\sum P - 0.5 \right) \quad\cdots\cdots\cdots\cdots\cdots\cdots\cdots\cdots \quad (5)$$

式中：

$\sum P$——各组小鼠死亡率之和。

7.3.3.2.4 根据$\lg LD_{50}$，查其自然数，即为LD_{50}。

7.3.3.3 半数致死剂量的可信限估计

7.3.3.3.1 $\lg LD_{50}$的标准误按式(6)计算。

$$S_{\lg LD_{50}} = d \sqrt{\frac{\sum P - \sum P^2}{n}} \quad\cdots\cdots\cdots\cdots\cdots\cdots\cdots\cdots \quad (6)$$

式中：

$\sum P^2$——各组小鼠死亡率平方之和；

n ——小鼠数量。

7.3.3.3.2 95%可信限（X）的 LD_{50} 按式（7）计算。

$$X = \lg^{-1}(\lg LD_{50} \pm 1.96 S_{\lg LD50})\ \cdots\cdots\cdots\cdots\cdots\cdots\cdots\cdots\cdots\cdots\cdots\cdots\quad (7)$$

8 检验规则

8.1 固体或散装产品采样按 GB/T 6679 的规定执行。液体产品采样按 GB/T 6680 的规定执行。

8.2 将所采样品置于洁净、干燥的容器中，迅速混匀。取固体样品 600 g 或液体样品 600 mL，分装于 2 个洁净、干燥容器中，密封并贴上标签，注明生产企业名称、产品名称、批号或生产日期、采样日期、采样人姓名。其中一部分用于产品质量分析，另一部分应保存至少 2 个月，以备复验。

8.3 样品经多次缩分后，取出约 100 g 或 100 mL，置于洁净、干燥容器中，用于测定。

ICS 65.020.01
B 04

中华人民共和国农业行业标准

NY/T 3180—2018

土壤墒情监测数据采集规范

Criterion for collection of soil moisture monitoring data

2018-03-15 发布
2018-06-01 实施

中华人民共和国农业部 发布

NY/T 3180—2018

前　言

本标准按照 GB/T 1.1—2009 给出的规则起草。

本标准由农业部种植业管理司提出并归口。

本标准起草单位:全国农业技术推广服务中心、北京农业信息技术研究中心、中国农业大学、中国农业科学院环境保护科研监测所。

本标准主要起草人:钟永红、吴勇、张赓、杜森、仇志军、米长虹、郑文刚、李寒、李文龙。

土壤墒情监测数据采集规范

1 范围

本标准规定了土壤墒情监测数据采集、存储传输、质量控制、设备维护等技术要求。

本标准适用于指导全国土壤墒情监测工作。

2 规范性引用文件

下列文件对于本文件的应用是必不可少的。凡是注日期的引用文件,仅注日期的版本适用于本文件。凡是不注日期的引用文件,其最新版本(包括所有的修改单)适用于本文件。

GB/T 2260　中华人民共和国行政区划代码

NY/T 52　土壤水分测定法

NY/T 1121.4　土壤检测　第4部分:土壤容重的测定

NY/T 1121.22　土壤检测　第22部分:土壤田间持水量的测定　环刀法

NY/T 1782　农田土壤墒情监测技术规范

NY/T 2367　土壤凋萎含水量的测定　生物法

3 术语和定义

下列术语和定义适用于本文件。

3.1

固定式土壤墒情自动监测站　fixed station of automatic soil moisture monitoring

配备固定式土壤墒情自动监测设备,长期固定在农田某一位置,实时进行土壤墒情数据自动采集、存储,能够定时将采集的信息自动上传到全国土壤墒情监测系统及上一级土壤墒情监测系统的监测站。

3.2

土壤墒情监测点　soil moisture measurement site in farmland

选取代表性点位,应用便携式土壤墒情速测仪或烘干法开展土壤墒情监测工作的点位。

3.3

土壤墒情监测县　soil moisture monitoring county

承担土壤墒情监测工作的县(市、区)。

4 数据采集

4.1 基本信息

4.1.1 土壤墒情监测站点

固定式土壤墒情自动监测站和土壤墒情监测点的空间位置、土壤类型、土壤质地、土壤容重、田间持水量、土壤凋萎含水量、障碍因素、作物产量、节水技术模式等数据,填写土壤墒情监测站点基本情况调查表(见附录A)每年1月更新。根据监测区不同作物、不同生育期建立土壤墒情评价指标体系(见附录B)。

4.1.2 土壤墒情监测县

填写土壤墒情监测县基本情况表,采集气候类型区、农业生产分区、综合农业区划二级区、常年降水量、平均蒸发量、有效积温、无霜期、总耕地面积、不同耕地类型面积、主要农作物、播种面积和平均产量等数据,见附录 C。每年不同种植季节更新。

4.2 日常监测

4.2.1 监测指标

4.2.1.1 固定式土壤墒情自动监测站

必测参数:不同层次土壤含水量(体积含水量)、干土层厚度、阶段无降水天数、阶段有降水天数、阶段降水总量、阶段灌水次数、灌水量、作物名称、生育期、作物表象、受旱面积比例、墒情评价等。

选测参数:土壤温度、空气温湿度、降水量、风速、风向、光照强度或太阳总辐射强度、气压等。

数据表格及参数要求见附录 D。

4.2.1.2 土壤墒情监测点

监测不同层次土壤含水量、干土层厚度、阶段无降水天数、阶段有降水天数、阶段降水总量、阶段灌水次数、灌水量、作物名称、生育期、作物表象、受旱面积比例、墒情评价、生产指导建议等。数据表格及参数要求见附录 D。

4.2.1.3 土壤墒情监测县

县总播种面积及墒情等级、不同墒情等级的面积、主要作物播种面积及墒情等级、不同墒情等级的面积、干土层厚度、阶段无降水天数、阶段有降水天数、阶段降水总量、生产指导建议等。数据表格及参数要求见附录 E。

4.2.2 监测时间

4.2.2.1 固定式土壤墒情自动监测站

干土层厚度、阶段灌水次数、灌水量、作物名称、生育期、作物表象、面积比例、墒情评价、生产指导建议等数据,每月 10 日、25 日各采集一次,手工填写。不同层次土壤含水量(体积含水量)、土壤温度、空气温湿度、降水量、风速、风向、光照强度或太阳总辐射强度、气压、降水量等数据整点(或其他规定的数据采样和传输间隔)自动采集。

4.2.2.2 土壤墒情监测点

每月 10 日、25 日各采集一次。在作物关键生育时期和旱情发生严重时,应增加取样测定次数。北方土壤封冻后至解冻前,按时汇总气象数据。

4.2.2.3 土壤墒情监测县

开展土壤墒情监测工作的县每月 10 日、25 日应填写墒情状况表(见附录 E),在作物关键生育时期和旱情发生严重时,应增加填报次数。

4.2.3 监测方法

土壤含水量的采集层次、采集方法等按照 NY/T 1782 的规定执行,土壤容重的测定按照 NY/T 1121.4 的规定执行,土壤田间持水量按照 NY/T 1121.22 的规定执行,土壤凋萎含水量按照 NY/T 2367 的规定执行。

5 数据存储传输

5.1 数据存储

土壤墒情监测数据应及时传输到"全国土壤墒情监测系统"。省、县两级也可建立数据库系统,存储本区域土壤墒情监测数据。

5.2 数据传输

固定式土壤墒情自动监测站应具备数据传输功能,自动将监测数据上传到"全国土壤墒情监测系统"。便携式土壤墒情速测仪可自动上传或在线填报至"全国土壤墒情监测系统"。

基本信息(附录 A、附录 B)、土壤墒情监测站点数据记录表(附录 D)、土壤墒情监测县墒情状况表(附录 E)及固定式墒情自动监测站维护记录表(附录 G)通过登录"全国土壤墒情监测系统"在线填报。

设备与系统之间以 TCP/IP 协议进行数据传输。设备为 TCP Client,系统为 TCP Server。数据传输格式和数据字典见附录 F。

墒情系统间以 HTTP 协议进行数据传输与共享。

6 数据质量控制

6.1 人工审查

数据采集人员对数据进行初审,数据采集单位技术负责人对数据进行复审,发现可疑数据应进行核实或补充测定。

6.2 自动筛查

将采集数据与允许范围、历史数据、相邻站点数据等自动进行比对,筛查可疑数据,发现可疑数据应进一步核实处理。数据验证过程中对数据的修改应完整记录。

7 设备校准维护

固定式墒情自动监测站安装后应立即进行实地测试,保证仪器设备正常运行。监测数据与历史数据、相邻站点和其他方法进行对比校正。正常运行后每季度进行一次巡查,检查站点周围环境、设备外观及完整性,清洁太阳能板、雨量筒等设备,进行常规传感器性能测试,并根据设备维护保养手册进行维护保养。

仪器出现故障时应及时进行维修,仪器维修或更换关键器件后应重新校准。设备维护记录表见附录 G。

附 录 A

（规范性附录）

土壤墒情监测站点基本情况

A.1 土壤墒情监测站点基本情况调查表

见表 A.1。

表 A.1 土壤墒情监测站点基本情况调查表

站点代码			建立时间			
填表日期			填表单位			
省（区、市）名			地（市、州、盟）名			
县（旗、市、区）名			乡（镇）名			
村名			组名／园区			
农户名			行政区划代码			
经度，°′″			纬度，°′″			
气候类型区			综合农业区划二级区			
常年降水量，mm			有效积温，℃			
无霜期，d			海拔高度，m			
地形部位			农田基础设施水平			
地力等级			潜水埋深，m			
耕地类型			障碍类型			
灌溉方式			种植制度			
田块面积，亩			代表面积，万亩			
成土母质			土壤凋萎含水量，％			
土类			亚类			
土属			土种			
土壤含水量测定方法						
产量水平	作物名称					
	产量，kg／亩					
土壤物理性状	层次	0 cm～20 cm	20 cm～40 cm	40 cm～60 cm	60 cm～100 cm	其他
	土壤质地					
	田间持水量，V/V％或 m/m％					
	土壤容重，g／cm³					
技术模式	技术名称：					
	简要说明：					
景观照片						

A.2 填表说明

A.2.1 站点代码：每个站点代码用 9 位数加 1 个大写字母，其前六位用所在县行政区划代码，行政区划代码按照 GB/T 2260 的规定执行，中间加大写字母，固定式土壤墒情自动监测站为"B"，土壤墒情监测点为"J",后三位为监测站实际编码,按顺序编写。如北京海淀行政区划代码为110100,固定式土壤墒情自动监测站为110100B001。

A.2.2 建立时间:填写建站年月,格式为"YYYY—MM"。

A.2.3 经纬度坐标:由GPS定位仪读取,并转换为北京54坐标系后填写。

A.2.4 气候类型区:按照干旱区、半干旱区、半干旱偏旱区、半湿润偏旱区、半湿润区和湿润区填写。

A.2.5 综合农业区划二级区:按照兴安岭林区、松嫩三江平原农业区、长白山地林农区、辽宁平原丘陵农林区、内蒙古北部牧区、内蒙古中南部牧农区、长城沿线农牧林区、燕山太行山山麓平原农业区、冀鲁豫低洼平原农业区、黄淮平原农业区、山东丘陵农林区、晋东豫西丘陵山地农林牧区、汾渭谷地农业区、晋陕甘黄土丘陵沟谷牧林农区、陇中青东丘陵农牧区、长江下游平原丘陵农畜水产区、豫鄂皖低山平原农林区、长江中游平原农业水产区、江南丘陵山地农林区、浙闽丘陵山地林农区、南岭丘陵山地林农区、秦岭大巴山林农区、四川盆地农林区、川鄂湘黔边境山地境林农区、黔桂高原山地林农牧区、川滇高原山地农林牧区、闽南粤中农林水产区、粤西桂南农林区、滇南农林区、琼雷及南海诸岛农林区、台湾农林区、蒙宁甘农牧区、北疆农牧林区、南疆农牧区、藏南农牧区、川藏林农牧区、青甘孜农区、青藏高寒牧区填写。

A.2.6 地形部位:监测田块所处的最末一级的地貌单元。如河流冲积平原应区分出河床、河漫滩、阶地等;山麓平原应区分出坡积裙、洪积锥、洪积扇、扇间洼地、扇缘洼地等;黄土丘陵应区分出塬、梁、峁、坪等;丘陵应先区分高丘、中丘、低丘、缓丘、漫岗等,再进一步细分,如洪积扇上部、中部、下部;黄土丘陵的峁,应冠以峁顶、峁边。

A.2.7 农田基础设施水平:填写梯田、集雨窖(池)、渠道输水(衬砌或土渠,两者选一)、管道输水。农田道路状况:土质路面、沙砾路面、水泥路面、泥结石路面,四者选一。没有基础设施建设的填"无"。

A.2.8 地力等级:按高、中、低填写。

A.2.9 潜水埋深:潜水是指埋藏在地表以下第一个隔水层以上的地下水。潜水埋深填写常年潜水面与地面的铅垂距离,单位为米(m),取整数位。

A.2.10 耕地类型:填写灌溉稻田、望天田、水浇地、旱地、菜地。

A.2.11 障碍类型:指限制产量的主要障碍因素。如干旱缺水、渍涝(旱地)、盐碱、瘠薄、沙化、坡地(侵蚀)、障碍层等。没有明显障碍因素填"无"。

A.2.12 灌溉方式:按照地面灌(畦灌、沟灌、管灌、渠灌,四者选一)、喷灌(管道式喷灌、大型喷灌机,二者选一)、微灌(滴灌、微喷灌、涌泉灌溉,三者选一)填写。

A.2.13 种植制度:填写监测地块的作物名称和熟制,分为一年一熟、二年三熟、一年二熟、二年五熟、一年三熟、一年四熟等。如小麦-玉米,一年二熟。

A.2.14 田块面积:监测点所在地块面积,地块内的作物、种植模式及技术管理水平一致,单位为亩,取整位数。

A.2.15 代表面积:监测类型区内与监测点相同作物和技术模式的耕地面积,以万亩表示,取整位数。

A.2.16 成土母质:首先区分是残积物、坡积物、洪积物或冲积物。残积物与母岩有直接关系,可以填写为××岩残积物母质。坡积物、洪积物、冲积物与母岩的关系比较远,判断不清的,不要牵强地与母岩挂钩,应将其性状(厚度、粗细等)描写清楚。对于老的冲积物母质,并有一定发育的,如第四纪红土、再积黄土等,不要填写冲积物、洪积物,直接填写其名称。

A.2.17 土壤凋萎含水量:指监测点的代表作物凋萎含水量,按测定值填写,也可查阅当地有关科研、教学材料获得,或可用土壤最大吸湿量的1.5倍~2.0倍表示。

A.2.18 土类、亚类、土属、土种:按全国第二次土壤普查的分类系统命名填写。

A.2.19 土壤含水量测定方法:按照烘干法、张力计法、射线法(包括中子仪、γ射线法、计算机断层扫描法等）、介电特性法［时域反射仪 TDR 法、频域反射仪 FDR 和探地雷达（GPR）法］，土壤水分传感器法（陶瓷水分传感器、电解质水分传感器、高分子传感器、压阻水分传感器、光敏水分传感器、微波法水分传感器、电容式水分传感器等）、热扩散法、核磁共振（NMR）法、分离示踪剂（PT）法和遥感（RS）法等填写。

A.2.20 土壤质地：按沙土、壤土、黏土填写。

A.2.21 田间持水量：按测定值填写。

A.2.22 土壤容重：按测定值填写。

A.2.23 景观照片：拍摄景观照片时，应突出地貌特征，从照片上应能判别出监测地块所在的小地貌单元的部位。

附　录　B
（规范性附录）
土壤墒情评价指标

土壤墒情评价指标表见表 B.1。

表 B.1　土壤墒情评价指标表

作物	主要生育期	作物根系深度，cm	土壤相对含水量，%					备注
			过多	适宜	不足	干旱	重旱	
作物 1								
作物 2								
作物 3								
作物 4								

附　录　C

（规范性附录）

土壤墒情监测县基本情况调查

C.1　土壤墒情监测县基本情况调查表

见表C.1。

表C.1　土壤墒情监测县基本情况调查表

_____省_____市_____县

气候类型区_____，农业生产分区_____，综合农业区划二级区_____；常年降水量_____mm，有效积温_____℃，无霜期_____d；平均蒸发量_____mm。

总耕地面积_____万亩，灌溉水田_____万亩，望天田_____万亩，水浇地_____万亩，旱地_____万亩。

主要农作物名称						
常年播种面积，万亩						
常年平均产量，kg/亩						
今年播种面积，万亩						
今年平均产量，kg/亩						

C.2　填表说明

C.2.1　气候类型区：按照干旱区、半干旱区、半干旱偏旱区、半湿润偏旱区、半湿润区和湿润区填写。

C.2.2　农业生产分区：将全国划分为9个农业区，即东北农林区、内蒙古及长城沿线牧农林区、黄淮海农业区、黄土高原农林牧区、长江中下游农林养殖区、华南农林热作区、西南农林区、甘新农牧林区、青藏高原牧农林区。

C.2.3　综合农业区划二级区：按照兴安岭林区、松嫩三江平原农业区、长白山地林农区、辽宁平原丘陵农林区、内蒙古北部牧区、内蒙古中南部牧农区、长城沿线农牧区、燕山太行山山麓平原农业区、冀鲁豫低洼平原农业区、黄淮平原农业区、山东丘陵农林区、晋东豫西丘陵山地农林牧区、汾渭谷地农业区、晋陕甘黄土丘陵沟谷牧林农区、陇中青东丘陵农牧区、长江下游平原丘陵农畜水产区、豫鄂皖低山平原农林区、长江中游平原农业水产区、江南丘陵山地农林区、浙闽丘陵山地林农区、南岭丘陵山地林农区、秦岭大巴山林农区、四川盆地农林区、川鄂湘黔边境山地境林农区、黔桂高原山地林农牧区、川滇高原山地农林牧区、闽南粤中农林水产区、粤西桂南农林区、滇南农林区、琼雷及南海诸岛农林区、台湾农林区、蒙宁甘农牧区、北疆农牧林区、南疆农牧区、藏南农牧区、川藏林农牧区、青甘孜农区、青藏高寒牧区填写。

C.2.4　常年降水量：填写平均数。

附　录　D
（规范性附录）
土壤墒情监测站点数据记录

D.1　土壤墒情监测站点数据记录表

见表 D.1。

表 D.1　土壤墒情监测站点数据记录表

_____省_____市_____县

监测点代码	测定日期	土壤含水量，%					干土层厚度，cm	阶段无降水天数，d	阶段有降水天数，d	阶段降水总量，mm	阶段灌水次数	灌水量，m³/亩	作物名称	作物生育期	作物表象	受旱面积比例，%	墒情评价	生产指导建议	土壤温度、空气温度、相对湿度、光照强度/太阳总辐射强度、时段降水量、风速、风向、气压等其他自动监测数据	备注
		0 cm～20 cm	20 cm～40 cm	40 cm～60 cm	60 cm～100 cm	其他层次														

D.2　填表说明

D.2.1　土壤含水量：百分比表示，小数点后取 2 位。用传统烘干法测定土壤含水量按照 NY/T 52 的规定执行。

D.2.2　干土层：指监测点干土层厚度，单位为厘米（cm），小数点后取 1 位。

D.2.3　连续无降水天数：上次有效降水结束至本次有效降水的时间，单位为天（d）。

D.2.4　阶段有降水天数：上次监测至本次监测降水的时间，单位为天（d）。

D.2.5　阶段降水总量：上次监测至本次监测降水量，单位为毫米（mm），小数点后取 1 位。

D.2.6　阶段灌水次数：上次监测至本次监测灌水次数，单位为次。

D.2.7　灌水量：上次监测至本次监测灌水水量，单位为立方米每亩（m³/亩），取整数。

D.2.8　作物生育期：填写作物主要生育期。如小麦填写：播种期、幼苗期、返青期、拔节孕穗期、抽穗扬花期、灌浆成熟期；玉米填写：播种期、苗期、拔节期、抽穗期、灌浆乳熟期、成熟期；棉花填写：苗期、现蕾期、开花结铃期、吐絮期；谷子填写：苗期、拔节孕穗期、抽穗结实期、灌浆期、成熟期；大豆填写：播种期、苗期和花芽分化期、开花结荚期、鼓粒期；花生填写：播种-出苗、齐苗-开花、开花-结荚、结荚-成熟；马铃薯填写：苗期、现蕾期、块茎形成期、块茎膨大期、成熟期；高粱填写：播种出苗期、幼苗期、拔节期、抽穗开花期、灌浆期、成熟期，其他作物按照不同生育期填写。

D.2.9　作物表象：填写出苗率、分蘖数、植株高矮、叶色、植株萎蔫程度等情况。

D.2.10　面积比例：指受害面积与播种面积的比例。

D.2.11 墒情评价:分为渍涝、过多、适宜、不足、干旱、重旱情 6 个等级。

D.2.12 温度:温度精确到 0.1℃。

D.2.13 相对湿度:数据取整数。

D.2.14 光照强度或太阳总辐射强度:可任选其一,数据取整数。

D.2.15 时段降水量:按设定的时间间隔记录降水量,数据精确到 0.1 mm。

D.2.16 风速:按设定的时间间隔记录地面以上 2 m 高度的风速,数据精确到 0.1 m/s。

D.2.17 风向:按设定的时间间隔记录风向,数据取整数。

D.2.18 气压:按设定的时间间隔记录气压,数据精确到 0.1 kPa。

附　录　E
（规范性附录）
土壤墒情监测县墒情状况记录

E.1　土壤墒情监测县墒情状况表

见表 E.1。

表 E.1　土壤墒情监测县墒情状况表

_____省_____市_____县

日期	干土层厚度，cm	阶段无降水天数，d	阶段有降水天数，d	阶段降水量，mm	总体评价及不同等级面积							主要作物1 面积及不同等级面积									主要作物2 面积及不同等级面积								
					墒情等级	总播种面积，万亩	渍涝，万亩	过多，万亩	适宜，万亩	不足，万亩	干旱，万亩	重旱，万亩	作物名称	生育期	墒情等级	播种面积，万亩	渍涝，万亩	过多，万亩	适宜，万亩	不足，万亩	干旱，万亩	重旱，万亩	生产指导意见	作物名称	生育期	墒情等级	播种面积，万亩	渍涝，万亩	过多，万亩	适宜，万亩	不足，万亩	干旱，万亩	重旱，万亩	生产指导意见

E.2　填表说明

播种面积＝渍涝面积＋过多面积＋适宜面积＋不足面积＋干旱面积＋重旱面积。

附　录　F
（规范性附录）
土壤墒情监测数据传输格式

F.1　设备数据主动上报协议格式

1. 标识符	2. 设备唯一标识	3. 日期时间	4. 数据项个数	5. 扩展项个数	6. 数据项				7. 扩展项			
					数据项1	数据项2	数据项3	…	扩展项1	扩展项2	扩展项3	…

F.1.1 标识符：前4个字符固定为DATA。如果是固定站，标识符为"DATAS"＋协议版本号，范围为"DATAS0 - DATAS999"；如果是移动站，协议号为"DATAP"＋协议版本号，范围为"DATAP0 - DAT-AP999"。

F.1.2 设备唯一标识：16位字符串，每个设备需要唯一。以生产厂商名称缩写为前缀，便于区分。

F.1.3 日期时间：日期时间：年(yyyy)-月(MM)-日(dd)小时(HH)：分钟(mm)，在出现不够2位的情况下在其前以0补齐。日期与时间之间以空格隔开。形式示例：2014 - 02 - 10　10:57

F.1.4 数据项个数：表示从第6位开始的数据项的个数。

F.1.5 扩展项个数：表示数据项后面扩展项的个数。

F.1.6 举例：例如，将以下字符串发送到指定地址：DATAS0,C3603C24D33E0D2E,2016 - 08 - 15 14:45,2,2,SM20:18.2,SM40:20.3,MAXWS:18.2,MINWS:20.3

F.2　数据字典

见表F.1。

表F.1　数据字典

字段名	英文缩写	字段名英文
0 cm～20 cm 土壤含水量	SM20	Moisture between 0 cm to 20 cm depth soil
20 cm～40 cm 土壤含水量	SM40	Moisture between 20 cm to 40 cm depth soil
40 cm～60 cm 土壤含水量	SM60	Moisture between 40 cm to 60 cm depth soil
60 cm～100 cm 土壤含水量	SM80	Moisture between 60 cm to 100 cm depth soil
0 cm～20 cm 土壤温度	ST20	Temperature between 0 cm to 20 cm depth soil
20 cm～40 cm 土壤温度	ST40	Temperature between 20 cm to 40 cm depth soil
40 cm～60 cm 土壤温度	ST60	Temperature between 40 cm to 60 cm depth soil
80 cm 土壤温度	ST80	Temperature between 60 cm to 100 cm depth soil
空气温度	AT	Air Temperature
相对湿度	RH	Relative Humidity
光照强度	II	Illumination Intensity
太阳总辐射强度	SGRI	Solar Global Radiation Intensity
时段降水量	IP	Interval Precipitation
阶段降水总量	PP	Period Precipitation
风速	WS	Wind Speed
风向	WD	Wind Direction
气压	AVP	Actual Vapor Pressure

F.3 系统间信息交互数据结构

请求格式：

```
<Request>
  <GUID></GUID>
  <DeviceDatas>
    <DeviceData>
      <Type></Type>
      <DeviceId></DeviceId>
      <Date></Date>
      <DataJsonString></DataJsonString>
    </DeviceData>
    <DeviceData>
      ...
    </DeviceData>
  </DeviceDatas>
</Request>
```

应答格式：

```
<Response>
  <Result></Result>
  <ErrorMessage></ErrorMessage>
</Response>
```

数据项格式如下：

```
<DataStruct>
  <SM20></SM20>
  <SM40></SM40>
    ...
</DataStruct>
```

说明：系统间信息交互数据结构定义如下。字段说明及举例见 F.1。上述代码仅描述了数据的层次结构和接口中 DataJsonString 参数在 JSON 编码前的层次结构，不代表可直接发送的数据格式。传输时，需要将数据转换成 JSON 字符串。

F.4 系统间信息交互数据结构字段说明

见表 F.2。

表 F.2 系统间信息交互数据结构字段说明

名　称	类　型	说　　明
Request	—	信息发送的根节点，无实际意义，不在标准格式中
GUID	字符串	HTTP 包的唯一标识符，发送数据时，请手动生成
DeviceDatas	数组	设备数据的数组
DeviceData	复杂类型	设备的一条数据
Type	字符串	数据标识符，固定为"Data"值

表 F.2（续）

名　称	类　型	说　　　明
DeviceId	字符串	设备唯一编号,16 位字符串,每个设备需要唯一。以生产厂商名称缩写为前缀,便于区分
Date	字符串	数据获取或计算的时间,格式为"yyyy-MM-dd HH:mm"
DataJsonString	字符串	数据项的 JSON 字符串
Response	—	信息发送的根节点,无实际意义,不在标准格式中
Result	枚举类型	信息发送的结果,只为 TRUE 或 FALSE 值
ErrorMessage	字符串	信息发送的错误消息,当 Result 为 FALSE 值时,此字段值才具有意义

举例:

POST 以下字符串到指定地址:

{"GUID":"B4B7687E-F280-483A-9D87-000E767E6472","DeviceDatas":[{"Type":"Data","DeviceId":"C3603C24D33E0D2E","Date":"2016-08-15 14:45","DataJsonString":"{\"SM20\":\"18.2\",\"SM40\":\"20.3\"}"},{"Type":"Data","DeviceId":"CA6028A3D3453535","Date":"2016-08-15 14:45","DataJsonString":"{\"SM20\":\"18.2\",\"SM40\":\"20.3\"}"}]}

如果发送成功,则将收到以下字符串:{"Result":"TRUE","ErrorMessage":""}

附 录 G
（规范性附录）
固定式墒情自动监测站维护记录

固定式墒情自动监测站维护记录表见表 G.1。

表 G.1 固定式墒情自动监测站维护记录表

项 目		维护内容	维护描述	备注
周围环境		站点周围环境应保持与代表农田相一致,植物生长高度不应干扰设备正常运行和传感器测量		
传感器	空气温度、湿度	清洁安装传感器的防辐射罩。清洁传感器的灰尘、蜘蛛网等。如果传感器设在一个滤芯内,将过滤器取出并清洁		
	太阳总辐射强度	仔细清洁传感器表面,检查设备安装,确保仪器水平		
	风速	清洁风杯式风速计的杯体或螺旋桨式风速计的叶片的灰尘和蜘蛛网。检查是否有凹陷或裂缝。检查设备是否水平。检查风速计起动转矩的支承条件。通过观察风速计启动和停止响应能力,诊断轴承磨损度。在尘土飞扬的环境中,应该每半年替换一次轴承		
	风向	清洁传感器表面的灰尘、蜘蛛网等。检查设备是否水平。相对于正北方向验证叶片方向,在至少 4 个坐标方向检查传感器的输出:正北(N=000 度或 360 度)、正东(090 度)、正南(180 度)、正西(270 度)。在暂时将叶片屏蔽风的情况下,观察风速计启动和停止响应能力		
	降水	清洁雨量筒所有组件的灰尘、蜘蛛网、昆虫等,确保雨量筒水平,水流通道无堵塞		
	土壤温度/湿度	当传感器安装在远离监测站的位置时,数据线应埋防水防鼠的管道中。检查数据线完好程度		
电源		交流电源供电:检查所有电源连接。使用数字万用表检查和验证电源变压器的输出 直流电源供电:清洁太阳能电池板,检查电池终端的腐蚀情况和电缆连接器。使用数字万用表检查电池的输出电压。对电池更换情况保持全面的记录		
电缆		检查电缆情况,损坏或老化的电缆应及时更换		
支架		检查并拧紧所有夹、螺母、螺栓等。检查支架和电子设备外壳是否妥善接到避雷针		
其他				
站点代码		维护时间	维护人	

ICS 65.080
B 10

中华人民共和国农业行业标准

NY/T 3181—2018

缓释类肥料肥效田间评价技术规程

Technical code of practice for field experiment for efficiency assessing of slow
releasing category fertilizers

2018-03-15 发布

2018-06-01 实施

中华人民共和国农业部 发布

前　言

本标准按照 GB/T 1.1—2009 给出的规则起草。

本标准由农业部种植业管理司提出并归口。

本标准起草单位:全国农业技术推广服务中心、山东农业大学。

本标准主要起草人:杨帆、董燕、孟远夺、张民、徐洋、崔勇、李荣、沈欣。

缓释类肥料肥效田间评价技术规程

1 范围

本标准规定了缓释类肥料肥效评价田间试验的方案设计、试验操作与田间管理、观察记载与计产、数据分析与肥效评价、试验报告撰写的技术要求与方法。

本标准适用于缓释类肥料肥效评价的田间试验。

2 规范性引用文件

下列文件对于本文件的应用是必不可少的。凡是注日期的引用文件,仅注日期的版本适用于本文件。凡是不注日期的引用文件,其最新版本(包括所有的修改单)适用于本文件。

GB/T 23348 缓释肥料

GB/T 29401 硫包衣尿素

HG/T 4135 稳定性肥料

HG/T 4137 脲醛缓释肥料

HG/T 4215 控释肥料

HG/T 4217 无机包裹型复混肥料(复合肥料)

3 术语和定义

GB/T 23348、GB/T 29401、HG/T 4135、HG/T 4137、HG/T 4215、HG/T 4217 界定的以及下列术语和定义适用于本文件。

3.1

缓释类肥料 slow releasing category fertilizer

养分在土壤中缓慢释放的一类肥料,包括缓释肥料、稳定性肥料、脲醛缓释肥料、硫包衣尿素、控释肥料、无机包裹型复混肥料(复合肥料)等。

3.2

肥料施用量 fertilizer application rate

施于单位面积或单位质量生长介质中肥料氮(N)、磷(P_2O_5)、钾(K_2O)的数量。

3.3

肥料效应 fertilizer response

作物产量或品质对施肥的反应。

3.4

肥料利用率 recovery efficiency of fertilizer

特定作物整个生长季吸收化肥中养分的数量占施用化肥中该养分总量的百分数。

3.5

施肥纯收益 net income of fertilization

施肥增加产值与施肥成本的差值。

3.6

施肥产出与投入比 output/input ratio of fertilization

施肥增加产值与施肥成本的比值。

4 试验设计

4.1 试验处理

按表1的规定设置试验处理。

表 1 试验处理

处理号	处 理	内 容
1	常规施肥	依据当地农户的习惯施肥[a]
2	常规一次性施肥[b]	与处理1等养分,一次性施肥
3	供试缓释类肥料	与处理1等养分,一次性施肥
4	减氮(磷/钾)的常规施肥	为处理1氮(磷/钾)养分的(1−X[c]%),一次性施肥
5	减氮(磷/钾)的供试缓释类肥料	为处理1氮(磷/钾)养分的(1−X%),一次性施肥
6	缺氮(磷/钾)肥处理	除缺素养分外,其他养分施用量和施用方法同处理1

[a] 当地某一作物前三年的肥料品种、平均施肥量、施肥时期和施肥方法,可通过农户调查确定。

[b] 若常规施肥为一次性施肥,则不设处理2。若作物纯氮用量大于300 kg/hm² 时,也不设处理2。

[c] 处理4、处理5减氮(磷/钾)处理,所减量 X 至少为10以上。

4.2 试验小区

对水稻、小麦、谷子等密植作物,小区面积应为 20 m²～30 m²;对玉米、高粱、棉花等中耕作物,小区面积应为 40 m²～50 m²。区组内各小区面积应一致。小区形状一般为长方形。面积较大时,长宽比以(3～5)∶1 为宜;面积较小时,长宽比以(2～3)∶1 为宜。

对果树类,应选择土壤肥力差异小的地块,以及树龄、株型和产量相对一致的单株成年果树进行试验。每个小区不少于6株。

4.3 重复与排列

不少于3次重复,随机区组排列。

4.4 供试作物

选择供试肥料适宜作物,选用当地主推品种。

4.5 试验周期

至少进行1个生长季或1个生长周期。

5 田间操作

5.1 试验地选择

应选择当地有代表性的土壤并应避开道路、堆肥场所等特殊地块。平原区,试验地应选择地势平坦、地块整齐、肥力均匀且前茬没有施用过缓释类肥料的地块;山地丘陵区,应选择坡度平缓、肥力中等且差异较小的地块。

5.2 田间区划

区组内各小区间设田埂(或排水沟),区组间设走道(或灌水渠),区组周边设保护行 1.5 m～3 m。小区单灌单排,避免串灌串排。

5.3 土壤理化性状测试

施肥、整地前采集供试地块土样,测定基础土壤理化性状,包括土壤有机质、全氮、碱解氮、有效磷、速效钾、pH、质地等。

5.4 田间管理

施肥根据试验处理要求,其他田间管理应一致并与当地大面积种植管理相同。

6 观察记载与计产

6.1 观察记载

田间试验观察记载内容见附录 A。

6.2 收获与计产

每个小区应单独收获和计产,或取代表性样方测产。应先收保护行植株。对棉花、番茄、黄瓜、西瓜等多次收获的作物,应分次收获和计产,最后累计产量。室内考种样本应按要求采取,并系好标签,记录小区号、处理名称、取样时间、采样人等。

7 数据分析与肥效评价

7.1 数据分析

试验结果应先进行方差分析。差异显著后,还需采用如 LSR 检验、SSR 检验、LSD 检验或 PLSD 检验等进行多重比较。

7.2 评价内容

肥效评价内容包括:施肥对作物生物学性状、产量、品质或抗逆性等影响效果评价。

经济效益评价包括:施肥纯收益、施肥产出与投入比等。

根据试验方案,还可选择增加其他评价,如肥料利用率、节肥、省工、生态环境、作物品质、抗逆性等。

评价内容见附录 B。

7.3 评价结论

应基于试验周期内供试肥料对评价内容的影响效果而得出,包括评价内容中不同处理与对照比较的试验效果统计学检验结论(差异极显著、差异显著或差异不显著)。

8 试验报告撰写

试验报告内容见附录 C。

附　录　A
（规范性附录）
缓释类肥料肥效田间试验观察记载内容

A.1 试验起止时间

自　　　年　　　月　　　日至　　　年　　　月　　　日

A.2 试验布点

试验地点：　　　　省　　　　县　　　　乡　　　　村
地形：　　　　　　　　　土壤类型（土种名）：
土壤质地：　　　　　　　肥力等级：
前茬作物名称：　　　　　前茬作物产量：
前茬作物施肥量：氮（N）：　　磷（P_2O_5）：　　钾（K_2O）：　　其他：
灌排水情况：

表 A.1　试验前试验地土壤分析结果

项　　目	数　　据	项　　目	数　　据
有机质，g/kg		pH	
全氮，g/kg		有效磷，mg/kg	
碱解氮，mg/kg		速效钾，mg/kg	
质地		…	

A.3 供试肥料和作物

对照用肥料、缓释类肥料的技术指标：
作物及品种名称：

A.4 试验方案设计

试验处理、重复次数、试验方法设计、小区长（m）、小区宽（m）、小区面积（m^2）、小区排列图示等。
小区面积：长（m）×宽（m）＝　　　　m^2
小区排列：（图示）

A.5 田间操作

播种期和播种量、施肥时间和数量（基肥、追肥）、灌溉时间和数量、土壤性状、植物学性状、试验环境条件及灾害天气、病虫害防治、其他农事活动、所用工时等。

A.6 试验结果

不同处理及重复间的产量（kg/hm^2）和增产率（％）结果、土壤性状等其他效果试验结果等。其中，产量记录应按照下列要求执行：

——对于一般谷物，应晒干脱粒扬净后再计重。在天气不良情况下，可脱粒扬净土后计重，混匀取
　　1 kg烘干后计重，计算烘干率。

——对于甘薯、马铃薯等根茎作物,应去土随收随计重。若土地潮湿,可晾晒后去土计重。

——对于棉花、番茄、黄瓜、西瓜等作物,应分次收获,每次收获时各小区的产量都要单独记录并注明收获时间,最后将产量累加。

A.7 相关记载表格(供参考)

见表 A.2～表 A.4。

表 A.2 供试作物生育期记载(月/日)(以小麦为例)

试验处理	播种期	出苗期	分蘖期	拔节期	抽穗期	开花期	成熟期
处理 1							
处理 2							
处理 3							
…							

表 A.3 供试作物生物学性状及产量因素记载表(以小麦为例)

试验处理	株高 cm	旗叶长 cm	结实率 %	穗数 个/小区	穗粒数 粒	千粒重 g
处理 1						
处理 2						
处理 3						
…						

表 A.4 各处理小区产量表

试验处理	小区面积, m²	小区产量,kg				与对照处理比,增产率,%
		重复 1	重复 2	重复 3	平均值	
处理 1						
处理 2						
处理 3						
…						

A.8 试验过程照片

每个试验点至少有 4 次分别记录试验布置、试验前期、试验中期、收获计产时作物长势及田间工作情况的照片。

附 录 B

（规范性附录）

缓释类肥料肥效田间小区试验效果评价报告

B.1 稳产增产效果评价

见表 B.1。

表 B.1 产量结果

试验处理	产量，kg/hm²				
	重复 1	重复 2	重复 3	平均值	增产率，%
处理 1					
处理 2					
处理 3					
…					
注：平均值含标准差。					

B.2 省工节肥效果评价

见表 B.2。

表 B.2 田间试验省工节肥效果评价表

试验处理	节约氮肥 kg/hm²	省工 人/d	省工节肥折算 元/hm²	产投比
处理 1				
处理 2				
处理 3				
…				

B.3 N(P/K)肥利用率评价

B.3.1 N(P/K)养分吸收量（禾谷类作物为例）

各个处理每形成 100 kg 籽粒产量的养分吸收量，按式（B.1）计算。

$$U_{N(P/K)} = 100 \times \frac{Y_G \times G_{N(P/K)} + Y_L \times L_{N(P/K)}}{Y_G} \quad\cdots\cdots\cdots\cdots\cdots\cdots \text{(B.1)}$$

式中：

$U_{N(P/K)}$——100 kg 籽粒产量 N(P/K)养分吸收量，单位为千克每公顷（kg/hm²）；

Y_G　　——籽粒平均产量，单位为千克每公顷（kg/hm²）；

$G_{N(P/K)}$——籽粒平均 N(P/K)养分含量，单位为百分率（%）；

Y_L　　——茎叶平均产量，单位为千克每公顷（kg/hm²）；

$L_{N(P/K)}$——茎叶平均 N(P/K)养分含量，单位为百分率（%）。

表 B.3 N(P/K)养分吸收量

处理	籽粒		茎叶		100 kg 籽粒产量 N(P/K)养分 平均吸收量 kg
	平均产量 kg/hm²	平均 N(P/K) 养分含量 %	平均产量 kg/hm²	平均 N(P/K) 养分含量 %	
处理 1					
处理 2					
处理 3					
…					

B.3.2 N(P/K)肥利用率

常规施肥(供试肥料)区作物吸 N(P/K)总量,按式(B.2)计算。

$$F_{N(P/K)} = \frac{Y_{N(P/K)} \times U_{N(P/K)}}{100} \quad\text{·· (B.2)}$$

式中:

$F_{N(P/K)}$——常规肥料或供试肥料区作物 N(P/K)总吸收量,单位为千克每公顷(kg/hm²);

$Y_{N(P/K)}$——常规施肥或供试肥料区产量,单位为千克每公顷(kg/hm²);

$U_{N(P/K)}$——施 N(P/K)形成 100 kg 经济产量养分吸收量,单位为千克(kg)。

无 N(P/K)区作物吸 N(P/K)总量,按式(B.3)计算。

$$F_{CK} = \frac{Y_{CK} \times U_{CK}}{100} \quad\text{·· (B.3)}$$

式中:

F_{CK}——无 N(P/K)区作物吸 N(P/K)总量,单位为千克每公顷(kg/hm²);

Y_{CK}——无 N(P/K)区产量,单位为千克每公顷(kg/hm²);

U_{CK}——无 N(P/K)形成 100 kg 经济产量养分吸收量,单位为千克(kg)。

N(P/K)肥利用率,按式(B.4)计算。

$$RE_{N(P/K)} = \frac{F_{N(P/K)} - F_{CK}}{T_{N(P/K)}} \times 100 \quad\text{································ (B.4)}$$

式中:

$RE_{N(P/K)}$——N(P/K)肥利用率,单位为百分率(%);

$F_{N(P/K)}$ ——常规施肥(供试肥料)区作物吸 N(P/K)总量,单位为千克每公顷(kg/hm²);

$T_{N(P/K)}$ ——所施肥料中 N(P/K)素的总量,单位为千克每公顷(kg/hm²)。

表 B.4 N(P/K)肥利用率

主要作物品种	N(P/K)肥利用率平均值,%	标准差,%
处理 1		
处理 2		
处理 3		
…		

B.4 其他效应

生态环境安全效果、施肥经济效益等。

注:其他作物参照本例。

附　录　C

（规范性附录）

试验报告内容要求

C.1　试验来源和目的

C.2　试验时间和地点

C.3　材料与方法

C.3.1　供试土壤

C.3.2　供试肥料

C.3.3　供试作物

C.3.4　试验方案和方法

C.4　试验结果与分析

C.4.1　不同处理对作物生物学性状的影响

C.4.2　不同处理对作物产量的影响

C.4.3　不同处理的经济效益分析

C.4.4　其他结果与分析（如肥料利用率、品质等）

C.4.5　试验数据统计分析结果

C.5　试验结论

C.6　试验执行单位、主持人、报告完成时间

ICS 65.080
B 10

中华人民共和国农业行业标准

NY/T 3241—2018

肥料登记田间试验通则

General rule of field experiment for fertilizer registration

2018-07-27 发布

2018-12-01 实施

中华人民共和国农业农村部 发布

前　言

本标准按照 GB/T 1.1—2009 给出的规则起草。

本标准由农业农村部种植业管理司提出并归口。

本标准起草单位:全国农业技术推广服务中心、中国农业科学院农业资源与农业区划研究所、江苏省耕地质量与农业环境保护站、湖南省土壤肥料工作站、山东省土壤肥料总站、辽宁省土壤肥料总站。

本标准主要起草人:辛景树、徐洋、仲鹭勃、孟远夺、马义兵、闫湘、张莹、吴远帆、泉维洁、于向华、杨帆、董燕、沈欣、傅国海。

肥料登记田间试验通则

1 范围

本标准规定了肥料登记田间试验的一般要求、设计、准备、实施、数据分析与效果评价、报告等要求。

本标准适用于在中华人民共和国境内办理登记的肥料产品的田间试验。

2 规范性引用文件

下列文件对于本文件的应用是必不可少的。凡是注日期的引用文件,仅注日期的版本适用于本文件。凡是不注日期的引用文件,其最新版本(包括所有的修改单)适用于本文件。

NY/T 1121.1 土壤检测 第1部分:土壤样品的采集、处理和贮存

NY/T 1536 微生物肥料田间试验技术规程及肥效评价指南

NY/T 2911 测土配方施肥技术规程

3 术语和定义

下列术语和定义适用于本文件。

3.1

肥料 fertilizer

用于提供、保持或改善植物营养和土壤物理、化学性能以及生物活性,能提高农产品产量,或改善农产品品质、增强植物抗逆能力的有机、无机、微生物及其混合物料。

3.2

肥料施用量 fertilizer application rate(dose)

施于单位播种面积的肥料或养分的质量或体积。

3.3

常规施肥 conventional fertilization

亦称习惯施肥,指当地有代表性的农户前三年平均肥料施用量(主要指氮、磷、钾肥)、施肥品种、施肥方法和施肥时期。

3.4

肥料效应 fertilizer response

肥料对作物产量、品质以及土壤性状的作用效果,通常以肥料单位养分的施用量所能获得的作物增产量、品质提升、效益增值以及土壤物理、化学、生物性状的改善表示。

3.5

施肥纯收益 net income of fertilization

施肥增加产值与施肥成本的差值。

3.6

施肥产出与投入比 benefit-cost ratio of fertilization

施肥增加产值与施肥成本的比值。

4 一般要求

4.1 试验内容

基于供试肥料类型、特点及作物种类,设计试验方案,开展田间试验,依据肥料对供试作物产量、品质以及对土壤改良效果的影响,评价肥料效益。

4.2 试验周期

至少进行1个生长季或1个生长周期。轮作、连作及验证肥料后效或特殊功能的试验应达到相应的周期要求。

4.3 试验主持人

4.3.1 具有中级及以上农业专业技术职称。

4.3.2 具有从事土壤肥料及相关专业三年以上的工作经历。

4.3.3 主持试验设计,全程跟踪试验过程,并对试验结果负责。

5 试验设计

5.1 试验处理

5.1.1 试验处理要体现供试肥料的特定功能,至少设空白处理、常规施肥、供试肥料或供试肥料配合常规施肥3个处理。

5.1.2 喷施试验需增加清水对照处理。

5.1.3 微生物肥料按 NY/T 1536 执行。

5.2 小区面积

5.2.1 各小区一致。

5.2.2 大田作物,如水稻、小麦、谷子等密植作物,小区面积为 20 m² ~ 40 m²;如玉米、高粱、棉花等中耕作物,小区面积为 30 m² ~ 50 m²。

5.2.3 露地蔬菜作物,小区面积不小于 20 m²;设施蔬菜作物,小区面积不小于 15 m²;蔬菜至少5行或3畦以上。

5.2.4 果树小区面积以供试果树规格为基础,每个小区不少于4株或40 m²。

5.2.5 茶叶小区面积为 20 m² ~ 40 m²。

5.3 小区形状

一般为长方形,面积较大时,长宽比以(3~5):1为宜,面积较小时,长宽比以(2~3):1为宜。

5.4 试验重复

至少为3次。各处理随机区组排列。

6 试验准备

6.1 试验地选择

满足供试肥料试验所需的条件。选择的地块应形状整齐、肥力均匀、具有代表性,避开居民区、道路、堆肥场所、树木遮阴、土传病害严重和其他人为活动的影响。

6.2 试验作物选择

选择当地主栽的作物品种,果树、茶叶等多年生作物还应选择树龄、树势和产量相对一致的植株进行试验。

6.3 试验地准备

试验前应整地、设置保护行、完成试验地小区划分。水田各小区应单灌单排。

6.4 试验前基础数据采集

试验前按照 NY/T 1121.1 的要求采集试验地土壤样品,按相关标准规定的方法进行检测,收集供试肥料有效成分含量及相关信息。

7 试验实施

7.1 肥料施用

按照试验设计实施。各小区施肥操作保持一致。

7.2 田间管理

各小区除施肥外,其他田间管理措施应一致。

7.3 观察记载

参照附录 A 及试验设计规定的其他要求进行。每个试验点都要留存试验布置、试验前、试验中、收获计产时作物长势及田间作业情况的照片。

7.4 取样、收获与测试

每个小区单独收获计产。多次收获的作物,应分次计产、计价,累加形成总产量、总产值。如需进行室内考种、植株分析和土壤测试,按 NY/T 2911 的规定进行。

8 数据分析与效果评价

8.1 数据分析

对试验结果进行方差分析(F 检验),选择 LSR、SSR、LSD 或 PLSD 检验进行多重比较。

8.2 效果评价

根据供试肥料特性和施用效果进行评价。肥料评价一般包括施肥对作物生物学性状的影响、作物产量、收获物品质、对作物抗逆性的影响、肥料经济效益以及对土壤性状的影响等。其中,经济效益评价包括施肥纯收益、施肥产出与投入比等。

微生物肥料效果评价,按 NY/T 1536 的规定执行。

9 试验报告

9.1 试验报告主要内容包括试验来源和试验目的、试验时间和地点、试验材料与方法、试验数据统计与分析、试验效果评价、试验主持人签字、试验报告完成时间、试验承担单位盖章等,参见附录 B。

9.2 试验材料与方法包括供试土壤类型及理化性状,供试肥料的生产者名称、产品分类、产品通用名称、剂型、含量及来源,供试作物,试验设计,试验条件,管理措施等。

9.3 试验结果与分析包括试验结果统计分析和供试肥料效果评价。

附　录　A

（资料性附录）

肥料登记田间试验记录要求

A.1　试验时间

试验起止时间

　　　　　　年　　　　月　　　　日至　　　　年　　　　月　　　　日

A.2　试验布点

试验地点：　　　　省　　　　县　　　　乡　　　　村　　　　农户

地形：　　　　　　　　　　　　　　　土壤类型（土种名）：

前茬作物名称：　　　　　　　　　　　前茬作物产量：

前茬作物施肥情况：

灌排水情况：

试验前试验地土壤分析结果见表 A.1。

表 A.1　试验前试验地土壤分析结果

项　目	检测值	项　目	检测值
有机质,g/kg		pH	
全氮,g/kg		有效磷,mg/kg	
速效钾,mg/kg		依供试肥料特性需检测的其他指标	

A.3　供试肥料和作物

供试肥料通用名称及技术指标：

供试作物及品种名称：

A.4　试验方案设计

试验处理、重复次数、小区长(m)、小区宽(m)、小区面积(m²)、小区排列图示等。

小区面积：长(m)×宽(m)＝　　　　m²

小区排列：(图示)

A.5　田间管理与调查

播种期和播种量、定植期、密度、施肥时间和数量、施肥方式、灌溉时间和数量、植物学性状、产量构成因子、灾害天气、病虫害防治、其他农事活动、所用工时等。

A.6　试验结果

不同处理及重复间的产量(kg/hm²)和增产率(%)结果、土壤理化性状等结果。其中,产量记录按照下列要求执行,并符合统计要求：

　　a)　对于一般谷物,晒干脱粒扬净后再计重;

　　b)　对于甘薯、马铃薯等根茎作物,去土随收随计重,若土地潮湿,可晾晒后去土计重;

c) 对于棉花、番茄、黄瓜、西瓜等作物,分次收获,每次收获时各小区的产量都要单独记录并注明收获时间,最后将产量累加。

A.7 试验过程照片

每个试验点都要留存试验布置、试验前、试验中、收获计产时作物长势及田间作业情况的照片。

附　录　B

（资料性附录）

肥料登记田间试验报告撰写提纲格式

肥料登记田间试验报告撰写提纲

1　试验来源和试验目的

2　试验时间和地点

3　材料与方法

3.1　供试土壤

3.2　供试肥料

3.3　供试作物及品种

3.4　试验设计

3.5　田间管理

4　试验结果与分析

4.1　不同处理对作物生物学性状的影响

4.2　不同处理对作物产量的影响

4.3　不同处理的经济效益分析

4.4　其他结果与分析

5　试验结论

6　试验主持人、试验报告完成时间、试验承担单位

ICS 65.020
B 10

中华人民共和国农业行业标准

NY/T 3242—2018

土壤水溶性钙和水溶性镁的测定

Method for determination of water–soluble calcium and water–soluble
magnesium in soil

2018-07-27 发布

2018-12-01 实施

中华人民共和国农业农村部 发布

NY/T 3242—2018

前　　言

本标准按照 GB/T 1.1—2009 和 GB/T 20001.4 给出的规则起草。

本标准由农业农村部种植业管理司提出并归口。

本标准起草单位:农业农村部耕地质量监测保护中心、农业农村部肥料质量监督检验测试中心(南宁)、农业农村部肥料质量监督检验测试中心(沈阳)、云南省土壤肥料工作站、农业农村部肥料质量监督检验测试中心(武汉)。

本标准主要起草人:李荣、郑磊、余焘、明亮、樊亚东、胡劲红、刘小娟、阮坤良、王永欢、杨雪兰、王巍。

土壤水溶性钙和水溶性镁的测定

1 范围

本标准规定了土壤中水溶性钙含量和水溶性镁含量测定的原子吸收分光光度法及 EDTA 络合滴定法的原理、试剂、主要仪器和设备、分析步骤。

本标准适用于土壤中水溶性钙和水溶性镁含量的测定。

2 规范性引用文件

下列文件对于本文件的应用是必不可少的。凡是注日期的引用文件,仅注日期的版本适用于本文件。凡是不注日期的引用文件,其最新版本(包括所有的修改单)适用于本文件。

GB/T 601　化学试剂　标准滴定溶液的制备

GB/T 603　化学试剂　试验方法中所用制剂及制品的制备

GB/T 6682　分析实验室用水规格和试验方法

NY/T 1121.1　土壤检测　第 1 部分:土壤样品的采集、处理和贮存

第一法　原子吸收分光光度法

3 原理

试样经水提取后,通过原子吸收分光光度计使试液中的钙、镁原子化,在火焰中形成的基态原子对特征谱线产生选择性吸收。测得吸光度和标准曲线的吸光度进行比较,确定样品中被测元素的浓度。

4 试剂

4.1　本标准所用试剂和水,在没有注明其他要求时均指分析纯试剂和 GB/T 6682 中规定的二级水;所述溶液如未指明溶剂均系水溶液。试验中所需制剂及制品,在没有注明其他要求时均按 GB/T 603 的规定制备。

4.2　除 CO_2 的水:将水注入烧瓶中(水量不超过烧瓶体积的 2/3),煮沸 10 min,放置冷却。

4.3　镧溶液,$\rho = 30$ g/L:称取 80.2 g 氯化镧溶于水,定容至 1 L。

4.4　钠溶液,$\rho = 10$ g/L:称取 25.4 g 氯化钠(优级纯)溶于水,定容至 1 L。

4.5　钙标准储备液,$\rho = 1\,000$ mg/L:称取经 110℃烘干 4 h 的碳酸钙(优级纯)2.497 2 g,加水 10 mL,边搅拌边滴加 6 mol/L 盐酸溶液,直至碳酸钙全部溶解,煮沸除去 CO_2,冷却后转入 1 L 容量瓶中,用水定容。或使用国家有证标准物质。

4.6　钙标准溶液,$\rho = 100$ mg/L:吸取标准储备液(4.5)25.00 mL 放入 250 mL 容量瓶中,用水定容即为 100 μg/mL 钙标准溶液。

4.7　镁标准储备液,$\rho = 500$ mg/L:称取 0.500 0 g 金属镁(光谱纯)溶于 1:3 盐酸(优级纯)溶液,加水定容至 1 L。或使用国家有证标准物质。

4.8　镁标准溶液,$\rho = 50$ mg/L:吸取镁标准储备液(4.7)25.00 mL,放入 250 mL 容量瓶中,用水定容即为 50 mg/L 镁标准溶液。

5 主要仪器和设备

5.1　电子天平:感量 0.01 g。

5.2 往复式(或旋转式)振荡机,满足(180±20) r/min 的振荡频率或达到相同效果。

5.3 真空泵。

5.4 布氏漏斗,配 0.8 μm 水系微孔滤膜。

5.5 离心机,转速满足(4 000±200) r/min。

5.6 原子吸收分光光度计,含钙镁空心阴极灯。

6 分析步骤

6.1 样品制备

按 NY/T 1121.1 的规定制备实验室样品。

6.2 试液制备

称取通过 2 mm 孔径筛的风干试样 20 g,精确到 0.01 g,置于 250 mL 具塞塑料瓶中,用量筒加入去除 CO_2 的水(4.2)100.0 mL,盖紧瓶口,摇匀后在振荡机上以(180±20) r/min 频率振荡 3 min,立即用布氏漏斗过 0.8 μm 水系微孔滤膜抽滤于具塞三角瓶中,开始滤出的 10 mL 滤液弃去;或转移到离心管中,以(4 000±200) r/min 的转速离心 10 min,取上层清亮的滤液,如上层滤液仍浑浊,可用 0.8 μm 水系微孔针头过滤器过滤。除不加试样外,按相同的步骤进行空白试验。

6.3 测定

用大肚移液管准确吸取试液 20 mL 放入 50 mL 容量瓶中,加入 5.0 mL 镧溶液(4.3)、2.5 mL 钠溶液(4.4),用水定容后,在原子吸收分光光度计 422.7 nm(钙)及 285.2 nm(镁)波长处,分别测定试液和样品空白中钙、镁离子的吸收值,从校准曲线上查得该测定液中钙、镁离子的浓度。若测定浓度超出标准曲线范围,应减少试液吸取体积。

校准曲线的绘制:吸取钙标准溶液(4.6)0 mL、0.50 mL、1.00 mL、2.50 mL、4.00 mL、5.00 mL、7.50 mL,分别置于 50 mL 容量瓶中,各加 5 mL 镧(4.3)溶液和 2.5 mL 钠(4.4)溶液,用水定容,即为 0 mg/L、1.0 mg/L、2.0 mg/L、5.0 mg/L、8.0 mg/L、10.0 mg/L、15.0 mg/L 钙标准系列溶液。

吸取镁标准溶液(4.8)0 mL、0.50 mL、1.00 mL、1.20 mL、1.50 mL、1.80 mL、2.00 mL 分别置于 50 mL 容量瓶中,各加 5 mL 镧溶液(4.3)和 2.5 mL 钠溶液(4.4),用水定容,即为 0 mg/L、0.5 mg/L、1.0 mg/L、1.2 mg/L、1.5 mg/L、1.8 mg/L、2.0 mg/L 镁标准系列溶液。

将钙和镁标准系列溶液分别在原子吸收分光光度计上测得吸收值,列出回归方程或绘制校准曲线。

按式(1)、式(2)计算。

$$c_{钙离子} = \frac{(\rho - \rho_0) \times 50 \times D}{m} \quad \cdots\cdots\cdots\cdots\cdots\cdots \quad (1)$$

式中:

$c_{钙离子}$ ——土壤水溶性钙的质量分数,单位为毫克每千克(mg/kg);

ρ ——从校准曲线上查得的测定液质量浓度,单位为毫克每升(mg/L);

ρ_0 ——从校准曲线上查得的样品空白质量浓度,单位为毫克每升(mg/L);

50 ——试液定容体积,单位为毫升(mL);

D ——分取倍数;

m ——称取试样质量,单位为克(g)。

$$c_{镁离子} = \frac{(\rho - \rho_0) \times 50 \times D}{m} \quad \cdots\cdots\cdots\cdots\cdots\cdots \quad (2)$$

式中:

$c_{镁离子}$ ——土壤水溶性镁的质量分数,单位为毫克每千克(mg/kg)。

平行测定结果以算术平均值表示,保留三位有效数字。平行测定结果允许相对相差≤5%,实验室间结果允许相对相差≤15%。

第二法 EDTA 络合滴定法

7 原理

在 pH>12 的溶液中,Mg^{2+} 沉淀为 $Mg(OH)_2$,再用 EDTA 标准溶液直接滴定 Ca^{2+}。以钙-羧酸为指示剂,终点由酒红色变为纯蓝色,由 EDTA 标准溶液所消耗的量,计算 Ca^{2+} 量。在 pH 10 的溶液中,可用 EDTA 滴定 Ca^{2+}、Mg^{2+} 合量,以铬黑 T 为指示剂,终点由酒红色变为纯蓝色。由 EDTA 标准溶液所消耗的量计算 Ca^{2+}、Mg^{2+} 合量,再减去 Ca^{2+} 量,即得 Mg^{2+} 量。

8 试剂

8.1 本标准所用试剂和水,在没有注明其他要求时均指分析纯试剂和 GB/T 6682 中规定的二级水;所述溶液如未指明溶剂均系水溶液。试验中所需制剂及制品,在没有注明其他要求时均按 GB/T 603 的规定制备。

8.2 氧化锌:基准试剂。

8.3 盐酸溶液(1∶1):一份浓盐酸与等量水混合。

8.4 氢氧化钠溶液,$c=2\ mol/L$:称取 8.0 g 氢氧化钠溶于 100 mL 无 CO_2 水中。

8.5 pH 10 氨缓冲液:称取 67.5 g 氯化铵(NH_4Cl),用无 CO_2 水溶解,加入 570 mL 新开瓶的浓氨水,用水定容至 1 L,储于塑料瓶中,注意防止吸收空气中的 CO_2。

8.6 EDTA 标准溶液,$c=0.01\ mol/L$:称取 EDTA 二钠盐($C_{10}H_{14}O_8N_2Na_2 \cdot 2H_2O$)3.72 g,溶于无 CO_2 水中,定容至 1 L,用氧化锌(8.2)按 GB/T 601 的规定标定。此液储于塑料瓶中备用。

8.7 铬黑 T 指示剂:称取 0.5 g 铬黑 T 与 100 g 于 500℃～550℃烘干 1.5 h 的氯化钠一起在玛瑙研钵中研磨至极细,储于棕色瓶中。

8.8 钙-羧酸指示剂:称取 0.5 g 钙指示剂[2-羟基-1-(2-羟基-4 磺酸-1-萘偶氮基)-3-萘甲酸,$C_{21}H_{14}O_7N_2S$],与 50 g 于 500℃～550℃烘干 1.5 h 的氯化钠研细混匀,储于棕色瓶中。

9 主要仪器和设备

9.1 电子天平:感量 0.01 g。

9.2 往复式(或旋转式)振荡机,满足(180±20)r/min 的振荡频率或达到相同效果。

9.3 真空泵。

9.4 离心机,转速满足(4 000±200)r/min。

10 分析步骤

10.1 样品制备
同 6.1。

10.2 水溶性钙和水溶性镁的提取
同 6.2。

10.3 测定

10.3.1 Ca^{2+}、Mg^{2+} 含量的测定

用大肚移液管准确吸取试液 25 mL 于 150 mL 三角瓶中,加 1∶1 盐酸溶液(8.3)2 滴、煮沸 1 min 去除 CO_2,冷却后,加 pH 10 氨缓冲液(8.5)4 mL,加铬黑 T 指示剂(8.7)1 小勺(约 0.1 g),摇匀,用

EDTA标准溶液(8.6)滴定至溶液由酒红色变为纯蓝色为终点。记录消耗 EDTA 标准溶液的体积。

10.3.2 Ca^{2+} 的测定

另吸取试液 25.00 mL 于 150 mL 三角瓶中,加 1∶1 盐酸溶液(8.3)2 滴、煮沸 1 min 去除 CO_2,冷却后,加 2 mol/L 氢氧化钠溶液(8.4)2 mL,摇匀,放置 1 min,加钙指示剂(8.8)1 小勺(约 0.1 g),用 EDTA标准溶液(8.6)滴定,接近终点时须逐滴加入,充分摇动,直到溶液由酒红色变为纯蓝色为终点。记录所耗 EDTA 标准溶液的体积。

10.3.3 结果计算

按式(3)、式(4)计算。

$$c_{钙离子} = \frac{c \times V_1 \times 2 \times D}{m} \times 10^3 \times 20 \cdots\cdots\cdots\cdots\cdots\cdots\cdots\cdots\cdots\cdots \text{(3)}$$

式中：

V_1——滴定 Ca^{2+} 所消耗的 EDTA 标准溶液体积,单位为毫升(mL);

20——$\frac{1}{2}Ca^{2+}$ 的摩尔质量,单位为克每摩尔(g/mol)。

$$c_{镁离子} = \frac{c \times (V_2 - V_1) \times 2 \times D}{m} \times 10^3 \times 24.4 \cdots\cdots\cdots\cdots\cdots\cdots\cdots\cdots \text{(4)}$$

式中：

V_2 ——滴定 Ca^{2+}、Mg^{2+} 所消耗的 EDTA 标准溶液体积,单位为毫升(mL);

24.4——$\frac{1}{2}Mg^{2+}$ 的摩尔质量,单位为克每摩尔(g/mol)。

平行测定结果用算术平均值表示,保留 3 位有效数字。平行测定结果允许相对相差≤10%,实验室间结果允许相对相差≤20%。

注:土壤水浸出液中除 Ca^{2+} 和 Mg^{2+} 外,能与 EDTA 配合的其他金属离子的数量极少,不必使用掩蔽剂。如待测液中 Mn、Fe、Al 等金属含量多时,可加三乙醇胺掩蔽。1∶5 的三乙醇胺溶液 2 mL 能掩蔽 5 mg~10 mg Fe,10 mg Al,4 mg Mn。已与 Mg^{2+} 络合的金属指示剂与 EDTA 的反应在室温下不能瞬间完成,滴定接近终点时须缓慢。如将溶液加热至 50℃~60℃,反应加速,可用常速进行滴定。待测液中若 Mg^{2+} 含量高,用氢氧化钠调 pH 时,生成的 $Mg(OH)_2$ 沉淀会吸附一部分 Ca^{2+},造成 Ca^{2+} 的测定结果偏低,应减少待测液吸取量并对其进行稀释。

ICS 13.080.10
B 10

中华人民共和国农业行业标准

NY/T 3343—2018

耕地污染治理效果评价准则

Criterion for effectiveness evaluation of pollution control of cultivated land

2018-12-19 发布

2019-06-01 实施

中华人民共和国农业农村部 发布

前　言

本标准按照 GB/T 1.1—2009 给出的规则起草。

本标准由农业农村部科技教育司提出并归口。

本标准起草单位：农业农村部农业生态与资源保护总站、中国农业科学院农业资源与农业区划研究所、中国科学院地理科学与资源研究所、湖南省农业资源与环境保护管理站、农业农村部环境保护科研监测所、中国农业大学、中国科学院亚热带农业生态研究所、广东省生态环境技术研究所。

本标准主要起草人：郑顺安、王久臣、高尚宾、黄宏坤、马义兵、廖晓勇、刘钦云、师荣光、安毅、林大松、苏德纯、朱捍华、吴泽嬴、倪润祥、袁宇志。

耕地污染治理效果评价准则

1 范围

本标准规定了耕地污染治理效果评价相关的术语和定义、评价原则、评价方法与范围、评价标准、评价程序。

本标准适用于对污染治理前后均种植食用类农产品的耕地开展评价。

2 规范性引用文件

下列文件对于本文件的应用是必不可少的。凡是注日期的引用文件，仅注日期的版本适用于本文件。凡是不注日期的引用文件，其最新版本（包括所有的修改单）适用于本文件。

GB 2762　食物中污染物限量

GB 15618　土壤环境质量　农用地土壤环境风险管控标准（试行）

GB 18877　有机—无机复混肥料

NY/T 398　农、畜、水产品污染监测技术规范

3 术语和定义

下列术语和定义适用于本文件。

3.1

耕地　cultivated land

用于农作物种植的土地。本文件所规定的耕地是指种植食用类农产品的耕地。

3.2

耕地污染　pollution of cultivated land

耕地中污染物含量达到危害农产品质量安全以及对周边生态环境产生不利影响超过可接受风险水平的现象。

3.3

耕地污染治理　pollution control of cultivated land

通过源头控制、农艺调控、土壤改良、品种替代、植物修复等措施，改善受污染耕地土壤环境质量，减少农产品中污染物含量，降低农产品污染物超标风险。本文件所规定的治理措施不包括改变食用类农作物种植结构的措施，如改种花卉林木、退耕还林还草等。

3.4

耕地污染治理效果　effects of pollution control of cultivated land

耕地污染治理措施对农产品可食部位中污染物含量降低所起的作用。分为当季效果和整体效果两类，当季效果指治理措施实施后对种植的第1季农产品可食部位污染物含量所产生的效果；整体效果指根据连续2年的每季治理效果，综合评价后所得出的治理区域内耕地污染整体治理效果。

3.5

农产品　agricultural products

来源于农业的初级产品，即在农业活动中获得的植物、动物、微生物及其产品。本文件所规定的农产品指农业耕作过程中生产的食用农产品，如小麦、水稻、玉米、花生、高粱、蔬菜、水果等植物及其产品。

3.6

耕地污染风险评估 pollution risk assessment for cultivated land

在耕地污染调查的基础上,协同农产品质量安全,分析耕地污染状况,评估耕地农产品超标风险,确定耕地污染治理的区域范围、污染物种类和目标等。

3.7

目标污染物 target contaminant

由耕地污染风险评估所确定的需要进行治理的污染物,种类应符合 GB 2762 的要求。

3.8

治理效果评价点位 sampling point for effects assessment of pollution control of cultivated land

为评价耕地污染治理效果而在治理区域内设置的农产品采集地块,并根据采样监测标准设定的评价地块点位。

4 评价原则

4.1 科学性

综合考虑耕地污染风险评估情况、耕地污染治理方案、治理实施情况及效果等,科学合理地开展耕地污染治理效果评价工作。

4.2 独立性

耕地污染治理效果评价方案应由第三方效果评价单位编制,并负责组织实施,确保评价工作的独立性和客观性。

4.3 公正性

评价机构应秉持良好的职业操守,依据相关法律、法规和标准,公平、公正、客观、规范地开展耕地污染治理效果评价工作,科学、正确地评价耕地污染治理效果。

5 评价方法与范围

通过评价治理区域内农产品可食部位中目标污染物含量变化情况,反映治理措施对耕地污染治理的效果,得出治理区域内耕地污染治理的总体评价结论。评价范围应与治理范围相一致;当治理范围发生变更时,应根据实际情况对评价范围进行调整。

6 评价标准

6.1 耕地污染治理以实现治理区域内食用农产品可食部位中目标污染物含量降低到 GB 2762 规定的限量标准以下(含)为目标。

6.2 治理效果分为 2 个等级:达标和不达标。达标表示治理效果已经达到了目标;不达标表示耕地污染治理未达到目标。

6.3 根据治理区域连续 2 年的治理效果等级,综合评价耕地污染治理整体效果。

6.4 耕地污染治理措施不能对耕地或地下水造成二次污染。治理所使用的有机肥、土壤调理剂等耕地投入品中镉、汞、铅、铬、砷 5 种重金属含量,不能超过 GB 15618 规定的筛选值,或者治理区域耕地土壤中对应元素的含量。

6.5 耕地污染治理措施不能对治理区域主栽农产品产量产生严重的负面影响。种植结构未发生改变的,治理区域农产品单位产量(折算后)与治理前同等条件对照相比,减产幅度应小于或等于 10%。

注:治理区域内农产品单位产量及其测算方式由前期耕地污染风险评估确定。

7 评价程序

耕地污染治理效果评价总体流程如图 1 所示,包括制订评价方案、采样与实验室检测分析、治理效果评价 3 个阶段。

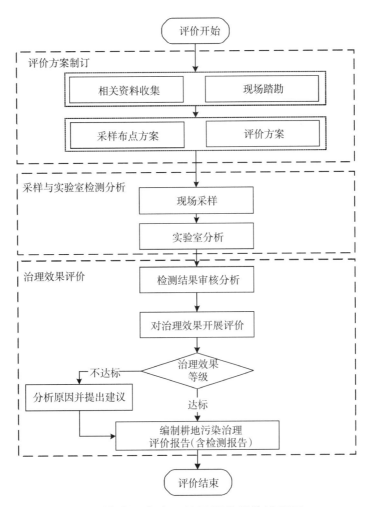

图 1 耕地污染治理效果评价总体流程图

7.1 制订评价方案

在审阅分析耕地污染治理相关资料的基础上,结合现场踏勘结果,明确采样布点方案,确定耕地污染治理效果评价内容,制订评价方案。

7.2 采样与实验室检测分析

在评价方案的指导下,结合耕地污染治理措施实施的具体情况,开展现场采样和实验室分析工作。布点采样与实验室分析工作由评价单位组织实施。

7.3 治理效果评价

在对样品实验室检测结果进行审核与分析的基础上,根据评价标准,评价治理效果,并做出评价结论。

8 评价时段

在治理后(对于长期治理的,在治理周期后)2 年内的每季农作物收获时,开展耕地污染治理效果评价;根据 2 年内每季评价结果,做出评价结论。

注:开展长期治理的,在一个治理周期结束后的农作物收获时开展评价;根据 2 年内每季评价结果,做出评价结论。

9 评价技术要求

9.1 资料收集

在治理效果评价工作开展之前,应收集与耕地污染治理相关的资料,包括但不限于以下内容:

9.1.1 区域自然环境特征:气候、地质地貌、水文、土壤、植被、自然灾害等。

9.1.2 农业生产土地利用状况:农作物种类、布局、面积、产量、农作物长势、耕作制度等。

9.1.3 土壤环境状况:污染源种类及分布、污染物种类及排放途径和年排放量、农灌水污染状况、大气污染状况、农业废弃物投入、农业化学物质投入情况、自然污染源情况等。

9.1.4 农作物污染监测资料:农作物污染元素历年值、农作物污染现状等。

9.1.5 耕地污染治理资料:耕地污染风险评估及治理方案相关文件、治理实施过程的记录文件及台账记录、治理中所使用的耕地投入品情况、二次污染监测记录、治理项目完成报告等。

9.1.6 其他相关资料和图件:土地利用总体规划、行政区划图、农作物种植分布图、土壤类型图、高程数据、耕地地理位置示意图、治理范围图、治理措施流程图、治理过程图片和影像记录等。

> 注:收集资料应尽可能包括空间信息:点位数据应包括地理空间坐标;面域数据应有符合国家坐标系的地理信息系统矢量或栅格数据。

9.2 治理所使用的耕地投入品采集检测

依据随机抽样原则采集治理措施中所使用的有机肥、化肥、土壤调理剂等耕地投入品,检测镉、汞、铅、铬、砷 5 种重金属。检测方法按照相关标准的规定执行,如无标准则按照 GB 18877 的规定执行。

9.3 治理效果评价点位布设

以耕地污染治理区域作为监测单元,按照 NY/T 398 的规定在治理区域内或附近布设治理效果评价点位。治理效果评价点位布点数量见表1。

表 1 治理效果评价点位布点数量

治理区域面积,hm²	评价点位数量,个
小于或等于 10	10
10 以上	每 1 hm² 设置 1 个点

9.4 治理效果评价点位农产品采样及检测

治理或一个治理周期结束后,在治理效果评价点位采集农产品样品,采样方法按照 NY/T 398 的规定执行,检测方法按照 GB 2762 的规定执行。

9.5 治理效果评价

根据耕地污染治理效果评价点位的农产品可食部位中目标污染物单因子污染指数算术平均值和农产品样本超标率判定治理区域的治理效果。

农产品中目标污染物单因子污染指数算数平均值按式(1)计算。

$$E_{平均}=\frac{\sum_{i=1}^{n}\frac{A_i}{S_i}}{n} \quad\cdots\cdots\cdots\cdots\cdots\cdots\cdots\cdots (1)$$

式中:

$E_{平均}$——治理效果评价点位所采集的农产品中目标污染物单因子污染指数算术平均值;

n ——治理效果评价点位数量,单位为个;

A_i ——农产品中目标污染物的实测值,单位为毫克每千克(mg/kg);

S_i ——农产品中目标污染物的限量标准值,单位为毫克每千克(mg/kg)。

农产品样本超标率按式(2)计算。

$$R=\frac{E_t}{M_t} \quad\cdots\cdots\cdots\cdots\cdots\cdots\cdots\cdots (2)$$

式中:

R ——农产品样本超标率,单位为百分率(%);

E_t——农产品超标样本总数,单位为个;

M_t——监测样本总数,单位为个。

治理后,当季农产品中目标污染物单因子污染指数均值显著大于1(单尾 t 检验,显著性水平一般小于或等于0.05),或农产品样本超标率大于10%,则当季效果为不达标;同时不满足以上2个条件则判定当季效果为达标。如耕地污染治理措施不符合6.4或6.5,则直接判定为不达标(表2)。

表2 当季治理效果等级

农产品中目标污染物单因子污染指数算术平均值($E_{平均}$)		农产品样本超标率%	污染治理效果等级
>1[a]	或	>10	不达标
耕地污染治理措施不符合6.4或6.5			
<1或与1差异不显著	且	≤10	达标
[a] 要求单尾 t 检验达到显著性水平(显著性水平一般小于或等于0.05)。			

t 检验结合样本超标率评价耕地污染治理当季效果及 t 分布的单尾分位数表见附录A和附录B。

连续2年内每季的效果等级均为达标,则整体治理效果等级判定为达标。2年中任一季的治理效果等级不达标,则整体治理效果等级判定为不达标(表3)。

表3 整体治理效果等级

治理后连续2年内每季效果等级	整体治理效果等级
任一季的治理效果等级不达标	不达标
连续2年内每季治理效果等级均达标	达标

若耕地污染治理效果评价点位农产品目标污染物不止一项,需要逐一进行评价列出。任何一种目标污染物的当季或整体治理效果不达标,则整体治理效果等级判定为不达标。

10 评价报告编制

耕地污染治理效果评价报告应详细、真实并全面地介绍耕地污染治理效果评价过程,并对治理效果进行科学评价,给出总体结论。

评价报告应包括:治理方案简介、治理实施情况、效果评价工作、评价结论和建议以及检测报告等。评价报告编写提纲见附录C。

附 录 A
（规范性附录）
t 检验结合样本超标率评价耕地污染治理当季效果

A.1 t 检验方法

t 检验是判定给定的常数是否与变量均值之间存在显著差异的常用方法。

假设一组样本,样本数为 n,样本均值为 $\bar{x}$,样本标准差为 S,利用单尾 t 检验判定一个给定值 μ_0 是否与样本均值 $\bar{x}$ 存在显著差异,步骤为：

a) 确定显著性水平 a,如 $\alpha=0.2$、0.1、0.05 或 0.01；

b) 计算检验统计量 $t=\dfrac{\bar{x}-\mu_0}{S/\sqrt{n}}$；

c) 根据样本自由度 $df=n-1$ 和显著水平 a 查 t 分布临界值表,确定单尾临界值 $C=t_{2a}(n-1)$。例如,$n=10$,$a=0.05$,则 $t=1.833$；

d) 统计推断：若 $|t|>C$,即 $\mu_0>\bar{x}+C\cdot S/\sqrt{n}$ 或 $\mu_0<\bar{x}-C\cdot S/\sqrt{n}$,则给定的常数与均值存在显著差异。当 $\mu_0>\bar{x}+C\cdot S/\sqrt{n}$ 时,则均值显著小于给定常数。当 $\mu_0<\bar{x}-C\cdot S/\sqrt{n}$ 时,则均值显著大于给定常数；若 $|t|<C$,即 $\bar{x}-C\cdot S/\sqrt{n}\leqslant\mu_0\leqslant\bar{x}+C\cdot S/\sqrt{n}$,则给定的常数与样本均值不存在显著差异。

A.2 t 检验结合样本超标率评价治理效果示例

某污染耕地治理项目,治理区域面积 $3\,hm^2$,根据表 1,布设治理效果评价点位 10 个,目标污染物是镉,农产品为水稻。样本数和样本检测值质量满足 t 检验法评价要求,显著性水平取 0.05,治理后当季相关数据如表 A.1 所示。

表 A.1 样本检测值及统计量

评价点	稻谷镉含量,mg/kg	评价点镉单因子污染指数（E）
S1	0.224	1.120
S2	0.206	1.030
S3	0.143	0.715
S4	0.218	1.090
S5	0.184	0.920
S6	0.110	0.550
S7	0.149	0.745
S8	0.122	0.610
S9	0.195	0.975
S10	0.117	0.585
$E_{平均}$		0.834
S		0.218
C		1.833
$\bar{x}+C\cdot S/\sqrt{n}$		0.960
$\bar{x}-C\cdot S/\sqrt{n}$		0.708

从表 A.1 可以看出，根据评价点 t 检验的结果，$\bar{x}+C\cdot S/\sqrt{n}=0.960<1$，可以判定评价点 $E_{平均}$ 显著小于 1，但由于样本超标率为 30%（10 个样本中有 3 个超标），根据 9.5，判定治理后当季治理效果等级为不达标。

附　录　B

（资料性附录）

t 分布的单尾分位数表

表 B.1 为与显著性水平 α 和自由度 $n-1$ 对应的 t 分布的分位数 $t_{2\alpha}(n-1)$。

表 B.1　t 分布的单尾分位数表

$n-1$	α						
	0.2	0.1	0.05	0.02	0.01	0.002	0.001
1	3.078	6.314	12.706	31.821	63.657	318.309	636.619
2	1.886	2.920	4.303	6.965	9.925	33.327	31.599
3	1.638	2.353	3.182	4.541	5.841	10.215	12.924
4	1.533	2.132	2.776	3.747	4.604	7.173	8.610
5	1.476	2.015	2.571	3.365	4.032	5.839	6.869
6	1.440	1.943	2.447	3.143	3.707	5.208	5.959
7	1.415	1.895	2.365	2.998	3.499	4.785	5.408
8	1.397	1.860	2.306	2.896	3.355	4.501	5.041
9	1.383	1.833	2.262	2.821	3.250	4.297	4.781
10	1.372	1.812	2.228	2.764	3.169	4.144	4.587
11	1.363	1.796	2.201	2.718	3.106	4.025	4.437
12	1.356	1.782	2.179	2.681	3.055	3.930	4.318
13	1.350	1.771	2.160	2.650	3.012	3.852	4.221
14	1.345	1.761	2.145	2.624	2.977	3.787	4.140
15	1.341	1.753	2.131	2.602	2.947	3.733	4.073
16	1.337	1.746	2.120	2.583	2.921	3.686	4.015
17	1.333	1.740	2.110	2.567	2.898	3.646	3.965
18	1.330	1.734	2.101	2.552	2.878	3.610	3.922
19	1.328	1.729	2.093	2.539	2.861	3.579	3.883
20	1.325	1.725	2.086	2.528	2.845	3.552	3.850
21	1.323	1.721	2.080	2.518	2.831	3.527	3.819
22	1.321	1.717	2.074	2.508	2.819	3.505	3.792
23	1.319	1.714	2.069	2.500	2.807	3.485	3.768
24	1.318	1.711	2.064	2.492	2.797	3.467	3.745
25	1.316	1.708	2.060	2.485	2.787	3.450	3.725
26	1.315	1.706	2.056	2.479	2.779	3.435	3.707
27	1.314	1.703	2.052	2.473	2.771	3.421	3.690
28	1.313	1.701	2.048	2.467	2.763	3.408	3.674
29	1.311	1.699	2.045	2.462	2.756	3.396	3.659
30	1.310	1.697	2.042	2.457	2.750	3.358	3.646
31	1.309	1.696	2.040	2.453	2.744	3.375	3.633
32	1.309	1.694	2.037	2.449	2.738	3.365	3.622
33	1.308	1.692	2.035	2.445	2.733	3.356	3.611
34	1.307	1.691	2.032	2.441	2.728	3.348	3.601
35	1.306	1.690	2.030	2.438	2.724	3.340	3.591
36	1.306	1.688	2.028	2.434	2.719	3.333	3.582
37	1.305	1.687	2.026	2.431	2.715	3.326	3.574

表 B.1（续）

$n-1$	α						
	0.2	0.1	0.05	0.02	0.01	0.002	0.001
38	1.304	1.686	2.024	2.429	2.712	3.319	3.566
39	1.304	1.685	2.023	2.426	2.708	3.313	3.558
40	1.303	1.684	2.021	2.423	2.704	3.307	3.551
41	1.303	1.683	2.020	2.421	2.701	3.301	3.544
42	1.302	1.682	2.018	2.418	2.698	3.296	3.538
43	1.302	1.681	2.017	2.416	2.695	3.291	3.532
44	1.301	1.680	2.015	2.414	2.692	3.286	3.526
45	1.301	1.679	2.014	2.412	2.690	3.281	3.520
46	1.300	1.679	2.013	2.410	2.687	3.277	3.515
47	1.300	1.678	2.012	2.408	2.685	3.273	3.510
48	1.299	1.677	2.011	2.407	2.682	3.269	3.505
49	1.299	1.677	2.010	2.405	2.680	3.265	3.500
50	1.299	1.676	2.009	2.403	2.678	3.261	3.496
51	1.298	1.675	2.008	2.402	2.676	3.258	3.492
52	1.298	1.675	2.007	2.400	2.674	3.255	3.488
53	1.298	1.674	2.006	2.399	2.672	3.251	3.484
54	1.297	1.674	2.005	2.397	2.670	3.248	3.480
55	1.297	1.673	2.004	2.396	2.668	3.245	3.476
56	1.297	1.673	2.003	2.395	2.667	3.242	3.473
57	1.297	1.672	2.002	2.394	2.665	3.239	3.470
58	1.296	1.672	2.002	2.392	2.663	3.237	3.466
59	1.296	1.671	2.001	2.391	2.662	3.234	3.463
60	1.296	1.671	2.000	2.390	2.660	3.232	3.460
61	1.296	1.670	2.000	2.389	2.659	3.229	3.457
62	1.295	1.670	1.999	2.388	2.657	3.227	3.454
63	1.295	1.669	1.998	2.387	2.656	3.225	3.452
64	1.295	1.669	1.998	2.386	2.655	3.223	3.449
65	1.295	1.669	1.997	2.385	2.654	3.220	3.447
66	1.295	1.668	1.997	2.384	2.652	3.218	3.444
67	1.294	1.668	1.996	2.383	2.651	3.216	3.442
68	1.294	1.668	1.995	2.382	2.650	3.214	3.439
69	1.294	1.667	1.995	2.382	2.649	3.213	3.437
70	1.294	1.667	1.994	2.381	2.648	3.211	3.435
71	1.294	1.667	1.994	2.380	2.647	3.209	3.433
72	1.293	1.666	1.993	2.379	2.646	3.207	3.431
73	1.293	1.666	1.993	2.379	2.645	3.206	3.429
74	1.293	1.666	1.993	2.378	2.644	3.204	3.427
75	1.293	1.665	1.992	2.377	2.643	3.202	3.425
76	1.293	1.665	1.992	2.376	2.642	3.201	3.423
77	1.293	1.665	1.991	2.376	2.641	3.199	3.421
78	1.292	1.665	1.991	2.375	2.640	3.198	3.420
79	1.292	1.664	1.990	2.374	2.640	3.197	3.418
80	1.292	1.664	1.990	2.374	2.639	3.195	3.416
90	1.662	1.987	2.368	2.632	2.878	3.183	3.402
100	1.660	1.984	2.364	2.626	2.871	3.174	3.390

附 录 C

（规范性附录）

耕地污染治理效果评价报告编写提纲

C.1 耕地污染治理背景。

C.2 耕地污染治理依据。

C.3 耕地污染风险评估情况。

C.4 耕地污染治理方案（含相关审核审批文件清单，文件作为附件）。

C.5 耕地污染治理开展情况。

C.5.1 治理措施实施情况（治理台账及过程记录文件清单，典型文件作为附件）。

C.5.2 二次污染控制情况（含耕地投入品污染物含量情况）。

C.6 耕地污染治理效果评价。

C.6.1 评价内容与方法。

C.6.1.1 评价内容和范围。

C.6.1.2 评价程序与方法。

C.6.2 采样布点方案。

C.6.2.1 布点原则。

C.6.2.2 布点方案。

C.6.2.3 监测因子。

C.6.3 现场采样与实验室检测。

C.6.4 治理效果评价。

C.6.4.1 评价标准。

C.6.4.2 对农产品产量的影响。

C.6.4.3 效果评价。

C.7 耕地污染治理效果评价总体结论（含建议）。

C.8 附件（相关审核审批文件、治理台账及过程记录典型性文件、检测报告等）。

第四部分
农产品加工标准

ICS 65.020
B 00

中华人民共和国农业行业标准

NY/T 3177—2018

农产品分类与代码

Classification and codes of agro-products

2018-03-15 发布

2018-06-01 实施

中华人民共和国农业部 发布

NY/T 3177—2018

目　次

前言

1　范围

2　规范性引用文件

3　术语和定义

4　分类方法

5　代码结构与编码方法

6　产品命名方法

7　编制原则和说明

8　农产品分类与代码

表1　种植业产品分类与代码

　01　种植业产品

　　0101　粮食及其副产品

　　　010101　稻

　　　010102　小麦

　　　010103　玉米

　　　010104　薯类(粮食)

　　　010105　禾谷类杂粮

　　　010106　干豆类杂粮

　　0102　油料及其副产品

　　　010201　大豆

　　　010202　油菜

　　　010203　花生

　　　010204　芝麻

　　　010205　向日葵

　　　010206　棉籽

　　　010207　不另分类的油料

　　0103　果品

　　　010301　仁果类

　　　010302　核果类

　　　010303　浆果类

　　　010304　柑橘类

　　　010305　聚复果类

　　　010306　荔果类

　　　010307　坚果类

　　　010308　荚果类

　　　010309　果用瓜类

　　　010310　香蕉类

　　　010311　不另分类的果品

01 04　　蔬菜及其制品

　　01 04 01　　根菜类

　　01 04 02　　白菜类

　　01 04 03　　甘蓝类

　　01 04 04　　芥菜类

　　01 04 05　　茄果类

　　01 04 06　　豆类（蔬菜）

　　01 04 07　　瓜类（蔬菜）

　　01 04 08　　葱蒜类

　　01 04 09　　叶菜类

　　01 04 10　　薯芋类

　　01 04 11　　水生蔬菜

　　01 04 12　　多年生蔬菜

　　01 04 13　　芽苗类

　　01 04 14　　野生蔬菜

　　01 04 99　　其他蔬菜及其制品

01 05　　香辛料

　　01 05 01　　芳香料

　　01 05 02　　辛辣料

　　01 05 99　　其他香辛料

01 06　　食用菌及其制品

　　01 06 01　　伞菌类

　　01 06 02　　耳类

　　01 06 03　　多孔菌类

　　01 06 04　　虫草类

　　01 06 05　　块类

　　01 06 06　　不另分类的食用菌

01 07　　饮料作物产品

　　01 07 01　　茶叶

　　01 07 02　　咖啡

　　01 07 03　　可可豆

　　01 07 04　　代用茶

　　01 07 99　　其他饮料作物产品

01 08　　糖料及其制品

　　01 08 01　　甜菜

　　01 08 02　　甘蔗

　　01 08 03　　不另分类的糖料

01 09　　纺织用植物原料

　　01 09 01　　棉花

　　01 09 02　　麻类

　　01 09 99　　其他纺织植物原料

01 10　　烟草

　　01 10 01　　烤烟

01 10 02　晒烟

01 10 03　晾烟

01 10 04　白肋烟

01 10 05　香料烟

01 10 06　黄花烟

01 10 07　野生烟

01 10 99　其他烟草

01 11　　观赏植物

01 11 01　草本花卉

01 11 02　木本花卉

01 11 03　藤本花卉

01 11 99　其他观赏植物

01 12　　饲用和绿肥作物

01 12 01　禾本科饲用作物

01 12 02　豆科饲用作物

01 12 03　不另分类的饲用作物

01 12 04　绿肥作物

01 13　　不另分类的种子、种苗及繁殖材料

01 13 01　粮食种子、种苗及无性繁殖体

01 13 02　油料种子、种苗及无性繁殖体

01 13 03　果树种子、种苗及无性繁殖体

01 13 04　蔬菜种子、种苗及无性繁殖体

01 13 05　香辛料植物种子、种苗

01 13 06　食用菌孢子、子实体

01 13 07　饮料作物种子、种苗

01 13 08　糖料作物种子、种苗及无性繁殖体

01 13 09　纺织用植物种子、种苗及无性繁殖体

01 13 10　烟草种子、种苗及无性繁殖体

01 13 11　饲用和绿肥作物种子、种苗及无性繁殖体

01 13 12　观赏植物种子、种苗及无性繁殖体

01 13 99　其他种子、种苗及繁殖材料

01 99　　其他种植业产品

表2　畜牧业产品分类与代码

02　畜牧业产品

02 01　　家畜类

02 01 01　猪

02 01 02　牛

02 01 03　羊

02 01 04　兔

02 01 05　马

02 01 06　驴

02 01 07　骆驼

02 01 99　其他家畜及其产品

02 02　家禽类

　　02 02 01　鸡

　　02 02 02　鸭

　　02 02 03　鹅

　　02 02 04　鸽

　　02 02 05　鹌鹑

　　02 02 06　火鸡

　　02 02 99　其他家禽类及其产品

02 03　特种经济动物类

　　02 03 01　鹿

　　02 03 02　水貂

　　02 03 03　狐狸

　　02 03 04　貉

　　02 03 05　鹧鸪

　　02 03 06　鸵鸟

　　02 03 07　蜂

　　02 03 08　蚕

　　02 03 99　其他特种经济动物及其产品

02 99　其他畜牧业产品

表3　水产品分类与代码

03　水产品

03 01　鱼

　　03 01 01　海水鱼

　　03 01 02　淡水鱼

03 02　虾

　　03 02 01　海水虾

　　03 02 02　淡水虾

03 03　蟹

　　03 03 01　海水蟹

　　03 03 02　淡水蟹

03 04　贝

　　03 04 01　海水贝

　　03 04 02　淡水贝类

03 05　藻

　　03 05 01　海水藻

　　03 05 02　淡水藻

03 06　头足

　　03 06 01　海水头足类

03 07　不另分类的水产品

　　03 07 01　不另分类的海水产品

　　03 07 02　不另分类的淡水产品

NY/T 3177—2018

前　言

本标准按照 GB/T 1.1—2009 给出的规则起草。

本标准由农业部农产品质量安全监管局提出并归口。

本标准起草单位：中国农业科学院农业质量标准与检测技术研究所、中国水产科学研究院黄海水产研究所、中国水稻研究所、江苏省农业科学院农产品质量安全与营养研究所、中国农业科学院果树研究所、中国农业科学院茶叶研究所、中国热带作物科学院分析测试中心、中国农业科学院油料作物研究所、上海市农业科学院农产品质量标准与检测技术研究所、云南省农业科学院质量标准与检测技术研究所、中国农业科学院棉花研究所、中国农业科学院麻类研究所、中国农业科学院草原研究所、中国农业科学院甜菜研究所、中国农业科学院烟草研究所、云南省农业科学院花卉研究所、中国农业科学院北京畜牧兽医研究所、中国农业科学院蜜蜂研究所、中国农业科学院蚕业研究所、海西蒙古族藏族自治州菜篮子工程领导小组办公室。

本标准主要起草人：王敏、毛雪飞、王联珠、王冉、汤晓艳、徐贞贞、朱智伟、刘新、聂继云、汪禄祥、瞿素萍、徐志、周昌艳、王照兰、吴黎明、吴萍、朱文嘉、胡贤巧、李成锋、魏瑞成、张松山、丁小霞、江艳华、吴玉梅、杨伟华、肖爱萍、邱军、郭莹莹。

农产品分类与代码

1 范围

本标准规定了我国主要农产品的分类方法、代码结构与编码方法、产品命名方法、编制原则和说明、农产品分类与代码。

本标准适用于农产品质量安全标准、监测、认证、追溯等管理活动中农产品分类的信息处理和信息交换。

2 规范性引用文件

下列文件对于本文件的应用是必不可少的。凡是注日期的引用文件,仅注日期的版本适用于本文件。凡是不注日期的引用文件,其最新版本(包括所有的修改单)适用于本文件。

GB/T 7635.1—2002 全国主要产品分类与代码 第1部分:可运输产品

GB/T 10113 分类与编码通用术语

3 术语和定义

GB/T 10113界定的术语和定义适用于本文件。为了便于使用,以下重复列出了GB/T 10113中的某些术语和定义。

3.1

类 category;class

具有某种共同属性(或特征)的事物或概念的集合。

3.2

分类 classification

按照选定的属性(或特征)区分分类对象,将具有某种共同属性(或特征)的分类对象集合在一起的过程。

3.3

线分类法 method of linear classification

将分类对象按选定的若干属性(或特征),逐次地分为若干层级,每个层级又分为若干类目。同一分支的同层次类目之间构成并列关系,不同层级类目之间构成隶属关系。

3.4

面分类法 method of area classification

选定分类对象的若干属性(或特征),将分类对象按每一属性(或特征)划分成一组独立的类目,每一组类目构成一个"面",再按一定顺序将各个"面"平行排列。使用时根据需要将有关"面"中的相应类目按"面"的制定排列顺序组配在一起,形成一个新的复合类目。

3.5

混合分类法 method of composite classification

将线分类法和面分类法组合使用,以其中一种分类法为主,另一种做补充的信息分类方法。

4 分类方法

4.1 本标准按产品的产业源以及产品性质、用途、加工工艺等基本属性进行分类。

4.2 本标准采用线分类法为主、线面分类法相结合的分类方法。

5 代码结构与编码方法

5.1 代码结构

5.1.1 采用二维复合编码形式，即产品代码·用途代码。产品代码和用途代码之间用圆点（·）隔开。代码结构见图1。

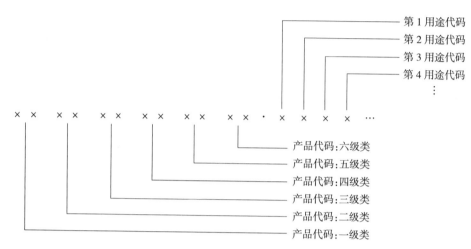

图 1 代码结构图

5.1.2 产品代码采用层次码。代码分6个层级，从前到后依次命名为一级类、二级类、三级类、四级类、五级类和六级类。

5.1.3 用途代码采用平行码。用途类型和代码：A 为食用；B 为饲用；C 为种用；D 为加工用；E 为其他用，包括药用、观赏用等。

5.2 编码方法

5.2.1 产品代码用阿拉伯数字表示，每个层级2位数字，代码范围为01～99，"其他×××"的末位代码一律采用"99"表示。

5.2.2 用途代码用大写英文字母A～E表示，只赋码在产品分类的最低层级，可依次赋多个代码，但不能够重复。对"其他×××"，不赋予用途代码。

6 产品命名方法

6.1 中文名称主要采用科学分类法中相关命名，适当兼顾大众习惯命名。对实际生产或产品标准中需要使用产品其他名称的，在"别名"栏中补充说明。例如：黄花菜，又称金针菜。

6.2 英文名称主要为产品拉丁文对应的英文名或常用英文名。

7 编制原则和说明

7.1 本标准中的代码，仅表示该产品在本分类体系中的位置和代号，不表示其他含义，不宜作为部门或行业职能管理范围的界定依据。

7.2 产品的分类，原则上取其一个主要特征属性。对多属性产品，可用2个或2个以上特征属性进行分类。

7.3 本标准是开放体系，其代码表可在各层增加内容和增加层次（指不足六层），新增加的产品应排列在该产品所属类目之后。

7.4 可在 2 处或 2 处以上列类的多属性产品,只在一处赋码,其他相关位置不再赋码,仅说明栏注明"代码见××××"。

7.5 需要时,在本标准代码表中设"其他×××"为收容类目。

7.6 本标准设置归纳类目,不适合在某一层级独立成类的若干产品类别,降一层级至归纳类目中,归纳类目用"不另分类的×××"表示。

7.7 本标准代码表中设"GB/T 7635.1—2002 的对应代码"栏:对产品分类的最低层级,若 GB/T 7635.1—2002 包含该产品,则在本标准中相应列出其在 GB/T 7635.1—2002 中的产品代码。

7.8 本标准代码表中设"说明"栏,主要说明:

    a) "包括××"或"不包括××"或"××除外";

    b) "代码见××××"(含义见 7.4);

    c) 某些产品包括的范围或某些产品的性质等;

    d) 其他需要说明的事项。

8 农产品分类与代码

本标准中农产品分为种植业产品、畜牧业产品和水产品,共 3 个一级类。种植业产品分类与代码见表 1,畜牧业产品分类与代码见表 2,水产品分类与代码见表 3。

表 1 种植业产品分类与代码

产品代码	用途代码	名称	别名	英文名	对应 GB/T 7635.1—2002 代码	说 明
01	—	种植业产品		Crop products		
0101	—	粮食及其副产品		Grains and by-products	—	谷物、干豆类、薯类及其副产品和初级加工产品的统称
010101	—	稻		Rice	—	
01010101	—	稻谷		Paddy rice	01131	
01010101 01	BCD	早籼稻谷		Early long-grain nonglutinous paddy rice	01131·011	
01010101 02	BCD	晚籼稻谷		Late long-grain nonglutinous paddy rice	01131·012	
01010101 03	BCD	籼糯稻谷		Long-grain glutinous paddy rice	01131·014	
01010101 04	BCD	粳稻谷		Medium to short-grain nonglutinous paddy rice	01131·013	
01010101 05	BCD	粳糯稻谷		Medium to short-grain glutinous paddy rice	01131·015	
01010101 99	—	其他稻谷		Other paddy rice	—	包括富硒稻谷等
01010102	—	大米		Milled rice	2316	
01010102 01	ABD	籼米		Milled long-grain nonglutinous rice	23161	
01010102 02	ABD	粳米		Milled medium to short-grain nonglutinous rice	23162	
01010102 03	ABD	籼糯米		Milled long-grain glutinous rice	23163·010~23163·099	
01010102 04	ABD	粳糯米		Milled medium to short-grain glutinous rice	23163·100~23163·199	
01010102 99	—	其他大米		Other milled rice	23169	包括香米、红米、蒸谷米、胚芽米等

表1（续）

产品代码	用途代码	名称	别名	英文名	对应 GB/T 7635.1—2002 代码	说明
01 01 01 03	—	糙米		Husked rice	0114	
01 01 01 03 01	ABD	糙米（不发芽）		Brown rice (not germinated)	—	
01 01 01 03 02	ABD	发芽糙米		Germinated brown rice	—	
01 01 01 04	—	米粉		Rice flour	—	
01 01 01 04 01	—	大米粉		Milled rice flour	23121	
01 01 01 04 01 01	ABD	籼米粉		Long-grain nonglutinous rice flour	23121・011	
01 01 01 04 01 02	ABD	粳米粉		Medium to short-grain nonglutinous rice flour	23121・012	
01 01 01 04 01 03	ABD	糯米粉		Glutinous rice flour	23121・013	
01 01 01 04 01 99	—	其他大米粉		Other milled rice flour	—	
01 01 01 04 02	ABD	糙米粉		Husked rice flour	—	
01 01 01 04 99	—	其他米粉		Other rice flour	—	
01 01 01 05	—	稻副产品		Rice by-product	—	
01 01 01 05 01	BD	稻秸秆		Rice straw	01911・011	
01 01 01 05 02	BD	稻壳		Rice husk	01911・013	
01 01 01 05 03	BD	米糠		Rice bran	—	
01 01 01 05 04	ABD	碎米		Broken kernels of rice	23164	
01 01 01 05 99	—	其他稻副产品		Other rice by-products	—	

337

表1（续）

产品代码	用途代码	名 称	别 名	英文名	对应 GB/T 7635.1—2002 代码	说 明
010102	—	小麦		Wheat	0111	
01 01 02 01	—	小麦（籽粒）		Wheat (kernel)	01111	
01 01 02 01 01	—	冬小麦		Winter wheat	01111·010~01111·099	
01 01 02 01 01 01	ABCD	冬硬质白小麦		Hard white winter wheat	01111·011	
01 01 02 01 01 02	ABCD	冬软质白小麦		Soft white winter wheat	01111·012	
01 01 02 01 01 03	ABCD	冬硬质红小麦		Hard red winter wheat	01111·013	
01 01 02 01 01 04	ABCD	冬软质红小麦		Soft red winter wheat	01111·014	
01 01 02 01 02	—	春小麦		Spring wheat	01111·100~01111·199	
01 01 02 01 02 01	ABCD	春硬质白小麦		Hard white spring wheat	01111·101	
01 01 02 01 02 02	ABCD	春软质白小麦		Soft white spring wheat	01111·102	
01 01 02 01 02 03	ABCD	春硬质红小麦		Hard red spring wheat	01111·103	
01 01 02 01 02 04	ABCD	春软质红小麦		Soft red spring wheat	01111·104	
01 01 02 01 03	—	专用小麦		Special wheat	—	
01 01 02 01 03 01	ABCD	强筋小麦		Strong gluten wheat		
01 01 02 01 03 02	ABCD	弱筋小麦		Weak gluten wheat		
01 01 02 01 03 03	ABCD	中筋小麦		Medium gluten wheat		

表 1（续）

产品代码	用途代码	名　称	别　名	英文名	对应 GB/T 7635.1—2002 代码	说　明
01 01 02 01 03 99	—	其他专用小麦		Other special wheats		
01 01 02 02	—	小麦粉		Wheat flour	—	
01 01 02 02 01	ABD	通用小麦粉		Common wheat flour	23111,23113	包括精制粉、标准粉和普通粉等
01 01 02 02 02	ABD	专用小麦粉		Special wheat flour	23112	特定用途的小麦粉，如饼干用面粉、面包用面粉等
01 01 02 02 03	ABD	全麦粉		Whole wheat flour	23115	
01 01 02 02 99	—	其他小麦粉		Other wheat flour	—	包括小麦次粉、混合麦粉等
01 01 02 03	—	小麦副产品		Wheat by-product	—	
01 01 02 03 01	BDE	小麦秸秆		Wheat straw	01911·012	
01 01 02 03 02	ABD	麦麸	麸皮	Wheat bran	—	
01 01 02 03 03	ABD	小麦胚		Wheat germ	—	
01 01 02 03 99	—	其他小麦副产品		Other wheat by-products	—	包括粗粉等
01 01 03	—	玉米		Corns	—	
01 01 03 01	—	玉米（籽粒）		Dry corn (kernel)	0112	
01 01 03 01 01	ABCD	黄玉米		Yellow corn	01121	包括黄马齿型玉米、黄硬粒型玉米等
01 01 03 01 02	ABCD	白玉米		White corn	01122	包括白马齿型玉米、白硬粒型玉米等
01 01 03 01 03	ABCD	混合玉米		Mixed corn	01123	

表 1（续）

产品代码	用途代码	名　称	别　名	英文名	对应 GB/T 7635.1—2002 代码	说　明
01 01 03 01 99	—	其他玉米（籽粒）		Other dry corns (kernel)	—	包括紫玉米、彩色玉米等
01 01 03 02	—	专用玉米		Special corns	01124	具有 0101030201～0101030299 所列特殊用途的玉米产品优先划分入 0101030302 所属类别
01 01 03 02 01	ABCD	爆裂玉米		Popcorn	01124·011	
01 01 03 02 02	ABCD	糯玉米（干）		Waxy corn (dried)	01124·012	
01 01 03 02 03	ABCD	高油玉米		High-oil maize	01124·013	
01 01 03 02 04	ABCD	高淀粉玉米		High-starch corn	01124·014	
01 01 03 02 05	ABCD	优质蛋白玉米		Quality protein maize	01124·015	
01 01 03 02 06	ABCD	鲜食玉米		Fresh edible corn	—	包括甜玉米、笋玉米、糯玉米（鲜）
01 01 03 02 99	—	其他专用玉米		Other special corns	—	
01 01 03 03	—	玉米糁、粉	玉米渣	Corn grits and flour	—	
01 01 03 03 01	ABD	玉米糁		Corn grits	23142·012	
01 01 03 03 02	ABD	玉米粉		Corn flour	23122·011,23142·011	
01 01 03 04	—	不另分类的玉米及副产品		Corn products and by-product not classified		
01 01 03 04 01	BD	青贮玉米		Silage corn	—	
01 01 03 04 02	BD	玉米秸秆		Corn straw	01911·015	

表 1（续）

产品代码	用途代码	名称	别名	英文名	对应 GB/T 7635.1—2002 代码	说明
01 01 03 04 03	BD	玉米芯		Corn cob	—	
01 01 03 04 04	ABD	玉米胚		Corn germ	—	
01 01 03 04 05	B	玉米粕		Corn cake	21811·033	
01 01 03 04 99	—	其他玉米副产品		Other corn by-products	—	包括玉米皮等
—	ABCD	大豆		Soybean	0141	代码见 01 02 01
01 01 04	—	薯类（粮食）	土豆、洋芋、山药蛋	Tubers (grain)	0121,0124	
01 01 04 01	—	马铃薯		Potato	01211	
01 01 04 01 01	ABCD	马铃薯（块茎）		Potato tuber	—	
01 01 04 01 02	AD	马铃薯全粉		Potato flour	—	
01 01 04 01 03	AD	马铃薯淀粉		Potato starch	—	
01 01 04 01 99	ABDE	其他马铃薯产品及副产品		Other potato products and by-products	—	包括马铃薯片、马铃薯条、马铃薯干、马铃薯粉条等
01 01 04 02	—	甘薯	山芋、红芋、番薯、红薯、白薯、地瓜、红苕	Sweet potato	—	
01 01 04 02 01	ABCD	甘薯（块根）		Sweet potato root tuber	01241·011	
01 01 04 02 02	ABD	甘薯干		Dried sweet potato	—	
01 01 04 02 03	ABD	甘薯淀粉		Sweet potato starch	—	

表 1（续）

产品代码	用途代码	名　称	别　名	英文名	对应 GB/T 7635.1—2002 代码	说　明
01 01 04 02 99	—	其他甘薯产品及副产品		Other sweet potato products and by-products	—	包括甘薯片等
01 01 04 03	—	木薯		Cassava	—	
01 01 04 03 01	ABCD	木薯（块根）		Cassava root tuber	01241·012	
01 01 04 03 02	ABD	木薯淀粉		Cassava starch	—	
01 01 04 03 03	ABD	木薯干		Dried cassava	—	
01 01 04 03 99	—	其他木薯产品及副产品		Other cassava products and by-products	—	
01 01 04 99	—	其他薯类（粮食）		Other tubers (grain)	—	
01 01 05	—	禾谷类杂粮		Minor cereals	—	包括谷子、高粱、大麦、燕麦、黍稷、食用稗、小黑麦、薏苡、龙爪粟、荞麦、珍珠粟等，其中荞麦虽为蓼科作物，但依据人们的饮食习惯，将荞麦纳入禾谷类杂粮范畴
01 01 05 01	—	粟	谷子	Millet	01132	
01 01 05 01 01	ABCD	粟（籽粒）		Millet (kernel)	—	
01 01 05 01 02	ABD	小米	粟米	Milled millet	—	
01 01 05 01 03	ABD	小米粉	小米面	Millet flour	—	
01 01 05 01 99	—	其他小米产品及副产品		Other millet products and by-products	—	包括青贮谷子、谷子秸秆、糠等
01 01 05 02	—	黍	黍子、软糜子	Broomcorn millet (glutinous)	01162·015	

表 1（续）

产品代码	用途代码	名 称	别 名	英文名	对应 GB/T 7635.1—2002 代码	说 明
01 01 05 02 01	ABCD	黍（籽粒）		Broomcorn millet (glutinous) grain	—	
01 01 05 02 02	ABD	黍米	软糜子米、糯大黄米	Milled glutinous broomcorn millet	—	
01 01 05 02 03	ABD	黍米面	黍米粉	Broomcorn millet (glutinous) flour	—	
01 01 05 02 99	—	其他黍产品及副产品		Other broomcorn millet (glutinous) produts and by-produts	—	包括黍米糠等
01 01 05 03	—	稷	糜子、硬糜子	Broomcorn millet (non-glutinous)	01162·014	
01 01 05 03 01	ACD	稷（籽粒）		Broomcorn millet (non-glutinous, kernel)	—	
01 01 05 03 02	AD	稷米	硬糜子米、粳大黄米	Milled non-glutinous broomcorn millet	—	
01 01 05 03 03	AD	稷米粉	稷米面	Broomcorn millet (non-glutinous) flour	—	
01 01 05 03 99	—	其他稷产品及副产品		Other broomcorn millet (non-glutinous) products and by-products	—	
01 01 05 04	—	高粱		Sorghum	01133	
01 01 05 04 01	ABCD	高粱（籽粒）		Sorghum (kernel)	—	
01 01 05 04 02	ABD	高粱米		Milled sorghum	—	
01 01 05 04 03	ABD	高粱面	高粱粉	Sorghum flour	—	
01 01 05 04 99	—	其他高粱产品及副产品		Other sorghum products and by-products	—	
01 01 05 05	—	大麦		Barely	0115	
01 01 05 05 01	—	大麦（籽粒）		Barely (kernel)	01151	
01 01 05 05 01 01	ABCD	裸大麦	青稞、元麦、米大麦	Hulless barley	01154	

表 1（续）

产品代码	用途代码	名称	别名	英文名	对应 GB/T 7635.1—2002 代码	说明
01 01 05 05 01 02	ABCD	皮大麦		Malting barley	01152	
01 01 05 05 02	ABD	大麦米		Milled barely	—	
01 01 05 05 03	ABD	大麦面	大麦粉	Barely flour	—	
01 01 05 05 99	—	其他大麦产品及副产品		Other barely products and by-products	—	包括大麦麸、大麦壳等
01 01 05 06	—	燕麦	雀麦、野麦	Oats	01161·012	
01 01 05 06 01	—	燕麦（籽粒）		Oat (kernel)	—	
01 01 05 06 01 01	ABCD	裸燕麦	莜麦、油麦、玉麦、铃铛麦	Hulless oats	—	
01 01 05 06 01 02	ABCD	皮燕麦		Hulled oats	—	
01 01 05 06 02	ABD	燕麦米		Milled oat	—	
01 01 05 06 03	ABD	燕麦片		Oat meal	—	
01 01 05 06 04	ABD	燕麦面	燕麦粉	Oat flour	—	
01 01 05 06 99	—	其他燕麦产品及副产品		Other oat products and by-products	—	包括燕麦麸、燕麦壳等
01 01 05 07	—	荞麦		Buckwheat	01162·012	
01 01 05 07 01	—	荞麦（籽粒）		Buckwheat (kernel)	—	
01 01 05 07 01 01	ABCD	苦荞麦		Tartary buckwheat	—	
01 01 05 07 01 02	ABCD	甜荞麦		Sweet buckwheat	—	

表 1（续）

产品代码	用途代码	名 称	别 名	英文名	对应 GB/T 7635.1—2002 代码	说 明
01 01 05 07 02	ABD	荞麦米		Milled buckwheat	—	
01 01 05 07 03	ABD	荞麦粉	荞麦面	Buckwheat flour	—	
01 01 05 07 99	—	其他荞麦产品及副产品		Other buckwheat products and by-products	—	包括荞麦麸等
01 01 05 08	—	藜麦		Quinoa	—	
01 01 05 08 01	ACD	藜麦（籽粒）		Quinoa (kernel)	—	
01 01 05 08 02	AD	藜麦米		Milled quinoa	—	
01 01 05 08 03	AD	藜麦粉	藜麦面	Quinoa flour	—	
01 01 05 08 99	—	其他藜麦产品及副产品		Other quinoa products and by-products	—	
01 01 05 09	—	薏苡		Coix	—	
01 01 05 09 01	ABCD	薏苡（籽粒）	薏仁	Coix (kernel)	—	
01 01 05 09 02	ABD	薏苡米		Milled coix	—	
01 01 05 09 03	AD	薏苡粉	薏苡面	Coix flour	—	
01 01 05 09 99	—	其他薏苡产品及副产品		Other coix products and by-products	—	
01 01 05 10	—	黑麦		Rye	01162·011	
01 01 05 10 01	ABCD	黑麦（籽粒）		Rye (kernel)	—	
01 01 05 10 02	ABD	黑麦米		Milled rye	—	
01 01 05 10 03	ABD	黑麦粉	黑麦面	Rye flour	—	

表1（续）

产品代码	用途代码	名称	别名	英文名	对应 GB/T 7635.1—2002 代码	说　明
01 01 05 10 99	—	其他黑麦产品及副产品		Other rye products and by-products	—	包括黑麦麸等
01 01 05 99	—	其他禾谷类杂粮		Other minor cereals	—	包括小黑麦等
01 01 06	—	**干豆类杂粮**		Dried beans	01222	
01 01 06 01	—	绿豆	菉豆、植豆、文豆、青小豆	Mung bean	—	
01 01 06 01 01	ABCD	绿豆（籽粒）		Mung bean (kernel)	01221·021	
01 01 06 01 02	AD	绿豆粉		Mung bean flour	—	
01 01 06 01 99	—	其他绿豆产品及副产品		Other mung bean products and by-products	—	包括绿豆粉粉条等
01 01 06 02	—	赤豆	红豆、红小豆、赤小豆	Red adzuki bean	—	
01 01 06 02 01	ABCD	赤豆（籽粒）		Red adzuki bean (kernel)	01221·016	
01 01 06 02 02	AD	赤豆粉		Red adzuki bean flour	—	
01 01 06 02 99	—	其他赤豆产品及副产品		Other red adzuki bean products and by-products	—	包括赤豆馅等
01 01 06 03	ABCD	蚕豆	胡豆、佛豆、罗汉豆、川豆、倭豆	Faba bean	01221·011	
01 01 06 04	ABCD	豌豆	麦豌豆、寒豆、麦豆、雪豆、毕豆、麻累、国豆	Pea	01221·012	
01 01 06 05	—	不另分类的干豆类杂粮		Dried beans not classified	—	
01 01 06 05 01	ACD	木豆	鸽豆、柳豆、豆蓉、树豆、树黄豆	Pigeonpea	—	
01 01 06 05 02	ABCD	芸豆	菜豆、四季豆	Kidney bean	01221·018	

表 1（续）

产品代码	用途代码	名　称	别　名	英文名	对应 GB/T 7635.1—2002 代码	说　明
01 01 06 05 03	ACD	小扁豆	滨豆,兵豆,鸡眼豆	Lentil	—	
01 01 06 05 04	ABCD	扁豆	稨豆,沿篱豆,峨眉豆,猪耳豆	Haricot bean	01221·013	
01 01 06 05 05	ACD	竹豆	爬山豆,巴山豆,饭豆	Bamboo beans	01221·022	
01 01 06 05 06	ACD	黎豆	虎豆,狸豆,巴山虎豆,鼠豆	Chinese velvet bean	—	
01 01 06 05 07	ABCD	黑大豆	橹豆,乌豆,枝仔豆,黑豆	Black soybean	—	
01 01 06 05 08	ABCD	菁大豆		Green soybean	01411·012	
01 01 06 05 09	ACD	多花菜豆	大花芸豆,大白芸豆,大黑豆	Scarlet runner bean	01221·015 01221·025	
01 01 06 05 10	ACD	利马豆	雪豆,菜豆,金甲豆,白豆	Lima bean	—	
01 01 06 05 11	ACD	白小豆		White small bean	01221·017	
01 01 06 05 12	ACD	鹰嘴豆		Chickpea	—	
01 01 06 05 13	ABCD	羽扇豆	多叶羽扇豆,鲁冰花	Lupinus	—	
01 01 06 05 14	ACD	禾根豆		Stubble soybean	01221·024	
01 01 06 05 99	—	其他不另分类的干豆类杂粮		Other dried beans not classified	—	
01 02	—	**油料及其副产品**		Oil crops and their by-products	—	以榨取油脂为主要用途的一类种植业产品
01 02 01	—	**大豆**		Soybeans	0141	
01 02 01 01	—	黄大豆		Soybean	01411·011	

表1（续）

产品代码	用途代码	名称	别名	英文名	对应 GB/T 7635.1—2002 代码	说明
01 02 01 01	ABCD	黄大豆（籽粒）	黄豆	Soybean grain	—	
01 02 01 01 02	AD	大豆油		Soybean oil	21631·011	
01 02 01 01 03	BD	大豆饼、粕		Soybean cake and meal	21811·015,21811·016	
01 02 01 01 99	—	其他黄大豆制品及副产品		Other soybean products and by-products	—	包括大豆蛋白,豆腐,豆浆等
—	—	青豆		Green soybean	01411·0012	代码见 01 01 06 05 08
—	—	黑豆		Black soybean	01411·0014	代码见 01 01 06 05 07
01 02 01 99	—	其他大豆		Other soybeans	—	种皮为褐色、棕色、赤色等单一颜色的大豆
01 02 02	—	**油菜籽**		Oilseed rapes	—	
01 02 02 01	—	油菜籽		Rapeseed	01431·0015	
01 02 02 01 01	ABCD	普通油菜籽		Conventional rapeseed	—	
01 02 02 01 02	ABCD	双低油菜籽		Double low rapeseed	—	
01 02 02 02	ABD	菜籽油		Rapeseed oil	21631·013	
01 02 02 03	BD	菜籽饼、粕		Rapeseed cake and meal	21811·013,21811·014	
01 02 02 99	—	其他油菜籽制品及副产品		Other rapeseed products and by-products	—	
01 02 03	—	**花生**		Peanuts	0142	
01 02 03 01	ABCD	花生果	带壳花生	Peanut in shell	—	
01 02 03 02	ABD	花生仁		Peanut kernel	—	
01 02 03 03	ABD	花生油		Peanut oil	21631·012	
01 02 03 04	ABD	花生饼、粕		Peanut cake and meal	21811·011,21811·012	
01 02 03 99	—	其他花生制品及副产品		Other peanut products and by-products	—	包括烤花生,花生壳等

表 1（续）

产品代码	用途代码	名称	别名	英文名	对应 GB/T 7635.1—2002 代码	说　明
01 02 04	—	芝麻		Sesames	—	
01 02 04 01	—	芝麻籽		Sesame seed	01431·012	
01 02 04 01 01	ABCD	白芝麻籽		White sesame seed	—	
01 02 04 01 02	ABCD	黑芝麻籽		Black sesame seed		
01 02 04 02	ABD	芝麻油		Sesame seedoil	21631·201	
01 02 04 03	ABD	芝麻饼、粕		Sesame seed cake and meal	21811·017	
01 02 04 99	—	其他芝麻制品及副产品		Other sesame products and by-products	—	常作榨油或炒制干货原料
01 02 05	—	向日葵		Sunflowers	—	
01 02 05 01	ABCD	葵花籽		Sunflower seeds	01431·011	
01 02 05 02	ABD	葵花籽油		Sunflower seedoil	21631·101	
01 02 05 03	ABD	葵花籽饼、粕		Sunflower seed cake and meal	21811·022,21811·023	
01 02 05 99	—	其他葵花籽制品及副产品		Other sunflower products and by-products	—	包括炒葵花籽等
01 02 06	—	棉籽		Cottonseeds	—	
01 02 06 01	ABCD	棉籽（粒）		Cottonseed (kernel)	0144	
01 02 06 02	ABD	棉籽油		Cottonseed oil	21631·102	
01 02 06 03	ABD	棉籽饼、粕		Cottonseed cake and meal	21811·024,21811·025	
01 02 06 99	—	其他棉籽制品及副产品		Other cottonseed products and by-products	—	
01 02 07	—	不另分类的油料		Oil crops not classified	—	
01 02 07 01	ABCD	亚麻籽、油及其他产品	胡麻籽	Flaxseeds, their oil and other products	01431·024,21811·018,21811·021	亚麻为油用亚麻和油纤兼用亚麻的俗称，01431·024 为亚麻籽编码
01 02 07 02	ABCD	油茶籽、油及其他产品		Camellia seeds, their oil and other products	01431·017	
01 02 07 03	ACD	油棕果、油及其他产品		Oil palm fruits, their oil and other products	01431·021	
01 02 07 04	ABCD	油橄榄果、油及其他产品		Olive fruits, their oil and other products	01431·018	

表 1（续）

产品代码	用途代码	名 称	别 名	英文名	对应 GB/T 7635.1—2002 代码	说 明
01 02 07 05	ABCD	牡丹籽,油及其他产品		Peony seeds, their oil and other products	—	
01 02 07 06	ACD	文冠果籽,油及其他产品		Shiny-leaved yellowhorn seeds, their oil and other products	—	
01 02 07 99	—	其他不另分类的油料		Other oil crops not classified	—	
01 03	—	果品		Fruits and their products	—	
01 03 01	—	仁果类		Pome fruits	—	
01 03 01 01	—	苹果		Apples	—	
01 03 01 01 01	AD	鲜食苹果		Fresh apples	01342·011	
01 03 01 01 02	AD	苹果干		Dried apples	01351·011	
01 03 01 01 03	A	苹果汁		Apple juice	21411·011	
01 03 01 01 99	—	其他苹果制品		Other apple products	—	
01 03 01 02	—	梨		Pears	—	
01 03 01 02 01	AD	鲜食梨		Fresh pears	01342·014	
01 03 01 02 02	AD	梨干		Dried pears	01351·012	
01 03 01 02 03	A	梨汁		Pear juice	21411·011	
01 03 01 02 04	A	梨罐头		Canned pears	21551	
01 03 01 02 99	—	其他梨制品		Other pear products	—	
01 03 01 03	—	山楂		Hawthorn	—	
01 03 01 03 01	ADE	鲜食山楂		Fresh hawthorn	01342·023	

表 1（续）

产品代码	用途代码	名称	别名	英文名	对应 GB/T 7635.1—2002 代码	说　明
01 03 01 03 02	ADE	山楂干		Dried hawthorn	01351·016	
01 03 01 03 03	A	山楂汁		Hawthorn juice	21411·011	
01 03 01 03 99	—	其他山楂制品		Other hawthorn products	—	
01 03 01 04	ADE	枇杷		Loquat	01342·021	
01 03 01 05	ADE	木瓜		Chinese quince	—	为药用植物果实"木瓜"的学名，非市场常见鲜食水果番木瓜
01 03 01 06	ADE	榅桲		Quince	—	
01 03 01 99	—	其他仁果类		Other pome fruits	—	
01 03 02	—	核果类		Stone fruits	—	
01 03 02 01	—	桃		Fresh peaches	—	
01 03 02 01 01	AD	鲜食桃		Peaches	01342·015	
01 03 02 01 02	ADE	桃干		Dried peaches	01351·014	
01 03 02 01 03	A	桃汁		Peach juice	21411·011	
01 03 02 01 04	A	桃罐头		Canned peaches	21551	
01 03 02 01 99	—	其他桃制品		Otherpeach products	—	
01 03 02 02	—	枣		Jujubes	—	
01 03 02 02 01	AD	鲜食枣		Fresh jujubes	01342·017	包括鲜食红枣、冬枣、毛叶枣等
01 03 02 02 02	ADE	干制枣		Dried jujubes	01351·025	包括红枣干、酸枣干等

表 1（续）

产品代码	用途代码	名　称	别　名	英文名	对应 GB/T 7635.1—2002 代码	说　明
01 03 02 02 03	A	枣汁		Jujube juice	21411·011	
01 03 02 02 99	—	其他枣制品		Other jujube products	—	
01 03 02 03	—	芒果	杧果	Mango	—	
01 03 02 03 01	AD	鲜食芒果		Fresh mango	01311·017	
01 03 02 03 02	A	芒果干		Dried mango	01312·016	
01 03 02 03 03	A	芒果汁		Mango juice	21411·011	
01 03 02 03 99	—	其他芒果制品		Other mango products	—	
01 03 02 04	—	李		Plums	01342·024	
01 03 02 04 01	AD	鲜食李		Fresh plums		
01 03 02 04 02	A	李罐头		Canned plums		
01 03 02 04 99	—	其他李制品		Otherplum products		
01 03 02 05	—	杏		Apricots	—	
01 03 02 05 01	AD	鲜食杏		Fresh apricots	01342·016	
01 03 02 05 02	A	杏干		Dried apricots	01351·013	
01 03 02 05 03	A	杏汁		Apricot juice	21411·011	
01 03 02 05 99	AE	其他杏制品		Other apricot products	—	
01 03 02 06	—	樱桃		Cherries	—	

表 1（续）

产品代码	用途代码	名 称	别 名	英文名	对应 GB/T 7635.1—2002 代码	说 明
01 03 02 06 01	AD	鲜食樱桃		Fresh cherries	01342·026	
01 03 02 06 02	AD	速冻樱桃		Frozen cherries	—	
01 03 02 06 99	—	其他樱桃制品		Other cherryproducts		
01 03 02 07	—	橄榄		Olives	01342·022	
01 03 02 07 01	AD	鲜食橄榄		Tableolives		
01 03 02 07 02	AD	橄榄罐头		Canned olives		
01 03 02 07 99	—	其他橄榄制品		Otherolive products		
01 03 02 08	—	海枣	枣椰子	Dates	—	
01 03 02 08 01	AD	鲜食海枣		Fresh dates	01311·011	
01 03 02 08 02	A	海枣干		Dried dates	01312·011	
01 03 02 08 99	—	其他海枣制品		Other date products	—	
01 03 02 09	ADE	毛叶枣	印度枣	Indian jujubes	—	
01 03 02 10	—	梅		Japanese apricots	—	
01 03 02 10 01	AD	鲜食梅		Fresh Japanese apricots	01342·025	
01 03 02 10 02	A	梅干		Dried Japanese apricots	01351·021	
01 03 02 10 99	—	其他梅制品		Other Japanese apricot products	—	
01 03 02 11	—	杨梅		China bayberries	—	

表 1（续）

产品代码	用途代码	名称	别名	英文名	对应 GB/T 7635.1—2002 代码	说明
01 03 02 11 01	AD	鲜食杨梅		Fresh China bayberries	01342·031	
01 03 02 11 02	A	杨梅干		Dried China bayberries	01351·018	
01 03 02 11 99	—	其他杨梅制品		Other China bayberry products	—	
01 03 02 12	A	油梨	鳄梨、牛油果	Avocados	01311·018	
01 03 02 13	AE	余甘子	油甘、油柑子	Emblic	—	
01 03 02 99	—	其他核果		Other stone fruits	—	
01 03 03	—	浆果类		Berries	—	
01 03 03 01	—	葡萄		Grapes	—	
01 03 03 01 01	AD	鲜食葡萄		Table grapes	01331	
01 03 03 01 02	A	加工用葡萄		Grapes for processing	01332	
01 03 03 01 03	A	葡萄干		Dried grapes	01351·015	
01 03 03 01 04	A	葡萄汁		Grape juice	21411·011	
01 03 03 01 05	A	葡萄酒		Wines	—	
01 03 03 01 99	—	其他葡萄制品		Other grape products	—	
01 03 03 02	—	猕猴桃	阳桃、羊桃、藤梨	Kiwifruits	—	
01 03 03 02 01	AD	鲜食猕猴桃		Fresh kiwifruits	01342·027	
01 03 03 02 02	A	猕猴桃干		Dried kiwifruits	—	

表 1（续）

产品代码	用途代码	名 称	别 名	英文名	对应 GB/T 7635.1—2002 代码	说 明
01 03 03 02 03	A	猕猴桃汁		Kiwifruit juice	21411·011	
01 03 03 02 99	—	其他猕猴桃制品		Otherkiwifruit products	—	
01 03 03 03	—	柿		Persimmons	—	包括柿子、甜柿、黑枣(01351.026)等
01 03 03 03 01	AD	鲜食柿		Fresh persimmons	01342·018	
01 03 03 03 02	A	柿饼		Dried persimmons	01351·027	
01 03 03 03 99	—	其他柿制品		Other persimmon products	—	
01 03 03 04	—	石榴		Pomegranates	—	
01 03 03 04 01	AD	鲜食石榴		Fresh pomegranates	01342·028	
01 03 03 04 02	A	石榴汁		Pomegranate juice	21411·011	
01 03 03 04 99	—	其他石榴制品		Other pomegranate products	—	
01 03 03 05	AD	醋栗	欧洲醋栗、鹅莓、灯笼果	Gooseberries	—	
01 03 03 06	A	蛋黄果	蛋果	Canistal	—	
01 03 03 07	ADE	番木瓜	木瓜	Papaya	01311·032	市场普遍称为"木瓜"，但非药用植物果实"木瓜"
01 03 03 08	AD	番石榴	鸡矢果、拔子	Guavas	01311·021	
01 03 03 09	AD	黄皮	黄枇、黄弹子	Wonpee	—	
01 03 03 10	A	火龙果	红龙果、仙蜜果	Pitaya	01311·027	
01 03 03 11	—	蓝莓	越桔	Blueberries	—	

表 1（续）

产品代码	用途代码	名　称	别　名	英文名	对应 GB/T 7635.1—2002 代码	说　明
01 03 03 11 01	AD	鲜食蓝莓		Fresh blueberries	—	
01 03 03 11 02	A	速冻蓝莓		Frozen blueberries	—	
01 03 03 11 03	A	蓝莓汁		Blueberry juice	21411·011	
01 03 03 11 99	—	其他蓝莓制品		Other blueberry products	—	
01 03 03 12	AE	莲雾	洋蒲桃、水翁果	Wax jambu	—	
01 03 03 13	A	蒲桃	香果、响鼓	Rose apples	—	
01 03 03 14	A	人心果	赤铁果	Sapodilla	—	
01 03 03 15	AD	穗醋栗	茶藨子	Currants	01349·012	
01 03 03 16	AD	西番莲	百香果	Passionfruits	—	
01 03 03 17	ADE	杨桃	五敛子	Carambola	01311·025	
01 03 03 99	—	其他浆果		Other berries	—	
01 03 04	—	**柑橘类**		Citrus fruits	—	
01 03 04 01	—	宽皮柑橘		Mandarins	—	
01 03 04 01 01	ADE	鲜食宽皮柑橘		Fresh mandarins	01321	
01 03 04 01 02	A	宽皮柑橘罐头	橘瓣罐头	Canned mandarins	21551	
01 03 04 01 99	—	其他宽皮柑橘制品		Other mandarin products	—	
01 03 04 02	—	甜橙		Sweet oranges	—	
01 03 04 02 01	AD	鲜食甜橙		Fresh sweet oranges	01322	
01 03 04 02 02	A	橙汁		Orange juice	21411·011	
01 03 04 02 99	—	其他甜橙制品		Other sweet oranges products	—	

表 1（续）

产品代码	用途代码	名称	别名	英文名	对应 GB/T 7635.1—2002 代码	说明
01 03 04 03	AD	柚		Pomelos	01323	
01 03 04 04	—	葡萄柚		Grapefruits	01323·018, 01323·021～ 01323·023	
01 03 04 04 01	A	鲜食葡萄柚		Fresh grapefruits	—	
01 03 04 04 02	A	葡萄柚汁		Grapefruits juice	—	
01 03 04 04 99	—	其他葡萄柚制品		Othergrapefruit products	—	
01 03 04 05	AD	金柑		Kumquats	01342·032	
01 03 04 06	—	柠檬		Lemons	—	
01 03 04 06 01	AD	鲜食柠檬		Fresh lemons	01324	
01 03 04 06 02	A	柠檬干		Dried lemons	—	
01 03 04 06 03	A	柠檬汁		Lemon juice	21411·011	
01 03 04 06 99	—	其他柠檬制品		Other lemon products	—	
01 03 04 99	—	其他柑橘		Other citrus fruits	—	
01 03 05	—	聚复果类		Collective fruits	—	
01 03 05 01	—	草莓		Strawberries	—	
01 03 05 01 01	AD	鲜食草莓		Fresh strawberries	01349·011	
01 03 05 01 02	A	速冻草莓		Frozen strawberries	—	
01 03 05 01 03	A	草莓汁		Strawberry juice	21411·011	
01 03 05 01 99	—	其他草莓制品		Other strawberry products	—	

表 1（续）

产品代码	用途代码	名称	别名	英文名	对应 GB/T 7635.1—2002 代码	说明
01 03 05 02	—	菠萝	凤梨	Pineapples	—	
01 03 05 02 01	AD	鲜食菠萝		Fresh pineapples	01311·016	
01 03 05 02 02	A	菠萝汁		Pineapple juice	21411·011	
01 03 05 02 03	A	菠萝罐头		Canned pineapples	21551	
01 03 05 02 99	—	其他菠萝制品		Other pineapple products	—	
01 03 05 03	—	菠萝蜜	木菠萝	Jackfruits	—	
01 03 05 03 01	AD	鲜食菠萝蜜		Fresh jackfruits	01311·026	
01 03 05 03 02	A	菠萝蜜干		Dried jackfruits	01312·025	
01 03 05 03 99	—	其他菠萝蜜制品		Other jackfruit products	—	
01 03 05 04	ADE	番荔枝	佛头果、释迦、林檎	Custard apples	01311·031	
01 03 05 05	A	榴莲		Durian	—	
01 03 05 06	A	面包果		Breadfruits	—	
01 03 05 07	—	桑葚		Mulberries	—	
01 03 05 07 01	AD	鲜食桑葚		Fresh mulberries	01342·033	
01 03 05 07 02	A	桑葚汁		Mulberry juice	21411·011	
01 03 05 07 99	—	其他桑葚制品		Other mulberry products	—	
01 03 05 08	—	树莓	木莓	Raspberries	—	
01 03 05 08 01	AD	鲜食树莓		Fresh raspberries	—	

表1（续）

产品代码	用途代码	名称	别名	英文名	对应 GB/T 7635.1—2002 代码	说明
01 03 05 08 02	A	速冻树莓		Frozen raspberries	—	
01 03 05 08 03	A	树莓汁		Raspberry juice	21411·011	
01 03 05 08 99	—	其他树莓制品		Other raspberry products	—	
01 03 05 09	—	无花果		Figs	—	
01 03 05 09 01	AD	鲜食无花果		Fresh figs	01311·012	
01 03 05 09 02	A	无花果干		Dried figs	01312·012	
01 03 05 09 99	—	其他无花果制品		Other fig products	—	
01 03 05 99	—	其他聚复果		Other collective fruits	—	
01 03 06	—	荔果类		Litchi fruits	—	
01 03 06 01	—	荔枝		Litchi	—	
01 03 06 01 01	ADE	鲜食荔枝		Fresh litchi	01311·023	
01 03 06 01 02	A	荔枝干		Dried litchi	01312·022	
01 03 06 01 03	A	荔枝罐头		Canned litchi	21551	
01 03 06 01 99	—	其他荔枝制品		Other litchi products	—	
01 03 06 02	—	龙眼	桂圆、益智	Longan	—	
01 03 06 02 01	ADE	鲜食龙眼		Fresh longan	01311·024	
01 03 06 02 02	AE	龙眼干		Dried longan	01312·023	

表 1（续）

产品代码	用途代码	名称	别名	英文名	对应 GB/T 7635.1—2002 代码	说明
01 03 06 02 99	—	其他龙眼制品		Otherlongan products	—	
01 03 06 03	—	红毛丹	韶子	Rambutan	—	
01 03 06 03 01	ADE	鲜食红毛丹		Fresh rambutan	01311·028	
01 03 06 03 02	A	红毛丹干		Dried rambutan	01312·027	
01 03 06 03 99	—	其他红毛丹制品		Other rambutan products	—	
01 03 06 99	—	其他荔果		Other litchi fruits	—	
01 03 07	—	坚果类		Nut fruits	—	
01 03 07 01	—	核桃		Walnuts	01361·011	
01 03 07 01 01	ADE	核桃仁		Walnut kernels	01362·011	
01 03 07 01 99	—	其他核桃制品		Other walnut products	—	
01 03 07 02	—	薄壳山核桃	长山核桃,美国山核桃	Pecans	—	
01 03 07 02 01	AD	薄壳山核桃仁		Pecan kernels	—	
01 03 07 02 99	—	其他薄壳山核桃制品		Other pecan products	—	
01 03 07 03	—	黑核桃		Eastern black walnuts	—	
01 03 07 03 01	AD	黑核桃仁		Eastern black walnut kernels	—	
01 03 07 03 99	—	其他黑核桃制品		Other eastern black walnut products	—	
01 03 07 04	—	泡核桃	铁核桃	Sigillate walnuts	—	
01 03 07 04 01	ADE	泡核桃仁		Sigillate walnut kernels	—	

表 1（续）

产品代码	用途代码	名称	别名	英文名	对应 GB/T 7635.1—2002 代码	说明
01 03 07 04 99	—	其他泡核桃制品		Other sigillate walnut products	—	
01 03 07 05	—	山核桃		Cathay hickory	01361·012	
01 03 07 05 01	AD	山核桃仁		Cathay hickory kernels	01362·012	
01 03 07 05 99	—	其他山核桃制品		Other cathay hickory products	—	
01 03 07 06	ADE	板栗	栗	Chinese chestnuts	01361·013	
01 03 07 07	AD	丹东栗	日本栗	Japanese chestnuts	—	
01 03 07 08	—	椰子		Coconuts	01311·015	含椰青、薄皮椰子果
01 03 07 08 01	A	椰子水		Coconut water	21411·011	
01 03 07 08 02	A	椰子干		Desiccated coconuts	01312·014	
01 03 07 08 99	—	其他椰子制品		Other coconut products	—	
01 03 07 09	—	澳洲坚果	昆士兰栗	Macadamia nuts	01313·015	
01 03 07 09 01	AD	澳洲坚果仁		Macadamia nut kernels	01313·304	
01 03 07 09 99	—	其他澳洲坚果制品		Other macadamia nut products	—	
01 03 07 10	ADE	扁桃	巴旦杏,巴旦木	Almonds	01361·018	
01 03 07 11	—	阿月浑子	开心果	Pistachio nuts	01313·014	
01 03 07 11 01	ADE	阿月浑子仁		Pistachio nut kernels	01313·303	
01 03 07 11 99	—	其他阿月浑子制品		Other pistachio nut products	—	
01 03 07 12	—	仁用杏		Kernel apricots	01361·017	
01 03 07 12 01	ADE	杏仁		Apricot kernels	—	

表 1（续）

产品代码	用途代码	名称	别名	英文名	对应 GB/T 7635.1—2002 代码	说明
01 03 07 12 99	—	其他杏仁制品		Other apricot kernel products	—	
01 03 07 13	—	松子		Pine nuts	01361·016	
01 03 07 13 01	AD	松子仁		Pine nuts kernel	01362·014	
01 03 07 13 99	—	其他松子制品		Other pine nut products	—	
01 03 07 14	—	香榧		Chinese torreya	01361·015	
01 03 07 14 01	AD	香榧仁		Chinese torreya kernel	01362·016	
01 03 07 14 99	—	其他香榧制品		Other Chinese torreya products	—	
01 03 07 15	—	腰果		Cashews	01313·012	
01 03 07 15 01	AD	腰果仁		Cashews kernel	01313·302	
01 03 07 15 99	—	其他腰果制品		Other cashew products	—	
01 03 07 16	ADE	银杏	白果	Ginkgo	01361·021	
01 03 07 17	—	榛子		Hazelnuts	01361·014	
01 03 07 17 01	AD	榛子仁		Hazelnuts kernel	01362·015	
01 03 07 17 99	—	其他榛子制品		Other hazelnut products	—	
01 03 07 99	—	其他坚果		Other nut fruits	—	
01 03 08	—	荚果类		Legume fruits	—	
01 03 08 01	ADE	酸豆	罗晃子、酸荚罗望子、酸豆、田望子、酸角	Tamarind	—	
01 03 08 99	—	其他荚果		Other legume fruits	—	

表1（续）

产品代码	用途代码	名　　称	别　名	英文名	对应 GB/T 7635.1—2002 代码	说　明
01 03 09	—	**果用瓜类**		Melons	—	
01 03 09 01	—	西瓜		Watermelons	01341·100	
01 03 09 01 01	AD	鲜食西瓜		Fresh edible watermelons	—	
01 03 09 01 02	D	籽用西瓜		Watermelon for seed	—	
01 03 09 01 03	A	西瓜汁		Watermelon juice	21411·011	
01 03 09 01 99	—	其他西瓜制品		Other watermelon products	—	
01 03 09 02	AD	甜瓜		Melon	01341·010	含哈密瓜,白兰瓜等
01 03 09 99	—	其他果用瓜		Other Melons	—	
01 03 10	—	**香蕉类**		Bananas	—	
01 03 10 01	AD	香蕉		Banana	01311·013	
01 03 10 01 01	A	鲜食香蕉		Fresh banana	—	
01 03 10 01 02	A	香蕉干		Dried banana	01312·013	
01 03 10 01 99	—	其他香蕉制品		Other banana products	—	
01 03 10 02	A	粉蕉	糯米蕉	Plantain banana	—	
01 03 10 03	A	金香蕉	帝王蕉	DiWang banana	—	
01 03 10 99	—	其他香蕉类		Other bananas	—	
01 03 11	—	**不另分类的果品**		Fruits not classified	—	
01 03 11 01	A	山竹	倒捻子,莽吉柿	Mangosteen	01311·022	
01 03 11 02	AE	罗汉果		Momordica grosvenori	—	
01 03 11 03	A	蛇皮果	沙叻	Salak	—	
01 03 11 99	—	其他不另分类的果品		Other fruits not classified	—	

表1（续）

产品代码	用途代码	名称	别名	英文名	对应 GB/T 7635.1—2002 代码	说明
0104	—	蔬菜及其制品		Vegetables and vegetable products	012	以柔嫩多汁的器官作为农产品的一、二年生及多年生的草本植物、少数木本植物、藻类、菌类等。本分类不包括食用菌和香辛料。在我国，蔬菜多用作烹任生食、食用，部分可用于加工原料品加工原料。
0104 01	—	根菜类		Root vegetables	01232·400~01232·599	
0104 01 01	—	萝卜	菜头、莱菔	Radishes	01232·401	
0104 01 01 01	ABD	鲜用萝卜		Fresh radishes	—	
0104 01 01 02	AB	干制萝卜		Dried radishes	—	
0104 01 01 99	—	其他萝卜制品		Other radish products	—	
0104 01 02	—	胡萝卜	黄萝卜、红萝卜	Carrots	01232·402	
0104 01 02 01	ABD	鲜用胡萝卜		Fresh carrots	—	
0104 01 02 02	AB	干制胡萝卜		Dried carrots	—	
0104 01 02 03	A	胡萝卜汁		Carrot juices	—	
0104 01 02 99	—	其他胡萝卜制品		Other carrot products	—	
0104 01 03	ADE	芜菁	蔓菁、圆根、盘菜	Turnips	01232·403	
0104 01 04	ADE	芜菁甘蓝	洋蔓菁	Rutabagas	0191	
0104 01 05	A	欧防风	芹菜萝卜、美国防风	Parsnips	01232·405	

表 1（续）

产品代码	用途代码	名称	别名	英文名	对应 GB/T 7635.1—2002 代码	说明
01 04 01 06	A	根菾菜	红菜头、紫菜头	Table beets	01232·406	
01 04 01 07	—	黑婆罗门参	菊牛蒡、鸦葱	Black salsifies	01232·411	
01 04 01 07 01	AD	鲜用黑婆罗门参		Fresh salsifies	—	
01 04 01 07 02	E	干制黑婆罗门参		Dried salsifies	—	
01 04 01 07 99	—	其他黑婆罗门参制品		Other salsify products	—	
01 04 01 08	ADE	牛蒡	大力子、东洋萝卜	Edible burdocks	01232·408	
01 04 01 09	ADE	山葵	山箭菜、山姜	Wasabis	—	
01 04 01 10	A	根芹菜	根洋芹、球根塘蒿	Celeriac	01232·404	
01 04 01 99	—	其他根菜类		Other root vegetables	—	
01 04 02	—	白菜类		Chinese cabbages	01232·010~01232·199	
01 04 02 01	AD	大白菜	黄芽菜、结球白菜	Chinese cabbages	01232·011	
01 04 02 01 01	AD	鲜用大白菜		Fresh Chinese cabbages	—	
01 04 02 01 99	—	其他大白菜制品		Other Chinese cabbage products	—	
01 04 02 02	—	普通白菜	小白菜、青菜、油菜	Pak-choi	01232·012	
01 04 02 02 01	AD	鲜用普通白菜		Fresh pak-choi	—	
01 04 02 02 02	A	干制普通白菜		Dried pak-choi	—	
01 04 02 02 99	—	其他普通白菜制品		Other pak-choi products	—	

表 1（续）

产品代码	用途代码	名称	别名	英文名	对应 GB/T 7635.1—2002 代码	说明
01 04 02 03	A	乌塌菜	塌菜、塌棵菜、黑菜	Wuta-tsai	01232•013	
01 04 02 04	A	紫菜薹	红菜薹、红油菜薹	Purple cai-tai	01232•014	
01 04 02 05	—	菜薹	菜心、绿菜薹	Flowering chinese cabbages	01232•015	
01 04 02 05 01	AD	鲜用菜薹		Fresh flowering Chinese cabbages	—	
01 04 02 05 02	A	干制菜薹		Dried flowering Chinese cabbages	—	
01 04 02 05 99	—	其他菜薹制品		Other flowering Chinese cabbage products	—	
01 04 02 06	A	薹菜		Tai-tsai	01232•016	
01 04 02 99	—	其他白菜类		Other Chinese cabbages	01232•199	
01 04 03	—	甘蓝类		Cabbages	01233•010~01233•199	
01 04 03 01	—	结球甘蓝	洋白菜、包菜、圆白菜、卷心菜、莲花白	Cabbages	01233•011	
01 04 03 01 01	AD	鲜用结球甘蓝		Fresh cabbages	—	
01 04 03 01 02	A	干制结球甘蓝		Dried cabbages	—	
01 04 03 01 99	—	其他结球甘蓝制品		Other cabbage products	—	
01 04 03 02	—	紫甘蓝	赤球甘蓝、红甘蓝	Red cabbages	—	
01 04 03 02 01	AD	鲜用紫甘蓝		Fresh red cabbages	—	
01 04 03 02 02	A	速冻紫甘蓝		Frozen red cabbages	—	

表 1 (续)

产品代码	用途代码	名　称	别　名	英文名	对应 GB/T 7635.1—2002 代码	说　明
01 04 03 02 99	—	其他紫甘蓝制品		Other red cabbage products	—	
01 04 03 03	A	抱子甘蓝	芽甘蓝、子持甘蓝	Brussels sprouts	01233·016	
01 04 03 04	A	羽衣甘蓝	绿叶甘蓝、叶牡丹	Kales	—	
01 04 03 05	—	花椰菜	花菜、菜花	Cauliflowers	01233·012	
01 04 03 05 01	AD	鲜用花椰菜		Fresh cauliflowers	—	
01 04 03 05 02	A	干制花椰菜		Dried cauliflowers	—	
01 04 03 05 99	—	其他花椰菜制品		Other cauliflower products	—	
01 04 03 06	—	青花菜	西兰花、绿菜花	Broccolis	01233·013	
01 04 03 06 01	AD	鲜用青花菜		Fresh broccolis	—	
01 04 03 06 02	A	速冻青花菜		Frozen broccolis	—	
01 04 03 06 99	—	其他青花菜制品		Other broccoli products	—	
01 04 03 07	AE	球茎甘蓝	苤蓝、擘蓝、玉蔓菁	Kohlrabies	01233·014	
01 04 03 08	AE	芥蓝	白花芥蓝	Chinese kales	01233·015	
01 04 03 99	—	其他甘蓝类		Other cabbages	01233·199	
01 04 04	—	芥菜类		Mustards	01233·200~01233·399	
01 04 04 01	AD	根芥菜	大头菜、辣疙瘩、芥菜头	Root mustards	01233·201	
01 04 04 02	A	叶芥菜	青菜、苦菜	Leaf mustards	01233·202	包括散叶芥菜和结球芥

表 1（续）

产品代码	用途代码	名　称	别　名	英文名	对应 GB/T 7635.1—2002 代码	说　明
01 04 04 03	A	茎芥菜	茎瘤芥,棒菜	Stem mustards	01233·203	
01 04 04 99	—	其他芥菜类		Other mustards	—	
01 04 05	—	**茄果类**		Solanceous fruits	01233·400~01233·599	
01 04 05 01	—	番茄	西红柿,洋柿子	Tomatoes	01233·401	
01 04 05 01 01	AD	鲜食番茄		Fresh tomatoes	—	
01 04 05 01 02	A	干制番茄		Dried tomatoes	—	
01 04 05 01 03	A	番茄酱		Tomato sauces	—	
01 04 05 01 99	A	其他番茄制品		Other tomato products	—	
01 04 05 02	—	茄子	洛苏,茄仔	Eggplants	01233·402	
01 04 05 02 01	AD	鲜用茄子		Fresh eggplants	—	
01 04 05 02 02	A	干制茄子		Dried eggplants	—	
01 04 05 02 99	—	其他茄子制品		Other eggplant products	—	
01 04 05 03	—	辣椒	辣子,辣角	Peppers	01233·403	
01 04 05 03 01	ABD	鲜用辣椒		Fresh peppers	—	
01 04 05 03 02	A	干制辣椒		Dried peppers	—	
01 04 05 03 99	—	其他辣椒制品		Other pepper products	—	
01 04 05 04	—	甜椒	灯笼椒,柿子椒	Sweet peppers	01233·404	
01 04 05 04 01	AD	鲜用甜椒		Fresh sweet peppers	—	

表 1（续）

产品代码	用途代码	名 称	别 名	英文名	对应 GB/T 7635.1—2002 代码	说 明
01 04 05 04 02	A	干制甜椒		Dried sweet peppers	—	
01 04 05 04 99	—	其他甜椒制品		Other sweet pepper products	—	
01 04 05 05	ADE	酸浆	洋姑娘、黄锅酸浆	Ground cherries	01233·405	
01 04 05 06	ADE	香瓜茄	人参果、香艳茄	Melon pears	—	
01 04 05 99	—	其他茄果类		Other solanaceous fruits	01233·599	
01 04 06	—	豆类（蔬菜）		Vegetable legumes	01231·010~01231·199	
01 04 06 01	—	菜豆	芸豆、四季豆、油豆	Kidney beans	01231·016	
01 04 06 01 01	AD	鲜用菜豆		Fresh kidney beans	—	
01 04 06 01 02	A	干制菜豆		Dried kidney beans	—	
01 04 06 01 99	—	其他菜豆制品		Other kidney bean products	—	
01 04 06 02	AD	多花菜豆	大白芸豆、红花菜豆	Scarlet runner beans	—	
01 04 06 03	—	长豇豆	豇豆、长豆角、带豆	Asparagus beans	01231·015	
01 04 06 03 01	AD	鲜用长豇豆		Fresh asparagus beans	—	
01 04 06 03 02	A	干制长豇豆		Dried asparagus beans	—	
01 04 06 03 99	—	其他长豇豆制品		Other asparagus bean products	—	
01 04 06 04	A	扁豆	峨眉豆、眉豆、鹊豆	Lablabs	01231·017	
01 04 06 05	A	莱豆	利马豆、棉豆	Lima beans	—	

表 1（续）

产品代码	用途代码	名 称	别 名	英文名	对应 GB/T 7635.1—2002 代码	说 明
01 04 06 06	A	蚕豆	胡豆、罗汉豆、佛豆	Broad beans	01231·013	
01 04 06 07	A	刀豆	大刀豆、刀鞘豆	Sword beans	01231·022	
01 04 06 08	—	豌豆		Vegetable peas		
01 04 06 08 01	AD	鲜用豌豆粒		Fresh vegetable peas	01231·014	
01 04 06 08 02	A	速冻豌豆粒		Frozen vegetable peas	—	
01 04 06 08 99	—	其他豌豆制品		Other vegetable pea products	—	
01 04 06 09	A	食荚豌豆	软荚豌豆、荷兰豆	Sugar pod garden peas	—	
01 04 06 10	A	四棱豆	翼豆、四角豆	Winged beans	01231·023	
01 04 06 11	A	菜用大豆	毛豆	Soy beans	01231·012	
01 04 06 12	A	藜豆		Velvet beans	01231·018	
01 04 06 99	—	其他豆类（蔬菜）		Other vegetable legumes	01231·199	
01 04 07	—	**瓜类（蔬菜）**		Gourd vegetable	01231·200～01231·399	
01 04 07 01	—	黄瓜	胡瓜、青瓜、王瓜和刺瓜	Cucumbers	01231·201	
01 04 07 01 01	ABD	鲜食黄瓜		Fresh cucumbers	—	
01 04 07 01 02	AB	干制黄瓜		Dried cucumbers	—	
01 04 07 01 99	—	其他黄瓜制品		Other cucumber products	—	
01 04 07 02	—	冬瓜	东瓜	Wax gourds	01231·202	
01 04 07 02 01	ABD	鲜用冬瓜		Fresh wax gourds	—	
01 04 07 02 02	AB	干制冬瓜		Dried wax gourds	—	

表 1（续）

产品代码	用途代码	名称	别名	英文名	对应 GB/T 7635.1—2002 代码	说明
01 04 07 02 99	—	其他冬瓜制品		Other wax gourds products	—	
01 04 07 03	AB	节瓜	毛瓜	Chieh-gua	01231·213	
01 04 07 04	—	南瓜	中国南瓜、倭瓜	Pumpkins	01231·203	
01 04 07 04 01	ABD	鲜用南瓜		Fresh pumpkins	—	
01 04 07 04 02	AB	干制南瓜		Dried pumpkins	—	
01 04 07 04 99	—	其他南瓜制品		Other pumpkin products	—	
01 04 07 05	AB	笋瓜	印度南瓜、玉瓜	Winter squashs	01231·204	
01 04 07 06	—	西葫芦	美洲南瓜、白瓜、番瓜	Summer squashs	01231·205	
01 04 07 06 01	ABD	鲜用西葫芦		Fresh summer squashs	—	
01 04 07 06 02	ABDE	干制西葫芦		Dried summer squashs	—	
01 04 07 06 99	—	其他西葫芦制品		Other summer squash products	—	
01 04 07 07	AB	越瓜	白瓜、菜瓜	Oriental pickling melons	01231·206	
01 04 07 08	ABD	菜瓜	蛇甜瓜、酱瓜	Snake melons	01231·207	
01 04 07 09	ABE	丝瓜	蛮瓜、水瓜	Luffas	01231·208	
01 04 07 10	—	苦瓜	凉瓜、癞瓜	Bitter grouds	01231·211	
01 04 07 10 01	ABD	鲜用苦瓜		Freshbitter grouds	—	
01 04 07 10 02	ABE	干制苦瓜		Dried bitter grouds	—	
01 04 07 10 99	—	其他苦瓜制品		Other bitter groud products	—	

表 1（续）

产品代码	用途代码	名称	别名	英文名	对应 GB/T 7635.1—2002 代码	说明
01 04 07 11	AB	瓠瓜	瓠子、葫芦	Bottle gourds	01231·212	
01 04 07 12	ABE	蛇瓜	蛇豆、蛇丝瓜	Snake gourds	01231·214	
01 04 07 13	ABE	佛手瓜	隼人瓜、梨瓜	Chayotes	01231·215	
01 04 07 99	—	其他瓜类（蔬菜）		Other gourd vegetables	01231·399	
01 04 08	—	葱蒜类		Allium vegetables	01234·010~01234·199	
01 04 08 01	A	韭菜	草钟乳、起阳草、懒人菜	Chinese chives	01234·011	
01 04 08 02	—	大葱	汉葱	Welsh onions	01234·017	
01 04 08 02 01	AD	鲜食大葱		Fresh welsh onions	—	
01 04 08 02 02	A	干制大葱		Dried welsh onions	—	
01 04 08 02 99	—	其他大葱制品		Other welsh onion products	—	
01 04 08 03	—	洋葱	圆葱、葱头	Onions	01234·015	
01 04 08 03 01	AD	鲜食洋葱		Fresh onions	—	
01 04 08 03 02	A	干制洋葱		Dried onions	—	洋葱粉、洋葱粒等
01 04 08 03 03	A	速冻洋葱		Frozen onions	—	
01 04 08 03 99	—	其他洋葱制品		Other onion products	—	
01 04 08 04	—	大蒜	蒜头、胡蒜	Garlics	01234·025	
01 04 08 04 01	ABD	鲜食大蒜		Fresh garlics	—	
01 04 08 04 02	AB	干制大蒜		Dried garlics	—	
01 04 08 04 03	A	速冻大蒜		Frozen garlics	—	

表 1（续）

产品代码	用途代码	名　称	别　名	英文名	对应 GB/T 7635.1—2002 代码	说　明
01 04 08 04 99	—	其他大蒜制品		Other garlic products	—	
01 04 08 05	A	蒜苗	青蒜	Garlic sprouts	01234·026	
01 04 08 06	A	蒜黄		Blanched garlic leaves	01234·028	
01 04 08 07	A	薤	藠子、荞头	Chiao tou	01234·016	
01 04 08 08	A	韭葱	扁葱、扁叶葱、大蒜苗	Leeks	01234·018	
01 04 08 09	—	细香葱	香葱、小葱	Chives	01234·021	
01 04 08 09 01	AD	鲜用细香葱		Fresh chives		
01 04 08 09 02	A	干制细香葱		Dried chives	—	
01 04 08 09 03	A	速冻细香葱		Frozen chives	—	
01 04 08 09 99	—	其他细香葱制品		Other chive products	—	
01 04 08 10	A	分葱	四季葱、菜葱、青葱	Bunching onions	01234·022	
01 04 08 11	A	胡葱	火葱、蒜头葱、瓣子葱	Shallots	01234·023	
01 04 08 99	—	其他葱蒜类		Other allium vegetables	01234·199	
01 04 09	—	叶菜类		Leafy vegetables	01232·200~01232·399	
01 04 09 01	—	菠菜	波斯草、赤根菜	Spinach	01232·201	
01 04 09 01 01	AD	鲜用菠菜		Fresh spinach	—	
01 04 09 01 02	A	速冻菠菜		Frozen spinach	—	
01 04 09 01 99	—	其他菠菜制品		Other spinach products	—	

表1（续）

产品代码	用途代码	名 称	别 名	英文名	对应 GB/T 7635.1—2002 代码	说 明
01 04 09 02	A	芹菜	本芹、旱芹、药芹菜	Celery	01232·202	
01 04 09 03	A	莴苣	生菜	Lettuces	01232·203	
01 04 09 04	A	莴笋	茎用莴苣、青笋	Asparagus lettuces	01232·204	
01 04 09 05	A	长叶莴苣	油麦菜	Leaf lettuces	01232·235	
01 04 09 06	A	蕹菜	竹叶菜、空心菜	Water spinach	01232·205	
01 04 09 07	AE	落葵	木耳菜、藤菜	Malabar spinach	01232·215	
01 04 09 08	A	球茎茴香	大茴香、甜茴香	Florence fennel	—	
01 04 09 09	A	茴香	小茴香	Fennel	—	
01 04 09 10	A	苋菜	青香苋、米苋	Coriander	01232·207	
01 04 09 11	A	青葙	草蒿、鸡冠苋	Feather cockscomb	—	
01 04 09 12	A	芫荽	香菜、香荽、胡荽	Coriander	01232·208	也可用作香辛料
01 04 09 13	A	叶甜菜	莙荙菜、牛皮菜、厚皮菜	Leaf beets	01232·211	
01 04 09 14	A	茼蒿	蓬蒿	Garland chrysanthemum	01232·212	
01 04 09 15	AD	荠菜	护生草、菱角菜	Shepherd's purse	01232·213	
01 04 09 15 01	A	鲜用荠菜		Fresh shepherd's purse	—	
01 04 09 15 02	A	速冻荠菜		Frozen shepherd's purse	—	
01 04 09 15 99	—	其他荠菜制品		Other shepherd's purse products	—	
01 04 09 16	A	冬寒菜	冬葵、滑肠菜、冬苋菜	Chinese mallow	01232·214	
01 04 09 17	AE	番杏	新西兰菠菜、洋菠菜、夏菠菜	New Zealand spinach	01232·216	
01 04 09 18	A	南苜蓿	菜苜蓿、草头、金花菜	California burclover	01232·217	

表 1（续）

产品代码	用途代码	名 称	别 名	英文名	对应 GB/T 7635.1—2002 代码	说 明
01 04 09 19	A	紫背天葵	红凤菜、血皮菜	Gynura	01232·218	
01 04 09 20	A	榆钱菠菜	山菠菜、洋菠菜	Garden orache	01232·222	
01 04 09 21	AB	菊苣		Chicory	01232·224	
01 04 09 22	A	苦苣	花叶生菜	Endive	01232·228	
01 04 09 23	AE	菊花脑	菊花叶、菊花菜	Vegetable chrysanthemum	01232·231	
01 04 09 24	A	酸模	遏蓝菜、水乔菜	Garden sorrel	—	
01 04 09 25	AE	白苞蒿	珍珠花菜	Ghostplant wormwoods	—	
01 04 09 26	A	芝麻菜	香油罐、臭芥	Roquette	—	
01 04 09 27	AE	白花菜	羊角菜	Common spiderflower	—	
01 04 09 28	A	藤三七	落葵薯、川七	Madeira-vine	—	
01 04 09 29	AE	蒌蒿	芦蒿、水蒿	Seleng wormood	—	
01 04 09 30	AE	马兰	马兰头、田边菊	Indian kalimeris	—	
01 04 09 31	ABE	蒲公英	华花郎、蒲公草	Mongolian dandelions	—	
01 04 09 32	ABE	蕺菜	鱼腥草、臭腥草	Heartleaf hvulluynia	—	
01 04 09 99	—	其他叶菜类		Others leafy vegetables	01232·399	
01 04 10	—	**薯芋类**		Starchy underground vegetables	0121	
—	ABCD	马铃薯	土豆、洋芋	Potatoes	01211	代码见 01 01 04 01
01 04 10 01	ABD	山药	野山药、怀山药、山薯	Chinese yams	01241·013	
01 04 10 02	—	姜		Gingers	01212	
01 04 10 02 01	ABD	鲜用姜	姜片	Fresh gingers	—	
01 04 10 02 02	AB	干制姜		Dried gingers	—	
01 04 10 02 03	A	速冻姜		Frozen gingers	—	
01 04 10 02 99	—	其他姜制品		Other ginger products	—	

表 1（续）

产品代码	用途代码	名　称	别　名	英文名	对应 GB/T 7635.1—2002 代码	说　明
01 04 10 03	AE	芋	芋艿、芋头	Taro	01241·014	
01 04 10 04	A	豆薯	凉薯、地瓜、沙葛	Yam bean	01241·015	
—	AB	甘薯	山芋、番薯、红薯、白薯、地瓜、红苕	Sweet potatoes	01241·011	代码见 01 01 04 02
01 04 10 05	ABD	魔芋	蒟蒻、磨芋	Elephant-foot yam	—	
01 04 10 06	AE	甘露子	宝塔菜、地蚕、草石蚕	Chinese artichoke	—	
01 04 10 07	AE	葛	粉葛、葛根、甘葛藤	Edible kudzuvines	01241·017	
01 04 10 08	ABE	菊芋	洋姜、鬼子姜、电子姜	Jerusalem artichoke	—	
01 04 10 09	A	土圞儿	香芋、菜用土圞儿	Potato beans	01241·018	
01 04 10 10	ADE	蕉芋	蕉藕、姜芋、食用美人蕉	Edible cannas	01241·021	
01 04 10 99	—	其他薯芋类		Other starchy underground vegetables	—	
01 04 11	—	水生蔬菜		Aquatic vegetables	01235·010~01235·199	
01 04 11 01	ABD	莲藕	藕、莲	Lotus roots	01242·011	
01 04 11 02	A	茭白	菰首、茭笋	Water bamboos	01235·011	
01 04 11 03	AE	慈姑	燕尾草、茨菰	Chinese arrowhead	01235·012	
01 04 11 04	AE	荸荠	马蹄、地栗	Chinese waterchesnut	01242·012	
01 04 11 05	A	菱	菱角、水栗	Water caltrop	—	
01 04 11 06	AE	芡实	芡、鸡头米	Corgon euryale	—	
01 04 11 07	AE	豆瓣菜	西洋菜、水田芥	Water cress	01235·013	
01 04 11 08	A	莼菜	蓴菜、马蹄草	Water shield	01235·014	
01 04 11 09	A	水芹	楚葵、刀芹、蜀芹	Water dropwort	01235·015	
01 04 11 10	A	香蒲	蒲、蒲儿菜	Common cattail	01235·016	

表 1（续）

产品代码	用途代码	名称	别名	英文名	对应 GB/T 7635.1—2002 代码	说明
01 04 11 99	—	其他水生蔬菜		Other aquatic vegetables	01235·199	
01 04 12	—	多年生蔬菜		Perennial vegetables	01234·200~01234·399	
01 04 12 01	—	笋用竹	竹笋、笋	Bamboo shoot	01234·201	
01 04 12 01 01	AD	鲜用竹笋		Fresh bamboo shoot	—	
01 04 12 01 02	A	干制竹笋	笋干	Dried bamboo shoot	—	
01 04 12 01 99	—	其他笋用竹用制品		Other bamboo shoot products	—	
01 04 12 02	—	香椿	椿花、椿天	Chinese toon	—	
01 04 12 02 01	AD	鲜用香椿		Fresh Chinese toon	—	
01 04 12 02 02	A	速冻香椿		Frozen Chinese toon	—	
01 04 12 02 99	—	其他香椿制品		Other Chinese toon products	—	
01 04 12 03	—	黄花菜	金针菜、柠檬萱草	Day lily	—	
01 04 12 03 01	AD	鲜用黄花菜		Fresh day lily	—	
01 04 12 03 02	A	干制黄花菜		Dried day lily	—	
01 04 12 03 99	—	其他黄花菜制品		Other day lily products	—	
01 04 12 04	—	百合	夜合、中蓬花	Edible lily	01234·202	
01 04 12 04 01	AD	鲜食百合		Fresh ediblelily	—	
01 04 12 04 02	AE	干制百合	百合干	Dried edible lily	—	

377

表 1（续）

产品代码	用途代码	名　称	别　名	英文名	对应 GB/T 7635.1—2002 代码	说　明
01 04 12 04 99	—	其他百合制品		Other edible lily products	—	
01 04 12 05	A	枸杞	枸杞头,枸杞菜	Chinese wolfberry	01234・203	
01 04 12 06	—	石刁柏	芦笋	Asparagus	01234・204	
01 04 12 06 01	AD	鲜用石刁柏	鲜食芦笋	Fresh asparagus	—	
01 04 12 06 02	A	速冻石刁柏	速冻芦笋	Frozen asparagus	—	
01 04 12 06 99	—	其他石刁柏制品		Other asparagus products	—	
01 04 12 07	AE	辣根	山葵萝卜、马萝卜	Horseradish	01234・205	
01 04 12 08	A	菜蓟	朝鲜蓟,洋蓟	Artichoke	—	
01 04 12 09	AE	量天尺	霸王花,三棱箭	Night-blooming cereus	01234・208	
01 04 12 10	—	黄秋葵	角豆、软豆、羊角菜	Okra	01239・013	
01 04 12 10 01	AD	鲜食黄秋葵		Fresh okra	—	
01 04 12 10 02	A	干制黄秋葵		Dried okra	—	
01 04 12 10 99	—	其他黄秋葵制品		Other okra products	—	
—	ABCD	玉米		Corns	01239・011	代码见 01 01 03 02 06
01 04 13 99	—	其他多年生蔬菜		Other perennial vegetables	01234・399	
01 04 13	—	**芽苗类**		Sprouting vegetables	—	
01 04 13 01	A	绿豆芽	豆芽菜	Mung bean sprouts	01235・201	
01 04 13 02	A	黄豆芽	豆芽菜,大豆芽	Soybean sprouts	01235・202	
01 04 13 03	A	萝卜苗	娃娃缨萝菜,萝卜芽	Radish seedings	01235・203	

表 1（续）

产品代码	用途代码	名称	别名	英文名	对应 GB/T 7635.1—2002 代码	说明
01 04 13 04	A	蚕豆芽苗	蚕豆芽、胡豆芽	Broad bean sprouts	01235·204	
01 04 13 05	A	豌豆苗	豆苗、豌豆芽	Garden pea seedlings	01235·207	
01 04 13 06	A	荞麦苗	荞麦芽	Common wheat seedlings	—	
01 04 13 07	A	苜蓿苗	绿芽苜蓿、草头芽	Alfalfa sprouts	—	
01 04 13 08	A	向日葵苗	葵花苗	Annual sunflower seedlings	—	
01 04 13 09	A	香椿苗	香椿芽、椿芽	Chinese toon seedlings	01235·208	
01 04 13 10	A	花椒芽	椒芽、椒蕊	Prickly ash sprouts	—	
01 04 13 11	A	姜芽	生姜芽	Ginger sprouts	—	
01 04 13 12	A	菊苣芽球	吉康菜、菊苣芽	Chicorysprouts	01235·399	
01 04 13 99	—	其他芽苗菜类		Other sprouting vegetables		
01 04 14	—	野生蔬菜		Wild vegetables	01236	
01 04 14 01	A	发菜	仙菜、净池毛	Fa-cai	—	
01 04 14 99	—	其他野菜类		Other wild vegetables	—	
01 04 99	—	其他蔬菜及其制品		Other vegetables products and by-products		
01 05		香辛料		Spices		具有刺激性香味，赋予食物以风味，增进食欲、帮助消化和吸收等作用的植物种子、花蕾、叶、茎、花蕾、根块等
01 05 01		芳香料		Aromatic spices		
01 05 01 01	ABE	丁香	丁子香	Cloves	01621·017	
01 05 01 02	ABE	八角	八角茴香、大茴香	Staranise	01621·013	
01 05 01 03	A E	小豆蔻	豆蔻、圆豆蔻	Cardamoms	01621·021	
01 05 01 04	A E	小茴香	角茴香、谷茴香	Fennel	01621·016	
01 05 01 05	A E	肉桂	玉桂、牡桂、桂	Cinnamons	01621·014	
01 05 01 06	A	大清桂	越南肉桂、留氏桂	Saigon cassia		

表 1（续）

产品代码	用途代码	名　称	别　名	英文名	对应 GB/T 7635.1—2002 代码	说　明
01 05 01 07	ABE	肉豆蔻	肉果、玉果、迦拘勒	Nutmegs	01621·027	
01 05 01 08	AE	牛至	皮萨草、五香草、满坡香	Wild marjoram	01621·028	
01 05 01 09	AE	马郁兰	甘牛至、花坡薄荷	Marjoram	01621·023	
01 05 01 10	AE	百里香	麝香草	Thymes	—	
01 05 01 11	AE	众香	多香果、众香果	Allspices	01621·026	
—	AE	芫荽	香菜、香荽	Corianders	—	代码见 01 04 09 12
01 05 01 12	A	葛缕子	小防风、贡蒿	Caraways	—	
01 05 01 13	A	香豆蔻	大果印度小豆蔻、尼泊尔小豆蔻	Greatercardamoms	—	
01 05 01 14	AE	甜罗勒	鱼香菜、香佩兰	Sweet basil	—	
01 05 01 15	AE	咖喱树	麻绞叶、月橘、千里香	Curry leaves	—	
01 05 01 16	AE	山柰	沙姜、三赖	Kaempferia	—	
01 05 01 17	AE	月桂叶	香叶、香桂叶	Laurel bay leaves	01621·015	
01 05 01 18	A	白豆蔻	柬埔寨小豆蔻、泰国白豆蔻	Cambodian cardamoms	—	
01 05 01 19	A	香荚兰	香草兰、香子兰	Vanillas	—	
01 05 01 20	E	菖蒲	白菖蒲、大菖蒲	Sweet flags	—	
01 05 01 21	A	欧芹	洋芫荽、荷兰芹	Parsley	01232·227	
—	AE	罗望子	酸豆、罗晃子	Tamarinds	—	代码见 01 03 08 01
01 05 01 22	A	孜然	孜然芹、枯茗	Cumin	01621·018	
01 05 01 23	ABE	姜黄	郁金	Turmerics	—	
01 05 01 24	AE	胡卢巴	苦豆、香苜蓿	Fenugreek	—	
01 05 01 25	AE	草果	草果仁	Tsao-ko	—	
01 05 01 26	AE	迷迭香	海露、万年志	Rosemary	—	
01 05 01 27	AE	留兰香	荷兰薄荷、香薄荷	Spearmints	01621·024	

380

表 1（续）

产品代码	用途代码	名称	别名	英文名	对应 GB/T 7635.1—2002 代码	说明
01 05 01 28	AE	欧当归	独活草、保加利亚当归	Lovage	—	
01 05 01 29	ABE	当归	秦归、干归	Angelicas	—	
01 05 01 30	AE	白兰	白缅桂、白玉兰	Michelia	—	
01 05 01 31	A	蕃红花	藏红花、西红花	Saffrons	—	
01 05 01 32	A E	望春花	迎春花、木笔花	Biond magnolia flowers	—	
01 05 01 33	AE	依兰	香水树、加拿大椿	Cananga	—	
01 05 01 34	AE	檀香	白银香、黄英香	Sandalwoods	—	
01 05 01 35	AE	香叶天竺葵	香叶、香艾	Geraniums	—	
01 05 01 36	AE	玳玳	苦橙、苏积壳	Dai-Dai	—	
01 05 01 37	ABE	陈皮	橘皮	Mandarin oranges	—	
01 05 01 38	AE	芸香	臭草、百应草	Rue	—	
01 05 01 39	AE	白芷	祁白芷、川白芷、杭白芷	Angelica dahurica	—	
01 05 01 40	ABE	紫苏	白苏、桂	Perillas	—	
01 05 01 41	ABE	广藿香	藿香、南藿香	Patchoulis	—	
01 05 01 42	AE	春黄菊	黄金叶、金涨菊	Chamomile	—	
01 05 01 43	A	苦艾	野艾、北艾	Wormwoods	—	
01 05 01 44	ABE	广木香	木香、云木香	Costustoot	—	
—	AE	菊苣	欧洲菊苣、蓝菊	Chicories	—	代码见 01 04 09 21
01 05 01 45	ABE	香附子	香附、雷公头、莎草	Cyperus	—	
01 05 01 46	ABE	斑兰叶	香叶露兜、香露兜	Pandan	—	
01 05 01 47	ABE	香茅	柠檬草、白茅	Lemon grasses	—	
01 05 01 48	AE	枫茅	爪哇香茅	Cymbopogon grasses	—	
01 05 01 49	AE	砂仁	砂果、春砂	Villosum	—	

表 1（续）

产品代码	用途代码	名称	别名	英文名	对应GB/T 7635.1—2002代码	说明
01 05 01 50	AE	莳萝	土茴香	Dill	—	
01 05 01 51	AE	细叶芹	香叶芹	Chervil	—	
01 05 01 52	AE	阴香	山玉桂,阴樟	Padang cassias	—	
01 05 01 53	AE	薄荷	夜息香,鱼香菜	Mints	—	
01 05 01 54	AE	胡麻	芝麻	Benne	—	
—	AE	香椿	椿尖叶	Chinese mahogany	—	代码见 01 04 12 02
01 05 01 99	—	其他芳香料		Other aromatic spices	—	
01 05 02	—	**辛辣料**		Spicy materials	—	
01 05 02 01	A E	胡椒	玉椒,古月	Peppers	01621·012	包括白胡椒、黑胡椒、绿胡椒
01 05 02 02	ABE	花椒	秦椒,川椒	Chinese prickly ashes	01621·011	
—	AB	辣椒	辣子	Chillies	—	代码见 01 04 05 03
—	AE	蒜	大蒜、蒜头	Garlics	—	代码见 01 04 08 04
—	AE	葱	大葱	Welsh onions	—	代码见 01 04 08 02
—	AD	北葱	细香葱、小葱	Chives	—	代码见 01 04 08 09
—	A	洋葱	圆葱	Onions	—	代码见 01 04 08 03
—	AE	韭葱	南欧蒜	Winter leeks	—	代码见 01 04 08 08
—	AE	姜	生姜、地辛	Gingers	—	代码见 01 04 10 02
01 05 02 03	AE	山椒	野花椒、日本花椒	Japanese peppers	—	
01 05 02 04	AE	辣根	西洋山箭菜、马萝卜	Horseradishes	—	
01 05 02 05	AE	山苍子	山鸡椒荜澄茄、山胡椒	Litsea cubeba	—	
01 05 02 06	AE	欧白芥	白芥、白芥子	White mustards	—	
01 05 02 07	AE	黑芥子	黑大头、玫瑰大头菜	Black mustards	—	
01 05 02 08	AE	芥菜籽		Mustard seeds	—	

表 1（续）

产品代码	用途代码	名 称	别 名	英文名	对应 GB/T 7635.1—2002 代码	说 明
01 05 02 09	AE	高良姜	佛手根、风姜	Galangal	—	
01 05 02 99	—	其他辛辣料		Other spicy materials	—	
01 05 99	—	其他香辛料		Other spices	—	
01 06	—	食用菌及其制品		Edible fungi and their products	—	
01 06 01	—	伞菌类	香蕈、冬菇、花菇	Agarics	—	
01 06 01 01	—	香菇		Xianggu	01237·016	以人工栽培为主
01 06 01 01 01	ADE	鲜香菇		Fresh Xianggu	—	
01 06 01 01 02	ADE	干香菇	干花菇、金钱菇	Dried Xianggu	—	
01 06 01 01 99	—	其他香菇制品		Other Xianggu products	—	包括香菇柄、香菇脚、香菇粉、香菇片、香菇松等
01 06 01 02	—	平菇	侧耳、北风菌、冻菌	Oyster mushrooms	01237·017	包括鲍鱼菇、扁形平菇、佛州平菇、美味扇菇、浓红侧耳以及其他平菇,以人工栽培为主
01 06 01 02 01	AD	鲜平菇		Fresh oyster mushrooms	—	
01 06 01 02 02	AD	干平菇		Dried oyster mushrooms	—	
01 06 01 02 99	—	其他平菇制品		Other oyster mushroom products	—	盐渍平菇等
01 06 01 03	—	杏鲍菇	刺芹侧耳、雪茸、干贝菇	King oyster mushrooms	—	人工栽培为主
01 06 01 03 01	AD	鲜杏鲍菇		Fresh king oyster mushrooms	—	
01 06 01 03 02	AD	干杏鲍菇		Dried king oyster mushrooms	—	

表 1（续）

产品代码	用途代码	名 称	别 名	英文名	对应 GB/T 7635.1—2002 代码	说 明
01 06 01 03 99	—	其他杏鲍菇制品		Other king oyster mushroom products	—	杏鲍菇片、盐渍杏鲍菇等
01 06 01 04	—	姬菇	小平菇、紫孢侧耳	Branched oyster mushrooms	—	人工栽培为主
01 06 01 04 01	AD	鲜姬菇		Fresh branched oyster mushrooms	—	
01 06 01 04 02	AD	干姬菇		Dried branched oyster mushrooms	—	
01 06 01 04 99	—	其他姬菇制品		Other branched oyster mushroom products	—	
01 06 01 05	—	秀珍菇	小平菇、肺形侧耳	Xiuzhen oyster mushrooms	—	人工栽培为主
01 06 01 05 01	AD	鲜秀珍菇		Fresh Xiuzhen oyster mushrooms	—	
01 06 01 05 02	AD	干秀珍菇		Dried Xiuzhen oyster mushrooms	—	
01 06 01 05 99	—	其他秀珍菇制品		Other Xiuzhen oyster mushroom products	—	
01 06 01 06	AD	金针菇	冬菇、朴菇、朴蕈	Golden needle mushroom	01237·022	包括白色品种和黄色品种两种，市场常见白色品种；以人工栽培为主
01 06 01 07	—	双孢蘑菇	双孢菇、白蘑菇、洋菇	Button mushrooms	01237·011	以人工栽培为主
01 06 01 07 01	AD	鲜双孢蘑菇		Fresh button mushrooms	—	
01 06 01 07 02	AD	干双孢蘑菇		Dried button mushrooms	—	
01 06 01 07 99	—	其他双孢蘑菇制品		Other button mushroom products	—	如盐渍双孢菇、双孢菇罐头等

表 1（续）

产品代码	用途代码	名 称	别 名	英文名	对应 GB/T 7635.1—2002 代码	说 明
01 06 01 08	—	茶树菇	柱状田头菇、杨树菇、柳环菌	Poplar Fieldcap	—	以人工栽培为主
01 06 01 08 01	AD	鲜茶树菇		Fresh poplar Fieldcap	—	
01 06 01 08 02	AD	干茶树菇		Dried poplar Fieldcap	—	
01 06 01 08 99	—	其他茶树菇制品		Other poplar Fieldcap products	—	
01 06 01 09	—	草菇	美味苞脚菇、稻草菇、中华蘑菇	Paddy straw mushrooms	01237•018	以人工栽培为主
01 06 01 09 01	AD	鲜草菇		Fresh straw mushrooms	—	
01 06 01 09 02	AD	干草菇		Dried straw mushrooms	—	
01 06 01 09 99	—	其他草菇制品		Other straw mushroom products	—	如盐渍草菇、草菇罐头等
01 06 01 10	—	白灵菇	白灵侧耳	White king oyster mushrooms	—	包括阿魏蘑、阿魏菇
01 06 01 10 01	AD	鲜白灵菇		Fresh white king oyster mushrooms	—	
01 06 01 10 02	AD	干白灵菇		Dried white king oyster mushrooms	—	
01 06 01 10 99	—	其他白灵菇制品		Other white king oyster mushroom products	—	
01 06 01 11	AD	榆黄蘑	玉皇菇、金顶侧耳	Goldern oyster mushrooms	—	
01 06 01 12	ADE	真姬菇	玉蕈、蟹味菇、米福蘑	Brown beech mushrooms	—	以人工栽培为主
01 06 01 13	—	姬松茸	巴西蘑菇、巴氏蘑菇	Blazei mushrooms	—	以人工栽培为主

表 1（续）

产品代码	用途代码	名 称	别 名	英文名	对应 GB/T 7635.1—2002 代码	说 明
01 06 01 13 01	ADE	鲜姬松茸		Fresh Blazei mushrooms		
01 06 01 13 02	ADE	干姬松茸		Dried Blazei mushrooms	—	
01 06 01 13 99	—	其他姬松茸制品		Other Blazei mushroom productss	—	姬松茸粉,姬松茸草片等
01 06 01 14	—	滑子菇	珍珠菇,滑子蘑,小泡鳞伞	Viscid mushrooms	01237·012	以人工栽培为主
01 06 01 14 01	AD	鲜滑子菇		Fresh viscid mushrooms	—	
01 06 01 14 02	AD	干滑子菇		Dried viscid mushrooms	—	
01 06 01 14 99	—	其他滑子菇制品		Other viscid mushroom products	—	如滑子菇罐头,盐渍滑子菇等
01 06 01 15	—	鸡腿菇	毛头鬼伞,鬼盖	Shaggy mane	—	以人工栽培为主
01 06 01 15 01	ADE	鲜鸡腿菇		Fresh shaggy mane	—	
01 06 01 15 02	ADE	干鸡腿菇		Dried shaggy mane	—	
01 06 01 15 99	—	其他鸡腿菇制品		Other shaggy mane products	—	如盐渍鸡腿蘑等
01 06 01 16	—	金福菇	巨大口蘑,洛巴伊大口蘑	Lobayen Tricholoma	—	巨大口蘑与洛巴伊大口蘑在中文名称上相同,且民间也常认为一种菌菇,在生物分类上相差不远,我国东北地区及台湾以人工栽培为主
01 06 01 16 01	AD	鲜金福菇		Fresh Lobayen Tricholoma	—	
01 06 01 16 02	AD	干金福菇		Dried Lobayen Tricholoma	—	

表 1（续）

产品代码	用途代码	名称	别名	英文名	对应 GB/T 7635.1—2002 代码	说明
01 06 01 16 99	—	其他金福菇制品		Other Lobayen Tricholoma products	—	
01 06 01 17	AD	猪肚菇	大杯蕈耳	Large clitocybe	—	原始名字为猪肚菇，后考证为大杯蕈耳，以人工栽培为主
01 06 01 18	AD	长根菇	长根蘑、长根金钱菌	Rooting shank	—	以人工栽培为主
01 06 01 19	AD	花脸蘑	花脸香蘑、紫花脸	Purple lepista	—	以人工栽培为主
01 06 01 20	AD	紫丁香蘑	裸口蘑、紫晶蘑	Wood blewit	—	以人工栽培为主
01 06 01 21	AD	大球盖菇	皱环球盖菇	King stropharia	—	近年栽培成功，以人工栽培为主
01 06 01 22	AD	黄伞	黄柳菇、黄蘑、柳蘑	Fat pholiota	—	
01 06 01 23	AD	松茸	松口蘑、松蘑、松蕈	Matsutake	—	主要分布于云南和东北，野生采摘
01 06 01 24	AD	口蘑	蒙古口蘑、白蘑、珍珠蘑	Mongolian mushrooms	01237·013(鲜)	内蒙古著名，野生采摘
01 06 01 25	AD	榛蘑	蜜环菌、栎蘑	Honey mushrooms	01237·014(鲜)	南方和东北，野生采摘
01 06 01 26	AD	乳菇		Delicious milk cap	01237·021(鲜)	包括松乳菇、红汁乳菇以及其他乳菇，多汁乳菇在内达几百种，野生采摘
01 06 01 27	AD	肉蘑	松蘑、血红铆钉菇、红肉蘑	Slimy spike	01237·023(鲜)	东北，野生采摘
01 06 01 28	AD	虎掌菌	肉齿菌	Tiger paw mushrooms	—	包括肉齿菌、虎掌刺银耳、翘鳞肉齿菌三种，某些地方又称为樟子菌，野生采摘

表 1（续）

产品代码	用途代码	名称	别名	英文名	对应 GB/T 7635.1—2002 代码	说明
01 06 01 29	AD	老人头	梭柄乳头蘑	Swollen-stalked catathelasma	—	云南等地，野生采摘
01 06 01 30	AD	青头菌		Quilted green russula	—	云南等地，野生采摘
01 06 01 31	ADE	红菇		Vinous russula	21391·035（干）	包括黑菇、火炭菌、正红菇、大红菌、红菌子、桃花菌、血红菇，野生采摘以及其他红菇，野生采摘
01 06 01 32	—	牛肝菌		Boletus	—	包括黑柄牛肝菌、见手青、虎头菌、黄牛肝、黑牛肝、褐牛肝，粉见手、红见手、黑见手、红头牛肝、黄癞头等几百个牛肝菌种类，近年有一种牛肝菌栽培成功，但多数种类以野生采摘为主
01 06 01 32 01	AD	鲜牛肝菌		Fresh boletus	—	
01 06 01 32 02	AD	干牛肝菌		Dried boletus	—	
01 06 01 32 99	—	其他牛肝菌制品		Other boletus products		
01 06 01 33	AD	鸡枞	蚁巢伞、白蚁菇	Termite mushrooms	01237·201（鲜）	包括黄鸡枞、白鸡枞和小果鸡枞以及其他鸡枞种类近 20 种，野生采摘
01 06 01 34	AD	大青蘑	大白桩菇、青腿子、雷蘑、青蘑	Giant funnel	—	东北著名，野生采摘
01 06 01 35	AD	草鸡枞	鳞柄小奥德蘑	Scurfy-stalked rooting	—	云南等地，以人工栽培为主

表 1（续）

产品代码	用途代码	名 称	别 名	英文名	对应 GB/T 7635.1—2002 代码	说 明
01 06 01 36	AD	青杠菌	假蜜环菌,亮菌	Blue bar fungus	—	野生采摘
01 06 01 99	—	其他伞菌		Other agaricsmushrooms	—	
01 06 02		耳类		Ear mushrooms	—	
01 06 02 01	—	黑木耳	木耳,光木耳,云耳,耳子	Black wood ears	21391·023	以人工栽培为主
01 06 02 01 01	ADE	鲜黑木耳		Fresh black wood ears	—	
01 06 02 01 01	ADE	干黑木耳		Dried black wood ears		包括压块黑木耳等
01 06 02 01 99	—	其他黑木耳制品		Other black wood ear products		
01 06 02 02	—	毛木耳	牛皮木耳,黄背木耳,粗木耳	Hairy jew's ears	—	以人工栽培为主
01 06 02 02 01	AD	鲜毛木耳		Fresh hairy jew's ears	—	
01 06 02 02 02	AD	干毛木耳		Dried hairy jew's ears	—	
01 06 02 02 99	—	其他毛木耳制品		Other hairy jew's ear products	—	
01 06 02 03	—	银耳	白木耳,雪耳	White jelly fungi	21391·024	以人工栽培为主
01 06 02 03 01	ADE	鲜银耳		Fresh white jelly fungi	—	
01 06 02 03 02	ADE	干银耳		Dried white jelly fungi	—	
01 06 02 03 99	—	其他银耳制品		Other white jelly fungus products	—	
01 06 02 04	—	金耳	黄白银耳,黄木耳,金木耳	Golden-white ears	—	近年栽培成功,以人工栽培为主
01 06 02 04 01	ADE	鲜金耳		Fresh golden-white ears	—	

表 1（续）

产品代码	用途代码	名 称	别 名	英文名	对应 GB/T 7635.1—2002 代码	说 明
01 06 02 04 02	ADE	干金耳		Dried golden-white ears	—	
01 06 02 04 99	—	其他金耳制品		Other golden-white ear products	—	
01 06 02 05	—	血耳	茶色银耳、血红银耳、药耳	Witch's butters	—	近年栽培成功，以人工栽培为主
01 06 02 05 01	ADE	鲜血耳		Fresh witch's butters	—	
01 06 02 05 02	ADE	干血耳		Dried witch's butters	—	
01 06 02 05 99	—	其他血耳制品		Other witch's butter products	—	
01 06 02 99	—	其他耳类		Other ear mushrooms	—	
01 06 03	—	**多孔菌类**		Polypore mushrooms	—	
01 06 03 01	—	灵芝	赤芝、灵芝草、神芝	Lingzhi	—	以人工栽培为主
01 06 03 01 01	ADE	鲜灵芝		Fresh Lingzhi	—	指经晾晒或烘干的灵芝
01 06 03 01 02	ADE	干灵芝		Dried Lingzhi	—	指经晾晒或烘干的灵芝
01 06 03 01 03	ADE	灵芝孢子粉		Lingzhi spore	—	指灵芝生长成熟后弹射的孢子
01 06 03 01 99	—	其他灵芝制品		OtherLingzhi products	—	如灵芝粉、灵芝片等
01 06 03 02	ADE	紫芝	木芝、紫灵芝、黑芝、芝	Chinese ganoderma	—	以人工栽培为主
01 06 03 03	ADE	松杉灵芝	长白山灵芝、铁杉灵芝	Hemlock varnish shelf	—	东北以人工栽培为主
01 06 03 04	—	灰树花	莲花菌、舞覃、栗蘑	Maitake	—	含白色的灰树花

表 1（续）

产品代码	用途代码	名　称	别　名	英文名	对应 GB/T 7635.1—2002 代码	说　明
01 06 03 04 01	ADE	鲜灰树花		Fresh maitake	—	
01 06 03 04 02	ADE	干灰树花		Dried maitake	—	
01 06 03 04 99	—	其他灰树花制品		Other maitake products	—	
01 06 03 05	ADE	桑黄	鲍姆木层孔菌	Phellinus fungi	—	台湾等地以人工栽培为主
01 06 03 06	ADE	桦褐孔菌	斜生纤孔菌、白桦茸	Chaga mushrooms	—	东北等地以人工栽培为主
01 06 03 99	—	其他多孔菌类		Other polypore mushrooms	—	
01 06 04	—	虫草类		Cordyceps	—	
01 06 04 01	ADE	蛹虫草	北冬夏草、北虫草	Trooping cordyceps	—	以人工栽培为主
01 06 04 02	ADE	冬虫夏草	中华虫草	Chinese carterpillar fungi	—	野生采摘
01 06 04 03	ADE	广东虫草		Guangdong cordyceps	—	近年开发新资源食用菌，以人工栽培为主
01 06 04 04	ADE	蝉花	蝉茸虫草、虫花、金蝉花	Cicada fungi	—	以人工栽培为主
01 06 04 99	—	其他虫草类		Other cordyceps	—	如古尼虫草、凉山虫草等
01 06 05	—	块类		Tubers	—	
01 06 05 01	AD	块菌	猪拱菌、松露	Truffle	—	云南已栽培成功，野生采摘
01 06 05 02	ABDE	茯苓	云苓、松苓、扶灵	Tuckahoe	—	以人工栽培为主
01 06 05 03	ADE	竹苓	雷丸、雷实、竹苓芝	Stone-like omphalia	—	著名药食用菌，以人工栽培为主

表 1（续）

产品代码	用途代码	名称	别名	英文名	对应 GB/T 7635.1—2002 代码	说明
01 06 05 04	ADE	马勃		Puffball	—	包括大秃马勃等马勃种类；近年有部分种类栽培，以野生为主
01 06 05 05	—	猴头菇	猴头菌、猴头磨、刺猬菌	Monkey head mushrooms	—	
01 06 05 05 01	ADE	鲜猴头菇		Fresh monkey head mushrooms	—	
01 06 05 05 02	ADE	干猴头菇		Dried monkey head mushrooms	—	
01 06 05 05 99	—	其他猴头菇制品		Other monkey head mushroom products	—	如猴头菇罐头、猴头菇粉等
01 06 05 99	—	其他块菌类		Other tuber mushrooms	—	
01 06 06	—	不另分类的食用菌		Edible fungi not classified	—	
01 06 06 01	—	竹荪	面纱菌、仙人伞、竹笙	Netted stinkhorn	—	包括短裙竹荪、长裙竹荪、棘托竹荪、皱盖竹荪4种，以人工栽培为主
01 06 06 01 01	ADE	鲜竹荪		Fresh netted stinkhorn	—	
01 06 06 01 02	ADE	干竹荪		Dried netted stinkhorn	—	
01 06 06 01 99	—	其他竹荪制品		Othernetted stinkhorn products	—	
01 06 06 02	—	羊肚菌	羊肚磨、羊肚菜、蜂窝菌	Common morel	—	近年有一种羊肚菌人工栽培成功，多数种类以野生采摘为主
01 06 06 02 01	ADE	鲜羊肚菌		Fresh common morel	—	
01 06 06 02 02	ADE	干羊肚菌		Dried common morel	—	

表 1 (续)

产品代码	用途代码	名 称	别 名	英文名	对应 GB/T 7635.1—2002 代码	说 明
01 06 06 02 99	—	其他羊肚菌制品		Other common morel products	—	
01 06 06 03	ADE	绣球菌	广叶绣球菌	Cauliflower mushrooms	—	经查证中国仅有广叶绣球菌这有个物种,没以人工栽培为主
01 06 06 04	ADE	干巴菌	干巴糙孢革菌	Ganba fungi	—	云南等地,野生采摘
01 06 06 05	ADE	鸡油菌	鸡蛋黄菌、杏菌,鸡油黄菌	Chanterelle	01237·208(鲜)	云南等地,野生采摘
01 06 06 06	ADE	马鞍菌	马鞍菌	Smooth stalked helvella	01237·211(鲜)	包括马鞍菌、裂盖马鞍菌以及其他马鞍菌,野生采摘
01 06 06 07	ADE	裂褶菌	白参、白蕈、树花	Split-gill fungus	—	以野生采摘为主,有人工栽培
01 06 06 99	—	其他不另分类的食用菌		Other edible fungi not classified	—	如白鬼笔、小羊肚菌等
01 07	—	饮料作物产品		Crop products for drinking	—	主要作为饮料加工用原材料的一类种植业产品
01 07 01	—	茶叶		Tea		
01 07 01 01	—	绿茶		Green teas	01612·010~01612·099	
01 07 01 01 01	AD	炒青绿茶		Panfired green tea	01612·011,01612·016	包括徽炒青、浙炒青、赣炒青、湘炒青、像炒青、黔炒青、珠茶、涌溪火青、龙井茶、碧螺春、信阳毛尖、竹叶青、蒙顶茶等
01 07 01 01 02	AD	烘青绿茶		Baked green tea	01612·012,01612·017	包括闽烘青、浙烘青、徽烘青、苏烘青、湘烘青、川烘青、黄山毛峰、太平猴魁、舒城兰花、敬亭绿雪、天山烘绿、华顶云雾、天目青顶、雁荡毛峰、东白春芽、莫干黄芽等

393

表 1（续）

产品代码	用途代码	名称	别名	英文名	对应 GB/T 7635.1—2002 代码	说明
01 07 01 01 03	AD	蒸青绿茶		Steaming green tea	—	包括玉露、中国煎茶等
01 07 01 01 04	AD	晒青绿茶		Sunning green tea	01612·013	包括川青、滇青、陕青等
01 07 01 01 99	—	其他绿茶		Other green tea	01612·99	包括雷峰尖茶等
01 07 01 02	—	红茶		Black tea	01612·100～01612·199	
01 07 01 02 01	AD	工夫红茶		Black tea congou	01612·102	包括闽红工夫、政和工夫、坦洋工夫、白琳工夫、祁门工夫、滇红工夫、湖红工夫、越红工夫、宁红工夫、川红工夫、宜红工夫等
01 07 01 02 02	AD	小种红茶		Souchong black tea	01612·105	包括正山小种、烟小种等
01 07 01 02 03	AD	红碎茶		Black broken tea	01612·104	包括大叶种红碎茶、小叶种红碎茶等
01 07 01 02 99	—	其他红茶		Other black tea	01612·199	包括米砖等
01 07 01 03	—	乌龙茶	青茶	Oolong tea	01612·300～01612·399，23913·300～23913·399	
01 07 01 03 01	AD	闽南乌龙茶		Minnan oolong tea	01612·301,01612·302	包括铁观音、黄金桂、杏仁、大叶乌龙、永春水仙、永春佛手等
01 07 01 03 02	AD	闽北乌龙茶		Minbei oolong tea	01612·301,01612·302	包括武夷岩茶、大红袍、闽北水仙等
01 07 01 03 03	AD	台湾乌龙茶		Taiwang oolong tea	—	包括阿里山乌龙茶、冻顶乌龙茶、翠玉乌龙茶、金萱乌龙茶、东方美人等

表 1（续）

产品代码	用途代码	名 称	别 名	英文名	对应 GB/T 7635.1—2002 代码	说 明
01 07 01 03 04	AD	广东乌龙茶		Guangdong oolong tea	01612·301,01612·302	包括凤凰水仙、梅占等
01 07 01 03 99	—	其他乌龙茶		Other oolong tea	01612·399	包括漳平水仙饼等
01 07 01 04	AD	白茶		White tea	01612·014	包括白毫银针、白牡丹、贡眉等
01 07 01 05	AD	黄茶		Yellow tea	01612·015	包括君山银针、蒙顶黄芽、北港毛尖、沩山毛尖、温州黄汤、霍山黄大茶、广东大叶青等
01 07 01 06	—	黑茶		Dark tea	01612·400~01612·499	
01 07 01 06 01	AD	湖南黑茶		Hunan dark tea	01612·401,01612·402	包括茯砖、黑砖、青砖、花砖、花卷和天尖、贡尖和生尖等
01 07 01 06 02	AD	湖北老青茶		Hubei lao qing tea	01612·401,01612·402	
01 07 01 06 03	AD	陕西黑茶		Shanxi dark tea	01612·401,01612·402	包括泾渭茯茶等
01 07 01 06 04	AD	四川边茶		Sichuan dark tea	01612·401,01612·402	包括南路边茶、西路边茶、康砖、金尖等
01 07 01 06 05	AD	云南普洱茶		Yunnan Puer tea	01612·401,01612·402	
01 07 01 06 06	AD	广西六堡茶		Guangxi Liubao tea	01612·401,01612·402	
01 07 01 06 99	—	其他黑茶		Other dark tea	01612·499	
01 07 01 07	—	再加工茶		Reprocessed tea	01612·200~01612·299,23913·201~23913·299,23914	
01 07 01 07 01	—	花茶		Scented tea	01612·200~01612·299,23913·200~23913·299	

表 1（续）

产品代码	用途代码	名 称	别 名	英文名	对应 GB/T 7635.1—2002 代码	说 明
01 07 01 07 01 01	AD	茉莉花茶		Jasmine tea	01612·201,23913·201	包括龙团珠茉莉花茶、银针茉莉花茶等
01 07 01 07 01 99	—	其他花茶		Other scented tea	01612·299,23913·299	
01 07 01 07 02	AD	速溶茶		Instant tea	23914·013	包括固态速溶茶、液态速溶茶等
01 07 01 07 03	AD	粉茶		Tea powder	23914·010	包括抹茶、绿茶粉、红茶粉、普洱茶粉等
01 07 01 07 04	AD	袋泡茶		Bag tea	23914·400	袋泡绿茶、袋泡红茶、袋泡乌龙茶、袋泡黄茶、袋泡白茶、袋泡黑茶等
01 07 01 07 99	—	其他再加工茶		Other reprocessed tea	—	
01 07 01 99	—	其他茶叶产品及副产品		Other tea products and by-products	—	
01 07 02	—	咖啡		Coffee	2391	咖啡属植物的果实和种子以及这些果实和种子制成的供人类消费的产品
01 07 02 01	—	鲜咖啡果		Fresh coffee cherries	—	新鲜完整的咖啡树果实
01 07 02 01 01	AD	小粒种鲜咖啡果	阿拉伯种咖啡鲜果	Arabica fresh coffee cherries	—	
01 07 02 01 02	AD	中粒种鲜咖啡果	罗巴斯塔种咖啡鲜果	Robasta fresh coffee cherries	—	
01 07 02 01 03	AD	大粒种鲜咖啡果	利比里亚种咖啡鲜果	Liberia fresh coffee cherries	—	
01 07 02 01 04	AD	高种鲜咖啡果	埃塞尔萨种咖啡鲜果	Excelsa fresh coffee cherries	—	
01 07 02 01 05	AD	阿拉巴斯塔种鲜咖啡果		Arabusta fresh coffee cherries	—	

表 1（续）

产品代码	用途代码	名称	别名	英文名	对应 GB/T 7635.1—2002 代码	说明
01 07 02 01 99	—	其他鲜咖啡果		Other fresh coffee cherries	—	
01 07 02 02	AD	干咖啡果		Dried coffee cherries	—	咖啡树的干咖啡果，由外果皮和一粒或多粒豆组成
01 07 02 03	AD	生咖啡	咖啡豆	Green (coffee) beans	01611	咖啡果的种仁，含带皮咖啡豆
01 07 02 04	AD	焙炒咖啡		Roasted coffee	23911	通过热处理加工后的咖啡产品
01 07 02 04 01	AD	焙炒咖啡豆		Roasted coffee bean	—	生咖啡经焙炒所得的产品
01 07 02 04 02	AD	焙炒咖啡粉		Roasted coffee powder	—	焙炒咖啡豆磨碎后的产品
01 07 02 04 99	—	其他焙炒咖啡		Other roasted coffee	—	
01 07 02 99	—	其他咖啡产品及副产品		Other coffee products and by-products	—	
01 07 03	—	可可豆		Cocoa beans	01614	
01 07 03 01	AD	生可可豆	可可仁	Raw cocoa beans	01614·011	经过发酵和干燥的可可树的种子
01 07 03 02	AD	烘烤可可豆		Roasted cocoa beans	01614·012	以可可豆为原料，经清理、筛选、焙炒、脱壳而制成的产品
01 07 03 03	—	可可制品		Cocoa products	236	是指以可可豆为原料，经炒、破碎、壳仁分离，焙炒、研磨，破碎细粉、压榨，冷却结晶等工艺制成的产品
01 07 03 03 01	AD	可可液块		Cocoa mass	—	以可可仁为原料，经碱化（或不碱化）、研磨等制成的产品

表 1（续）

产品代码	用途代码	名 称	别 名	英文名	对应 GB/T 7635.1—2002 代码	说 明
01 07 03 03 02	AD	可可饼块		Cocoa cake	—	以可可仁或可可液块等为原料，经机榨脱脂等工艺制成的产品
01 07 03 03 03	AD	可可粉		Cocoa power	2363	可可饼块经粉化制成的产品
01 07 03 03 04	AD	可可脂		Cocoa butter	23621	以纯可可豆为原料，经清理、筛选、焙炒、脱壳、磨浆、机榨等工艺制成的产品
01 07 03 03 99	—	其他可可制品		Other cocoa products	2366	
01 07 04	—	代用茶		Substitutes of tea	—	
01 07 04 01	ADE	叶类代用茶		Leafy substitutes of tea	—	包括荷叶、桑叶、薄荷茶、苦丁茶、银杏叶等
01 07 04 02	ADE	果实类代用茶		Fructification substitutes of tea	—	包括柠檬、枸杞、莲子、大麦、苦荞麦、胖大海和罗汉果等
01 07 04 03	ADE	花类代用茶		Flower substitutes of tea	—	包括饮用菊花、金银花、重瓣红玫瑰等
01 07 04 04	AD	根茎类代用茶		The root-stock substitutes of tea	—	包括甘草、姜等
01 07 04 99	—	其他代用茶		Other substitutes of tea	—	如混合花、果、叶、茎等代用茶
01 07 99	—	其他饮料作物产品		Other crop products for drinking	—	
01 08	—	糖料及其制品		Sugar crops and their products	—	以制取食糖为主要用途的一类种植业产品
01 08 01	—	甜菜		Beets	0181	
01 08 01 01	—	糖料甜菜		Sugar beet	—	
01 08 01 01 01	ACD	甜菜块根		Beet root tuber	—	
01 08 01 01 02	ABD	甜菜糖产品		Sugar products of beet	—	

表 1（续）

产品代码	用途代码	名　称	别　名	英文名	对应 GB/T 7635.1—2002 代码	说　明
01 08 01 01 03	—	甜菜副产品		Sugar beet by-products	01913 · 202	
01 08 01 01 03 01	BD	甜菜粕	甜菜渣	Sugar beet meal	—	
01 08 01 01 03 02	BD	甜菜粕颗粒		Pelleting dried beet pulp	—	以甜菜粕为原料，添加废糖蜜等辅料经制粒形成的产品
01 08 01 01 03 03	BD	甜菜糖蜜		Sugar beet molasses	—	
01 08 01 01 03 99	—	其他甜菜副产品		Other sugar beet by-products	—	
01 08 01 02	—	不另分类的甜菜		Sugar beets not classified	—	包括食用甜菜、叶用甜菜、饲用甜菜等栽培种
01 08 01 02 01	ACD	食用甜菜		Table beet	—	
01 08 01 02 02	ACD	叶用甜菜		Leaf beet	—	
01 08 01 02 03	BCD	饲用甜菜		Fodder beet	—	
01 08 01 02 99	—	其他不另分类的甜菜		Other sugar beets not classified	—	
01 08 02	—	甘蔗		Canes	0182	
01 08 02 01	—	糖料甘蔗		Sugarcanes	01822	
01 08 02 01 01	ABD	原料甘蔗		Raw sugar canes	—	
01 08 02 01 02	ABD	甘蔗糖产品		Sugar products of sugarcane	—	
01 08 02 01 03	BD	甘蔗副产品		Sugarcane by-products	—	

表 1 (续)

产品代码	用途代码	名 称	别 名	英文名	对应 GB/T 7635.1—2002 代码	说 明
0 1 08 02 02	—	果用甘蔗		Fruit canes	—	
0 1 08 02 02 01	AD	鲜食甘蔗		Fresh edible canes	—	
0 1 08 02 02 99	—	其他果用甘蔗产品		Other fruit canes	—	
0 1 08 02 03	—	不另分类的甘蔗		Canes not classified	—	
0 1 08 02 03 01	BD	饲料甘蔗		Feedstuff canes	—	
0 1 08 02 03 02	D	能源甘蔗		Energy canes	—	
0 1 08 02 03 99	—	其他不另分类的甘蔗		Other canes not classified	—	
0 1 08 03	—	不另分类的糖料		Sugar crops not classified	0189	
0 1 08 03 01	ACDE	甜叶菊		Stevia rebaudiana	—	
0 1 08 03 02	D	高果糖用植物		High-fructose crops	01892	
0 1 08 03 03	D	无热量甜味剂植物		No-calorie sweetener crops	01891	
0 1 08 03 99	—	其他不另分类的糖料		Other sugar crops not classified	—	包括甜高粱、菊苣等
0 1 09	—	纺织用植物原料		Textile crops	—	主要用于纺织原料的一类种植业产品
0 1 09 01	—	棉花		Cottons	—	
0 1 09 01 01	—	籽棉		Seed cottons	01921·010	
0 1 09 01 01 01	D	细绒棉籽棉		Fine stapleseed cottons	01921·011	又称陆地棉籽棉
0 1 09 01 01 02	D	长绒棉籽棉		Long staple seed cottons	01921·012	又称海岛棉籽棉
0 1 09 01 01 99	—	其他籽棉		Other seed cottons	—	

表 1 (续)

产品代码	用途代码	名 称	别 名	英文名	对应 GB/T 7635.1—2002 代码	说 明
01 09 01 02	—	皮棉		Staple cottons	01921·200	
01 09 01 02 01	D	细绒棉皮棉		Fine staple cottons	01921·201	又称陆地棉皮棉
01 09 01 02 02	D	长绒棉皮棉		Long staple cottons	01921·202	又称海岛棉皮棉
01 09 01 02 99	—	其他皮棉		Other staple cottons		包括天然彩色细绒棉皮棉
01 09 01 03	—	棉花副产品		Cotton by-products		
—	ABCD	棉籽		Cotton seeds	0144	代码见 01 02 06 01
01 09 01 03 01	D	棉短绒		Cotton linters	217	
01 09 01 03 02	D	棉花秸秆		Cotton stalk	—	
01 09 01 03 99	—	其他棉花副产品		Other cottonby-products		
01 09 02	—	麻类		Bast fiber crops		以纺织加工为主要用途的一类种植业产品,部分产品兼饲用、食用,如苎麻茎叶、亚麻籽
01 09 02 01	—	苎麻		Ramie		
01 09 02 01 01	D	苎麻原麻		Raw ramie	—	
01 09 02 01 02	—	苎麻副产品		Ramie by-products		
01 09 02 01 02 01	D	苎麻茎叶		Ramie stem and leaves	—	
01 09 02 01 02 02	CD	苎麻籽		Ramie seeds	—	
01 09 02 01 02 99	—	其他苎麻副产品		Otherramie by-products	—	

表 1（续）

产品代码	用途代码	名　称	别　名	英文名	对应 GB/T 7635.1—2002 代码	说　明
01 09 02 02	—	红麻		Kenaf	—	
01 09 02 02 01	D	熟红麻		Kenaf fiber	—	
01 09 02 02 02	—	红麻副产品		Kenaf by-products	—	
01 09 02 02 02 01	D	红麻茎秆		Kenaf stems	—	
01 09 02 02 02 02	D	红麻茎叶		Kenaf stem and leaves	—	
01 09 02 02 03	CD	红麻籽		Kenaf seeds	—	
01 09 02 02 99	—	其他红麻副产品		Other kenaf by-products	—	
01 09 02 03	—	黄麻		Jute	—	
01 09 02 03 01	D	熟黄麻		Jute fiber	—	
01 09 02 03 02	—	黄麻副产品		Jute by-products	—	
01 09 02 03 02 01	D	黄麻叶		Jute leaves	—	
01 09 02 03 02 02	CD	黄麻籽		Jute seeds	—	
01 09 02 03 02 99	—	其他黄麻副产品		Other jute by-products	—	
01 09 02 04	—	亚麻		Flax	—	
01 09 02 04 01	D	纤维用亚麻原茎		Raw stem of fibre flax	—	
01 09 02 04 02	—	亚麻副产品		Flax by-products	—	

表 1（续）

产品代码	用途代码	名 称	别 名	英文名	对应 GB/T 7635.1—2002 代码	说 明
01 09 02 04 02 01	D	纤维用亚麻雨露干茎		Dew retting stem of fibre flax	—	
01 09 02 04 02 02	D	亚麻打成麻		Scutched flax	—	
—	ABCD	亚麻籽		Flax seeds	—	代码见 01 02 07 01
01 09 02 04 02 99	—	其他亚麻副产品		Other flax by-products	—	
01 09 02 05	—	工业大麻		Industrial hemp	—	
01 09 02 05 01	D	大麻原麻		Raw hemp	—	用作纺织用原料的纤维型（工业）大麻韧皮，其四氢大麻酚（THC）含量低于 0.3%
01 09 02 05 02	—	大麻副产品		Hemp by-products	—	
01 09 02 05 02 01	CD	大麻籽		Hemp seeds	—	
01 09 02 05 02 99	—	其他大麻副产品		Other hemp by-products	—	
01 09 02 06	—	剑麻		Sisal	—	
01 09 02 06 01	D	剑麻纤维		Sisal fiber	—	
01 09 02 06 02	—	剑麻副产品		Sisal by-products	—	
01 09 02 06 02 01	D	剑麻叶		Sisal leaves	—	
01 09 02 06 02 02	CD	剑麻籽		Sisal seeds	—	
01 09 02 06 02 99	—	其他剑麻副产品		Other sisal by-products	—	
01 09 02 07	—	罗布麻		Apocynum	—	

表 1（续）

产品代码	用途代码	名　称	别　名	英文名	对应 GB/T 7635.1—2002 代码	说　明
01 09 02 07 01	D	罗布麻韧皮		Raw apocynum	—	
01 09 02 07 02	—	罗布麻副产品		Apocynum by-products	—	
01 09 02 07 02 01	DE	罗布麻根		Apocynum roots	—	
01 09 02 07 02 02	D	罗布麻茎		Apocynum stems	—	
01 09 02 07 02 03	D	罗布麻叶		Apocynum leaves	—	
01 09 02 07 02 04	CD	罗布麻籽		Apocynum seeds	—	
01 09 02 07 02 99	—	其他罗布麻副产品		Other apocynum by-products	—	
01 09 02 99	—	其他麻类		Other bastfiber crops	—	
01 09 99	—	其他纺织植物原料		Other textile crops	—	
01 10	—	烟草		Tobaccos	—	主要用于烟草加工的一类嗜好类种植业产品
01 10 01	D	烤烟		Flue-cured tobaccos	—	
01 10 02	—	晒烟		Sun-cured tobaccos	—	
01 10 02 01	D	晒红烟		Red sun-cured tobaccos	—	
01 10 02 02	D	晒黄烟		Yellow sun-cured tobaccos	—	
01 10 02 99	—	其他晒烟		Other sun-cured tobaccos	—	
01 10 03	—	晾烟		Air-cured tobaccos	—	
01 10 03 01	D	马里兰烟		Maryland tobaccos	—	
01 10 03 02	—	雪茄烟		Cigar tobaccos	—	
01 10 03 02 01	D	雪茄芯叶烟		Cigar filler tobaccos	—	

表 1 (续)

产品代码	用途代码	名 称	别 名	英文名	对应 GB/T 7635.1—2002 代码	说 明
011003 02 02	D	雪茄内包叶烟		Cigar binder tobaccos	—	
011003 02 03	D	雪茄外包叶烟		Cigar wrapper tobaccos	—	
011003 03	D	传统晾烟		Traditional air-cured tobaccos	—	
011004	D	白助烟		Burley tobaccos	—	
011005	D	香料烟		Oriental tobaccos	—	
011006	D	黄花烟		Rustic tobaccos	—	国外可做提取烟碱原料
011007	E	野生烟		Nicotiana gossei	—	
011099	—	其他烟草		Other tobaccos	—	
0111	—	观赏植物		Ornamental plants	01511	指具有一定观赏价值,应用于园林及室内植物配置和装饰,改善美化生活环境的草本和木本植物的总称
011101	—	草本花卉		Herbaceous ornamentals	—	
011101 01	—	一、二年生花卉		Annual and biennial ornamentals	01511·010~01511·099	包括露地、温室的一、二年生花卉
011101 01 01	CDE	万寿菊	臭芙蓉蜂窝菊、臭菊花	African marigold	01511·014	
011101 01 02	CE	雏菊	春菊、太阳菊	Common daisy	01511·015	
011101 01 03	CE	麦秆菊	蜡菊	Strawflower	01511·016	
011101 01 04	CE	波斯菊	秋英、秋樱、八瓣梅	Mexican cosmos	01511·018	
011101 01 05	CE	矢车菊	蓝芙蓉、翠兰	Garden cornflower	01511·021	

表 1（续）

产品代码	用途代码	名称	别名	英文名	对应 GB/T 7635.1—2002 代码	说明
0111010106	CE	瓜叶菊	瓜叶莲、富贵菊	Florist's cineraria	01511·024	
0111010107	CE	鸡冠花	大头鸡冠、鸡冠、头状状鸡冠花	Cockscomb	01511·025	
0111010108	CE	一串红	草象牙红、爆仗红	Scarlet sage	01511·026	
0111010109	CE	金鱼草	龙头花、狮子花	Snapdragon	01511·027	
0111010110	CE	三色堇	蝴蝶花、人面花、猫脸花	Pansy	01511·031	
0111010111	CE	紫罗兰	非洲紫罗兰、草紫罗兰	African violet	01511·032	
0111010112	CE	凤仙花	凤仙草、金凤花、指甲草	Garden balsam	01511·033	
0111010113	CE	石竹	洛阳花、中国石竹	Chinese pink	01511·034	
0111010114	CE	满天星	霞草、锥花丝石竹、丝石竹	Baby's breath	01511·035	
0111010115	CE	矮牵牛	草牡丹、碧冬茄、灵芝牡丹	Petunia	01511·038	
0111010116	CE	美女樱	铺地马鞭草、铺地锦、美人樱	Verbena	01511·043	
0111010117	CE	虞美人	丽春花、篝杜丹、满园春	Corn poppy	01511·047	
0111010118	CE	花菱草	加州罂粟、金英花	California poppy	01511·048	
0111010119	CE	雁来红	三色苋、老来少、雁来黄	Jodrph's coat	01511·058	
0111010120	CE	千日红	火球花、百日红、千日草	Globe amaranth	01511·061	

表 1（续）

产品代码	用途代码	名称	别名	英文名	对应 GB/T 7635.1—2002 代码	说明
0111 0101 21	CE	大花马齿苋	半支莲、太阳花、松叶牡丹	Rose moss	01511·065	
0111 0101 22	CE	蒲包花	荷包花、元宝花	Pocketbook plant	01511·071	
0111 0101 23	CE	彩叶草	五彩苏、五色草、锦紫苏	Coleus	01511·072	
0111 0101 24	CE	观赏向日葵	美丽向日葵	Sunflower	01511·116	
0111 0101 25	CE	耧斗菜	猫爪花	European wild columbine	01511·128	
0111 0101 26	CE	风铃草	吊钟花、瓦筒花、风铃花	Bellflower	01511·161	
0111 0101 27	CE	虎耳草	石荷叶、老虎耳、耳朵红	Creeping rockfoil	01511·213	
0111 0101 28	CE	勿忘我	星辰花、补血草	Notch-leaf sea-lavender	—	
0111 0101 29	CE	孔雀草	孔雀菊、小万寿菊、红黄草	French marigold	—	
0111 0101 30	CE	乳茄	黄金茄、五指茄	Cow's udder	—	
0111 0101 31	CE	情人草	二色补血草、二色匙叶草、干枝梅	Limonium bicolo	—	
0111 0101 32	CE	洋桔梗	大花草原龙胆、土耳其桔梗、玲珑	Lisianthus	—	
0111 0101 33	CE	口红花	金鱼花、花蔓草、科伦花	Basket vine	—	
0111 0101 34	CE	龙胆	苦地胆、地胆头、磨地胆	Gentian	—	
0111 0101 35	CE	鼠尾草	洋苏草、普通鼠尾草、庭院鼠尾草	Sage	—	

表 1（续）

产品代码	用途代码	名称	别名	英文名	对应 GB/T 7635.1—2002 代码	说明
0111010136	CE	薰衣草	香水植物、灵香草、香草	Lavender	—	
0111010137	CE	醉鱼草	闭鱼花、鱼尾草、鱼泡草	Buddleia	—	
0111010199	CE	其他一、二年生花卉		Other annual and biennial ornamentals	01511·099	
0111010200	—	球宿根花卉		Flowering bulbs and herbaceous perennials	01511·100～01511·299、01511·300～01511·369	包括露地、温室的球宿根花卉
0111010201	CE	长春花	四时春、日日新、雁头红	Vinca	01511·042	
0111010202	CE	福禄考	福禄花、福乐花	Phlox	01511·046	
0111010203	CE	羽扇豆	多叶羽扇豆、鲁冰花	Lupine	01511·052	
0111010204	CE	报春花	樱草、四季报春、少女樱草	Primrose	01511·068	
0111010205	CE	欧报春	欧洲报春、德国报春、西洋樱草	Common primrose	01511·068	
0111010206	CDE	菊花	金英、黄华、秋菊	Chrysanthemum	01511·101	
0111010207	CE	非洲菊	扶郎花、太阳花、日头花	African daisy	01511·124	
0111010208	CE	非洲紫罗兰	非洲堇	African violet	01511·125	
0111010209	CE	芍药	将离、离草、殿春花	Herbaceous peony	01511·126	
0111010210	CE	鸢尾	紫蝴蝶、蓝蝴蝶、扁竹花	Iris	01511·127	
0111010211	CE	蜀葵	胡葵、斗蓬花、秫秸花	Hollyhock	01511·131	

表1（续）

产品代码	用途代码	名 称	别 名	英文名	对应 GB/T 7635.1—2002 代码	说 明
01 11 01 02 12	CE	落新妇	小升麻、木活、铁火钳	Astilbe	01511·132	
01 11 01 02 13	CE	翠雀	大花飞燕草、百部草、飞燕草	Larkspur	01511·136	
01 11 01 02 14	CE	玉簪	玉春棒、玉泡花、白玉簪	Plantainlily	01511·138	
01 11 01 02 15	CE	萱草	黄花菜、金针菜、忘郁	Day lily	01511·141	
01 11 01 02 16	CE	火炬花	红火棒、火把莲、	Red-hot-poker	01511·143	
01 11 01 02 17	CE	剪秋罗	大花剪秋罗	Campion	01511·144	
01 11 01 02 18	CE	钓钟柳	象牙红	Penstemon	01511·148	
01 11 01 02 19	CE	射干	乌扇、乌蒲、夜干	Blackberry lily	01511·157	
01 11 01 02 20	CE	蛇鞭菊	麒麟菊、猫尾花、舌根菊	Gayfeather	01511·165	
01 11 01 02 21	CE	君子兰	大花君子兰、大叶石蒜、剑叶石蒜	Bush lily	01511·173	
01 11 01 02 22	CE	鹤望兰	天堂鸟、极乐鸟	Bird of paradise	01511·174	
01 11 01 02 23	CE	虎尾兰	虎皮兰、千岁兰	Snake plant	01511·175	
01 11 01 02 24	CE	花烛	红掌、安祖花、火鹤花	Anthurium	01511·176	
01 11 01 02 25	CE	球根秋海棠	虎耳海棠、瓜子海棠、玻璃海棠	Tuberous Begonia	01511·177	
01 11 01 02 26	CE	吊兰	钓兰、倒挂兰	Bracketplant	01511·182	

表 1（续）

产品代码	用途代码	名称	别名	英文名	对应 GB/T 7635.1—2002 代码	说明
01 11 01 02 27	CE	百子莲	蓝百合、爱情花、蓝花君子兰	African lily	01511·183	
01 11 01 02 28	CE	海芋	滴水观音、观音莲	Lily of the nile	01511·191	
01 11 01 02 29	CE	大丽花	大丽菊	Dahlia	01511·301	
01 11 01 02 30	CE	唐菖蒲	十三太保、剑兰、十样锦	Gladiolus	01511·302	
01 11 01 02 31	CE	美人蕉	大花美人蕉、红艳蕉、兰蕉、矮美人	Canna	01511·303	
01 11 01 02 32	CE	晚香玉	夜来香、月来香	Tuberose	01511·304	
01 11 01 02 33	CE	葱莲	玉符、葱兰、白花葺蒲莲	Autumn Zephyrlily	01511·305	
01 11 01 02 34	CE	水仙花	天葱、金盏银台、玉玲珑	Narcissus	01511·306	
01 11 01 02 35	CE	郁金香	洋荷花、旱荷花、郁香	Tulip	01511·307	
01 11 01 02 36	CE	风信子	西洋水仙、五色水仙、时样锦	Hyacinth	01511·308	
—	CE	百合	强瞿、番韭、山丹	Lily	01511·311	代码见 01 04 12 04
01 11 01 02 37	CE	石蒜	老鸦蒜、龙爪花、红花石蒜	Red spider lily	01511·312	
01 11 01 02 38	CE	花毛茛	芹菜花、波斯毛茛、陆莲花	Persian buttercup	01511·314	
01 11 01 02 39	CE	铃兰	草玉玲、鹿铃、小芦铃	Lily-of-the-Valley	01511·315	
01 11 01 02 40	CE	虎斑花	虎皮花、老虎百合	Mexican shell flower	01511·322	

表 1（续）

产品代码	用途代码	名称	别名	英文名	对应 GB/T 7635.1—2002 代码	说明
01 11 01 02 41	CE	仙客来	兔子花、一品冠、仙鹤来	Cyclamen	01511·325	
01 11 01 02 42	CE	大岩桐	六雪尼、落雪泥	Gloxinia	01511·326	
01 11 01 02 43	CE	马蹄莲	水芋、慈姑花、佛焰苞芋	Calla lily	01511·327	
01 11 01 02 44	CE	朱顶红	柱顶红、孤挺花、对红	Amaryllis	01511·328	
01 11 01 02 45	CE	小苍兰	香雪兰、小菖兰、洋晚香玉	Freesia	01511·331	
01 11 01 02 46	CE	文殊兰	十八学士、翠堤花	Crinum	01511·332	
01 11 01 02 47	CE	网球花	绣球百合、网球石蒜	Blood lily	01511·333	
01 11 01 02 48	CE	香石竹	康乃馨、麝香竹	Carnation	01511·401	
01 11 01 02 49	CE	天竺葵	洋绣球、石腊红、洋葵	Geranium	01511·403	
01 11 01 02 50	CE	天门冬	武竹、天冬草、丝冬	Climbing asparagus	01511·406	
01 11 01 02 51	CE	银叶菊	雪叶菊	Dusty miller	—	
01 11 01 02 52	CE	珊瑚凤梨类	美叶光萼荷、蜻蜓凤梨	Aechmea fulgens	—	观赏凤梨中常见栽培的几大类（属）
01 11 01 02 53	CE	莺歌凤梨类	丽穗凤梨、彩苞凤梨、王凤梨	Vriesea carinata	—	
01 11 01 02 54	CE	星花凤梨类	果子蔓	Guzamania	—	
01 11 01 02 55	CE	铁兰类	紫花凤梨	Tillandsia	—	

表 1（续）

产品代码	用途代码	名称	别名	英文名	对应 GB/T 7635.1—2002 代码	说明
01 11 01 02 56	CE	水塔花类	可爱水塔花，巴西水塔花，美丽水塔花	Billbergia	01511·193	
01 11 01 02 57	CE	彩叶凤梨类		Neoregelia	—	
01 11 01 02 58	CE	姬凤梨类		Cryptanthus	—	
01 11 01 02 59	CE	小果子蔓	红星凤梨，吉利红星，红运当头	Guzmania	—	
01 11 01 02 60	CE	观赏凤梨	菠萝花，凤梨花	Ornamental pineapple	—	
01 11 01 02 61	CE	姬凤梨	蟹叶姬凤梨、紫锦凤梨	Cryptanthus acaulis	—	
01 11 01 02 62	CE	飞燕草	大花飞燕草	Larkspur	—	
01 11 01 02 63	CE	银莲花	风花，复活节花	Poppy anemone	—	
01 11 01 02 64	CE	雪铁芋	美铁芋，金松，金钱树	Zamioculcas zamiifolia	—	
01 11 01 02 65	CE	欧石南	苏格兰石楠	Tree heath	—	
01 11 01 02 66	CE	独尾草	石参，崖石	Foxtail lily	—	
01 11 01 02 67	CE	柳兰	水丁香，通经草	Willow herb	—	
01 11 01 02 68	CE	姜花	蝴蝶姜，穗花山奈姜兰	Garland-flower	—	
01 11 01 02 69	CE	锦葵	荆葵、钱葵、小钱花	Chinese mallow	—	
01 11 01 02 70	CE	老鹳草	老鹳嘴、老鸦嘴、老贯筋	Geranium wilford	—	

表 1（续）

产品代码	用途代码	名称	别名	英文名	对应 GB/T 7635.1—2002 代码	说明
0111 01 02 71	CE	孤挺花	百枝莲、柱顶红、百枝莲	Belladonna lily	—	
0111 01 02 72	CE	绿绒蒿	野毛金莲、毛叶兔耳风、毛果七	Meconopsis	—	
0111 01 02 73	CE	袋鼠爪	袋鼠花、澳洲袋鼠花	Nematanthus gregarius	—	
0111 01 02 74	CE	六出花	智利百合、秘鲁百合、水仙百合	Alstroemeria	—	
0111 01 02 75	CE	观赏葱	大花葱、砚葱、高葱	Ornamental onion	—	
0111 01 02 76	CE	番红花	藏红花、西红花	Saffron	—	
0111 01 02 77	CE	绵枣儿	海葱、蓝钟花	Chinese squill	—	
0111 01 02 78	CE	天南星	一把伞、南星	Rhizoma arisaematis	—	
0111 01 02 79	CE	象牙参	藏象牙参、土中闻、鸡脚参	Roscoea	—	
0111 01 02 99	CE	其他球宿根花卉		Other flowering bulbs and perennial ornamentals	01511·369,01511·299	
0111 01 03	—	水生花卉		Aquatic ornamentals	01511·370	
0111 01 03 01	CE	荷花	水芙蓉、玉环、藕花	Lotus	01511·371	
0111 01 03 02	CE	睡莲	子午莲、瑞莲、水洋花	Water lily	01511·372	
0111 01 03 03	CE	千屈菜	水枝柳、水柳、对叶莲	Spiked loosestrife	01511·373	
0111 01 03 04	CE	水葱	莞葱、葱蒲、蒲莘	Tabernaemontanus bulrush	01511·375	
0111 01 03 05	CE	王莲		Victoria regia	01511·376	

表 1（续）

产品代码	用途代码	名称	别名	英文名	对应 GB/T 7635.1—2002 代码	说明
01110103 06	CE	萍蓬莲	萍蓬草、荷根、水栗子	Yellow water lily	01511·377	
01110103 07	CE	凤眼莲	水葫芦、水浮莲、凤眼蓝	Waterhyacinth	01511·377	
01110103 08	CE	香蒲	东方香蒲、蒲草、水烛	Cattail	01511·378	
01110103 09	CE	泽泻	水泻、水泽、芒芋	Water plantain	01511·381	
01110103 10	CE	鸭舌草	鸭儿嘴、肥菜、水锦葵	Sheathed monochoria	01511·383	
01110103 11	CE	雨久花	浮蔷、蓝花菜、水白菜	Monochoria	01511·384	
01110103 12	CE	金鱼藻	细草、鱼草、松藻	Hornwort	01511·385	
01110103 13	CE	石菖蒲	金钱蒲、菖蒲、剑草	Grassleaf sweelflag rhizome	01511·386	
01110103 14	CE	菖蒲	水菖蒲、泥菖蒲、大叶菖蒲	Calamus	01511·387	
01110103 15	CE	沼芋		Bogs taro	—	
01110103 16	CE	睡菜	绰菜、暝菜	Bogbean	—	
01110103 99	CE	其他水生花卉		Other aquatic oranmentals	01511·399	
01110104	—	兰科植物	朵朵香、草兰、草素	Orchids	01511·600~01511·649	包括兰属（中国兰花）、附生兰类（热带兰花）
01110104 01	CE	春兰	中国兰、九子兰、一茎九花	Spring orchid	01511·601	
01110104 02	CE	蕙兰		Faber's scymbidium	01511·602	

表 1（续）

产品代码	用途代码	名称	别名	英文名	对应 GB/T 7635.1—2002 代码	说明
01 11 01 04 03	CE	虎头兰	喜姆比兰、蝉兰、西姆比兰	Hooker's cymbidium	01511·603	
01 11 01 04 04	CE	台兰	鳖蜂兰、蒲兰、蜂子兰	Taiwan orchid	01511·604	
01 11 01 04 05	CE	建兰	雄兰、剑蕙、四季兰	Sword-leaved cymbidium	01511·605	
01 11 01 04 06	CE	墨兰	报岁兰、人岁兰	Chinese cymbidium	01511·606	
01 11 01 04 07	CE	寒兰	冬兰	Cold-growingcymbidium	01511·607	
01 11 01 04 08	CE	卡特兰	嘉德利亚兰、嘉德丽亚兰、卡特利亚兰	Cattleya	01511·608	
01 11 01 04 09	CE	兜兰	拖鞋兰	Slipper orchid	01511·611	
01 11 01 04 10	CE	石斛	石兰、金钗石斛、枫豆	Dendrobium	01511·612	
01 11 01 04 11	CE	文心兰	跳舞兰、金蝶兰、舞女兰	Oncidium	01511·613	
01 11 01 04 12	CE	万带兰	万代兰	Vanda	01511·614	
01 11 01 04 13	CE	贝母兰	毛唇贝母兰、石巴蕉、果上叶	Coelogyne	01511·616	
01 11 01 04 14	CE	米尔顿兰	密尔顿兰、堇花兰、堇色兰	Miltonia	01511·618	
01 11 01 04 15	CE	蝴蝶兰	紫花鸢尾兰、蒲、蝶兰	Moth orchid	01511·621	
01 11 01 04 16	CE	大花蕙兰		Cymbidium hybrids	—	
01 11 01 04 17	CE	独蒜兰	冰球子、山慈姑	Pleione	—	

表 1（续）

产品代码	用途代码	名　称	别　名	英文名	对应 GB/T 7635.1—2002 代码	说　明
0111 0104 18	CE	杓兰	女神之花	Cypripedium calceolus	—	
0111 0104 19	CE	杂交兰		Hybrid cymbidium	—	
0111 0104 99	CE	其他兰科植物		Other orchids	01511·649	
0111 0105	—	蕨类植物		Ferns	01511·650～01511·699	包括铁线蕨属、肾蕨属、蝙蝠蕨属、观音莲座属
0111 0105 01	CE	铁线蕨	铁丝草、少女的发丝、铁线草	Maidenhair fern	01511·651	
0111 0105 02	CE	肾蕨	蜈蚣草、圆羊齿、篦子草	Sword fern	01511·652	
0111 0105 03	CE	凤尾蕨	鸡脚草、山凤尾、小凤尾	Brake fern	01511·653	
0111 0105 04	CE	鹿角蕨	蝙蝠蕨、二叉鹿角蕨、蝙蝠兰	Staghorn fern	01511·654	
0111 0105 05	CE	观音莲座蕨	福建莲座蕨	Guanyinmarattioid ferns	01511·656	
0111 0105 06	CE	金毛狗	黄毛狗、猴毛头	East asiantreefernrhizome	01511·657	
0111 0105 07	CE	巢蕨	鸟巢蕨、山苏花	Neottopteris	01511·658	
0111 0105 08	CE	卷柏	九死还魂草、石柏、岩柏	Spikemoss	01511·662	
0111 0105 09	CE	翠云草	蓝草、蓝地柏、绿绒草	Selaginella uncinata	01511·663	
0111 0105 10	CE	高山羊齿	羊齿蕨、骨碎补	Leather leaf	—	
0111 0105 11	CE	波士顿蕨	球蕨	Boston fern	—	

表 1（续）

产品代码	用途代码	名　称	别　名	英文名	对应 GB/T 7635.1—2002 代码	说　明
0111 0105 12	CE	荚果蕨	黄瓜香、野鸡膀子	Matteuccia	—	
0111 0105 13	CE	水蕨	龙须菜、龙牙草、水芹菜	Herbo floating fern	—	
0111 0105 14	CE	水龙骨	石蚕、石豇豆、青龙骨	Polypodiodes	—	
0111 0105 15	CE	耳蕨		Polystichum	—	
0111 0105 16	CE	石松	伸筋草、过山龙、玉柏	Clubmoss	—	
0111 0105 17	CE	海金沙	金沙藤、左转藤、竹园荽	Climbing fern	—	
0111 0105 18	CE	桫椤	树蕨	Tree-fern	—	
0111 0105 99	CE	其他蕨类植物		Other ferns	01511·699	
0111 0106	—	多浆类植物		Succulents	01511·750～01511·799	
0111 0106 01	CE	金琥	象牙球、黄刺金琥、金琥仙人球	Echinocactus	01511·701	
0111 0106 02	CE	仙人球	草球、长盛球	Echinopsis	01511·702	
0111 0106 03	CE	仙人掌	仙巴掌、观音掌、仙肉	Cactus	01511·703	
0111 0106 04	CE	令箭荷花	孔雀仙人掌、孔雀兰	Nopalxochia	01511·704	
0111 0106 05	CE	山影拳	山影、仙人山、山影掌	Cereus pitajaya	01511·705	
0111 0106 06	CE	蟹爪兰	圣诞仙人掌、蟹爪莲、仙指花	Christmas cactus	01511·706	
0111 0106 07	CE	仙人指	仙人枝、圣烛节仙人掌	Common hoilday cactus	01511·707	

表1（续）

产品代码	用途代码	名称	别名	英文名	对应GB/T 7635.1—2002代码	说明
0111 0106 08	CE	昙花	琼花,月下美人	Night-blooming cereus	01511·708	
0111 0106 09	CE	量天尺	霸王鞭、霸王花,剑花	Hylocereus	01511·711	
0111 0106 10	CE	叶仙人掌	木麒麟,虎刺	Pereskia aculeata	01511·712	
0111 0106 11	CE	生石花	石头花、曲玉、元宝	Lithops	01511·751	
0111 0106 12	CE	佛手掌	舌叶花、牛舌花,牛舌掌	Tongue leaf	01511·752	
0111 0106 13	CE	日中花	美丽日中花、龙须牡丹、松叶牡丹	Lampranthus	01511·753	
0111 0106 14	CE	绿铃	绿之铃、绿珠帘,绿串珠	Green bell	01511·754	
0111 0106 15	CE	紫弦月	黄花新月	Othonna capensis	01511·755	
0111 0106 16	CE	泥鳅掌	地龙、垂枝仙年、垂枝仙年菊	Inchworm	01511·756	
0111 0106 17	CE	芦荟	卢会、奴会、劳伟	Aloe	01511·757	
0111 0106 18	CE	沙鱼掌	白星龙、肉龙	Oxtongue gasteria	01511·758	
0111 0106 19	CE	青锁龙	景天树、翡翠木	Crassula	01511·761	
0111 0106 20	CE	玉米石	白花景天	Stonecrop	01511·763	
0111 0106 21	CE	松鼠尾	玉米景天	Sedum morganianum	01511·764	
0111 0106 22	CE	龙舌兰	龙舌掌、番麻	Agave	01511·765	

表 1（续）

产品代码	用途代码	名称	别名	英文名	对应 GB/T 7635.1—2002 代码	说明
0111010623	CE	龙凤木	青龙、蜈蚣珊瑚、红雀珊瑚	Pedilanthus tithymalodes	01511·766	
0111010624	CE	长寿花	矮生伽蓝菜、圣诞伽蓝菜、寿星花	Winter pot kalanchoe	—	
0111010625	CE	石莲花	莲花还阳、碎骨还阳、狗牙还阳	Houseleek	—	
0111010626	CE	胧月	宝石花、石莲花、风车草	Stone flower	—	
0111010699	CE	其他多浆类植物		Other succulentplants	01511·799	
01110107	—	观赏竹		Ornamental bamboos	—	
0111010701	CE	凤尾竹	观音竹、米竹、蓬莱竹	Fernleaf hedge bamboo	01511·527	
0111010702	CE	佛肚竹	罗汉竹、大肚竹、葫芦竹	Buddha bamboo	01511·528	
0111010703	CE	方竹	四方竹、四角竹	Chimonobambusa qundrangularis	01511·532	
0111010704	CE	桂竹	五月竹、斑竹、麦黄竹	Phyllostachys bambusoides	01511·533	
0111010705	CE	紫竹	黑竹、竹茄、乌竹	Black bamboo	01511·534	
0111010706	CE	箬竹	辽竹、簝竹、眉竹	Indocalamus	—	
0111010707	CE	毛竹	茅竹、南竹、猫竹	Moso bamboo	—	
0111010708	CE	刚竹	胖竹、台竹、光竹	Phyllostachys viridis	—	
0111010709	CE	孝顺竹	凤凰竹、蓬莱竹、慈孝竹	Bambusa multiplex	—	
0111010710	CE	茶秆竹	厘竹、青篱竹、沙白竹	Tonkin cane	—	

表 1（续）

产品代码	用途代码	名　称	别　名	英文名	对应 GB/T 7635.1—2002 代码	说　明
0111 0107 99	CE	其他观赏竹类		Other ornamental bamboos	—	
0111 0108	—	观赏草		Ornamental grasses	—	
0111 0108 01	CE	薹草		Carex	01511·801	
0111 0108 02	CE	蒲苇	白银芦	Pampas grass	—	
0111 0108 03	CE	狼尾草	狗尾巴草、狗仔尾	Bristle grass	—	
0111 0108 04	CE	刚草		Fresh grass	—	
0111 0108 05	CE	芒草	菅草、白微、龙胆白薇	Chinese silver grass	—	
0111 0108 06	CE	莎草	吊马棕、土香草、棱草	Sedge	—	
0111 0108 07	CE	画眉草	星星草、蚊子草、香香草	Indian love grass	—	
0111 0108 08	CE	席草	灯草、石草	Mat grass	—	
0111 0108 09	CE	针茅	锥子草	Needle grass	—	
0111 0108 10	CE	芦苇	苇子	Reed	—	
0111 0108 11	CE	紫田根	斑茅	Reedlike sweetcane	—	
0111 0108 12	CE	羽毛草	布拉孤尾、凤凰草、绿凤尾	Brazilian milfoil	—	
0111 0108 13	CE	血草	日本血草	Japanese blood grass	—	

表 1（续）

产品代码	用途代码	名称	别名	英文名	对应 GB/T 7635.1—2002 代码	说明
0111 01 08 99	—	其他观赏草类		Other ornamental grasses	—	
0111 01 99	—	其他草本花卉		Other herbaceous ornamentals	—	
0111 02	—	木本花卉		Woody ornamentals	01511·420~01511·599	
0111 02 01	—	乔木花卉		Ornamental trees	—	
0111 02 02	—	灌木花卉		Ornamental shrubs	—	
0111 02 02 01	CE	木槿	无穷花、木棉、荆条	Chinese rose	01511·142	
0111 02 02 02	CE	倒挂金钟	吊钟海棠、吊钟花、灯笼花	Fuchsia	01511·402	
0111 02 02 03	CE	木茼蒿	蓬蒿菊、玛格丽特、茼蒿菊、木春菊	Argyranthemum	01511·404	
0111 02 02 04	CE	一品红	象牙红、圣诞红、猩猩木	Poinsettia	01511·421	
0111 02 02 05	CE	扶桑	朱槿、佛桑、红木槿	Chinese hibiscus	01511·422	
0111 02 02 06	CE	绣球花	八仙花、紫阳花、绣球荚莲	Guilder rose	01511·424	
0111 02 02 07	CE	茶花	山茶、山茶花	Camellia	01511·426	
0111 02 02 08	CE	橡皮树	印度橡皮树、印度榕大叶青	Indian rubber tree	01511·433	
0111 02 02 09	CE	鸡爪槭	鸡爪枫、槭树	Japanese maple	01511·437	
0111 02 02 10	CE	蜡梅	蜡花、蜡木、香梅	Wintersweet	01511·443	
0111 02 02 11	CE	黄杨	山黄杨、小黄杨、瓜子黄杨	Boxwood	01511·444	

表 1（续）

产品代码	用途代码	名　称	别　名	英文名	对应 GB/T 7635.1—2002 代码	说　明
0111 02 02 12	CE	迎春	串串金、大叶迎春、迎春柳	Winter jasmine	01511·445	
0111 02 02 13	CDE	茉莉花		Jasmine	01511·446	
0111 02 02 14	CE	玉兰	白玉兰、玉兰花、玉堂春	Magnolia	01511·451	
0111 02 02 15	CE	白兰花	白缅花、缅桂花、黄桷兰	Michelia	01511·453	
0111 02 02 16	CE	栀子花	栀子、黄栀子	Gardenia	01511·456	
0111 02 02 17	CE	金桔	金弹、金柑、金橘	Qumquat	01511·457	
0111 02 02 18	CE	佛手	佛手柑、五指橘、香橼	Citrus medica	01511·458	
0111 02 02 19	CE	米兰	米仔兰、米兰花	Aglaia odorata	01511·463	
0111 02 02 20	CE	桂花	木犀、木樨花、中月老	Sweet olive	01511·474	
0111 02 02 21	CE	牡丹	木芍药、花王、洛阳王	Peony	01511·476	
0111 02 02 22	CE	月橘	七里香、台湾海桐	Orange jasmine	01511·478	
0111 02 02 23	CE	梅花	白梅花、绿萼梅、绿梅花	Plum blossom	01511·481	
0111 02 02 24	CE	玫瑰	刺玫花、苯心玫瑰	Rosa rugosa	01511·482	
0111 02 02 25	CE	月季	月月红、月贵花、丰花月季	Rose	01511·483	
0111 02 02 26	CE	火棘	火把果、救军粮	Pyracantha	01511·487	

表 1（续）

产品代码	用途代码	名称	别名	英文名	对应 GB/T 7635.1—2002 代码	说明
01 11 02 02 27	CE	杜鹃花	山踯躅、山石榴、映山红	Azalea	01511·494	
01 11 02 02 28	CE	瓜栗	发财树、中美木棉、鹅掌钱	Pachira macrocarpa	—	
01 11 02 02 29	CE	龙船花	英丹、仙丹花、百日红	Chinese ixora	—	
01 11 02 02 30	CE	石楠	红树叶、石岩树叶、细齿石楠	Photinia	—	
01 11 02 02 31	CE	枳	枸橘、枳壳、臭橘	Trifoliata-orange	—	
01 11 02 02 32	CE	红千层	瓶刷子树、红瓶刷、金宝树	Callistemon bottle brush	—	
01 11 02 02 33	CE	欧丁香	欧洲丁香、洋丁香	Syringa vulgaris	—	
01 11 02 02 34	CE	荚蒾	繁迷、繁蒾	Viburnum	—	
01 11 02 02 35	CE	卫矛	四棱树、山鸡条子、四面戟	Winged euonymus	—	
01 11 02 02 36	CE	金缕梅	木里香、牛踏果	Chinese witchazel	—	
01 11 02 02 37	CE	小檗	日本小檗	Berberis	—	
01 11 02 02 38	CE	连翘	旱连子、大翘子、空翘	Golden bell	—	
01 11 02 02 39	CE	决明	草决明、马蹄决明	Cassia tora	—	
01 11 02 02 40	CE	绣线菊	马尿骚、蚂蝗梢草、蚂蝗梢	Spiraea	—	
01 11 02 02 41	CE	迷迭香	海洋之露	Rosemary	—	

表 1（续）

产品代码	用途代码	名称	别名	英文名	对应 GB/T 7635.1—2002 代码	说明
01 11 02 02 42	CE	金丝桃	狗胡花、金丝海棠、金丝莲	Hypericum	—	
01 11 02 02 43	CE	瑞香	毛瑞香、千里香、山梦花	Winter daphne	—	
01 11 02 02 99	CE	其他灌木花卉		Other ornamental shrubs	01511·419	
01 11 03	—	藤本花卉		Vine ornamentals	—	
01 11 03 01	—	草质藤本花卉		Grass vine ornamentals	—	
01 11 03 01 01	CE	旱金莲	旱荷、金莲花、旱莲花	Nasturtium	01511·041	
01 11 03 01 02	CE	茑萝	羽叶茑萝、五星花、茑萝松	Cypress vine	01511·055	
01 11 03 01 03	CE	文竹	云片松、刺天冬、云片竹	Asparagus fern	01511·405	
01 11 03 01 04	CE	香豌豆	花豌豆、腐香豌豆	Vetch	01511·073	
01 11 03 01 05	CE	牵牛	朝颜、喇叭花	Morning glory	01511·054	
01 11 03 01 06	CE	五爪金龙	槭叶牵牛、番仔藤、牵牛藤	Palmate-leaved morning glory	—	
01 11 03 01 07	CE	鸡矢藤	斑鸠饭、鸡屎藤、却节	Fevervine	—	
01 11 03 01 08	CE	锦屏藤	蔓地榕、珠帘藤、一帘幽梦	Cissus sicyoides	—	
01 11 03 01 09	CE	白英	白草、白幕、排风草	Night shade	—	
01 11 03 01 10	CE	草质千金藤		Stephania herbacea	—	
01 11 03 01 99	—	其他草质藤本花卉		Other grass vine ornamentals	—	

表 1（续）

产品代码	用途代码	名 称	别 名	英文名	对应 GB/T 7635.1—2002 代码	说 明
01 11 03 02	—	木质藤本花卉		Woody vine oranmentals	—	
01 11 03 02 01	CE	铁线莲	铁线牡丹、番莲、山木通	Clematis	01511·133	
01 11 03 02 02	CE	三角梅	叶子花、九重葛、紫茉莉	Bougainvillea	01511·425	
01 11 03 02 03	CE	龟背竹	蓬莱蕉、电线草	Monstera	01511·431	
01 11 03 02 04	CE	常春藤	钻天风、三角风、洋长春藤	Ivy	01511·434	
01 11 03 02 05	CE	凌霄	凌霄花、中国凌霄、藤罗花	Tecoma grandiflora	01511·441	
01 11 03 02 06	CDE	忍冬	金银花、金银藤、二色花藤	Honey suckle	01511·448	
01 11 03 02 07	CE	爬山虎	爬墙虎、飞天蜈蚣、假葡萄藤	Japanese creeper	01511·477	
01 11 03 02 08	CE	蔷薇	野蔷薇、花蔷薇、蔓性蔷薇	Rosa multiflora	01511·484	
01 11 03 02 09	CE	紫藤	朱藤、招藤、藤萝	Chinese wistaria	01511·497	
01 11 03 02 10	CE	木香花	蜜香、青木香、五木香	Rosa banksiae	—	
01 11 03 02 11	CE	络石	石龙藤、万字花、万字茉莉	Chinese star jasmine	—	
01 11 03 02 12	CE	绿萝	黄金葛、黄金藤	Scindapsus	—	
01 11 03 02 13	CE	飘香藤	双腺藤、双喜藤、红蝉花	Mandevilla sanderi	—	
01 11 03 02 14	CE	炮仗藤	鞭炮花、黄鳝藤、炮仗花	Flaming trumpet	—	
01 11 03 02 15	CE	西番莲	鸡蛋果、百香果、转心莲	Passion flower	—	

表1（续）

产品代码	用途代码	名 称	别 名	英文名	对应 GB/T 7635.1—2002 代码	说 明
0111 03 02 16	CE	合果芋	长柄合果芋、白蝴蝶、箭叶	Goosefoot plant	—	
0111 03 02 17	CE	素馨	大花茉莉、素英、四季茉莉	Largeflower jasmine	—	
0111 03 02 18	CE	球兰	爬岩板、狗舌藤、雪梅	Wax plant	—	
0111 03 02 19	CE	黄蝉	黄莺、无心花	Allemanda neriifolia	—	
0111 03 02 20	CE	春羽	蔓绿绒、喜树蕉	Lacy tree	—	
0111 03 02 99	CE	其他木质藤本花卉		Other woodyvine ornamentals	—	
0111 99	—	其他观赏植物		Other ornamental plants	01511·999	
01 12	—	饲用和绿肥作物		Forage and manure crops	—	饲用作物指以饲养家畜、家禽等为主要目的，通过从野生饲用植物中选择和培育，引种栽培，而在耕地和草地上播种，以生产饲草和饲料的植物。包括饲草作物即栽培牧草和饲料作物；绿肥作物指以新鲜植物体就地翻压或沤、堆制肥为主要用途的栽培植物，其中多数可兼作饲用作物
01 12 01	—	禾本科饲用作物		Grass forage crops	01913·100,01914·100	包括禾本科主要栽培牧草和饲料作物
—	—	玉米		Corn	0112	代码见 01 01 03
—	BCD	青贮玉米		Silage corn	01914·101	代码见 01 01 03 04 01
—	BD	玉米秸秆		Corn straw	01911·015	代码见 01 01 03 04 02

NY/T 3177—2018

表 1（续）

产品代码	用途代码	名 称	别 名	英文名	对应 GB/T 7635.1—2002 代码	说 明
—	—	燕麦	雀麦、野麦	Oats	01161•012	代码见 01 01 05 06
—	B	燕麦干草		Oats hay	—	代码见 01 01 05 06 99
01 12 01 01	—	羊草	碱草	Chinese leymus	03931•033	
01 12 01 01 01	B	羊草草捆		Chinese leymus hay bales	01913•102	
01 12 01 01 99	—	其他羊草产品		Other Chinese leymus products	—	
01 12 01 02	—	老芒麦		Siberian wildrye grass	—	
01 12 01 02 01	B	老芒麦干草		Siberian wildrye grass hay	—	
01 12 01 02 99	—	其他老芒麦产品		Other siberian wildrye grass products	—	
01 12 01 03	—	披碱草		Dahuria wild rye grass	—	
01 12 01 03 01	B	披碱草干草		Dahuria wild rye grass hay	—	
01 12 01 03 99	—	其他披碱草产品		Other dahuria wild rye grass products	—	
01 12 01 04	—	无芒雀麦		Smooth brome grass	—	
01 12 01 04 01	B	无芒雀麦干草		Smooth brome grass hay	—	
01 12 01 04 99	—	其他无芒雀麦产品		Other smooth brome grass products	—	
01 12 01 05	—	冰草		Wheatgrass	—	
01 12 01 05 01	B	冰草干草		Wheatgrass hay	—	
01 12 01 05 99	—	其他冰草产品		Other wheatgrass products	—	
01 12 01 06	—	猫尾草	梯牧草	Thymothy	—	
01 12 01 06 01	B	猫尾草草捆		Thymothy hay bales	01913•103	

表 1（续）

产品代码	用途代码	名 称	别 名	英文名	对应 GB/T 7635.1—2002 代码	说 明
0112 01 06 99	—	其他猫尾草产品		Other thymothy products		
0112 01 07	—	黑麦草		Ryegrass	01511·806	
0112 01 07 01	B	黑麦草草捆		Ryegrass hay bales	01913·101	包括一年生和多年生黑麦草草捆
0112 01 07 99	—	其他黑麦草产品		Other ryegrass products	—	
0112 01 08	—	苇状羊茅	高羊茅	Tall fescue	01511·805	
0112 01 08 01	B	苇状羊茅草捆		Tall fescue hay bales	01913·104	
0112 01 08 99	—	其他苇状羊茅产品		Other tall fescue products	—	
0112 01 09	—	鸭茅	鸡脚草、果园草	Orchardgrass / cocksfoot	—	
0112 01 09 01	B	鸭茅干草		Orchardgrass hay	—	
0112 01 09 99	—	其他鸭茅产品		Other orchardgrass products	—	
0112 01 10	—	象草	紫狼尾草、乌干达草	Elephant grass / napier grass	—	
0112 01 10 01	B	象草青贮饲料		Elephant grass silage	—	
0112 01 10 99	—	其他象草产品		Other elephant grass products	—	
0112 01 11	—	高丹草		Hybrids of sorghum and sudan grass	—	高粱与苏丹草的杂交种
0112 01 11 01	B	高丹草青贮饲料		Sorghum and sudan grass hybrids silage	—	
0112 01 11 99	—	其他高丹草产品		Other sorghum and sudan grass hybrids products	—	
0112 01 12	—	杂交狼尾草	王草、皇竹草	Hybrid pennisetum	—	

表1 (续)

产品代码	用途代码	名称	别名	英文名	对应 GB/T 7635.1—2002 代码	说明
01 12 01 12 01	B	杂交狼尾草青贮饲料		Hybrid pennistum silage	—	
01 12 01 12 99	—	其他杂交狼尾草产品		Other hybrid pennistum products	—	
01 12 01 13	—	草地旱禾	六月禾	Meadow grass	01511·803	
01 12 01 13 01	B	草地旱熟禾干草		Meadow grass hay	—	
01 12 01 13 99	—	其他草地旱熟禾产品		Other meadow grass products	—	
01 12 01 99	—	其他禾本科饲用作物		Other grass forage crops	—	
01 12 02	—	豆科饲用作物		Legume forage crops	—	包括豆科栽培牧草、饲料作物和栽培饲用灌木类
01 12 02 01	—	紫花苜蓿	苜蓿	Alfalfa / lucerne	01914·011	
01 12 02 01 01	B	紫花苜蓿草捆、草块		Alfalfa hay bales or hay blocks	01913·012	
01 12 02 01 02	C	紫花苜蓿种子		Alfalfa seeds	01942·201	
01 12 02 01 03	BD	紫花苜蓿青贮饲料		Fresh alfalfa	01914·011	
01 12 02 01 99	—	其他紫花苜蓿产品		Other alfalfa products	—	
01 12 02 02	—	杂花苜蓿	多变苜蓿、杂交苜蓿、杂种苜蓿	Variegated alfalfa	—	
01 12 02 02 01	B	杂花苜蓿草捆、草块		Variegated alfalfa hay bales or hay blocks	—	
01 12 02 02 99	—	其他杂花苜蓿产品		Other variegated alfalfa products	—	
01 12 02 03	—	沙打旺	直立黄芪	Erect milkvetch	01914·012	

表 1（续）

产品代码	用途代码	名 称	别 名	英文名	对应GB/T 7635.1—2002代码	说 明
01 12 02 03 01	B	沙打旺草捆、草粉		Erect milkvetch hay bales or hay powder	01913•014	
01 12 02 03 02	C	沙打旺种子		Erect milkvetch seeds	01942•206	
01 12 02 03 03	BD	沙打旺青饲料		Fresh erect milkvetch	01914•012	
01 12 02 03 99	—	其他沙打旺产品		Other erect milkvetch products	—	
01 12 02 04	—	白三叶	白车轴草	White clover	01511•851	
01 12 02 04 01	C	白三叶种子		White clover seeds	—	
01 12 02 04 02	BD	白三叶青饲料		Fresh white clover	—	
01 12 02 04 99	—	其他白三叶产品		Other white clover products	—	
01 12 02 05	—	红三叶	红车轴草	Red clover	—	
01 12 02 05 01	B	红三叶草捆、草粉		Red clove hay bales or hay powder	01913•015	
01 12 02 05 02	C	红三叶种子		Red clove seeds	—	
01 12 02 05 03	BD	红三叶青饲料		Fresh red clover	—	
01 12 02 05 99	—	其他红三叶产品		Other red clover products	—	
01 12 02 06	—	红豆草	驴食豆	Sainfoin	—	
01 12 02 06 01	B	红豆草草捆、草粉		Sainfoin hay bales or hay powder	01913•016	
01 12 02 06 02	C	红豆草种子		Sainfoin seeds	01942•208	
01 12 02 06 99	—	其他红豆草产品		Other sainfoin products	—	

NY/T 3177—2018

表 1（续）

产品代码	用途代码	名称	别名	英文名	对应 GB/T 7635.1—2002 代码	说明
011202 07	—	山野豌豆	落豆秧、芦豆苗、草藤	Broadleaf vetch	—	
011202 07 01	B	山野豌豆青饲料		Fresh broadleaf vetch	—	
011202 07 02	B	山野豌豆干草		Fresh broadleaf vetch	—	
011202 07 99	—	其他山野豌豆产品		Other broadleaf vetch products	—	
011202 08	—	柱花草	巴西苜蓿、热带苜蓿	Stylo / Brazilian stylo	—	
011202 08 01	B	柱花草草捆、草粉、草颗粒、草块		Stylo hay bales, hay powder, hay pellets or hay blocks	01913·013	
011202 08 02	C	柱花草种子		Stylo seeds	—	
011202 08 03	B	柱花草青饲料		Fresh stylo	—	
011202 08 99	—	其他柱花草产品		Other stylo products	—	
011202 09	—	白花羽扇豆	白羽扇豆	White lupine	—	
011202 09 01	B	白花羽扇豆干草		White lupine hay	01913·011	
011202 09 02	C	白花羽扇豆种子		White lupine seeds	01942·205	
011202 09 99	—	其他白花羽扇豆产品		Other white lupine products	—	
011202 10	—	二色胡枝子	胡枝子、扫条、荆子、鹿鸣草	Shrub lespedeza	—	
011202 10 01	C	二色胡枝子种子		Shrub lespedeza seeds	01564·455	
011202 10 02	B	二色胡枝子苗		Shrub lespedeza shoots	01574·455	

431

表 1（续）

产品代码	用途代码	名 称	别 名	英文名	对应 GB/T 7635.1—2002 代码	说 明
01 12 02 10 99	—	其他二色胡枝子产品		Other shrub lespedeza products	—	
01 12 02 11	—	柠条锦鸡儿	柠条、毛条、白柠条	Korshinsk peashrub	—	
01 12 02 11 01	C	柠条锦鸡儿种子		Korshinsk peashrub seeds	01564·448	
01 12 02 11 02	B	柠条锦鸡儿苗		Korshinsk peashrub shoots	01574·448	
01 12 02 11 99	—	其他柠条锦鸡儿产品		Other korshinsk peashrub products	—	
01 12 02 12	—	细枝岩黄芪	花棒	Slenderbranch sweetvetch	—	
01 12 02 12 01	C	细枝岩黄芪种子		Slenderbranch sweetvetch seeds	01564·453	
01 12 02 12 02	B	细枝岩黄芪苗		Slenderbranch sweetvetch shoots	01574·453	
01 12 02 12 99	—	其他细枝岩黄芪产品		Other slenderbranch sweetvetch products	—	
01 12 02 13	—	银合欢		Leucaena	—	
01 12 02 13 01	B	银合欢苗		Leucaena shoots	01572·421	
01 12 02 13 99	—	其他银合欢产品		Other leucaena products	—	
01 12 02 99	—	其他豆科饲用作物		Other legume forage crops	—	
01 12 03	—	不另分类的饲用作物		Forage crops not classified	—	除豆科、禾本科以外的栽培牧草、饲料作物和栽培饲用灌木类、树叶类，不包括饲用蔬菜、薯芋类、糖料等产品
01 12 03 01	B	桑叶		Mulberry leaves	03933·011	
01 12 03 02	—	白沙蒿	圆头蒿、籽蒿、油沙蒿	Roundhead wormwood	—	

表1（续）

产品代码	用途代码	名称	别名	英文名	对应 GB/T 7635.1—2002 代码	说明
01 12 03 02 01	CE	白沙蒿种子		Roundhead wormwood seeds	01564·161	
01 12 03 02 02	BC	白沙蒿苗		Roundhead wormwood shoots	01574·161	
01 12 03 02 99	—	其他白沙蒿产品		Other roundhead wormwood products	—	
01 12 03 03	—	沙拐枣	蒙古沙拐枣	Mongolian calligonum	—	
01 12 03 03 01	BC	沙拐枣苗		Mongolian calligonum shoots	01574·493	
01 12 03 03 99	—	其他沙拐枣产品		Other Mongolian calligonum products	—	
01 12 03 04	—	聚合草	爱国草、友谊草	Comfrey	—	
01 12 03 04 01	B	聚合草青饲料		Fresh comfrey	01914·201	
01 12 03 04 99	—	其他聚合草产品		Other comfrey products	—	
—	AB	菊苣		Chicory	01232·224	代码见 01 04 09 21，常作为青饲料
01 12 03 05	B	松香草	串叶松香草	Cup plont	—	常作为青饲料
01 12 03 06	—	籽粒苋	干穗谷、西粘谷、西繁谷、王谷	Spiny amaranth	—	
01 12 03 06 01	B	籽粒苋青饲料		Fresh spiny amaranth	01914·202	
01 12 03 06 02	ABC	籽粒苋种子		Spiny amaranth seeds	—	
01 12 03 06 99	—	其他籽粒苋产品		Other spiny amaranth products	—	
01 12 03 99	—	其他不另分类的饲用作物		Other forage crops not classified	—	除上述名录之外的其他科饲用作物（包括栽培牧草、饲料作物和栽培饲用灌木类，不包括豆科、禾本科饲用作物

表1（续）

产品代码	用途代码	名称	别名	英文名	对应 GB/T 7635.1—2002 代码	说明
01 12 04	—	绿肥作物		Green manure crops	—	
01 12 04 01	BCE	紫云英	红花菜、红花草子、燕子花	Chinese milkvetch	—	
01 12 04 02	—	草木樨	黄花草木樨、黄香草木樨	Yellow sweetclover	—	
01 12 04 02 01	C	草木樨种子		Yellow sweetclover seeds	01942·207	
01 12 04 02 02	B	草木樨草捆、草粉		Yellow sweetclover hay bales or powder	01913·017	
01 12 04 02 99	—	其他草木樨产品		Other yellow sweetclover products		
01 12 04 03	ABCE	金花菜	南苜蓿、刺苜蓿、多形苜蓿	California burclover	—	
01 12 04 04	BCE	箭筈豌豆	救荒野豌豆、巢菜、野豌豆	Common vetch、Fodder vetch	—	
01 12 04 05	BCE	田菁	普通田菁、青茎田菁、碱菁	Common sesbania	—	
01 12 04 06	CE	苦豆子	苦豆根、草本槐	Foxtail-like sophora	—	
01 12 04 07	BCE	毛苕子	冬箭筈豌豆、长柔毛野豌豆	Hairy vetch、Russina vetch、Villose vetch	—	
01 12 04 99	—	其他绿肥作物		Other green manure crops		
01 13	—	不另分类的种子、种苗及繁殖材料		Seeds, seedlings and reproduction materials not classified	—	上述12类产品中种用之外所有繁殖用的植物材料，全部收容人本类别，主要包括种子、种苗等有性繁殖材料，以及植物枝条、芽体等无性繁殖体
01 13 01	C	粮食种子、种苗及无性繁殖体		Grain crop seeds, seedling and clonal materials		
01 13 02	C	油料种子、种苗及无性繁殖体		Oilcrop seeds, seedling and clonal materials		

表 1（续）

产品代码	用途代码	名称	别名	英文名	对应 GB/T 7635.1—2002 代码	说明
01 13 03	C	果树种子、种苗及无性繁殖体		Fruit tree seeds, seedling and clonal materials		
01 13 04	C	蔬菜种子、种苗及无性繁殖体		Vegetable seeds, seedling and clonal materials		
01 13 05	C	香辛料植物种子、种苗		Spice seeds, seedling and clonal materials		
01 13 06	C	食用菌孢子、子实体		Edible fungi seeds, seedling and clonal materials		
01 13 07	C	饮料作物种子、种苗		Beverage crop seeds, seedling and clonal materials		
01 13 08	C	糖料作物种子、种苗及无性繁殖体		Sugar crop seeds, seedling and clonal materials		
01 13 09	C	纺织用植物种子、种苗及无性繁殖体		Textile crop seeds, seedling and clonal materials		
01 13 10	C	烟草种子、种苗及无性繁殖体		Tobacco seeds, seedling and clonal materials		
01 13 11	C	饲用和绿肥作物种子、种苗及无性繁殖体		Forage and green manure crop seeds, seedling and clonal materials		
01 13 12	C	观赏植物种子、种苗及无性繁殖体		Ornamental plant seeds, seedling and clonal materials		
01 13 99	C	其他种子、种苗及繁殖材料		Other seeds, seedling and clonal materials		
01 99	—	其他种植业产品		Other crop products not classified		上述 13 类产品之外的种植业产品，全部收容入本类别，主要是一些特殊用途的植物或微生物原料。如用于酿酒的物原料，如用于酿酒的特殊植物原料，如啤酒花等；用于调香的植物原料，如广藿香等；用于杀虫或杀菌的植物原料，如除虫菊、鱼藤根等；用于制胶的植物原料，如天然树胶等；编织用植物原料，如芦苇、席草等

表 2 畜牧业产品分类与代码

产品代码	用途代码	名称	别名	英文名	对应 GB/T 7635.1—2002 代码	说 明
02	—	畜牧业产品		Animal products	—	
02 01	—	家畜类		Farmed animals	—	
02 01 01	—	猪		Swine/Pigs	02121	
02 01 01 01	—	活猪		Live pigs	02121	
02 01 01 01 01	ACDE	乳/仔猪		Piglets	—	
02 01 01 01 02	AD	育肥猪		Finishing pigs		
02 01 01 01 99	—	其他猪		Other pigs		
02 01 01 02	—	猪肉		Pork	21113~21114	
02 01 01 02 01	AD	胴体猪肉	白条猪或猪胴体	Pig carcases	21113·011~21113·012;21114·011~21114·012	
02 01 01 02 02	AD	分割猪肉	猪分割肉	Pig cuts	21113·015,21113·105,21114·015,21114·105	
02 01 01 02 03	AD	加工猪肉产品		Processed and preserved pork products	21131·011~21131·012	包括腊肉,腊肠,咸肉,肉产干,火腿等
02 01 01 03	—	猪内脏		Pig offal	21119·100~21119·199	
02 01 01 03 01	AD	猪肝		Pig livers	21119·107	
02 01 01 03 02	AD	猪心		Pig hearts	21119·105	
02 01 01 03 03	AD	猪肾	猪腰	Pig kidneys	21119·112	
02 01 01 03 04	AD	猪胃	猪肚	Pig stomachs	21119·111	
02 01 01 03 05	AD	猪大肠		Pig large intestines	21119·113	
02 01 01 03 06	AD	猪小肠		Pig small intestines	21119·114	

表 2（续）

产品代码	用途代码	名 称	别 名	英文名	对应 GB/T 7635.1—2002 代码	说 明
02 01 01 03 07	AD	猪肺		Pig lungs	21119·106	
02 01 01 03 99	—	其他猪内脏		Other pig offal	—	
02 01 01 04	—	猪副产品		Other pig products and by-products	—	
02 01 01 04 01	C	猪精液		Boar semens	—	
02 01 01 04 02	AD	猪头		Pig head	21119·101	
02 01 01 04 03	AD	猪耳		Pig ears	21119·103	
02 01 01 04 04	AD	猪舌		Pig tongues	21119·104	
02 01 01 04 05	AD	猪尾		Pig tails	21119·115	
02 01 01 04 06	AD	猪蹄		Pig trotters	21119·116	
02 01 01 04 07	ADE	猪血		Pig blood	21132·403	
02 01 01 04 08	AD	猪骨		Pig bones	—	
02 01 01 04 09	ADE	猪皮		Skins of pigs	02971·205	
02 01 01 04 10	AD	猪脂	猪脂肪	Pig fats	21611·013	包含板油、膘、花油、肠油等
02 01 01 04 11	AD	猪肠衣		Pig casings	21132·501	
02 01 01 04 12	D	猪鬃		Pig bristles	—	
02 01 01 04 99	D	其他猪副产品		Other pig by-products		

437

表 2（续）

产品代码	用途代码	名 称	别 名	英文名	对应 GB/T 7635.1—2002 代码	说 明
02 01 01 99	—	其他猪产品		Other pig products	—	
02 01 02	—	**牛**		Cattle	02111	
02 01 02 01	—	活牛		Live cattle	02111	
02 01 02 01 01	ACD	肉牛		Beef cattle	02111·017	
02 01 02 01 02	ACD	奶牛		Dairy cattle	02111·015	
02 01 02 01 03	ACDE	水牛		Buffalo	02111·012	
02 01 02 01 04	ACDE	牦牛		Yak	02111·013	
02 01 02 01 99	—	其他牛		Other bovine animals	—	
02 01 02 02	—	牛肉		Beef	21111	
02 01 02 02 01	AD	胴体牛肉	牛胴体	Bovine carcases	21111·011,21111·101, 21111·201,21111·301, 21111·401,21111·501, 21112·011,21112·101, 21112·201,21112·301, 21112·401,21112·501	
02 01 02 02 02	AD	分割牛肉	牛分割肉	Bovine cuts	21111·014,21111·104, 21111·204,21111·304, 21111·404,21111·504, 21112·014,21112·104, 21112·204,21112·304, 21112·404,21112·504	包括二分体、四分体及各部位分割肉等
02 01 02 02 03	AD	牛肉加工品		Processed and preserved beef products	—	包括腊肉
02 01 02 03	—	牛乳		Cow milk	0291	
02 01 02 03 01	AD	生牛乳		Raw cow milk	02911	

表 2（续）

产品代码	用途代码	名 称	别 名	英文名	对应 GB/T 7635.1—2002 代码	说 明
02 01 02 03 99	—	其他牛乳产品		Other cow milk products		包括复原乳、乳脂、乳清等
02 01 02 04	D	牛皮		Bovine hides	02971·010~02971·099	
02 01 02 05	—	牛内脏		Bovine offal	—	
02 01 02 05 01	AD	牛心		Bovine hearts	21119·014	
02 01 02 05 02	AD	牛肝		Bovine livers	21119·016	
02 01 02 05 03	AD	牛肺		Bovine lungs	21119·015	
02 01 02 05 04	AD	牛胃		Bovine tripes	21119·017	包括牛百叶、牛肚等
02 01 02 05 05	AD	牛肾		Bovine kidneys	21119·019	
02 01 02 05 06	AD	牛肠		Bovine intestines	21119·020	
02 01 02 05 99	—	其他牛内脏		Other bovine offal	—	
02 01 02 06	—	牛副产品		Other bovine products and by-products		
02 01 02 06 01	C	牛精液		Bull semen	—	
02 01 02 06 02	C	牛胚胎		Bovine embryos	—	
02 01 02 06 03	AD	牛头		Bovine head	21119·011	
02 01 02 06 04	DE	牛角		Bovine horns	—	
02 01 02 06 05	AD	牛舌		Bovine tongues	21119·013	

表 2（续）

产品代码	用途代码	名 称	别 名	英文名	对应 GB/T 7635.1—2002 代码	说 明
02 01 02 06 06	AD	牛尾		Oxtail	21119·021	
02 01 02 06 07	AD	牛蹄筋		Bovine tendons	21119·021	
02 01 02 06 08	ADE	牛血		Bovine blood	21132·401	
02 01 02 06 09	AD	牛骨		Bovine bones	—	
02 01 02 06 10	AD	牛脂	牛油	Bovine tallow	21611·011	
02 01 02 06 99	—	其他牛副产品		Other bovine by-products		
02 01 02 99	—	其他牛产品		Other bovine products		
02 01 03	—	羊		Caprinae animals	02112	
02 01 03 01	—	活羊		Live caprinae animals	02112	
02 01 03 01 01	ACDE	山羊		Goats	02112·014	
02 01 03 01 02	ACDE	绵羊		Sheep	02112·013	
02 01 03 01 99	—	其他羊		Other caprinae animals		
02 01 03 02	—	羊肉		Mutton	21115~21117	
02 01 03 02 01	AD	胴体羊肉	羊胴体	Caprinae animal carcases	21115·011,21116·011, 21117·011,21117·101	
02 01 03 02 02	AD	分割羊肉	羊分割肉	Caprinae animal cuts	21115·014,21116·014, 21117·014,21117·104	
02 01 03 02 03	AD	羊肉加工品		Processed and preserved mutton products	—	
02 01 03 03	—	羊乳		Ewe milk	02912	

表 2（续）

产品代码	用途代码	名称	别名	英文名	对应 GB/T 7635.1—2002 代码	说明
02 01 03 03 01	AD	生羊乳		Raw ewe milk	02912	
02 01 03 03 99	—	其他羊乳产品		Other ewe milk products	—	
02 01 03 04	—	羊毛和羊绒		Wool/fur	02962·011~02962·013	包括绵羊毛、山羊毛、羊绒等
02 01 03 04 01	D	羊绒		Cashmere	02962·013	
02 01 03 04 02	D	绵羊毛		Sheep wool	02962·012	
02 01 03 04 03	D	山羊毛		Goat wool	02962·011	
02 01 03 04 99	D	其他羊毛		Other wools	—	
02 01 03 05	D	羊皮		Caprinae animal hides and skins	02971·201~02971·204	
02 01 03 06	—	羊内脏		Caprinae animal offal	21119·202~21119·207	
02 01 03 06 01	AD	羊心		Caprinae animal hearts	21119·202	
02 01 03 06 02	AD	羊肝		Caprinae animal livers	21119·204	
02 01 03 06 03	AD	羊肺		Caprinae animal lungs	21119·203	
02 01 03 06 04	AD	羊胃		Caprinae animal tripes	21119·205	
02 01 03 06 05	AD	羊肾		Caprinae animal kidneys	21119·206	
02 01 03 06 06	AD	羊肠		Caprinae animal intestines	21119·207	
02 01 03 06 99	—	其他羊内脏		Other Caprinae animal offal	—	

表2（续）

产品代码	用途代码	名 称	别 名	英文名	对应 GB/T 7635.1—2002 代码	说 明
02 01 03 07	—	羊副产品		Other caprinae animal products and by-products	—	
02 01 03 07 01	C	羊精液		Ram semen	02991	
02 01 03 07 02	C	羊胚胎		Caprinae animal embryos	02991	
02 01 03 07 03	AD	羊头		Caprinae animal head	21119·201	
02 01 03 07 04	AD	羊蹄		Caprinae animal hooves	21119·208	
02 01 03 07 05	AD	羊血		Caprinae animal blood	21132·402	
02 01 03 07 06	AD	羊骨		Caprinae animal bones	—	
02 01 03 07 07	AD	羊脂		Caprinae animal fat	21611·012~21611·013	包括板油、腹脂、花油，膘等
02 01 03 07 99	—	其他羊副产品		Other caprinae animal by-products	—	
02 01 03 99	—	其他羊产品		Other caprinae animal products	—	
02 01 04	—	兔		Rabbits	—	
02 01 04 01	—	活兔		Live rabbits	02129·014	
02 01 04 01 01	ACD	肉用兔		Rabbits for meat	02129·014	
02 01 04 01 02	ACDE	毛用兔		Rabbit for fur	—	
02 01 04 01 03	ACDE	皮用兔	獭兔	Rabbit for hides and skins	—	
02 01 04 01 99	—	其他兔		Other rabbits	—	
02 01 04 02	—	兔肉		Rabbit meat	—	

表 2 (续)

产品代码	用途代码	名 称	别 名	英文名	对应 GB/T 7635.1—2002 代码	说 明
02 01 04 02 01	AD	胴体兔肉	兔胴体	Rabbit carcases	21129·011~21129·013	
02 01 04 02 02	AD	分割兔肉	兔分割肉	Rabbit cuts	21129·050,21129·100	
02 01 04 02 03	AD	兔肉加工品		Processed and preserved rabbit meat products	—	
02 01 04 03	D	兔毛		Rabbit hair, fur	02963·012	
02 01 04 04	D	兔皮		Rabbit hides, skins, fur	02973·011~02973·012	
02 01 04 99	—	其他兔产品及副产品		Other rabbit products and by-products	—	包括兔头,兔内脏等
02 01 05		马		Horses	02113·010~02113·099	
02 01 05 01	—	活马		Live horses	02113·010~02113·099	
02 01 05 01 01	ACDE	赛马		Racing horses	—	
02 01 05 01 99	—	其他马		Other horses	—	
02 01 05 02	AD	马肉		Horse meat	21118·011~21118·013, 21118·014~21118·016	
02 01 05 03	AD	马乳		Horse milk	02913	
02 01 05 04	D	马皮		Horse hides and skins	—	
02 01 05 99	—	其他马产品及副产品		Other horse products and by-products	—	
02 01 06		驴		Donkeys	02113·100~02113·199	
02 01 06 01	ACDE	活驴		Live donkeys	02113·100~02113·199	
02 01 06 02	AD	驴肉		Donkey meat	21118·101~21118·103, 21118·104~21118·106	
02 01 06 03	DE	驴皮		Donkey skins	02971·103	
02 01 06 99	—	其他驴产品及副产品		Other donkey products and by-products	—	
02 01 07		骆驼		Camels	02129·011	
02 01 07 01	ACDE	活骆驼		Live camels	02129·011	

表 2（续）

产品代码	用途代码	名称	别名	英文名	对应 GB/T 7635.1—2002 代码	说明
02 01 07 02	AD	骆驼奶		Raw camel milk	—	
02 01 07 03	D	驼绒		Camel cashmere	—	
02 01 07 99	—	其他骆驼产品及副产品		Other camel products and by-products	0295	
02 01 99	—	其他家畜及其产品		Other farmed animals and their products		
02 02	—	家禽类		Poultry	02122	
02 02 01	—	鸡		Chickens	02122·012	
02 02 01 01	—	活鸡		Live chickens	02122·012	
02 02 01 01 01	—	肉鸡		Broiler chickens	02122·012	
02 02 01 01 01 01	ACDE	白羽肉鸡		White-feathered broiler chickens	02122·012	
02 02 01 01 01 02	ACDE	黄羽肉鸡		Yellow-feathered broiler chickens	02122·012	
02 02 01 01 01 99	—	其他肉鸡		Other chickens	02122·012	
02 02 01 01 02	ACDE	蛋鸡		Layers	02122·012	
02 02 01 02	—	鸡肉		Chicken meat	21121·010~21121·039	
02 02 01 02 01	AD	胴体鸡肉	白条鸡/鸡胴体	Chicken carcasses	21121·011~21121·012,21122·011~21122·012	
02 02 01 02 02	AD	分割鸡肉	鸡分割肉	Chicken cuts	21121·040~21121·069,21122·040~21122·069	
02 02 01 02 03	A	鸡肉加工品		Processed and preserved chicken products		
02 02 01 03	—	鸡蛋		Chicken eggs	02921·011	
02 02 01 03 01	ACD	鲜鸡蛋		Fresh chicken eggs	02921·011	
02 02 01 03 02	AD	鸡蛋加工品		Processed and preserved chicken egg products	—	

表 2 （续）

产品代码	用途代码	名 称	别 名	英文名	对应 GB/T 7635.1—2002 代码	说 明
02 02 01 03 03	AD	鸡蛋副产品		Chicken egg by-products	—	
02 02 01 04	—	鸡内脏		Chicken offal	21121・600~21121・799，21122・600~21122・799	
02 02 01 04 01	AD	鸡胃	鸡胗	Chicken gizzards	21121・601,21122・601	
02 02 01 04 02	AD	鸡肝		Chicken livers	21121・602,21122・602	
02 02 01 04 03	AD	鸡心		Chicken hearts	21121・603,21122・603	
02 02 01 04 04	AD	鸡肠		Chicken intestines	—	
02 02 01 04 99	—	其他鸡内脏		Other chicken offal	—	
02 02 01 05	—	鸡副产品		Other chicken products and by-products	21121・040~21121・069，21122・040~21122・069	
02 02 01 05 01	AD	鸡头		Chicken heads	21121・048,21122・048	
02 02 01 05 02	AD	鸡爪		Chicken paws	21121・047,21122・047	
02 02 01 05 03	AD	鸡骨架		Chicken skeletons/bones	—	
02 02 01 05 04	AD	鸡血		Chicken blood	—	
02 02 01 05 05	AD	鸡毛		Chicken feathers	—	
02 02 01 05 99	—	其他鸡副产品		Other chicken by-products	—	
02 02 01 99	—	其他鸡产品		Other chicken products		
02 02 02	—	鸭		Ducks	02122・013	

表 2（续）

产品代码	用途代码	名 称	别 名	英文名	对应 GB/T 7635.1—2002 代码	说 明
02 02 02 01	—	活鸭		Live ducks	02122·013	
02 02 02 01 01	ACDE	肉鸭		Duck for meat	02122·013	
02 02 02 01 02	ACDE	蛋鸭		Duck for eggs	02122·013	
02 02 02 01 99	—	其他鸭		Other ducks	02122·013	包括肉蛋兼用型鸭
02 02 02 02	—	鸭肉		Duck meat	21121·070~21121·099、21122·070~21122·099	
02 02 02 02 01	AD	胴体鸭肉	鸭胴体	Duck carcases	21121·070~21121·099、21122·070~21122·099	
02 02 02 02 02	AD	分割鸭肉	鸭分割肉	Duck cuts	21121·100~21121·129、21122·100~21122·129	
02 02 02 02 03	A	鸭肉加工品		Processed and preserved duck meat products	—	
02 02 02 03	—	鸭蛋		Duck eggs	02921·012	
02 02 02 03 01	AD	鲜鸭蛋		Fresh duck eggs	02921·012	
02 02 02 03 02	A	鸭蛋加工品		Processed and preserved duck egg products	—	包括咸鸭蛋,皮蛋等
02 02 02 03 03	AD	鸭蛋副产品		Other duck egg by-products	—	
02 02 02 04	—	鸭毛和鸭绒		Duck feather and Duck down	—	
02 02 02 04 01	D	鸭毛		Duck feathers	—	
02 02 02 04 02	D	鸭绒		Duck down	—	
02 02 02 05	—	鸭内脏		Duck offal	21121·600~21121·799、21122·600~21122·799	

表2（续）

产品代码	用途代码	名　称	别　名	英文名	对应 GB/T 7635.1—2002 代码	说　明
02 02 02 05 01	AD	鸭心		Duck hearts	21121·603, 21122·603	
02 02 02 05 02	AD	鸭肝		Duck livers	21121·605, 21122·605	
02 02 02 05 03	AD	鸭胗		Duck gizzards	21121·604, 21122·604	
02 02 02 05 04	AD	鸭肠		Duck intestines	—	
02 02 02 05 99	—	其他鸭内脏		Other duck offal	—	
02 02 02 06	—	鸭副产品		Duck by-products	21121·100～21121·129, 21122·100～21122·129	
02 02 02 06 01	AD	鸭头		Duck heads	—	
02 02 02 06 02	AD	鸭脖		Duck necks	—	
02 02 02 06 03	AD	鸭舌		Duck tongues	—	
02 02 02 06 04	AD	鸭掌		Duck paws	—	
02 02 02 06 05	AD	鸭血		Duck blood	—	
02 02 02 06 99	—	其他鸭副产品		Other duck by-products	—	
02 02 02 99	—	其他鸭产品		Other duck products		
02 02 03	—	鹅		Geese	02122·014	
02 02 03 01	ACDE	活鹅		Live geese	02122·014	
02 02 03 02	—	鹅肉		Goose meat	21121·130～21121·159, 21122·130～21122·159	

表 2（续）

产品代码	用途代码	名 称	别 名	英文名	对应 GB/T 7635.1—2002 代码	说 明
02 02 03 02 01	AD	胴体鹅肉	鹅胴体	Goose carcases	21121·130~21121·159, 21122·130~21122·159	
02 02 03 02 02	AD	分割鹅肉	鹅分割肉	Goose cuts	21121·160~21121·189, 21122·160~21122·189	
02 02 03 02 03	AD	鹅肉加工品		Processed and preserved goose meat products	—	
02 02 03 03	—	鹅蛋		Goose eggs	02921·015	
02 02 03 03 01	AD	鲜鹅蛋		Fresh goose eggs	02921·015	
02 02 03 03 02	AD	鹅蛋加工品		Processed and preserved goose egg products	—	
02 02 03 03 03	AD	鹅蛋副产品		Goose egg by-products	—	
02 02 03 04	—	鹅毛和鹅绒		Goose feathers and goose down	—	
02 02 03 04 01	D	鹅毛		Goose feathers	—	
02 02 03 04 02	D	鹅绒		Goose down	—	
02 02 03 05	—	鹅内脏		Goose offal	21121·600~21121·799, 21122·600~21122·799	
02 02 03 05 01	AD	鹅心		Goose hearts	—	
02 02 03 05 02	AD	鹅肝		Goose livers	21121·607,21122·607	
02 02 03 05 03	AD	鹅肫		Goose gizzards	—	
02 02 03 05 04	AD	鹅肠		Goose intestines	—	
02 02 03 05 99	—	其他鹅内脏		Other goose offal	—	

表 2（续）

产品代码	用途代码	名称	别名	英文名	对应 GB/T 7635.1—2002 代码	说明
02 02 03 06	—	鹅副产品		Other goose products and by-products	21121·040~21121·069, 21122·040~21122·069	
02 02 03 06 01	AD	鹅头		Goose heads	—	
02 02 03 06 02	AD	鹅掌		Goose paws	—	
02 02 03 06 99	—	其他鹅副产品		Other goose by-products	—	
02 02 03 99	—	其他鹅产品		Other goose products	—	
02 02 04	—	鸽		Pigeons	—	
02 02 04 01	ACDE	活鸽		Live pigeons	—	
02 02 04 02	—	鸽肉		Pigeon meats	—	
02 02 04 02 01	AD	鲜鸽肉		Fresh pigeon meats	—	
02 02 04 02 02	A	鸽肉加工品		Processed and preserved pigeon meat products	—	
02 02 04 03	AD	鸽蛋		Pigeon eggs	—	
02 02 04 03 01	AD	鲜鸽蛋		Fresh pigeon eggs	—	
02 02 04 03 02	A	鸽蛋加工品		Processed and preserved pigeon egg products	—	
02 02 04 03 03	AD	鸽蛋副产品		Pigeon egg by-products	—	
02 02 04 99	—	其他鸽产品及副产品		Other pigeon products and by-products	—	
02 02 05	—	鹌鹑	鹑鸟、宛鹑、鵪鹑	Quail	—	
02 02 05 01	ACDE	活鹌鹑		Live quail	02122·016	
02 02 05 02	—	鹌鹑肉		Quail meats	—	
02 02 05 02 01	AD	鲜鹌鹑肉		Fresh quail meats	—	

表 2（续）

产品代码	用途代码	名 称	别 名	英文名	对应 GB/T 7635.1—2002 代码	说 明
02 02 05 02	AD	鹌鹑肉加工品		Processed and preserved quail meat products	—	
02 02 05 03	—	鹌鹑蛋		Quail eggs	02921·013	
02 02 05 03 01	AD	鲜鹌鹑蛋		Fresh quail eggs	—	
02 02 05 03 02	A	鹌鹑蛋加工品		Processed and preserved quail egg products	—	
02 02 05 03 03	AD	鹌鹑蛋副产品		Quail egg by-products	—	
02 02 05 99	—	其他鹌鹑产品及副产品		Other quail products and by-products	—	
02 02 06	—	火鸡	吐绶鸡、七面鸡、七面鸟	Turkeys	02122·017	
02 02 06 01	ACDE	活火鸡		Live turkeys	—	
02 02 06 02	AD	火鸡肉		Turkey meat	—	
02 02 06 99	—	其他火鸡产品及副产品		Other turkey products and by-products	—	
02 02 99	—	其他家禽类及其产品		Other poultry and their products	—	
02 03		特种经济动物类		Special economic animals	—	
02 03 01	—	鹿		Deer	—	包括梅花鹿和马鹿等
02 03 01 01	ACDE	活鹿		Live deer	—	
02 03 01 02	ADE	鹿肉		Venison	—	
02 03 01 03	ADE	鹿茸		Antlers	—	
02 03 01 99	—	其他鹿产品及副产品		Other deer products and by-products	—	
02 03 02	—	水貂		Minks	02129·013	
02 03 02 01	ACDE	活水貂		Live minks	02129·013	
02 03 02 02	DE	貂皮		Mink fur	02974·015	
02 03 02 99	—	其他水貂产品及副产品		Other mink products and by-products	—	
02 03 03	—	狐狸		Foxes	—	
02 03 03 01	—	活狐狸		Live foxes	—	

表 2（续）

产品代码	用途代码	名　称	别　名	英文名	对应 GB/T 7635.1—2002 代码	说　明
02 03 03 01 01	CDE	蓝狐		Alopexlagopus / blue fox	—	
02 03 03 01 02	CDE	银狐		Foxqueen / silver fox	—	
02 03 03 01 99	CDE	其他狐狸		Other foxes	—	
02 03 03 02	D	狐狸皮		Fox hides, skins and fur	—	
02 03 03 99	—	其他狐狸产品及副产品		Other fox products and by-products	—	
02 03 04	—	貉	貉子、狸、椿尾巴、毛狗	Raccoon dogs	—	
02 03 04 01	CDE	活貉		Live raccoon dogs	—	
02 03 04 02	D	貉皮		Raccoon dog hides, skins and fur	02974•014	
02 03 04 03	D	貉毛		Raccoon dog hair	—	
02 03 04 99	—	其他貉产品及副产品		Other raccoon dog products and by-products	—	
02 03 05	—	鹧鸪		Francolins	—	
02 03 05 01	ACDE	活鹧鸪		Live francolins	—	
02 03 05 02	ADE	鹧鸪肉		Francolin meats	—	
02 03 05 03	AD	鹧鸪蛋		Francolin eggs	—	
02 03 05 99	—	其他鹧鸪产品及副产品		Other francolin products and by-products	—	
02 03 06	—	鸵鸟		Ostriches	02129•021	
02 03 06 01	ACDE	活鸵鸟		Live ostriches	—	
02 03 06 02	ADE	鸵鸟肉		Ostrich meats	—	
02 03 06 03	AD	鸵鸟蛋		Ostrich eggs	—	
02 03 06 04	D	鸵鸟皮		Ostrich skins	02971•301	
02 03 06 05	D	鸵鸟毛		Ostrich feathers	—	
02 03 06 99	—	其他鸵鸟产品及副产品		Other ostrich products and by-products	—	
02 03 07	—	蜂（活的动物体）		Bees	02129•022	
02 03 07 01	—	蜂		Live bees	—	

表 2（续）

产品代码	用途代码	名 称	别 名	英文名	对应 GB/T 7635.1—2002 代码	说 明
02 03 07 01 01	—	蜜蜂		Honey bees	—	
02 03 07 01 01 01	CE	西方蜜蜂		*Apis Mellifera* L.	—	
02 03 07 01 01 02	CE	东方蜜蜂		*Apis Cerana* F.	—	
02 03 07 01 01 99	—	其他蜜蜂		Other honeybees	—	
02 03 07 01 99	—	其他蜂		Other bees	—	
02 03 07 02	—	蜂产品		Bee products	—	
02 03 07 02 01	AD	蜂蜜		Honeys	—	
02 03 07 02 02	AD	蜂王浆		Royal jelly	02939·011	
02 03 07 02 03	AD	蜂胶		Propolis	02939·013	
02 03 07 02 04	AD	蜂花粉		Bee pollen	02939·012	
02 03 07 02 05	DE	蜂蜡		Bees wax	—	
02 03 07 02 06	DE	蜂毒		Bee Venom	02939·014	
02 03 07 02 07	DE	蜂巢		Honeycomb	—	
02 03 07 02 08	AD	雄蜂蛹		Drone pupa	—	
02 03 07 02 09	AD	蜂幼虫		Drone larvae	—	
02 03 07 02 99	—	其他蜂产品及副产品		Other bee products and by-products	02964	

表 2（续）

产品代码	用途代码	名称	别名	英文名	对应 GB/T 7635.1—2002 代码	说明
02 03 08	—	蚕		Silkworms	02129·023	
02 03 08 01	—	桑蚕	家蚕	Mulberry silkworms	—	
02 03 08 01 01	—	桑蚕活体		Live mulberry silkworms	—	
02 03 08 01 01 01	C	桑蚕卵		Mulberry silkworm eggs	—	
02 03 08 01 01 02	CE	桑蚕幼虫		Mulberry silkworm larvae	02964·011	
02 03 08 01 02	—	桑蚕产品		Mulberry silkworm products	—	
02 03 08 01 02 01	D	桑蚕茧		Mulberry silkworm cocoon	26111	
02 03 08 01 02 02	D	桑蚕丝		Mulberry silkworm cocoon silk	02951·011	
02 03 08 01 02 03	ACDE	桑蚕蛹		Mulberry silkworm pupa	—	
02 03 08 01 02 99	—	其他桑蚕产品		Other mulberry silkworm products	—	
02 03 08 02	—	柞蚕	山蚕	Tussah	—	
02 03 08 02 01	—	柞蚕活体		Live tussah	—	
02 03 08 02 01 01	CE	柞蚕卵		Tussah eggs	—	
02 03 08 02 01 02	ACDE	柞蚕幼虫		Tussah larvae	—	
02 03 08 02 02	—	柞蚕产品		Tussah products	02964·011	
02 03 08 02 02 01	D	柞蚕茧		Tussah cocoon	02964·012	

表 2（续）

产品代码	用途代码	名　称	别　名	英文名	对应 GB/T 7635.1—2002 代码	说　明
02 03 08 02 02 02	D	柞蚕丝		Tussah cocoon silk	26111	
02 03 08 02 02 03	ACDE	柞蚕蛹		Tussah pupa	02951·011	
02 03 08 02 02 99	—	其他柞蚕产品		Other tussah products	—	
02 03 08 99	—	其他蚕及产品		Other silkworm and their products	—	
02 03 99	—	其他特种经济动物及其产品		Other special economic animals and their products	—	
02 99	—	其他畜牧业产品		Other animal products	029	

表 3　水产品分类与代码

产品代码	用途代码	名　称	别　名	英文名	GB/T 7635.1—2002 对应代码	说　明
03	—	水产品		Aquatic products	—	
03 01	—	鱼		Fish	—	
03 01 01	—	海水鱼		Marine fish	—	
03 01 01 01	—	捕捞海水鱼		Captive marine fish	—	
03 01 01 01 01	—	海鳗	狼牙鳝	Pike eel	—	
03 01 01 01 01 01	ABE	活海鳗		Pike eel, live	04111·082	
03 01 01 01 01 02	ABE	鲜海鳗		Raw pike eel	04121·082	
03 01 01 01 01 03	ABE	冻海鳗		Frozen pike eel	21226·082	
03 01 01 01 01 04	AE	海鳗加工产品		Processed pike eel products	21231·011~21231·012, 21233·011, 21241·101~21241·103	

表 3（续）

产品代码	用途代码	名 称	别 名	英文名	GB/T 7635.1—2002 对应代码	说 明
03 01 01 01 01 05	AE	海鳗加工副产品		Pike eel by-products	—	
03 01 01 01 02	—	鲥鱼	白鳞鱼、白鲥鱼、曹白鱼	Slender shad	—	
03 01 01 01 02 01	ABE	活鲥鱼		Slender shad, live	04111·106	
03 01 01 01 02 02	ABE	鲜鲥鱼		Raw slender shad	04121·106	
03 01 01 01 02 03	ABE	冻鲥鱼		Frozen slender shad	21226·106	
03 01 01 01 02 04	AE	鲥鱼加工产品		Processed slender shad products	21232·011 21233·014	
03 01 01 01 02 05	AE	鲥鱼加工副产品		Slender shad by-products	—	
03 01 01 01 03	—	沙丁鱼	沙甸鱼、萨丁鱼	Sardine	—	
03 01 01 01 03 01	ABE	活沙丁鱼		Sardine, live	04111·102	
03 01 01 01 03 02	ABE	鲜沙丁鱼		Rawsardine	04121·102	
03 01 01 01 03 03	ABE	冻沙丁鱼		Frozen sardine	21226·102	
03 01 01 01 0304	AE	沙丁鱼加工产品		Processed sardine products	21233·015	
03 01 01 01 03 05	AE	沙丁鱼加工副产品		Sardine by-products	—	
03 01 01 01 04	—	鲱鱼	青鱼	Herring	—	
03 01 01 01 04 01	ABE	活鲱鱼		Herring, live	04111·101	

表 3（续）

产品代码	用途代码	名 称	别 名	英文名	GB/T 7635.1—2002 对应代码	说 明
03 01 01 01 04 02	ABE	鲜鲱鱼		Raw herring	04121·101	
03 01 01 01 04 03	ABE	冻鲱鱼		Frozen herring	21226·101	
03 01 01 01 04 04	AE	鲱鱼加工产品		Processed herring products	21233·012 21241·107 21245·014 21242·027	
03 01 01 01 04 05	AE	鲱鱼加工副产品		Herring by-products	—	
03 01 01 01 05	—	石斑鱼		Grouper	—	
03 01 01 01 05 01	ABE	活石斑鱼		Garoupa, live	04111·315~04111·325	
03 01 01 01 05 02	ABE	鲜石斑鱼		Raw garoupa	04121·315~04121·325	
03 01 01 01 05 03	ABE	冻石斑鱼		Frozen garoupa	21226·315~21226·325	
03 01 01 01 05 04	AE	石斑鱼加工产品		Processed garoupa products	21241·014~21241·018	
03 01 01 01 05 05	AE	石斑鱼加工副产品		Garoupa by-products	—	
03 01 01 01 06	—	鲷鱼（捕捞）	加吉鱼	Porgies, captive	—	
03 01 01 01 06 01	ABE	活鲷鱼（捕捞）		Porgie, captive, live	04111·450~04111·479	
03 01 01 01 06 02	ABE	鲜鲷鱼（捕捞）		Raw porgie, captive	04121·450~04121·479	
03 01 01 01 06 03	ABE	冻鲷鱼（捕捞）		Frozen porgie, captive	21226·350~21226·379	

表 3（续）

产品代码	用途代码	名称	别名	英文名	GB/T 7635.1—2002 对应代码	说明
03 01 01 01 06 04	AE	鲷鱼（捕捞）加工产品		Processed porgie, captive	21231·031~21231·033	
03 01 01 01 06 05	AE	鲷鱼（捕捞）加工副产品		Porgie by-products, captive	—	
03 01 01 01 07	—	蓝圆鲹	池鱼,巴浪鱼	Blue scad	—	
03 01 01 01 07 01	ABE	活蓝圆鲹		Blue scad, live	04111·391	
03 01 01 01 07 02	ABE	鲜蓝圆鲹		Rawblue scad	04121·391	
03 01 01 01 07 03	ABE	冻蓝圆鲹		Frozen blue scad	21226·391	
03 01 01 01 07 04	AE	蓝圆鲹加工产品		Processed blue scad products	21231·037 21232·017	
03 01 01 01 07 05	AE	蓝圆鲹加工副产品		Blue scad by-products	—	
03 01 01 01 08	—	白姑鱼	白米鱼、鰃仔鱼、白梅	White croaker	—	
03 01 01 01 08 01	ABE	活白姑鱼		Silver white croaker, live	04111·565	
03 01 01 01 08 02	ABE	鲜白姑鱼		Raw silver white croaker	04121·565	
03 01 01 01 08 03	ABE	冻白姑鱼		Frozen silver white croaker	21226·565	
03 01 01 01 08 04	AE	白姑鱼加工产品		Processed silver white croaker products	21231·028	
03 01 01 01 08 05	AE	白姑鱼加工副产品		Silver white croaker by-products	—	
03 01 01 01 09	—	黄姑鱼	黄姑子、黄铜鱼	Yellow drum	—	

表 3（续）

产品代码	用途代码	名　称	别　名	英文名	GB/T 7635.1—2002 对应代码	说　明
03 01 01 01 09 01	ABE	活黄姑鱼		Yellow drum	04111・564	
03 01 01 01 09 02	ABE	鲜黄姑鱼		Raw yellow drum	04121・564	
03 01 01 01 09 03	ABE	冻黄姑鱼		Frozen yellow drum	21226・564	
03 01 01 01 09 04	AE	黄姑鱼加工产品		Processed yellow drum products	—	
03 01 01 01 09 05	AE	黄姑鱼加工副产品		Yellow drum by-products	—	
03 01 01 01 10	—	鮸鱼	米鱼、鮸子、鳘鱼	Miichthys miiuy	—	
03 01 01 01 10 01	ABE	活鮸鱼		Miichthys miiuy, live	04111・568	
03 01 01 01 10 02	ABE	鲜鮸鱼		Raw miichthys miiuy	04121・568	
03 01 01 01 10 03	ABE	冻鮸鱼		Frozen miichthys miiuy	21226・568	
03 01 01 01 10 04	AE	鮸鱼加工产品		Processed miichthys miiuy products	21231・027	
03 01 01 01 10 05	AE	鮸鱼加工副产品		Miichthys miiuy by-products	—	
03 01 01 01 11	—	大黄鱼（捕捞）	黄鱼、黄花鱼	Large yellow croaker,captive	—	
03 01 01 01 11 01	ABE	活大黄鱼（捕捞）		Large yellow croaker, captive, live	04111・571	
03 01 01 01 11 02	ABE	鲜大黄鱼（捕捞）		Raw large yellow croaker, captive	04121・571	
03 01 01 01 11 03	ABE	冻大黄鱼（捕捞）		Frozen large yellow croaker, captive	21226・571	

表 3（续）

产品代码	用途代码	名称	别名	英文名	GB/T 7635.1—2002 对应代码	说明
03 01 01 01 11 04	AE	大黄鱼（捕捞）加工产品		Processed large yellow croaker products, captive	21231·026	
03 01 01 01 11 05	AE	大黄鱼（捕捞）加工副产品		Large yellow croaker by-products, captive	—	
03 01 01 01 12	—	小黄鱼	小黄花鱼,小黄花	Small yellow croaker	—	
03 01 01 01 12 01	ABE	活小黄鱼		Small yellow croaker, live	04111·572	
03 01 01 01 12 02	ABE	鲜小黄鱼		Raw small yellow croaker	04121·572	
03 01 01 01 12 03	ABE	冻小黄鱼		Frozen small yellow croaker	21226·572	
03 01 01 01 12 04	AE	小黄鱼加工产品		Processed small yellow croaker products	—	
03 01 01 01 12 05	AE	小黄鱼加工副产品		Small yellow croaker by-products	—	
03 01 01 01 13	—	梅童鱼	梅子鱼,大鲸头,大头宝	Baby croaker	—	
03 01 01 01 13 01	ABE	活梅童鱼		Baby croaker, live	04111·573	
03 01 01 01 13 02	ABE	鲜梅童鱼		Raw baby croaker	04121·573	
03 01 01 01 13 03	ABE	冻梅童鱼		Frozen baby croaker	21226·573	
03 01 01 01 13 04	AE	梅童鱼加工产品		Processed baby croaker products	—	
03 01 01 01 13 05	AE	梅童鱼加工副产品		Baby croaker by-products	—	
03 01 01 01 14	—	方头鱼	马头鱼,红马头	Horseheads	—	

表 3（续）

产品代码	用途代码	名 称	别 名	英文名	GB/T 7635.1—2002 对应代码	说 明
03 01 01 01 14 01	ABE	活方头鱼		Horseheads, live	04111·384	
03 01 01 01 14 02	ABE	鲜方头鱼		Raw horseheads	04121·384	
03 01 01 01 14 03	ABE	冻方头鱼		Frozen horseheads	21226·384	
03 01 01 01 14 04	AE	方头鱼加工产品		Processed horseheads products	21231·024	
03 01 01 01 14 05	AE	方头鱼加工副产品		Horseheads by-products	—	
03 01 01 01 15	—	玉筋鱼	银针鱼,面条鱼	Sand lance	—	
03 01 01 01 15 01	ABE	活玉筋鱼		Sand lance, live	04111·671	
03 01 01 01 15 02	ABE	鲜玉筋鱼		Raw sand lance	04121·671	
03 01 01 01 15 03	ABE	冻玉筋鱼		Frozen sand lance	21226·671	
03 01 01 01 15 04	AE	玉筋鱼加工产品		Processed sand lance products	21242·022	
03 01 01 01 15 05	AE	玉筋鱼加工副产品		Sand lance by-products	—	
03 01 01 01 16	—	带鱼	刀鱼	Cutlassfish	—	
03 01 01 01 16 01	ABE	活带鱼		Cutlassfish, live	04111·702	
03 01 01 01 16 02	ABE	鲜带鱼		Raw cutlassfish	04121·702	
03 01 01 01 16 03	ABE	冻带鱼		Frozen cutlassfish	21226·702	

表 3 (续)

产品代码	用途代码	名称	别名	英文名	GB/T 7635.1—2002 对应代码	说明
03 01 01 01 16 04	AE	带鱼加工产品		Processed cutlassfish products	21231·047	包括干制、腌制、熏制等加工方式，鱼类以下类同
03 01 01 01 16 05	AE	带鱼加工副产品		Cutlassfish by-products	—	包括鱼骨、鱼油、鱼粉等加工副产品，鱼类以下类同
03 01 01 01 17	—	金线鱼	红衫鱼、黄线、红三	Golden threadfin bream	—	
03 01 01 01 17 01	ABE	活金线鱼		Golden threadfin bream, live	04111·551	
03 01 01 01 17 02	ABE	鲜金线鱼		Raw golden threadfin bream	04121·551	
03 01 01 01 17 03	ABE	冻金线鱼		Frozen golden threadfin bream	21226·551	
03 01 01 01 17 04	AE	金线鱼加工产品		Processed golden threadfin bream products	21231·034	
03 01 01 01 17 05	AE	金线鱼加工副产品		Golden threadfin bream by-products	—	
03 01 01 01 18	—	梭鱼		Redlip mullet	—	
03 01 01 01 18 01	ABE	活梭鱼		Redlip mullet, live	04111·645	
03 01 01 01 18 02	ABE	鲜梭鱼		Rawredlip mullet	04121·645	
03 01 01 01 18 03	ABE	冻梭鱼		Frozen redlip mullet	21226·645	
03 01 01 01 18 04	AE	梭鱼加工产品		Processed redlip mullet products	21233·025	
03 01 01 01 18 05	AE	梭鱼加工副产品		Redlip mullet by-products	—	

表 3（续）

产品代码	用途代码	名称	别名	英文名	GB/T 7635.1—2002 对应代码	说明
03 01 01 01 19	—	鲐鱼	青占鱼，青花鱼	Chub mackerel	—	
03 01 01 01 19 01	ABE	活鲐鱼		Chub mackerel, live	04111·711	
03 01 01 01 19 02	ABE	鲜鲐鱼		Raw chubmackerel	04121·711	
03 01 01 01 19 03	ABE	冻鲐鱼		Frozen chub mackerel	21226·711	
03 01 01 01 19 04	AE	鲐鱼加工产品		Processed chubmackerel products	21232·016 21233·026 21242·026	
03 01 01 01 19 05	AE	鲐鱼加工副产品		Chub mackerel by-products	—	
03 01 01 01 20	—	鲅鱼	马鲛鱼	Spanish mackerel	—	
03 01 01 01 20 01	ABE	活鲅鱼		Spanish mackerel, live	04111·713,04111·714, 04111·763,04111·764	
03 01 01 01 20 02	ABE	鲜鲅鱼		Raw spanish mackerel	04121·713,04121·714, 04121·763,04121·764	
03 01 01 01 20 03	ABE	冻鲅鱼		Frozen spanish mackerel	21226·713,21226·714, 04121·763,04121·764	
03 01 01 01 20 04	AE	鲅鱼加工产品		Processed spanish mackerel products	21231·045～21231·046, 21232·015,21233·027	
03 01 01 01 20 05	AE	鲅鱼加工副产品		Cured spanish mackerel	—	
03 01 01 01 21	—	金枪鱼	吞拿鱼	Bluefin tuna	—	
03 01 01 01 21 01	ABE	活金枪鱼		Bluefin tuna, live	04111·718	
03 01 01 01 21 02	ABE	鲜金枪鱼		Raw bluefin tuna	04121·718	

表 3（续）

产品代码	用途代码	名称	别名	英文名	GB/T 7635.1—2002 对应代码	说明
03 01 01 01 21 03	ABE	冻金枪鱼		Frozen bluefin tuna	21226・718	
03 01 01 01 21 04	AE	金枪鱼加工产品		Processed bluefin tuna products	21242・017	
03 01 01 01 21 05	AE	金枪鱼加工副产品		Bluefin Tuna by-products	—	
03 01 01 01 22	—	鲳鱼	镜鱼	Butterfish	—	
03 01 01 01 22 01	ABE	活鲳鱼		Butterfish, live	04111・605,04111・607	
03 01 01 01 22 02	ABE	鲜鲳鱼		Raw butterfish	04121・605,04121・607	
03 01 01 01 22 03	ABE	冻鲳鱼		Frozen butterfish	21226・605,21226・607	
03 01 01 01 22 04	AE	鲳鱼加工产品		Processed butterfish products	21231・035	
03 01 01 01 22 05	AE	鲳鱼加工副产品		Butterfish by-products	—	
03 01 01 01 23	—	马面鲀	面包鱼	Drab leatherjacket	—	
03 01 01 01 23 01	ABE	活马面鲀		Drab leatherjacket, live	04111・824	
03 01 01 01 23 02	ABE	鲜马面鲀		Raw drab leatherjacket	04121・824	
03 01 01 01 23 03	ABE	冻马面鲀		Frozen drab leatherjacket	21226・824	
03 01 01 01 23 04	AE	马面鲀加工产品		Processed drab leatherjacket products	21231・052,21242・011	
03 01 01 01 23 05	AE	马面鲀加工副产品		Drab leatherjacket by-products	—	

表 3（续）

产品代码	用途代码	名称	别名	英文名	GB/T 7635.1—2002 对应代码	说明
03 01 01 01 24	—	竹荚鱼	马鲭鱼	Horse mackerel	—	
03 01 01 01 24 01	ABE	活竹荚鱼		Horse mackerel, live	04111·393	
03 01 01 01 24 02	ABE	鲜竹荚鱼		Raw horse mackerel	04121·393	
03 01 01 01 24 03	ABE	冻竹荚鱼		Frozen horse mackerel	21226·393	
03 01 01 01 24 04	AE	竹荚鱼加工产品		Processed horse mackerel products	21231·043	
03 01 01 01 24 05	AE	竹荚鱼加工副产品		Horse mackerel by-products	—	
03 01 01 01 25	—	鲻鱼	乌鱼，乌支	Striped mullet	—	
03 01 01 01 25 01	ABE	活鲻鱼		Striped mullet, live	04111·643	
03 01 01 01 25 02	ABE	鲜鲻鱼		Raw striped mullet	04121·643	
03 01 01 01 25 03	ABE	冻鲻鱼		Frozen striped mullet	21226·643	
03 01 01 01 25 04	AE	鲻鱼加工产品		Processed striped mullet products	21233·024	
03 01 01 01 25 05	AE	鲻鱼加工副产品		Striped mullet by-products	—	
03 01 01 01 26	—	鳀鱼	鲅鱼食	Anchovy	—	
03 01 01 01 26 01	ABE	活鳀鱼		Anchovy, live	04111·108，04111·108·111	
03 01 01 01 26 02	ABE	鲜鳀鱼		Raw anchovy	04121·108，04121·111	

表 3（续）

产品代码	用途代码	名称	别名	英文名	GB/T 7635.1—2002 对应代码	说明
03 01 01 01 26 03	ABE	冻鳀鱼		Frozen anchovy	21226·108	
03 01 01 01 26 04	AE	鳀鱼加工产品	海蜒	Processed anchovy products	21231·015,21242·018	
03 01 01 01 26 05	AE	鳀鱼加工副产品		Anchovy by-products	—	
03 01 01 01 27	—	鲨鱼	沙鱼,鲛	Shark	—	
03 01 01 01 27 01	ABE	活鲨鱼		Shark, live	04111·020~04111·049	
03 01 01 01 27 02	ABE	鲜鲨鱼		Raw shark	04121·020~04121·049	
03 01 01 01 27 03	ABE	冻鲨鱼		Frozen shark	21226·020~21226·049	
03 01 01 01 27 04	AE	鲨鱼加工产品		Processed shark products	21239·011~21239·015,21241·011~21241·013	
03 01 01 01 27 05	AE	鲨鱼加工副产品		Shark by-products	—	
03 01 01 01 28	—	𫚉鱼	老板鱼	Ray	—	
03 01 01 01 28 01	ABE	活𫚉鱼		Ray, live	04111·050~04111·069	
03 01 01 01 28 02	ABE	鲜𫚉鱼		Raw ray	04121·050~04121·069	
03 01 01 01 28 03	ABE	冻𫚉鱼		Frozen ray	21226·050~21226·069	
03 01 01 01 28 04	AE	𫚉鱼加工产品		Processed ray products	—	
03 01 01 01 28 05	AE	𫚉鱼加工副产品		Ray by-products	—	

表 3（续）

产品代码	用途代码	名 称	别 名	英文名	GB/T 7635.1—2002 对应代码	说 明
03 01 01 01 29	—	鲣鱼	炸弹鱼,小金枪鱼	Skipjack tuna	—	
03 01 01 01 29 01	ABE	活鲣鱼		Skipjack tuna, live	04111·716	
03 01 01 01 29 02	ABE	鲜鲣鱼		Raw skipjack tuna	04121·716	
03 01 01 01 29 03	ABE	冻鲣鱼		Frozen skipjack tuna	21226·716	
03 01 01 01 29 04	AE	鲣鱼加工产品		Processed skipjack tuna products	21233·028 21245·016	
03 01 01 01 29 05	AE	鲣鱼加工副产品		Skipjack tuna by-products	—	
03 01 01 01 30	—	鳎鱼	鳎咪,鳎鳎	Sole	—	
03 01 01 01 30 01	ABE	活鳎鱼		Sole, live	04111·812	
03 01 01 01 30 02	ABE	鲜鳎鱼		Raw sole	04121·812	
03 01 01 01 30 03	ABE	冻鳎鱼		Frozen sole	21226·812	
03 01 01 01 30 04	AE	鳎鱼加工产品		Processed sole products	21231·051	
03 01 01 01 30 05	AE	鳎鱼加工副产品		Sole by-products	—	
03 01 01 01 31	—	鲑鱼（海水捕捞）		Salmon, seawater, captive	—	
03 01 01 01 31 01	ABE	活鲑鱼（海水捕捞）		Salmon, seawater, live, captive	04112·160~04112·199	
03 01 01 01 31 02	ABE	鲜鲑鱼（海水捕捞）		Rawsalmon, seawater, captive	04122·160~04122·199	

表 3（续）

产品代码	用途代码	名　称	别　名	英文名	GB/T 7635.1—2002 对应代码	说　明
03 01 01 01 31 03	ABE	冻鲑鱼（海水捕捞）		Frozen salmon, seawater, captive	21227·140~21227·149	
03 01 01 01 31 04	AE	鲑鱼（海水捕捞）加工产品		Processed salmonproducts, seawater, captive	21232·013, 21233·021, 21245·012	
03 01 01 01 31 05	AE	鲑鱼（海水捕捞）加工副产品		Salmon by-products, seawater, captive	—	
03 01 01 01 32	—	鲆鱼（捕捞）	偏口鱼	Lefteye flounder, captive	—	
03 01 01 01 32 01	ABCE	活鲆鱼（捕捞）		Lefteye flounder, captive, live	04111·804	
03 01 01 01 32 02	ABE	鲜鲆鱼（捕捞）		Raw lefteye flounder, captive	04121·804	
03 01 01 01 32 03	ABE	冻鲆鱼（捕捞）		Frozen lefteye flounder, captive	21226·804	
03 01 01 01 32 04	AE	鲆鱼（捕捞）加工产品		Processed lefteye flounder products, captive	—	
03 01 01 01 32 05	AE	鲆鱼（捕捞）加工副产品		Lefteye flounder by-products, captive	—	
03 01 01 01 33	—	鲈鱼（海水捕捞）	花鲈、寨花	Perch, captive	—	
03 01 01 01 33 01	ABCE	活鲈鱼（海水捕捞）		Perch, captive, live	04111·290~04111·314	
03 01 01 01 33 02	ABE	鲜鲈鱼（海水捕捞）		Raw perch, captive	04121·290~04121·314	
03 01 01 01 33 03	ABE	冻鲈鱼（海水捕捞）		Frozen perch, captive	21226·300~21226·349	
03 01 01 01 33 04	AE	鲈鱼（海水捕捞）加工产品		Processed perch products, captive	21231·025	
03 01 01 01 33 05	AE	鲈鱼（海水捕捞）加工副产品		Perch by-products, captive	—	

表 3（续）

产品代码	用途代码	名 称	别 名	英文名	GB/T 7635.1—2002 对应代码	说 明
03 01 01 01 34	—	鲽鱼（捕捞）	比目鱼	Plaice, captive	—	
03 01 01 01 34 01	ABCE	活鲽鱼（捕捞）		Plaice, captive, live	04111·800~04111·819	
03 01 01 01 34 02	ABE	鲜鲽鱼（捕捞）		Raw plaice, captive	04121·800~04121·819	
03 01 01 01 34 03	ABE	冻鲽鱼（捕捞）		Frozen plaice, captive	21226·800~21226·819	
03 01 01 01 34 04	AE	鲽鱼（捕捞）加工产品		Processed plaice products, captive	—	
03 01 01 01 34 05	AE	鲽鱼（捕捞）加工副产品		Plaice by-products, captive		
03 01 01 01 35	—	鳕鱼（捕捞）	大头鱼、大头腥、明太鱼	Pacific cod, captive	—	
03 01 01 01 35 01	ABCE	活鳕鱼（捕捞）		Pacific cod, captive, live	04111·171	
03 01 01 01 35 02	ABE	鲜鳕鱼（捕捞）		Raw pacific cod, captive	04121·171	
03 01 01 01 35 03	ABE	冻鳕鱼（捕捞）		Frozen pacific cod, captive	21231·018	
03 01 01 01 35 04	AE	鳕鱼（捕捞）加工产品		Processed pacific cod products, captive	21231·018,21242·013,21242·023	
03 01 01 01 35 05	AE	鳕鱼（捕捞）加工副产品		Plaice cod by-products, captive		
03 01 01 01 99	—	其他捕捞海水鱼		Other captive marine fishes		
03 01 01 02	—	养殖海水鱼		Mariculture fish		
03 01 01 02 01	—	鲈鱼（海水养殖）	花鲈、寨花	Perch, seawater, cultivated		
03 01 01 02 01 01	ABCE	活鲈鱼（海水养殖）		Perch live, seawater, cultivated	04111·290~04111·314	

表 3（续）

产品代码	用途代码	名　称	别　名	英文名	GB/T 7635.1—2002 对应代码	说　明
03 01 01 02 01 02	ABE	鲜鲈鱼（海水养殖）		Raw perch, seawater, cultivated	04121・290～04121・314	
03 01 01 02 01 03	ABE	冻鲈鱼（海水养殖）		Frozen perch, seawater, cultivated	21226・300～21226・349	
03 01 01 02 01 04	AE	鲈鱼（海水养殖）加工产品		Processed perch products, seawater, cultivated	21231・025	
03 01 01 02 01 05	AE	鲈鱼（海水养殖）加工副产品		Perch by-products, seawater, cultivated	—	
03 01 01 02 02	—	鲆鱼（养殖）	偏口鱼	Lefteye flounder, cultivated	—	
03 01 01 02 02 01	ABCE	活鲆鱼（养殖）		Lefteye flounder, live, cultivated	04111・804	
03 01 01 02 02 02	ABE	鲜鲆鱼（养殖）		Raw lefteye flounder, cultivated	04121・804	
03 01 01 02 02 03	ABE	冻鲆鱼（养殖）		Frozen lefteye flounder, cultivated	21226・804	
03 01 01 02 02 04	AE	鲆鱼（养殖）加工产品		Processed lefteye flounder products, cultivated	—	
03 01 01 02 02 05	—	鲆鱼（养殖）加工副产品		Lefteye flounder by-products, cultivated	—	
03 01 01 02 03	—	大黄鱼（养殖）	黄鱼，黄花鱼	Large yellow croaker, cultivated	—	
03 01 01 02 03 01	ABCE	活大黄鱼（养殖）		Large yellow croaker, live, cultivated	04111・571	
03 01 01 02 03 02	ABE	鲜大黄鱼（养殖）		Raw large yellow croaker, cultivated	04121・571	
03 01 01 02 03 03	ABE	冻大黄鱼（养殖）		Frozen large yellow croaker, cultivated	21226・571	
03 01 01 02 03 04	AE	大黄鱼（养殖）加工产品		Processed large yellow croaker products, cultivated	21231・026	

表 3（续）

产品代码	用途代码	名 称	别 名	英文名	GB/T 7635.1—2002 对应代码	说 明
03 01 01 02 03 05	AE	大黄鱼（养殖）加工副产品		Large yellow croaker by-products, cultivated	—	
03 01 01 02 04	—	军曹鱼	海䱊,海鱲	Cobia	—	
03 01 01 02 04 01	ABCE	活军曹鱼		Cobia, live	04111·386	
03 01 01 02 04 02	ABE	鲜军曹鱼		Raw cobia	04121·386	
03 01 01 02 04 03	ABE	冻军曹鱼		Frozen cobia	21226·386	
03 01 01 02 04 04	ABE	军曹鱼加工产品		Processed cobia products	—	
03 01 01 02 04 05	AE	军曹鱼加工副产品		Cobia by-products	—	
03 01 01 02 05	—	墨鱼	青甘鱼,平安鱼,油甘鱼,黄健牛	Yellowtail fish	—	
03 01 01 02 05 01	ABCE	活墨鱼		Yellowtail fish, live	04111·405	
03 01 01 02 05 02	ABE	鲜墨鱼		Raw yellowtail fish	04121·405	
03 01 01 02 05 03	ABE	冻墨鱼		Frozen yellowtail fish	21226·405	
03 01 01 02 05 04	ABE	墨鱼加工产品		Processed yellowtail fish products	—	
03 01 01 02 05 05	AE	墨鱼加工副产品		Yellowtail fish by-products	—	
03 01 01 02 06	—	鲷鱼（养殖）	加吉鱼	Porgies, cultivated	—	
03 01 01 02 06 01	ABCE	活鲷鱼（养殖）		Porgies, live, cultivated	04111·450~04111·479	

表 3（续）

产品代码	用途代码	名称	别名	英文名	GB/T 7635.1—2002 对应代码	说明
03 01 01 02 06 02	ABE	鲜鲷鱼（养殖）		Raw porgies, cultivated	04121·450~04121·479	
03 01 01 02 06 03	ABE	冻鲷鱼（养殖）		Frozen porgies, cultivated	21226·350~21226·379	
03 01 01 02 06 04	AE	鲷鱼（养殖）加工产品		Processed porgies products, cultivated	21231·031~21231·033	
03 01 01 02 06 05	AE	鲷鱼（养殖）加工副产品		Porgies by-products, cultivated	—	
03 01 01 02 07	—	美国红鱼	拟石首鱼	Sciaenops ocellatus	—	
03 01 01 02 07 01	ABCE	活美国红鱼		Sciaenops ocellatus, live	04111·574	
03 01 01 02 07 02	ABE	鲜美国红鱼		Raw sciaenops ocellatus	04121·574	
03 01 01 02 07 03	ABE	冻美国红鱼		Frozen sciaenops ocellatus	21226·574	
03 01 01 02 07 04	AE	美国红鱼加工产品		Processed sciaenops ocellatus products	—	
03 01 01 02 07 05	AE	美国红鱼加工副产品		Sciaenops ocellatus by-products	—	
03 01 01 02 08	—	河豚（海水）	河鲀	Puffer fish, seawater	—	
03 01 01 02 08 01	ABCE	活河豚（海水）		Puffer fish, live, seawater	04111·820~04111·859	
03 01 01 02 08 02	ABE	鲜河豚（海水）		Raw puffer fish, seawater	04121·820~04121·859	
03 01 01 02 08 03	ABE	冻河豚（海水）		Frozen puffer fish, seawater	21226·820~21226·859	
03 01 01 02 08 04	AE	河豚（海水）加工产品		Processed puffer fish products, seawater	21231·053,21242·012	

表 3（续）

产品代码	用途代码	名称	别名	英文名	GB/T 7635.1—2002 对应代码	说明
03 01 01 02 08 05	AE	河豚（海水）加工副产品		Puffer fish by-products, seawater	—	
03 01 01 02 09	—	石斑鱼（养殖）		Grouper, cultivated	—	
03 01 01 02 09 01	ABCE	活石斑鱼（养殖）		Garoupa, live, cultivated	04111·315~04111·325	
03 01 01 02 09 02	ABE	鲜石斑鱼（养殖）		Raw garoupa, cultivated	04121·315~04121·325	
03 01 01 02 09 03	ABE	冻石斑鱼（养殖）		Frozen garoupa, cultivated	21226·315~21226·325	
03 01 01 02 09 04	AE	石斑鱼（养殖）加工产品		Processed garoupa products, cultivated	21241·014~21241·018	
03 01 01 02 09 05	AE	石斑鱼（养殖）加工副产品		Garoupa by-products, cultivated	—	
03 01 01 02 10	—	鲽鱼（养殖）	比目鱼,偏口鱼	Plaice, cultivated		
03 01 01 02 10 01	ABCE	活鲽鱼（养殖）		Plaice, live, cultivated	04111·800~04111·819	
03 01 01 02 10 02	ABE	鲜鲽鱼（养殖）		Raw plaice, cultivated	04121·800~04121·819	
03 01 01 02 10 03	ABE	冻鲽鱼（养殖）		Frozen plaice, cultivated	21226·800~21226·819	
03 01 01 02 10 04	AE	鲽鱼（养殖）加工产品		Processed plaice products, cultivated	—	
03 01 01 02 10 05	AE	鲽鱼（养殖）加工副产品		Plaice by-products, cultivated	—	
03 01 01 02 11	—	鲑鱼（海水养殖）		Salmon, seawater, cultivated	—	
03 01 01 02 11 01	ABE	活鲑鱼（海水养殖）		Salmon, live, seawater, cultivated	04112·160~04112·199	

表 3（续）

产品代码	用途代码	名　称	别　名	英文名	GB/T 7635.1—2002 对应代码	说　明
03 01 01 02 11 02	ABE	鲜鲑鱼（海水养殖）		Rawsalmon, seawater, cultivated	04122·160～04122·199	
03 01 01 02 11 03	ABE	冻鲑鱼（海水养殖）		Frozen salmon, seawater, cultivated	21227·140～21227·149	
03 01 01 02 11 04	AE	鲑鱼（海水养殖）加工产品		Processed salmon products, seawater, cultivated	21232·013, 21233·021, 21245·012	
03 01 01 02 11 05	AE	鲑鱼（海水养殖）加工副产品		Salmon by-products, seawater, cultivated	—	
03 01 01 02 12	—	海马	水马	Europeam sea horse (Hippocampus)		
03 01 01 02 12 01	AE	活海马		Europeam sea horse (Hippocampus), live	04111·244	
03 01 01 02 12 02	AE	冻海马		Frozen europeam sea horse (Hippocampus)	21226·244	
03 01 01 02 12 03	AE	海马加工产品		Europeam sea horse (Hippocampus) by-products	21231·022	
03 01 01 02 13	—	海龙		Pipefish	—	
03 01 01 02 13 01	AE	活海龙		Raw pipefish	04111·245	
03 01 01 02 13 02	AE	冻海龙		Frozen pipefish	21226·245	
03 01 01 02 13 03	AE	海龙加工产品		Pipefish by-products	21231·023	
03 01 01 02 14	—	海葵鱼	小丑鱼	Anemone fish		
03 01 01 02 14 01	E	活海葵鱼		Anemone fish, live	—	
03 01 01 02 15	—	蝴蝶鱼		Butterflyfish	—	

表 3（续）

产品代码	用途代码	名称	别名	英文名	GB/T 7635.1—2002 对应代码	说明
03 01 01 02 15 01	E	活蝴蝶鱼		Butterflyfish, live	04111 • 621	
03 01 01 02 15 02	E	冻蝴蝶鱼		Frozen butterflyfish	21226 • 621	
03 01 01 02 16	—	狮子鱼	襄鲋	Striped seasnail	—	
03 01 01 02 16 01	E	活狮子鱼		Striped seasnail, live	—	
03 01 01 02 99	—	其他养殖海水鱼		Other mariculture fishes	—	
03 01 02		淡水鱼		Freshwater fish	—	
03 01 02 01	—	养殖淡水鱼		Cultivated freshwater fish	—	
03 01 02 01 01	—	青鱼	乌青、螺丝青、黑鲩	Black carp	—	
03 01 02 01 01 01	ABCE	活青鱼		Black carp, live	04112 • 052	
03 01 02 01 01 02	ABE	鲜青鱼		Raw black carp	04122 • 052	
03 01 02 01 01 03	ABE	冻青鱼		Frozen black carp	21227 • 052	
03 01 02 01 01 04	AE	青鱼加工产品		Processed black carp products	21231 • 056	
03 01 02 01 01 05	AE	青鱼加工副产品		Black carp by-products	—	
03 01 02 01 02	—	草鱼	鲩鱼，草鲩	Grass carp	—	
03 01 02 01 02 01	ABCE	活草鱼		Grass carp, live	04112 • 053	
03 01 02 01 02 02	ABE	鲜草鱼		Raw grass carp	04122 • 053	

表 3（续）

产品代码	用途代码	名 称	别 名	英文名	GB/T 7635.1—2002 对应代码	说 明
03 01 02 01 02 03	ABE	冻草鱼		Frozen grass carp	21227·053	
03 01 02 01 02 04	AE	草鱼加工产品		Processed grass carp products	21231·057 21233·032	
03 01 02 01 02 05	AE	草鱼加工副产品		Grasscarp by-products	—	
03 01 02 01 03	—	鲢鱼	白鲢	Silver carp	—	
03 01 02 01 03 01	ABCE	活鲢鱼		Silver carp, live	04112·102	
03 01 02 01 03 02	ABE	鲜鲢鱼		Raw silver carp	04122·102	
03 01 02 01 03 03	ABE	冻鲢鱼		Frozen silver carp	21227·102	
03 01 02 01 03 04	AE	鲢鱼加工产品		Processed silver carp products	21233·037	
03 01 02 01 03 05	AE	鲢鱼加工副产品		Silver carp by-products	—	
03 01 02 01 04	—	鳙鱼	胖头鱼、花鲢、雄鱼	Bighead	—	
03 01 02 01 04 01	ABCE	活鳙鱼		Bighead, live	04112·101	
03 01 02 01 04 02	ABE	鲜鳙鱼		Rawbighead	04122·101	
03 01 02 01 04 03	ABE	冻鳙鱼		Frozen bighead	21227·101	
03 01 02 01 04 04	AE	鳙鱼加工产品		Processed bighead products	—	
03 01 02 01 04 05	AE	鳙鱼加工副产品		Bighead by-products	—	

表 3（续）

产品代码	用途代码	名 称	别 名	英文名	GB/T 7635.1—2002 对应代码	说 明
03 01 02 01 05	—	鲤鱼	拐子，鲤子	Crap	—	
03 01 02 01 05 01	ABCE	活鲤鱼		Crap, live	04112·097	
03 01 02 01 05 02	ABE	鲜鲤鱼		Raw crap	04122·097	
03 01 02 01 05 03	ABE	冻鲤鱼		Frozen crap	21227·097	
03 01 02 01 05 04	AE	鲤鱼加工产品		Processed crap products	21233·033	
03 01 02 01 05 05	AE	鲤鱼加工副产品		Crap by-products	—	
03 01 02 01 06	—	鲫鱼		Goldfish	—	
03 01 02 01 06 01	ABCE	活鲫鱼		Goldfish, live	04112·098	
03 01 02 01 06 02	ABE	鲜鲫鱼		Raw goldfish	04122·098	
03 01 02 01 06 03	ABE	冻鲫鱼		Frozen goldfish	21227·098	
03 01 02 01 06 04	AE	鲫鱼加工产品		Processed goldfish products	21233·036	
03 01 02 01 06 05	AE	鲫鱼加工副产品		Goldfish by-products	—	
03 01 02 01 07	—	鳊鱼	武昌鱼，边鱼	White bream	—	
03 01 02 01 07 01	ABCE	活鳊鱼		White bream, live	04112·072	
03 01 02 01 07 02	ABE	鲜鳊鱼		Raw white bream	04122·072	

表3（续）

产品代码	用途代码	名称	别名	英文名	GB/T 7635.1—2002 对应代码	说明
03 01 02 01 07 03	ABE	冻鳊鱼		Frozen white bream	21227·072	
03 01 02 01 07 04	AE	鳊鱼加工产品		Processed white bream products	21233·035	
03 01 02 01 07 05	AE	鳊鱼加工副产品		Whitebream by-products	—	
03 01 02 01 08	—	泥鳅		Oriental weatherfish	—	
03 01 02 01 08 01	ABCE	活泥鳅		Oriental weatherfish, live	04112·111	
03 01 02 01 08 02	ABE	鲜泥鳅		Raw oriental weatherfish	04122·111	
03 01 02 01 08 03	ABE	冻泥鳅		Frozen oriental weatherfish	21227·111	
03 01 02 01 08 04	AE	泥鳅加工产品		Processed oriental weatherfish products	21233·038	
03 01 02 01 08 05	AE	泥鳅加工副产品		Oriental weatherfish by-products	—	
03 01 02 01 09	—	鲇鱼	鲶鱼	Oriental sheatfish	—	
03 01 02 01 09 01	ABCE	活鲇鱼		Oriental sheatfish, live	04112·135	
03 01 02 01 09 02	ABE	鲜鲇鱼		Raw oriental sheatfish	04122·135	
03 01 02 01 09 03	ABE	冻鲇鱼		Frozen oriental sheatfish	21227·135	
03 01 02 01 09 04	AE	鲇鱼加工产品		Processed oriental sheatfish products	—	
03 01 02 01 09 05	AE	鲇鱼加工副产品		Oriental sheatfish by-products	—	

表 3（续）

产品代码	用途代码	名 称	别 名	英文名	GB/T 7635.1—2002 对应代码	说 明
03 01 02 01 10	—	斑点叉尾鮰	鮰鱼、清江鱼	Channel catfish	—	
03 01 02 01 10 01	ABCE	活斑点叉尾鮰		Channel catfish, live	04112·138	
03 01 02 01 10 02	ABE	鲜斑点叉尾鮰		Raw channel catfish	04122·138	
03 01 02 01 10 03	ABE	冻斑点叉尾鮰		Frozen channel catfish	21227·138	
03 01 02 01 10 04	ABE	斑点叉尾鮰加工产品		Processed channel catfish products	—	
03 01 02 01 10 05	AE	斑点叉尾鮰加工副产品		Channel catfish by-products	—	
03 01 02 01 11	—	黄颡鱼	黄腊丁、嘎鱼	Yellow catfish	—	
03 01 02 01 11 01	ABCE	活黄颡鱼		Yellow catfish, live	04112·131	
03 01 02 01 11 02	ABE	鲜黄颡鱼		Rawyellow catfish	04122·131	
03 01 02 01 11 03	ABE	冻黄颡鱼		Frozen yellow catfish	21227·131	
03 01 02 01 11 04	ABE	黄颡鱼加工产品		Processed yellow catfish products	—	
03 01 02 01 11 05	AE	黄颡鱼加工副产品		Yellow catfish by-products	—	
03 01 02 01 12	—	鲑鱼（淡水）		Salmon, freshwater	—	
03 01 02 01 12 01	ABCE	活鲑鱼（淡水）		Salmon, live, freshwater	04112·160~04122·199	
03 01 02 01 12 02	ABE	鲜鲑鱼（淡水）		Raw salmon, freshwater	04122·160~04122·199	

表 3（续）

产品代码	用途代码	名 称	别 名	英文名	GB/T 7635.1—2002 对应代码	说 明
03 01 02 01 12 03	ABE	冻鲑鱼（淡水）		Frozen salmon, freshwater	21227·160~21227·179	
03 01 02 01 12 04	AE	鲑鱼（淡水）加工产品		Processed salmon products, freshwater	21232·013	
03 01 02 01 12 05	AE	鲑鱼（淡水）加工副产品		Salmon by-products, freshwater	—	
03 01 02 01 13	—	鳟鱼		Brown trout	—	
03 01 02 01 13 01	ABCE	活鳟鱼		Browntrout, live	04112·061,04112·166	
03 01 02 01 13 02	ABE	鲜鳟鱼		Raw brown trout	04112·061,04112·166	
03 01 02 01 13 03	ABE	冻鳟鱼		Frozen brown trout	21227·061,21227·166	
03 01 02 01 13 04	AE	鳟鱼加工产品		Processed brown trout products	21233·041	
03 01 02 01 13 05	AE	鳟鱼加工副产品		Brown trout by-products	—	
03 01 02 01 14	—	河豚（淡水）	河鲀	Estuarine puffer, freshwater		
03 01 02 01 14 01	ABCE	活河豚（淡水）		Estuarine puffer, live, freshwater	04111·820~04111·859	
03 01 02 01 14 02	ABE	鲜河豚（淡水）		Rawestuarine puffer, freshwater	04121·820~04121·859	
03 01 02 01 14 03	ABE	冻河豚（淡水）		Frozenestuarine puffer, freshwater	21226·820~21226·859	
03 01 02 01 14 04	AE	河豚（淡水）加工产品		Processed estuarine puffer products, freshwater	21231·053,21242·012	
03 01 02 01 14 05	AE	河豚（淡水）加工副产品		Estuarine puffer by-products, freshwater	—	

表 3 (续)

产品代码	用途代码	名 称	别 名	英文名	GB/T 7635.1—2002 对应代码	说 明
03 01 02 01 15	—	短盖巨脂鲤	淡水白鲳、淡水鲳	White achama	—	
03 01 02 01 15 01	ABCE	活短盖巨脂鲤		White achama, live	04112·211	
03 01 02 01 15 02	ABE	鲜短盖巨脂鲤		Raw white achama	04122·211	
03 01 02 01 15 03	ABE	冻短盖巨脂鲤		White achama orbfish	21227·211	
03 01 02 01 15 04	AE	短盖巨脂鲤加工产品		Processed white achama products	21233·044	
03 01 02 01 15 05	AE	短盖巨脂鲤加工副产品		White achama by-products	—	
03 01 02 01 16	—	长吻鮠	江团	Long-snout catfish	—	
03 01 02 01 16 01	ABCE	活长吻鮠		Long-snout catfish, live	04112·132	
03 01 02 01 16 02	ABE	鲜长吻鮠		Raw long-snout catfish	04122·132	
03 01 02 01 16 03	ABE	冻长吻鮠		Frozen long-snout catfish	21227·132	
03 01 02 01 16 04	AE	长吻鮠加工产品		Processed long-snout catfish products	—	
03 01 02 01 16 05	AE	长吻鮠加工副产品		Long-snout catfishby-products	—	
03 01 02 01 17	—	黄鳝	鳝鱼	Ricefield eel	—	
03 01 02 01 17 01	ABCE	活黄鳝		Ricefield eel, live	04112·201	
03 01 02 01 17 02	ABE	鲜黄鳝		Raw ricefield eel	04122·201	

表 3（续）

产品代码	用途代码	名 称	别 名	英文名	GB/T 7635.1—2002 对应代码	说 明
03 01 02 01 17 03	ABE	冻黄鳝		Frozen ricefield eel	21227・201	
03 01 02 01 17 04	AE	黄鳝加工产品		Processed ricefield eel products	—	
03 01 02 01 17 05	AE	黄鳝加工副产品		Ricefield eel by-products	—	
03 01 02 01 18	—	鳜鱼	桂花鱼,花鱼	Mandarin fish	—	
03 01 02 01 18 01	ABCE	活鳜鱼		Mandarin fish, live	04112・233	
03 01 02 01 18 02	ABE	鲜鳜鱼		Raw mandarin fish	04122・233	
03 01 02 01 18 03	ABE	冻鳜鱼		Frozen mandarin fish	21227・233	
03 01 02 01 18 04	AE	鳜鱼加工产品		Processed mandarin fish products	—	
03 01 02 01 18 05	AE	鳜鱼加工副产品		Mandarin fish by-products	—	
03 01 02 01 19	—	池沼公鱼	黄瓜鱼	Pond smelt (Hypomesus olidus)	—	
03 01 02 01 19 01	ABCE	活池沼公鱼		Pond smelt (Hypomesus olidus), live	04112・192	
03 01 02 01 19 02	ABE	鲜池沼公鱼		Raw pond smelt (Hypomesus olidus)	04122・192	
03 01 02 01 19 03	ABE	冻池沼公鱼		Frozen pond smelt (Hypomesus olidus)	21227・192	
03 01 02 01 19 04	AE	池沼公鱼加工产品		Processed pond smelt (Hypomesus olidus) products	21233・042	
03 01 02 01 19 05	AE	池沼公鱼加工副产品		Pond smelt (Hypomesus olidus) by-products	—	

表 3（续）

产品代码	用途代码	名　称	别　名	英文名	GB/T 7635.1—2002 对应代码	说　明
03 01 02 01 20	—	银鱼	面条鱼	Cuvier's icefish	—	
03 01 02 01 20 01	ABCE	活银鱼		Cuvier's icefish, live	04112·195	
03 01 02 01 20 02	ABE	鲜银鱼		Raw cuvier's icefish	04122·195	
03 01 02 01 20 03	ABE	冻银鱼		Frozen cuvier's icefish	21227·195	
03 01 02 01 20 04	AE	银鱼加工产品		Processed cuvier's icefish products	21231·058	
03 01 02 01 20 05	AE	银鱼加工副产品		Cuvier's icefish by-products	—	
03 01 02 01 21	—	淡水鲈鱼	大口黑鲈,加洲鲈	Freshwater perch	—	
03 01 02 01 21 01	ABCE	活淡水鲈鱼		Freshwater perch, live	04112·230~04122·249	
03 01 02 01 21 02	ABE	鲜淡水鲈鱼		Raw freshwater perch	04122·230~04122·249	
03 01 02 01 21 03	ABE	冻淡水鲈鱼		Frozen freshwater perch	21227·230~21227·249	
03 01 02 01 21 04	AE	淡水鲈鱼加工产品		Processed freshwater perch products	21231·025	
03 01 02 01 21 05	AE	淡水鲈鱼加工副产品		Freshwater perch by-products	—	
03 01 02 01 22	—	乌鳢	黑鱼、乌鱼、生鱼、财鱼	Northern snakehead	—	
03 01 02 01 22 01	ABCE	活乌鳢		Northern snakehead, live	04112·255	
03 01 02 01 22 02	ABE	鲜乌鳢		Raw northern snakehead	04122·255	

表 3（续）

产品代码	用途代码	名 称	别 名	英文名	GB/T 7635.1—2002 对应代码	说 明
03 01 02 01 22 03	ABE	冻乌鳢		Frozen northern snakehead	21227·255	
03 01 02 01 22 04	AE	乌鳢加工产品		Processed northern snakehead products	—	
03 01 02 01 22 05	AE	乌鳢加工副产品		Northern snakehead by-product	—	
03 01 02 01 23	—	罗非鱼	非洲鲫鱼	Tilapia	—	
03 01 02 01 23 01	ABCE	活罗非鱼		Tilapia, live	04112·271	
03 01 02 01 23 02	ABE	鲜罗非鱼		Raw tilapia	04122·271	
03 01 02 01 23 03	ABE	冻罗非鱼		Frozen tilapia	21227·271	
03 01 02 01 23 04	AE	罗非鱼加工产品		Processed tilapia products	21233·045,21241·104	
03 01 02 01 23 05	AE	罗非鱼加工副产品		Tilapia by-products	—	
03 01 02 01 24	—	鲟鱼		Common sturgeon	—	
03 01 02 01 24 01	ABCE	活鲟鱼		Common sturgeon, live	04112·010~04112·029	
03 01 02 01 24 02	ABE	鲜鲟鱼		Raw common sturgeon	04122·010~04122·029	
03 01 02 01 24 03	ABE	冻鲟鱼		Frozen common sturgeon	21227·010~21227·029	
03 01 02 01 24 04	AE	鲟鱼加工产品		Processed common sturgeon products	21245·011	
03 01 02 01 24 05	AE	鲟鱼加工副产品		Common sturgeon by-products	—	

表 3（续）

产品代码	用途代码	名 称	别 名	英文名	GB/T 7635.1—2002 对应代码	说 明
03 01 02 01 25	—	鳗鲡	鳗鱼, 河鳗, 白鳝	Common eel	—	
03 01 02 01 25 01	ABCE	活鳗鲡		Common eel, live	04112·030~04112·039	
03 01 02 01 25 02	ABE	鲜鳗鲡		Raw common eel	04122·030~04122·039	
03 01 02 01 25 03	ABE	冻鳗鲡		Frozen common eel	21227·030~21227·039	
03 01 02 01 25 04	AE	鳗鲡加工产品		Processed common eel products	21233·031	
03 01 02 01 25 05	AE	鳗鲡加工副产品		Common eel by-products	—	
03 01 02 01 26	—	金鱼	金鲫鱼	Goldfish	—	
03 01 02 01 26 01	E	活金鱼		Goldfish, live	04142·010~04142·099	
03 01 02 01 27		锦鲤		Ornamental carp		
03 01 02 01 27 01		活锦鲤		Ornamental carp, live		
03 01 02 01 28	—	神仙鱼	燕鱼	Angel fish	—	
03 01 02 01 28 01	E	活神仙鱼		Angel fish, live	04142·501	
03 01 02 01 29	—	斗鱼	铁鱼	Paradisefish	—	
03 01 02 01 29 01	E	活斗鱼		Paradisefish, live	04142·351~04142·353	
03 01 02 01 30	—	红绿灯鱼	霓虹灯鱼	Neon tetra	—	

表 3（续）

产品代码	用途代码	名　称	别　名	英文名	GB/T 7635.1—2002 对应代码	说　明
03 01 02 01 30 01	E	活红绿灯鱼		Neon tetra, live	04142·426	
03 01 02 01 31	—	慈鲷	罗汉鱼	Cichlid	—	
03 01 02 01 31 01	E	活慈鲷		Cichlid, live	04142·500~04142·599	
03 01 02 01 32	—	骨舌鱼	龙鱼	Osteoglossid	04142·671	
03 01 02 01 32 01	E	活骨舌鱼		Osteoglossid, live	—	
03 01 02 01 99	—	其他养殖淡水鱼		Other cultivated freshwater fishes	—	
03 01 02 99	—	其他淡水鱼		Other freshwater fishes	—	
03 02	—	虾		Shrimp	—	
03 02 01	—	海水虾		Marine shrimp	—	
03 02 01 01	—	捕捞海水虾		Captive marine shrimp	—	
03 02 01 01 01	—	中国对虾（捕捞）	东方对虾,明虾	Chinese shrimp, captive	—	
03 02 01 01 01 01	ACE	活中国对虾（捕捞）		Chinese shrimp, live, captive	04211·014	
03 02 01 01 01 02	AE	鲜中国对虾（捕捞）		Raw Chinese shrimp, captive	04211·014	
03 02 01 01 01 03	AE	冻中国对虾（捕捞）		Frozen Chinese shrimp, captive	21251·014, 21251·015（熟）	
03 02 01 01 01 04	AE	中国对虾（捕捞）加工产品		Processed Chinese shrimp products, captive	21253·011（咸）, 21253·012（淡）, 21253·013（全）, 21253·015（生晒虾片）	
03 02 01 01 01 05	AE	中国对虾（捕捞）加工副产品		Chinese shrimp by-products, captive	—	

485

表3（续）

产品代码	用途代码	名称	别名	英文名	GB/T 7635.1—2002 对应代码	说明
03 02 01 01 02	—	鹰爪虾	红虾、鸡爪虾、厚壳虾、蛎虾	Trachypenaeus curvirostris	—	
03 02 01 01 02 01	ABE	活鹰爪虾		Trachypenaeus curvirostris, live	04211·026	
03 02 01 01 02 02	ABE	鲜鹰爪虾		Raw trachypenaeus curvirostris	04211·026	
03 02 01 01 02 03	ABE	冻鹰爪虾		Frozen trachypenaeus curvirostris	21251·016	
03 02 01 01 02 04	AE	鹰爪虾加工产品		Processed trachypenaeus curvirostris products	21253·011（咸）、21253·012（淡）、21253·013（全）、21253·015（生晒虾片）	
03 02 01 01 02 05	AE	鹰爪虾加工副产品		Trachypenaeus curvirostris by-products	—	
03 02 01 01 03	—	虾蛄	琵琶虾,皮皮虾	Oratosquilla oratoria	—	
03 02 01 01 03 01	ABE	活虾蛄		Oratosquilla oratoria, live	04213·011	
03 02 01 01 03 02	ABE	鲜虾蛄		Raw oratosquilla oratoria	04213·011	
03 02 01 01 03 03	ABE	冻虾蛄		Frozen oratosquilla oratoria	21251·028	
03 02 01 01 03 04	AE	虾蛄加工产品		Processed oratosquilla oratoria products	21253·017	
03 02 01 01 03 05	AE	虾蛄加工副产品		Oratosquilla oratoria by-products	—	
03 02 01 01 04	—	刀额新对虾	基围虾	Prawn(Metapenaeus ensis)	—	
03 02 01 01 04 01	ABE	活刀额新对虾		Prawn(Metapenaeus ensis), live	04211·023	

NY/T 3177—2018

表 3（续）

产品代码	用途代码	名 称	别 名	英文名	GB/T 7635.1—2002 对应代码	说 明
03 02 01 01 04 02	ABE	鲜刀额新对虾		Raw prawn (Metapenaeus ensis)	04211·023	
03 02 01 01 04 03	ABE	冻刀额新对虾		Frozen prawn (Metapenaeus ensis)	—	
03 02 01 01 04 04	AE	刀额新对虾加工产品		Processed prawn (Metapenaeus ensis) products	—	
03 02 01 01 04 05	AE	刀额新对虾加工副产品		Prawn (Metapenaeus ensis) by-products	—	
03 02 01 01 05	—	中华管鞭虾	红虾	Solenocera crassicornis		
03 02 01 01 05 01	ABCE	活中华管鞭虾		Solenocera crassicornis, live	04211·027	
03 02 01 01 05 02	ABE	鲜中华管鞭虾		Raw solenocera crassicornis	04211·027	
03 02 01 01 05 03	ABE	冻中华管鞭虾		Frozen solenocera crassicornis	—	
03 02 01 01 05 04	AE	中华管鞭虾加工产品		Processed solenocera crassicornis products	—	
03 02 01 01 05 05	AE	中华管鞭虾加工副产品		Solenocera crassicornis by-products	—	
03 02 01 01 06	—	仿对虾		Parapenaeopsis hardwikii		
03 02 01 01 06 01	ABCE	活仿对虾		Parapenaeopsis hardwikii, live	04211·025	
03 02 01 01 06 02	ABE	鲜仿对虾		Raw parapenaeopsis hardwikii	04211·025	
03 02 01 01 06 03	ABE	冻仿对虾		Frozen parapenaeopsis hardwikii	—	
03 02 01 01 06 04	AE	仿对虾加工产品		Processed parapenaeopsis hardwikii products	—	

表 3（续）

产品代码	用途代码	名称	别名	英文名	GB/T 7635.1—2002 对应代码	说明
03 02 01 01 06 05	AE	仿对虾加工副产品		Parapenaeopsis hardwikii by-products	—	
03 02 01 01 07	—	脊尾白虾		Dusky white prawn	—	
03 02 01 01 07 01	ABCE	活脊尾白虾		Parapenaeopsis hardwikii, live	04211·028	
03 02 01 01 07 02	ABE	鲜脊尾白虾		Raw parapenaeopsis hardwikii	04211·028	
03 02 01 01 07 03	ABE	冻脊尾白虾		Frozen parapenaeopsis hardwikii	—	
03 02 01 01 07 04	AE	脊尾白虾加工产品		Processed parapenaeopsis hardwikii products	—	
03 02 01 01 07 05	AE	脊尾白虾加工副产品		Parapenaeopsis hardwikii by-products	—	
03 02 01 01 08	—	毛虾		Aceteschinesis	—	
03 02 01 01 08 01	ABE	活毛虾		Aceteschinesis, live	04211·013	
03 02 01 01 08 02	ABE	鲜毛虾		Raw aceteschinesis	04211·013	
03 02 01 01 08 03	ABE	冻毛虾		Frozen aceteschinesis	—	
03 02 01 01 08 04	AE	毛虾加工产品	虾皮	Processed aceteschinesis products	21253·011(咸)、21253·012(淡)、21253·013(全)、21253·014(虾皮)、21253·015(生晒虾片)	包括干制、腌制等加工方式，虾类以下类同
03 02 01 01 08 05	AE	毛虾加工副产品		Aceteschinesis by-products	—	
03 02 01 01 99	—	其他捕捞海水虾		Othercaptive marine shrimps	—	

488

表 3 (续)

产品代码	用途代码	名 称	别 名	英文名	GB/T 7635.1—2002 对应代码	说 明
03 02 01 02		养殖海水虾		Mariculture shrimp	—	
03 02 01 02 01	—	凡纳滨对虾(海水)	南美白对虾	Litopenaeus vannamei, seawater	—	
03 02 01 02 01 01	ABCE	活凡纳滨对虾(海水)		Litopenaeus vannamei, live, seawater	04211·022	
03 02 01 02 01 02	ABE	鲜凡纳滨对虾(海水)		Raw litopenaeus vannamei, seawater	04211·022	
03 02 01 02 01 03	ABE	冻凡纳滨对虾(海水)		Frozen litopenaeus vannamei, seawater	21251·014, 21251·015(熟)	
03 02 01 02 01 04	AE	凡纳滨对虾(海水)加工产品		Processed litopenaeus vannamei products, seawater	21253·011(咸), 21253·012(淡), 21253·013(全), 21253·015(生晒虾片)	
03 02 01 02 01 05	AE	凡纳滨对虾(海水)加工副产品		Litopenaeus vannamei by-products, seawater	—	
03 02 01 02 02	—	斑节对虾	大虎虾,草虾,竹节虾	Tiger prawn	—	
03 02 01 02 02 01	ABCE	活斑节对虾		Tiger prawn, live	04211·018	
03 02 01 02 02 02	ABE	鲜斑节对虾		Raw tiger prawn	04211·018	
03 02 01 02 02 03	ABE	冻斑节对虾		Frozen tiger prawn	21251·014, 21251·015(熟)	
03 02 01 02 02 04	AE	斑节对虾加工产品		Processed tiger prawn products	21253·011(咸), 21253·012(淡), 21253·013(全), 21253·015(生晒虾片)	
03 02 01 02 02 05	AE	斑节对虾加工副产品		Tiger prawn by-products	—	

表 3（续）

产品代码	用途代码	名 称	别 名	英文名	GB/T 7635.1—2002 对应代码	说 明
03 02 01 02 03	—	日本对虾	花虾，车虾	Japanese prawn	—	
03 02 01 02 03 01	ABCE	活日本对虾		Japanese prawn, live	04211·017	
03 02 01 02 03 02	ABE	鲜日本对虾		Raw Japanese prawn	04211·017	
03 02 01 02 03 03	ABE	冻日本对虾		Frozen Japanese prawn	21251·014，21251·015（熟）	
03 02 01 02 03 04	AE	日本对虾加工产品		Processed Japanese prawn products	21253·011（咸），21253·012（淡），21253·013（全），21253·015（生晒虾片）	
03 02 01 02 03 05	AE	日本对虾加工副产品		Japanese prawn by-products	—	
03 02 01 02 04	—	中国对虾（养殖）	东方对虾，明虾	Chinese shrimp, cultivated	—	
03 02 01 02 04 01	ACE	活中国对虾（养殖）		Chinese shrimp, live, cultivated	04211·014	
03 02 01 02 04 02	AE	鲜中国对虾（养殖）		Raw Chinese shrimp, cultivated	04211·014	
03 02 01 02 04 03	AE	冻中国对虾（养殖）		Frozen Chinese shrimp, cultivated	21251·014，21251·015（熟）	
03 02 01 02 04 04	AE	中国对虾（养殖）加工产品		Processed Chinese shrimp products, cultivated	21253·011（咸），21253·012（淡），21253·013（全），21253·015（生晒虾片）	
03 02 01 02 04 05	AE	中国对虾加工（养殖）副产品		Chinese shrimp by-products, cultivated	—	
03 02 01 02 99	—	其他养殖海水虾		Other mariculture shrimps	—	

表 3（续）

产品代码	用途代码	名　称	别　名	英文名	GB/T 7635.1—2002 对应代码	说　明
03 02 02	—	淡水虾		Freshwater shrimp	—	
03 02 02 01	—	养殖淡水虾		Cultrued freshwater shrimp	—	
03 02 02 01 01	—	凡纳滨对虾（淡水）	南美白对虾	Litopenaeus vannamei, freshwater	—	
03 02 02 01 01 01	ABCE	活凡纳滨对虾（淡水）		Litopenaeus lannamei, live, freshwater	04211·022	
03 02 02 01 01 02	ABE	鲜凡纳滨对虾（淡水）		Raw litopenaeus vannamei, freshwater	04211·022	
03 02 02 01 01 03	ABE	冻凡纳滨对虾（淡水）		Frozen litopenaeus vannamei, freshwater	21251·021(虾仁)、21251·022(虾)	
03 02 02 01 01 04	AE	凡纳滨对虾（淡水）加工产品		Processed litopenaeus vannamei products, freshwater		
03 02 02 01 01 05	AE	凡纳滨对虾（淡水）加工副产品		Litopenaeus vannamei by-products, freshwater	—	
03 02 02 01 02	—	克氏原螯虾	小龙虾	Crayfish		
03 02 02 01 02 01	ABCE	活克氏原螯虾		Crayfish, live	04211·036	
03 02 02 01 02 02	ABE	鲜克氏原螯虾		Raw crayfish clarkia	04211·036	
03 02 02 01 02 03	ABE	冻克氏原螯虾		Frozen crayfish	21251·023~21251·024	
03 02 02 01 02 04	AE	克氏原螯虾加工产品		Processed crayfish products	—	
03 02 02 01 02 05	AE	克氏原螯虾加工副产品		Crayfish by-products	—	
03 02 02 01 03	—	青虾	河虾,日本沼虾	Black shrimp	—	
03 02 02 01 03 01	ABCE	活青虾		Black shrimp, live	04211·034	

表 3（续）

产品代码	用途代码	名 称	别 名	英文名	GB/T 7635.1—2002 对应代码	说 明
03 02 02 01 03 02	ABE	鲜青虾		Raw black shrimp	04211·034	
03 02 02 01 03 03	ABE	冻青虾		Frozen black shrimp	21251·021(虾仁)、21251·022(虾)	
03 02 02 01 03 04	AE	青虾加工产品		Processed black shrimp products	—	
03 02 02 01 03 05	AE	青虾加工副产品		Black shrimp by-products	—	
03 02 02 01 04	—	罗氏沼虾	马来西亚大虾、淡水长臂大虾	Giant river prawn	—	
03 02 02 01 04 01	ABCE	活罗氏沼虾		Giant river prawn, live	04211·033	
03 02 02 01 04 02	ABE	鲜罗氏沼虾		Raw giant river prawn	04211·033	
03 02 02 01 04 03	ABE	冻罗氏沼虾		Frozen giant river prawn	21251·021(虾仁)、21251·022(虾)	
03 02 02 01 04 04	AE	罗氏沼虾加工产品		Processed giant river prawn products	—	
03 02 02 01 04 05	AE	罗氏沼虾加工副产品		Giant river prawn by-products	—	
03 02 02 01 05	—	秀丽白虾	白米虾、太湖白虾	Exopalaemon modestus	—	
03 02 02 01 05 01	ABCE	活秀丽白虾		Exopalaemon modestus, live	—	
03 02 02 01 05 02	ABE	鲜秀丽白虾		Raw exopalaemon modestus	—	
03 02 02 01 05 03	ABE	冻秀丽白虾		Frozen exopalaemon modestus	21251·022	
03 02 02 01 05 04	AE	秀丽白虾加工产品		Processed exopalaemon modestus products	—	

表 3（续）

产品代码	用途代码	名 称	别 名	英文名	GB/T 7635.1—2002 对应代码	说 明
03 02 02 01 05 05	AE	秀丽白虾加工副产品		Exopalaemon modestus by-products	—	
03 02 02 01 99	—	其他养殖淡水虾		Other cultivated freshwater shrimps	—	
03 02 02 99	—	其他淡水虾		Other freshwater shrimps	—	
03 03		蟹		Crab	—	
03 03 01		海水蟹		Marine crab	—	
03 03 01 01	—	捕捞海水蟹		Captive marine crab	—	
03 03 01 01 01	—	梭子蟹（捕捞）	白蟹、梭子	Swimming crab, captive	—	
03 03 01 01 01 01	ABE	活梭子蟹（捕捞）		Swimming crab, live, captive	04212•011	
03 03 01 01 01 02	ABE	鲜梭子蟹（捕捞）		Raw swimming crab, captive	04212•011	
03 03 01 01 01 03	ABE	冻梭子蟹（捕捞）		Frozen swimming crab, captive	21251•025, 21251•027（冻蟹肉）、21253•016（蟹腿肉）	
03 03 01 01 01 04	AE	梭子蟹（捕捞）加工产品		Processed swimming crab products, captive	04212•011,21253•016	包括干制、腌制等加工方式，蟹类以下类同
03 03 01 01 01 05	AE	梭子蟹（捕捞）加工副产品		Swimming crab by-products, captive	—	包括蟹壳等加工副产品，蟹类以下类同
03 03 01 01 02	—	青蟹（捕捞）	锯缘青蟹、蟳蚱	Green crab, captive	—	
03 03 01 01 02 01	ABE	活青蟹（捕捞）		Green crab, live, captive	04212•012	
03 03 01 01 02 02	ABE	鲜青蟹（捕捞）		Raw green crab, captive	04212•012	
03 03 01 01 02 03	ABE	冻青蟹（捕捞）		Frozen green crab, captive	21251•027（冻蟹肉）、21253•016（蟹腿肉）	

表 3（续）

产品代码	用途代码	名称	别名	英文名	GB/T 7635.1—2002 对应代码	说明
03 03 01 01 02 04	AE	青蟹（捕捞）加工产品		Processed green crab products, captive	21253·016	
03 03 01 01 02 05	AE	青蟹（捕捞）加工副产品		Green crab by-products, captive	—	
03 03 01 01 03	—	蟳	赤甲红	Charybdis	—	
03 03 01 01 03 01	ABE	活蟳		Charybdis, live	04212·013	
03 03 01 01 03 02	ABE	鲜蟳		Raw charybdis	04212·013	
03 03 01 01 03 03	ABE	冻蟳		Frozen charybdis	21251·027（冻蟹肉）、21253·016（蟹腿肉）	
03 03 01 01 03 04	AE	蟳加工产品		Processed charybdis products	—	
03 03 01 01 03 05	AE	蟳加工副产品		Charybdis by-products	—	
03 03 01 01 99	—	其他捕捞海水蟹		Other captive marine crab	—	
03 03 01 02	—	养殖海水蟹		Mariculture crab	—	
03 03 01 02 01	—	梭子蟹（养殖）	白蟹，梭子	Swimming crab, cultivated	—	
03 03 01 02 01 01	ABE	活梭子蟹（养殖）		Swimming crab, live, cultivated	04212·011	
03 03 01 02 01 02	ABE	鲜梭子蟹（养殖）		Raw swimming crab, cultivated	04212·011	
03 03 01 02 01 03	ABE	冻梭子蟹（养殖）		Frozen swimming crab, cultivated	21251·025，21251·027（冻蟹肉）、21253·016（蟹腿肉）	
03 03 01 02 01 04	ABE	梭子蟹（养殖）加工产品		Processed swimming crab products, cultivated	21253·016	

表 3（续）

产品代码	用途代码	名 称	别 名	英文名	GB/T 7635.1—2002 对应代码	说 明
03 03 01 02 01 05	AE	梭子蟹（养殖）加工副产品		Swimming crab by-products, cultivated	—	
03 03 01 02 02	—	青蟹（养殖）	锯缘青蟹、蜻蜂	Greencrab, cultivated	—	
03 03 01 02 02 01	ABE	活青蟹（养殖）		Greencrab, live, cultivated	04212·012	
03 03 01 02 02 02	ABE	鲜青蟹（养殖）		Raw green crab, cultivated	04212·012	
03 03 01 02 02 03	ABE	冻青蟹（养殖）		Frozen green crab, cultivated	21251·027（冻蟹肉）, 21253·016（蟹腿肉）	
03 03 01 02 02 04	AE	青蟹（养殖）加工产品		Processed green crab products, cultivated	21253·016	
03 03 01 02 02 05	AE	青蟹（养殖）加工副产品		Green crab by-products, cultivated	—	
03 03 01 02 99	—	其他养殖海水蟹		Other mariculture crabs	—	
03 03 02		淡水蟹		Freshwater crab	—	
03 03 02 01	—	养殖淡水蟹		Cultrued freshwater crab	—	
03 03 02 01 01	—	河蟹	毛蟹、中华绒螯蟹、大闸蟹	Eriocheir sinensis	—	
03 03 02 01 01 01	ABCE	活河蟹		Eriocheir sinensis, live	04212·014	
03 03 02 01 01 02	BE	鲜河蟹		Raw eriocheir sinensis	04212·014	
03 03 02 01 01 03	ABE	冻河蟹		Frozen eriocheir sinensis	21251·027（冻蟹肉）, 21253·016（蟹腿肉）	
03 03 02 01 01 04	AE	河蟹加工产品		Processed eriocheir sinensis products	21254·011,21262·013	
03 03 02 01 01 05	AE	河蟹加工副产品		Eriocheir sinensis by-products	—	

表 3（续）

产品代码	用途代码	名 称	别 名	英文名	GB/T 7635.1—2002 对应代码	说 明
03 03 02 01 99	—	其他养殖淡水蟹		Other cultivated freshwater crabs	—	
03 03 02 99	—	其他淡水蟹		Other freshwater crabs	—	
03 04	—	贝		Shellfish	—	
03 04 01	—	海水贝		Marine shellfish	—	
03 04 01 01	—	捕捞海水贝		Captive marine shellfish	—	
03 04 01 01 01	—	蛤	蛤蜊，花蛤	Clam	—	
03 04 01 01 01 01	ABE	活蛤		Clam, live	04232·025～04232·033	
03 04 01 01 01 02	BE	鲜蛤		Raw clam	04232·025～04232·033	
03 04 01 01 01 03	ABE	冻蛤		Frozen clam	21251·022	
03 04 01 01 01 04	AE	蛤加工产品		Processed clam products	21253·023	包括干制，腌制等加工方式，贝类以下类同
03 04 01 01 01 05	E	蛤加工副产品		Clam by-products	—	包括贝壳等加工副产品，贝类以下类同
03 04 01 01 02	—	蛏	蛏子	Razor clam	—	
03 04 01 01 02 01	ABE	活蛏		Razor clam, live	04232·034～04232·036	
03 04 01 01 02 02	BE	鲜蛏		Raw razor clam	04232·034～04232·036	
03 04 01 01 02 03	ABE	冻蛏		Frozen razor clam	21252·023	
03 04 01 01 02 04	AE	蛏加工产品		Processed razor clam products	21253·027	
03 04 01 01 02 05	E	蛏加工副产品		Razor clam by-products	—	

表 3（续）

产品代码	用途代码	名称	别名	英文名	GB/T 7635.1—2002 对应代码	说明
03 04 01 01 03	—	蚶	毛蚶、蛤子、魁陆、魁蛤	Arca	—	
03 04 01 01 03 01	ABE	活蚶		Arca, live	04232·011~04232·013	
03 04 01 01 03 02	BE	鲜蚶		Raw arca	04232·011~04232·013	
03 04 01 01 03 03	ABE	冻蚶		Frozen arca	—	
03 04 01 01 03 04	AE	蚶加工产品		Processed arca products	—	
03 04 01 01 03 05	E	蚶加工副产品		Arca by-products	—	
03 04 01 01 04	—	螺（捕捞）		Snails, captive	—	
03 04 01 01 04 01	ABE	活螺（捕捞）		Snail, live, captive	04231·014~04231·018	
03 04 01 01 04 02	BE	鲜螺（捕捞）		Raw snail, captive	04231·014~04231·018	
03 04 01 01 04 03	ABE	冻螺（捕捞）		Frozen snail, captive	21252·013	
03 04 01 01 04 04	AE	螺（捕捞）加工产品		Processed snail products, captive	21253·025	
03 04 01 01 04 05	E	螺（捕捞）加工副产品		Snail by-products, captive	—	
03 04 01 01 05	—	贻贝（捕捞）	海虹,淡菜,青口	Mussel, captive	—	
03 04 01 01 05 01	ABCE	活贻贝（捕捞）		Mussel, live, captive	04232·014~04232·016	
03 04 01 01 05 02	E	鲜贻贝（捕捞）		Raw mussel, captive	04232·014~04232·016	

表 3（续）

产品代码	用途代码	名 称	别 名	英文名	GB/T 7635.1—2002 对应代码	说 明
03 04 01 01 05 03	ABE	冻贻贝（捕捞）		Frozen mussel, captive	21252·017	
03 04 01 01 05 04	AE	贻贝（捕捞）加工产品	淡菜	Processed mussel products, captive	21253·026	
03 04 01 01 05 05	E	贻贝（捕捞）加工副产品		Mussel by-products, captive	—	
03 04 01 01 06	—	鲍（捕捞）		Abalone, captive	—	
03 04 01 01 06 01	ACE	活鲍（捕捞）		Abalone, live, captive	04231·011～04231·013	
03 04 01 01 06 02	E	鲜鲍（捕捞）		Raw abalone, captive	04231·011～04231·013	
03 04 01 01 06 03	AE	冻鲍（捕捞）		Frozen abalone, captive	21252·012	
03 04 01 01 06 04	AE	鲍（捕捞）加工产品		Processed abalone products, captive	21253·031	
03 04 01 01 06 05	E	鲍（捕捞）加工副产品		Abalone by-products, captive		
03 04 01 01 99	—	其他捕捞海水贝		Other captive marine shellfishes	—	
03 04 01 02	—	养殖海水贝		Mariculture shellfish	—	
03 04 01 02 01	—	牡蛎	海蛎子、蚝	Oyster	—	
03 04 01 02 01 01	ABCE	活牡蛎		Oyster, live	04221～04229	
03 04 01 02 01 02	BE	鲜牡蛎		Raw oyster	04221～04229	
03 04 01 02 01 03	ABE	冻牡蛎		Frozen oyster	21252·011	

表 3（续）

产品代码	用途代码	名　称	别　名	英文名	GB/T 7635.1—2002 对应代码	说　明
03 04 01 02 01 04	AE	牡蛎加工产品		Processed oyster products	21253·028	
03 04 01 02 01 05	E	牡蛎加工副产品		Oyster by-products	—	
03 04 01 02 02	—	扇贝	海扇	Scallop	—	
03 04 01 02 02 01	ABCE	活扇贝		Scallop, live	04232·018,04232·021,04232·022	
03 04 01 02 02 02	BE	鲜扇贝		Raw scallop	04232·018,04232·021,04232·022	
03 04 01 02 02 03	ABE	冻扇贝		Frozen scallop	21252·018~21252·021	
03 04 01 02 02 04	AE	扇贝加工产品		Processed scallop products	21253·021~21253·022	
03 04 01 02 02 05	E	扇贝加工副产品		Scallop by-products	—	
03 04 01 02 03	—	贻贝（养殖）	海虹、淡菜、青口	Mussel, cultivated	—	
03 04 01 02 03 01	ABCE	活贻贝（养殖）		Mussel, live, cultivated	04232·014~04232·016	
03 04 01 02 03 02	E	鲜贻贝（养殖）		Raw mussel, cultivated	04232·014~04232·016	
03 04 01 02 03 03	ABE	冻贻贝（养殖）		Frozen mussel, cultivated	21252·017	
03 04 01 02 03 04	AE	贻贝（养殖）加工产品	淡菜	Processed mussel products, cultivated	21253·026	
03 04 01 02 03 05	E	贻贝（养殖）加工副产品		Mussel by-products, cultivated	—	
03 04 01 02 04	—	缢蛏		Razor clam	—	

NY/T 3177—2018

表 3（续）

产品代码	用途代码	名　称	别　名	英文名	GB/T 7635.1—2002 对应代码	说　明
03 04 01 02 04 01	ABCE	活缢蛏		Mussel, live	04232・034	
03 04 01 02 04 02	E	鲜缢蛏		Raw mussel	04232・034	
03 04 01 02 04 03	ABE	冻缢蛏		Frozen mussel	21252・023	
03 04 01 02 04 04	AE	缢蛏加工产品		Processed mussel products	21253・027	
03 04 01 02 04 05	E	缢蛏加工副产品		Mussel by-products	—	
03 04 01 02 05	—	竹蛏		Razor clam	—	
03 04 01 02 05 01	ABCE	活竹蛏		Razor clam, live	04232・035～04232・036	
03 04 01 02 05 02	BE	鲜竹蛏		Raw razor clam	04232・035～04232・036	
03 04 01 02 05 03	ABE	冻竹蛏		Frozen razor clam	21252・023	
03 04 01 02 05 04	AE	竹蛏加工产品		Processed razor clam products	21253・027	
03 04 01 02 05 05	E	竹蛏加工副产品		Razor clam by-products	—	
03 04 01 02 06	—	文蛤		Meretrix meretrix		
03 04 01 02 06 01	ABCE	活文蛤		Meretrix meretrix, live	04232・028	
03 04 01 02 06 02	BE	鲜文蛤		Raw meretrix meretrix	04232・028	
03 04 01 02 06 03	ABE	冻文蛤		Frozen meretrix meretrix	21252・022	

表 3（续）

产品代码	用途代码	名称	别名	英文名	GB/T 7635.1—2002 对应代码	说明
03 04 01 02 06 04	AE	文蛤加工产品		Processed meretrix meretrix products	21253·023	
03 04 01 02 06 05	E	文蛤加工副产品		Meretrix meretrix by-products	—	
03 04 01 02 07	—	青蛤		Cyclina sinensis	—	
03 04 01 02 07 01	ABCE	活青蛤		Cyclina sinensis,live	04232·027	
03 04 01 02 07 02	BE	鲜青蛤		Raw cyclina sinensis	04232·027	
03 04 01 02 07 03	ABE	冻青蛤		Frozen cyclina sinensis	21252·022	
03 04 01 02 07 04	AE	青蛤加工产品		Processed cyclina sinensis products	21253·023	
03 04 01 02 07 05	E	青蛤加工副产品		Cyclina sinensis by-products	—	
03 04 01 02 08	—	杂色蛤		Mottled clam	—	
03 04 01 02 08 01	ABCE	活杂色蛤		Mottled clam,live	04232·025~04232·026	
03 04 01 02 08 02	BE	鲜杂色蛤		Raw mottled clam	04232·025~04232·026	
03 04 01 02 08 03	ABE	冻杂色蛤		Frozen mottled clam	21252·022	
03 04 01 02 08 04	AE	杂色蛤加工产品		Processed mottled clam products	21253·023	
03 04 01 02 08 05	E	杂色蛤加工副产品		Mottled clam by-products	—	
03 04 01 02 09	—	巴非蛤		Paphia	—	

表 3（续）

产品代码	用途代码	名称	别名	英文名	GB/T 7635.1—2002 对应代码	说明
03 04 01 02 09 01	ABCE	活巴非蛤		Paphia, live	—	
03 04 01 02 09 02	BE	鲜巴非蛤		Raw paphia	—	
03 04 01 02 09 03	ABE	冻巴非蛤		Frozen paphia	—	
03 04 01 02 09 04	AE	巴非蛤加工产品		Processed paphia products	—	
03 04 01 02 09 05	E	巴非蛤加工副产品		Paphia by-products	—	
03 04 01 02 10	—	毛蚶		Ark shell	—	
03 04 01 02 10 01	ABCE	活毛蚶		Ark shell, live	—	
03 04 01 02 10 02	BE	鲜毛蚶		Raw ark shell	04232・011	
03 04 01 02 10 03	ABE	冻毛蚶		Frozen ark shell	—	
03 04 01 02 10 04	AE	毛蚶加工产品		Processed ark shell products	—	
03 04 01 02 10 05	E	毛蚶加工副产品		Ark shell by-products	—	
03 04 01 02 11	—	泥蚶		Tegillarca granosa	—	
03 04 01 02 11 01	ABCE	活泥蚶		Tegillarca granosa, live	04232・012	
03 04 01 02 11 02	BE	鲜泥蚶		Raw tegillarca granosa	04232・012	
03 04 01 02 11 03	ABE	冻泥蚶		Frozen tegillarca granosa	—	

表 3 (续)

产品代码	用途代码	名　称	别　名	英文名	GB/T 7635.1—2002 对应代码	说　明
03 04 01 02 11 04	AE	泥蚶加工产品		Processed tegillarca granosa products	—	
03 04 01 02 11 05	E	泥蚶加工副产品		Tegillarca granosa by-products	—	
03 04 01 02 12	—	银蚶	血蚶	Bloody claws	—	
03 04 01 02 12 01	ABCE	活银蚶		Bloody claws, live	—	
03 04 01 02 12 02	BE	鲜银蚶		Raw bloody claws	—	
03 04 01 02 12 03	ABE	冻银蚶		Frozen bloody claws	—	
03 04 01 02 12 04	AE	银蚶加工产品		Processed bloody claws products	—	
03 04 01 02 12 05	E	银蚶加工副产品		Bloody claws by-products	—	
03 04 01 02 13	—	魁蚶	赤贝	Scapharca broughtonii	—	
03 04 01 02 13 01	ABCE	活魁蚶		Scapharca broughtonii, live	04232·013	
03 04 01 02 13 02	BE	鲜魁蚶		Raw scapharca broughtonii	04232·013	
03 04 01 02 13 03	ABE	冻魁蚶		Frozen scapharca broughtonii	21252·016	
03 04 01 02 13 04	AE	魁蚶加工产品		Processed scapharca broughtonii products	—	
03 04 01 02 13 05	E	魁蚶加工副产品		Scapharca broughtonii by-products	—	
03 04 01 02 14	—	螺(养殖)		Snail, cultivated	—	

表 3（续）

产品代码	用途代码	名　称	别　名	英文名	GB/T 7635.1—2002 对应代码	说　明
03 04 01 02 14 01	ABCE	活螺（养殖）		Snail, live, cultivated	04231·014～04231·017	
03 04 01 02 14 02	BE	鲜螺（养殖）		Raw snail, cultivated	04231·014～04231·017	
03 04 01 02 14 03	ABE	冻螺（养殖）		Frozen snail, cultivated	21252·013～21252·015	
03 04 01 02 14 04	AE	螺（养殖）加工产品		Processed snail products, cultivated	21253·025	
03 04 01 02 14 05	E	螺（养殖）加工副产品		Snail by-products, cultivated	—	
03 04 01 02 15	—	鲍（养殖）		Abalone, cultivated	—	
03 04 01 02 15 01	ACE	活鲍（养殖）		Abalone, live, cultivated	04231·011～04231·013	
03 04 01 02 15 02	E	鲜鲍（养殖）		Raw abalone, cultivated	04231·011～04231·013	
03 04 01 02 15 03	AE	冻鲍（养殖）		Frozen abalone, cultivated	21252·012	
03 04 01 02 15 04	AE	鲍（养殖）加工产品		Processed abalone products, cultivated	21253·031	
03 04 01 02 15 05	E	鲍（养殖）加工副产品		Abalone by-products, cultivated	—	
03 04 01 02 16	—	江珧	带子	Pen shell	—	
03 04 01 02 16 01	ABCE	活江珧		Pen shell, live	04232·017	
03 04 01 02 16 02	BE	鲜江珧		Raw pen shell	04232·017	
03 04 01 02 16 03	ABE	冻江珧		Frozen pen shell	—	

表 3（续）

产品代码	用途代码	名 称	别 名	英文名	GB/T 7635.1—2002 对应代码	说 明
03 04 01 02 16 04	AE	江珧加工产品		Processed pen shell products	21253•018	
03 04 01 02 16 05	E	江珧加工副产品		Pen shell by-products	—	
03 04 01 02 99	—	其他养殖海水贝		Other mariculture shellfishes	—	
03 04 02		**淡水贝类**		Freshwater shellfish	—	
03 04 02 01	—	养殖淡水贝		Cultrued freshwater shellfish	—	
03 04 02 01 01	—	田螺		River snail	—	
03 04 02 01 01 01	ABCE	活田螺		River snail, live	04231•016	
03 04 02 01 01 02	BE	鲜田螺		Raw river snail	04231•016	
03 04 02 01 01 03	ABE	冻田螺		Frozen river snail	21252•014	
03 04 02 01 01 04	AE	田螺加工产品		Processed river snail products	—	
03 04 02 01 01 05	E	田螺加工副产品		River snail by-products	—	
03 04 02 01 02	—	蚌	河蚌	Mussel	—	
03 04 02 01 02 01	ABCE	活蚌		Mussel, live	04232•041～04232•043	
03 04 02 01 02 02	BE	鲜蚌		Raw mussel	04232•041～04232•043	
03 04 02 01 02 03	ABE	冻蚌		Frozen mussel	—	
03 04 02 01 02 04	AE	蚌加工产品		Processed mussel products	—	

表 3（续）

产品代码	用途代码	名 称	别 名	英文名	GB/T 7635.1—2002 对应代码	说 明
03 04 02 01 02 05	E	蚌加工副产品		Mussel by-products	—	
03 04 02 01 03	—	河蚬	黄蚬、蚬	Corbicula	—	
03 04 02 01 03 01	ABCE	活河蚬		Corbicula, live	04232 • 037	
03 04 02 01 03 02	BE	鲜河蚬		Raw corbicula	04232 • 037	
03 04 02 01 03 03	ABE	冻河蚬		Frozen corbicula	21252 • 024	
03 04 02 01 03 04	AE	河蚬加工产品		Processed corbicula products	21253 • 024	
03 04 02 01 03 05	E	河蚬加工副产品		Corbicula by-products	—	
03 04 02 01 99	—	其他养殖淡水贝		Other cultivated freshwater shellfishes	—	
03 04 02 99	—	其他淡水贝		Other freshwater shellfishes	—	
03 05	—	藻		Algae	—	
03 05 01	—	海水藻		Marine algae	—	
03 05 01 01	—	捕捞海水藻		Captive marine algae	—	
03 05 01 01 01	—	江蓠（捕捞）	龙须菜	Gracilaria, captive	—	
03 05 01 01 01 01	ABE	鲜江蓠（捕捞）		Raw gracilaria, captive	04931 • 014	
03 05 01 01 01 02	ABE	冻江蓠（捕捞）		Frozen gracilaria, captive	04931 • 014	
03 05 01 01 01 03	ABE	江蓠（捕捞）加工产品		Processed gracilaria products, captive	04932 • 014（干江蓠）	包括干制、腌制、藻粉等加工方式，藻类以下类同

表 3（续）

产品代码	用途代码	名　称	别　名	英文名	GB/T 7635.1—2002 对应代码	说　明
03 05 01 01 01 04	E	江蓠（捕捞）加工副产品		Gracilaria by-products, captive	—	包括藻渣等加工副产品，藻类以下类同
03 05 01 01 02	—	石花菜（捕捞）	海冻菜	Gelidium, captive	—	
03 05 01 01 02 01	ABE	鲜石花菜（捕捞）		Raw gelidium, captive	04931·016	
03 05 01 01 02 02	AE	冻石花菜（捕捞）		Frozen gelidium, captive	04931·016	
03 05 01 01 02 03	AE	石花菜（捕捞）加工产品		Processed gelidium products, captive	04932·016（干石花菜）	
03 05 01 01 02 04	E	石花菜（捕捞）加工副产品		Gelidium by-products, captive	—	
03 05 01 01 03	—	紫菜（捕捞）		Laver, captive	—	
03 05 01 01 03 01	ABE	鲜紫菜（捕捞）		Laver, captive	04931·013	
03 05 01 01 03 02	ABE	冻紫菜（捕捞）		Frozen laver, captive	04931·013	
03 05 01 01 03 03	ABE	紫菜（捕捞）加工产品		Processed laver products, captive	04932·013（干紫菜）、21264·012（紫菜酱）	
03 05 01 01 03 04	E	紫菜（捕捞）加工副产品		Laver by-products, captive	—	
03 05 01 01 04	—	盐藻	杜氏藻	Salt algae	—	
03 05 01 01 04 01	ABE	鲜盐藻		Raw salt algae	—	
03 05 01 01 04 02	ABE	盐藻加工产品		Processed salt algae products	—	
03 05 01 01 04 03	E	盐藻加工副产品		Salt algae by-products	—	

表 3（续）

产品代码	用途代码	名 称	别 名	英文名	GB/T 7635.1—2002 对应代码	说 明
03 05 01 01 05	—	马尾藻（捕捞）		Sargassum, captive	—	
03 05 01 01 05 01	ABE	鲜马尾藻（捕捞）		Raw sargassum, captive	—	
03 05 01 01 05 02	B	冻马尾藻（捕捞）		Frozen sargassum, captive	—	
03 05 01 01 05 03	ABE	马尾藻（捕捞）加工产品		Processed sargassum products, captive	—	
03 05 01 01 05 04	E	马尾藻（捕捞）加工副产品		Sargassum by-products, captive	—	
03 05 01 01 06	—	浒苔（捕捞）	苔菜,苔条	Entermorpha prolifera, captive	—	
03 05 01 01 06 01	ABE	鲜浒苔（捕捞）		Raw entermorpha prolifera, captive	04931·018	
03 05 01 01 06 02	ABE	冻浒苔（捕捞）		Frozen entermorpha prolifera, captive	04931·018	
03 05 01 01 06 03	ABE	浒苔（捕捞）加工产品		Processed entermorpha prolifera products, captive	04932·018（干浒苔）, 04932·202（干浒苔） 21264·015（浒苔酱）	
03 05 01 01 06 04	E	浒苔（捕捞）加工副产品		Entermorpha prolifera by-products, captive	04931·018	
03 05 01 01 99	—	其他捕捞海水藻		Other captive marine algae	—	
03 05 01 02	—	养殖海水藻		Mariculture algae	—	
03 05 01 02 01	—	海带		Kelp	—	
03 05 01 02 01 01	ABE	鲜海带		Raw kelp	04931·011	

表 3（续）

产品代码	用途代码	名 称	别 名	英文名	GB/T 7635.1—2002 对应代码	说 明
03 05 01 02 01 02	ABE	冻海带		Frozen kelp	04931·011	
03 05 01 02 01 03	ABE	海带加工产品		Processed kelp products	04932·011（干海带）、04932·201（海带粉）、21264·011（海带酱）	
03 05 01 02 01 04	E	海带加工副产品		Kelp by-products	—	
03 05 01 02 02	—	江蓠（养殖）	龙须菜	Gracilaria, cultivated	—	
03 05 01 02 02 01	ABE	鲜江蓠（养殖）		Raw gracilaria, cultivated	04931·014	
03 05 01 02 02 02	ABE	冻江蓠（养殖）		Frozen gracilaria, cultivated	04931·014	
03 05 01 02 02 03	ABE	江蓠（养殖）加工产品		Processed gracilaria products, cultivated	04932·014（干江蓠）	
03 05 01 02 02 04	E	江蓠（养殖）加工副产品		Gracilaria by-products, cultivated	—	
03 05 01 02 03	—	裙带菜		Undaria	—	
03 05 01 02 03 01	ABE	鲜裙带菜		Raw undaria	04931·012	
03 05 01 02 03 02	ABE	冻裙带菜		Frozen undaria	04931·012	
03 05 01 02 03 03	ABE	裙带菜加工产品		Processed undaria products	04932·012（干裙带菜）	
03 05 01 02 03 04	E	裙带菜加工副产品		Undaria by-products	—	
03 05 01 02 04	—	紫菜（养殖）		Laver, cultivated	—	
03 05 01 02 04 01	ABE	鲜紫菜（养殖）		Laver, cultivated	04931·013	

表 3（续）

产品代码	用途代码	名称	别名	英文名	GB/T 7635.1—2002 对应代码	说明
03 05 01 02 04 02	ABE	冻紫菜(养殖)		Frozen laver, cultivated	04931·013	
03 05 01 02 04 03	ABE	紫菜(养殖)加工产品		Processed laver products, cultivated	04932·013(干紫菜) 21264·012(紫菜酱)	
03 05 01 02 04 04	E	紫菜(养殖)加工副产品		Laver by-products, cultivated	—	
03 05 01 02 05	—	羊栖菜		Sargassum fusiforme	—	
03 05 01 02 05 01	ABE	鲜羊栖菜		Raw sargassum fusiforme	04931·017	
03 05 01 02 05 02	ABE	冻羊栖菜		Frozen sargassum fusiforme	04931·017	
03 05 01 02 05 03	ABE	羊栖菜加工产品		Processed sargassum fusiforme products	04932·017(干羊栖菜) 21264·014(羊栖菜酱)	
03 05 01 02 05 04	E	羊栖菜加工副产品		Sargassum fusiforme by-products	—	
03 05 01 02 06	—	麒麟菜	鹿角菜,角叉菜	Genus eucheuma	—	
03 05 01 02 06 01	ABE	鲜麒麟菜		Raw genus eucheuma	04931·015	
03 05 01 02 06 02	ABE	冻麒麟菜		Frozen genus eucheuma	04931·015	
03 05 01 02 06 03	ABE	麒麟菜加工产品		Processed genus eucheuma products	04932·015(干麒麟菜)	
03 05 01 02 06 04	E	麒麟菜加工副产品		Genus eucheuma by-products	—	
03 05 01 02 07	—	浒苔(养殖)	苔菜,苔条	Entermorpha prolifera, cultivated	—	
03 05 01 02 07 01	ABE	鲜浒苔(养殖)		Raw entermorpha prolifera, cultivated	04931·018	

表 3 （续）

产品代码	用途代码	名称	别名	英文名	GB/T 7635.1—2002 对应代码	说明
03 05 01 02 07 02	ABE	冻浒苔（养殖）		Frozen entermorpha prolifera, cultivated	04931·018	
03 05 01 02 07 03	ABE	浒苔（养殖）加工产品		Processed entermorpha prolifera products, cultivated	04932·018（干浒苔） 04932·202（干浒苔） 21264·015（浒苔酱）	
03 05 01 02 07 04	E	浒苔（养殖）加工副产品		Entermorpha prolifera by-products, cultivated	—	
03 05 01 02 08	—	石花菜（养殖）	海冻菜、红丝、凤尾	Gelidium, cultivated	—	
03 05 01 02 08 01	ABE	鲜石花菜（养殖）		Raw gelidium, cultivated	04931·016	
03 05 01 02 08 02	AE	冻石花菜（养殖）		Frozen gelidium, cultivated	04931·016	
03 05 01 02 08 03	AE	石花菜（养殖）加工产品		Processed gelidium products, cultivated	04932·016（干石花菜）	
03 05 01 02 08 04	E	石花菜（养殖）加工副产品		Gelidium by-products, cultivated	—	
03 05 01 02 09	—	马尾藻（养殖）		Sargassum, cultivated	—	
03 05 01 02 09 01	ABE	鲜马尾藻（养殖）		Raw sargassum, cultivated	—	
03 05 01 02 09 02	B	冻马尾藻（养殖）		Frozen sargassum, cultivated	—	
03 05 01 02 09 03	ABE	马尾藻（养殖）加工产品		Processed sargassum products, cultivated	—	
03 05 01 02 09 04	E	马尾藻（养殖）加工副产品		Sargassum by-products, cultivated	—	
03 05 01 02 10	—	螺旋藻（海水）	节旋藻	Spirulina, seawater	—	
03 05 01 02 10 01	ABE	鲜螺旋藻（海水）		Raw spirulina, seawater	04931·023	

表3（续）

产品代码	用途代码	名称	别名	英文名	GB/T 7635.1—2002对应代码	说明
03 05 01 02 10 02	B	冻螺旋藻（海水）		Frozen spirulina, seawater	04931·023	
03 05 01 02 10 03	ABE	螺旋藻（海水）加工产品		Processed spirulina products, seawater	04932·023（干螺旋藻）	
03 05 01 02 10 04	E	螺旋藻（海水）加工副产品		Spirulina by-products, seawater	—	
03 05 01 02 99	—	其他养殖海水藻		Other mariculture algae	—	
03 05 02		淡水藻		Freshwater algae	—	
03 05 02 01	—	养殖淡水藻		Cultivated freshwater algae	—	
03 05 02 01 01	—	螺旋藻（淡水）	节旋藻	Spirulina, freshwater	—	
03 05 02 01 01 01	ABE	鲜螺旋藻（淡水）		Raw spirulina, freshwater	—	
03 05 02 01 01 02	B	冻螺旋藻（淡水）		Frozen spirulina, freshwater	—	
03 05 02 01 01 03	ABE	螺旋藻（淡水）加工产品		Processed spirulina products, freshwater	—	
03 05 02 01 01 04	E	螺旋藻（淡水）加工副产品		Spirulina by-products, freshwater	—	
03 05 02 01 02	—	红球藻		Haematococcus	—	
03 05 02 01 02 01	ABE	鲜红球藻		Raw haematococcus	—	
03 05 02 01 02 02	ABE	红球藻加工产品		Processed haematococcus products	—	
03 05 02 01 02 03	E	红球藻加工副产品		Haematococcus by-products	—	
03 05 02 01 03	—	小球藻	绿球藻	Chlorella	—	

表 3（续）

产品代码	用途代码	名 称	别 名	英文名	GB/T 7635.1—2002 对应代码	说 明
03 05 02 01 03 01	ABE	鲜小球藻		Raw chlorella	—	
03 05 02 01 03 02	ABE	小球藻加工产品		Processed chlorella products	—	
03 05 02 01 03 03	E	小球藻加工副产品		Chlorella by-products	—	
03 05 02 01 04	—	葛仙米	水木耳,天仙米	Nostoc	—	
03 05 02 01 04 01	ABE	鲜葛仙米		Raw nostoc	—	
03 05 02 01 04 02	ABE	葛仙米加工产品		Processed nostoc products	—	
03 05 02 01 04 03	E	葛仙米加工副产品		Nostoc by-products	—	
03 05 02 01 05	—	发菜（水产品）	龙须菜	Nostoc flagelliforme	—	
03 05 02 01 05 01	ABE	鲜发菜（水产品）		Raw nostoc flagelliforme	—	
03 05 02 01 05 02	ABE	发菜（水产品）加工产品		Processed nostoc flagelliforme products	—	
03 05 02 01 05 03	E	发菜（水产品）加工副产品		Nostoc flagelliforme by-products	—	
03 05 02 01 99	—	其他养殖淡水藻		Other cultivated freshwater algae	—	
03 06	—	头足		Cephalopod	—	
03 06 01	—	海水头足类		Marine cephalopod	—	
03 06 01 01	—	捕捞海水头足类		Captive marine cephalopod	—	
03 06 01 01 01	—	鱿鱼	柔鱼	Squid	—	

表 3（续）

产品代码	用途代码	名 称	别 名	英文名	GB/T 7635.1—2002 对应代码	说 明
03 06 01 01 01 01	ABE	活鱿鱼		Squid, live	04233·016	
03 06 01 01 01 02	ABE	鲜鱿鱼		Raw squid	04233·016	
03 06 01 01 01 03	ABE	冻鱿鱼		Frozen squid	21252·025～21252·031	
03 06 01 01 01 04	ABE	鱿鱼加工产品		Processed squid products	21253·034,1254·015,21263·013,21263·016～21263·017	包括干制、熏制等加工方式,头足类以下类同
03 06 01 01 01 05	E	鱿鱼加工副产品		Squid by-products	—	包括皮、内脏等加工副产品,头足类以下类同
03 06 01 01 02	—	乌贼	墨鱼、墨斗鱼、花枝	Sepia	—	
03 06 01 01 02 01	ABE	活乌贼		Sepia, live	04233·011～04233·015	
03 06 01 01 02 02	ABE	鲜乌贼		Raw sepia	04233·011～04233·015	
03 06 01 01 02 03	ABE	冻乌贼		Frozen sepia	21252·032～21252·034	
03 06 01 01 02 04	ABE	乌贼加工产品		Processed sepia products	21253·035,21254·016,21254·018	
03 06 01 01 02 05	E	乌贼加工副产品		Sepia by-products	—	
03 06 01 01 03	—	章鱼	蛸	Octopus	—	
03 06 01 01 03 01	ABE	活章鱼		Octopus, live	04233·017～04233·018	
03 06 01 01 03 02	ABE	鲜章鱼		Raw octopus	04233·017～04233·018	

表 3（续）

产品代码	用途代码	名称	别名	英文名	GB/T 7635.1—2002 对应代码	说明
03 06 01 01 03 03	ABE	冻章鱼		Frozen octopus	21252·035	
03 06 01 01 04	ABE	章鱼加工产品		Processed octopus products	21253·036, 21254·017, 21263·018	
03 06 01 01 05	E	章鱼加工副产品		Octopus by-products	—	
03 06 01 01 99	—	其他捕捞海水头足类		Other captive marine cephalopods	—	
03 06 01 99	—	其他海水头足类		Other marine cephalopods	—	
03 07		不另分类的水产品		Aquatic products not classified	—	
03 07 01		不另分类的海水捕捞产品		Marine products not classified	—	
03 07 01 01	—	不另分类的海水捕捞产品		Captive marine products not classified	—	
03 07 01 01 01		海蜇（捕捞）		Jellyfish, captive	—	
03 07 01 01 01	E	活海蜇（捕捞）		Jellyfish, live, captive	04234·011～04234·013	
03 07 01 01 02	AE	鲜海蜇（捕捞）		Raw jellyfish, captive	04234·011～04234·013	
03 07 01 01 03	AE	海蜇（捕捞）加工产品		Jellyfish products, captive	21254·013～21254·014, 21263·014	
03 07 01 01 99	—	其他不另分类的海水捕捞产品		Other captive marine products not classified	—	
03 07 01 02	—	不另分类的海水养殖产品		Mariculture products not classified	—	
03 07 01 02 01		海胆	刺锅子	Sea urchin	—	
03 07 01 02 01 01	ACE	活海胆		Sea urchin, live	04235·016～04235·017	
03 07 01 02 01 02	AE	鲜海胆		Raw sea urchin	04235·016～04235·017	

表 3（续）

产品代码	用途代码	名 称	别 名	英文名	GB/T 7635.1—2002 对应代码	说 明
03 07 01 02 01 03	AE	冻海胆		Frozen sea urchin	—	
03 07 01 02 01 04	AE	海胆加工产品		Sea urchin products	21254·021	
03 07 01 02 02	—	海参		Sea cucumber	—	
03 07 01 02 02 01	ACE	活海参		Sea cucumber, live	04235·011~04235·015	
03 07 01 02 02 02	AE	鲜海参		Raw sea cucumber	04235·011~04235·015	
03 07 01 02 02 03	AE	冻海参		Frozen sea cucumber	21252·036	
03 07 01 02 02 04	AE	海参加工产品		Sea cucumber products	21253·032~21253·033 21263·015	
03 07 01 02 03	—	海蜇（养殖）		Jellyfish, cultivated		
03 07 01 02 03 01	E	活海蜇（养殖）		Jellyfish, live, cultivated	04234·011~04234·013	
03 07 01 02 03 02	AE	鲜海蜇（养殖）		Raw jellyfish, cultivated	04234·011~04234·013	
03 07 01 02 03 03	AE	海蜇（养殖）加工产品		Jellyfish products, cultivated	21254·013~21254·014, 21263·014	
03 07 01 02 04	—	珍珠贝（海水）		Pearl shell, seawater	—	
03 07 01 02 04 01	ADE	珍珠（海水）		Pearl, seawater	38212·010~38212·099	
03 07 01 02 04 02	ADE	珍珠（海水）加工产品		Pearl products, seawater	38213	
03 07 01 02 05	—	海龟		Turtle	—	

表 3（续）

产品代码	用途代码	名　称	别　名	英文名	GB/T 7635.1—2002 对应代码	说　明
03 07 01 02 05 01	E	活海龟		Turtle, live	04312·100～04312·128	
03 07 01 02 05 02	E	海龟加工产品		Turtle products	04919·014～04919·015	
03 07 01 02 06	—	星虫	土笋,沙虫	Peanut worm	—	
03 07 01 02 06 01	E	活星虫		Peanut worm, live	—	
03 07 01 02 06 02	E	星虫加工产品		Peanut worm products	—	
03 07 01 02 99	—	其他不另分类的海水养殖产品		Other seawater products not classified	—	
03 07 02		**不另分类的淡水产品**		Freshwater products not classified	—	
03 07 02 01	—	不另分类的淡水养殖产品		Cultivated freshwater products not classified	—	
03 07 02 01 01	—	珍珠贝（淡水）		Pearl shell, freshwater	—	
03 07 02 01 01 01	ADE	珍珠（淡水）		Pearl, freshwater	38212·100～38212·199	
03 07 02 01 01 02	ADE	珍珠（淡水）粉		Freshwater pearl powder	38213	
03 07 02 01 01 03	ADE	珍珠（淡水）加工产品		Freshwater pearl products	—	
03 07 02 01 02	—	鳖	甲鱼	Trionyx sinensis	—	
03 07 02 01 02 01	ACE	活鳖		Trionyx sinensis, live	04312·131～04312·132	
03 07 02 01 02 02	AE	冻鳖		Frozen trionyx sinensis	—	
03 07 02 01 02 03	—	鳖加工产品		Trionyx sinensis products	04919·013	

表3（续）

产品代码	用途代码	名称	别名	英文名	GB/T 7635.1—2002 对应代码	说明
03 07 02 01 03	—	蛙		Frog	—	
03 07 02 01 03 01	ACE	活蛙		Frog, live	04311·010~04311·099	
03 07 02 01 03 02	AE	鲜蛙		Raw frog	04311·010~04311·099	
03 07 02 01 03 03	AE	冻蛙		Frozen frog	02942·012~02942·013	
03 07 02 01 03 04	—	蛙加工产品		Frog products	02942·011	
03 07 02 01 04	—	淡水龟	乌龟	Freshwater turtle	—	
03 07 02 01 04 01	AE	活淡水龟		Freshwater turtle, live	04312·100~04312·128	
03 07 02 01 04 02	—	淡水龟加工产品		Freshwater turtle products	04919·014~04919·015	
03 07 02 01 99	—	其他不另分类的淡水养殖产品		Other cultivated freshwater products not classified	—	
03 07 02 99	—	其他不另分类的淡水产品		Other freshwater products not classified	—	

ICS 75.160.20
B 23

中华人民共和国农业行业标准

NY/T 3192—2018

木薯变性燃料乙醇生产技术规程

Technical code of practice for denatured fuel ethanol production based cassava

2018-03-15 发布

2018-06-01 实施

中华人民共和国农业部 发布

前　言

本标准按照 GB/T 1.1—2009 给出的规则起草。

本标准由中华人民共和国农业部提出。

本标准由农业部热带作物及制品标准化技术委员会归口。

本标准起草单位：中国热带农业科学院热带作物品种资源研究所、广西木薯产业协会、广东中科天元新能源科技有限公司、广西中粮生物质能源有限公司、广西农垦明阳生化集团股份有限公司。

本标准主要起草人：张振文、林立铭、蒋盛军、文玉萍、邵乃凡、陈明育、严明奕、关文华、周宏才、李开绵。

木薯变性燃料乙醇生产技术规程

1 范围

本标准规定了木薯变性燃料乙醇生产的术语和定义、生产工艺、产品质量、安全与卫生、环境保护及产品标志、包装、运输与储存。

本标准适用于木薯变性燃料乙醇的生产。

2 规范性引用文件

下列文件对于本文件的应用是必不可少的。凡是注日期的引用文件,仅注日期的版本适用于本文件。凡是不注日期的引用文件,其最新版本(包括所有的修改单)适用于本文件。

GB/T 394.2 酒精通用分析方法

GB 1886.174 食品安全国家标准 食品添加剂 食品工业用酶制剂

GB 3095 环境空气质量标准

GB 5009.7 食品中还原糖的测定

GB 5009.225 食品安全国家标准 酒中乙醇浓度的测定

GB 8978 污水综合排放标准

GB/T 10247 黏度测量方法

GB 10467 水果和蔬菜产品中挥发性酸度的测定方法

GB/T 12456 食品中总酸的测定

GB 18350—2013 变性燃料乙醇

GB 18351 车用乙醇汽油 E10

GB/T 21305 谷物及谷物制品水分的测定 常规法

GB 27631 发酵酒精和白酒工业水污染排放标准

GBZ 1 工业企业设计卫生标准

GBZ 2.1 工业场所有害因素职业接触限值 化学有害因素

NY/T 2552—2014 能源木薯等级规格 鲜木薯

3 术语和定义

GB 18351 界定的以及下列术语和定义适用于本文件。

3.1

木薯燃料乙醇 cassava fuel ethanol

以木薯为原料生产的燃料乙醇。

3.2

木薯变性燃料乙醇 denatured fuel ethanol based cassava

加入变性剂的木薯燃料乙醇。

4 生产工艺

4.1 原料要求

4.1.1 鲜薯

应符合 NY/T 2552—2014 中 4.2 的要求。

4.1.2 干薯

干薯含水量(质量分数)≤16%,淀粉含量(质量分数)≥65%,无虫蛀、霉变。

4.2 除杂

除去原料中的铁器、泥沙、石子、编织物、绳子等杂物。

4.3 粉碎

鲜薯粉碎工艺流程按附录 A 中图 A.1 进行,粉浆干物质浓度(质量分数)应达到 16%～18%,料水比 1:(0.2～0.4)。

干薯粉碎工艺流程按附录 A 中图 A.2 进行,粉浆干物质浓度(质量分数)应达到 20%～22%,料水比 1:(1.9～2.8)。

4.4 液化

液化温度 83℃～90℃,液化时间约为 2.0 h。工艺流程按图 A.3 进行,工艺指标应达到表 1 的要求。

表 1 液化工艺技术指标

序号	项　目	指　标	试验方法
1	外观糖,°BX	21～27	使用糖度计测定
2	pH	5.0～5.5	使用 pH 计测定
3	DE 值	12～17	DE 值=还原糖含量(以葡萄糖质量百分数计)/干物质(质量百分数)。糖化液还原糖的测定按照 GB/T 5009.7 的规定执行;干物质含量的测定按照 GB/T 21305 的规定执行。
4	总酸度,mg/L	<4.0	按照 GB/T 12456 的规定执行
5	黏度,mPa·s	300～500	按照 GB/T 10247 的规定执行

4.5 糖化

液化醪经循环水冷却至 60℃～63℃,进行糖化。糖化时间约为 0.5 h,pH 4.5。工艺流程按图 A.3 进行,工艺指标应符合表 2 的要求。

表 2 糖化工艺技术指标

序号	项　目	指　标	试验方法
1	pH	4.2～4.5	使用 pH 计测定
2	糖化率(质量分数),%	30～50	按照 GB 1886.174 的规定执行
3	总酸度,mg/L	<4.5	按照 GB/T 12456 的规定执行

4.6 发酵

糖化后醪液经发酵后成熟醪,工艺流程按图 A.4 进行,工艺指标应符合表 3 的要求。

表 3 发酵工艺技术指标

序号	项　目	指　标	试验方法
1	残还原糖,g/100 mL	<0.20	按照 GB 5009.7 的规定执行
2	酒份(体积分数),%	鲜薯≥7.0;干薯≥11.0	按照 GB 5009.225 的规定执行
3	残总糖,g/100 mL	<0.80	按照 GB 5009.7 的规定执行
4	过滤总糖,g/100 mL	<0.50	按照 GB 5009.7 的规定执行
5	挥发酸,mol/L	<0.25	按照 GB 10467 的规定执行

4.7 蒸馏

工艺流程按图 A.4 进行,工艺指标应符合表 4 的要求。

表 4　成熟醪液蒸馏工艺技术指标

序号	项　　目	指　标	试验方法
1	醪液预热后进料温度,℃	≥53.0	使用温度计测量
2	粗塔釜温度,℃	81~83	使用温度计测量
3	粗酒酒度(体积分数),%	≥55.0	按照 GB 5009.225 的规定执行
4	精馏塔回流酒度(体积分数),%	≥95.0	按照 GB 5009.225 的规定执行
5	精馏塔底废水酒度(体积分数),%	≤0.03	按照 GB 5009.225 的规定执行
6	成品酒度(体积分数),%	≥95.0	按照 GB 5009.225 的规定执行

4.8　脱水

脱水按图 A.5 进行,技术指标应符合表 5 的要求。

表 5　脱水工艺技术指标

项　　目	指　　标
原料酒汽过热器出口温度,℃	116~125
再生汽过热器出口温度,℃	121~138
再生汽过热器出口压力,MPa	0.05~0.10
再生酒汽冷凝器出口温度,℃	125~130
成品酒度(体积分数),%	≥99.5

4.9　木薯燃料乙醇变性

按照 GB 18350—2013 中 4 的规定执行。

4.10　总体技术要求

木薯燃料乙醇生产的总体技术要求如下:

a)　原料出酒率(质量分数)≥51.0%;

b)　吨燃料乙醇耗蒸汽≤3.0 t;

c)　吨燃料乙醇耗水≤8.0 m³;

d)　吨燃料乙醇耗电≤180 kWh。

5　产品质量

木薯燃料乙醇产品的质量应达到 GB 18350—2013 中 4 的要求,其检测方法按 GB/T 394.2 的规定执行。

6　安全与卫生

燃料乙醇生产的劳动安全与工业卫生按 GBZ 1 及 GBZ 2.1 的规定执行。

7　环境保护

燃料乙醇生产所排放废水应符合 GB 8978 和 GB 27631 要求的一级标准,废气排放应符合 GB 3095 的要求。

8　产品标志、包装、运输与储存

按照 GB/T 18350—2013 中 7 的规定执行。

附　录　A

（规范性附录）

工　艺　流　程

A.1　鲜薯粉碎工艺流程图

见图 A.1。

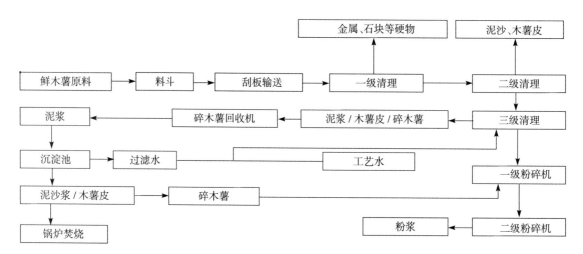

图 A.1　鲜薯粉碎工艺流程

A.2　干薯粉碎工艺流程

见图 A.2。

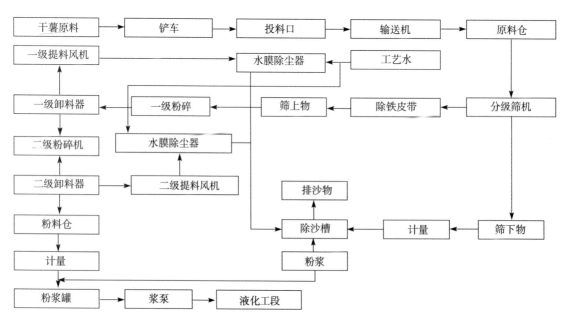

图 A.2　干薯粉碎工艺流程

A.3 粉浆的液化、糖化工艺流程

见图 A.3。

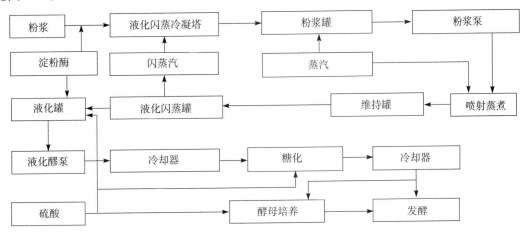

图 A.3 粉浆的液化、糖化工艺流程

A.4 发酵后成熟醪液的蒸馏工艺流程

见图 A.4。

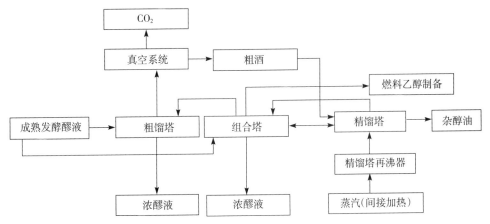

图 A.4 发酵后成熟醪液的蒸馏工艺流程

A.5 酒精蒸汽的脱水工艺流程

见图 A.5。

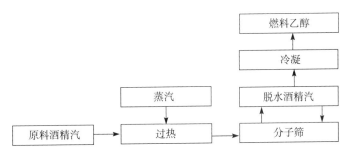

图 A.5 酒精蒸汽的脱水工艺流程

ICS 67.120.30
B 50

中华人民共和国农业行业标准

NY/T 3204—2018

农产品质量安全追溯操作规程　水产品

Code of practice for quality and safety traceability of agricultural products—
Aquatic product

2018-03-15 发布

2018-06-01 实施

中华人民共和国农业部 发布

前　言

本标准按照 GB/T 1.1—2009 给出的规则起草。

本标准由农业部农垦局提出并归口。

本标准起草单位：中国农垦经济发展中心、农业部乳品质量监督检验测试中心、中国热带农业科学院农产品加工研究所。

本标准主要起草人：韩学军、苏子鹏、张宗城、王洪亮、王春天、刘亚兵、郑维君、刘证。

农产品质量安全追溯操作规程 水产品

1 范围

本标准规定了水产品质量安全追溯术语和定义、要求、追溯码编码、追溯精度、信息采集、信息管理、追溯标识、体系运行自查和质量安全问题处置。

本标准适用于水产品质量安全追溯操作和管理。

2 规范性引用文件

下列文件对于本文件的应用是必不可少的。凡是注日期的引用文件,仅注日期的版本适用于本文件。凡是不注日期的引用文件,其最新版本(包括所有的修改单)适用于本文件。

GB/T 22213 水产养殖术语

GB/T 29568 农产品追溯要求 水产品

NY/T 755 绿色食品 渔药使用准则

NY/T 1761 农产品质量安全追溯操作规程 通则

3 术语和定义

GB/T 22213、NY/T 755 和 NY/T 1761 界定的术语和定义适用于本文件。

4 要求

4.1 追溯目标

建立追溯体系的水产品应通过追溯码查询各养殖(或捕捞)、加工、流通环节的追溯信息,实现产品可追溯。

4.2 机构和人员

建立追溯体系的水产品生产企业(组织或机构)应指定机构或人员负责追溯的组织、实施、管理,人员应经培训合格,且相对稳定。

4.3 设备和软件

建立追溯体系的水产品生产企业(组织或机构)应配备必要的计算机、网络设备、标签打印机、条码读写设备等,相关软件应满足追溯要求。

4.4 管理制度

建立追溯体系的水产品生产企业(组织或机构)应制定产品质量追溯工作规范、质量追溯信息系统运行及设备使用维护制度、追溯信息管理制度、产品质量控制方案等相关制度,并组织实施。

5 追溯码编码

按 NY/T 1761 的规定执行。二维码内容可由水产品生产企业(组织或机构)自定义。

6 追溯精度

6.1 总则

追溯精度宜确定为生产单元或批次。当追溯精度不能确定为生产单元或批次时,可根据具体实践确定为生产者(或生产者组)。

6.2 捕捞

以捕捞批次作为追溯精度。

6.3 养殖

6.3.1 海水养殖

6.3.1.1 港(塭)养(殖)

以捕捞批次作为追溯精度。

6.3.1.2 网围养殖、筏式养殖

以一次捕捞的网箱、浮动筏架或网箱组、浮动筏架组作为追溯精度。

6.3.1.3 近海池塘、工厂化养殖

依生产方式分为：

a) 全进全出养殖方式的追溯精度宜为池塘或池塘组；

b) 倒池养殖方式的追溯精度宜为池塘组，如贝类；

c) 多品种混养生产的追溯精度宜为轮捕批次，如对虾、海蜇和贝类混养。

6.3.1.4 滩涂养殖

以养殖批次作为追溯精度，如文蛤等贝类。

6.3.2 半咸水养殖

以池塘或池塘组作为追溯精度，如螺旋藻。

6.3.3 淡水养殖

6.3.3.1 网围养殖

以捕捞批次或围网作为追溯精度。

6.3.3.2 池塘养殖或工厂化养殖

池塘养殖包括流动水、半流动水和静水池塘养殖。依生产方式分为：

a) 全进全出养殖方式的追溯精度宜为池塘或池塘组；

b) 倒池养殖方式的追溯精度宜为池塘组，如甲鱼；

c) 多品种混养生产的追溯精度宜为轮捕批次，如鱼、虾、蟹混养。

6.3.3.3 湖泊或水库养殖

单品种养殖或多品种混养宜以捕捞批次或养殖户作为追溯精度。

6.3.3.4 稻田养殖

以稻田地块或地块组作为追溯精度。

6.4 加工

以加工批次为追溯精度，应尽可能保留捕捞或养殖追溯精度。

7 信息采集

7.1 信息采集点设置

宜在捕捞、养殖、加工、投入品购入、投入品使用、检验(自行检验或委托检验)、包装、销售、储运等环节设立信息采集点。

7.2 信息采集要求

7.2.1 真实、及时、规范

信息应按实际操作同时或过后即刻记录。信息应以表格形式记录，表格中不留空项，空项应填"—"；上下栏信息内容相同时不应用"··"，改填"同上"或具体内容；更改方法不用涂改，应用杠改。

7.2.2 可追溯

下一环节的信息中具有与上一环节信息的唯一性对接的信息。

示例:

渔药使用表中的通用名、生产企业、产品批次号/生产日期,能与渔药购入表唯一性对接。

7.3 信息采集内容

7.3.1 基本信息

基本信息应包括生产、加工、检验、投入品购入、投入品使用、储存运输、包装销售等环节信息和记录的时间、地点、责任人等责任信息,如果涉及相关环节,可按照 GB/T 29568 的要求执行。至少应包括如下信息内容:

    a) 储存运输:起止日期、温度、储运场地或车船编号等;

    b) 产品检验:追溯码、产品标准、检验结果等;

    c) 产品销售:追溯码、售货日期、售货量、运货方式、车牌号、收货人名称/代码等;

    d) 标签打印使用:追溯码、打印日期、打印量、使用量、销毁量、销毁方式等。

7.3.2 扩展信息

7.3.2.1 饲料购入

饲料原料来源、饲料添加剂来源、通用名、生产企业、生产许可证号、批准文号、产品批次号/生产日期、购入日期、领用人等。

7.3.2.2 饲料使用

投饲(饵)量、施用方法、使用日期/使用起止日期等。

7.3.2.3 渔药购入

通用名、生产企业、生产许可证号、批准文号/进口兽药为注册证号、产品批次号/生产日期、剂型、有效成分及含量、购入日期、领用人等。

7.3.2.4 渔药使用

通用名、生产企业、产品批次号/生产日期、稀释倍数、施用量、施用方式、使用频率和日期、休药期、不良反应等。若渔药的购入和渔药使用为同一部门或同一个人操作,则该两记录表格宜合并。

注:疫苗、消毒剂、催产剂、渔用诊断制品属于渔药,但不记录休药期。

7.3.2.5 农药购入

通用名、生产企业、生产许可证号、登记证号、产品批次号/生产日期、剂型、有效成分及含量、购入日期、领用人等。如用于水体的杀虫剂、杀菌剂或除草剂。

7.3.2.6 农药使用

通用名、生产企业、产品批次号/生产日期、稀释倍数、施用量、施用方式、使用频率和日期、安全间隔期等。若农药的购入和农药使用为同一部门或同一个人操作,则该两记录表格宜合并。

7.3.2.7 饵料、渔用环境改良及人工海水用试剂

成分及其含量、投放后浓度、配制日期、投放日期等。

7.3.2.8 养殖池及净化池水质

成分及其含量等。

7.3.2.9 食品添加剂

通用名、生产企业、生产许可证号、批准文号、产品批次号/生产日期、投放量等。

8 信息管理

8.1 信息存储

纸制记录及其他形式的记录应及时归档,并采取相应的安全措施保存。所有信息档案在生产周期

结束后应至少保存 2 年。

8.2 信息审核和录入

信息审核无误后方可录入。信息录入应专机专用、专人专用,并遵守信息安全规定。

8.3 信息传输

上一环节操作结束时应及时将信息传输给下一环节。

8.4 信息查询

建立追溯体系的水产品生产企业(组织或机构)应建立或纳入相应的追溯信息公共查询技术平台,应至少包括生产者、产品、产地、批次、产品标准等内容。

9 追溯标识

按 NY/T 1761 的规定执行。

10 体系运行自查

按 NY/T 1761 的规定执行。

11 质量安全问题处置

按 NY/T 1761 的规定执行。召回产品应按相关规定处理,召回及处置应有记录。

ICS 67.080.10
B 31

中华人民共和国农业行业标准

NY/T 3290—2018

水果、蔬菜及其制品中酚酸含量的测定
液质联用法

Determination of phenolic acid in fruits, vegetables and derived products—
LC–MS–MS method

2018-07-27 发布

2018-12-01 实施

中华人民共和国农业农村部 发布

前　言

本标准按照 GB/T 1.1—2009 给出的规则起草。

本标准由农业农村部种植业管理司提出。

本标准由全国果品标准化技术委员会(SAC/TC 510)归口。

本标准起草单位:中国农业科学院果树研究所、农业农村部果品及苗木质量监督检验测试中心(兴城)、北京农业质量标准与检测技术研究中心。

本标准主要起草人:聂继云、李静、冯晓元、王蒙、闫震、高媛、李志霞、李海飞、匡立学、王瑶。

水果、蔬菜及其制品中酚酸含量的测定 液质联用法

1 范围

本标准规定了水果、蔬菜及其制品中酚酸含量的液质联用测定方法。

本标准适用于水果、蔬菜及其制品中14种主要酚酸的含量测定。

本标准的方法检出限和定量限见附录A。

2 规范性引用文件

下列文件对于本文件的应用是必不可少的。凡是注日期的引用文件,仅注日期的版本适用于本文件。凡是不注日期的引用文件,其最新版本(包括所有的修改单)适用于本文件。

GB/T 6682 分析实验室用水规格和试验方法

GB/T 8855 新鲜水果和蔬菜取样方法

3 原理

水果、蔬菜及其制品中的酚酸经甲醇提取和碱性水解液提取处理得到游离型酚酸、游离酯型酚酸和结合型酚酸,经固相萃取小柱净化,超高效液相色谱柱分离,三重四级杆质谱检测,外标法定量。

4 试剂和材料

除非另有说明,本方法所用试剂均为分析纯,水为GB/T 6682规定的一级水。

4.1 试剂

4.1.1 盐酸(HCl):优级纯。

4.1.2 甲酸(HCOOH):色谱纯。

4.1.3 甲醇(CH_3OH):色谱纯。

4.1.4 乙腈(CH_3CN):色谱纯。

4.1.5 氢氧化钠(NaOH):优级纯。

4.1.6 提取剂:甲醇+水+盐酸=80+20+0.05($V+V+V$),取800 mL甲醇(4.1.3)、200 mL水和0.5 mL盐酸(4.1.1),混匀。

4.1.7 4 mol/L氢氧化钠溶液:称取160.0 g氢氧化钠(4.1.5),用水溶解定容至1 000 mL。

4.2 标准品

14种酚酸标准品:纯度≥98%,相关信息见附录A。

4.3 标准溶液配制

4.3.1 酚酸标准储备液:称取酚酸标准品10.00 mg,用甲醇(4.1.3)溶解并定容至10 mL,配制成1 mg/mL的各酚酸标准储备液,在−20℃保存,可使用12个月。

4.3.2 酚酸混合标准溶液:根据需要,准确吸取一定量的各酚酸标准储备液,用甲醇(4.1.3)稀释成适当浓度的混合标准溶液,现用现配。

4.4 材料

4.4.1 有机相微孔滤膜:0.22 μm。

4.4.2 固相萃取小柱:Oasis HLB固相萃取小柱,200 mg,6 mL,或性能相当者。

5 仪器

5.1 液相色谱仪:配有三重四级杆质谱检测器。

5.2 电子天平:感量为 0.01 g 和 0.000 1 g。

5.3 离心机:可达到 9 000 r/min 以上。

5.4 振荡器:带有温度控制。

5.5 超声波清洗器。

5.6 旋转蒸发仪:带有温度控制。

6 试样的制备

水果、蔬菜及其固体制品按 GB/T 8855 的规定取样,四分法取约 250 g,将可食部分切碎,立即用液氮冷冻,研磨成粉末,备用。液体果蔬制品直接混匀备用。

7 分析步骤

7.1 提取

称取 10.00 g 试样于 50 mL 棕色离心管中,加入 30 mL 提取剂(4.1.6),混匀,室温下超声 20 min,9 000 r/min 离心 5 min,上清液转入 50 mL 棕色容量瓶中,残渣再用约 10 mL 提取剂(4.1.6)按上述步骤重复提取一次,合并两次提取液,用提取剂(4.1.6)定容至 50 mL 用于游离型酚酸和游离酯型酚酸的制备,残渣用于结合型酚酸的制备。

7.2 酚酸的制备

7.2.1 游离型酚酸的制备

吸取 10.00 mL 样品提取液(7.1)于 100 mL 旋转蒸发瓶中,40℃下减压蒸发除去提取液中的有机溶剂,浓缩至近干,加入 2 mL 水,摇匀,备用,即为溶液 A。将固相萃取小柱(4.4.2)依次用约 5 mL 甲醇(4.1.3)和约 5 mL 水预淋洗、活化,将溶液 A 加到固相萃取小柱中,缓慢抽滤,滤液需呈滴状,弃去滤液,用 2 mL 水清洗旋转蒸发瓶,转入固相萃取小柱中,抽滤,弃去滤液,用约 5 mL 甲醇(4.1.3)分两次清洗旋转蒸发瓶,加入到固相萃取小柱中,收集滤液,用甲醇(4.1.3)定容至 5 mL,混匀,过滤膜(4.4.1)待测。

7.2.2 游离酯型酚酸的制备

吸取 10.00 mL 样品提取液(7.1)于 100 mL 旋转蒸发瓶中,40℃下减压蒸发除去提取液中的有机溶剂,浓缩至近干,用 10 mL 4 mol/L 氢氧化钠溶液(4.1.7)分三次清洗旋蒸瓶,清洗液合并到 50 mL 棕色离心管,40℃避光振荡水解 2 h,用盐酸(4.1.1)调节 pH 至 2,混匀,备用,即为溶液 B。将固相萃取小柱(4.4.2)依次用约 5 mL 甲醇(4.1.3)和约 5 mL 水预淋洗、活化,将溶液 B 加到固相萃取小柱中,抽滤,弃去滤液,用约 5 mL 甲醇(4.1.3)分两次清洗离心管,加入到固相萃取小柱中,收集滤液,用甲醇(4.1.3)定容至 5 mL,混匀,过滤膜(4.4.1)待测。

7.2.3 结合酯型酚酸的制备

残渣(7.1)用 30 mL 提取剂(4.1.6)分两次清洗后,用 20 mL 4 mol/L 氢氧化钠溶液(4.1.7)清洗到 50 mL 棕色离心管中,40℃避光振荡水解 2 h,离心吸取 10 mL,用盐酸(4.1.1)调节 pH 至 2 为溶液 C。将固相萃取小柱(4.4.2)依次用约 5 mL 甲醇(4.1.3)和约 5 mL 水预淋洗、活化,将溶液 C 加至固相萃取小柱中,抽滤,弃去滤液,用约 5 mL 甲醇(4.1.3)分 2 次清洗固相萃取小柱,加入到固相萃取小柱中,收集滤液,用甲醇(4.1.3)定容至 5 mL,混匀,过滤膜(4.4.1)待测。

7.3 试剂空白试验

除不加入样品外,其他过程与样品处理相同。

7.4 测定

7.4.1 液相色谱-串联质谱参考条件

色谱柱：Waters HSS T3 色谱柱，柱长 150 mm，内径 2.1 mm，颗粒度 1.8 μm，连接同款保护柱或性能类似的色谱柱。

流速：0.3 mL/min。

流动相：A 相为 0.1% 甲酸，B 相为乙腈（含 0.1% 甲酸），流动相梯度洗脱程序见表 1。

表 1 流动相梯度洗脱程序

时间 min	流动相 A	流动相 B
0.00	95	5
0.50	95	5
5.00	70	30
9.5	10	90
10	95	5
15	95	5

柱温：40℃。

进样量：5 μL。

电离源模式：电喷雾离子化。

电离源极性：负离子模式和正离子模式。

雾化气：氮气。

碰撞气（高纯氩气）流速：0.13 mL/min。

离子源温度：150℃。

脱溶剂气温度：500℃。

脱溶剂气流量：800 L/h。

监测离子对、碰撞气能量和源内破碎电压参见附录 B。

7.4.2 定性测定

在相同试验条件下进行样品测定时，样品检出的色谱峰的保留时间与标准样品相一致，并且扣除背景后的样品质谱图中，所选离子均出现，且所选的离子丰度比与标准样品的离子丰度比相一致（表 2），则可判断为该成分。试剂空白（7.3）同样进样测定。试剂空白不能检出有对被测组分有干扰的物质。各目标化合物的多反应监测（MRM）色谱图参见附录 C。

表 2 质谱选择离子丰度允许偏差

单位为百分率

相对丰度	>50	20~50(含)	10~20(含)	≤10
允许偏差	≤±20	≤±25	≤±30	≤±50

7.4.3 定量测定

标准采用外标-校准曲线法定量测定。保证所测样品中组分的响应值均在仪器的线性范围内。

8 结果计算

样品中待测组分的含量以质量分数计，以毫克每千克（mg/kg）或毫克每升（mg/L）表示，按式（1）计算。

$$X = \frac{\rho \times V}{m} \quad\cdots\cdots\cdots\cdots\cdots\cdots\cdots\cdots\cdots\cdots\cdots\cdots\cdots\cdots\quad (1)$$

式中：

X ——试样中待测组分的含量,单位为毫克每千克(mg/kg)或毫克每升(mg/L);

ρ ——标准曲线计算出试样提取溶液中各组分的浓度,单位为毫克每升(mg/L);

V ——试样提取液定容体积,单位为毫升(mL);

m ——所取试样的量,单位为克(g)或毫升(mL);

计算结果保留到小数点后两位。

9 精密度

在重复性条件下获得的两次独立测试结果的绝对差值不得超过算术平均值的12%。

在再现性条件下获得的两次独立测试结果的绝对差值不得超过算术平均值的15%。

附　录　A

（规范性附录）

各目标化合物的标准物质基本信息及其检出限和定量限

各目标化合物的标准物质基本信息及其检出限和定量限见表 A.1。

表 A.1　各目标化合物的标准物质基本信息及其检出限和定量限

序号	化合物	CAS 号	英文	分子式	分子量	定量测定范围 μg/kg	检出限 μg/L	定量限 μg/kg
1	没食子酸	149-91-7	Gallic acid	$C_7H_6O_5$	170.12	250～5 000	26	250
2	新绿原酸	906-33-2	Neochlorogenic acid	$C_{16}H_{18}O_9$	354.31	100～2 000	24	100
3	对羟基苯甲酸	99-96-7	4-Hydroxybenzoic acid	$C_7H_6O_3$	138.12	250～5 000	30	250
4	绿原酸	327-97-9	Chlorogenic acid	$C_{16}H_{18}O_9$	354.31	100～2 000	25	100
5	咖啡酸	331-39-5	Caffeic acid	$C_9H_8O_4$	180.16	100～2 000	19	100
6	香草酸	121-34-6	Vanillic acid	$C_8H_8O_4$	168.15	250～5 000	34	250
7	丁香酸	530-57-4	Syringic acid	$C_9H_{10}O_5$	198.17	250～5 000	28	250
8	对香豆酸	4501-31-9	Cinnamic acid	$C_9H_8O_3$	164.16	100～2 000	15	100
9	阿魏酸	1135-24-6	Ferulic acid	$C_{10}H_{10}O_4$	194.18	250～5 000	27	250
10	芥子酸	530-59-6	Sinapic acid	$C_{11}H_{12}O_5$	224.21	100～2 000	31	100
11	异阿魏酸	537-73-5	Isoferulic acid	$C_{10}H_{10}O_4$	194.18	250～5 000	38	250
12	鞣花酸	476-66-4	Ellagic acid	$C_{14}H_6O_8$	302.19	500～10 000	48	500
13	水杨酸	69-72-7	Salicylic acid	$C_7H_6O_3$	138.12	100～2 000	36	100
14	肉桂酸	621-82-9	Cinnamic acid	$C_9H_8O_2$	148.16	100～2 000	24	100

附　录　B

（资料性附录）

各目标化合物的质谱分析参数

各目标化合物的质谱分析参数见表 B.1。

表 B.1　各目标化合物的质谱分析参数

序号	化合物	保留时间,min	母离子,m/z	子离子,m/z	锥孔电压,V	碰撞能量,eV
1	没食子酸	2.53	169.0	79.1*,78.6	10	22,25
2	新绿原酸	3.54	353.2	191.1*,179.1	12	18,20
3	对羟基苯甲酸	4.37	137.1	93.1*	38	14,10
4	绿原酸	4.21	353.1	191.1*,179.1	12	18,20
5	咖啡酸	4.65	179.0	135.0*,117.0	27	15,20
6	香草酸	4.79	167.0	152.0*,123.0	22	15,10
7	丁香酸	4.91	197.0	182.0*,167.0	2	14,18
8	对香豆酸	5.53	163.0	119.1*,93.0	10	16,25
9	阿魏酸	5.93	193.0	133.9*,177.9	12	18,13
10	芥子酸	5.92	223.0	208.1*,164.0	10	14,16
11	异阿魏酸	6.10	193.1	178.1*,134.1	2	12,16
12	鞣花酸	5.52	301.2	145.1*,229.1	82	18,13
13	水杨酸	6.98	137.1	93.1*	42	14,10
14	肉桂酸＋	7.68	149.0	131.0*,103.0	18	12,20

注：*为定量离子；＋为正离子采集模式,其他为负离子采集模式。

附 录 C

（资料性附录）

各目标化合物的多反应监测（MRM）色谱图

各目标化合物的多反应监测（MRM）色谱图见图C.1。

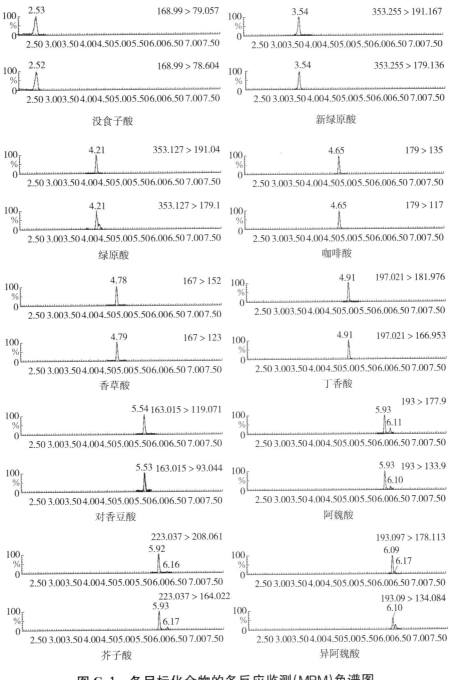

图 C.1 各目标化合物的多反应监测（MRM）色谱图

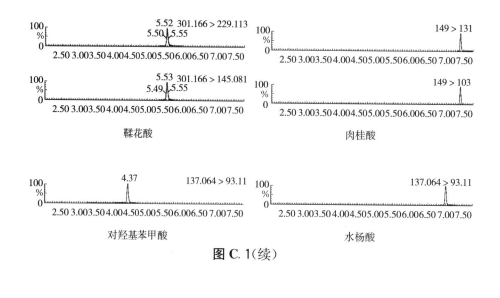

鞣花酸

肉桂酸

对羟基苯甲酸

水杨酸

图 C. 1（续）

ICS 67.080.20
B 31

中华人民共和国农业行业标准

NY/T 3292—2018

蔬菜中甲醛含量的测定
高效液相色谱法

Determination of formaldehyde in vegetables by high performance—
Liquid chromatography

2018-07-27 发布
2018-12-01 实施

中华人民共和国农业农村部 发布

前　言

本标准按照 GB/T 1.1—2009 给出的规则起草。

本标准由农业农村部种植业管理司提出并归口。

本标准起草单位:山东省农业科学院农业质量标准与检测技术研究所、中国农业科学院农业质量标准与检测技术研究所。

本标准主要起草人:张树秋、钱永忠、邓立刚、郑床木、谷晓红、赵善仓、李增梅、苑学霞、聂燕、王玉涛。

蔬菜中甲醛含量的测定　高效液相色谱法

1　范围

本标准规定了蔬菜中甲醛含量测定的高效液相色谱法。

本标准适用于蔬菜中甲醛含量的测定。

本方法定量限为 2.0 mg/kg。

2　规范性引用文件

下列文件对于本文件的应用是必不可少的。凡是注日期的引用文件,仅注日期的版本适用于本文件。凡是不注日期的引用文件,其最新版本(包括所有的修改单)适用于本文件。

GB/T 6682　分析实验室用水规格和试验方法

3　原理

试料中的甲醛经水提取,在酸性条件下与衍生剂 2,4 -二硝基苯肼反应生成 2,4 -二硝基苯腙,用二氯甲烷萃取、浓缩后,注入高效液相色谱仪,355 nm 波长处测定,外标法定量。

4　试剂和材料

除非另有说明,本方法所用试剂均为优级纯。水应符合 GB/T 6682 中一级水的要求,且使用前煮沸 30 min 后盖塞冷却。

注:实验所涉及的玻璃器皿均需 120℃ 加热处理,塑料管先用乙醇冲洗、50℃ 加热处理后使用。

4.1　乙腈(CH_3CN):色谱纯。

4.2　二氯甲烷(CH_2Cl_2):色谱纯。

4.3　邻苯二甲酸氢钾溶液(0.01 mol/L):称取 2.04 g 邻苯二甲酸氢钾,用水溶解并定容至 1 000 mL。

4.4　2,4 -二硝基苯肼(DNPH):纯度≥99.0%。

4.5　2,4 -二硝基苯肼溶液(0.4 g/L):称取(4.4)2,4 -二硝基苯肼 0.040 g,加入乙腈溶解,并定容至 100 mL。

4.6　甲醛标准溶液(100 μg/mL):冷藏避光条件下保存。

4.7　微孔滤膜:孔径 0.22 μm,有机相。

5　仪器设备

5.1　高效液相色谱仪:配紫外检测器或二极管阵列检测器。

5.2　分析天平:感量±0.000 1 g 和±0.01 g。

5.3　超声波清洗器。

5.4　旋转蒸发仪。

5.5　涡旋振荡器。

5.6　聚四氟乙烯离心管:50 mL。

5.7　恒温培养箱,(50±2)℃。

5.8　组织捣碎机。

6 试样制备

蔬菜样品取可食部分,采用对角线分割法,取对角部分,将其切碎,充分混匀,用四分法取样或直接放入组织捣碎机捣碎成匀浆。取 200 g 匀浆放入聚乙烯瓶中于−20℃～−16℃条件下保存。称取试样时,常温试样应搅拌均匀;冷冻试样应先解冻再混匀。

7 分析步骤

7.1 提取

称取约 5 g 试样,精确至 0.01 g,置于 50 mL 容量瓶中,加入 40 mL 水,超声提取 30 min 后取出,冷却,加水至刻度,摇匀,用滤纸过滤,弃去初滤液,取续滤液备用。

7.2 衍生

移取 5 mL 滤液(7.1)置于 50 mL 具塞离心管中,依次加入 10 mL 邻苯二甲酸氢钾溶液(4.3)和 5 mL DNPH 衍生液(4.5),涡旋振荡混匀,50℃±5℃恒温培养箱反应 60 min,取出冷却至室温。

7.3 萃取净化

将衍生反应液(7.2)转移至 150 mL 分液漏斗中,加入 20 mL 二氯甲烷,振荡萃取,静置分层后收集下层有机相,再加入 15 mL 二氯甲烷,重复提取 2 次,合并 3 次有机相于 150 mL 圆底烧瓶中,40℃旋转蒸发至约 2 mL,转移至 5 mL 容量瓶中,用少量乙腈洗涤圆底烧瓶,合并到 5 mL 容量瓶中并定容,混匀后过微孔滤膜(4.7),滤液供 HPLC 测定。

注:萃取液在旋转蒸发浓缩时,不得全部蒸干。

7.4 标准曲线的制备

分别移取 5 μL、10 μL、25 μL、50 μL、100 μL 甲醛标准储备液(4.6)(相当于 0.5 μg、1.0 μg、2.5 μg、5.0 μg、10.0 μg)各置于 50 mL 具塞离心管中,加入 5 mL 水,其他步骤同 7.2～7.3,得到甲醛的浓度分别为 0.1 mg/L、0.2 mg/L、0.5 mg/L、1.0 mg/L、2.0 mg/L 系列标准溶液。分别注入高效液相色谱仪中,以测定相应的峰面积为纵坐标,以标准工作液浓度为横坐标绘制标准曲线。

8 测定

8.1 色谱参考条件

a) 色谱柱:C_{18}不锈钢柱(250 mm×4.6 mm,粒径 5 μm),或相当者;

b) 流动相:乙腈-水(50+50,V/V);

c) 流速:1.0 mL/min;

d) 检测波长:355 nm;

e) 进样量:10 μL;

f) 柱温:40℃。

8.2 色谱测定方法

将甲醛标准衍生溶液和样品待测液注入高效液相色谱仪中,以保留时间定性,外标峰面积法定量。甲醛衍生物的液相色谱图参见附录 A。

8.3 空白试验

除不加试料外,采用完全相同的测定步骤进行平行操作。

9 结果计算

试样中甲醛的含量以质量分数 ω 计,单位以毫克每千克(mg/kg)表示,按式(1)计算。

$$\omega = \frac{c \times V \times 1000}{m \times 1000}$$ ·············· (1)

式中：

ω——样品中甲醛含量，单位为毫克每千克（mg/kg）；

c——根据标准曲线算出的样液中甲醛的含量，单位为微克每毫升（μg/mL）；

V——试样加水提取后的定容体积，单位为毫升（mL）；

m——试样的质量，单位为克（g）。

注：计算结果需扣除空白值，测定结果取 2 次测定的算术平均值，计算结果保留至 3 位有效数字。

10 精密度

10.1 重复性

在重复性条件下，获得的 2 次独立测试结果的绝对差值不大于算术平均值的 10%。

10.2 再现性

在再现性条件下，获得的 2 次独立测定结果的绝对差值不大于算术平均值的 15%。

附　录　A

（资料性附录）

甲醛衍生物的标准溶液色谱图

甲醛衍生物的标准溶液色谱图见图 A.1。

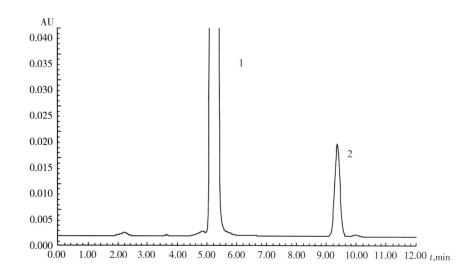

说明：

1——2,4-二硝基苯肼；

2——甲醛衍生物。

图 A.1　甲醛衍生物的标准溶液色谱图

ICS 67.050
X 04

中华人民共和国农业行业标准

NY/T 3294—2018

食用植物油料油脂中风味挥发物质的测定 气相色谱质谱法

Determination of volatile flavoured compounds in edible oilseeds and oils—
Gas chromatography mass spectrometry

2018-07-27 发布   2018-12-01 实施

中华人民共和国农业农村部 发布

NY/T 3294—2018

前　言

本标准按照 GB/T 1.1—2009 给出的规则起草。

本标准由农业农村部种植业管理司提出并归口。

本标准起草单位：中国农业科学院油料作物研究所、农业农村部油料产品质量安全风险评估实验室（武汉）、农业农村部油料及制品质量监督检验测试中心。

本标准主要起草人：王秀嫔、李培武、马飞、张良晓、胡为、汪雪芳、印南日。

食用植物油料油脂中风味挥发物质的测定 气相色谱质谱法

1 范围

本标准规定了采用气相色谱质谱法测定植物油料油脂中风味挥发物质组成及含量的方法。

本标准适用于食用植物油料和植物油中风味挥发物质含量的测定。

2 规范性引用文件

下列文件对于本文件的应用是必不可少的。凡是注日期的引用文件,仅注日期的版本适用于本文件。凡是不注日期的引用文件,其最新版本(包括所有的修改单)适用于本文件。

GB/T 5491 粮食、油料检验 扦样、分样法

GB/T 5524 动植物油脂 扦样

GB/T 6682 分析实验室用水规格和试验方法

GB/T 15687 动植物油脂 试样的制备

3 原理

食用植物油料中风味挥发物采用无溶剂微波提取-气相色谱质谱技术,通过对前处理提取条件、色谱分离质谱检测参数的优化,采用归一化法对风味挥发物质组分相对含量进行测定。

食用植物油脂中风味挥发物采用顶空进样-气相色谱-质谱(HS-GC-MS)技术,通过对顶空进样条件、色谱质谱参数的优化,采用归一化法对风味挥发物质组分相对含量进行测定。

4 试剂和材料

4.1 所用试剂均为分析纯,水为 GB/T 6682 规定的一级水。

4.2 无水硫酸钠(Na_2SO_4):分析纯。

4.3 羰基铁粉:平均粒度<3.5 μm,铁的质量分数>97%。

4.4 乙醚($C_4H_{10}O$):分析纯。

4.5 微孔滤膜:0.22 μm。

5 仪器设备

实验室常规仪器设备及下列特殊的仪器设备。

5.1 气相色谱-质谱联用仪:气相色谱-质谱,EI 源。

5.2 顶空自动进样器。

5.3 顶空瓶:20 mL。

5.4 分析天平:感量 0.1 mg。

5.5 常压微波提取系统:微波最大功率≥600 W,机械搅拌器速度≥200 r/min。

5.6 反应釜:500 mL。

6 试样制备与保存

6.1 制样

油料样品按照 GB/T 5491 进行扦样和分样后,取样品约 200 g,经粉碎机粉碎,过 30 目筛,制成油

料粉末试样置于密闭容器内。油脂样品按照 GB/T 5524 进行扦样和取样。

6.2 保存

试样于 4℃以下冰箱中避光保存。

7 分析步骤

7.1 油脂样品前处理

7.1.1 植物油料

称取油料粉末试样 50 g(精确至 0.001 g)和羰基铁粉(4.3)10 g(精确至 0.001 g),加入到 500 mL 反应釜(5.6)中。设置常压微波提取系统(5.5)微波最大功率为 600 W,机械搅拌器速度为 200 r/min,反应釜内温度从室温开始上升至 150℃,后恒温至无挥发油蒸馏出;挥发油在外置冷却循环水中冷凝,收集挥发油和少量的水,用 15 mL 乙醚(4.4)提取,收集上清液并加入 2 g(精确至 0.001 g)无水硫酸钠(4.2)干燥,经微孔滤膜(4.5)过滤,−20℃保存,待测。

7.1.2 油脂样品

称取 2 g(精确到 0.000 1 g)植物油样加入到 20 mL 顶空瓶(5.3)中,顶空瓶封口放置,待测;设定顶空自动进样器(5.2)加热条件,加热持续 30 min 后用顶空针抽取 0.5 mL 上层气体进样。

7.2 仪器分析条件

7.2.1 色谱条件

a) 色谱柱:HP-5MS(60 m×250 μm×0.1 μm)毛细管气相色谱柱或等效柱;

b) 载气条件:流速 1.0 mL/min,分流比 10:1;

c) 进样口温度:200℃,进样量:1 μL;

d) 柱温箱升温程序:炉温初始为 40℃,保持 2 min,以 5℃/min 升温至 200℃,保持 1 min;

e) 溶剂延迟时间:4 min;

f) 传输线温度:225℃;

g) 调制周期:4 s。

7.2.2 油样顶空进样条件

a) 进样体积:0.5 mL 上层气体;

b) 分流比率:10:1;

c) 加热炉条件:温度 150℃,加热时间 30 min;加热炉振动速率:500 r/min;振动方式:间歇式地振动 5 s 停止 2 s;

d) 取样针条件:温度 150℃,取样针吹扫时间 30 s。

7.2.3 质谱条件

a) 检测方式:质量全扫描模式,扫描质量数从 35 m/z～600 m/z;

b) 电离方式:电子轰击电离源(EI 源,电子能量 70 eV);

c) 离子源温度:230℃,传输线温度:250℃;

d) 电离电压:−70 V。

7.3 试样测定

将试样注入气相色谱-质谱联用仪,设定自动识别信噪比大于 100 的色谱峰,使用 NIST 数据库定性后;质谱图的相似度≥80%的色谱峰,按峰面积归一化法,得到各风味挥发物质的相对含量。3 种典型食用植物油料油脂中风味挥发物质参见附录 A。

8 结果表示

试样中某种风味挥发物质的百分比 Y_i 按式(1)计算,通过测定相应峰面积对所有成分峰面积总和的百分数来计算给定组分 i 的含量：

$$Y_i = \frac{A_{S_i}}{\sum A_{S_i}} \quad \cdots\cdots\cdots\cdots\cdots\cdots\cdots\cdots\cdots\cdots\cdots\cdots\cdots\cdots\cdots\cdots\cdots \quad (1)$$

式中：

Y_i ——试样中某种风味挥发物质占总风味挥发物质的百分比，单位为百分率（%）；

A_{S_i} ——试样测定液中组分 i 的峰面积；

$\sum A_{S_i}$——试样测定液中各风味挥发物质的峰面积之和。

结果保留 3 位有效数字。

9 精密度

在重复性条件下获得的 2 次独立测定结果的绝对差值不得超过算术平均值的 10%。

附　录　A

（资料性附录）

油脂样品典型风味挥发物质特征图谱

A.1　大豆油典型风味挥发物质总离子流(TIC)质谱色谱图见图 A.1,大豆油中典型风味挥发物质色谱峰对应化合物列表见表 A.1。

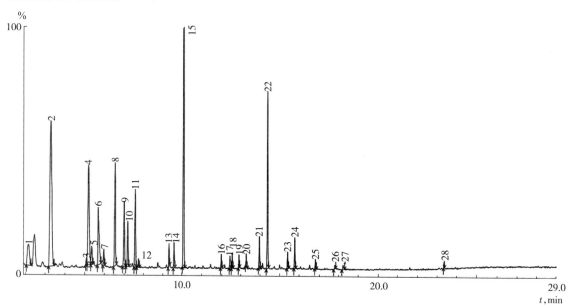

图 A.1　大豆油典型风味挥发物质总离子流(TIC)质谱色谱图

表 A.1　大豆油中典型风味挥发物质质谱色谱峰对应化合物列表

峰号	保留时间 min	中文名称	英文名称	CAS 号
1	2.2	乙醛	Acetaldehyde	75－07－0
2	3.3	丙烯醛	2－Propenal	107－02－8
3	5.1	丁醛	Butanal	123－72－8
4	5.2	3-甲基-2-己酮	3－Methyl－2－hexanone	2550－21－2
5	5.4	2,3-丁二酮	2,3－Butanedione	431－03－8
6	5.7	甲酸	Formic acid	64－18－6
7	6.0	过氧化二碳酸二乙酯	Diethyl peroxidicarbonate	14666－78－5
8	6.5	醋酸	Acetic acid	55896－93－0
9	7.0	巴豆醛	2－Butenal	123－73－9
10	7.2	1-戊烯-3-醇	1－Penten－3－ol	616－25－1
11	7.6	戊醛	Pentanal	110－62－3
12	7.7	2,3-戊二酮	2,3－Pentanedione	600－14－6
13	9.3	1-戊醇	1－Pentanol	71－41－0
14	9.6	反式-2-戊烯醛	(E)－2－Pentenal	1576－87－0
15	10.1	正己醛	Hexanal	66－25－1
16	12.0	2-己烯醛	2－Hexenal	505－57－7
17	12.4	5-甲基-2-己烯	5－methyl－2－Hexyne	53566－37－3

表 A.1（续）

峰号	保留时间 min	中文名称	英文名称	CAS 号
18	12.6	丁醛	Butyraldehyde	123－72－8
19	12.9	庚基氢过氧化物	Heptyl hydroperoxide	764－81－8
20	13.3	2-正戊基呋喃	2－pentyl－furan	3777－69－3
21	14.0	反式-2-已烯-1-醇	(E)－2－Hexen－1－ol	928－95－0
22	14.4	2-庚烯醛	(Z)－2－Heptenal	57266－86－1
23	15.4	反,反-2,4-庚二烯醛	(E,E)－2,4－Heptadienal	4313－03－5
24	15.8	反,反-2,4-庚二烯醛	(E,E)－2,4－Heptadienal	4313－03－5
25	16.8	2-壬烯-1-醇	2－Nonen－1－ol	22104－79－6
26	17.8	2,5-辛二烯	2,5－Octadiene	63216－69－3
27	18.2	2-戊烯	2－Pentene	109－68－2
28	23.3	2-乙基己-2-烯醇	2－Ethyl－2－hexen－1－ol	50639－00－4

A.2 花生油典型风味挥发物质总离子流(TIC)质谱色谱图见图 A.2,花生油中典型风味挥发物质色谱峰对应化合物列表见表 A.2。

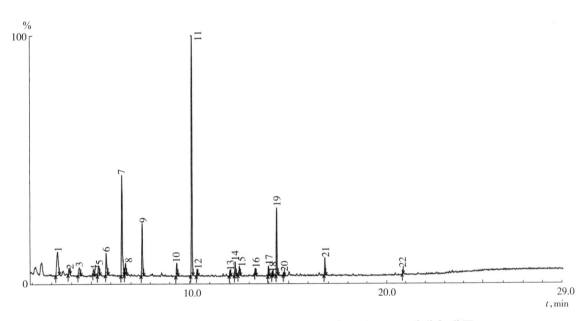

图 A.2 花生油典型风味挥发物质总离子流(TIC)质谱色谱图

表 A.2 花生油中典型风味挥发物质质谱色谱峰对应化合物列表

峰号	保留时间 min	中文名称	英文名称	CAS 号
1	3.3	丙烯醛	2－Propenal	107－02－8
2	3.9	叔丁醇	2－Methyl－2－propanol	75－65－0
3	4.4	异丁醛	2－Methyl－propanal	78－84－2
4	5.1	丁醛	Butanal	123－72－8
5	5.4	乙酸乙烯酯	Aceticacidethenyl ester	108－05－4
6	5.7	甲酸	Formic acid	64－18－6
7	6.5	醋酸	Acetica cid	55896－93－0
8	6.7	2-甲基丁醛	2－Methyl－butanal	96－17－3
9	7.6	戊醛	Pentanal	110－62－3

表 A.2（续）

峰号	保留时间 min	中文名称	英文名称	CAS 号
10	9.3	1-戊醇	1-Pentanol	71-41-0
11	10.1	正己醛	Hexanal	66-25-1
12	10.4	2-甲基吡嗪	Methyl-pyrazine	109-08-0
13	12.0	2-己烯醛	2-Hexenal	505-57-7
14	12.3	2,5-二甲基吡嗪	2,5-Dimethyl-pyrazine	123-32-0
15	12.5	庚醛	Heptanal	111-71-7
16	13.3	2-正戊基呋喃	2-Pentyl-furan	3777-69-3
17	14.0	2-乙基己基醛	2-Ethyl-hexanal	123-05-7
18	14.1	2-乙基-3-甲基吡嗪	2-Ethyl-3-methyl-pyrazine	15707-23-0
19	14.4	反式-2-庚烯醛	(E)-2-Heptenal	18829-55-5
20	14.7	正辛醛	Octanal	124-13-0
21	16.8	十二醛	Dodecanal	112-54-9
22	20.8	对甲基苯甲醛	4-Methyl-benzaldehyde	104-87-0

A.3 菜籽油典型风味挥发物质总离子流(TIC)质谱色谱图见图 A.3,菜籽油中典型风味挥发物质色谱峰对应化合物列表见表 A.3。

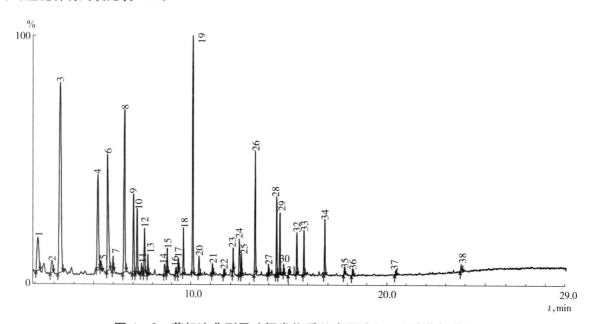

图 A.3 菜籽油典型风味挥发物质总离子流(TIC)质谱色谱图

表 A.3 菜籽油中典型风味挥发物质质谱色谱峰对应化合物列表

峰号	保留时间 min	中文名称	英文名称	CAS 号
1	2.1	乙醛	Acetaldehyde	75-07-0
2	2.9	4-戊烯-2-醇	4-Penten-2-ol	625-31-0
3	3.3	丙醛	Propanal	123-38-6
4	5.2	3-甲基-2-己酮	3-Methyl-2-hexanone	2550-21-2
5	5.4	乙酸乙烯酯	Aceticacidethenyl ester	108-05-4
6	5.7	甲酸	Formic acid	64-18-6
7	6.0	过氧化二碳酸二乙酯	Diethyl peroxidicarbonate	14666-78-5

表 A.3（续）

峰号	保留时间 min	中文名称	英文名称	CAS 号
8	6.6	醋酸	Acetic acid	55896-93-0
9	7.0	巴豆醛	2-Butenal	123-73-9
10	7.2	1-戊烯-3-醇	1-Penten-3-ol	616-25-1
11	7.4	1-戊烯-3-酮	1-Penten-3-one	1629-58-9
12	7.6	戊醛	Pentanal	110-62-3
13	7.7	2,3-戊二酮	2,3-Pentanedione	600-14-6
14	8.6	异戊醇	3-Methyl-1-butanol	123-51-3
15	8.7	丙酸	Propanoic acid	79-09-4
16	9.2	2-戊炔-1-醇	2-Pentyn-1-ol	6261-22-9
17	9.3	1-戊醇	1-Pentanol	71-41-0
18	9.6	反式-2-戊烯醛	(E)-2-Pentenal	1576-87-0
19	10.1	正己醛	Hexanal	66-25-1
20	10.4	甲基烯丙基氰化物	Methallylcyanide	4786-19-0
21	11.1	(2,3,3-三甲基环氧)甲醇	(2,3,3-Trimethyloxiranyl)methanol	110933-26-1
22	11.7	正己醇	1-Hexanol	111-27-3
23	12.1	异硫氰酸烯丙酯	Allyl isothiocyanate	57-06-7
24	12.4	4-乙烯基-3,8-二氧杂三环[5.1.0.02,4]辛烷	3,8-Dioxatricyclo[5.1.0.0(2,4)]octane	53966-43-1
25	12.6	丁醛	Butyraldehyde	123-72-8
26	13.3	异硫氰酸仲丁酯	2-isothiocyanato-Butane	4426-79-3
27	14.0	1-辛烯-3-醇	1-Octen-3-ol	3391-86-4
28	14.4	2-庚烯醛	(Z)-2-Heptenal	57266-86-1
29	14.5	3-丁烯基异硫氰酸酯	Isothiocyanic acid 3-1-Buten-1-yl ester	3386-97-8
30	14.7	正辛醛	Octanal	124-13-0
31	15.0	己酸	Hexanoic acid	142-62-1
32	15.4	反,反-2,4-庚二烯醛	(E,E)-2,4-Heptadienal	4313-03-5
33	15.8	反,反-2,4-庚二烯醛	(E,E)-2,4-Heptadienal	4313-03-5
34	16.8	2-壬烯-1-醇	2-Nonen-1-ol	22104-79-6
35	17.8	1,1'-亚甲基二-环丙烷	1,1'-methylenebis-Cyclopropane	5685-47-2
36	18.2	反-2-戊醇	(E)-2-Penten-1-ol	1576-96-1
37	20.4	反式-2-癸烯醛	(E)-2-Decenal	3913-81-3
38	23.7	顺-2-戊烯醇	(Z)-2-Penten-1-ol	1576-95-0

ICS 67.050
X 04

中华人民共和国农业行业标准

NY/T 3295—2018

油菜籽中芥酸、硫代葡萄糖苷的测定
近红外光谱法

Determination of erucic acid and glucosinolate in rapeseed—
Near infrared spectroscopy method

2018-07-27 发布

2018-12-01 实施

中华人民共和国农业农村部 发布

前　言

本标准按照GB/T 1.1—2009给出的规则起草。

本标准由农业农村部种植业管理司提出并归口。

本标准起草单位：中国农业科学院油料作物研究所、农业农村部油料产品质量安全风险评估实验室（武汉）、农业农村部油料及制品质量监督检验测试中心。

本标准主要起草人：李培武、王督、张良晓、喻理、姜俊、张文、张奇、唐晓倩。

油菜籽中芥酸、硫代葡萄糖苷的测定　近红外光谱法

1　范围

本标准规定了油菜籽中芥酸、硫代葡萄糖苷的近红外光谱测定方法。

本标准适用于油菜籽中芥酸、硫代葡萄糖苷含量的快速测定。

本标准方法不适用于仲裁检验。

2　规范性引用文件

下列文件对于本文件的应用是必不可少的。凡是注日期的引用文件，仅注日期的版本适用于本文件。凡是不注日期的引用文件，其最新版本（包括所有的修改单）适用于本文件。

GB 5009.168　食品安全国家标准　食品中脂肪酸的测定

GB/T 5491　粮食、油料检验　扦样、分样法

GB/T 24895　粮油检验　近红外分析定标模型验证和网络管理与维护通用规则

NY/T 1582　油菜籽中硫代葡萄糖苷的测定　高效液相色谱法

3　术语和定义

GB/T 24895 界定的以及下列术语和定义适用于本文件。

3.1

定标模型　calibration model

利用化学计量学方法建立的样品近红外光谱与对应化学值之间关系的数学模型。

3.2

样品集　sample set

具有代表性的、基本覆盖芥酸、硫代葡萄糖苷含量范围的样品集合。

3.3

定标模型验证　calibration model validation

使用验证样品验证定标模型准确性和重复性的过程。

3.4

决定系数　correlation coefficient

近红外光谱法测定值与参考值之间的相关性，定标样品决定系数以 R^2 表述。

3.5

交叉验证均方根误差　cross validation root mean square error(RMSECV)

每次从样本集中取出一个样本，其余的样本用来建立模型，用建立的模型预测取出的样本，直到定标模型中样本都被取出过一次，计算近红外预测值与化学值之间的交叉验证均方根误差，按式（1）计算。

$$RMSECV = \sqrt{\frac{\sum_{i=1}^{n}(Y-Y_v)^2}{n}} \quad \cdots\cdots\cdots\cdots\cdots\cdots\cdots\cdots (1)$$

式中：

Y——样品采用标准方法测定的芥酸、硫代葡萄糖苷含量，芥酸单位为百分率（%），硫代葡萄糖苷
　　单位为微摩尔每克（μmol/g）；

Y_v——样品采用定标模型预测的芥酸、硫代葡萄糖苷含量,芥酸单位为百分率(%),硫代葡萄糖苷
单位为微摩尔每克($\mu mol/g$);

n——样本数。

4 原理

利用油菜籽中芥酸、硫代葡萄糖苷分子中C—H、O—H、C≡O、C—C等化学键的泛频振动或转动
对近红外光的吸收特性,以漫反射或透射方式获得在近红外区的吸收光谱或透射光谱,利用化学计量学
方法建立油菜籽近红外光谱与芥酸、硫代葡萄糖苷含量之间的相关关系,计算油菜籽中芥酸、硫代葡萄
糖苷的含量。

5 仪器设备

5.1 近红外分析仪:符合 GB/T 24895 的要求。

5.2 软件:具有近红外光谱数据的收集、存储、定标和分析等功能。

6 测定

6.1 测定前准备

6.1.1 除去样品中的杂质和破碎粒,取样和分样按照 GB/T 5491 的规定执行。

6.1.2 样品水分含量≤8.0%。

6.1.3 工作环境:温度15℃~30℃,相对湿度≤80%。

6.2 定标模型建立

6.2.1 定标模型样品集样品应具有代表性,光谱采集应与样品集采用 GB 5009.168 和 NY/T 1582 测
定芥酸、硫代葡萄糖苷同期进行,每个样品重复装样3次,每次重复扫描2次,取6次扫描的平均光谱用
于建立定标模型,定标建模样品含量应均匀分布,覆盖不同品种、不同类型等,样品数不得小于100个。

6.2.2 定标模型建立:采用分段建模和化学计量学回归分析方法建立定标模型,以定标模型的决定系
数(R^2)和交叉验证均方根误差(RMSECV)为评价指标。

6.3 样品测定

按近红外分析仪要求的方式和数量加入样品,避免光透过样品,于近红外分析仪测定,记录测定数
据。待测样品按照6.2.1的规定光谱采集方法执行,结果计算时将样品近红外光谱与定标样品光谱进
行比较,样品测定值在定标模型范围内时,样品的测定值被采纳;当样品测定值超出定标模型范围时,该
样品被定为疑似异常样品。

6.4 定标模型校准升级

定期采集代表性样品光谱,将光谱加入到定标模型的样品光谱库中,采用 GB 5009.168 和 NY/T
1582 测定芥酸和硫代葡萄糖苷,用已有的化学计量学方法进行重新计算和验证,即可校准升级定标
模型。

7 结果处理和表示

7.1 3次测定结果的绝对差应符合9.2的要求,取3次数据的平均值为测定结果,测定结果保留小数
点后1位。

7.2 异常样品的确认和处理流程按照8的规定执行。

8 异常样品的确认和处理

8.1 异常样品的确认

样品芥酸、硫代葡萄糖苷含量超出定标模型范围的认定为异常样品,应进行第二次近红外测定予以确认。

8.2 异常样品的处理

异常样品的芥酸、硫代葡萄糖苷含量应按 GB 5009.168 和 NY/T 1582 方法进行测定,并可用于定标模型升级。

9 准确性和精密度

9.1 准确性:验证样本集测定含量扣除系统偏差后的近红外测定值与其化学值之间的绝对差(S)的具体要求见表 1。

表 1 油菜籽中芥酸、硫代葡萄糖苷 近红外光谱法分析要求

指标	芥酸,%			硫代葡萄糖苷,μmol/g	
	$x \leqslant 3$	$3 < x < 10$	$x \geqslant 10$	$y \leqslant 45$	$y \geqslant 45$
准确性(S)	$\leqslant 0.5$	$\leqslant 1.0$	$\leqslant 2.0$	$\leqslant 6.0$	$\leqslant 8.0$
重复性(S_r)	$\leqslant 0.8$	$\leqslant 2.0$	$\leqslant 4.0$	$\leqslant 8.0$	$\leqslant 10.0$
再现性(S_R)	$\leqslant 1.2$	$\leqslant 3.0$	$\leqslant 5.0$	$\leqslant 10.0$	$\leqslant 12.0$
注:x 为近红外光谱法测定芥酸的含量,y 为近红外光谱法测定硫代葡萄糖苷的含量。					

9.2 重复性:在同一实验室,由同一操作者使用相同的仪器设备,按相同测试方法,并在短的时间内通过重新分样和重新装样,对同一被测样品相互独立进行测试,2 次独立测定的结果的绝对差(S_r)的具体要求见表 1。

9.3 再现性:在不同实验室,由不同操作人员使用不同设备,按相同的测试方法,对相同的样品,2 次独立测定的结果的绝对差(S_R)的具体要求见表 1。

ICS 65.020.01
B 04

中华人民共和国农业行业标准

NY/T 3296—2018

油菜籽中硫代葡萄糖苷的测定
液相色谱-串联质谱法

Determination of glucosinolate compounds in rapeseeds—
Liquid chromatography mass spectrometry

2018-07-27 发布

2018-12-01 实施

中华人民共和国农业农村部 发布

前　言

本标准按照 GB/T 1.1—2009 给出的规则起草。

本标准由农业农村部种植业管理司提出并归口。

本标准起草单位:中国农业科学院油料作物研究所、农业农村部油料产品质量安全风险评估实验室(武汉)、农业农村部油料及制品质量监督检验测试中心。

本标准主要起草人:李培武、王秀嫔、马飞、印南日、张文、汪雪芳、胡为。

油菜籽中硫代葡萄糖苷的测定 液相色谱-串联质谱法

1 范围

本标准规定了采用高效液相色谱-串联质谱法测定油菜籽中硫代葡萄糖苷含量的方法。

本标准适用于油菜籽中硫代葡萄糖苷含量的测定。

本标准方法油菜籽中硫代葡萄糖苷的检出限为 $0.1~\mu mol/g$。

2 规范性引用文件

下列文件对于本文件的应用是必不可少的。凡是注日期的引用文件,仅注日期的版本适用于本文件。凡是不注日期的引用文件,其最新版本(包括所有的修改单)适用于本文件。

GB 5491 粮食、油料检验 扦样、分样法

GB/T 6682 分析实验室用水规格和试验方法

GB/T 14488.1 含油量测定

GB/T 14489.1 水分及挥发物含量测定

3 方法原理

样品中的硫代葡萄糖苷用甲醇-水溶液提取,高效液相色谱-串联质谱选择离子监测(SRM)模式测定硫代葡萄糖苷,内标法定量。

4 试剂与材料

除非另有说明,本方法所有试剂均为分析纯,水为 GB/T 6682 规定的一级水。

4.1 甲醇(CH_3OH):色谱纯。

4.2 乙腈(CH_3CN):色谱纯。

4.3 2-丙烯基硫代葡萄糖苷标准品:含量≥98.0%。

4.4 苯甲基(苄基)硫代葡萄糖苷标准品:含量≥98.0%。

4.5 2-羟基-3-丁烯基硫代葡萄糖苷标准品:含量≥98.0%。

4.6 反式-2-羟基-3-丁烯基硫代葡萄糖苷标准品:含量≥98.0%。

4.7 4-甲亚砜丁基硫代葡萄糖苷标准品:含量≥98.0%。

4.8 2-羟基-4-戊烯基硫代葡萄糖苷标准品:含量≥98.0%。

4.9 5-甲亚砜戊基硫代葡萄糖苷标准品:含量≥98.0%。

4.10 3-丁烯基硫代葡萄糖苷标准品:含量≥98.0%。

4.11 4-羟基-3-吲哚甲基硫代葡萄糖苷标准品:含量≥98.0%。

4.12 4-戊烯基硫代葡萄糖苷标准品:含量≥98.0%。

4.13 3-吲哚甲基硫代葡萄糖苷标准品:含量≥98.0%。

4.14 苯乙基硫代葡萄糖苷标准品:含量≥98.0%。

4.15 4-甲氧基-3-吲哚甲基硫代葡萄糖苷标准品:含量≥98.0%。

4.16 1-甲氧基-3-吲哚甲基硫代葡萄糖苷标准品:含量≥98.0%。

4.17 甲醇-水混合溶液(70+30):量取 70 mL 甲醇和 30 mL 水混合。

NY/T 3296—2018

4.18 硫代葡萄糖苷单一标准储备溶液:分别称取标准品2-羟基-3-丁烯基硫代葡萄糖苷、反式-2-羟基-3-丁烯基硫代葡萄糖苷、丙烯基硫代葡萄糖苷、4-甲亚砜丁基硫代葡萄糖苷、2-羟基-4-戊烯基硫代葡萄糖苷、5-甲亚砜戊基硫代葡萄糖苷、3-丁烯基硫代葡萄糖苷、4-羟基-3-吲哚甲基硫代葡萄糖苷、4-戊烯基硫代葡萄糖苷、苯甲基(苄基)硫代葡萄糖苷、3-吲哚甲基硫代葡萄糖苷、苯乙基硫代葡萄糖苷、4-甲氧基-3-吲哚甲基硫代葡萄糖苷、1-甲氧基-3-吲哚甲基硫代葡萄糖苷10.0 mg(精确至0.1 mg),用甲醇-水混合溶液(4.17)作溶剂溶解定容至10 mL。此标准溶液浓度为1.0 mg/mL。溶液转移至棕色玻璃瓶中后,在−20℃冰箱内保存,备用。

4.19 内标溶液

4.19.1 5 mmol/L丙烯基硫代葡萄糖苷内标溶液:精密称取207.70 mg丙烯基硫代葡萄糖苷溶解于80 mL水中,加水定容到100 mL。

4.19.2 5 mmol/L苯甲基硫代葡萄糖苷内标溶液:精密称取223.7 mg苯甲基硫代葡萄糖苷溶解于80 mL水中,加水定容到100 mL。

注:用丙烯基硫代葡萄糖苷作为内标,当样品中含有丙烯基硫代葡萄糖苷时,用苯甲基硫代葡萄糖苷作内标。

4.20 混合标准工作溶液:分别吸取2-羟基-3-丁烯基硫代葡萄糖苷、反式-2-羟基-3-丁烯基硫代葡萄糖苷、丙烯基硫代葡萄糖苷、4-甲亚砜丁基硫代葡萄糖苷、2-羟基-4-戊烯基硫代葡萄糖苷、5-甲亚砜戊基硫代葡萄糖苷、3-丁烯基硫代葡萄糖苷、4-羟基-3-吲哚甲基硫代葡萄糖苷、4-戊烯基硫代葡萄糖苷、苯甲基(苄基)硫代葡萄糖苷、3-吲哚甲基硫代葡萄糖苷、苯乙基硫代葡萄糖苷、4-甲氧基-3-吲哚甲基硫代葡萄糖苷、1-甲氧基-3-吲哚甲基硫代葡萄糖苷单一标准储备溶液(4.18)50 μL和内标标准工作溶液(4.20)50 μL,用甲醇-水混合溶液(4.17)稀释至1 mL,配制成混合标准工作溶液。

5 仪器和设备

5.1 液相色谱-串联质谱仪:配有电喷雾离子源(ESI)。

5.2 分析天平:感量±0.01 mg和±0.1 mg。

5.3 涡旋振荡器。

5.4 低温冰箱:温度可低至−20℃。

5.5 离心机:带有10 mL转头,并能获得对应转速5 000 r/min的相对离心力。

5.6 微孔滤膜:0.22 μm,有机系。

5.7 棕色容量瓶:10 mL和100 mL。

5.8 离心管:10 mL。

5.9 刻度试管:10 mL。

6 试样制备与保存

6.1 试样制备

试样应在45℃条件下通风干燥,保证水分及挥发物含量不超过10%。按照GB 5491的规定对试验材料进行缩分,将缩分后的实验材料分成三份,第一份按GB/T 14489.1的规定测定水分及挥发物含量,第二份按GB/T 14488.1的规定测定含油量,第三份为硫代葡萄糖苷待测试样。

将干燥待测试样在微型粉碎机中粉碎,过40目筛,然后立即连续完成7.1~7.2的全部过程。

6.2 保存

试样于干燥器中保存。

7 分析步骤

7.1 称样

称取 0.2 g(精确至 0.001 g)试样至 10 mL 离心管(5.8)中。

7.2 硫代葡萄糖苷的提取

提取液甲醇-水混合溶液(4.17)预先在 100℃水浴中预热至沸腾。

将装有试样的 10 mL 离心管放于 75℃水浴 1 min,加入 2 mL 沸腾后的甲醇-水混合溶液(4.17)后,立即加入 200 μL 的 5 mmol/L 内标溶液至离心管中。超声提取 5 min 后,取出离心管,4 500 r/min 离心 3 min,转移上清液至 10 mL 刻度试管中。重复此提取操作一次,并将两次提取上清液合并至 10 mL 试管(5.9)中。刻度试管至涡旋振荡器中混匀。提取上清液用微孔滤膜(5.6)过滤,待进样。

7.3 空白试验

用相同的样品进行相同的前处理,但不加内标物质,以检查样品中内标物质是否存在。

7.4 液相色谱-串联质谱测定

7.4.1 液相色谱参考条件

色谱柱:UPLC C_{18}(100 mm×2.1 mm,3.0 μm)色谱柱,或等效色谱柱;

流动相:A 为水,B 为甲醇;

流速:0.20 mL/min;

进样量:10 μL;

柱温:30℃。

流动相梯度洗脱程序见表 1。

表 1 梯度洗脱程序

时间,min	流动相 A,%	流动相 B,%
0.0	90	10
7.0	0	100
7.9	0	100
8.0	90	10
10.0	90	10

7.4.2 质谱参考条件

质谱仪:串联质谱检测器(配置电喷雾离子源);

离子源:电喷雾离子源(ESI);

离子源温度:300℃;

离子传输毛细管温度:275℃;

喷雾气压力:30 psi;

辅助气压力:5 psi;

碰撞能量:30 eV;

吹扫气流量:5 psi;

扫描方式:负离子扫描;

检测方式:选择离子监测(SRM)。

硫代葡萄糖苷定量离子和定性离子参考质谱条件见表 2。

表 2 硫代葡萄糖苷定量离子和定性离子参考质谱条件

序号	分析物中文名称	分析物英文名称	CAS 号	定量离子对	碰撞能量 eV	定性离子对	碰撞能量 eV
1	2-羟基-3-丁烯基硫代葡萄糖苷	Progoitrin	585-95-5	388.0/195.0	19	388.0/259.0	20
2	反式-2-羟基-3-丁烯基硫代葡萄糖苷	Epiprogoitrin	19237-18-4	388.1/195.0	20	388.1/259.0	19
3	丙烯基硫代葡萄糖苷	Sinigrin	3952-98-5	358.1/195.0	18	358.1/162.0	18

表 2（续）

序号	分析物中文名称	分析物英文名称	CAS 号	定量离子对	碰撞能量 eV	定性离子对	碰撞能量 eV
4	4-甲亚砜丁基硫代葡萄糖苷	Glucoraphenin	28463-24-3	434.1/419.0	20	434.1/259.0	22
5	2-羟基-4-戊烯基硫代葡萄糖苷	Gluconapoleiferin	107657-50-1	402.1/259.0	22	402.1/332.0	18
6	5-甲亚砜戊基硫代葡萄糖苷	Glucoalyssin	499-37-6	450.0/386.0	23	450.0/285.0	30
7	3-丁烯基硫代葡萄糖苷	Gluconapin	19041-09-9	372.1/195.0	18	372.1/259.0	19
8	4-羟基-3-吲哚甲基硫代葡萄糖苷	4-Hydroxyglucobrassicin	83327-20-2	463.0/285.0	18	463/267.0	20
9	4-戊烯基硫代葡萄糖苷	Glucobrassicanapin	19041-10-2	386.0/259.0	25	386/275.0	20
10	苯甲基（苄基）硫代葡萄糖苷	Glucotropaeolin	499-26-3	408.1/259.0	20	408.1/275.0	22
11	3-吲哚甲基硫代葡萄糖苷	Glucobrassicin	4356-52-9	447.0/259.0	26	447.0/275.0	21
12	苯乙基硫代葡萄糖苷	Gluconasturtiin	499-30-9	422.0/259.0	20	422/275.0	22
13	4-甲氧基-3-吲哚甲基硫代葡萄糖苷	4-Methoxyglucobrassicin	83327-21-3	477.1/236.9	18	477.1/168.7	20
14	1-甲氧基-3-吲哚甲基硫代葡萄糖苷	Neoglucobrassicin	5187-84-8	495.0/462.0	23	495.0/477.0	17

7.4.3 定性测定

在相同试验条件下，待测物在样品中的保留时间与标准工作溶液中的保留时间偏差在±2.5%之内，并且色谱图中各组分定性离子对的相对丰度，与浓度接近标准工作液中相应定性离子对的相对丰度进行比较，若偏差不超过表3规定的范围，则可判断为样品中存在对应的待测物。

表 3 定性测定时相对离子丰度的最大允许误差

单位为百分率

相对离子丰度	>50	20~50（含）	10~20（含）	≤10
允许的相对偏差	±20	±25	±30	±50

7.4.4 定量测定

取混合标准工作液与试样交替进样，采用单点或多点校准，内标法定量。硫代葡萄糖苷标准溶液的选择离子监测色谱图参见附录 A。

8 结果计算

以每克脱脂油菜籽含标准水分及挥发物时所含每种硫代葡萄糖苷的微摩尔数表示，按式（1）计算。

$$X = \frac{C \times n}{m} \times \frac{1}{1-w} \times (1-w_s) \times f_i \times f_s \quad \cdots\cdots\cdots\cdots\cdots\cdots\cdots (1)$$

式中：

X ——脱脂油菜籽含标准水分及挥发物时所含每种硫代葡萄糖苷的含量，单位为微摩尔每克（$\mu mol/g$）；

C ——试样中每种待测硫代葡萄糖苷的色谱峰与内标 2-丙烯基硫苷色谱峰的峰面积比值；

n ——试样中加入内标量的数值，单位为微摩尔（μmol）；

m ——样品称样量，单位为克（g）；

w ——试样中水分、挥发物和含油量之和，以质量百分数表示（%）；

w_s ——标准水分及挥发物含量，以质量百分数表示（%），数值为8.5%或9%；

f_i ——混合标准工作溶液中内标色谱峰与每种待测硫代葡萄糖苷的色谱峰的峰面积比值；

f_s ——混合标准工作溶液中每种待测硫代葡萄糖苷量的数值（μmol）与内标量的数值（μmol）的比值。

测定结果取其2次测定的算术平均值，计算结果保留3位有效数字。

9 精密度

9.1 重现性

在重现性条件下，获得 2 次独立测定结果的绝对差值不超过 2 次测定结果算术平均值的 10%。

9.2 再现性

在再现性条件下，获得 2 次独立测定结果的绝对差值不超过 2 次测定结果算术平均值的 20%。

附　录　A
（资料性附录）
硫代葡萄糖苷选择反应模式检测（SRM）质谱色谱图

硫代葡萄糖苷选择反应模式检测（SRM）质谱色谱图见图 A.1。

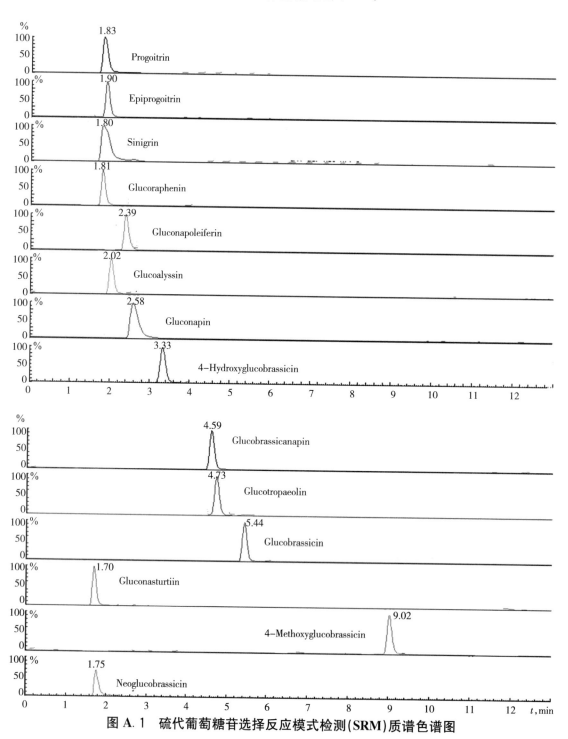

图 A.1　硫代葡萄糖苷选择反应模式检测（SRM）质谱色谱图

附　录　B

（资料性附录）

硫代葡萄糖苷二级全扫描质谱图

B.1 2-羟基-3-丁烯基葡萄糖苷母离子(m/z＝388.0)的二级全扫描质谱图

见图 B.1。

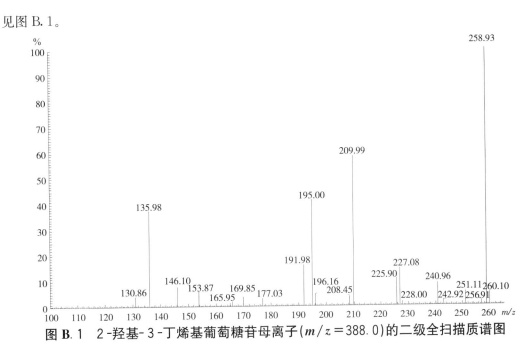

图 B.1　2-羟基-3-丁烯基葡萄糖苷母离子(m/z＝388.0)的二级全扫描质谱图

B.2 2-羟基-3-丁烯基葡萄糖苷母离子(m/z＝388.1)的二级全扫描质谱图

见图 B.2。

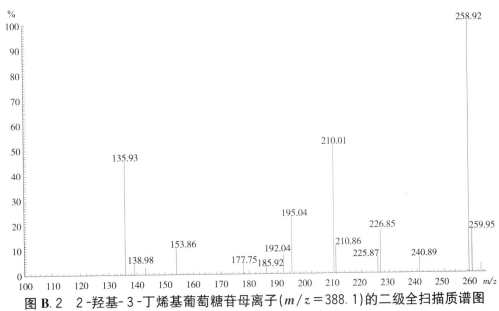

图 B.2　2-羟基-3-丁烯基葡萄糖苷母离子(m/z＝388.1)的二级全扫描质谱图

B.3 丙烯基葡萄糖苷母离子($m/z=358.1$)的二级全扫描质谱图

见图 B.3。

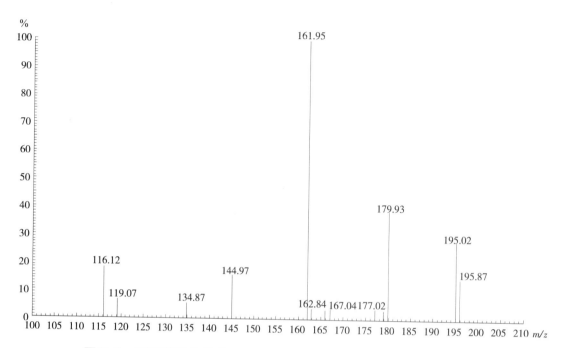

图 B.3 丙烯基葡萄糖苷母离子($m/z=358.1$)的二级全扫描质谱图

B.4 4-甲亚砜丁基葡萄糖苷母离子($m/z=434.1$)的二级全扫描质谱图

见图 B.4。

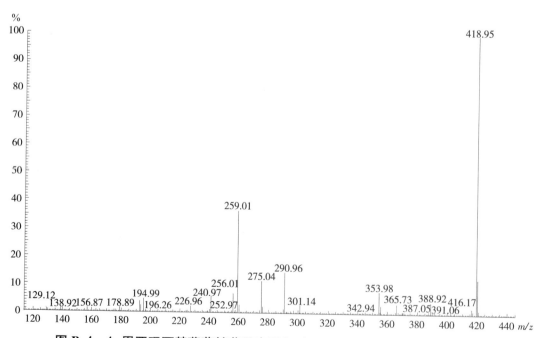

图 B.4 4-甲亚砜丁基葡萄糖苷母离子($m/z=434.1$)的二级全扫描质谱图

B.5 2-羟基-4-戊烯基葡萄糖苷母离子($m/z=402.1$)的二级全扫描质谱图

见图 B.5。

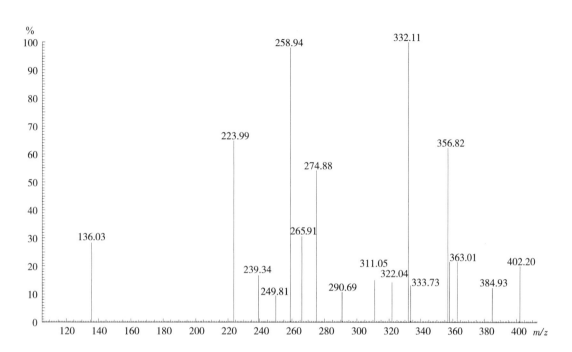

图 B.5　2-羟基-4-戊烯基葡萄糖苷母离子($m/z=402.1$)的二级全扫描质谱图

B.6 5-甲亚砜戊基葡萄糖苷母离子($m/z=450.0$)的二级全扫描质谱图

见图 B.6。

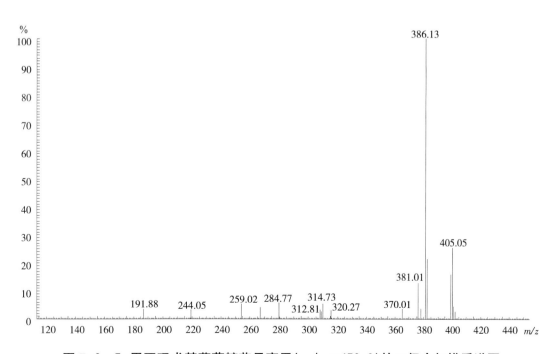

图 B.6　5-甲亚砜戊基葡萄糖苷母离子($m/z=450.0$)的二级全扫描质谱图

B.7 3-丁烯基葡萄糖苷母离子(*m*/*z*=372.1)的二级全扫描质谱图

见图 B.7。

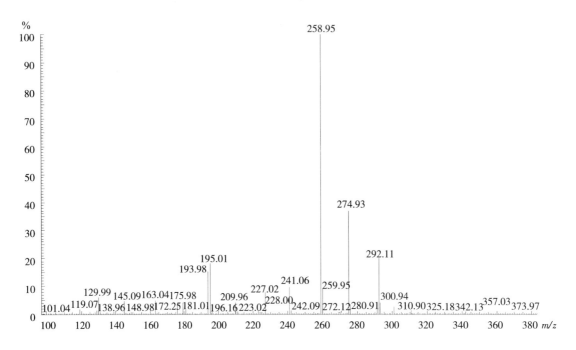

图 B.7 3-丁烯基葡萄糖苷母离子(*m*/*z*=372.1)的二级全扫描质谱图

B.8 4-羟基-3-吲哚甲基葡萄糖苷母离子(*m*/*z*=463.0)的二级全扫描质谱图

见图 B.8。

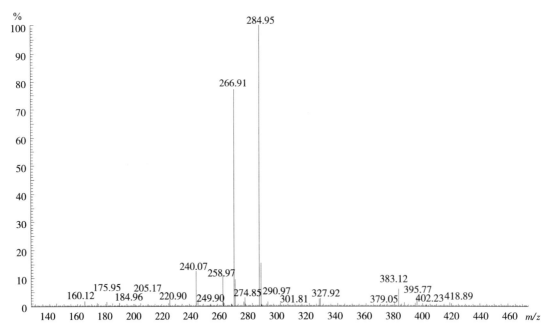

图 B.8 4-羟基-3-吲哚甲基葡萄糖苷母离子(*m*/*z*=463.0)的二级全扫描质谱图

B.9 4-戊烯基葡萄糖苷母离子(m/z＝386.0)的二级全扫描质谱图

见图 B.9。

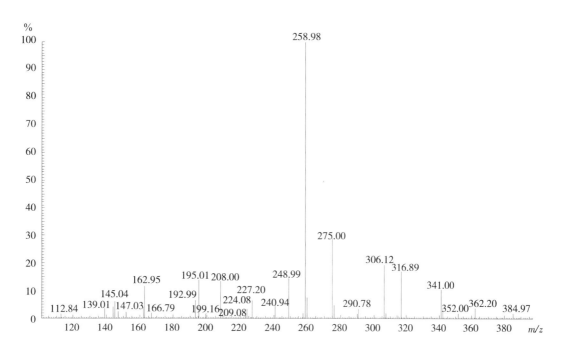

图 B.9 4-戊烯基葡萄糖苷母离子(m/z＝386.0)的二级全扫描质谱图

B.10 苯甲基(苄基)葡萄糖苷母离子(m/z＝408.1)的二级全扫描质谱图

见图 B.10。

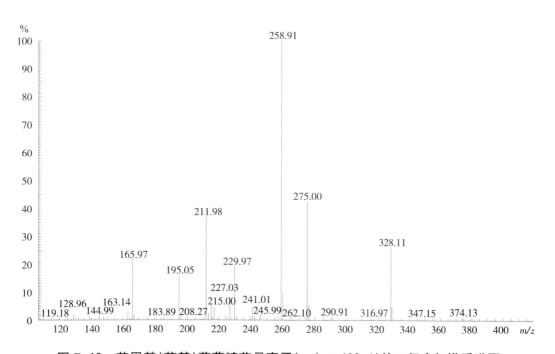

图 B.10 苯甲基(苄基)葡萄糖苷母离子(m/z＝408.1)的二级全扫描质谱图

B.11 3-吲哚甲基葡萄糖苷母离子($m/z=447.0$)的二级全扫描质谱图

见图 B.11。

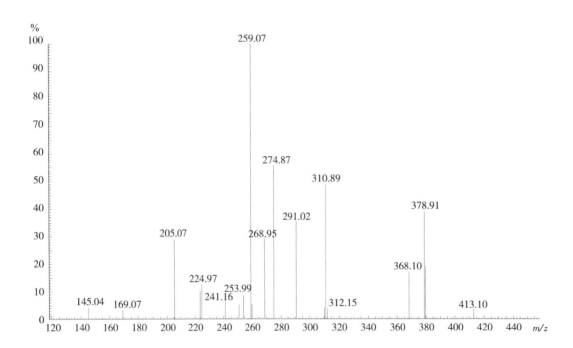

图 B.11 3-吲哚甲基葡萄糖苷母离子($m/z=447.0$)的二级全扫描质谱图

B.12 苯乙基葡萄糖苷母离子($m/z=422.0$)的二级全扫描质谱图

见图 B.12。

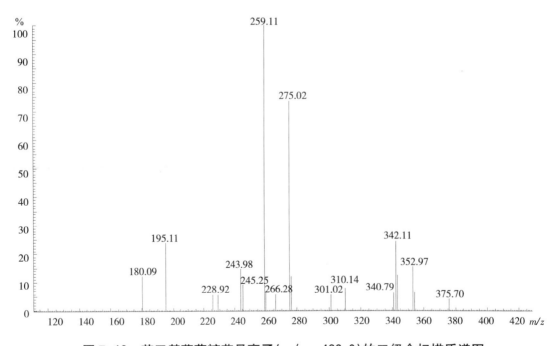

图 B.12 苯乙基葡萄糖苷母离子($m/z=422.0$)的二级全扫描质谱图

B.13 4-甲氧基-3-吲哚甲基葡萄糖苷母离子(m/z＝477.1)的二级全扫描质谱图

见图 B.13。

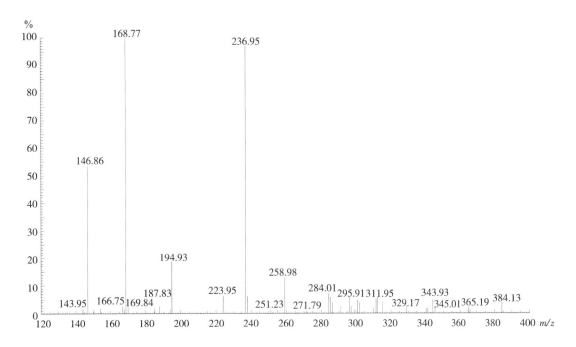

图 B.13 4-甲氧基-3-吲哚甲基葡萄糖苷母离子(m/z＝477.1)的二级全扫描质谱图

B.14 1-甲氧基-3-吲哚甲基葡萄糖苷母离子(m/z＝495.0)的二级全扫描质谱图

见图 B.14。

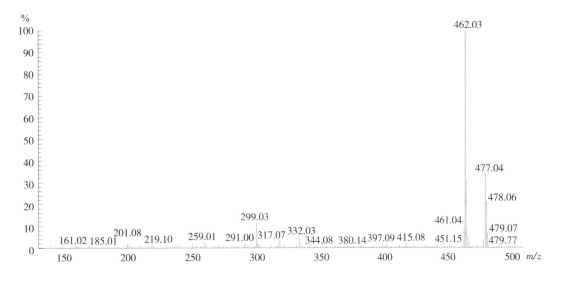

图 B.14 1-甲氧基-3-吲哚甲基葡萄糖苷母离子(m/z＝495.0)的二级全扫描质谱图

ICS 67.050
X 04

中华人民共和国农业行业标准

NY/T 3297—2018

油菜籽中总酚、生育酚的测定
近红外光谱法

Determination of total phenolic compounds and tocopherols in rapeseed seeds—
Near-infrared spectroscopy method

2018-07-27 发布

2018-12-01 实施

中华人民共和国农业农村部 发布

前　言

本标准按照 GB/T 1.1—2009 给出的规则起草。

本标准由农业农村部种植业管理司提出并归口。

本标准起草单位：中国农业科学院油料作物研究所、农业农村部油料产品质量安全风险评估实验室（武汉）、农业农村部油料及制品质量监督检验测试中心。

本标准主要起草人：张良晓、李培武、王督、张文、姜俊、陈小媚。

油菜籽中总酚、生育酚的测定 近红外光谱法

1 范围

本标准规定了油菜籽中总酚、生育酚的近红外光谱测定方法。

本标准适用于油菜籽中总酚、生育酚的快速测定。

本标准方法不适用于仲裁检验。

2 规范性引用文件

下列文件对于本文件的应用是必不可少的。凡是注日期的引用文件,仅注日期的版本适用于本文件。凡是不注日期的引用文件,其最新版本(包括所有的修改单)适用于本文件。

GB/T 5491 粮食、油料检验 扦样、分样法

GB/T 24895 粮油检验 近红外分析定标模型验证和网络管理与维护通用规则

GB/T 26635 动植物油脂 生育酚及生育三烯酚含量测定 高效液相色谱法

LS/T 6119 粮油检验 植物油中多酚的测定 分光光度法

3 术语和定义

GB/T 24895 界定的以及下列术语和定义适用于本文件。

3.1

定标模型 calibration model

利用化学计量学方法建立的样品近红外光谱与对应标准方法测定值之间关系的数学模型。

3.2

样品集 sample set

具有代表性的、基本覆盖总酚、生育酚含量范围的样品集合。

3.3

定标模型验证 calibration model validation

使用验证样品验证定标模型准确性和重复性的过程。

3.4

决定系数 correlation coefficient

近红外光谱法测定值与参考值之间的相关性,定标样品决定系数以 R^2 表述。

3.5

交叉验证均方根误差 cross validation root mean square error(RMSECV)

每次从样本集中取出一个样本,其余的样本用来建立模型,用建立的模型预测取出的样本,直到定标模型中样本都被取出过一次,计算近红外预测值与标准方法测量值之间的交叉验证均方根误差,按式(1)计算。

$$RMSECV = \sqrt{\frac{\sum_{i=1}^{n}(Y-Y_v)^2}{n}} \quad \cdots\cdots\cdots\cdots\cdots\cdots\cdots \quad (1)$$

式中:

Y——样品采用标准方法测定的总酚、生育酚含量,单位为毫克每千克(mg/kg);

Y_v——样品采用定标模型预测的总酚、生育酚含量,单位为毫克每千克(mg/kg);

n ——样本数,单位为个。

4 原理

利用油菜籽中总酚、生育酚分子中 C—H、O—H、C=O、C—C 等化学键的泛频振动或转动对近红外光的吸收特性,以漫反射或透射方式获得在近红外区的吸收光谱或透射光谱,利用化学计量学方法建立油菜籽中总酚、生育酚之间的相关关系模型,计算油菜籽中总酚、生育酚含量。

5 仪器设备

5.1 近红外分析仪:符合 GB/T 24895 的要求。

5.2 软件:具有近红外光谱数据的收集、存储、定标和分析等功能的软件。

6 测定

6.1 测定前准备

6.1.1 除去样品中的杂质和破碎粒,取样和分样按照 GB/T 5491 的规定执行。

6.1.2 样品水分含量应不高于 8.0%。

6.1.3 工作环境:温度 15℃~30℃,相对湿度≤80%。

6.2 定标模型建立

6.2.1 定标模型样品集样品应具有代表性,分别按照 GB/T 26635 和 LS/T 6119 的规定测定油菜籽中总酚和生育酚含量;同期采集近红外光谱,每个样品重复装样 3 次,测定后的样品应与原待测样品混匀,再次取样进行测定,每遍重复扫描 2 次,取 6 次扫描的平均光谱用于建立定标模型。定标建模样品含量应均匀分布,覆盖不同品种、不同类型等,应均衡覆盖不同品种、不同含量范围等,样本数量应不少于 300 个。

6.2.2 定标模型建立:采用化学计量学变量选择方法筛选与油菜籽总酚、生育酚含量相关的特征波长,利用化学计量学回归分析方法建立油菜籽中总酚、生育酚含量的预测模型。以定标模型的决定系数(R^2)和交叉验证均方根误差(RMSECV)为评价指标。

6.3 样品测定

按近红外分析仪要求的方式和数量加入样品,于近红外分析仪测定,记录测定数据。待测样品按照6.2.1 规定的光谱采集方法执行。结果计算时将样品近红外光谱与定标样品光谱进行比较,样品测定值在定标模型范围内时,样品的测定值被采纳;当样品测定值超出定标模型范围时,该样品被定为疑似异常样品。

6.4 定标模型校准升级

定期选用代表性的样品或符合 8.2 要求的异常样品采集近红外光谱,将光谱加入到定标模型的样品光谱库中,采用标准方法测定油菜籽中总酚、生育酚含量,用已有的化学计量学方法进行重新计算和验证,即可校准升级定标模型。

7 结果处理和表示

7.1 3 次测定结果的绝对差应符合 9.2 的要求,取 3 次数据的平均值为测定结果,测定结果保留至小数点后 1 位。

7.2 异常样品的确认和处理流程按照 8 的规定执行。

8 异常样品的确认和处理

8.1 异常样品的确认

样品总酚、生育酚超出定标模型范围的样品认定为异常样品,应进行第二次近红外光谱法测定予以确认。

8.2 异常样品的处理

异常样品的总酚、生育酚含量应按照 GB/T 26635 和 LS/T 6119 的规定再次测定,确认测定结果无误的异常样品可用于定标模型升级。

9 准确性和精密度

9.1 准确性:验证样本集测定含量扣除系统偏差后的近红外光谱法测定值与其标准方法测量值之间的绝对差应不大于算术平均值的 10%。

9.2 重复性:在同一实验室,由同一操作者使用相同的仪器设备,按相同测试方法,并在短的时间内通过重新分样和重新装样,对同一被测样品相互独立进行测试,2 次独立测定的总酚、生育酚含量结果的绝对差应不大于算术平均值的 15%。

9.3 再现性:在不同实验室,由不同操作人员使用同一型号不同设备,按相同的测试方法,对相同的样品,2 次独立测定的总酚、生育酚结果的绝对差不大于算术平均值的 15%。

ICS 67.050
X 04

中华人民共和国农业行业标准

NY/T 3298—2018

植物油料中粗蛋白质的测定
近红外光谱法

Determination of crude protein content in vegetable oilseeds—
Near-infrared spectroscopy method

2018-07-27 发布

2018-12-01 实施

中华人民共和国农业农村部 发布

NY/T 3298—2018

前　言

本标准按照 GB/T 1.1—2009 给出的规则起草。

本标准由农业农村部种植业管理司提出并归口。

本标准起草单位：中国农业科学院油料作物研究所、农业农村部油料产品质量安全风险评估实验室（武汉）、农业农村部油料及制品质量监督检验测试中心。

本标准主要起草人：李培武、马飞、张良晓、王督、喻理、张奇、白艺珍。

植物油料中粗蛋白质的测定 近红外光谱法

1 范围

本标准规定了植物油料中粗蛋白质的近红外光谱测定方法。

本标准适用于油菜、大豆、花生、芝麻等植物油料中粗蛋白质含量的快速测定。

本标准方法不适用于仲裁检验。

2 规范性引用文件

下列文件对于本文件的应用是必不可少的。凡是注日期的引用文件,仅注日期的版本适用于本文件。凡是不注日期的引用文件,其最新版本(包括所有的修改单)适用于本文件。

GB 5009.5 食品安全国家标准 食品中蛋白质的测定

GB/T 5491 粮食、油料检验 扦样、分样法

GB/T 24895 粮油检验 近红外分析定标模型验证和网络管理与维护通用规则

3 术语与定义

GB/T 24895 界定的以及下列术语和定义适用于本文件。

3.1

定标模型 calibration model

利用化学计量学方法建立的样品近红外光谱与对应化学值之间关系的数学模型。

3.2

样品集 sample set

具有代表性的、基本覆盖粗蛋白质范围的样品集合。

3.3

定标模型验证 calibration model validation

使用验证样品验证定标模型准确性和重复性的过程。

3.4

决定系数 correlation coefficient

近红外光谱法测定值与参考值之间的相关性,定标样品决定系数以 R^2 表述。

3.5

交叉验证均方根误差 cross validation root mean square error(RMSECV)

每次从样本集中取出一个样本,其余的样本用来建立模型,用建立的模型预测取出的样本,直到定标模型中样本都被取出过一次,计算近红外预测值与化学值之间的交叉验证均方根误差,按式(1)计算。

$$RMSECV = \sqrt{\frac{\sum_{i=1}^{n}(Y-Y_v)^2}{n}} \quad \cdots\cdots\cdots\cdots\cdots\cdots\cdots\cdots (1)$$

式中:

Y——样品采用标准方法测定的粗蛋白质含量(以质量分数计),单位为百分率(%);

Y_v——样品采用定标模型预测的粗蛋白质含量(以质量分数计),单位为百分率(%);

n——样本数。

4 原理

利用植物油料蛋白质分子中C—H、O—H、C=O、C—C等化学键的泛频振动或转动对近红外光的吸收特性,以漫反射或透射方式获得在近红外区的吸收光谱或透射光谱,利用化学计量学方法建立植物油料近红外光谱与粗蛋白质之间的相关关系模型,计算植物油料中粗蛋白质的含量。

5 仪器设备

5.1 近红外分析仪:符合GB/T 24895的要求。

5.2 软件:具有近红外光谱数据的收集、存储、定标和分析等功能。

6 测定

6.1 测定前准备

6.1.1 除去样品中的杂质和破碎粒,取样和分样按照GB/T 5491的规定执行。

6.1.2 样品水分含量≤13.5%。

6.1.3 工作环境:温度15℃～30℃,相对湿度≤80%。

6.2 定标模型建立

6.2.1 定标模型样品集样品应具有代表性,光谱采集应与样品集采用GB 5009.5的规定测定粗蛋白质同期进行,每个样品重复装样3次,测定后的样品与原待测样品混匀,再次取样进行测定,每次重复扫描2次,取6次扫描的平均光谱用于建立定标模型,定标建模样品含量应均匀分布,覆盖不同品种、不同类型等,样品数不得小于100个。

6.2.2 定标模型建立:采用化学计量学回归分析方法建立蛋白质定标模型,以定标模型的决定系数(R^2)和交叉验证均方根误差(RMSECV)为评价指标。

6.3 样品测定

按近红外分析仪要求的方式和数量加入样品,避免光透过样品,于近红外分析仪测定,记录测定数据。待测样品按6.2.1光谱采集方法执行,结果计算时将样品近红外光谱与定标样品光谱进行比较,样品测定值在定标模型范围内时,样品的测定值被采纳;当样品测定值超出定标模型范围时,该样品被定为疑似异常样品。

6.4 定标模型校准升级

定期采集代表性样品光谱,将光谱加入到定标模型的样品光谱库中,采用GB 5009.5测定粗蛋白质,用已有的化学计量学方法进行重新计算和验证,即可校准升级定标模型。

7 结果处理和表示

7.1 3次测定结果的绝对差应符合9.2的要求,取3次数据的平均值为测定结果,测定结果保留至小数点后1位。

7.2 异常样品的确认和处理流程按照8的规定执行。

8 异常样品的确认和处理

8.1 异常样品的确认

样品粗蛋白质超出定标模型范围的样品认定为疑似异常样品,应进行第二次近红外测定予以确认。

8.2 异常样品的处理

异常样品的粗蛋白质含量应按照GB 5009.5的规定进行测定,并可用于定标模型校准升级。

9 准确性和精密度

9.1 准确性：验证样本集测定含量扣除系统偏差后的近红外测定值与其化学值之间的绝对差应不大于
1.0%。

9.2 重复性：在同一实验室，由同一操作者使用相同的仪器设备，按相同测试方法，并在短的时间内通
过重新分样和重新装样，对同一被测样品相互独立进行测试，2次独立测定的粗蛋白质结果的绝对差应
不大于1.0%。

9.3 再现性：在不同实验室，由不同操作人员使用不同设备，按相同的测试方法，对相同的样品，2次独
立测定的粗蛋白质结果的绝对差不大于1.5%。

ICS 67.050
X 04

中华人民共和国农业行业标准

NY/T 3299—2018

植物油料中油酸、亚油酸的测定
近红外光谱法

Determination of oleic acid and linoleic acid in vegetable oilseeds—
Near–infrared spectroscopy method

2018-07-27 发布

2018-12-01 实施

中华人民共和国农业农村部 发布

前　言

本标准按照 GB/T 1.1—2009 给出的规则起草。

本标准由农业农村部种植业管理司提出并归口。

本标准起草单位:中国农业科学院油料作物研究所、农业农村部油料产品质量安全风险评估实验室（武汉）、农业农村部油料及制品质量监督检验测试中心。

本标准主要起草人:李培武、张良晓、王督、张文、马飞、汪雪芳、张奇。

植物油料中油酸、亚油酸的测定　近红外光谱法

1　范围

本标准规定了植物油料中油酸、亚油酸的近红外光谱测定方法。

本标准适用于油菜、花生、大豆、芝麻等主要植物油料中油酸、亚油酸的快速测定。

本标准方法不适用于仲裁检验。

2　规范性引用文件

下列文件对于本文件的应用是必不可少的。凡是注日期的引用文件,仅注日期的版本适用于本文件。凡是不注日期的引用文件,其最新版本(包括所有的修改单)适用于本文件。

GB 5009.168　食品安全国家标准　食品中脂肪酸的测定

GB/T 5491　粮食、油料检验　扦样、分样法

GB/T 24895　粮油检验　近红外分析定标模型验证和网络管理与维护通用规则

3　术语和定义

GB/T 24895 界定的以及下列术语和定义适用于本文件。

3.1

定标模型　calibration model

利用化学计量学方法建立的样品近红外光谱与对应标准方法测量结果之间关系的数学模型。

3.2

样品集　sample set

具有代表性的、基本覆盖油酸、亚油酸含量范围的样品集合。

3.3

定标模型验证　calibration model validation

使用验证样品验证定标模型准确性和重复性的过程。

3.4

决定系数　correlation coefficient

近红外光谱法测定值与参考值之间的相关性,定标样品决定系数以 R^2 表述。

3.5

交叉验证均方根误差　cross validation root mean square error(RMSECV)

每次从样本集中取出一个样本,其余的样本用来建立模型,用建立的模型预测取出的样本,直到定标模型中样本都被取出过一次,计算近红外预测值与标准方法测量值之间的交叉验证均方根误差,按式(1)计算。

$$RMSECV = \sqrt{\frac{\sum_{i=1}^{n}(Y-Y_v)^2}{n}} \qquad \cdots\cdots\cdots\cdots\cdots\cdots\cdots\cdots\cdots\cdots\cdots \text{（1）}$$

式中:

Y——样品采用标准方法测定的油酸、亚油酸百分含量,单位为百分率(%);

Y_v——样品采用定标模型预测的油酸、亚油酸百分含量,单位为百分率(%);

n ——样本数,单位为个。

4 原理

利用植物油料脂肪酸分子中 C—H、O—H、C=O、C—C 等化学键的泛频振动或转动对近红外光的吸收特性,以漫反射或透射方式获得在近红外区的吸收光谱或透射光谱,利用化学计量学方法建立植物油料近红外光谱与油酸、亚油酸之间的相关关系模型,计算植物油料的油酸、亚油酸含量。

5 仪器设备

5.1 近红外分析仪:符合 GB/T 24895 的要求。

5.2 软件:具有近红外光谱数据的收集、存储、定标和分析等功能的软件。

6 测定

6.1 测定前准备

6.1.1 除去样品中的杂质和破碎粒。取样和分样按照 GB/T 5491 的规定执行。

6.1.2 样品水分含量应符合植物油料标准。

6.1.3 工作环境:温度 15℃~30℃,相对湿度≤80%。

6.2 定标模型建立

6.2.1 定标模型样品集样品应具有代表性,采用 GB 5009.168 测定油酸、亚油酸百分含量;同期采集近红外光谱,每个样品重复装样 3 次,测定后的样品应与原待测样品混匀,再次取样进行测定,每遍重复扫描 2 次,取 6 次扫描的平均光谱用于建立定标模型。定标建模样品含量应均匀分布,覆盖不同品种、不同类型等,应均衡覆盖不同品种、不同含量范围等,样本数量应不少于 300 个。

6.2.2 定标模型建立:利用化学计量学回归分析方法建立植物油料中油酸、亚油酸含量的预测模型。以定标模型的决定系数(R^2)和交叉验证均方根误差(RMSECV)为评价指标。

6.3 样品测定

按近红外分析仪要求的方式和数量加入样品,于近红外分析仪测定,记录测定数据。待测样品按照 6.2.1 规定的光谱采集方法执行。结果计算时将样品近红外光谱与定标样品光谱进行比较,样品测定值在定标模型范围内时,样品的测定值被采纳;当样品测定值超出定标模型范围时,该样品被定为疑似异常样品。

6.4 定标模型校准升级

定期选用代表性的样品或符合 8.2 要求的异常样品采集近红外光谱,将光谱加入到定标模型的样品光谱库中,采用标准方法测定植物油料中油酸、亚油酸含量,用已有的化学计量学方法进行重新计算和验证,即可校准升级定标模型。

7 结果处理和表示

7.1 3 次测定结果的绝对差应符合 9.2 的要求,取 3 次数据的平均值为测定结果,测定结果保留至小数点后 1 位。

7.2 异常样品的确认和处理流程应按照 8 的规定执行。

8 异常样品的确认和处理

8.1 异常样品的确认

样品油酸、亚油酸超出定标模型范围的样品认定为异常样品,应进行第二次近红外光谱法测定予以确认。

8.2 异常样品的处理

异常样品的油酸、亚油酸含量应按照 GB 5009.168 的规定进行再次测定,确认测定结果无误的异常样品可用于定标模型升级。

9 准确性和精密度

9.1 准确性:验证样本集测定含量扣除系统偏差后的近红外光谱法测定值与其标准值之间的标准差应不大于15%。

9.2 重复性:在同一实验室,由同一操作者使用相同的仪器设备,按相同测试方法,并在短的时间内通过重新分样和重新装样,对同一被测样品相互独立进行测试,2 次独立测定的结果的绝对差应不大于4%。

9.3 再现性:在不同实验室,由不同操作人员使用同一型号不同设备,按相同的测试方法,对相同的样品,2 次独立测定的结果的绝对差应不大于5%。

ICS 65.020.01
B 04

中华人民共和国农业行业标准

NY/T 3300—2018

植物源性油料油脂中甘油三酯的测定
液相色谱–串联质谱法

Determination of triacylglycerols in oilseeds and vegetable oils—
Liquid chromatography tandem mass spectrometry

2018-07-27 发布

2018-12-01 实施

中华人民共和国农业农村部 发布

NY/T 3300—2018

前　言

本标准按照 GB/T 1.1—2009 给出的规则起草。

本标准由农业农村部种植业管理司提出并归口。

本标准起草单位:中国农业科学院油料作物研究所、安徽燕庄油脂有限责任公司、农业农村部油料产品质量安全风险评估实验室(武汉)、农业农村部油料及制品质量监督检验测试中心。

本标准主要起草人:王秀嫔、李培武、刘燕、徐彦辉、马飞、印南日、汪雪芳。

植物源性油料油脂中甘油三酯的测定　液相色谱-串联质谱法

1　范围

本标准规定了植物源性油料油脂中甘油三酯的测定方法。

本标准适用于植物源性油料和植物油中三亚油酸甘油酯(LLL)、1-油酸-2,3-亚油酸甘油酯(OLL)、1-棕榈酸-2,3-亚油酸甘油酯(PLL)、1-棕榈酸-2-油酸-3-亚油酸甘油酯(POL)、三油酸甘油酯(OOO)、1,2-油酸-3-棕榈酸甘油酯(OOP)的测定。

本标准方法的检出限均为 0.3 mg/kg,定量限均为 1.0 mg/kg。

本标准方法的线性范围为 0.2 μg/mL~40 μg/mL。

2　规范性引用文件

下列文件对于本文件的应用是必不可少的。凡是注日期的引用文件,仅注日期的版本适用于本文件。凡是不注日期的引用文件,其最新版本(包括所有的修改单)适用于本文件。

GB 5491　粮食、油料检验　扦样、分样法

GB/T 5524　动植物油脂　扦样

GB/T 6682　分析实验室用水规格和试验方法

3　方法原理

植物源性油料油脂中甘油三酯用有机溶剂提取后,取上清液过有机相滤膜,采用液相色谱-串联质谱仪选择反应监测(SRM)模式进行定性分析,外标法定量。

4　试剂与材料

除非另有说明,本方法所用试剂均为分析纯,水为 GB/T 6682 规定的一级水。

4.1　异丙醇(C_3H_8O):色谱纯。

4.2　正己烷(C_6H_{14}):色谱纯。

4.3　异丙醇＋正己烷(50＋50,V/V)混合溶液:取 50 mL 异丙醇(4.1)加 50 mL 正己烷(4.2),混匀。

4.4　三亚油酸甘油酯(LLL)标准品:含量≥98.0%。

4.5　1-油酸-2,3-亚油酸甘油酯(OLL)标准品:含量≥98.0%。

4.6　1-棕榈酸-2,3-亚油酸甘油酯(PLL)标准品:含量≥98.0%。

4.7　1-棕榈酸-2-油酸-3-亚油酸甘油酯(POL)标准品:含量≥98.0%。

4.8　三油酸甘油酯(OOO)标准品:含量≥98.0%。

4.9　1,2-油酸-3-棕榈酸甘油酯(OOP)标准品:含量≥98.0%。

4.10　乙腈(C_2H_3N):色谱纯。

4.11　甲酸(HCOOH):色谱纯。

4.12　甲酸铵($HCOONH_4$):含量≥98.0%。

4.13　正己烷-异丙醇-乙腈混合溶液(40＋40＋20,$V/V/V$):取 40 mL 异丙醇(4.1)加 40 mL 正己烷(4.2),用乙腈(4.10)定容到 100 mL,混匀。

4.14　异丙醇-乙腈混合溶液(90＋10,V/V):取 900 mL 异丙醇(4.1),用乙腈(4.10)定容到 1 000 mL,混匀。

4.15 乙腈-水混合溶液(60+40,V/V):取600 mL乙腈(4.10),用水定容到1 000 mL,混匀。

4.16 异丙醇-乙腈混合溶液(90+10,V/V)含10 mmol/L甲酸铵和0.1%甲酸(V/V):称取630 mg(精确到1.0 mg)甲酸铵(4.12)加入到1 L棕色容量瓶(5.8)中,再加入1 mL甲酸(4.11),用异丙醇-乙腈混合溶液(4.14)定容到1 L。

4.17 乙腈-水混合溶液(60+40,V/V)含10 mmol/L甲酸铵和0.1%甲酸(V/V):称取630 mg(精确到1.0 mg)甲酸铵(4.12)加入到1 L棕色容量瓶(5.8)中,再加入1 mL甲酸(4.11),用乙腈-水混合溶液(4.15)定容到1 L。

4.18 单一标准储备溶液:分别称取100.0 mg三亚油酸甘油酯(LLL)、1-油酸-2,3-亚油酸甘油酯(OLL)、1-棕榈酸-2,3-亚油酸甘油酯(PLL)、1-棕榈酸-2-油酸-3-亚油酸甘油酯(POL)、三油酸甘油酯(OOO)、1,2-油酸-3-棕榈酸甘油酯(OOP)6种标准品,用异丙醇+正己烷混合溶液(4.3)溶解,10 mL棕色容量瓶(5.8)定容至刻度,分别配制成浓度为10.0 mg/mL的单一标准储备溶液,-20℃以下避光保存。

4.19 混合甘油三酯标准储备液:分别量取6种单一标准储备溶液(4.18)1 mL,于10 mL棕色容量瓶(5.8)中,用异丙醇(4.1)稀释至刻度,配制成浓度为100.0 μg/mL的混合标准工作溶液,-20℃以下避光保存。

4.20 混合甘油三酯标准工作溶液:分别吸取一定量的混合标准储备液(4.19),用异丙醇(4.1)稀释成浓度分别为2.0 μg/mL、5.0 μg/mL、10.0 μg/mL、20.0 μg/mL和40.0 μg/mL的混合标准工作溶液。现用现配。

5 仪器和设备

5.1 液相色谱-串联质谱仪:配有电喷雾离子源(ESI)。

5.2 分析天平:感量±1 mg,感量±0.01 mg。

5.3 涡旋振荡器。

5.4 氮吹仪。

5.5 离心机:带有10 mL转头,并能获得对应转速4 500 r/min的相对离心力。

5.6 微孔滤膜:0.22 μm,有机系。

5.7 10 mL尖底玻璃试管。

5.8 10 mL、100 mL和1 L的棕色容量瓶。

5.9 5 mL具塞离心管。

5.10 超声提取仪。

5.11 粉碎机。

6 试样制备

油料样品按照GB 5491的规定进行扦样和分样后,取样品约200 g,经粉碎机粉碎,过30目筛,置于密闭容器内。油脂样品按照GB/T 5524的规定进行扦样和取样。

7 分析步骤

7.1 油料试样前处理

称取1 g(精确至0.01 g)油料试样至10 mL尖底玻璃试管(5.7)中,加入5 mL正己烷(4.2),超声提取20 min(20℃条件下),4 500 r/min离心3 min,准确取出4 mL提取液,N₂吹干,用100 mL正己烷-异丙醇-乙腈混合液(4.13)复溶,涡旋1 min后,取1 mL复溶液用正己烷-异丙醇-乙腈混合液(4.13)定容到 100 mL,定容液通过有机相滤膜(5.6)过滤,供 LC-MS/MS 分析。

7.2 植物油试样前处理

量取 0.01 g(精确至 0.000 1 g)植物油试样置于 10 mL 的棕色容量瓶(5.8)中,将正己烷-异丙醇-乙腈混合液(4.13)作为提取溶液稀释植物油试样到 10 mL,用涡旋振荡器混匀,静置 30 min,取上清液通过微孔滤膜(5.6)过滤。吸取 100 μL 上清液,用异丙醇(4.1)稀释定容至 10 mL 的棕色容量瓶中。供 LC-MS/MS 分析。

7.3 测定

7.3.1 液相色谱参考条件

色谱柱:C_{18}(150 mm×2.1 mm,3.0 μm)或性能相当者。

流动相 A:异丙醇-乙腈混合溶液(90+10,V/V)含 10 mmol/L 甲酸铵和 0.1% 甲酸(V/V)。

流动相 B:乙腈-水混合溶液(60+40,V/V)含 10 mmol/L 甲酸铵和 0.1% 甲酸(V/V)。

进样量:10 μL。

柱温:30℃。

流动相梯度洗脱程序见表1。

表 1 流动相梯度洗脱程序

时间,min	流动相 A,%	流动相 B,%	流速,μL/min
0	10	90	200
3	10	90	200
10	90	10	200
10.1	10	90	200
15	10	90	200

7.3.2 质谱参考条件

质谱仪:三重四极杆质谱仪(配置电喷雾离子源)。

离子源:电喷雾离子源(ESI)。

离子源温度:300℃。

离子传输毛细管温度:275℃。

喷雾气压力:30 psi。

辅助气压力:5 psi。

吹扫气流量:5 psi。

扫描模式:正离子扫描。

检测方式:选择离子监测(SRM)。

6 种甘油三酯定量离子和定性离子参考质谱条件见表2。

表 2 6 种甘油三酯定量离子和定性离子参考质谱条件

化合物	保留时间 min	母离子 $[M+NH_4]^+$ m/z	特征子离子 m/z	碰撞能量 eV
三亚油酸甘油酯(LLL)	8.50	896.8	*599.5　337.3	27
1-油酸-2,3-亚油酸甘油酯(OLL)	9.15	898.8	*599.5　339.3	24
1-棕榈酸-2,3-亚油酸甘油酯(PLL)	9.18	872.8	*599.5　575.5	30
1-棕榈酸-2-油酸-3-亚油酸甘油酯(POL)	9.79	874.8	*601.5　577.5	25
三油酸甘油酯(OOO)	10.33	902.82	*603.5　339.3	26
1,2-油酸-3-棕榈酸甘油酯(OOP)	10.38	876.80	*577.5　603.5	31
* 为定量离子。				

7.3.3 定性测定

在相同试验条件下,待测物在样品中的保留时间与标准工作溶液中的保留时间偏差在±0.25 min之内;并且色谱图中各组分定性离子对的相对丰度,与标准工作液中相应定性离子对的相对丰度进行比较,若偏差不超过表3规定的范围,则可判断为样品中存在对应的待测物。6种甘油三酯标准工作液的二级质谱图参见附录 A。

表3 定性测定时相对离子丰度的最大允许误差

单位为百分率

相对离子丰度	>50	20～50(含)	10～20(含)	≤10
允许的相对偏差	±20	±25	±30	±50

7.3.4 定量测定

取混合标准工作液与试样交替进样,采用单点或多点校准,外标法定量。当试样的上机液浓度超过线性范围时,需根据测定浓度,稀释后进行重新测定。三亚油酸甘油酯(LLL)、1-油酸-2,3-亚油酸甘油酯(OLL)、1-棕榈酸-2,3-亚油酸甘油酯(PLL)、1-棕榈酸-2-油酸-3-亚油酸甘油酯(POL)、三油酸甘油酯(OOO)、1,2-油酸-3-棕榈酸甘油酯(OOP)标准溶液的选择离子监测色谱图参见附录 A。

8 结果计算

样品中甘油三酯含量以质量分数 X 计,单位为毫克每克(mg/g),按式(1)计算。

$$X = \frac{c \times V}{m} \times f \quad\cdots\cdots\cdots\cdots\cdots\cdots\cdots\cdots\cdots\cdots\cdots\cdots\cdots (1)$$

式中:

X ——样品中甘油三酯含量,单位为毫克每克(mg/g);

c ——样液中甘油三酯质量浓度,单位为微克每毫升(μg/mL);

V ——稀释液定容体积,单位为毫升(mL);

m ——试样的质量,单位为克(g);

f ——稀释倍数。

平行测定结果用算术平均值表示,结果保留3位有效数字。

9 精密度

9.1 重现性

在重现性条件下,获得的2次独立测定结果的绝对差值不超过2次测定结果算术平均值的10%。

9.2 再现性

在再现性条件下,获得的2次独立测定结果的绝对差值不超过2次测定结果算术平均值的20%。

附　录　A

（资料性附录）

甘油三酯测定　HPLC-MS/MS法　色谱图和质谱图

A.1　三亚油酸甘油酯(LLL)色谱图

见图 A.1。

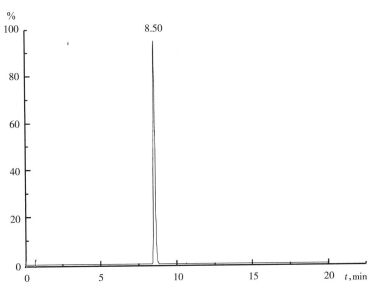

图 A.1　三亚油酸甘油酯(LLL)色谱图

A.2　三亚油酸甘油酯(LLL)母离子($m/z=896.8$)的二级全扫描质谱图

见图 A.2。

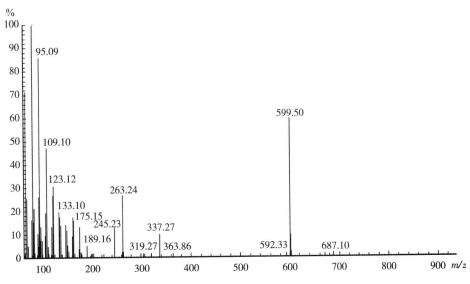

图 A.2　三亚油酸甘油酯(LLL)母离子($m/z=896.8$)的二级全扫描质谱图

A.3 1-油酸-2,3-亚油酸甘油酯(OLL)色谱图

见图 A.3。

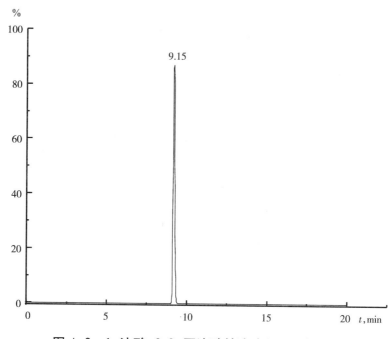

图 A.3 1-油酸-2,3-亚油酸甘油酯(OLL)色谱图

A.4 1-油酸-2,3-亚油酸甘油酯(OLL)母离子(m/z=898.8)的二级全扫描质谱图

见图 A.4。

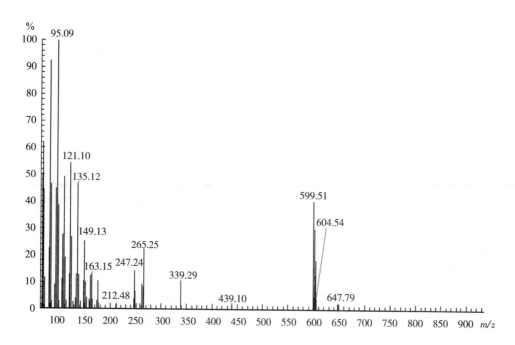

图 A.4 1-油酸-2,3-亚油酸甘油酯(OLL)母离子(m/z=898.8)的二级全扫描质谱图

A.5 1-棕榈酸-2,3-亚油酸甘油酯(PLL)色谱图

见图 A.5。

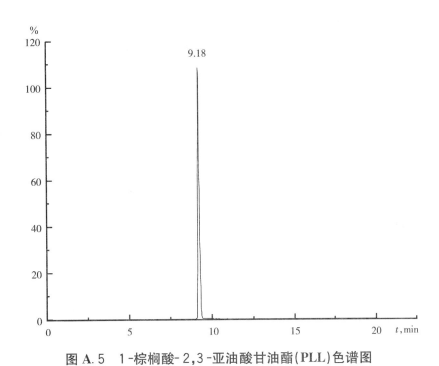

图 A.5 1-棕榈酸-2,3-亚油酸甘油酯(PLL)色谱图

A.6 1-棕榈酸-2,3-亚油酸甘油酯(PLL)母离子($m/z=872.8$)的二级全扫描质谱图

见图 A.6。

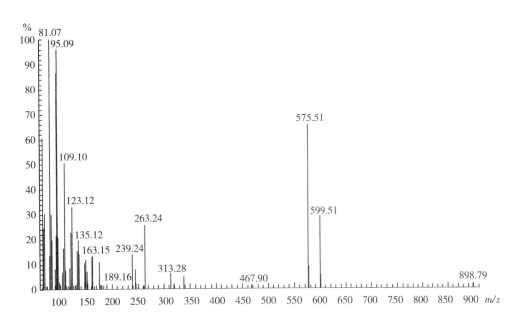

图 A.6 1-棕榈酸-2,3-亚油酸甘油酯(PLL)母离子($m/z=872.8$)的二级全扫描质谱图

A.7 1-棕榈酸-2-油酸-3-亚油酸甘油酯(POL)色谱图

见图 A.7。

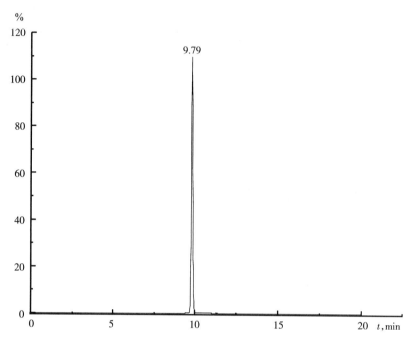

图 A.7 1-棕榈酸-2-油酸-3-亚油酸甘油酯(POL)色谱图

A.8 1-棕榈酸-2-油酸-3-亚油酸甘油酯(POL)母离子(m/z=874.8)的二级全扫描质谱图

见图 A.8。

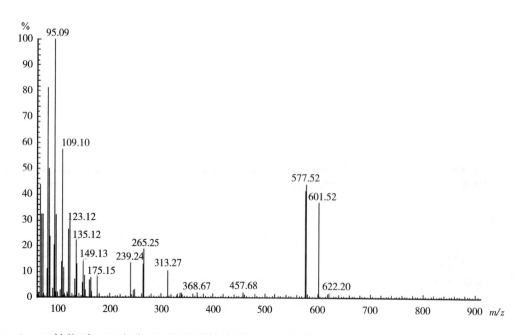

图 A.8 1-棕榈酸-2-油酸-3-亚油酸甘油酯(POL)母离子(m/z=874.8)的二级全扫描质谱图

A.9 三油酸甘油酯(OOO)色谱图

见图 A.9。

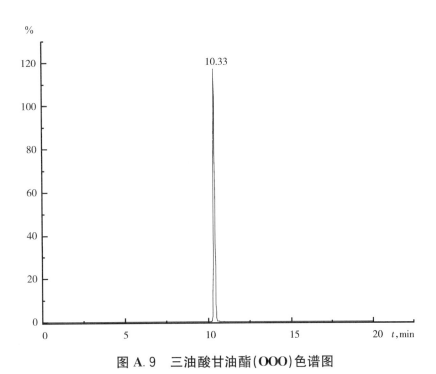

图 A.9 三油酸甘油酯(OOO)色谱图

A.10 三油酸甘油酯(OOO)母离子($m/z=902.8$)的二级全扫描质谱图

见图 A.10。

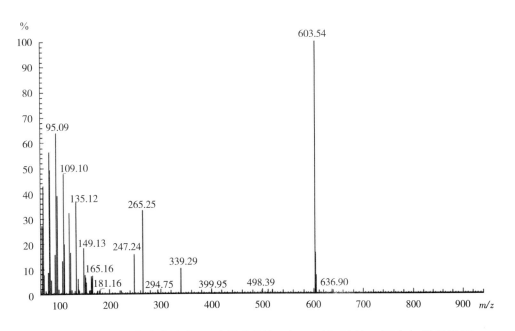

图 A.10 三油酸甘油酯(OOO)母离子($m/z=902.8$)的二级全扫描质谱图

A.11　1,2-油酸-3-棕榈酸甘油酯(OOP)色谱图

见图 A.11。

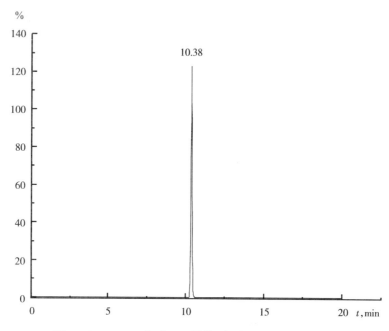

图 A.11　1,2-油酸-3-棕榈酸甘油酯(OOP)色谱图

A.12　1,2-油酸-3-棕榈酸甘油酯(OOP)母离子(m/z=876.8)的二级全扫描质谱图

见图 A.12。

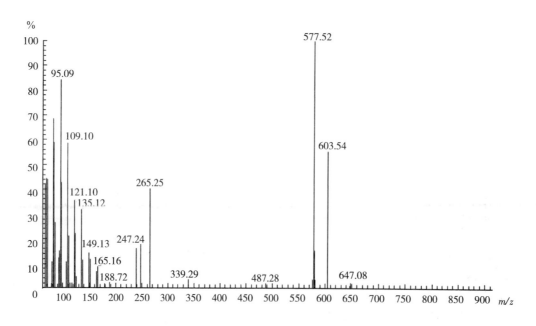

图 A.12　1,2-油酸-3-棕榈酸甘油酯(OOP)母离子(m/z=876.8)的二级全扫描质谱图

ICS 65.020.01
B 04

中华人民共和国农业行业标准

NY/T 3304—2018

农产品检测样品管理技术规范

Technical specification for samples management of agri-productinspection

2018-12-19 发布

2019-06-01 实施

中华人民共和国农业农村部 发布

前　言

本标准按照 GB/T 1.1—2009 给出的规则起草。

本标准由农业农村部农产品质量安全监管司提出并归口。

本标准起草单位：农业农村部农产品及加工品质量安全监督检验测试中心（杭州）、农业农村部农产品质量安全中心、农业农村部稻米及制品质量监督检验测试中心、农业农村部蔬菜水果质量监督检验测试中心（广州）、农业农村部食用菌产品质量监督检验测试中心（上海）、农业农村部茶叶质量监督检验测试中心、农业农村部食品质量监督检验测试中心（济南）、农业农村部渔业环境及水产品质量监督检验测试中心（舟山）、农业农村部农产加工品监督检验测试中心（南京）、农业农村部畜禽产品质量安全监督检验测试中心（成都）、农业农村部农业环境质量监督检验测试中心（北京）。

本标准主要起草人：王艳、王小骊、王富华、欧阳喜辉、史建荣、白玲、朱加虹、牟仁祥、赵晓燕、龚娅萍、金寿珍、岳晖、郭远明、朱玉龙、林晓燕、万凯、刘海燕、邓立刚、孙秀梅、季天荣、李云、高景红、吉小凤。

农产品检测样品管理技术规范

1 范围

本标准规定了农产品质量安全检测样品管理的术语和定义、一般要求、样品接收、制备、保存、流转、复检、处置等要求。

本标准适用于农产品质量安全检测样品的管理,不适用于转基因检测样品的管理。

2 规范性引用文件

下列文件对于本文件的应用是必不可少的。凡是注日期的引用文件,仅注日期的版本适用于本文件。凡是不注日期的引用文件,其最新版本(包括所有的修改单)适用于本文件。

GB 2763 食品安全国家标准 食品中农药最大残留限量

GB 4789.1 食品安全国家标准 食品微生物学检验 总则

GB/T 4789.20 食品卫生微生物学检验 水产食品检验

GB 5009.206 食品安全国家标准 水产品中河豚毒素的测定

GB 5009.212 食品安全国家标准 贝类中腹泻性贝类毒素的测定

GB/T 6682 分析实验室用水规格和试验方法

NY/T 1897 动物及动物产品兽药残留监控抽样规范

3 术语和定义

下列术语和定义适用于本文件。

3.1

实验室样品 laboratory sample

按采样方案得到的、送往实验室用于检验或检测和留存备查的样品。

3.2

试样 test sample

由实验室样品按规定方法制备的,用于抽取试料的样品。

3.3

留样 reserve sample

与试样同时同样制备的、日后可能用作试样的样品。

3.4

备样 arbitration sample

与试样同样制备的、在有争议时可被有关方面接受用作试样的样品。

3.5

试料 test portion

从试样中取得的,并用以检验或检测的一定量的物料。

3.6

样品缩分 sample splitting

按规定方法,对实验室样品的量进行缩减的过程。

4 一般要求

4.1 应确保样品的真实性、代表性以及信息的完整性。

4.2 应建立样品管理程序,有样品接收、制备、保存、流转、复检和处置等相应的记录。

4.3 应指定专人负责样品的接收、制备、保存和处置。

4.4 必要时应建立有毒有害物质和生物安全风险的识别和控制程序。

5 样品接收

5.1 应设置相对独立的样品接收区域,并配备必要的样品称量和暂存设备。

5.2 接收样品时应填写委托书,确认以下信息:

    a) 样品名称(包括编号)、数量、商标、规格型号、等级、样品状态、保质期等;

    b) 检测项目、检验依据、检测方法等;

    c) 到样日期、约定完成时间、送检单位、送检人、联系方式等;

    d) 分包、复检、检后样品处理等。

接收抽检样品时,还应确认样品信息与抽样文书相符,检查封样的完整性,以及其他可能对检验结论产生影响的情况,对不符合抽样和检测要求的,应做好记录并报告。需要样品制备后保留备样的,应有受检方接受的说明。

5.3 对于性状易变、待测组分不稳定、微生物检测等不宜复检的样品,应在委托书上注明,并尽快通知检测人员,在规定时间内检测。

5.4 接收的实验室样品应加贴标识,标识内容包括样品名称、唯一性编号、检测项目等;异地抽样时已完成制备的样品接收时,应按制备后样品标识要求加贴标签。

5.5 实验室样品接收后,应及时入库保存。

6 样品制备

6.1 设施设备

6.1.1 制样场所应洁净卫生,且与样品制备工作相适应,对可能存在相互影响的制样区域,应有效隔离。制备中产生粉尘的制样区域,应配有通风设施。对制样场所环境温度有要求的,应配备空调等温控设备。

6.1.2 制样设备与器具应适用、清洁、易于清洗,不应对样品造成污染。常用设备与器具主要有:砻谷机、精米机;样品粉碎用匀浆机、组织捣碎机、粉碎机、研磨机或研磨钵;样品烘箱、不锈钢刀具、砧板、样品筛、样品瓶等。

6.1.3 重金属等元素检测样品制备宜采用陶瓷、玛瑙等材质的制样设备和尼龙筛;邻苯二甲酸酯类(塑化剂)检测样品制备时,应使用非塑料材质用具。

6.2 制备

6.2.1 实验室样品应按检测项目所依据的方法标准或本标准要求制备;对于性状易变、待测组分不稳定等有检测时间规定的样品接收后应尽快安排制备;微生物样品按 GB 4789.1 及相关食品安全标准的规定执行。

6.2.2 制备过程不应对样品产生污染。每处理完一个样品,应对制样器具进行清洁,避免交叉污染。

6.2.3 制备好的样品分成试样、留样和备样(需要时),每份样品一般不少于 100 g,分别盛装在洁净、容量合适的容器中,密封。待测组分不稳定的样品,宜分装多份,避免检测中反复冻融。

6.2.4 盛装样品容器不应对样品产生污染,保存和流转中不易破损。宜选用聚乙烯、玻璃等惰性材质容器,需冷冻保存的样品不宜使用塑料袋盛装。

6.2.5 制备好的样品需加贴样品标识,标识内容应包含样品名称、唯一性编号、样品性质(试样、留样、备样)、检测状态(待检、在检、检毕),必要时标识检测项目、样品状态和保存条件等。字迹清晰可辨,粘贴牢固,保证标识在流转和检测过程不脱落、不损坏。

6.2.6 完成制备工作后,应及时清洁制样场所、设备和器具,防止残留物污染。

6.2.7 样品制备应有记录,包含样品编号、制样时间、制样方法、试样制备前后样品状态、制样人员、试样、留样、备样数量或质量等信息。

7 样品保存

7.1 设施设备

有样品室(保存场所),且清洁、整齐、干燥、通风良好,有防虫、防鼠和防潮措施,避免阳光直晒。必要时采取防盗措施,防止样品丢失。

样品室(保存场所)按样品保存要求配备相应的样品柜、冷库、冰箱、冰柜、空调、除湿机和温湿度监控等设施设备。

7.2 保管

7.2.1 样品室(保存场所)应专人管理,非相关人员未经允许不得进入。

7.2.2 样品制备前后均应根据样品特性、包装方式,以及检测项目所依据的方法标准要求或本标准附录A~附录F的规定保存样品,保证样品性质和待检物质保持稳定。感官检测样品原样保存,及时检验;微生物检测样品原样保存,尽快检验,若不能及时检验,应采取必要的措施,防止样品中原有微生物因客观条件的干扰而发生变化。药物残留等待测组分不稳定的样品均应冷冻保存,当天检测的试样可暂时冷藏保存。

7.2.3 试样、留样和备样的保存场所应区分,并标识;待检、在检和检毕样品分类存放;宜按检验类别、样品种类、检验项目等分区存放,便于查找,防止混淆。

7.2.4 样品保存期间应定期检查,确认并记录保存环境条件,高温季节应做好降温和库内通风散热,防止样品受到污染、变质、丢失或损坏。

8 试样流转

8.1 根据检测要求领取试样,核对试样信息,检查试样数量、状态、包装密封等情况,领取符合要求的试样,做好记录;不符合检测要求的,应重新制备。

8.2 流转过程中应检查和记录样品状态,如发现试样变质、损坏等异常状态,应按程序启用留样检测。

8.3 冷冻样品解冻后应尽快检测,待测组分不稳定的样品不宜多次解冻用于检测。

8.4 检测完成后,应根据样品管理程序要求,及时返还(必要时),并记录样品状态及数量。

9 样品复检

当检测过程或检测结果出现异常,需要复检时,履行审批手续后启用留样,并按第8章的规定领用。当异议处理或仲裁复议时,应按程序,经相关方确认后,启用备样。性状易变、待测组分不稳定或微生物检测等样品不进行复检。

10 样品处置

10.1 样品应至少保存到检验报告异议期结束后或产品规定保质期。政府下达的指令性检测任务或约定检测任务,样品保存时间按任务实施方案或合同要求执行。

10.2 按样品管理程序要求提出样品处置申请,批准后处置样品,并记录。

10.3 样品处置应根据其特性,在保证对人员和环境健康安全没有影响的情况下,分类处理;当具有危害性的样品,实验室无法自行处理时,应交由专业废弃物处理机构处置,并保留处理记录。

附 录 A
（规范性附录）
粮食、油料类样品制备与保存

A.1 取样部位

粮食、油料类样品制备取样部位见表 A.1。

表 A.1 粮食、油料类样品制备取样部位

样品类别	类别说明	取样部位	
		农药残留	其他参数
原粮	稻类：稻谷等 麦类：小麦、大麦、燕麦、黑麦、小黑麦等 旱粮类：玉米、高粱、粟、稷、薏仁、荞麦等 杂粮类：绿豆、豌豆、赤豆、小扁豆、鹰嘴豆等	整粒，鲜食玉米 （包括玉米粒和轴）	依据检测方法 标准要求
成品粮	稻类：大米、糙米、大米粉 麦类：小麦粉、全麦粉、大麦粉、荞麦粉、莜麦粉、黑麦粉、黑麦全粉、麦胚等 杂粮类：玉米糁、玉米粉、高粱米、高粱粉等	全部	
油料	油菜籽、大豆、花生仁、芝麻、亚麻籽、葵花籽、油茶籽、棉籽、苏子、红花籽、胡麻籽、蓖麻仁、油沙豆等	整粒	

注：GB 2763 和其他食品安全国家标准对取样部位有规定的，按其规定执行。

A.2 预处理

原粮（除鲜食玉米）及油料样品根据需要进行脱壳、去杂。成品粮不需预处理。

鲜食玉米样品去除苞叶和花丝（玉米须）。

对于水分及挥发物含量较高的样品（除鲜食玉米），在不影响检测结果的前提下，采取通风晾干或 (45 ± 5)℃通风干燥至相应产品标准规定的安全水分以下，并记录烘干前后水分含量。

A.3 缩分

A.3.1 采用四分法或分样器法将样品缩分至所需重量，一般为 1 kg。分样器法不适用于大豆、花生果或仁等大粒型样品及鲜食玉米的缩分。检测生物毒素的样品取样量需大于 1 kg。

A.3.2 四分法

将样品（除带轴的鲜食玉米）倒在洁净平坦的桌面上或玻璃板上，用两块分样板将样品摊成正方形，然后从样品左右两边铲起样品约 10 cm 高，对准中心同时倒落，再换一个方向同样操作（中心点不动），如此反复混合 4 次～5 次，将样品摊成等厚的正方形，用分样板在样品上划 2 条对角线，分成 4 个三角形，去除其中 2 个对顶三角形的样品，剩下的样品再按上述方法分取，直至最后剩下的 2 个对顶三角形的样品接近所需重量为止。

鲜食玉米（带玉米轴）：按玉米轴十字纵剖成 4 份，取对角线 2 份切碎，充分混匀。

A.3.3 分样器法

分样时，将清洁的分样器放稳，关闭漏斗开关，放好接样斗，将样品从高于漏斗口约 5 cm 处倒入漏

斗内,刮平样品,打开漏斗开关,待样品流尽后,轻拍分样器外壳,关闭漏斗开关,再将 2 个接样斗内的样品同时倒入漏斗内,继续按照上述方法重复混合 2 次。之后,每次取一个接样斗内的样品按上述方法继续分样,直至一个接样斗的样品接近所需重量为止。

A.4 制备

A.4.1 鲜样

将预处理和缩分后的样品,放入匀浆机或组织捣碎机内制成匀浆,按每份不少于 100 g 分装入洁净容器,密封并标识。

A.4.2 干样

A.4.2.1 原粮与成品粮

取少量预处理和缩分后的样品放入洁净的粉碎机中粉碎,将其弃去,再用粉碎机粉碎剩余的样品,按相应检测标准要求,研磨至规定细度,并全部通过相应孔径样品筛,按每份 50 g~100 g 分装入洁净容器,密封并标识。检测生物毒素的样品应按上述方法粉碎过筛后,混合均匀,缩分,按每份 100 g 分装入洁净容器,密封并标识。

A.4.2.2 油料

花生仁、蓖麻仁样品粉碎前用切片机或小刀切成 0.5 mm 以下薄片,再用粉碎机或研磨机按 A.4.2.1 制备,粉碎时间控制在 30 s 以内;其他油料样品按 A.4.2.1 制备。

A.5 保存

鲜样制备后若当日内检测,可冷藏保存,否则均需冷冻保存。干样一般放置于室温、阴凉干燥处保存。用于生物毒素检测,应确保样品在安全水分以下,4℃下冷藏避光密封保存。

附　录　B
（规范性附录）
蔬菜、果品类样品制备与保存

B.1 取样部位

蔬菜、果品类样品制备取样部位见表 B.1。

表 B.1 蔬菜、果品类样品制备取样部位

样品类别	类别说明	取样部位	
		农药残留检测	其他检测
蔬菜 （鳞茎类）	鳞茎葱类：大蒜、洋葱、薤等	可食部分	依据检测方法 标准要求
	绿叶葱类：韭菜、葱、青蒜、蒜薹、韭葱等	整株	
	百合	鳞茎头	
蔬菜 （芸薹属类）	结球芸薹属：结球甘蓝、球茎甘蓝、抱子甘蓝、赤球甘蓝、羽衣甘蓝等	整棵。对于抱子甘蓝仅仅分析小甘蓝状芽	
	头状花序芸薹属：花椰菜、青花菜等	整棵，去除叶	
	茎类芸薹属：芥蓝、菜薹、茎芥菜等	整棵，去除根	
蔬菜 （叶菜类）	绿叶类：菠菜、普通白菜（小白菜、小油菜、青菜）、苋菜、蕹菜、茼蒿、大叶茼蒿、叶用莴苣、结球莴苣、莴笋、苦苣、野苣、落葵、油麦菜、叶芥菜、萝卜叶、芜菁叶、菊苣等	整棵，去除根	
	叶柄类：芹菜、小茴香、球茎茴香等	整棵，去除根	
	大白菜	整棵，去除根	
蔬菜 （茄果类）	番茄类：番茄、樱桃番茄等	全果（去柄）	
	其他茄果类：茄子、辣椒、甜椒、黄秋葵、酸浆等	全果（去柄）	
蔬菜 （瓜类）	黄瓜、腌制用小黄瓜	全瓜（去柄）	
	小型瓜类：西葫芦、节瓜、苦瓜、丝瓜、线瓜、瓠瓜等	全瓜（去柄）	
	大型瓜类：冬瓜、南瓜、笋瓜等	全瓜（去柄）	
蔬菜 （豆类）	荚可食类：豇豆、菜豆、食荚豌豆、四棱豆、扁豆、刀豆、利马豆等	全荚	
	荚不可食类：菜用大豆、蚕豆、豌豆、莱豆等	全豆（去荚）	
蔬菜（茎类）	芦笋、朝鲜蓟、大黄等	整棵	
蔬菜 （根茎类和薯芋类）	根茎类：萝卜、胡萝卜、根甜菜、根芹菜、根芥菜、姜、辣根、芜菁、桔梗等	整棵，去除顶部叶及叶柄。必要时，用软毛刷轻轻刷掉附着的黏土和残渣，用干净的滤纸吸干	
	马铃薯	全薯	
	其他薯芋类：甘薯、山药、牛蒡、木薯、芋、葛、魔芋等	全薯	
蔬菜 （水生类）	茎叶类：水芹、豆瓣菜、茭白、蒲菜等	整棵，茭白去除外皮	
	果实类：菱角、芡实等	全果（去壳）	
	根类：莲藕、荸荠、慈姑等	整棵	
蔬菜 （芽菜类）	绿豆芽、黄豆芽、萝卜芽、苜蓿芽、花椒芽、香椿芽等	全部	
蔬菜 （其他类）	黄花菜、竹笋、仙人掌、玉米笋等	全部	
干制蔬菜	脱水蔬菜、干豇豆、萝卜干等	全部	

表 B.1（续）

样品类别	类别说明	取样部位	
		农药残留检测	其他检测
水果（柑橘类）	橙、橘、柠檬、柚、柑、佛手柑、金橘等	全果	依据检测方法标准要求
水果（仁果类）	苹果、梨、山楂、枇杷、榲桲等	全果（去柄），枇杷参照核果	
水果（核果类）	桃、油桃、杏、枣（鲜）、李子、樱桃、青梅等	全果（去柄和果核），残留量计算应计入果核的重量	
水果（浆果和其他小型水果）	藤蔓和灌木类：枸杞、黑莓、蓝莓、覆盆子、越橘、加仑子、悬钩子、醋栗、桑葚、唐棣、露莓（包括波森莓和罗甘莓）等	全果（去柄）	
	小型攀缘类：a. 皮可食：葡萄等；b. 皮不可食：猕猴桃、西番莲等	全果	
	草莓	全果（去柄）	
水果（热带和亚热带水果）	皮可食：柿子、杨梅、橄榄、无花果、杨桃、莲雾等	全果（去柄），杨梅、橄榄检测果肉部分，残留量计算应计入果核的重量	
	皮不可食小型果：荔枝、龙眼、红毛丹等	果肉，残留量计算应计入果核的重量	
	皮不可食中型果：芒果、石榴、鳄梨、番荔枝、番石榴、西榴莲、黄皮、山竹等	全果，鳄梨和芒果去除核，山竹测定果肉，残留量计算应计入果核的重量	
	皮不可食大型果：香蕉、番木瓜、椰子等	香蕉测定全蕉；番木瓜测定去除果核的所有部分，残留量计算应计入果核的重量；椰子测定椰汁和椰肉	
	带刺果：菠萝、菠萝蜜、榴莲、火龙果等	菠萝、火龙果去除叶冠部分；菠萝蜜、榴莲测定果肉，残留量计算应计入果核的重量	
水果（瓜果类）	西瓜	全瓜	
	甜瓜类：薄皮甜瓜、网纹甜瓜、哈密瓜、白兰瓜、香瓜等	全瓜	
干制水果	柑橘脯、李子干、葡萄干、干制无花果、枣（干）等	全果（测定果肉，残留量计算应计入果核的重量）	
坚果	小粒坚果：杏仁、榛子、腰果、松仁、开心果等	全果（去壳）	
	大粒坚果：核桃、板栗、山核桃、澳洲坚果等	全果（去壳）	
糖料	甘蔗	整根甘蔗，去除顶部叶及叶柄	
	甜菜	整根甜菜，去除顶部叶及叶柄	

注：GB 2763 和其他食品安全国家标准对取样部位有规定的，按其规定执行。

B.2 预处理

B.2.1 按表 B.1 取得的新鲜蔬菜、水果样品去除杂物、腐烂与枯萎的部分；需去壳（荚）的蔬菜、水果类、坚果类样品应先去壳（荚）。

B.2.2 用于农药残留检测的样品用干净纱布轻轻擦去样品表面的附着物。如果样品黏附有土壤等杂物，可用软刷子刷除或干布擦除。

B.2.3 用于元素检测的样品应先用自来水冲洗，再用 GB/T 6682 规定的二级实验用水冲洗 3 遍，最后用干净纱布轻轻擦去样品表面水分。

B.2.4 需要干样检测时（用于农药残留检测的样品除外），可于 60℃～70℃烘干，同时测定烘干前后样品水分，按 A.4.2.1 制备。

B.3 缩分

个体较小的样品(如樱桃番茄、葡萄)可随机取若干个切碎混匀;个体较大的样品(如大白菜、结球甘蓝)按其生长轴十字纵剖成4份,取对角线2份切碎,充分混匀;细长、扁平或组分含量在各部分有差异的样品,可在不同部位切取小片或截成小段后混匀。取得的样品切碎后采用四分法缩分,一般不少于1 kg。

B.4 制备

含水量高的样品放入匀浆机匀浆;含水量较低、含糖量较高的样品,切细后用组织捣碎机或选择其他适宜的方法粉碎;干样按 A.4.2.1 制备;坚果样品按 A.4.2.2 制备。制备好的样品按每份不少于100 g~300 g分装入洁净容器,密封并标识。农药残留量计算需要计入果核重量的,应在制备时,分别称取果肉和果核重量,并记录。

B.5 保存

鲜样制备后若当日内检测,可冷藏保存,否则均需冷冻保存。干样一般放置于室温、阴凉干燥处保存。用于农药残留检测样品于−20℃~−16℃冷冻保存。用于生物毒素检测的样品,参照 A.5 的规定执行。

附　录　C

（规范性附录）

食用菌类样品制备与保存

C.1　取样部位

食用菌类样品制备取样部位见表C.1。

表C.1　食用菌类样品制备取样部位

样品类别	类别说明	取样部位	
		农药残留	其他
食用菌鲜品	蘑菇类：香菇、金针菇、平菇、茶树菇、竹荪、草菇、羊肚菌、牛肝菌、口蘑、松茸、双孢蘑菇、猴头、白灵菇、杏鲍菇等	整棵	依据检测方法标准要求
	木耳类：木耳、银耳、金耳、毛木耳、石耳等	整棵	
干制食用菌	整菇、切片、菌粉等	全部	
注：GB 2763和其他食品安全国家标准对取样部位有规定的，按其规定执行。			

C.2　预处理

C.2.1　按表C.1取得的样品应去除杂物，金针菇等携带栽培基质的鲜品，去除根部培养基；双孢蘑菇、草菇、香菇等鲜品，将带有栽培基质或覆土的菇脚部分去除，并用干净纱布轻轻擦去样品表面的附着物。若用于重金属检测，应先用自来水冲洗干净，再用GB/T 6682规定的二级实验室用水冲洗3次，吸干表面水分。

C.2.2　水分含量在15％以上的干制食用菌样品，需在60℃～70℃下烘至适宜粉碎（用于农药残留检测的样品除外），同时测定烘干前后样品水分。

C.2.3　用于荧光物质检测的样品，不需要预处理和制备。

C.3　缩分

取得的样品全部切碎，充分混匀后，采用四分法缩分。

C.4　制备

将预处理和缩分后的鲜品，放入匀浆机或组织捣碎机，制成匀浆，按每份100 g～300 g分装入洁净容器，密封并标识。干样按A.4.2.1制备。

C.5　保存

样品保存按B.5的规定执行。用于荧光物质检测的样品，原样冷藏保存。

附　录　D
（规范性附录）
茶叶类样品制备与保存

D.1　取样部位

茶叶类样品制备取样部位见表 D.1。

表 D.1　茶叶类样品制备取样部位

样品类别	类别说明	取样部位
茶鲜叶	从茶树上采摘下来的以供制茶使用的芽叶嫩梢	芽叶嫩梢
散茶	以茶鲜叶为主要原料,配或不配以茉莉鲜花,按照特定加工工序加工而成的。有绿茶、红茶、黄茶、白茶、青茶、黑茶和花茶	全部
紧压茶	以干茶或茶鲜叶为原料,采用毛茶制备、渥堆或不渥堆、加压成型、后熟发酵等加工工艺压制成的具有特定形状的块状茶。有沱茶、砖茶、饼茶和方茶等	全部
注:GB 2763 和其他食品安全国家标准对取样部位有规定的,按其规定执行。			

D.2　预处理

去除非茶类夹杂物和杂质。

D.3　缩分

D.3.1　茶鲜叶:将茶鲜叶样品混匀,用四分法缩分至 0.5 kg～1.0 kg。

D.3.2　散茶:先将散茶样品倒入分样盘,充分混匀,用四分法或直线复堆法缩分至 300 g。

D.3.3　紧压茶:沱茶取 6 个～10 个;砖茶、饼茶和方茶单块质量在 500 g 以上的,取 2 块,500 g 及以下的,取 4 块。将每个(或块)茶用锤子或凿子将紧压茶分成 4 份～8 份,再在每份不同处取 9 个～12 个点,用台钻或电钻在样点上钻洞取粉末茶样,有块状的用锤子击碎,装入分样盘,充分混匀,用四分法或直线复堆法缩分 300 g。

D.4　制备

D.4.1　茶鲜叶:将缩分后的茶鲜叶用洁净的剪刀剪碎,再放入匀浆机中制成匀浆,按每份 100 g～300 g 分装入洁净、无异味容器,密封并标识。

D.4.2　散茶和紧压茶:取缩分后的样品放入洁净的粉碎机粉碎,将其弃去,再粉碎剩余部分样品,研磨至全部通过孔径为 0.6 mm(30 目)～1 mm(18 目)的样品筛,按每份 50 g～100 g 分装入洁净、干燥、避光、密闭的容器中,密封并标识。如果水分含量太高,不能将样品磨碎到 0.6 mm(30 目)～1 mm(18 目)的细度,需在 60℃～70℃烘干,冷却后,再进行制备,并同时测定烘干前后水分含量,农药残留和其他部分挥发性检测项目样品不应烘干。

D.5　保存

D.5.1　茶鲜叶样品按 B.5 的规定执行;用于农药残留检测样品于−18℃冷冻保存;其他散茶和紧压茶

可常温或冷藏保存。

D.5.2 样品库应干燥(相对湿度≤60%)、无异味、阴凉避光,防止茶叶吸湿、吸异味、陈化与霉变。

D.5.3 高温、多雨季节要随时检查样品保存条件,以及样品串味、陈化、霉变和污染等情况。

附　录　E
（规范性附录）
畜禽产品类样品制备与保存

E.1　取样部位

畜禽产品类样品制备取样部位见表E.1。

表 E.1　畜禽产品类样品制备取样部位

样品类别		类别说明	取样部位		
			兽药残留	农药残留	其他
畜禽肉类及副产品	畜禽肉类	畜肉类：猪肉、牛肉、羊肉等	按 NY/T 1897取肌肉、脂肪、肝、肾等组织	肉（去除骨），包括脂肪含量小于10%的脂肪组织	依据检测方法标准要求
		禽肉类：鸡肉、鸭肉、鹅肉等		肉（去除骨）	
	畜禽副产品	畜副产品：心、肝、肾、舌、胃、肠等		整副	
		禽副产品：心、肝、舌、胗、肠等			
禽蛋类		鸡蛋、鸭蛋、鹅蛋、鹌鹑蛋等		整枚（去壳）	
生鲜乳		生鲜乳		全部样品	
蜂产品类		蜂蜜、蜂王浆、蜂花粉、蜂胶等		全部样品	
动物尿液、血液		猪、牛、羊等尿液、血液		全部样品	
注：食品安全国家标准对取样部位有规定的，按其规定执行。					

E.2　预处理

E.2.1　畜禽肉类

（冷）鲜畜禽肉类样品（除感官和微生物检测样品外）剔去毛、淤血、骨等，待制备；冷冻畜禽肉类样品在室温下自然解冻至稍微变软，且冻水未流出时，剔去毛、淤血、骨等，待制备。需要时，应同时测定解冻前后重量。

E.2.2　畜禽副产品

畜禽心、肝、肾、舌、胃（胗）、肠等副产品应解冻（必要时）、去内容物、去杂、清洗干净后待制备。

E.3　缩分

从每件畜禽肉类及副产品上取若干小块或取全部预处理样品，切碎，混匀，四分法缩分；其他固体样品混匀后，按四分法缩分。禽蛋、生鲜乳等液态类样品缩分与样品制备同时进行。

E.4　制备

E.4.1　畜禽肉类及副产品

取缩分后样品，用组织捣碎机捣碎，混匀，分装入洁净容器中，密封并标识。

E.4.2　禽蛋类

取全部禽蛋去壳，敲入足够大的容器中，用匀浆机将样品搅拌混匀，分装入洁净容器中，密封并标识。蛋白、蛋黄分别分析时，将其敲在7.5 cm～9 cm漏斗中，蛋黄在上，蛋白流下，分别搅拌混匀，分装入洁净容器中，密封并标识。

E.4.3 生鲜乳、蜂蜜、尿液等液体样品

取全部样品混合、搅拌混匀,分装入洁净容器,密封并标识。对于有结晶析出或已结块的样品,盖紧瓶盖后,置于不超过 60℃的水浴中,待样品全部融化后,搅拌混匀,分装,密封并标识;冷冻的蜂王浆放置室温解冻后,充分搅拌混匀,分装,密封并标识。

E.4.4 蜂胶等固体样品

对块状蜂胶,分别取不同胶块或同一胶块的不同部位,不少于 300 g,放入冰箱冷冻 1 h 后,再取出粉碎,装入洁净容器,密封并标识;蜂花粉等固体样品按 A.4.2.1 制备。

E.5 保存

蜂蜜、蜂花粉、蜂胶样品常温保存;禽蛋类、生鲜乳 5℃以下冷藏保存;其他样品均应冷冻保存。兽药残留检测样品应在-20℃以下保存(蜂蜜-10℃以下保存,禽蛋 2℃~8℃保存)。

附　录　F
（规范性附录）
水产品类样品制备与保存

F.1　取样部位

水产品类样品制备取样部位见表 F.1。

表 F.1　水产品类样品制备取样部位

类别		类别说明	取样部位
鲜活水产品	鱼类	海水鱼类：大黄鱼、小黄鱼、黄姑鱼、白姑鱼、带鱼、鲳、鲅（马鲛鱼）、鲐、鲕、鲈、马面（鲀）、石斑鱼、鲆、鲽、海鳗、鳓、鲨鱼、鲷等 淡水鱼类：青鱼、草鱼、鲢、鳙、鲫、鲤、鲮、鲑（大麻哈鱼）、鳜、团头鲂、长春鳊、鲂（三角鳊）、银鱼、乌鳢（黑鱼）、泥鳅、鲶、鲥、鲈、黄鳝、罗非鱼、虹鳟、鳗鲡、鲟等	肌肉、鱼皮等可食组织；内脏若可食，保留内脏
	虾类	海水虾类：东方对虾、日本对虾、长毛对虾、斑节对虾、墨吉对虾、宽沟对虾、鹰爪虾、白虾、毛虾、龙虾、其他海水虾类 淡水虾类：日本沼虾、罗氏沼虾、中华新米虾、秀丽白虾、中华小长臂虾等	整条虾肉
	蟹类	海水蟹类：梭子蟹、青蟹等 淡水蟹类：中华绒螯蟹等	肌肉及性腺
	贝类	海水贝类：鲍鱼、泥蚶、毛蚶（赤贝）、魁蚶、贻贝、红螺、香螺、玉螺、泥螺、栉孔扇贝、海湾扇贝、牡蛎、文蛤、杂色蛤、青柳蛤、大竹蛏、缢蛏等 淡水贝类：中华圆田螺、铜锈环棱螺、大瓶螺、三角帆蚌、褶纹冠蚌、背角无齿蚌、河蚬等	软组织及体液
	头足类	墨鱼、鱿鱼、章鱼等	肌肉及性腺
	藻类	紫菜、海带、裙带菜等	全部
	龟鳖类	鳖（甲鱼）、乌龟等	肌肉等可食组织
	蛙类	牛蛙	肌肉等可食组织
冷冻水产品		冻海水鱼类、冻海水虾类、冻海水蟹类、冻海水贝类、冻淡水鱼类、冻淡水虾等	同鲜活水产品
干制水产品		鱼类、虾类、贝类、藻类等	可食部分
注：食品安全国家标准对水产品取样部位有规定的，按其规定执行。			

F.2　预处理

F.2.1　鲜活水产品

鲜活水产品经宰杀（需要时）、清洗后，根据需要按以下要求进行预处理：

a) 鱼类，去头、骨、内脏等；

b) 虾类，去虾头、虾壳、肠腺；

c) 蟹类，剥去蟹壳，去除腮；

d) 贝类，用不锈钢小刀如生蚝刀开壳剥离，收集全部的软组织和体液；对于检测重金属元素的贝类样品，先用自来水冲洗干净，再用 GB/T 6682 规定的二级实验室用水冲洗 3 遍，淋洗内部去除泥沙；

e) 头足类，用剪刀剪开，去除消化系统等内脏、牙齿、螵蛸等；

f) 藻类，去除沙石等杂质；

g) 龟鳖类,去除龟甲、骨、内脏。

F.2.2 冷冻水产品置于25℃以下室温自然解冻,按F.2.1的规定进行预处理。需要时,应同时测定解冻前后重量。

F.2.3 干制水产样品去除杂质后制备。

F.2.4 微生物检测的鲜活样品应在流水下冲净。鱼类样品需去鳞,根据检测要求,去内脏;蟹类样品剥去壳盖和腹脐,去除腮条,复置流水下冲净,待检。

F.3 缩分

从每块样上取样切碎,或全部切碎,混匀,四分法缩分;干制水产品预处理后,先用不锈钢剪刀剪切至1 cm～2 cm的小块,混匀、缩分至400 g。

F.4 制备

F.4.1 样品制备应在10℃～25℃室温下进行。

F.4.2 将缩分后样品放入组织捣碎机捣碎或粉碎机粉碎,混匀,分装入洁净容器,密封并标识。

F.4.3 微生物检测样品应在洁净区域或二级生物安全实验室内采用无菌操作,按GB/T 4789.20规定的方法制备。

F.4.4 生物毒素检测样品应单独制备,并按GB 5009.212和GB 5009.206等相关标准规定执行。制备时应戴手套进行操作,用过的器具应在5%的次氯酸钠溶液中浸泡1 h以上,废弃物等也应用5%的次氯酸钠溶液处理,避免毒素交叉污染和危害。

F.5 保存

鲜活水产品样品接收后应立即安排样品制备,当不能立即制备时,应先冷藏保存,但需当天制备完成;冷冻水产品接收后应立即冷冻保存;干制水产品应用塑料袋或类似的材料密封保存防止其吸潮或水分散失,并尽快安排制样。微生物检验样品应尽量保持其原状态,冷藏保存,在48 h内检验,并且要保证在此过程中,样品中的微生物含量不会有较大变化。样品制备后不能马上检测的,应立即冷冻保存。

_____

ICS 67.100.10
X 16

中华人民共和国农业行业标准

NY/T 3313—2018

生乳中β-内酰胺酶的测定

Determination of β-lactamase in raw milk

2018-12-19 发布

2019-06-01 实施

中华人民共和国农业农村部 发布

NY/T 3313—2018

前　言

本标准按照 GB/T 1.1—2009 给出的规则起草。

本标准由农业农村部畜牧兽医局提出。

本标准由全国畜牧业标准化技术委员会(SAC/TC 274)归口。

本标准起草单位:中国农业科学院北京畜牧兽医研究所、农业农村部奶产品质量安全风险评估实验室(北京)、农业农村部奶及奶制品质量监督检验测试中心(北京)。

本标准主要起草人:郑楠、刘慧敏、屈雪寅、王加启、李松励、杨晋辉、赵晨、文芳、祝杰妹、叶巧燕。

生乳中 β-内酰胺酶的测定

1 范围

本标准规定了生乳中 β-内酰胺酶测定的杯碟法和胶体金快速试纸条法。

本标准适用于生牛乳、生羊乳、生水牛乳中 β-内酰胺酶的测定。

本标准第一法检出限为生牛乳 4 U/mL、生羊乳 3 U/mL、生水牛乳 1 U/mL；第二法检出限为 4 U/mL。

2 规范性引用文件

下列文件对于本文件的应用是必不可少的。凡是注日期的引用文件，仅注日期的版本适用于本文件。凡是不注日期的引用文件，其最新版本（包括所有的修改单）适用于本文件。

GB/T 6682 分析实验室用水规格和试验方法

NY/T 3051—2016 生乳安全指标监测前样品处理规范

第一法 杯碟法

3 原理

采用对青霉素药物敏感的藤黄微球菌，通过舒巴坦特异性抑制 β-内酰胺酶的活性，以青霉素作为对照，比较加入舒巴坦与未加入舒巴坦的样品产生的抑菌圈大小，间接测定样品中是否含有 β-内酰胺酶。

4 试剂或材料

除非另有规定，仅使用分析纯试剂。

4.1 水：GB/T 6682，三级。

4.2 磷酸盐缓冲液（pH 6.0）：称取 8.0 g 无水磷酸二氢钾、2.0 g 无水磷酸氢二钾，溶解于水中，用盐酸溶液（0.1 mol/L）调节 pH 至 6.0，定容至 1 L，121℃高压灭菌 15 min。

4.3 生理盐水（8.5 g/L）：称取 8.5 g 氯化钠，溶解于 1 L 水中，121℃高压灭菌 15 min。

4.4 菌悬液：将试验菌株［藤黄微球菌（*Micrococcus luteus*）CMCC（B）28001，又名嗜根考克氏菌（*Kocuria rhizophila*）CICC 10445］接种于营养琼脂培养基（4.8）斜面上，经生化培养箱（5.1）培养 18 h～24 h，用生理盐水（4.3）洗下菌苔即为菌悬液。菌悬液浓度用光度计测定，在 450 nm 测量其 200 倍稀释液，吸光度值约为 0.89，即终浓度约为 $1×10^{10}$ CFU/mL。菌悬液现用现配。

4.5 β-内酰胺酶标准溶液（4 000 U/mL）：用磷酸盐缓冲液（4.2）将 β-内酰胺酶标准品（300 万 U/mL）制备成浓度为 4 000 U/mL 的标准溶液。现用现配。

4.6 舒巴坦标准溶液（1 mg/mL）：准确称取 10 mg（精确至 0.1 mg）舒巴坦标准物质，用磷酸盐缓冲液（4.2）溶解并定容至 10 mL。现用现配。

4.7 青霉素标准溶液（0.1 mg/mL）：准确称取 10 mg（精确至 0.1 mg）青霉素参考标准物质（Penicillin G Sodium，青霉素 G 钠盐），用磷酸盐缓冲液（4.2）溶解并定容至 100 mL。现用现配。

4.8 营养琼脂培养基：见附录 A 中的 A.1。

4.9 抗生素检定培养基Ⅱ：见 A.2。

5 仪器设备

5.1 生化培养箱:±1℃。

5.2 高压灭菌锅。

5.3 光度计:450 nm。

5.4 pH 计:精确至 0.1。

5.5 移液器:1 mL,200 μL,10 μL。

5.6 天平:感量 0.1 mg。

5.7 恒温水浴锅:±1℃。

5.8 抑菌圈测量仪或游标卡尺:精确至 0.01 mm。

5.9 牛津杯:不锈钢小管,外径(8.0±0.1)mm,内径(6.0±0.1)mm,高度(10.0±0.1)mm。

5.10 培养皿:内径 90 mm。

5.11 离心管:1.5 mL。

6 样品

样品应按 NY/T 3051—2016 中 3.4.5 规定的要求冷藏或冷冻保存,恢复室温后进行测定。

7 试验步骤

7.1 检验用平板的制备

将菌悬液(4.4)按适当比例加入灭菌后冷却至(46±1)℃的抗生素检定培养基Ⅱ(4.9)中,充分摇匀后制备菌体数量约为 $1×10^8$ CFU/mL 的含菌培养基;取 15 mL～20 mL 含菌培养基倒入无菌培养皿(5.10),凝固后备用。

7.2 试样的测定

各取 1.00 mL 充分混匀的生乳于 4 个 1.5 mL 离心管(5.11)中,分别标为 A、B、C、D。每个样品平行试验 2 个。同时,用灭菌水作空白试验。按照表 1 依次分别加入 β-内酰胺酶标准溶液(4.5)、舒巴坦标准溶液(4.6)、青霉素标准溶液(4.7)。混匀后,取 A～D 试样各 200 μL 分别加入到放置于检验用平板(7.1)上的 4 个牛津杯(5.9)中,平板加盖后放入(37±1)℃生化培养箱(5.1)中培养 18 h～22 h,测量各抑菌圈直径,取 2 个平行测定结果的平均值。

表 1 试样的添加

离心管编号	β-内酰胺酶标准溶液	舒巴坦标准溶液	青霉素标准溶液
A	—	—	5 μL
B	—	25 μL	5 μL
C	25 μL	—	5 μL
D	25 μL	25 μL	5 μL

8 试验数据处理

8.1 空白试验结果

对样品结果进行判定时,空白试验结果应同时满足以下条件:

a) 2 次平行测定应同时满足 A、B、D 均产生抑菌圈;

b) 2 次平行测定应同时满足 A 与 B 的抑菌圈差异≤3 mm;

c) 2 次平行测定应同时满足 C 的抑菌圈小于 D 的抑菌圈,差异≥3 mm。

8.2 结果判定

当空白试验结果满足 8.1 时,样品结果应按以下规则进行判定:

a) 若 B 和 D 均产生抑菌圈,且 C 的抑菌圈小于 D 的抑菌圈,差异≥3 mm 时:

1) A 的抑菌圈小于 B 的抑菌圈,2 次平行测定同时满足抑菌圈差异≥3 mm 时,该结果判定为检出 β-内酰胺酶;

2) 2 次平行测定同时满足 A 的抑菌圈与 B 的抑菌圈差异<3 mm 时,该结果判定为未检出 β-内酰胺酶;

b) 若 A 和 B 均不产生抑菌圈,应将样品稀释后再重新进行测定。

第二法 胶体金快速试纸条法

9 原理

通过测定样品中被 β-内酰胺酶分解后残留的青霉素,间接测定生乳中是否含有 β-内酰胺酶。

10 试剂或材料

除非另有规定,仅使用分析纯试剂。β-内酰胺酶胶体金试剂盒。冷藏保存,具体储存要求参照使用说明,试剂盒内包括:

a) 青霉素微孔或试剂瓶;

b) 金标颗粒青霉素受体试剂微孔;

c) 胶体金试纸条。

所用的商品化 β-内酰胺酶胶体金试剂盒,应按照附录 B 所述方法验证合格后使用。

11 仪器设备

11.1 孵育器:(40±2)℃。

11.2 读数仪:可测定并显示胶体金试纸条测定结果。

11.3 移液器:200 μL。

12 样品

样品应按 NY/T 3051—2016 中 3.4.5 规定的要求冷藏或冷冻保存,恢复室温后进行测定。

13 试验步骤

将 β-内酰胺酶胶体金试剂盒充分回温。吸取 200 μL 试样于青霉素微孔或试剂瓶中,每个样品平行试验 2 个。充分混匀后,置于事前预热好的孵育器(11.1)中孵育。孵育后,将全部试液转移至受体试剂微孔中,充分混匀后再次置于孵育器(11.1)中孵育。孵育后,将对应的试纸条吸水端插入于微孔中,3 min 后弃去吸水纸并观察结果。

注:不同 β-内酰胺酶胶体金试剂盒制造商间的产品组成和孵育时间有差异,应按照说明书操作。

14 试验数据处理

结果按以下 2 种方式进行判定:

a) 肉眼判定:通过比较控制线(C 线)与测试线(T 线)的颜色进行结果判定(见图 1),判定时间不超过 5 min。

1) 阴性(一):控制线(C 线)显色,且测试线(T 线)显色比 C 线浅或不显色,表示试样中不含 β-内酰胺酶或 β-内酰胺酶的浓度低于检出限;

2) 阳性(＋):控制线(C线)显色,且测试线(T线)显色等于或者强于C线显色,表示试样中含β-内酰胺酶且浓度高于检出限,阳性样品或疑似阳性样品应按本标准第一法确证;

3) 无效:控制线(C线)不显色,表明试验失效,应重新进行测试。

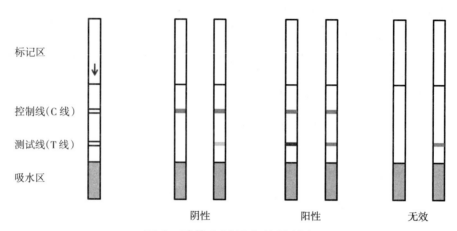

图1 胶体金试纸条结果判定

b) 读数仪判定:参照读数仪(11.2)厂家的建议对结果进行判定,阳性样品或疑似阳性样品应按本标准第一法确证。

注:不同厂商读数判定结果有差别,应按照说明书操作及判定。

附 录 A

（规范性附录）

培 养 基

A.1 营养琼脂培养基

见表 A.1。

表 A.1 营养琼脂培养基的配制

成 分	质量或体积
蛋白胨	10 g
牛肉膏	3 g
氯化钠	5 g
琼脂	15 g～20 g
水	1 L
注:分装试管每管 5 mL～8 mL,121℃高压灭菌 15 min,灭菌后摆放斜面。	

A.2 抗生素检定培养基Ⅱ

见表 A.2。

表 A.2 抗生素检定培养基Ⅱ的配制

成 分	质量或体积
蛋白胨	10 g
牛肉浸膏	3 g
氯化钠	5 g
酵母膏	3 g
葡萄糖	1 g
琼脂	14 g
水	1 L
注:121℃高压灭菌 15 min,其最终 pH 为 6.5～6.6。	

附　录　B

（规范性附录）

胶体金快速试纸条检测产品性能评价要求

B.1　灵敏度和假阴性率

采用检出限浓度样品进行 20 个重复测试,要求灵敏度为 100%,即假阴性率为 0%。

B.2　特异性和假阳性率

采用阴性样品进行 20 个重复测试,要求特异性不小于 80%,即假阳性率小于 20%。

B.3　与参比方法一致性

参比方法采用本标准第一法,要求与参比方法卡方检验测试结果 $\chi^2 < 3.84$。

ICS 67.060
X 11

中华人民共和国农业行业标准

NY/T 3342—2018

花生中白藜芦醇及白藜芦醇苷异构体
含量的测定 超高效液相色谱法

Determination of resveratrol and resveratrol glycoside isomers in peanut—
Ultra performance liquid chromatography method

2018-12-19 发布

2019-06-01 实施

中华人民共和国农业农村部 发布

前　言

本标准按照 GB/T 1.1—2009 给出的规则起草。

本标准由农业农村部乡村产业发展司提出并归口。

本标准起草单位：中国农业科学院农产品加工研究所、山东金胜粮油集团、山东东升粮油有限公司。

本标准主要起草人：王强、石爱民、夏小勇、刘红芝、刘丽、胡晖、高冠勇、胡玉中。

花生中白藜芦醇及白藜芦醇苷异构体
含量的测定　超高效液相色谱法

1　范围

本标准规定了测定花生中白藜芦醇及白藜芦醇苷异构体(反式白藜芦醇、反式白藜芦醇苷、顺式白藜芦醇、顺式白藜芦醇苷)含量的超高效液相色谱法。

本标准适用于花生仁、花生红衣、花生芽中白藜芦醇及白藜芦醇苷异构体含量的测定。

本标准方法反式白藜芦醇、反式白藜芦醇苷定量检出限为 2.0 $\mu g/kg$,顺式白藜芦醇、顺式白藜芦醇苷定量检出限为 3.0 $\mu g/kg$。

2　规范性引用文件

下列文件对于本文件的应用是必不可少的。凡是注日期的引用文件,仅注日期的版本适用于本文件。凡是不注日期的引用文件,其最新版本(包括所有的修改单)适用于本文件。

GB 5491　粮食、油料检验扦样、分样法

GB/T 6682　分析实验室用水规格和试验方法

3　术语和定义

下列术语和定义适用于本文件。

3.1

白藜芦醇及白藜芦醇苷异构体　resveratrol and resveratrol glycoside isomers

反式白藜芦醇(trans-resveratrol)、反式白藜芦醇苷(trans-piceid)、顺式白藜芦醇(cis-resveratrol)、顺式白藜芦醇苷(cis-piceid)的总称,多酚类物质。具体分子式和结构式参见附录 A。

4　原理

试样中的白藜芦醇及白藜芦醇苷异构体用乙醇-水溶液提取,提取液离心后,取上清液定容,用配有紫外检测器或二极管阵列检测器的超高效液相色谱仪进行测定,以保留时间定性,外标法定量。

5　试剂和材料

除非另有规定,仅使用分析纯试剂,实验中所用水应符合 GB/T 6682 中一级水的要求。

5.1　无水乙醇(C_2H_5OH)。

5.2　甲醇(CH_3OH):色谱纯。

5.3　甲酸(HCOOH):色谱纯。

5.4　80%乙醇溶液:取 800 mL 无水乙醇(5.1),加 200 mL 水,混匀。

5.5　液相流动相:

A 相:0.1%甲酸水溶液,取 1 mL 甲酸(5.3),加 999 mL 水,混匀并脱气。

B 相:甲醇,取 1 L 甲醇(5.2),脱气。

5.6　反式白藜芦醇(CAS 号:501-36-0):纯度≥98%。

5.7　反式白藜芦醇苷(CAS 号:65914-17-2):纯度≥98%。

5.8 标准储备溶液：分别准确称取反式白藜芦醇、反式白藜芦醇苷标准品 6.25 mg(精确至 0.01 mg)，分别用甲醇(5.2)溶解并定容至 250 mL，得到 25 mg/L 的单标储备液。顺式白藜芦醇和顺式白藜芦醇苷储备液是由反式白藜芦醇及反式白藜芦醇苷标准溶液置于 365 nm 紫外光下分别照射 120 min 和 60 min 制得。

5.9 混合标准工作液：准确移取 0.1 mL、1.0 mL、5.0 mL、10.0 mL、15.0 mL、20.0 mL 反式白藜芦醇、反式白藜芦醇苷标准储备溶液(5.8)，用甲醇(5.2)稀释并定容至 50 mL，得到一系列的标准工作溶液(质量浓度分别为 0.05 mg/L、0.5 mg/L、1.0 mg/L、5.0 mg/L、7.5 mg/L、10.0 mg/L)。取适量反式白藜芦醇及反式白藜芦醇苷标准储备溶液(5.8)，置于干燥洁净的培养皿中，于 365 nm 紫外光下 10 cm 处分别照射 2 h 和 1 h，反式白藜芦醇溶液分别于 20 min、40 min、60 min、80 min、100 min、120 min 时间点取样，反式白藜芦醇苷溶液分别于 10 min、20 min、30 min、40 min、50 min、60 min 时间点取样，装入棕色液相色谱进样瓶；随后准确量取 0.5 mL 照射 120 min 的反式白藜芦醇标准溶液及 0.5 mL 照射 60 min 的反式白藜芦醇苷标准溶液，按 1∶1 比例混合均匀，制得混合标准工作液，装入棕色液相色谱进样瓶中，于−18℃下避光保存，保存有效期为 1 个月。

6 仪器和设备

6.1 超高效液相色谱仪：带紫外检测器或二极管阵列检测器。

6.2 紫外分析仪：波长 365 nm。

6.3 冻干机：隔板温度−20℃，真空度 13 Pa～200 Pa，凝冰温度−52℃，或性能相当者。

6.4 粉碎机：高速万能粉碎机，转速 24 000 r/min，或相当的设备。

6.5 匀浆机：不低于 5 000 r/min，或相当的设备。

6.6 离心机：不低于 5 000 r/min，或相当的设备。

6.7 涡旋振荡器：0 r/min～3 300 r/min。

6.8 天平：感量 0.01 mg、0.01 g。

6.9 滤膜：孔径 0.22 μm、直径 25 mm 的聚砜膜或相当者。

7 操作步骤

7.1 试样制备与保存

花生果样品脱壳，花生仁、花生红衣样品直接取样，花生芽需预先冻干处理。

分取花生仁约 100 g，用粉碎机(6.4)粉碎 2 min～3 min；取花生红衣、冻干处理后的花生芽约 100 g，用粉碎机(6.4)粉碎 2 min～3 min，过 250 μm 筛。如需保存，应于−18℃保存。

7.2 提取

准备称取 5 g(精确至 0.01 g)样品于 100 mL 离心管中，加入 60 mL 80％乙醇溶液(5.4)，在匀浆机中匀浆提取 2 min 后，于 5 000 r/min 离心 10 min，将上清液转入 100 mL 棕色容量瓶中，样品残渣再分别用 10 mL 80％乙醇溶液(5.4)提取 2 次，合并 3 次提取液，用 80％乙醇溶液(5.4)定容至 100 mL，摇匀后过 0.22 μm 滤膜，置入棕色液相色谱进样瓶中，待测。

7.3 测定

7.3.1 超高效液相色谱参考条件

色谱参考条件如下：
a) 色谱柱：C$_{18}$，2.1 mm×100 mm，1.8 μm，或性能相当者；
b) 流动相：A 相为 0.1％甲酸水溶液(5.5)，B 相为甲醇(5.5)，梯度洗脱条件见表 1；
c) 流速：0.45 mL/min；

d) 检测波长:285 nm、306 nm;

e) 柱温:35℃;

f) 进样量:1 μL。

表 1 梯度洗脱条件

时间,min	流动相,%	
	A 相	B 相
0	90	10
0.5	90	10
2.0	75	25
3.5	70	30
4.0	65	35
5.0	50	50
7.0	10	90
7.2	90	10
10.0	90	10

7.3.2 标准曲线

反式白藜芦醇和反式白藜芦醇苷的标准曲线绘制:取反式白藜芦醇和反式白藜芦醇苷标准储备液(5.8),参考上述色谱条件(7.3.1)进行测定,以标准溶液的浓度为横坐标、峰面积为纵坐标绘制反式白藜芦醇和反式白藜芦醇苷的标准曲线。

顺式白藜芦醇和顺式白藜芦醇苷的标准曲线绘制:取适量反式白藜芦醇及反式白藜芦醇苷标准储备溶液,置于干燥洁净的培养皿中,于 365 nm 紫外光下 10 cm 处分别照射 120 min 和 60 min,反式白藜芦醇溶液分别于 20 min、40 min、60 min、80 min、100 min、120 min 时间点取样,反式白藜芦醇苷溶液分别于 10 min、20 min、30 min、40 min、50 min、60 min 时间点取样,进行超高效液相色谱分析,测定反式白藜芦醇及反式白藜芦醇苷峰面积,由反式白藜芦醇和反式白藜芦醇苷的标准曲线求出反式体的浓度,再由反式体浓度的减少求出溶液中顺式体的浓度,以顺式白藜芦醇及顺式白藜芦醇苷浓度为横坐标、峰面积为纵坐标,以此建立顺式白藜芦醇和顺式白藜芦醇苷的标准曲线。

7.3.3 色谱分析

分别将混合标准工作液和试样溶液进样,以保留时间定性,以样品溶液白藜芦醇各异构体峰面积与标准溶液峰面积比较定量。标准样品色谱图参见附录 B。

8 结果计算

样品中白藜芦醇及白藜芦醇苷异构体的含量按式(1)计算。

$$X_i = \frac{c \times A \times V}{A_s \times m} \quad\cdots\cdots\cdots\cdots\cdots\cdots\cdots\cdots (1)$$

式中:

X_i——样品中白藜芦醇或白藜芦醇苷异构体的质量分数,$i=1,2,3,4$,X_1 为反式白藜芦醇、X_2 为反式白藜芦醇苷、X_3 为顺式白藜芦醇、X_4 为顺式白藜芦醇苷,单位为毫克每千克(mg/kg);

c——标准溶液中白藜芦醇或白藜芦醇苷异构体的浓度,单位为毫克每升(mg/L);

A——样液中白藜芦醇或白藜芦醇苷异构体的峰面积数值;

V——试样最终定容体积,单位为毫升(mL);

A_s——标准溶液中白藜芦醇或白藜芦醇苷异构体的峰面积数值;

m ——样品质量,单位为克(g)。

测定结果取 3 次测定的算术平均值,计算结果保留至小数点后 3 位。

在重复性条件下获得的 2 次独立测定结果的绝对数值不得超过算术平均值的 10%。

附 录 A

（资料性附录）

白藜芦醇及白藜芦醇苷异构体分子式与结构式

白藜芦醇及白藜芦醇苷异构体分子式与结构式见图 A.1。

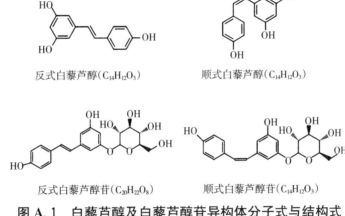

反式白藜芦醇(C₁₄H₁₂O₃)　　　　　　　　顺式白藜芦醇(C₁₄H₁₂O₃)

反式白藜芦醇苷(C₂₀H₂₂O₈)　　　　　　　顺式白藜芦醇苷(C₁₄H₁₂O₃)

图 A.1　白藜芦醇及白藜芦醇苷异构体分子式与结构式

附　录　B

（资料性附录）

标准样品色谱图

标准样品色谱图见图 B.1。

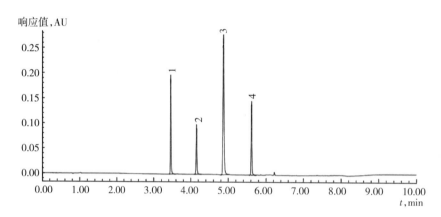

说明：

1——反式白藜芦醇苷；

2——顺式白藜芦醇苷；

3——反式白藜芦醇；

4——顺式白藜芦醇。

图 B.1　标准样品色谱图

第五部分
沼气、生物质能源及设施建设标准

ICS 65.040.01
P 35

中华人民共和国农业行业标准

NY/T 1451—2018
代替 NY/T 1451—2007

温室通风设计规范

Code for ventilation design of greenhouse

2018-03-15 发布

2018-06-01 实施

中华人民共和国农业部 发布

NY/T 1451—2018

目　次

前言

1　范围

2　规范性引用文件

3　术语、定义和符号

4　基本要求

5　室内空气设计参数

6　必要通风量计算

7　自然通风系统设计

8　风机通风系统设计

9　室内空气循环系统设计

10　通风系统周年运行调控方案设计

附录 A(资料性附录)　常见蔬菜、花卉对空气温度和相对湿度的要求

附录 B(资料性附录)　通风设计用室外气象数据

附录 C(资料性附录)　温室常用覆盖材料性能

附录 D(资料性附录)　蒸腾蒸发热量损失系数

附录 E(资料性附录)　CO_2 质量浓度换算

附录 F(资料性附录)　通风风口特性及通风系统阻力

前　言

本标准按照 GB/T 1.1—2009 给出的规则起草。

本标准代替 NY/T 1451—2007《温室通风设计规范》。与 NY/T 1451—2007 相比,除编辑性修改外主要技术变化如下:

——修改了标准的适用范围;

——修改了规范性引用文件;

——修改了术语"换气次数"和"通风率"定义的英文描述;

——"3　术语和定义"和"4　符号"合并;

——"5　设计一般原则"和"7　温室通风设计要求"合并为"4　基本要求";

——"6　温室通风环境目标"标题改为"5　室内空气设计参数";

——删除了湿帘-风机降温系统设计相关内容;

——增加了"9　室内空气循环系统设计"和"10　通风系统周年运行调控方案设计"2 章;

——增加了资料性附录"常见蔬菜、花卉对空气温度和相对湿度的要求";

——修改了"附录 A(资料性附录)　室外气象参数",标题改为"通风设计用室外气象数据";

——增加了资料性附录"蒸腾蒸发热量损失系数";

——"附录 B(资料性附录)　温室覆盖材料的透射率"和"附录 C(资料性附录)　温室覆盖材料传热系数"合并为"温室常用覆盖材料性能";

——删除了"附录 D(资料性附录)　作物适宜种植密度的叶面积指数";

——修改了"附录 E(规范性附录)　自然通风系统设计通风量计算方法",并将该部分内容纳入正文;

——增加了资料性附录"CO_2 质量浓度换算";

——修改了"附录 F(资料性附录)　通风系统设计通风量计算参数",标题改为"通风风口特性及通风系统阻力"。

本标准由农业部农业机械化管理司提出。

本标准由全国农业机械标准化技术委员会农业机械化分技术委员会(SAC/TC 201/SC 2)归口。

本标准起草单位:农业部规划设计研究院。

本标准主要起草人:王莉、周长吉、丁小明。

本标准所代替标准的历次版本发布情况为:

——NY/T 1451—2007。

温室通风设计规范

1 范围

本标准规定了温室通风设计基本要求、室内空气设计参数、必要通风量计算、自然通风系统设计、风机通风系统设计、室内空气循环系统设计和通风系统周年运行调控方案设计等内容。

本标准适用于温室通风系统的工程设计和周年运行调控方案设计。

本标准不适用于非自然光源采光温室(如植物工厂)。

2 规范性引用文件

下列文件对于本文件的应用是必不可少的。凡是注日期的引用文件,仅注日期的版本适用于本文件。凡是不注日期的引用文件,其最新版本(包括所有的修改单)适用于本文件。

NY/T 2133—2012 温室湿帘-风机降温系统设计规范

3 术语、定义和符号

3.1 术语和定义

下列术语和定义适用于本文件。

3.1.1

自然通风系统 natural ventilation system

利用室内外温差和风压作用实现室内空气与外界交换,在温室围护结构上设置的由屋顶窗、侧窗以及开窗机(和/或卷膜机)等组成的系统。

3.1.2

风机通风系统 fan ventilation system

为实现室内空气与外界交换,在温室侧墙和/或屋顶设置的由风机、管道、风口、过滤装置等组成的系统。

3.1.3

通风量 ventilation rate

单位时间进入室内或从室内排出的空气体积量。

3.1.4

换气次数 air exchange rate

单位时间室内空气的交换次数,即通风量与温室容积的比值。

3.1.5

通风率 ventilation rate per unit floor area

单位室内地面面积单位时间交换的空气体积量,即通风量与温室地面面积的比值。

3.1.6

必要通风量 necessary ventilation rate

考虑作物在不同生育时期正常生育需要,为使室内空气温度、湿度、CO_2浓度维持在某一水平和/或排出有害气体所必需的通风量。

3.1.7

设计通风量 design ventilation rate

通风系统设计预期的通风能力,即预计系统运行能够达到的通风量。

3.1.8

中和面 neutral level;neutral zone;neutral pressure level

自然通风情况下,温室内余压为零的水平层,也称中和界。在该水平层上,室内某一点的空气压力与室外未受扰动的空气压力相等。

3.1.9

空气循环 air circulation

使温室内部温度、湿度和CO_2浓度分布均匀所采取的促使空气运动或混合的措施或方式,通常通过室内有序布置安装多台风机来实现。

3.2 符号

本标准中出现的计算量的符号、名称、意义和单位见表1。

表 1 计算量的符号、名称、意义和单位

计算量符号	计算量名称及意义	单 位
A_D	温室进风口或出风口面积	m^2
$A_F(A_{F1}、A_{F2})$	防虫网面积	m^2
A_g	温室围护结构覆盖层面积,各部分覆盖层面积表示为A_{gk},$k=1,2,\cdots,n$	m^2
A_p	温室内作物栽培面积	m^2
A_s	温室地面面积	m^2
C_D	风口流量系数	
C_v	风口有效系数	
E	辐射照度,指室外水平面太阳总辐射照度	W/m^2
ΔH_{NPL}	进(出)风口中心位置与中和面的高度差	m
I_P	单位植物叶面积对CO_2的平均吸收强度	$g/(m^2 \cdot s)$
I_s	土壤CO_2释放强度,指单位时间温室内单位面积土壤中的CO_2释放量。0℃时的土壤CO_2释放强度用I_{s0}表示	$g/(m^2 \cdot s)$
K_k	温室各部分覆盖层的传热系数,$k=1,2,\cdots,n$	$W/(m^2 \cdot ℃)$
LAI	叶面积指数,指单位水平地面面积上作物的单面叶面积	无量纲(或m^2/m^2)
Q	通风量,风口空气流量	m^3/s
Q_b	必要通风量。$Q_{b,max}$表示最大必要通风量	m^3/s
Q_F	风机流量。各台风机的流量表示为Q_{Fk},其中$k=1,2,\cdots,n$	m^3/s
Q_S	设计通风量	m^3/s
T_i	室内空气的热力学温度,$T_i=t_i+273.15$	K
T_o	室外空气的热力学温度,$T_o=t_o+273.15$	K
a	温室受热面积修正系数	
c_p	空气质量定压热容。标准大气压(101.325 kPa)下干空气 0℃时为 1 005 J/(kg/℃);相对湿度为 60% 的湿空气在 15℃、20℃、25℃、30℃、35℃时分别为 1 016 J/(kg・℃)、1 021 J/(kg・℃)、1 026 J/(kg・℃)、1 033 J/(kg・℃)、1 043 J/(kg・℃)	$J/(kg \cdot ℃)$
d_i	室内空气的含湿量	g/kg
d_o	室外空气的含湿量	g/kg
g	重力加速度,$g=9.8 m/s^2$	m/s^2
m	有害气体散发量	mg/h
$\Delta p(\Delta p_1、\Delta p_2)$	通过通风口、防虫网等的静压差,也称气流阻力	Pa
q	通风率	$m^3/(s \cdot m^2)$
q_b	必要通风率	$m^3/(s \cdot m^2)$
r	水的蒸发潜热,$r=2 442 kJ/kg$	kJ/kg
t_i	室内空气干球温度	℃

表1（续）

计算量符号	计算量名称及意义	单 位
t_j	进入温室空气干球温度	℃
t_o	室外空气干球温度	℃
t_p	排出温室空气干球温度	℃
t_t	土壤温度	℃
v	风速，流经风口气流速度	m/s
v_s	计算风速	m/s
β	蒸腾蒸发热量损失系数	
λ	遮阳折减率	
ξ	局部阻力系数	
ρ_a	空气密度。标准大气压(101.325 kPa)下15℃、20℃、25℃、30℃、35℃时，干空气密度分别为1.225 kg/m³、1.205 kg/m³、1.184 kg/m³、1.165 kg/m³、1.146 kg/m³；相对湿度为60%的湿空气密度分别为1.233 kg/m³、1.215 kg/m³、1.198 kg/m³、1.183 kg/m³、1.170 kg/m³	kg/m³
ρ_{mj}	进入温室空气中的有害气体浓度	mg/m³
ρ_{my}	温室中有害气体浓度限值	mg/m³
ρ_{Ci}	设定的室内空气CO_2质量浓度	g/m³
ρ_{Co}	室外空气CO_2质量浓度	g/m³
τ	温室覆盖层的太阳辐射透射率	

4 基本要求

4.1 通风系统设计及运行调控应满足温室在使用期内的环境符合作物对空气温度、湿度、CO_2浓度和气流速度的要求，并符合室内空气污染物浓度限制的要求。夏季通风应重点考虑改善可能造成的室内高温环境；冬季通风应重点考虑改善因温室密闭造成的高湿、低CO_2浓度及空气污染物浓度过高的室内环境。

4.2 温室通风应优先采用自然通风系统。当自然通风系统不能满足温室设计要求时，应采用风机通风系统。当采用风机通风系统进行通风降温不能满足温室设计要求时，应同时采取其他降温措施。

4.3 通风系统设计通风量应不低于温室使用期最大必要通风量，见式(1)。计算最大必要通风量时，应根据防止室内高温排除多余热量的必要通风量确定，采用温室使用期内最热月的室外气象数据和作物适宜温度上限(或室内设计温度控制值)计算。

$$Q_S \geqslant Q_{b,\max} \quad\cdots\cdots\cdots\cdots\cdots\cdots\cdots\cdots\cdots\cdots\cdots\cdots\cdots\cdots\cdots (1)$$

4.4 自然通风系统设计，应根据设计通风量确定风口类型、尺寸和位置，并据此进行开窗系统、拉膜系统的选型配套。风机通风系统设计，应根据设计通风量确定风机类型、数量和布局，并应结合温室用途、规模、使用季节、室外气象条件和经济性综合考虑，温室换气次数每分钟不应超过2次。

4.5 冬季通风率应视温室所在地区和气候，重点考虑防止室内高湿排除多余水蒸气和维持室内CO_2浓度的必要通风量要求确定，一般为0.005 m³/(s·m²)～0.02 m³/(s·m²)。当室外气温低于15℃时，最大通风率宜小于0.01 m³/(s·m²)。冬季采用风机通风系统时，宜设置与夏季和春秋季节通风系统不同的独立的通风系统，并应考虑冬季通风系统的最大通风率与春秋季通风可调控的最小通风率的衔接。

4.6 室内宜设置风机，形成有组织空气循环系统。运行调控方案设计时，应考虑室内空气循环系统与风机通风系统不同时运行。

4.7 通风系统运行调控方案设计时，通风量应在使用期划分阶段调控，某时段通风量调控的设定值应满足该运行时段的必要通风量。各时段必要通风量，应综合考虑防止高温排除多余热量、防止高湿排除水汽、维持室内 CO_2 浓度、控制室内气流速度和限制空气污染物浓度等因素的必要通风量进行设定。

4.8 植物隔离检疫温室的通风系统应在符合隔离检疫生物安全要求的前提下进行专门设计。植物隔离检疫温室不应采用自然通风系统，风机通风系统设计应保证各类隔离区域内的气压要求、隔离区内与室外的气压差要求、相邻隔离区域间的气压差要求。应在排风口设置符合植物隔离要求的空气过滤系统，在进风口设置防止对植物检疫过程会造成影响的室外异物、昆虫、微生物等进入的空气过滤系统。

5 室内空气设计参数

5.1 温度

常见蔬菜、花卉对温度的要求参见附录中的表 A.1 和表 A.3。室内设计温度控制值：一般不应超过 30℃；栽种喜温作物温室，不应超过 32℃；栽种耐热作物温室，不应超过 35℃。

5.2 相对湿度

室内空气相对湿度白昼不宜超过 80%，夜间不宜超过 90%。常见蔬菜和花卉对空气湿度的要求参见表 A.2 和表 A.3。

5.3 CO_2 浓度

温室空气中的 CO_2 浓度不宜低于 $300 \mu L/L$。

5.4 气流速度

温室通风换气时，室内作物周边气流速度应控制在 $1.0 m/s$ 以下。作物适宜气流速度为 $0.5 m/s$，最小气流速度为 $0.1 m/s$。

5.5 有害气体浓度

有害气体浓度限值见表 2。

表 2 有害气体浓度限值

有害气体名称	体积浓度限值 $\mu L/L$	质量浓度限值 mg/m
氨气（NH_3）	5	3.45
二氧化氮（NO_2）	2	3.70
二氧化硫（SO_2）	0.5	1.30
乙烯（C_2H_4）	0.05	0.06
氯气（Cl_2）	0.1	0.29

6 必要通风量计算

6.1 通风量与通风率

通风量与通风率的关系如式（2）。

$$Q = A_s q \quad\quad\quad (2)$$

6.2 防止室内高温排除多余热量必要通风率

6.2.1 防止室内高温排除多余热量的必要通风率 q_b

按式（3）计算。

$$q_b = \frac{a\tau E(1-\beta) - \sum_{k=1}^{n} K_k A_{gk}(t_i - t_o)/A_s}{c_p \rho_a (t_p - t_j)} \quad\quad\quad (3)$$

6.2.2 室外空气干球温度 t_o

通风设计计算最大必要通风量时，应取温室建设所在地温室使用期最热月的室外计算干球温度，其值可依据当地气象资料获得，或参见附录 B 选取；运行调控计算必要通风量时，应取调控时刻的室外空气干球温度。

6.2.3 室内空气干球温度 t_i

根据室内所种作物的要求,结合当地气候条件确定,参见 5.1、表 A.1 和表 A.3。通风设计计算最大必要通风量时,可采用作物的最适温度上限值。当温室栽种作物不明确和/或无法获得明确的室内温度要求时,可采用室内设计温度控制值。

6.2.4 进入温室空气干球温度 t_j

进入温室空气未经过降温处理时,取 $t_j = t_o$;空气经湿帘处理时,按 NY/T 2133—2012 中的 6.3 计算。

6.2.5 排出温室空气干球温度 t_p

室内气温分布均匀时,可近似取 $t_p = t_i$;室内气温从进风口至排风口有较大温升时,取 $t_p = 2t_i - t_j$。

6.2.6 空气密度 ρ_a

为排出温室空气密度,根据排出温室空气的温度和相对湿度取值。

6.2.7 空气质量定压热容 c_p

为排出温室空气质量定压热容,根据排出温室空气的温度和相对湿度取值。

6.2.8 室外水平面太阳总辐射照度 E

通风设计计算最大必要通风量时,应取建设所在地温室使用期最热月的最大室外水平面太阳总辐射照度,可参见表 B.1 选取;运行调控计算必要通风量时,应取调控时刻的室外水平面太阳总辐射照度。

6.2.9 温室受热面积修正系数 a

连栋温室为 1.0~1.3,夏季可取 1.0~1.1,春秋季可取 1.2~1.3,温室规模小、所在地纬度高的地区取较大值;日光温室为 1.0~1.5,夏季可取 1.0~1.2,春秋季可取 1.3~1.5,所在地纬度高的地区可取较大值。

6.2.10 温室覆盖层的太阳辐射透射率 τ

按选用产品的性能参数取值,无数据参考时可参见附录 C 中的表 C.1 中的可见光辐射透射率估算。考虑温室骨架遮挡和实际使用中材料污染等因素,可乘以 0.85~0.95 的折减系数。有室内外遮阳网时,应乘以 $(1-\lambda)$ 进行折减,其中 λ 为遮阳折减率,取值见表 3。

表 3 遮阳折减率推荐取值

遮阳类型	遮阳网类型	遮阳折减率 λ
有外遮阳	白色或缀铝材料	$\lambda =$ 外遮阳材料的遮阳率
(有或无内遮阳)	绿色或黑色遮阳网	$\lambda =$ 外遮阳材料的遮阳率×0.5
无外遮阳,有内遮阳	白色或缀铝材料	$\lambda =$ 内遮阳材料的遮阳率×0.5
	绿色或黑色遮阳网	0

6.2.11 温室各部分覆盖层的传热系数 K_k

传热系数 K_k 可参见表 C.1 选取。

6.2.12 蒸腾蒸发热量损失系数 β

在没有湿帘装置情况下,β 取值范围为 0.65~1.15,可根据当地室外最大空气含湿量和叶面积指数选取。室外最大空气含湿量参见表 B.1,β 值与室内温度升高值、通风率和叶面积指数的关系参见附录 D。有湿帘装置时,取值为 0.5~0.7。

6.3 防止室内高湿排除多余水蒸气必要通风率

6.3.1 排除室内多余水蒸气所需要的必要通风率 q_b

按式(4)计算。

$$q_b = \frac{\beta a \tau E / r}{\rho_a (d_i - d_o)} \quad\cdots\cdots\cdots\cdots\cdots\cdots\cdots\cdots\cdots\cdots\cdots (4)$$

6.3.2 室外空气含湿量 d_o

运行调控计算必要通风量时,应根据调控时刻室外空气干球温度、相对湿度(或湿球温度),由湿空气性质计算或查焓湿图求得。

6.3.3 室内空气含湿量 d_i

根据设定的室内空气干球温度和相对湿度,由湿空气的性质计算或查焓湿图求得。

6.3.4 空气密度 ρ_a

取值为室内空气温度下的干空气密度。

6.3.5 温室受热面积修正系数 a、温室覆盖层的太阳辐射透射率 τ 和蒸腾蒸发热量损失系数 β

取值方法分别同本标准的 6.2.9、6.2.10 和 6.2.12。

6.3.6 室外水平面太阳总辐射照度 E

运行调控计算必要通风量时,应取调控时刻的室外水平面太阳总辐射照度。

6.4 维持室内 CO_2 浓度的必要通风率

6.4.1 维持室内 CO_2 浓度的必要通风率 q_b

按式(5)计算。

$$q_b = \frac{A_p \cdot LAI \cdot I_p / A_s - I_s}{\rho_{Co} - \rho_{Ci}} \quad\cdots\cdots\cdots\cdots\cdots\cdots (5)$$

6.4.2 室外空气 CO_2 质量浓度 ρ_{Co}

室外空气 CO_2 浓度为 370 μL/L～400 μL/L,夏季及植被茂盛区域取较低值,冬季及植被稀疏地区取较高值。如当地有准确的实测资料,可按实际测定的数据确定。CO_2 质量浓度的换算见附录 E 中的表 E.1。

6.4.3 设定的室内空气 CO_2 浓度 ρ_{Ci}

根据室内种植作物的要求,并考虑经济性确定,与室外空气 CO_2 质量浓度 ρ_{Co} 差值的绝对值不应小于 0.15 g/m³。

6.4.4 植物叶面积指数 LAI

一般可取 2～4,室内植物茂密时取大值。

6.4.5 单位植物叶面积对 CO_2 的平均吸收强度 I_P

在白昼适宜光合作用的室内气温和相对湿度条件下,I_P 的取值范围为 0.5×10^{-3} g/(m²·s)～0.8×10^{-3} g/(m²·s),温室内光照较强、CO_2 浓度较高、气流速度较高时取较高值。

6.4.6 土壤 CO_2 释放强度 I_s

可按式(6)计算,对于一般肥沃的土壤,0℃时的土壤 CO_2 释放强度 I_{s0} 约为 0.01×10^{-3} g/(m²·s)。一般情况下温室中土壤 CO_2 释放强度 I_s 可取土壤温度 t_t 为 15℃进行计算;对于采用盆栽、无土栽培等方式生产的温室,可取 $I_s = 0$。

$$I_s = I_{s0} \cdot 3^{t_t/10} \quad\cdots\cdots\cdots\cdots\cdots\cdots (6)$$

6.5 排出有害气体的必要通风量

6.5.1 排出有害气体的必要通风量 Q_b

按式(7)计算。

$$Q_b = \frac{m}{3600(\rho_{my} - \rho_{mj})} \quad\cdots\cdots\cdots\cdots\cdots\cdots (7)$$

6.5.2 有害气体散发量 m

由温室中实际测试结果确定。

6.5.3 温室中有害气体浓度限值 ρ_{my}

见表 2。

6.5.4 进入温室空气中的有害气体浓度 ρ_{mj}

由当地室外空气条件或实际测试结果确定。

7 自然通风系统设计

7.1 设计要求

7.1.1 应设置足够面积的风口,使通风系统的设计通风量满足最大必要通风量要求。

7.1.2 连栋温室自然通风,宜采用侧墙进风和屋顶出风的方式,宜在屋面双侧方向开启通风窗或开启全屋面。日光温室冬季通风,宜在前屋面顶部设置风口;春、夏、秋季通风时,应设置前屋面下部进风口或前屋面全部开启。

7.1.3 夏季通风的进风口宜设置在室外风的上风向,否则为获得相同风量应加大风口面积。冬季通风的进风口宜设置在室外风的下风向。

7.1.4 连栋温室设置屋脊窗和侧墙窗通风时,屋脊窗面积应与侧墙窗面积相等,至少应是温室地面面积的15%~20%。连栋温室全屋面开启设计时,可以不设置侧墙或山墙窗。

7.1.5 室外气流方向会受到温室所处地势、绿化带、周围建筑物的影响,自然通风设计时可利用这些因素改变室外气流方向。

7.1.6 进、出风口宜分别设置在温室围护结构表面风压相反的两个区域,进、出风口相对的设计有利于增加空气流量。风口相邻时会改变气流方向,应合理布局进、出风口位置,可参照风力作用下温室围护结构各部位的风压系数进行设计。

7.1.7 风口应安装防虫网,同时应考虑防虫网的气流阻力影响,还应注意防虫网捕获昆虫或积尘后气流阻力会增加。

7.1.8 应避免进风口前有建筑物(或构筑物)、绿化带等障碍物。

7.2 风口空气流量估算方法

7.2.1 风口压差与气流速度的关系

风口压差与通过风口气流速度的关系如式(8)。

$$\Delta p = \frac{1}{2}\rho_a \xi v^2 \quad \cdots\cdots\cdots\cdots\cdots\cdots\cdots\cdots\cdots\cdots\cdots\cdots\cdots\cdots\cdots (8)$$

式中,ρ_a 为风口处空气密度,几种类型进、出风口的局部阻力系数 ξ 取值参见附录 F 中的表 F.1。

7.2.2 风力作用下进风口空气流量估算

风力作用下,通过进风口的空气流量可按式(9)估算。

$$Q = C_v A_D v_s \quad \cdots\cdots\cdots\cdots\cdots\cdots\cdots\cdots\cdots\cdots\cdots\cdots\cdots\cdots\cdots\cdots (9)$$

式中,A_D 为进风口面积;风口有效系数 C_v 的取值为:风向与风口平面垂直时取 0.5~0.6,风向倾斜于风口平面时取 0.25~0.35;计算风速 v_s 取设计当月的昼间月平均风速的 1/2,昼间月平均风速可参见表 B.2。

7.2.3 热压作用下风口空气流量估算

热压作用下通过风口的空气流量按式(10)估算。

$$Q = C_D A_D \sqrt{2g\Delta H_{NPL}(T_i - T_o)/T_i} \quad \cdots\cdots\cdots\cdots\cdots\cdots\cdots (10)$$

如果有一个以上风口时,可以假设进风口面积与出风口面积相等,如果气流为单向流动、不发生混合,风口流量系数 C_D 可取为 0.65,ΔH_{NPL} 可取为进、出风口中心高度差的 1/2。当只有一个风口时,风口流量系数 C_D 可按式(11)计算,A_D 取为风口面积的 1/2,ΔH_{NPL} 取为风口高度的 1/4。

$$C_D = 0.40 + 0.0045(T_i - T_o) \quad \cdots\cdots\cdots\cdots\cdots\cdots\cdots\cdots (11)$$

如果进风口面积与出风口面积不相等时,式(10)中的 A_D 取两者中较小的。进、出风口面积相等时,增加风口面积,风口空气流量线性增加。进、出风口面积不相等时,增加进、出风口的面积不能使风口空气流量线性增加,风口空气流量增加比率与进、出风口面积之间的比值有关,两者的关系参见F.2。

8 风机通风系统设计

8.1 设计要求

8.1.1 一般温室宜采用排气通风系统,即负压通风系统。该系统适用于春秋季和夏季通风降温。冬季通风宜采用进气通风系统,即正压通风系统。

8.1.2 排气通风系统气流方向宜与室外空气气流方向一致,进气口宜设置在室外夏季主风向的上风向,排气风机设置在下风向。风机可设置在温室的侧墙、山墙或屋面上,而进气口应设置在远离风机的墙面(或屋面)。

8.1.3 同等情况下排气通风系统宜优先采用风机安装在山墙的方案,宜使室内气流平行于屋脊方向。风机设置宜使室内气流平行于作物种植行的方向。

8.1.4 排气通风系统风机与进风口的距离,一般应在30 m～60 m之间,距离过小不能充分发挥其通风效果,距离过大则从进风口至排风口室内空气温升过大。

8.1.5 当两栋相邻温室在墙面安装风机的排风口相对时,两墙之间的距离应不小于8 m,否则应使风机位置错开。当一温室的风机排风口与另一温室的进风口相面对时,二者之间的距离不应小于15 m。

8.1.6 采用进气通风系统时,应避免进入室内的直接吹向作物的气流速度过高,冬季风机通风系统的布局设计应使室外冷空气在到达作物之前与室内空气充分混合。进气通风系统宜在风机出风口处连接送风管道,将气流均匀送入温室内部,风机进风口宜设置在室外风压影响小的位置,室内空气的出风口宜设置在温室上部。

8.1.7 进气通风系统采用管道向室内送风时,宜设计为风管全长等截面、静压变化的侧孔出风均匀送风类型。当进风口与大气直接相通、进入室内出风接送风管道时,宜使风机出口(侧孔前)的静压小于37.5 Pa。

8.2 风机流量、选型和风口尺寸

8.2.1 通风系统各风机流量的总和应大于设计通风量,一般增加5%～10%。

$$\sum_{k=1}^{n} Q_{Fk} > Q_s \quad \cdots\cdots\cdots\cdots\cdots\cdots\cdots\cdots\cdots\cdots\cdots\cdots \quad (12)$$

8.2.2 应考虑风机运行时的能效和经济性。风机选型时,应根据通风系统阻力及风机生产商提供的风机空气动力性能确定各台风机的流量Q_{Fk},使风机工况点处于高效率范围。风机的选型和配置方案应能满足温室通风量的分阶段调控需要。通风系统由多台风机组成时,宜选择大尺寸、少数量的风机配置方案,但排气通风系统风机之间中心距离不应超过7.5 m。

8.2.3 排气通风系统的进风口面积可根据设计确定的总风机流量按0.3 m²/(m³/s)估算。

8.3 通风系统阻力

8.3.1 通风系统应考虑风机护罩、百叶窗、防虫网、湿帘、管道等的气流阻力,还应注意室外风的影响,风机运行工况的静压参见表F.2。其中,室外风对风机的气流阻力参见表F.3;百叶窗、风机护罩对风机的气流阻力见表F.4。

8.3.2 安装防虫网时,应注意网孔尺寸及气流速度不同时所产生的气流阻力有较大差异,应根据防控要求选取网孔尺寸,可防控各类害虫的防虫网最大尺寸及相当目数可参见表F.5,几种典型防虫网在不同气流速度下的气流阻力见图F.2。如果防虫网的气流阻力过大,可通过增加防虫网面积减小气流速度的方法来减小防虫网对通风系统产生的气流阻力,气流阻力与防虫网面积的平方成反比,见式(13)。

$$\frac{\Delta p_1}{\Delta p_2} = \frac{A_{F1}^2}{A_{F1}^2} \quad \cdots\cdots\cdots\cdots\cdots\cdots\cdots\cdots\cdots\cdots\cdots\cdots \quad (13)$$

8.3.3 安装湿帘装置时,可按所选择湿帘的规格、厚度、气流速度等依据制造商提供的湿帘气流阻力性

能确定。

9 室内空气循环系统设计

9.1 空气循环用风机(以下称循环风机)应有防护网,安装在作物冠层上方 0.6 m～0.9 m 的同一水平面,并形成气流接力回路。多跨连栋温室可以使一个区域的气流朝向一个方向,而利用相邻区域使气流返回,跨度不超过 9 m 时,风机宜排列在每跨的中心线上。单跨温室应使风机气流方向与温室长度方向平行,两排风机气流方向相反,分别布置在距离两侧墙 1/4 温室宽度的位置。

9.2 风机叶轮直径宜选为 30 cm～90 cm。在气流方向上,气流入口端的第一个风机距离端墙应为风机直径的 8 倍,风机间隔距离应为风机直径的 25 倍～30 倍,最后一个风机距离墙面 4.5 m～6.0 m。

9.3 循环风机的总风量应以温室地面面积估算,不应小于 0.01 m³/(s·m²)。

9.4 循环风机安装位置宜在竖直方向设计为可调,使作物冠层附近的气流速度不超过 1.0 m/s。

9.5 应优先选择带有导向筒的风机,尤其在密植和种植高度较高的作物时,如果作物顶部附近的风速过高,可以减小风机出口的气流速度或者使风机略微向上抬起一个角度。

10 通风系统周年运行调控方案设计

10.1 通风系统运行调控应根据温室内、外气象条件以及作物对温、湿度的要求来确定,应综合考虑光照、温度、湿度等作物生长的影响因素,以及当地室外气温日变化规律和季节变化规律。周年运行应分季节进行,24 h 循环周期内应分时段进行。

10.2 当室内温度过高且室外温度较低时,通风降温的通风量应根据温室实测温度与目标温度的差值来确定。

10.3 当室内湿度过高且室外湿度较低时,应在保证室内温度不低于作物生长适宜温度的前提下进行通风除湿。春、秋季室内外温差小而湿度大时,宜利用加温措施使室内温度升高后除湿。冬季通风应在室外气温已经升高的时段进行,并且时间不宜过长。

10.4 运行调控应以控制室内温度作为主要的目标设定,控制室内湿度和 CO_2 浓度可作为辅助目标设定。

10.5 运行调控以控制温度为目标时,日周期 24 h 的时段划分最多不宜超过 6 个时段。通风设定温度,应在考虑作物 24 h 平均温度、光照需求的基础上,依据室外空气温度变化规律递进进行,并应考虑温度升降时间,使温度平稳升降。秋、冬、春季需要以温度控制加温时,通风设定温度至少应高于加温设定温度 4℃～6℃,避免出现加温与通风周期循环或同时启动。24 h 温度设定示意见图 1。

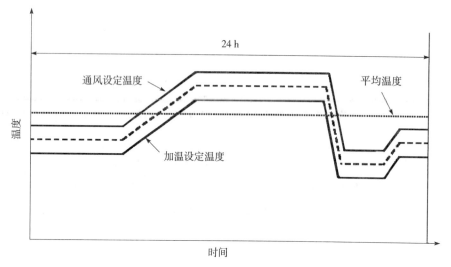

图 1 24 h 温度设定示意

a) 以控制温度运行通风时,北方严冬季节宜在室内温度达到作物适温上限以上 2℃～4℃时启动运行通风;其他季节宜在室内温度达到作物适温上限时启动运行通风。

b) 以控制湿度运行通风时,应以拟控制相对湿度的上限确定最小通风量和启动通风,宜以其下限确定最大通风量,并应同时考虑通风对温度变化的影响。

c) 以控制 CO_2 浓度运行通风时,应以拟控制 CO_2 浓度的下限确定最小通风量,并应同时考虑其他环境因素的调控要求及影响。

d) 宜采用双速(或多速、变速)风机、多个风机分组运行、自动启闭控制窗口开口大小等方式来实现风机通风或自然通风的运行调控。启动风机数量(或变速)的顺序和通风窗开口大小控制应与必要通风量增减的顺序一致。

e) 自然通风窗口开口大小从 0～100％的位置设定,应由室内目标温度与室外温度的差值确定,同时应考虑室外风速和风向的影响。室内目标温度与室外温度的差值越小时窗口开启越大,同等温度条件下室外风速高和/或窗口处于上风向时,窗口开启相对较小。

f) 自动启闭通风窗的控制系统应配置测雨和测风传感器进行控制,在可能造成作物或通风窗受损失时关闭通风窗。

附 录 A

（资料性附录）

常见蔬菜、花卉对空气温度和相对湿度的要求

A.1 常见蔬菜对空气温度的要求

常见蔬菜对空气温度的要求见表 A.1。

表 A.1 常见蔬菜对空气温度的要求

单位为摄氏度

蔬菜适温类型	种类	种子发芽温度			营养生长温度			食用器官生育温度			食用器官
		最低	最适	最高	最低	最适	最高	最低	最适	最高	
耐寒蔬菜	大葱	3～5	18～20	30	6～10	18～24	30	6～10	18～24	30	全株
	韭菜	2～3	15～18	30	6	12～24	40	6	12～24	35	叶部
	大蒜	3～5	12～16	—	3～5	12～16	28	—	15～20	28	蒜头
	菠菜	4	15～20	35	6～8	15～20	25	6～8	15～20	25	叶部
	圆葱	3～5	15～20	30	6	12～20	25	—	20～23	25	鳞茎
	豌豆	1～5	18～25	35	3～5	9～23	30	9～10	15～23	30	荚果
半耐寒蔬菜	甘蓝	2～3	15～20	35	4～5	13～18	25	5～10	15～20	25	叶球
	花椰菜	2～3	15～25	35	4～5	17～20	25	6～10	15～18	25	花球
	青花菜	2～3	15～25	35	4～5	20～22	25	10	15～20	25	花球
	抱子甘蓝	2～3	15～25	35	4～5	18～22	25	5	12～15	25	叶球
	芹菜	4	15～25	30	10	15～20	30	10	15～20	26	叶柄
	莴苣	4	15～20	25	5～10	11～18	24	—	17～20	21	叶球
	茼蒿	10	15～20	35	12	15～20	29	—	15～20	—	茎叶
	萝卜	2～3	20～25	35	5	15～20	25	6	13～18	24	直根
	甜菜	4～6	20～25	30	4	15～18	25	9	20～25	30	根
	马铃薯	5～7	14～18	30	7	18～21	25	—	16～18	29	块茎
喜温蔬菜	番茄	12	25～30	35	8～10	20～30	35	15	25～28	32	果实
	茄子	13～15	28～35	35	12～15	22～30	35	15～17	22～30	35	果实
	辣椒	10～15	25～32	35	12～15	22～28	35	15	22～28	35	果实
	黄瓜	12～13	25～30	35	10～12	20～25	35～40	18～21	25～30	38	果实
	菜豆	10	20～25	35	10	18～25	35	15	20～25	30	荚果
耐热蔬菜	南瓜	13	25～30	35	15	20～25	40	15	25～27	35	果实
	西葫芦	13	25～30	35	14	15～25	40	15	22～25	32	果实
	西瓜	16～17	28～30	38	10	22～28	40	20	30～35	40	果实
	甜瓜	15	30	35	13	20～30	40	15～18	27～30	38	果实
	冬瓜	15	25～30	40	12	20～25	35	15	25	35	果实
	越瓜	15	30～35	40	13～15	20～25	40	—	20～25	35	果实
	瓠瓜	15	30～35	40	13～15	20～25	40	—	20～25	35	果实
	丝瓜	15	30～35	40	13～15	20～30	40	—	25～35	—	果实
	苦瓜	15	30～35	40	10～15	20～30	40	15	20～30	—	果实
注:本表数据引自李天来著《日光温室蔬菜栽培理论与实践》。											

A.2 常见蔬菜对空气相对湿度的要求

常见蔬菜对空气相对湿度的要求见表 A.2。

表 A.2 常见蔬菜对空气相对湿度的要求

蔬菜名称	空气相对湿度 %
黄瓜、芹菜、蒜黄、油菜(青菜)、水萝卜、韭菜、菠菜	80~85
茄子、莴苣、豌豆苗	70~75
青椒(辣椒)、番茄、菜豆、西葫芦、豇豆	60~65
甜瓜、西瓜	50
注:本表数据引自李天来著《日光温室蔬菜栽培理论与实践》。	

A.3 常见花卉对空气温度、相对湿度的要求

常见花卉对空气温度、湿度的要求见表 A.3。

表 A.3 常见花卉对空气温度、相对湿度的要求

种类	名称	最低温度 ℃	最高温度 ℃	最适温度 ℃	花芽分化 最适温度 ℃	适宜相对 湿度 %	气候类型
一二年生草本花卉	石竹	3	35	15~22			耐寒
	金鱼草	2	30	7~16			耐寒
	金盏菊	2	28	7~20			耐寒
	雏菊	3	30	10~25			喜凉,较耐寒
	三色堇	5	30	15~25			喜凉,较耐寒
	羽衣甘蓝	5	30	20~25			喜凉,较耐寒
	瓜叶菊	5	20	12~15		70~80	喜凉,较耐寒
	翠菊	3	30	15~25			喜凉,较耐寒
	四季报春	10	30	15~20			喜温,夏喜凉
	矮牵牛	4	35	13~18			喜温
	百日草	5	35	15~20			喜温
	美女樱	5	25	15~20			喜温
	蒲包花	7	25	10~13			喜温
	彩叶草	5	30	20~25			喜温
宿根花卉	菊花	10	32	16~21			喜冷凉
	非洲菊	10	35	18~25			不耐寒
	香石竹	10	35	15~22			喜温暖凉爽
	君子兰	10	30	15~25			喜凉爽
	火鹤	13	35	22~28		60~70	喜高温
球根花卉	郁金香	5	35	15~18	17~20		耐寒
	风信子	5	35	15~18	25		耐寒
	花贝母	0	35	15~25	20~22		喜凉,耐寒
	球根鸢尾	0	35	20~25	13~18		喜凉,耐寒
	百合	5	30	15~20	20~23	80~85	多数喜冷凉
	番红花	5	30	10~20	27		喜温凉,稍耐寒
	唐菖蒲	5	35	12~25	20~23		喜温,稍耐寒
	美人蕉	5	35	25~30	25~28		喜温,稍耐寒
	朱顶红	5	35	18~25	18~23	70~80	喜温,稍耐寒
	小苍兰	5~8	30	18~23	12~15		冬喜温,夏喜凉
	大岩桐	5	35	18~23	—		冬喜温,夏喜凉
	花毛茛	5	30	13~18	18~20		喜凉
	马蹄莲	5	25	15~18	18~20		喜凉
	铃兰	3	35	18~20	20~25		喜凉
	大丽花	5	35	10~25	20~22		喜凉

表 A.3（续）

种 类	名 称	最低温度 ℃	最高温度 ℃	最适温度 ℃	花芽分化最适温度 ℃	适宜相对湿度 %	气候类型
球根花卉	仙客来	10	30	15～25	13～18		喜凉爽,不耐寒
	水仙	5	35	18～22	18～20		喜温
	晚香玉	5	35	25～30	18～22		喜温
	球根秋海棠	10	32	18～22	18～25		喜温
木本花卉	牡丹	5	35	15～25		＞60	喜凉
	月季	5	30	15～27		75～80	喜凉
	杜鹃	0	30	15～25		70～90	喜凉
	含笑	5	35	18～20			喜凉
	山茶	5	35	18～24			喜凉
	栀子花	6～10	35	20～25			喜温
	桂花	5～10	35	15～28			喜温
	夹竹桃	8～10	＞35	15～35			喜温
	白兰花	10	35	15～28			喜温
	茉莉	5	＞35	22～35			喜温
	叶子花	7	40	30～35			耐热
	一品红	12	35	20～30		60～80	耐热
	米兰	10	35	20～25			耐热
	扶桑	15	35	20～30			耐热
	变叶木	10	35	20～30			耐热
兰科花卉	大花蕙兰	10	30	15～25		＞60	稍耐寒
	兜兰	5	30	18～25			喜温,稍耐寒
	蝴蝶兰	15	35	25～28		70～80	喜温,不耐寒
	卡特兰	5	35	25～32			喜温,不耐寒
	石斛兰	10	35	18～26			喜温,不耐寒
	万带兰	15	35	28～30			喜热,不耐寒
观叶植物	观赏凤梨	5	35	23～30		75～85	喜温暖,耐热,稍耐寒
	绒叶肖竹芋	5	35	20～26			喜温,稍耐寒
	肾蕨	10	35	15～25			喜温
	吊兰	6	30	20～25			喜温
	文竹	5	32	15～25			喜温
	铁线蕨	7	30	15～25			喜温
	绿萝	10	35	20～32			喜温
	朱蕉	10	35	20～25			喜温
	竹芋	5	35	20～30		70～80	喜温
	富贵竹	12	35	20～28			喜温
	花叶芋	13	35	21～32			喜温

注:本表数据引自孙红梅主编《设施花卉栽培技术》。

附 录 B
（资料性附录）
通风设计用室外气象数据

B.1 必要通风量计算用各气象台站室外气象数据

必要通风量计算涉及的室外水平面太阳总辐射照度、室外计算干球温度和室外最大空气含湿量等各气象台站室外气象数据见表B.1。

表 B.1 必要通风量计算用各气象台站室外气象数据

省(自治区、直辖市)		北京	天津	河北	河北	河北	河北	河北	河北	河北	河北	河北	河北
台站名称		北京	天津	丰宁	乐亭	保定	唐山	围场	张家口	怀来	承德	泊头	石家庄
台站信息	海拔,m	55	5	661	12	19	29	844	726	538	386	13	81
	纬度,°	39.9	39.1	41.2	39.4	38.9	39.7	41.9	40.8	40.4	41.0	38.1	38.0
	经度,°	116.3	117.2	116.6	118.9	115.6	118.2	117.8	114.9	115.5	118.0	116.6	114.4
室外水平面太阳总辐射照度 W/m²	1月	572	786	584	494	553	501	568	537	575	502	478	577
	2月	706	831	710	638	702	705	669	730	731	699	691	782
	3月	901	981	906	806	874	918	930	946	895	920	984	939
	4月	910	1 046	1 018	898	934	974	1 039	1 077	999	1 021	961	968
	5月	1 023	1 118	1 075	911	1 026	1 049	1 090	1 083	1 081	1 048	964	1 035
	6月	1 023	945	1 086	926	991	942	1 129	1 084	1 070	1 035	963	1 006
	7月	982	935	1 053	955	996	985	1 035	957	1 073	950	864	947
	8月	846	997	992	847	868	863	918	852	1 013	895	899	772
	9月	839	1 097	965	760	897	819	940	868	942	889	821	823
	10月	715	874	765	716	703	685	769	744	721	753	698	784
	11月	572	870	581	566	536	600	618	642	549	569	569	571
	12月	499	705	499	476	520	440	466	450	504	499	500	546
室外计算干球温度 ℃	1月	5.7	3.3	1.0	3.5	2.5	2.5	−3.3	0.2	1.3	−0.6	0.4	6.1
	2月	9.2	8.6	5.0	7.1	10.5	8.9	3.3	6.1	6.7	6.3	7.2	11.1
	3月	15.9	17.6	11.3	15.6	18.3	16.7	8.9	13.2	14.4	13.3	18.9	19.8
	4月	23.1	23.8	21.9	20.4	24.2	21.5	20.8	22.3	22.8	23.5	23.9	25.0
	5月	28.3	29.4	27.8	27.3	30.5	27.2	27.5	28.3	28.9	29.2	30.4	31.1
	6月	34.2	31.7	29.9	30.2	32.8	32.6	26.0	31.9	32.5	28.4	34.4	33.3
	7月	34.1	34.1	30.6	32.8	34.1	32.8	28.9	33.3	32.9	31.3	33.8	36.3
	8月	31.7	31.7	29.4	31.1	31.7	30.0	27.2	30.6	29.7	29.4	31.2	31.7
	9月	28.6	28.3	25.0	26.1	30.5	28.4	23.9	26.8	27.2	26.6	29.5	29.4
	10月	20.3	21.7	16.6	19.9	22.8	20.6	14.7	17.6	18.3	17.8	20.4	22.2
	11月	13.4	16.1	8.9	13.9	13.3	14.1	7.8	13.9	10.4	8.6	14.2	15.0
	12月	4.4	6.7	0.0	4.6	6.1	5.6	−2.1	1.1	3.2	1.6	8.3	7.5
室外最大空气含湿量 g/kg	1月	2.47	3.39	1.73	3.64	2.71	2.78	2.21	2.28	2.12	2.48	3.58	3.26
	2月	4.03	4.64	3.33	4.10	3.46	3.75	3.14	4.56	3.59	3.61	3.73	4.67
	3月	5.72	7.39	4.26	7.48	6.58	6.93	4.00	4.57	4.88	4.70	6.28	7.07
	4月	11.17	11.56	8.63	10.64	11.90	9.55	7.93	9.41	9.00	8.46	10.61	12.37
	5月	13.96	15.41	11.79	14.36	15.69	12.21	10.45	10.49	11.89	13.33	16.31	14.50
	6月	19.13	18.39	14.62	19.82	17.81	16.97	14.10	16.05	17.68	15.48	17.72	17.86
	7月	25.03	24.01	17.99	21.81	23.52	21.45	19.31	19.94	17.96	21.20	22.84	22.89
	8月	27.30	25.81	18.38	24.75	25.73	20.96	18.04	20.95	19.34	20.40	23.62	21.38
	9月	19.30	16.86	13.97	16.82	17.80	22.07	15.73	15.68	14.78	14.02	15.29	21.57
	10月	10.63	11.40	10.01	12.24	11.33	12.00	8.85	10.76	9.93	11.86	12.09	13.87
	11月	5.47	8.16	5.06	9.16	5.82	7.91	4.30	4.50	6.97	6.34	6.88	6.07
	12月	4.06	4.94	2.50	3.72	4.29	3.80	2.33	3.01	3.74	3.01	5.17	4.45

表 B.1（续）

省（自治区、直辖市）		河北	河北	河北	山西	山西	山西	山西	山西	山西	山西	山西	山西
台站名称		蔚县	邢台	青龙	五台山	介休	原平	大同	太原	榆社	河曲	离石	运城
台站信息	海拔,m	910	78	228	2 210	745	838	1 069	779	1 042	861	951	365
	纬度,°	39.8	37.1	40.4	39.0	37.0	38.8	40.1	37.8	37.1	39.4	37.5	35.1
	经度,°	114.6	114.5	119.0	113.5	111.9	112.7	113.3	112.6	113.0	111.2	111.1	111.1
室外水平面太阳总辐射照度 W/m²	1 月	614	580	581	604	646	546	508	643	644	572	606	581
	2 月	757	762	741	652	796	739	725	803	782	762	792	709
	3 月	948	947	942	979	852	971	917	883	1 007	922	917	899
	4 月	1 058	1 005	1 066	957	1 038	1 050	984	1 060	1 086	1 004	1 085	931
	5 月	1 077	1 057	1 079	1 087	1 066	1 109	996	1 035	1 171	1 067	1 129	942
	6 月	1 125	1 000	1 092	1 088	1 123	1 080	997	1 013	1 149	1 096	1 102	960
	7 月	1 029	1 020	922	953	1 030	1 010	960	970	1 065	1 004	1 003	914
	8 月	947	905	963	862	923	992	846	839	925	958	922	891
	9 月	951	783	878	842	855	919	803	916	968	963	853	890
	10 月	775	793	791	802	818	825	721	754	855	761	787	801
	11 月	537	611	673	613	640	601	579	605	625	652	614	680
	12 月	515	538	493	541	599	552	474	523	582	504	550	590
室外计算干球温度 ℃	1 月	0.0	6.6	0.6	−5.0	3.5	2.2	0.2	3.4	3.9	0.5	2.3	6.1
	2 月	6.3	11.8	7.2	−4.1	9.4	7.8	6.7	8.8	7.6	7.6	8.2	10.2
	3 月	13.6	18.6	14.0	4.0	16.1	13.3	12.7	17.3	15.9	14.8	15.0	21.7
	4 月	21.1	24.5	22.9	13.6	23.3	25.6	20.0	25.0	21.5	24.7	25.6	25.1
	5 月	26.7	30.0	27.2	15.5	28.9	27.0	26.2	28.9	26.9	29.4	29.2	29.6
	6 月	30.0	34.4	30.6	19.4	32.7	30.8	30.0	32.9	30.7	32.8	32.6	35.0
	7 月	32.3	35.6	31.7	18.3	33.3	31.8	31.5	31.5	31.3	32.8	32.8	36.0
	8 月	29.1	31.8	30.7	18.7	30.0	30.2	28.3	28.9	28.2	30.6	28.9	32.2
	9 月	25.2	31.4	28.4	17.2	25.6	25.2	25.0	27.0	24.8	26.2	26.4	31.1
	10 月	17.8	23.3	22.0	12.7	21.7	19.7	18.3	18.6	17.8	19.8	20.5	21.1
	11 月	8.3	15.7	13.3	3.1	12.3	11.3	10.6	11.3	11.1	11.1	10.6	14.0
	12 月	3.4	10.0	4.2	−3.2	5.7	4.6	2.2	6.7	6.1	1.3	5.0	7.8
室外最大空气含湿量 g/kg	1 月	2.42	3.47	2.52	2.62	3.71	2.51	2.16	3.70	3.76	3.05	3.37	3.86
	2 月	5.29	5.27	3.48	2.69	5.51	4.69	4.11	3.82	5.30	5.07	5.58	4.96
	3 月	5.83	8.14	4.95	4.42	6.49	5.54	6.05	6.57	8.00	5.85	5.81	7.53
	4 月	8.30	13.32	9.34	9.12	10.41	8.73	7.42	9.89	8.39	10.09	9.80	10.68
	5 月	11.85	15.72	12.12	9.93	12.38	14.25	12.74	12.38	12.18	13.46	11.64	13.90
	6 月	14.09	18.11	16.09	14.43	16.65	14.97	14.96	16.11	16.08	16.38	16.79	17.25
	7 月	19.10	22.10	19.96	16.08	21.67	21.06	18.44	23.01	19.30	18.93	21.61	21.95
	8 月	16.25	23.50	21.65	16.66	20.25	19.35	20.61	20.29	17.81	20.02	18.31	20.42
	9 月	13.40	21.10	16.46	13.88	21.41	14.97	13.11	13.26	13.93	15.68	14.29	16.11
	10 月	8.98	12.20	9.77	8.42	10.12	9.15	9.63	11.13	11.82	9.71	11.52	12.48
	11 月	5.48	7.98	6.01	3.94	6.60	5.35	4.49	7.06	6.35	5.47	5.60	8.01
	12 月	2.89	5.86	4.09	2.88	4.17	3.48	3.06	3.92	4.08	3.44	4.51	4.25

表 B.1（续）

省(自治区、直辖市)		山西	内蒙古	内蒙古	内蒙古	内蒙古	内蒙古	内蒙古	内蒙古	内蒙古	内蒙古	内蒙古	内蒙古
台站名称		阳城	东胜	临河	海流图	海力素	二连浩特	化德	博克图	吉兰泰	呼和浩特	图里河	多伦
台站信息	海拔,m	659	1 459	1 041	1 290	1 510	966	1 484	739	1 143	1 065	733	1 247
	纬度,°	35.5	39.8	40.8	41.6	41.5	43.7	41.9	48.8	39.8	40.8	50.5	42.2
	经度,°	112.4	110.0	107.4	108.5	106.4	112.0	114.0	121.9	105.8	111.7	121.7	116.5
室外水平面太阳总辐射照度 W/m²	1 月	583	524	510	494	488	482	466	348	571	450	868	502
	2 月	742	694	712	705	662	727	711	489	723	692	996	693
	3 月	961	836	864	903	806	906	893	614	897	905	1 032	883
	4 月	981	1 027	950	901	985	1 050	978	706	1 050	976	1 064	1 015
	5 月	1 020	1 056	990	1 074	930	1 125	1 006	772	1 040	1 005	1 143	1 060
	6 月	1 001	1 089	1 013	1 059	1 005	1 134	1 086	741	1 053	1 057	1 038	1 030
	7 月	1 004	977	1 014	1 017	889	1 126	1 006	707	1 005	942	1 130	992
	8 月	899	972	934	996	878	1 008	903	707	1 022	903	1 133	913
	9 月	891	847	909	847	828	981	858	642	917	827	1 089	948
	10 月	714	740	745	757	705	806	696	528	752	742	1 014	746
	11 月	556	599	539	616	591	587	503	357	640	584	935	556
	12 月	519	459	443	482	467	484	476	294	495	443	828	455
室外计算干球温度 ℃	1 月	5.6	−0.3	−1.1	−3.7	−3.3	−7.2	−4.1	−14.7	−0.7	−2.6	−17.3	−6.6
	2 月	8.9	2.8	7.2	2.8	1.6	2.7	0.5	−5.6	6.2	5.6	−9.9	2.1
	3 月	17.4	10.0	12.3	11.7	8.8	10.7	6.6	4.4	14.4	11.8	0.4	7.2
	4 月	24.5	20.0	21.7	19.1	20.0	19.4	16.6	15.3	25.6	20.4	12.7	17.5
	5 月	28.9	24.1	27.8	25.4	25.4	26.7	24.2	24.3	29.6	25.7	23.3	25.2
	6 月	31.6	28.8	33.3	30.4	30.2	30.2	25.0	26.0	34.5	30.7	26.1	26.7
	7 月	32.6	29.0	33.3	29.5	29.7	33.4	26.7	27.8	35.0	29.9	25.5	27.9
	8 月	30.8	26.0	31.0	29.3	28.0	30.0	25.4	23.5	32.9	27.8	25.3	26.0
	9 月	25.8	23.3	26.4	24.5	23.8	25.0	21.1	17.3	27.9	23.3	21.3	23.1
	10 月	20.6	15.6	19.3	15.1	17.8	17.1	13.8	11.2	20.0	19.6	9.0	13.3
	11 月	12.9	8.9	10.6	7.4	8.9	6.3	7.5	0.6	11.7	8.7	−2.8	7.8
	12 月	8.3	1.1	−0.2	−3.0	−1.3	−3.9	−3.6	−8.9	5.0	1.4	−11.8	−4.9
室外最大空气含湿量 g/kg	1 月	4.30	2.64	3.18	1.99	2.01	1.98	2.19	1.12	2.11	2.49	1.25	2.34
	2 月	5.59	4.74	3.45	3.82	2.98	3.32	3.50	2.21	3.80	4.32	2.14	2.90
	3 月	9.06	5.58	4.00	5.41	4.58	4.75	4.72	3.69	3.11	5.24	3.82	4.37
	4 月	11.59	9.91	8.57	9.91	6.68	6.57	8.06	4.52	9.06	8.18	5.71	6.76
	5 月	14.29	11.38	11.68	14.30	9.24	12.56	9.40	10.96	12.51	11.29	9.02	10.25
	6 月	17.36	14.21	14.44	12.62	12.05	12.27	12.02	12.82	14.17	16.15	14.16	12.95
	7 月	20.22	16.51	16.57	17.17	15.41	15.97	16.04	17.72	16.12	16.56	15.56	17.31
	8 月	21.35	16.73	17.60	17.71	13.58	16.08	15.84	14.87	15.59	16.89	14.53	19.01
	9 月	14.43	11.77	10.82	12.51	9.80	12.25	10.52	9.24	11.70	12.67	11.06	13.75
	10 月	11.03	8.99	10.04	7.34	5.81	5.03	9.11	5.65	7.37	9.77	5.76	7.86
	11 月	7.59	3.48	4.20	3.94	2.97	2.83	3.67	4.19	4.68	4.52	3.01	3.80
	12 月	4.18	3.62	2.28	3.39	3.04	2.17	2.69	2.01	2.37	3.22	2.07	2.42

表 B.1（续）

省(自治区、直辖市)		内蒙古	内蒙古	内蒙古	内蒙古	内蒙古	内蒙古	内蒙古	内蒙古	内蒙古	内蒙古	内蒙古	内蒙古
台站名称		宝国吐	巴林左旗	巴音毛道	扎鲁特旗	拐子湖	新巴尔虎右旗	朱日和	林西	海拉尔	满都拉	百灵庙	西乌珠穆沁旗
台站信息	海拔,m	401	485	1 329	266	960	556	1 152	800	611	1 223	1 377	997
	纬度,°	42.3	44.0	40.8	44.6	41.4	48.7	42.4	43.6	49.2	42.5	41.7	44.6
	经度,°	120.7	119.4	104.5	120.9	102.4	116.8	112.9	118.1	119.8	110.1	110.4	117.6
室外水平面太阳总辐射照度 W/m²	1 月	613	552	587	561	541	339	535	577	322	527	515	445
	2 月	777	708	756	740	744	484	683	741	480	708	692	689
	3 月	880	799	913	834	942	699	863	835	682	859	900	781
	4 月	876	822	1 045	836	1 011	797	996	864	832	994	1 037	805
	5 月	916	897	1 075	888	1 114	845	1 020	930	872	1 066	1 109	860
	6 月	918	910	1 131	915	1 090	883	1 079	886	921	1 076	1 123	893
	7 月	924	892	1 099	903	1 011	847	982	863	888	1 037	1 087	898
	8 月	864	847	1 055	885	993	840	958	922	841	950	1 046	822
	9 月	857	875	912	856	959	766	854	846	847	919	944	865
	10 月	715	704	799	676	840	643	695	686	618	724	791	666
	11 月	543	516	679	537	596	371	593	492	337	608	564	440
	12 月	511	473	534	463	492	319	467	479	266	460	456	395
室外计算干球温度 ℃	1 月	0.4	−4.0	−1.7	−2.5	−2.3	−12.2	−2.2	−4.3	−16.1	−3.1	−2.9	−9.0
	2 月	5.6	2.8	6.4	3.8	3.3	−6.5	3.1	2.7	−9.4	2.9	4.4	−1.4
	3 月	9.7	12.2	15.1	8.9	15.0	3.9	9.5	8.0	3.5	9.4	9.4	4.2
	4 月	24.4	20.7	22.0	21.7	25.0	15.5	19.2	18.9	14.6	22.0	17.8	22.3
	5 月	29.4	25.6	26.9	27.8	32.3	23.9	27.8	26.2	26.7	25.3	26.1	22.0
	6 月	28.3	30.0	32.4	31.7	36.2	30.7	30.4	30.1	28.9	32.2	27.3	28.6
	7 月	32.3	30.7	32.8	31.7	36.4	28.9	31.1	30.7	28.9	32.7	29.9	28.6
	8 月	28.9	28.5	30.0	29.9	34.6	28.4	29.0	29.3	26.6	29.3	28.1	26.1
	9 月	29.4	27.2	26.3	26.1	29.5	20.6	24.4	23.9	22.1	24.4	23.5	24.5
	10 月	18.2	17.2	18.5	18.2	20.0	12.7	16.5	16.3	12.8	16.7	15.4	12.2
	11 月	11.1	9.4	10.5	5.5	10.6	4.3	8.3	9.2	−1.1	7.8	9.2	5.9
	12 月	0.2	−1.1	3.3	−0.4	−1.1	−8.3	−1.9	−1.9	−13.3	−0.6	−0.2	−5.6
室外最大空气含湿量 g/kg	1 月	1.75	1.64	3.95	1.51	1.74	1.44	1.60	1.77	1.09	1.38	2.72	2.11
	2 月	2.66	2.73	2.57	2.37	3.09	2.85	3.71	3.14	2.49	3.40	3.49	3.05
	3 月	4.16	2.68	5.12	3.75	4.27	3.64	4.73	3.24	3.35	3.28	5.02	3.49
	4 月	7.60	5.62	8.72	7.24	4.08	7.92	6.64	6.00	7.10	5.70	6.83	6.98
	5 月	13.94	10.41	9.56	12.76	7.53	8.81	8.80	10.31	8.67	11.36	11.36	8.58
	6 月	14.80	14.48	12.98	17.68	14.59	13.75	16.62	13.66	14.59	14.45	11.58	13.97
	7 月	20.18	21.56	15.10	21.80	15.58	16.11	15.01	17.97	17.98	17.18	15.45	16.46
	8 月	19.56	17.73	14.46	20.86	14.23	15.54	15.82	19.62	14.59	16.65	15.92	14.20
	9 月	17.17	13.79	9.61	13.72	9.99	10.24	11.36	12.40	11.14	10.27	10.19	10.62
	10 月	8.31	9.08	6.46	9.05	6.36	9.96	7.82	6.95	7.72	6.78	8.07	8.91
	11 月	6.08	3.38	7.02	5.22	3.74	3.52	3.87	3.43	4.04	5.26	3.32	4.39
	12 月	1.92	1.72	3.91	4.05	1.84	1.83	2.10	2.23	1.69	2.57	2.44	2.36

表 B.1（续）

省（自治区、直辖市）		内蒙古	内蒙古	内蒙古	内蒙古	内蒙古	内蒙古	内蒙古	内蒙古	内蒙古	辽宁	辽宁	辽宁
台站名称		赤峰	通辽	那仁宝力格	鄂托克旗	锡林浩特	阿尔山	阿巴嘎旗	集宁	额济纳旗	丹东	大连	朝阳
台站信息	海拔,m	572	180	1 183	1 381	1 004	997	1 128	1 416	941	14	97	176
	纬度,°	42.3	43.6	44.6	39.1	44.0	47.2	44.0	41.0	42.0	40.1	38.9	41.6
	经度,°	119.0	122.3	114.2	108.0	116.1	119.9	115.0	113.1	101.1	124.3	121.6	120.5
室外水平面太阳总辐射照度 W/m²	1 月	586	789	390	594	409	402	434	477	531	548	560	587
	2 月	777	907	558	709	650	559	641	688	777	692	659	751
	3 月	905	970	828	969	813	705	825	822	903	762	833	808
	4 月	917	1 026	995	990	997	801	1 050	996	1 073	874	1 009	829
	5 月	927	1 089	1 013	1 071	1 057	825	1 060	1 033	1 070	964	1 021	851
	6 月	959	946	1 068	1 067	1 060	857	1 058	1 051	1 152	1 055	1 046	875
	7 月	931	1 027	983	994	1 037	798	1 079	924	1 102	757	915	820
	8 月	857	927	919	971	890	784	972	914	1 068	729	865	792
	9 月	901	949	864	887	912	750	855	920	928	737	813	801
	10 月	737	993	714	798	750	591	758	658	815	711	749	684
	11 月	556	883	570	663	567	372	574	614	615	603	560	542
	12 月	513	801	434	502	399	348	346	457	457	431	467	517
室外计算干球温度 ℃	1 月	0.6	−4.0	−14.4	1.7	−8.4	−10.8	−10.6	−2.2	−2.8	0.6	3.6	−0.2
	2 月	7.7	3.9	−6.3	4.8	−0.5	−7.0	−1.7	3.3	3.8	4.0	5.0	7.2
	3 月	11.1	9.4	6.8	12.2	5.8	−0.5	4.7	9.0	14.8	10.0	11.1	13.3
	4 月	22.5	20.0	16.1	21.4	17.1	12.8	16.3	18.8	21.7	15.8	17.0	24.4
	5 月	28.9	26.2	22.7	26.8	24.4	24.4	23.1	24.5	29.7	22.2	23.3	28.9
	6 月	28.7	31.4	29.6	29.4	31.2	23.9	29.8	27.4	35.9	25.2	28.9	31.1
	7 月	31.1	29.5	31.0	31.1	30.9	24.9	30.6	28.3	36.7	28.3	29.4	33.0
	8 月	28.5	29.4	27.6	29.0	30.8	24.6	27.8	27.2	34.7	28.3	28.3	30.5
	9 月	26.1	28.3	22.6	25.4	23.7	18.9	22.8	21.8	28.9	24.4	25.0	27.4
	10 月	18.3	17.0	12.6	18.3	14.4	10.0	13.9	14.4	20.0	18.9	19.7	18.9
	11 月	11.1	10.3	4.3	11.5	6.7	1.1	3.4	7.9	10.2	12.3	13.6	13.1
	12 月	1.7	−1.2	−4.1	2.8	−4.4	−13.3	−8.9	−1.7	1.7	3.0	4.9	2.4
室外最大空气含湿量 g/kg	1 月	3.14	2.63	1.75	3.30	1.82	1.62	2.12	2.17	1.67	3.36	4.55	2.51
	2 月	4.30	3.59	3.39	4.69	3.73	2.66	3.60	4.10	2.48	4.05	4.89	4.92
	3 月	3.61	3.52	3.17	4.59	4.54	3.36	3.22	4.49	5.57	6.19	6.30	4.53
	4 月	6.90	6.63	4.61	9.43	6.18	6.27	6.33	7.61	6.48	11.85	8.44	9.44
	5 月	11.88	11.93	9.63	11.48	9.31	7.81	11.39	9.17	9.92	13.41	11.43	10.98
	6 月	14.77	16.84	12.47	12.96	14.71	13.23	13.71	14.42	17.23	14.92	14.69	18.74
	7 月	19.71	19.81	17.13	18.02	16.01	16.64	18.23	17.77	15.47	21.70	20.63	19.45
	8 月	17.02	18.22	17.20	16.42	16.72	12.77	15.77	21.16	19.05	20.58	22.17	20.21
	9 月	13.30	14.52	13.15	13.11	9.72	9.36	12.30	10.76	10.36	15.11	16.72	15.08
	10 月	7.21	10.90	8.28	9.19	7.69	6.57	7.58	8.42	6.47	10.74	13.02	11.07
	11 月	4.18	6.59	3.31	6.82	4.28	3.67	3.99	4.28	4.09	10.48	9.91	6.59
	12 月	3.35	2.03	4.33	3.45	1.88	1.21	2.29	2.91	2.80	4.11	4.46	2.16

表 B.1（续）

省(自治区、直辖市)		辽宁	辽宁	辽宁	辽宁	辽宁	辽宁	辽宁	吉林	吉林	吉林	吉林	吉林
台站名称		本溪	沈阳	海洋岛	清原	营口	锦州	彰武	临江	前郭尔罗斯	四平	宽甸	延吉
台站信息	海拔,m	185	43	10	235	4	70	84	333	136	167	261	178
	纬度,°	41.3	41.8	39.1	42.1	40.7	41.1	42.4	41.7	45.1	43.2	40.7	42.9
	经度,°	123.8	123.4	123.2	125.0	122.2	121.1	122.5	126.9	124.9	124.3	124.8	129.5
室外水平面太阳总辐射照度 W/m²	1 月	601	575	572	553	494	635	612	527	488	529	601	574
	2 月	740	521	709	721	591	760	770	690	702	740	758	757
	3 月	855	858	821	830	776	867	830	832	780	726	784	831
	4 月	857	916	1087	853	858	875	846	821	759	800	791	787
	5 月	874	853	988	884	1 041	905	899	803	782	811	795	879
	6 月	875	987	921	878	845	884	898	870	865	867	897	877
	7 月	790	858	921	810	862	863	813	796	765	776	720	786
	8 月	769	924	999	799	824	830	838	781	791	794	794	801
	9 月	806	880	800	819	790	876	837	752	778	746	759	858
	10 月	764	775	716	736	754	701	725	697	664	606	700	653
	11 月	528	535	658	516	499	533	558	480	454	477	522	490
	12 月	513	514	611	446	367	528	504	501	410	443	520	474
室外计算干球温度 ℃	1 月	−2.2	−2.4	2.8	−3.1	−0.6	1.1	−0.6	−5.1	−5.6	−4.3	−1.1	−5.1
	2 月	3.3	3.2	5.0	2.0	4.4	5.9	5.0	0.6	2.8	3.9	3.9	2.3
	3 月	10.0	9.8	9.4	10.3	9.7	10.7	7.8	8.5	7.3	8.6	9.3	11.1
	4 月	19.5	21.1	15.3	20.1	17.9	18.9	20.6	18.7	18.9	21.3	18.3	20.0
	5 月	23.4	26.4	20.9	25.6	22.8	28.8	25.6	22.7	29.0	25.0	27.2	28.5
	6 月	28.9	28.5	25.6	28.5	26.7	28.3	30.6	28.5	29.9	31.9	26.5	28.3
	7 月	30.3	30.9	25.0	31.1	30.0	29.5	28.9	30.0	30.0	28.3	28.9	30.7
	8 月	29.6	29.0	28.3	29.9	29.3	29.6	29.4	30.5	29.4	29.4	30.0	28.9
	9 月	27.1	26.1	23.9	27.6	26.1	27.5	27.5	25.9	25.0	26.7	27.8	27.4
	10 月	18.3	19.3	20.6	17.8	19.7	20.0	18.3	17.0	15.5	19.8	17.4	17.7
	11 月	12.8	12.8	15.0	11.1	12.5	10.5	9.6	9.0	5.6	10.4	11.2	6.8
	12 月	3.3	2.2	10.3	0.8	4.0	3.9	−0.4	−0.2	−4.3	0.6	2.1	−0.7
室外最大空气含湿量 g/kg	1 月	3.45	3.22	5.01	2.57	3.81	2.97	2.19	2.35	1.73	2.82	3.30	1.60
	2 月	3.82	3.83	5.12	3.61	4.27	3.65	3.01	3.42	3.71	4.52	5.46	4.19
	3 月	4.56	4.68	5.74	6.28	5.00	4.85	4.77	4.63	4.22	4.93	6.68	6.36
	4 月	8.49	9.71	8.27	7.29	8.49	8.49	12.12	8.62	7.58	9.93	8.20	8.27
	5 月	12.07	12.46	12.39	11.07	12.08	11.37	11.73	12.01	11.36	10.15	14.36	11.49
	6 月	14.61	15.56	16.82	16.77	15.45	16.72	16.96	15.61	16.44	17.33	14.84	13.17
	7 月	22.19	19.16	20.46	23.04	19.51	23.73	22.55	17.94	20.27	19.84	19.65	20.18
	8 月	20.79	22.63	21.66	20.31	22.38	23.45	21.34	20.30	20.79	21.40	20.20	17.72
	9 月	13.70	14.42	17.37	13.83	16.41	16.58	16.26	16.09	15.19	20.00	14.61	15.57
	10 月	11.29	11.94	14.20	10.49	13.00	10.33	12.08	8.94	10.36	9.74	10.54	9.73
	11 月	7.56	8.59	10.96	6.69	7.37	7.98	6.38	6.14	7.39	7.01	8.30	5.63
	12 月	4.61	4.28	7.56	3.53	4.49	4.31	3.17	3.93	3.79	3.75	3.87	2.49

表 B.1（续）

省(自治区、直辖市)		吉林	吉林	吉林	吉林	吉林	黑龙江	黑龙江	黑龙江	黑龙江	黑龙江	黑龙江	黑龙江
台站名称		敦化	桦甸	长岭	长春	长白	伊春	克山	呼玛	哈尔滨	嫩江	孙吴	安达
台站信息	海拔,m	525	264	190	238	1 018	232	237	179	143	243	235	150
	纬度,°	43.4	43.0	44.3	43.9	41.4	47.7	48.1	51.7	45.8	49.2	49.4	46.4
	经度,°	128.2	126.8	124.0	125.2	128.2	128.9	125.9	126.7	126.8	125.2	127.4	125.3
室外水平面太阳总辐射照度 W/m²	1 月	520	492	553	567	565	390	396	302	429	390	340	463
	2 月	751	687	740	730	693	569	568	518	650	537	553	634
	3 月	779	796	798	803	770	698	749	592	775	712	627	767
	4 月	791	805	848	865	811	718	758	756	771	788	779	790
	5 月	875	818	897	904	881	791	824	786	819	804	834	884
	6 月	849	800	900	906	825	829	821	831	863	825	809	826
	7 月	734	755	829	807	803	812	790	789	840	805	751	800
	8 月	782	790	783	808	792	768	787	783	766	749	754	763
	9 月	818	767	793	841	774	719	733	749	766	703	682	719
	10 月	640	734	671	704	645	578	505	496	607	552	535	673
	11 月	488	456	504	466	496	381	399	326	446	392	339	454
	12 月	429	436	471	446	431	298	316	242	344	269	307	369
室外计算干球温度 ℃	1 月	−5.6	−5.6	−6.2	−4.7	−7.2	−13.0	−12.2	−16.2	−8.8	−15.4	−13.1	−9.4
	2 月	0.7	−0.7	2.1	2.2	−3.3	−2.8	−4.2	−8.9	−2.8	−7.2	−5.2	−0.4
	3 月	8.0	5.8	5.7	6.4	6.7	3.4	6.7	1.1	6.7	3.9	4.8	5.6
	4 月	20.2	19.6	19.4	22.4	14.4	18.4	16.1	15.0	15.0	16.1	15.8	17.8
	5 月	26.6	25.6	27.6	24.7	21.5	25.6	26.1	20.5	27.4	26.0	22.8	24.4
	6 月	25.9	28.3	29.4	28.9	25.0	29.0	29.4	28.3	31.0	28.9	28.2	29.7
	7 月	28.1	30.4	30.8	30.0	28.3	28.4	29.3	30.5	29.1	29.6	29.9	30.6
	8 月	26.1	28.3	28.9	28.3	26.1	26.7	26.7	27.0	28.0	26.4	25.7	27.4
	9 月	22.3	24.5	26.5	27.1	20.2	21.0	23.7	20.9	24.2	22.2	22.3	26.3
	10 月	15.5	16.6	18.9	19.2	16.1	12.4	12.1	13.9	15.4	12.2	12.2	15.6
	11 月	8.3	9.5	7.6	9.1	6.7	4.2	3.0	−5.6	2.6	−2.8	2.2	5.5
	12 月	−2.1	−0.9	−1.9	2.9	−3.3	−11.1	−11.1	−16.7	−0.1	−9.2	−10.1	−4.3
室外最大空气含湿量 g/kg	1 月	2.94	2.60	2.56	2.06	2.35	1.96	1.51	0.99	1.80	1.06	1.30	2.52
	2 月	4.30	2.65	3.82	2.87	3.01	2.84	2.55	1.38	2.22	2.14	2.47	2.61
	3 月	5.44	4.24	4.50	4.22	5.02	4.19	4.31	3.00	4.35	3.82	5.20	3.40
	4 月	7.42	12.66	9.02	7.83	6.85	5.87	7.48	6.10	7.11	5.62	5.85	7.76
	5 月	11.14	12.35	11.76	11.30	10.17	10.29	10.92	9.46	11.89	9.30	10.42	10.92
	6 月	19.59	18.82	13.79	13.81	15.00	14.79	14.89	15.70	13.93	15.28	14.69	15.46
	7 月	20.19	24.22	19.44	19.64	18.43	17.19	18.24	17.99	19.19	18.35	17.48	19.99
	8 月	18.24	20.46	18.90	20.15	20.35	20.08	18.43	15.15	19.24	16.72	16.08	18.96
	9 月	13.11	13.83	14.50	14.25	11.29	11.53	16.39	10.59	13.03	15.79	13.72	16.78
	10 月	7.23	8.07	9.95	8.53	8.32	8.01	7.55	9.49	11.47	6.33	7.07	10.46
	11 月	5.48	5.84	5.93	6.94	5.29	4.64	4.23	2.26	5.79	2.95	4.14	4.52
	12 月	3.55	4.16	2.82	5.31	3.83	1.81	1.57	1.08	5.10	2.33	1.56	2.32

表 B.1（续）

省(自治区、直辖市)		黑龙江	黑龙江	黑龙江	黑龙江	黑龙江	黑龙江	黑龙江	黑龙江	黑龙江	黑龙江	黑龙江	黑龙江
台站名称		宝清	尚志	泰来	海伦	漠河	爱辉	牡丹江	福锦	绥芬河	虎林	通河	鸡西
台站信息	海拔,m	83	191	150	240	433	166	242	65	498	103	110	234
	纬度,°	46.3	45.2	46.4	47.4	52.1	50.3	44.6	47.2	44.4	45.8	46.0	45.3
	经度,°	132.2	128.0	123.4	127.0	122.5	127.5	129.6	132.0	131.2	133.0	128.7	131.0
室外水平面太阳总辐射照度 W/m²	1月	345	472	480	392	377	418	534	422	451	370	830	461
	2月	512	675	648	626	551	619	675	526	710	579	946	675
	3月	715	736	782	718	622	741	748	698	783	685	983	723
	4月	852	807	808	735	753	870	783	712	768	737	956	776
	5月	975	828	843	830	808	874	864	766	864	765	973	816
	6月	903	899	855	860	823	926	803	841	844	799	968	918
	7月	909	804	817	809	769	914	804	749	792	793	1 092	759
	8月	722	736	788	804	767	859	790	801	777	727	924	800
	9月	715	729	752	753	693	843	712	739	791	782	926	794
	10月	630	642	680	606	581	662	586	592	599	548	992	598
	11月	470	435	410	394	422	396	448	395	456	412	766	454
	12月	280	366	393	345	222	327	381	318	389	377	771	343
室外计算干球温度 ℃	1月	−8.9	−10.0	−7.1	−12.0	−14.4	−12.2	−9.5	−11.1	−9.5	−9.6	−12.2	−10.6
	2月	−0.6	−1.6	−1.1	−4.7	−9.4	−5.8	−1.7	−9.2	0.6	−2.2	−2.8	0.0
	3月	2.5	8.3	6.8	6.4	−0.6	2.5	7.2	1.6	4.4	4.3	7.2	3.7
	4月	19.4	20.6	21.1	16.3	11.1	15.5	20.0	18.3	19.4	18.3	19.6	21.1
	5月	22.2	26.1	27.2	25.8	23.3	26.0	23.3	21.0	20.4	22.9	24.2	26.0
	6月	29.6	30.2	30.0	29.7	26.1	27.8	30.6	29.8	28.3	27.2	29.4	28.9
	7月	32.2	29.0	31.3	28.5	30.4	29.0	32.3	30.2	27.6	28.3	28.9	30.6
	8月	26.7	27.0	28.1	26.7	27.3	26.6	28.1	27.9	25.7	27.4	26.7	27.1
	9月	23.5	23.3	25.0	23.3	20.0	19.0	25.5	22.5	25.5	25.1	22.8	26.9
	10月	15.6	15.4	17.8	17.8	9.5	12.0	20.0	13.9	15.0	13.0	16.8	16.3
	11月	6.1	3.1	1.8	3.3	−2.8	−3.3	7.7	3.0	7.8	5.6	4.6	7.7
	12月	−1.6	−1.0	−5.4	−5.5	−17.1	−13.3	−4.2	−8.3	0.0	−6.9	−10.5	−2.8
室外最大空气含湿量 g/kg	1月	1.95	1.73	2.49	2.39	1.07	1.15	1.43	1.41	2.03	1.62	1.90	1.59
	2月	3.48	3.56	1.81	2.90	1.55	1.85	2.28	1.46	4.53	3.37	3.24	3.45
	3月	3.84	4.59	3.52	3.70	3.38	3.31	5.63	4.62	4.24	6.94	6.41	4.01
	4月	6.97	8.52	7.96	9.78	4.54	6.69	6.96	9.00	6.76	6.24	11.09	6.59
	5月	11.46	11.10	9.84	10.89	8.74	11.08	10.40	9.70	9.21	10.80	11.67	9.83
	6月	12.91	16.03	15.74	14.83	14.26	17.00	15.28	13.99	17.82	13.43	16.57	16.00
	7月	18.75	19.51	20.74	18.81	16.41	18.74	18.97	18.74	18.71	18.09	19.80	20.16
	8月	16.18	17.45	18.85	16.46	14.28	16.87	18.09	18.34	18.33	17.45	18.88	17.25
	9月	13.18	13.15	14.36	13.84	10.08	10.68	14.56	14.34	15.64	15.99	13.69	15.92
	10月	9.10	11.67	8.99	7.33	6.01	6.04	9.46	9.56	9.75	9.03	7.23	8.08
	11月	4.48	5.38	3.36	4.48	3.17	2.64	5.25	5.09	5.62	5.77	7.64	4.91
	12月	3.94	4.39	1.58	5.14	1.06	1.26	2.95	1.79	4.18	2.44	2.09	4.14

表 B.1（续）

省(自治区、直辖市)		黑龙江	上海	江苏	江苏	江苏	江苏	江苏	江苏	江苏	浙江	浙江	浙江
台站名称		齐齐哈尔	上海	东台	南京	吕四	射阳	徐州	溧阳	赣榆	临海	丽水	大陈岛
台站信息	海拔,m	148	4	5	7	10	7	42	8	10	9	60	84
	纬度,°	47.4	31.4	32.9	32.0	32.1	33.8	34.3	31.4	34.8	28.9	28.5	28.5
	经度,°	123.9	121.5	120.3	118.8	121.6	120.3	117.2	119.5	119.1	121.1	119.9	121.9
室外水平面太阳总辐射照度 W/m²	1月	474	711	645	769	704	665	579	604	542	743	789	564
	2月	640	766	795	887	891	752	778	847	735	894	940	751
	3月	736	935	910	906	1 021	920	774	970	886	1 104	1 010	727
	4月	775	970	1 002	1 096	1 097	981	919	1 052	1 020	1 178	1 141	867
	5月	807	1 039	1 066	1 022	1 098	1 025	952	1 009	999	1 193	1 035	1 096
	6月	888	1 109	1 049	906	1 099	980	1 005	927	1 081	1 009	1 018	830
	7月	804	968	966	910	1 067	823	824	806	821	1 085	1 060	825
	8月	771	956	864	872	1 113	811	749	807	693	1 071	1 034	866
	9月	776	883	833	814	1 060	868	763	827	777	1 038	988	946
	10月	606	802	759	718	847	825	762	693	699	865	978	713
	11月	460	657	655	638	799	639	605	679	571	833	752	637
	12月	375	628	578	644	694	585	542	618	536	726	726	544
室外计算干球温度 ℃	1月	−9.9	10.8	9.0	10.2	9.3	8.3	8.8	10.2	6.7	14.0	13.7	12.9
	2月	0.5	14.5	11.7	13.3	12.3	9.0	11.1	13.0	10.0	13.7	20.6	16.3
	3月	6.3	20.0	19.2	21.3	16.8	17.2	18.0	20.6	15.4	21.7	20.0	15.6
	4月	18.2	21.5	24.9	24.8	20.7	24.4	22.8	22.1	22.0	23.9	26.0	19.2
	5月	27.8	27.8	26.7	27.8	26.1	26.7	30.2	28.4	28.7	29.0	29.9	22.6
	6月	29.1	29.1	30.6	29.8	28.1	28.1	31.6	32.5	29.4	35.0	35.5	25.5
	7月	33.6	35.2	33.9	34.6	31.2	32.8	34.1	34.4	32.8	34.8	35.8	29.5
	8月	27.4	31.8	32.8	33.9	33.1	32.6	31.5	32.2	32.3	32.8	34.0	29.4
	9月	25.7	28.3	29.9	31.4	33.0	28.3	29.6	34.4	28.5	33.9	33.2	28.3
	10月	14.4	24.0	23.5	24.4	23.0	22.2	23.3	23.9	22.3	28.3	28.3	23.2
	11月	5.6	18.6	19.8	17.8	21.1	17.7	16.4	19.0	16.1	22.4	20.7	22.1
	12月	−4.2	11.5	11.7	10.9	12.6	11.1	11.2	11.0	10.0	14.1	15.5	15.6
室外最大空气含湿量 g/kg	1月	1.29	8.69	6.28	5.36	7.26	5.61	6.07	6.73	4.60	7.89	10.79	10.09
	2月	2.53	9.34	8.72	9.28	9.48	5.26	6.65	8.90	6.13	7.30	10.88	12.82
	3月	2.92	14.30	12.16	14.85	10.76	12.37	10.95	9.56	8.93	14.10	13.18	11.25
	4月	7.57	14.00	16.29	13.87	15.40	15.54	11.54	13.27	10.66	14.78	15.59	15.06
	5月	9.98	18.93	15.18	15.64	18.38	19.56	17.71	19.61	16.47	19.54	19.35	17.49
	6月	15.28	21.07	21.15	21.70	21.09	19.37	21.93	22.00	19.02	22.55	21.14	21.19
	7月	17.93	24.75	25.87	25.00	24.08	24.17	24.70	25.19	25.23	24.15	22.95	24.19
	8月	17.48	22.76	26.03	24.15	27.78	24.77	23.21	24.19	25.11	23.95	21.36	24.07
	9月	16.42	20.68	21.83	20.94	24.69	21.06	20.23	24.88	21.47	24.71	20.57	23.23
	10月	8.84	15.77	15.18	15.49	16.92	13.63	14.17	16.41	15.68	18.60	15.86	17.28
	11月	3.69	11.97	13.81	10.56	14.45	10.93	8.24	10.26	10.82	14.42	12.39	17.53
	12月	2.50	7.28	7.91	5.76	9.54	8.09	5.75	6.03	6.48	8.62	7.96	15.59

表 B.1（续）

省(自治区、直辖市)		浙江	浙江	浙江	浙江	浙江	浙江	安徽	安徽	安徽	安徽	安徽	安徽
台站名称		定海	嵊州	嵊泗	杭州	石浦	衢县	亳州	合肥	安庆	芜湖	蚌埠	阜阳
台站信息	海拔,m	37	108	81	43	127	71	42	36	20	16	22	33
	纬度,°	30.0	29.6	30.7	30.2	29.2	29.0	33.9	31.9	30.5	31.3	33.0	32.9
	经度,°	122.1	120.8	122.5	120.2	122.0	118.9	115.8	117.2	117.1	118.4	117.4	115.7
室外水平面太阳总辐射照度 W/m²	1月	676	738	578	665	701	798	533	663	590	693	633	582
	2月	885	908	714	849	877	971	699	778	774	744	814	874
	3月	932	1 023	760	982	834	922	828	868	830	903	855	880
	4月	928	1 096	942	1 099	982	939	879	910	954	1 011	977	970
	5月	899	1 171	925	945	1 069	1 104	951	952	881	1 009	968	983
	6月	941	1 142	942	1 046	999	1 030	901	938	848	877	1 062	992
	7月	950	1 083	890	987	982	1 015	867	795	887	897	902	931
	8月	929	1 021	887	1 031	998	1 045	801	781	830	922	814	810
	9月	924	1 064	885	900	927	1 021	748	790	870	884	870	882
	10月	838	917	735	777	845	882	798	900	759	813	824	791
	11月	754	854	622	711	781	765	607	643	736	725	704	661
	12月	679	627	527	637	618	735	520	577	603	559	572	644
室外计算干球温度 ℃	1月	11.7	11.7	10.9	10.0	12.2	10.8	8.3	10.6	10.6	10.1	9.4	8.3
	2月	16.0	17.7	14.4	15.6	15.6	17.6	12.1	13.0	12.8	13.4	12.0	12.2
	3月	15.6	19.4	15.5	19.8	16.4	20.0	18.6	23.3	23.9	23.2	21.4	21.0
	4月	21.4	24.3	18.9	23.8	19.5	24.5	23.9	23.8	23.8	23.3	23.3	24.4
	5月	24.2	27.8	22.8	27.8	23.8	28.7	30.6	29.6	28.0	28.3	28.9	28.5
	6月	27.9	32.0	26.9	31.4	29.8	30.6	32.3	31.1	30.0	30.2	32.7	33.3
	7月	31.8	35.6	29.6	35.6	30.6	35.6	35.3	33.9	35.8	35.1	33.6	34.7
	8月	31.8	33.1	30.5	34.4	32.2	33.6	33.3	33.0	32.9	33.3	33.4	33.9
	9月	29.9	31.2	31.2	28.8	29.0	36.7	31.2	32.1	32.1	35.2	33.9	29.9
	10月	24.6	26.5	23.7	25.0	25.0	26.3	23.3	24.5	25.2	24.9	28.6	23.5
	11月	20.2	21.7	19.3	20.4	21.9	22.7	18.2	18.0	19.6	18.2	17.8	18.3
	12月	13.1	12.8	12.2	12.2	12.5	17.0	8.4	14.0	15.6	11.0	14.4	14.0
室外最大空气含湿量 g/kg	1月	8.53	6.59	8.25	7.68	8.81	7.20	4.80	5.04	5.35	5.58	5.24	5.63
	2月	10.75	10.84	10.26	9.20	11.83	10.26	6.58	9.22	6.76	9.56	8.20	7.39
	3月	11.15	16.01	10.29	12.81	12.99	10.42	9.57	16.35	14.86	16.55	14.63	12.92
	4月	15.97	14.36	14.07	14.17	12.58	14.37	14.23	13.81	15.42	14.43	15.48	16.17
	5月	18.47	19.23	16.14	18.46	18.14	20.54	16.37	16.13	20.74	17.00	18.73	18.00
	6月	22.38	20.60	20.56	22.39	24.75	21.81	20.40	21.82	22.09	22.49	21.74	21.95
	7月	24.16	23.01	21.86	23.42	23.70	22.60	24.70	22.88	23.77	23.25	24.13	25.00
	8月	22.49	22.86	22.67	23.36	23.29	21.55	23.60	23.34	24.99	23.28	25.99	26.70
	9月	20.54	23.11	24.41	18.64	21.87	22.49	19.45	22.46	22.39	23.13	23.64	18.46
	10月	16.47	15.65	16.72	19.07	17.81	18.93	11.50	14.16	19.02	14.21	15.93	15.99
	11月	13.00	13.23	12.57	12.44	16.36	15.65	9.56	10.94	10.07	11.04	10.22	10.47
	12月	8.35	6.36	8.11	6.27	8.29	10.52	5.84	8.39	9.65	7.93	8.54	8.24

表 B.1（续）

省(自治区、直辖市)		安徽	安徽	福建	福建	福建	福建	福建	福建	福建	福建	福建	福建
台站名称		霍山	黄山	九仙山	南平	厦门	平潭	永安	浦城	漳平	福州	福鼎	邵武
台站信息	海拔,m	68	1 836	1 651	128	139	31	204	275	203	85	38	219
	纬度,°	31.4	30.1	25.7	26.6	24.5	25.5	26.0	27.9	25.3	26.1	27.3	27.3
	经度,°	116.3	118.2	118.1	118.0	118.1	119.8	117.4	118.5	117.4	119.3	120.2	117.5
室外水平面太阳总辐射照度 W/m²	1 月	752	759	716	585	804	735	718	635	709	729	704	694
	2 月	850	878	698	798	882	859	844	844	872	802	833	924
	3 月	1 013	839	743	944	983	920	942	1 097	950	912	980	1 111
	4 月	1 081	981	845	935	1 037	957	973	1 099	949	978	917	1 092
	5 月	1 134	1 036	862	1 022	924	908	940	1 041	1 029	941	984	984
	6 月	948	831	767	924	1 122	965	921	1 041	961	933	1 018	989
	7 月	911	825	658	982	1 016	995	981	899	1 026	914	946	988
	8 月	906	687	630	891	855	961	904	892	918	852	872	954
	9 月	900	704	704	923	973	964	834	946	923	840	870	969
	10 月	966	770	709	814	924	800	822	899	896	795	834	834
	11 月	745	705	703	720	807	723	761	688	776	671	715	719
	12 月	712	641	761	653	743	661	644	676	761	631	636	657
室外计算干球温度 ℃	1 月	10.8	6.0	13.9	16.7	18.4	15.6	19.4	14.4	21.3	17.8	15.7	15.3
	2 月	13.3	9.3	14.0	22.2	19.3	17.1	23.3	21.1	23.9	20.4	19.0	15.7
	3 月	20.6	12.4	17.1	22.9	23.9	18.6	25.0	24.3	23.9	23.4	21.1	21.7
	4 月	25.5	16.3	17.8	27.5	26.8	24.8	26.7	28.2	29.3	25.9	24.1	30.0
	5 月	30.3	18.9	20.0	31.1	28.3	27.2	30.6	29.8	32.6	29.8	28.8	29.8
	6 月	30.6	18.3	21.1	33.0	31.7	30.6	32.8	31.1	34.1	34.7	34.0	32.4
	7 月	35.9	21.4	22.6	36.0	32.2	31.2	34.4	33.6	35.0	34.4	33.9	34.8
	8 月	33.9	19.9	22.5	34.5	31.1	30.8	33.5	33.3	34.3	32.6	32.8	33.5
	9 月	31.2	19.6	21.1	32.3	31.1	28.6	31.2	30.6	31.9	30.4	30.9	31.7
	10 月	24.8	16.5	19.1	28.9	28.3	26.1	29.4	28.9	30.6	28.1	27.8	28.4
	11 月	18.9	10.6	16.0	22.8	24.2	24.2	27.7	22.5	24.4	23.7	23.3	22.8
	12 月	15.8	5.0	13.3	19.7	20.0	19.4	22.6	18.7	22.8	20.2	18.7	16.9
室外最大空气含湿量 g/kg	1 月	5.18	8.33	11.82	10.32	10.35	10.39	10.39	9.45	13.08	10.01	8.83	10.52
	2 月	8.73	9.59	11.08	11.29	11.65	11.39	11.29	10.36	11.78	11.93	10.28	9.41
	3 月	10.21	12.36	13.22	13.12	15.67	14.09	14.71	13.84	13.60	14.61	11.77	13.33
	4 月	15.73	13.88	18.64	16.81	21.25	18.93	17.19	17.49	18.74	16.64	17.70	18.70
	5 月	20.08	15.94	17.23	18.67	21.31	19.56	18.13	18.49	20.62	20.74	19.93	21.45
	6 月	21.22	16.69	17.33	22.20	22.37	21.70	21.61	20.29	21.45	24.02	22.57	22.24
	7 月	25.20	17.69	19.48	23.12	22.78	23.12	21.91	23.96	21.20	24.64	23.51	22.22
	8 月	25.33	18.38	18.72	20.83	23.41	22.74	21.99	21.27	21.60	23.41	22.64	22.10
	9 月	20.57	16.19	19.17	20.32	21.98	21.71	20.06	20.22	19.53	21.65	21.26	19.41
	10 月	12.50	16.31	15.55	17.49	18.50	19.53	17.51	15.33	17.61	17.87	17.13	17.11
	11 月	11.13	9.66	13.58	14.42	16.16	16.65	16.18	12.92	14.66	14.42	14.56	12.66
	12 月	7.66	7.09	11.25	10.83	12.90	13.28	12.43	10.07	12.99	13.21	13.74	12.56

表 B.1（续）

省(自治区、直辖市)		福建	江西	江西	江西	江西	江西	江西	江西	江西	江西	江西	山东
台站名称		长汀	修水	南城	南昌	吉安	宜春	寻乌	广昌	庐山	景德镇	赣州	兖州
台站信息	海拔,m	311	147	82	50	78	129	299	142	1 165	60	138	53
	纬度,°	25.9	29.0	27.6	28.6	27.1	27.8	25.0	26.9	29.6	29.3	25.9	35.6
	经度,°	116.4	114.6	116.7	115.9	115.0	114.4	115.7	116.3	116.0	117.2	115.0	116.9
室外水平面太阳总辐射照度 W/m²	1月	753	696	578	744	666	662	716	596	678	733	747	610
	2月	852	853	852	923	823	823	841	778	801	920	830	862
	3月	895	965	963	918	916	928	869	924	926	1 082	1 083	855
	4月	1 022	1 023	1 086	1 004	1 025	972	1 003	987	1 018	1 179	1 126	910
	5月	1 097	1 161	1 025	977	916	1 046	1 005	978	966	1 173	999	914
	6月	941	1 059	1 002	911	926	926	947	949	976	1 024	1 037	986
	7月	1 004	1 054	1 016	898	931	947	1 042	855	855	996	946	742
	8月	899	950	905	893	849	892	902	948	813	1 045	924	817
	9月	923	979	1 038	1 005	914	944	943	884	837	1 031	1 021	814
	10月	836	886	880	852	821	809	813	830	766	1 017	951	706
	11月	766	673	851	833	716	718	803	714	817	727	818	592
	12月	756	739	752	748	597	729	737	661	743	738	791	513
室外计算干球温度 ℃	1月	20.0	13.3	16.7	14.2	17.1	15.6	21.7	18.9	10.0	14.3	17.6	6.7
	2月	22.5	16.4	21.1	13.3	20.6	12.4	23.0	22.4	14.4	18.2	22.8	11.7
	3月	20.8	20.2	23.5	23.3	24.4	19.2	23.7	21.3	15.0	25.0	21.7	17.9
	4月	27.4	24.7	26.9	28.0	27.4	26.5	27.7	25.6	18.3	25.6	28.6	25.0
	5月	30.0	30.8	29.5	28.7	30.0	31.1	31.1	31.7	20.7	29.4	31.9	30.5
	6月	32.2	33.2	32.4	32.8	33.9	32.2	31.5	32.2	23.0	32.4	32.6	32.5
	7月	33.4	37.0	34.4	34.4	36.2	34.7	33.4	35.0	27.6	36.3	34.4	32.6
	8月	32.8	34.4	33.0	33.9	32.9	33.4	33.2	34.8	25.1	34.8	33.9	31.7
	9月	30.6	36.1	31.3	31.3	31.7	32.8	32.4	33.3	23.9	32.0	34.5	31.0
	10月	28.6	27.5	28.3	27.4	28.4	28.1	29.4	29.4	20.7	28.4	30.0	23.2
	11月	23.6	20.7	22.8	25.0	22.8	25.6	25.0	22.8	12.7	21.1	27.2	16.5
	12月	21.4	14.4	18.8	15.0	16.9	14.3	22.2	20.6	13.1	17.2	17.2	7.4
室外最大空气含湿量 g/kg	1月	11.31	7.26	10.97	6.80	9.92	7.90	11.96	11.67	8.84	7.30	11.52	3.77
	2月	11.51	10.19	11.22	7.94	12.10	7.72	11.48	12.06	11.10	11.19	11.53	4.61
	3月	14.55	12.66	14.74	15.52	15.56	13.79	15.25	15.76	11.93	15.96	16.92	7.38
	4月	18.08	14.04	16.94	19.57	20.43	17.00	18.83	15.72	15.33	15.38	18.16	13.36
	5月	20.44	20.77	18.60	20.65	18.98	21.56	20.54	20.18	16.98	19.07	19.88	15.10
	6月	19.95	22.54	22.01	22.82	24.96	23.04	21.91	22.34	19.34	21.85	20.84	20.36
	7月	21.57	23.49	24.28	24.55	25.31	23.62	24.00	23.62	22.25	23.47	21.95	23.27
	8月	21.90	22.02	24.38	24.87	23.06	22.67	22.09	23.07	21.09	22.48	22.36	21.95
	9月	20.27	21.05	24.11	22.54	23.81	21.28	21.85	20.68	20.69	21.10	20.55	18.94
	10月	16.85	15.83	20.20	16.48	19.98	16.54	19.25	20.72	18.01	16.18	16.50	14.76
	11月	13.96	11.72	14.25	12.91	14.92	13.53	15.62	13.04	10.64	12.00	15.61	9.81
	12月	9.63	6.97	9.95	8.23	8.64	7.73	10.09	10.39	8.18	8.05	8.12	6.67

表 B.1（续）

省(自治区、直辖市)		山东	山东	山东	山东	山东	山东	山东	山东	山东	山东	山东	山东
台站名称		定陶	惠民	成山头	日照	沂源	泰山	济南	海阳	潍坊	莘县	费县	长岛
台站信息	海拔,m	49	12	47	37	302	1 536	169	64	22	38	120	40
	纬度,°	35.1	37.5	37.4	35.4	36.2	36.3	36.6	36.8	36.8	36.2	35.3	37.9
	经度,°	115.6	117.5	122.7	119.5	118.2	117.1	117.1	121.2	119.2	115.7	118.0	120.7
室外水平面太阳总辐射照度 W/m²	1 月	547	531	548	541	605	570	557	547	623	603	596	534
	2 月	735	689	610	607	648	690	667	688	777	734	696	734
	3 月	787	828	851	804	846	850	894	828	903	832	830	854
	4 月	920	915	1 075	831	970	909	951	858	890	846	940	966
	5 月	914	921	1 067	954	1 042	907	1 029	909	932	855	1 021	1 100
	6 月	894	963	1 038	894	1 045	991	956	1 015	993	898	956	1 060
	7 月	784	789	764	747	862	695	877	800	823	826	825	924
	8 月	734	716	749	740	845	702	870	696	755	766	746	772
	9 月	783	824	761	792	822	898	830	742	856	751	822	763
	10 月	786	698	718	665	774	675	719	695	692	696	689	757
	11 月	724	598	697	600	639	563	654	561	628	617	551	606
	12 月	500	484	560	478	558	523	547	485	553	557	494	488
室外计算干球温度 ℃	1 月	6.1	6.0	5.0	5.7	6.6	−2.0	8.0	5.1	5.0	7.2	8.1	3.8
	2 月	10.7	10.1	4.4	7.7	8.9	1.0	11.1	7.4	10.0	10.6	10.6	6.5
	3 月	13.5	16.7	7.9	13.4	16.7	8.1	20.6	13.5	17.2	16.7	20.0	11.7
	4 月	25.3	25.6	13.5	18.3	23.9	13.3	25.0	19.6	24.5	23.3	22.9	20.6
	5 月	27.8	27.7	18.2	25.8	30.6	18.3	29.2	25.0	27.2	27.9	31.6	23.3
	6 月	32.2	31.4	24.7	27.6	30.2	21.9	33.8	26.7	33.0	32.2	32.1	27.6
	7 月	33.3	33.6	26.1	31.0	31.9	21.1	33.6	29.1	32.8	32.6	33.3	30.1
	8 月	31.7	33.3	25.8	28.9	30.9	21.2	31.8	29.0	32.3	30.9	32.3	30.6
	9 月	30.4	27.9	25.0	28.3	27.2	21.7	28.9	26.3	28.2	30.0	29.4	25.4
	10 月	22.3	23.0	19.8	21.9	21.8	12.4	23.3	21.1	23.9	22.8	21.9	21.3
	11 月	16.3	13.9	13.9	15.9	13.7	7.4	19.2	14.1	13.6	17.2	17.8	13.3
	12 月	10.7	6.3	8.9	8.9	8.4	4.8	10.5	8.3	6.9	4.4	6.3	7.2
室外最大空气含湿量 g/kg	1 月	4.40	3.57	4.94	5.12	3.94	3.98	4.11	4.95	3.83	4.10	4.89	4.76
	2 月	6.52	5.12	4.86	4.98	5.03	6.23	4.98	5.02	4.23	6.68	5.25	5.13
	3 月	7.17	6.43	5.84	6.29	7.45	7.55	8.57	6.45	6.33	7.74	10.19	6.69
	4 月	13.39	11.37	8.81	12.44	10.52	9.56	12.35	11.02	11.98	13.82	10.22	12.55
	5 月	16.10	14.26	10.80	12.39	13.81	12.47	17.22	12.52	12.89	17.20	15.70	12.14
	6 月	20.60	18.58	15.07	19.74	19.31	16.06	19.15	17.29	16.36	22.96	21.67	16.55
	7 月	24.07	22.00	21.20	24.23	22.10	20.19	20.73	22.05	24.18	25.99	22.65	23.43
	8 月	25.05	25.84	20.62	22.55	20.36	19.06	22.45	23.69	23.62	23.50	22.88	23.40
	9 月	19.98	17.83	19.03	19.40	14.38	16.46	16.88	16.82	16.58	20.43	18.59	17.82
	10 月	11.88	11.94	12.38	14.35	14.28	11.11	12.16	11.96	13.16	13.01	15.84	13.71
	11 月	7.91	7.41	8.89	10.70	6.66	8.33	9.72	8.24	7.18	9.55	10.54	7.38
	12 月	6.48	5.78	5.64	7.31	4.30	5.45	4.46	7.23	5.59	4.34	5.38	5.79

表 B.1（续）

省（自治区、直辖市）		山东	山东	山东	河南	河南	河南	河南	河南	河南	河南	河南	河南
台站名称		陵县	青岛	龙口	信阳	南阳	卢氏	固始	孟津	安阳	西华	郑州	驻马店
台站信息	海拔，m	19	77	5	115	131	570	58	333	64	53	111	83
	纬度，°	37.3	36.1	37.6	32.1	33.0	34.1	32.2	34.8	36.1	33.8	34.7	33.0
	经度，°	116.6	120.3	120.3	114.1	112.6	111.0	115.7	112.4	114.4	114.5	113.7	114.0
室外水平面太阳总辐射照度 W/m²	1月	554	646	492	697	503	589	663	582	586	590	565	594
	2月	667	791	686	871	786	893	787	717	779	720	735	708
	3月	848	987	825	977	806	1 040	849	816	890	757	850	719
	4月	864	1 073	905	1 028	829	1 068	1 005	955	915	850	903	860
	5月	895	1 144	908	1 116	991	999	962	916	1 005	917	1 001	989
	6月	954	992	892	973	893	1 147	963	940	977	954	956	983
	7月	833	874	735	939	844	1 085	862	894	961	877	932	871
	8月	766	880	678	891	801	940	804	789	770	742	825	774
	9月	722	1 039	665	979	753	889	894	790	817	786	780	798
	10月	755	864	629	993	793	883	843	738	770	813	778	763
	11月	596	631	561	798	636	741	732	569	623	654	568	596
	12月	494	599	449	661	522	584	641	577	503	516	530	586
室外计算干球温度 ℃	1月	5.6	5.6	3.9	11.0	7.3	8.3	10.0	8.0	4.7	9.3	8.5	9.4
	2月	7.4	7.1	7.5	12.5	13.3	12.2	12.4	12.4	11.9	12.3	12.8	12.3
	3月	17.8	12.8	14.4	23.0	20.6	19.9	20.9	21.0	17.8	20.8	22.2	22.3
	4月	24.2	16.2	21.7	25.1	23.9	25.6	24.4	25.9	23.8	23.8	26.1	23.9
	5月	30.0	22.0	25.0	29.0	28.9	27.3	29.5	27.2	28.3	28.3	29.8	29.4
	6月	32.9	25.6	31.1	30.0	32.7	31.7	30.5	32.2	33.9	33.3	34.0	33.1
	7月	35.0	27.4	32.1	35.0	34.2	34.1	35.0	32.2	34.9	34.8	35.0	35.0
	8月	32.2	28.5	31.1	33.6	31.8	30.6	33.9	30.6	33.3	32.3	31.7	33.9
	9月	30.0	26.8	26.7	32.2	31.0	27.4	34.0	27.7	29.1	29.5	29.0	31.1
	10月	23.3	21.7	20.8	24.3	23.4	21.3	23.3	22.2	23.0	23.5	23.0	24.3
	11月	14.4	16.7	17.8	18.9	18.2	18.2	21.7	17.0	16.5	17.6	17.9	18.9
	12月	6.0	8.0	8.0	10.9	8.8	9.4	14.1	10.1	5.6	8.3	9.4	10.0
室外最大空气含湿量 g/kg	1月	4.29	5.82	4.23	5.73	5.55	4.58	6.22	4.47	3.38	5.17	4.15	5.78
	2月	4.10	6.53	4.22	7.50	6.11	4.78	8.37	5.06	4.15	6.62	6.44	6.68
	3月	9.52	6.88	5.96	15.03	12.02	6.92	13.39	9.02	7.18	11.84	10.49	15.59
	4月	13.42	9.52	8.76	14.10	13.49	13.48	15.03	12.55	13.47	13.96	13.17	14.91
	5月	16.85	13.12	12.47	16.62	17.20	14.08	21.03	13.82	16.19	15.01	15.04	16.00
	6月	19.76	16.59	17.17	20.09	22.17	19.19	20.46	19.05	18.80	21.30	20.19	21.62
	7月	26.65	22.04	23.06	23.35	24.42	22.58	24.97	23.39	23.64	25.70	24.28	23.60
	8月	25.07	22.69	21.10	24.98	23.14	22.03	24.31	22.71	24.46	25.04	23.83	26.93
	9月	18.49	19.94	16.69	22.63	24.28	16.38	23.68	15.31	17.28	24.22	16.57	23.58
	10月	12.10	14.30	12.41	13.11	14.54	12.49	15.58	10.43	12.51	11.96	12.65	12.49
	11月	7.27	11.46	9.63	9.30	8.98	9.10	10.14	8.25	8.65	8.97	9.45	10.43
	12月	4.20	6.32	4.96	6.97	5.89	5.07	6.08	5.68	4.21	6.32	5.70	6.06

表 B.1（续）

省（自治区、直辖市）		湖北	湖北	湖北	湖北	湖北	湖北	湖北	湖北	湖北	湖南	湖南	湖南
台站名称		光化	宜昌	恩施	房县	枣阳	武汉	江陵	钟祥	麻城	南岳	岳阳	常德
台站信息	海拔,m	91	134	458	435	127	23	33	66	59	1 268	52	35
	纬度,°	32.4	30.7	30.3	32.0	32.2	30.6	30.3	31.2	31.2	27.3	29.4	29.1
	经度,°	111.7	111.3	109.5	110.8	112.7	114.1	112.2	112.6	115.0	112.7	113.1	111.7
室外水平面太阳总辐射照度 W/m²	1 月	649	744	611	730	670	575	659	593	671	631	630	649
	2 月	884	846	751	886	851	831	803	890	796	711	721	705
	3 月	856	906	942	1 033	853	896	916	943	959	906	801	931
	4 月	1 083	968	1 028	1 064	1 007	888	980	962	1 007	847	825	989
	5 月	1 008	965	1 027	1 146	976	890	994	1 120	1 084	849	924	971
	6 月	1 104	992	983	1 080	1 109	886	956	873	939	825	820	853
	7 月	935	975	963	939	904	861	865	863	931	850	787	919
	8 月	920	956	904	916	892	829	836	913	1 012	760	835	871
	9 月	825	946	926	979	893	861	856	954	989	737	715	893
	10 月	832	974	768	755	815	921	743	810	854	799	831	885
	11 月	692	778	710	754	673	646	712	682	838	722	654	720
	12 月	563	608	539	639	609	604	565	613	713	617	585	603
室外计算干球温度 ℃	1 月	9.9	11.5	8.7	12.2	9.5	12.2	8.4	10.9	12.7	8.0	13.3	13.0
	2 月	13.8	13.7	13.6	16.3	12.4	13.4	13.5	13.3	12.4	14.2	13.9	14.6
	3 月	22.2	24.0	20.0	19.5	22.7	22.3	19.5	21.5	19.7	17.0	22.0	21.7
	4 月	23.9	26.5	24.3	23.3	26.1	24.1	25.6	24.0	24.1	20.3	22.4	23.3
	5 月	30.3	28.9	29.6	30.1	29.9	30.0	28.6	30.6	30.6	23.9	28.3	28.5
	6 月	33.9	30.6	31.4	31.9	32.2	33.4	31.1	30.6	30.7	23.3	32.0	32.8
	7 月	33.1	35.5	34.1	31.8	34.7	36.7	35.6	33.7	36.3	26.5	34.4	36.1
	8 月	32.8	32.2	31.9	31.4	34.2	34.4	33.2	32.8	34.4	26.0	33.1	33.9
	9 月	31.7	32.2	30.0	31.2	29.4	32.2	34.4	31.5	35.0	22.8	30.3	32.8
	10 月	22.9	27.4	24.1	23.3	24.9	26.1	26.1	25.0	26.1	19.6	24.8	25.6
	11 月	18.3	21.0	18.3	18.3	20.6	20.3	20.0	18.7	20.6	14.6	20.2	20.6
	12 月	12.2	16.2	11.1	10.6	11.3	10.9	12.8	14.8	12.8	13.1	16.4	13.0
室外最大空气含湿量 g/kg	1 月	5.64	6.92	6.99	5.93	5.69	7.16	6.24	6.55	4.95	8.44	7.96	6.80
	2 月	6.20	8.42	9.44	7.36	7.46	6.90	8.56	6.56	7.46	11.95	6.80	9.01
	3 月	11.30	15.33	10.39	8.50	15.06	13.09	12.03	12.82	11.20	13.00	12.61	12.75
	4 月	13.37	15.77	13.70	12.29	14.47	15.44	16.97	15.34	15.49	16.02	14.29	13.72
	5 月	16.58	20.60	16.97	15.48	16.51	21.03	17.15	18.08	20.02	18.65	20.12	18.08
	6 月	23.82	21.42	21.43	20.92	21.41	22.60	23.48	21.55	21.39	19.48	22.79	23.58
	7 月	25.24	24.74	22.63	23.18	25.34	24.35	25.85	26.00	23.75	21.94	25.83	25.59
	8 月	23.84	22.85	22.30	23.39	24.18	25.08	26.90	24.46	22.70	22.03	22.74	24.68
	9 月	23.36	19.72	19.58	22.15	17.88	23.17	23.33	21.31	22.83	17.06	21.87	22.34
	10 月	13.94	16.09	13.22	13.61	13.36	14.15	17.08	15.37	14.85	20.05	15.46	22.93
	11 月	10.45	10.77	10.52	8.71	11.70	10.63	9.58	9.26	10.06	11.99	11.97	11.22
	12 月	6.62	8.72	7.13	6.55	6.38	6.28	6.53	7.58	6.52	8.77	7.94	6.78

表 B.1（续）

省(自治区、直辖市)		湖南	湖南	湖南	湖南	湖南	湖南	湖南	湖南	广东	广东	广东	广东
台站名称		武冈	沅陵	芷江	通道	邵阳	郴州	长沙	零陵	上川岛	佛冈	信宜	广州
台站信息	海拔,m	340	143	273	397	248	185	68	174	18	68	84	42
	纬度,°	26.7	28.5	27.5	26.2	27.2	25.8	28.2	26.2	21.7	23.9	22.4	23.2
	经度,°	110.6	110.4	109.7	109.8	111.5	113.0	112.9	111.6	112.8	113.5	110.9	113.3
室外水平面太阳总辐射照度 W/m²	1 月	701	713	646	743	671	668	693	649	762	670	796	735
	2 月	822	827	769	858	771	758	818	814	825	808	798	756
	3 月	946	950	881	930	883	963	996	892	867	852	861	897
	4 月	941	947	952	1 128	955	1 075	1 042	919	885	883	988	691
	5 月	999	931	954	1 071	1 033	1 012	1 094	1 013	1 023	961	869	780
	6 月	952	917	925	1 046	917	994	999	907	833	818	869	781
	7 月	1 002	955	890	957	947	949	903	948	862	963	941	729
	8 月	974	933	892	941	964	932	952	939	840	860	869	762
	9 月	1 000	931	936	990	995	992	947	959	849	877	973	844
	10 月	796	806	898	870	867	844	829	789	788	827	839	734
	11 月	793	736	769	815	854	826	830	740	799	744	768	700
	12 月	685	639	676	789	674	675	706	567	768	799	716	655
室外计算干球温度 ℃	1 月	14.5	13.3	13.3	16.7	13.9	19.7	13.9	17.2	21.9	23.2	24.7	22.2
	2 月	15.4	13.3	13.1	19.2	14.5	14.9	13.3	20.4	22.8	24.3	25.2	25.0
	3 月	22.6	20.4	21.4	17.9	23.7	21.0	21.2	18.3	24.4	25.0	28.3	26.7
	4 月	29.6	26.5	29.0	26.7	27.2	29.2	26.2	25.9	27.8	27.2	30.2	27.3
	5 月	28.4	27.4	29.7	28.8	30.3	32.2	29.3	31.1	29.8	32.1	32.2	31.4
	6 月	31.7	32.1	31.3	30.0	31.9	33.0	32.8	32.1	31.5	32.2	33.7	33.8
	7 月	35.0	34.3	33.9	31.7	35.1	34.7	34.4	35.4	31.7	33.9	33.6	34.4
	8 月	32.4	33.3	33.2	31.7	33.9	33.6	33.3	34.3	32.1	33.4	34.0	33.9
	9 月	31.4	32.2	32.5	31.7	31.8	33.3	32.2	33.0	30.6	33.4	33.3	33.2
	10 月	24.9	26.7	25.1	26.1	26.3	29.4	25.8	28.5	29.1	31.1	31.8	30.6
	11 月	25.0	21.0	23.8	22.2	26.1	23.9	21.7	22.6	25.5	27.1	28.4	26.7
	12 月	17.1	17.2	17.8	18.9	18.3	15.3	17.6	16.4	20.8	23.5	24.0	22.8
室外最大空气含湿量 g/kg	1 月	9.38	6.54	10.61	9.72	8.89	10.47	6.09	7.78	14.90	13.24	13.67	12.42
	2 月	12.79	7.38	7.02	11.12	10.93	9.03	10.29	13.08	15.28	13.46	14.14	13.52
	3 月	14.43	10.95	13.23	16.39	14.94	14.97	12.55	13.67	16.90	17.28	18.34	16.90
	4 月	19.72	18.42	18.78	18.24	18.93	16.92	17.55	15.14	20.46	17.72	21.82	18.10
	5 月	22.00	18.21	18.72	20.58	21.09	20.88	18.71	20.84	22.66	21.30	21.98	23.19
	6 月	22.26	22.13	22.57	21.78	22.46	18.80	21.32	25.48	23.79	24.16	23.01	22.23
	7 月	21.38	25.17	25.21	23.07	22.25	22.26	24.41	24.83	23.44	22.97	25.61	23.46
	8 月	21.88	22.42	21.97	21.50	21.75	23.07	24.63	22.08	24.28	22.91	23.72	23.32
	9 月	20.29	19.83	19.71	18.79	20.54	20.77	21.99	20.84	23.53	22.64	21.88	23.99
	10 月	17.67	17.28	18.46	17.43	18.25	16.38	17.89	17.27	19.60	20.25	19.84	19.26
	11 月	13.39	10.45	13.21	14.85	13.05	13.71	12.91	13.40	18.33	14.81	18.16	15.38
	12 月	10.04	8.22	8.41	9.65	8.19	7.72	7.92	10.75	13.74	14.16	15.56	12.28

表 B.1（续）

省(自治区、直辖市)		广东	广东	广东	广东	广东	广东	广东	广东	广东	广东	广东	广西
台站名称		梅州	汕头	汕尾	河源	深圳	湛江	连州	连平	阳江	韶关	高要	北海
台站信息	海拔,m	84	3	5	41	18	28	98	214	22	68	12	16
	纬度,°	24.3	23.4	22.8	23.7	22.6	21.2	24.8	24.4	21.9	24.8	23.1	21.5
	经度,°	116.1	116.7	115.4	114.7	114.1	110.4	112.4	114.5	112.0	113.6	112.5	109.1
室外水平面太阳总辐射照度 W/m²	1月	699	845	690	718	770	672	674	719	688	656	723	759
	2月	823	899	723	779	869	636	788	844	764	790	764	671
	3月	988	994	760	909	888	793	844	965	785	743	963	732
	4月	889	983	815	826	864	816	971	936	722	1 018	887	815
	5月	997	998	796	920	1 050	837	954	999	839	925	831	792
	6月	854	1 001	733	818	901	825	880	973	832	846	855	887
	7月	972	976	766	863	927	832	907	953	798	924	809	760
	8月	900	955	750	869	971	865	926	945	826	853	867	767
	9月	819	982	826	894	850	795	883	889	846	858	840	790
	10月	788	868	696	786	856	796	790	766	779	785	758	751
	11月	762	955	680	720	782	791	814	874	681	779	730	700
	12月	677	780	658	768	766	731	731	775	677	681	709	702
室外计算干球温度 ℃	1月	21.2	21.9	22.4	24.3	22.2	21.7	19.4	22.2	22.8	18.4	22.2	23.2
	2月	24.4	20.0	22.9	25.6	25.1	21.5	23.4	23.9	22.8	24.3	24.4	24.1
	3月	27.4	22.4	24.9	27.4	26.1	26.7	24.4	26.8	25.0	25.3	26.7	25.6
	4月	31.4	28.3	26.7	29.4	27.6	29.3	27.0	26.1	28.3	29.0	29.7	28.3
	5月	31.9	30.0	29.4	30.6	31.4	31.6	32.0	31.1	29.6	31.1	32.6	31.2
	6月	33.0	32.5	31.2	32.9	32.8	32.8	32.7	32.9	31.5	32.2	33.4	31.8
	7月	34.4	32.7	31.7	34.0	33.4	33.2	35.3	33.7	32.2	35.0	34.4	31.6
	8月	34.1	32.2	30.9	33.9	33.2	32.7	35.0	33.7	33.0	33.4	34.8	31.7
	9月	33.7	31.3	30.8	32.8	31.8	31.3	32.9	32.1	32.2	32.2	32.6	32.1
	10月	31.1	29.4	29.1	31.3	30.2	30.6	30.0	28.9	30.0	29.3	30.1	30.1
	11月	28.4	26.7	25.9	27.2	26.7	28.3	27.8	25.7	26.7	26.1	26.0	28.0
	12月	23.9	21.1	21.7	23.3	23.2	22.7	21.1	23.0	23.3	22.3	23.6	22.8
室外最大空气含湿量 g/kg	1月	11.43	14.70	14.17	13.26	13.71	14.32	12.94	12.60	13.20	11.48	14.37	14.30
	2月	11.54	11.81	14.52	13.60	14.20	14.79	13.52	13.23	13.98	13.39	14.53	16.96
	3月	14.94	16.24	17.00	19.00	18.37	17.98	15.63	17.48	18.41	16.14	17.24	17.89
	4月	18.34	18.73	19.07	18.35	18.29	19.70	17.80	17.38	19.74	18.99	19.80	20.14
	5月	19.57	21.76	23.26	21.09	21.41	23.42	20.50	20.80	24.08	21.90	21.70	22.56
	6月	22.11	23.09	23.46	22.64	21.68	24.90	21.42	21.10	24.12	22.85	22.74	25.69
	7月	23.83	23.99	26.21	22.03	21.96	23.60	22.83	21.21	24.42	23.01	22.41	24.43
	8月	22.89	23.15	23.45	22.61	22.70	24.26	21.87	21.15	24.16	22.13	22.98	25.12
	9月	21.66	22.42	22.54	21.80	22.05	21.80	21.31	21.13	25.25	21.14	23.25	23.19
	10月	20.45	19.58	20.45	18.89	19.06	20.55	19.88	19.51	19.38	19.63	19.69	21.15
	11月	18.06	17.88	17.13	14.38	17.37	19.57	16.38	16.70	17.85	16.91	15.37	18.79
	12月	13.64	14.31	15.38	12.95	14.01	16.59	11.98	10.92	14.25	11.14	13.01	16.23

表 B.1（续）

省（自治区、直辖市）		广西	广西	广西	广西	广西	广西	广西	广西	广西	广西	广西	海南
台站名称		南宁	柳州	桂平	桂林	梧州	河池	百色	蒙山	那坡	钦州	龙州	三亚
台站信息	海拔,m	126	97	44	166	120	214	177	145	794	6	129	7
	纬度,°	22.6	24.4	23.4	25.3	23.5	24.7	23.9	24.2	23.3	22.0	22.4	18.2
	经度,°	108.2	109.4	110.1	110.3	111.3	108.1	106.6	110.5	106.0	108.6	106.8	109.5
室外水平面太阳总辐射照度 W/m²	1 月	628	738	754	635	628	717	708	793	774	738	719	879
	2 月	767	868	841	848	823	871	717	783	892	937	846	989
	3 月	1 122	888	1 022	1 107	1 007	877	860	817	1 031	825	1 073	970
	4 月	864	993	920	879	898	865	974	1 013	1 090	904	975	983
	5 月	993	981	898	1 039	933	1 122	886	1 042	1 180	971	965	1 039
	6 月	903	1 015	1 019	913	903	1 017	878	965	1 075	900	919	923
	7 月	967	915	921	1 180	848	1 014	886	1 013	989	895	928	930
	8 月	975	949	994	975	928	1 002	907	1 021	1 155	857	928	939
	9 月	1 036	884	941	1 060	921	915	880	1 069	1 017	978	964	1 049
	10 月	959	968	822	876	781	844	860	1 003	912	817	987	1 052
	11 月	868	707	846	704	763	757	727	863	898	746	915	954
	12 月	709	722	660	768	734	704	663	821	808	836	789	893
室外计算干球温度 ℃	1 月	23.3	20.5	22.5	18.3	22.4	19.4	25.6	20.1	20.0	23.0	24.4	27.8
	2 月	23.6	23.3	23.3	19.4	24.3	22.2	24.5	17.3	23.4	23.3	26.7	27.9
	3 月	25.3	25.6	25.9	23.3	27.4	25.6	27.0	24.4	26.3	25.5	27.1	29.4
	4 月	30.0	28.3	27.4	26.9	29.4	29.9	33.0	27.7	26.7	30.0	31.5	31.8
	5 月	31.5	31.5	31.6	30.6	31.8	31.9	33.3	30.6	29.4	30.6	33.7	32.8
	6 月	32.0	32.7	32.8	32.2	33.8	32.8	33.9	32.1	30.0	32.2	33.9	31.8
	7 月	33.2	33.5	34.1	34.6	33.9	33.7	35.0	33.4	30.5	32.6	33.4	31.7
	8 月	34.4	34.4	34.4	33.2	34.2	33.8	34.5	33.3	30.0	32.8	34.3	31.3
	9 月	32.8	33.1	32.9	32.6	33.5	32.7	33.5	31.8	29.2	32.2	32.8	31.2
	10 月	31.3	29.4	29.4	28.3	30.6	28.9	30.8	30.0	26.1	30.0	31.5	31.6
	11 月	25.9	25.2	27.8	23.2	26.7	25.5	27.0	25.0	25.0	27.8	28.1	29.7
	12 月	23.1	22.8	22.3	20.6	22.2	22.5	22.2	22.7	18.9	22.2	24.8	26.8
室外最大空气含湿量 g/kg	1 月	16.20	10.54	13.07	10.06	12.85	11.45	14.08	14.11	11.03	14.18	14.30	16.92
	2 月	13.30	12.49	14.32	13.61	13.94	12.78	14.71	11.96	13.06	16.57	15.74	18.87
	3 月	16.75	16.66	16.49	14.92	16.64	15.88	15.36	17.04	16.43	17.63	16.07	19.39
	4 月	20.13	18.78	19.64	19.03	21.32	19.40	21.05	20.90	17.10	19.63	19.89	22.58
	5 月	21.92	21.49	21.92	22.66	22.14	19.99	22.48	20.90	19.03	22.46	22.37	24.07
	6 月	22.78	22.77	23.08	22.58	22.80	21.92	22.41	21.80	19.84	23.59	25.23	23.57
	7 月	23.95	22.15	23.97	26.28	23.46	23.37	23.80	22.88	20.42	23.70	25.02	24.22
	8 月	23.59	23.52	22.86	24.64	23.83	23.85	24.27	23.32	21.92	26.54	23.55	24.16
	9 月	23.11	20.29	21.84	22.49	23.14	23.04	22.45	22.74	20.34	23.20	22.95	23.20
	10 月	19.50	19.46	21.48	20.10	20.79	19.06	19.82	21.53	19.51	22.41	19.57	21.60
	11 月	17.23	15.10	17.90	16.30	14.98	18.87	18.04	15.85	15.10	20.31	17.43	20.20
	12 月	12.95	11.64	12.41	10.53	12.35	11.72	11.49	12.53	10.98	16.15	13.86	16.94

表 B.1（续）

省（自治区、直辖市）		海南	海南	海南	海南	重庆	重庆	重庆	重庆	重庆	四川	四川	四川
台站名称		东方	儋州	海口	琼海	万源	奉节	梁平	酉阳	重庆	九龙	会理	南充
台站信息	海拔，m	8	169	24	25	674	303	455	665	260	2 994	1 788	310
	纬度，°	19.1	19.5	20.0	19.2	32.1	31.0	30.7	28.8	29.6	29.0	26.7	30.8
	经度，°	108.6	109.6	110.4	110.5	108.0	109.5	107.8	108.8	106.5	101.5	102.3	106.1
室外水平面太阳总辐射照度 W/m²	1月	780	805	873	770	579	589	523	644	529	833	799	609
	2月	849	890	963	839	845	725	730	694	657	966	976	624
	3月	1 069	1 067	970	908	1 018	925	896	930	861	1 099	1 068	998
	4月	887	980	1 079	953	1 043	1 046	912	1 084	1 078	1 177	1 119	929
	5月	873	1 038	995	943	1 146	1 022	927	1 061	965	1 205	1 158	887
	6月	837	979	1 035	927	1 064	943	849	906	955	1 162	927	896
	7月	830	936	1 081	913	1 045	891	889	1 013	889	1 151	1 064	901
	8月	817	979	1 018	1 020	973	875	918	997	888	1 128	1 027	848
	9月	877	966	896	963	909	878	893	1 036	889	1 028	1 075	952
	10月	873	847	898	834	831	751	724	717	758	1 009	928	649
	11月	803	854	734	859	792	632	697	827	484	867	836	581
	12月	793	730	723	734	551	503	555	598	493	763	786	498
室外计算干球温度 ℃	1月	25.3	26.0	24.4	24.5	9.5	10.6	8.9	11.4	12.6	12.2	17.1	10.9
	2月	25.1	26.7	24.2	26.7	16.0	12.8	13.3	12.1	17.4	14.2	19.6	13.0
	3月	29.4	29.4	28.3	28.0	22.8	23.3	21.0	18.1	21.8	17.8	21.9	23.5
	4月	31.3	32.3	30.0	32.3	23.9	25.6	24.0	25.2	26.7	21.5	26.0	24.2
	5月	32.4	33.3	33.5	32.6	27.8	29.4	26.7	27.8	31.7	24.8	28.3	27.9
	6月	32.8	34.2	33.8	33.9	30.3	34.4	31.5	28.4	30.7	21.7	26.7	31.1
	7月	32.0	33.1	33.8	34.2	32.8	33.3	32.9	31.9	34.7	23.7	25.8	33.7
	8月	32.0	32.6	33.3	33.5	32.5	32.4	33.1	30.2	34.9	22.8	26.1	33.9
	9月	30.7	31.1	31.7	31.0	28.5	35.0	30.3	29.6	37.4	20.6	24.8	36.9
	10月	30.6	30.6	29.4	29.9	23.3	26.7	23.3	22.5	23.9	19.4	23.8	22.6
	11月	28.5	29.4	27.2	29.2	18.0	18.2	18.7	19.3	19.2	16.0	20.6	17.8
	12月	26.1	25.6	23.3	24.7	10.0	10.0	10.1	9.8	12.0	12.2	16.5	12.2
室外最大空气含湿量 g/kg	1月	17.00	15.70	15.34	15.96	5.83	6.52	6.92	7.60	7.42	5.08	8.18	7.56
	2月	17.04	17.36	16.74	18.93	8.84	6.07	8.60	9.41	8.84	7.07	7.03	7.82
	3月	20.57	17.31	18.19	19.67	12.78	10.15	11.18	10.93	11.58	7.23	9.64	13.10
	4月	20.88	21.45	20.92	22.63	12.65	14.37	13.63	16.12	15.44	10.26	11.46	14.40
	5月	23.78	21.52	23.21	23.41	14.93	16.29	16.89	16.32	20.75	13.79	16.57	17.29
	6月	23.52	23.37	22.70	24.94	18.75	21.24	23.50	20.99	21.81	14.72	18.51	22.27
	7月	24.30	23.08	22.72	24.05	21.27	21.88	23.49	23.95	24.48	14.73	19.30	23.93
	8月	23.63	23.08	23.64	23.62	21.33	21.23	23.13	21.14	23.31	14.29	17.93	24.34
	9月	22.75	21.57	22.77	22.52	18.65	18.54	18.82	20.51	21.74	13.56	16.71	21.41
	10月	23.02	21.08	20.99	21.56	14.35	15.36	15.36	17.05	16.33	11.41	15.26	15.26
	11月	19.36	19.22	19.67	19.96	9.80	11.37	10.57	12.32	11.81	9.14	11.53	11.56
	12月	17.50	17.31	18.21	17.59	6.03	6.50	7.67	6.74	8.47	4.89	9.06	8.54

表 B.1（续）

省(自治区、直辖市)		四川	四川	四川	四川	四川	四川	四川	四川	四川	四川	四川	四川
台站名称		宜宾	峨眉山	巴塘	平武	康定	德格	成都	松潘	泸州	理塘	甘孜	稻城
台站信息	海拔,m	342	3 049	2 589	894	2 617	3 185	508	2 852	336	3 950	3 394	3 729
	纬度,°	28.8	29.5	30.0	32.4	30.1	31.8	30.7	32.7	28.9	30.0	31.6	29.1
	经度,°	104.6	103.3	99.1	104.5	102.0	98.6	104.0	103.6	105.4	100.3	100.0	100.3
室外水平面太阳总辐射照度 W/m²	1月	602	764	788	623	805	760	527	731	512	811	775	810
	2月	770	758	891	815	928	782	675	900	672	880	908	940
	3月	925	1 021	1 049	1 001	1 094	866	780	1 062	757	1 084	1 071	1 096
	4月	861	971	1 170	1 058	1 173	991	889	1 155	823	1 164	1 146	1 169
	5月	903	899	1 192	1 049	1 205	991	836	1 140	858	1 186	1 188	1 138
	6月	865	759	1 204	1 069	1 209	1 088	831	1 193	926	1 103	1 202	1 041
	7月	858	818	1 079	1 007	1 205	1 092	762	1 193	903	1 062	1 140	954
	8月	844	743	1 165	995	1 182	1 006	797	1 154	889	1 149	1 172	1 037
	9月	769	966	991	987	1 103	965	795	1 101	786	1 088	1 113	952
	10月	679	879	953	750	958	880	679	883	716	935	991	899
	11月	613	685	870	798	845	758	564	824	534	871	841	842
	12月	497	617	731	596	728	619	462	708	485	743	723	746
室外计算干球温度 ℃	1月	13.3	8.3	14.8	10.0	6.2	9.0	12.2	7.8	12.0	3.8	6.1	6.1
	2月	15.0	6.1	17.0	14.8	8.8	8.6	13.1	10.0	14.9	6.1	7.1	8.3
	3月	26.1	9.4	18.8	23.3	14.4	12.8	18.9	13.7	21.8	9.9	12.2	11.7
	4月	26.1	9.1	24.1	23.0	15.9	18.3	26.3	15.6	24.4	11.7	18.3	13.9
	5月	28.9	13.3	26.7	27.2	19.5	19.0	27.3	18.3	30.6	16.1	19.7	18.1
	6月	31.7	13.6	28.9	31.1	20.0	22.6	30.6	19.8	30.6	17.8	20.6	20.6
	7月	33.3	16.7	27.2	31.1	22.5	24.5	31.3	23.8	34.8	17.8	23.3	19.4
	8月	33.8	15.6	26.7	30.6	21.1	23.4	32.7	23.3	33.8	17.2	21.7	17.6
	9月	32.8	13.1	25.3	26.4	18.3	20.5	27.8	22.4	30.0	15.6	20.6	16.9
	10月	23.8	10.6	22.9	20.5	14.7	17.2	22.2	14.8	22.3	13.4	15.6	14.5
	11月	20.5	9.2	19.3	17.2	12.2	14.2	17.8	14.4	18.9	9.4	12.2	11.7
	12月	14.4	4.1	13.3	11.6	6.1	7.7	11.0	10.0	11.5	7.2	6.8	8.5
室外最大空气含湿量 g/kg	1月	7.62	5.03	3.99	5.96	5.98	4.18	7.20	4.17	7.64	4.59	3.90	4.12
	2月	7.99	5.67	4.84	7.86	6.50	4.25	7.46	4.47	8.35	3.63	4.48	5.71
	3月	15.00	7.73	7.23	10.70	6.94	6.09	10.03	6.55	11.07	6.41	6.39	6.79
	4月	14.85	10.09	9.56	11.51	9.32	7.53	15.79	8.50	14.64	6.40	7.49	6.64
	5月	16.83	12.09	10.98	14.40	13.02	9.92	19.29	10.15	19.75	9.09	10.21	9.63
	6月	22.20	14.43	15.38	18.30	14.79	15.10	19.29	13.55	22.55	12.00	14.09	12.56
	7月	25.23	16.83	19.07	22.27	15.25	15.34	22.44	14.44	23.92	11.87	15.08	12.95
	8月	25.14	16.89	16.47	19.04	14.97	16.08	23.22	14.02	22.99	11.48	13.96	11.82
	9月	22.56	13.07	14.08	17.34	13.55	13.04	18.77	14.36	19.05	11.77	13.42	11.37
	10月	16.20	10.63	12.60	12.86	10.87	10.11	15.02	9.35	16.14	8.66	9.51	9.71
	11月	13.73	8.29	6.95	10.57	7.74	6.96	10.96	6.73	12.44	5.05	5.70	6.63
	12月	8.98	5.18	5.46	6.66	5.16	4.75	7.16	4.58	8.45	4.14	4.88	3.37

表 B.1（续）

省(自治区、直辖市)		四川	四川	四川	四川	四川	四川	四川	四川	贵州	贵州	贵州	贵州
台站名称		绵阳	色达	若尔盖	西昌	达州	阆中	雅安	马尔康	三穗	兴仁	威宁	思南
台站信息	海拔,m	522	3 896	3 441	1 599	344	385	629	2 666	631	1 379	2 236	418
	纬度,°	31.5	32.3	33.6	27.9	31.2	31.6	30.0	31.9	27.0	25.4	26.9	28.0
	经度,°	104.7	100.3	103.0	102.3	107.5	106.0	103.0	102.2	108.7	105.2	104.3	108.3
室外水平面太阳总辐射照度 W/m²	1月	657	781	750	700	591	671	505	785	787	725	854	557
	2月	723	910	838	874	763	718	727	877	889	780	899	607
	3月	925	1 057	971	1 037	960	921	908	1 072	1 018	976	993	819
	4月	985	1 151	1 025	1 106	1 012	1 022	929	1 162	945	991	1 094	856
	5月	1 063	1 190	1 023	1 037	1 131	971	962	1 200	1 142	1 037	1 160	911
	6月	931	1 201	999	961	922	925	885	1 201	1 046	944	889	770
	7月	873	1 193	1 110	939	1 015	952	885	1 195	949	922	911	820
	8月	862	1 173	1 062	980	993	873	945	1 172	999	949	884	840
	9月	848	1 110	992	931	896	844	834	1 075	1 000	966	883	764
	10月	670	988	857	849	739	732	729	933	795	826	760	680
	11月	726	831	758	744	722	693	625	842	620	761	802	612
	12月	603	715	667	762	550	534	618	712	757	608	671	539
室外计算干球温度 ℃	1月	12.2	2.9	1.7	18.9	10.6	11.6	11.7	10.4	13.9	15.0	14.0	11.3
	2月	13.7	4.1	5.6	21.7	13.5	12.7	15.6	13.7	14.8	19.8	16.1	15.6
	3月	19.9	7.8	8.8	25.5	24.5	19.2	23.3	17.4	18.8	24.8	20.1	23.3
	4月	25.3	12.7	12.2	28.6	26.1	25.4	23.5	20.6	25.8	28.6	19.6	27.9
	5月	30.6	14.5	13.0	31.3	28.6	27.5	27.2	23.3	29.9	26.1	23.3	28.8
	6月	31.7	16.7	16.7	28.9	30.2	31.4	29.7	23.2	30.0	27.2	22.2	32.6
	7月	32.4	19.5	20.4	29.3	33.9	33.3	32.1	26.5	32.0	27.2	22.4	34.8
	8月	31.2	18.2	18.3	29.4	35.4	33.3	31.9	26.1	30.0	26.7	22.5	33.9
	9月	32.3	16.1	19.7	26.7	35.6	33.3	26.8	23.5	29.4	26.2	21.3	33.5
	10月	23.4	11.7	10.7	26.1	22.9	23.0	22.2	19.4	24.1	24.3	19.4	25.0
	11月	18.7	8.3	6.1	22.0	18.3	18.9	20.7	15.0	18.9	20.9	15.7	20.0
	12月	11.6	4.4	5.6	19.1	12.2	12.2	10.9	9.1	16.1	14.2	12.2	16.9
室外最大空气含湿量 g/kg	1月	6.55	4.18	2.99	7.97	6.23	6.15	6.84	5.18	6.86	8.45	6.57	6.81
	2月	7.47	4.95	4.56	7.64	8.05	8.08	8.74	6.25	10.80	10.91	7.38	10.65
	3月	8.96	5.20	5.78	9.70	13.65	9.55	13.68	9.41	12.98	10.99	8.95	11.59
	4月	13.85	6.75	7.40	11.51	15.39	14.46	14.13	9.59	16.80	15.64	12.39	17.71
	5月	17.65	9.52	8.79	15.60	17.08	16.14	16.12	12.91	18.59	16.94	13.72	17.96
	6月	18.47	12.35	12.18	18.61	21.21	20.13	20.56	16.00	21.33	19.88	16.02	20.86
	7月	22.69	13.28	14.63	18.65	23.65	23.42	21.69	18.49	24.54	19.50	16.28	22.62
	8月	23.34	12.33	14.73	17.93	22.70	23.71	22.86	15.73	22.01	18.29	15.62	20.37
	9月	23.97	12.32	14.45	16.68	21.83	22.35	18.39	15.42	17.24	16.27	14.13	20.88
	10月	15.26	10.29	8.22	14.89	15.50	15.22	15.29	10.92	19.28	15.95	13.93	17.60
	11月	10.72	4.77	5.51	10.23	10.67	10.71	12.06	8.02	12.02	12.09	9.28	13.97
	12月	7.08	3.34	3.60	8.21	7.41	7.39	7.32	5.40	8.60	8.58	7.04	9.08

表 B.1（续）

省(自治区、直辖市)		贵州	贵州	贵州	贵州	贵州	贵州	云南	云南	云南	云南	云南	云南
台站名称		榕江	毕节	独山	罗甸	贵阳	遵义	临沧	丽江	会泽	保山	元谋	勐腊
台站信息	海拔,m	287	1 511	971	441	1 223	845	1 503	2 394	2 110	1 649	1 120	633
	纬度,°	26.0	27.3	25.8	25.4	26.6	27.7	24.0	26.8	26.4	25.1	25.7	21.5
	经度,°	108.5	105.2	107.6	106.8	106.7	106.9	100.2	100.5	103.3	99.2	101.9	101.6
室外水平面太阳总辐射照度 W/m²	1 月	646	699	638	745	591	449	842	792	777	746	751	802
	2 月	896	918	659	873	601	672	850	888	922	866	899	952
	3 月	947	932	905	901	928	875	995	1 044	1 106	983	1 034	970
	4 月	1 042	982	932	965	896	817	1 002	1 110	1 153	1 015	1 023	1 003
	5 月	1 018	1 052	938	999	937	1 020	1 024	1 052	1 149	1 008	1 010	947
	6 月	1 009	926	725	967	761	937	892	1 117	969	945	939	819
	7 月	1 029	969	918	928	930	978	807	1 107	998	874	843	826
	8 月	1 047	956	835	981	857	907	916	1 021	1 062	932	924	864
	9 月	952	908	943	933	1 006	938	855	1 120	1 077	882	903	907
	10 月	830	880	818	811	760	777	819	1 001	923	845	840	870
	11 月	763	742	684	788	685	779	777	849	856	748	838	718
	12 月	742	720	637	776	591	591	692	796	683	721	778	684
室外计算干球温度 ℃	1 月	18.5	11.8	14.3	23.1	13.0	8.9	21.0	13.3	13.9	17.2	23.9	25.6
	2 月	18.9	14.4	16.1	23.2	11.1	17.0	22.9	16.4	16.1	19.7	26.7	28.9
	3 月	19.7	21.8	20.6	24.1	20.6	22.2	26.0	16.9	20.6	22.1	30.2	31.2
	4 月	28.1	22.9	25.6	28.9	25.2	22.8	27.8	21.2	23.9	25.3	33.1	33.4
	5 月	30.6	23.9	27.2	31.1	26.5	27.6	27.3	23.9	25.2	26.8	33.9	33.0
	6 月	31.7	26.7	26.7	33.3	28.2	30.0	25.8	23.9	24.4	25.9	31.1	30.9
	7 月	34.4	27.8	27.9	33.2	29.4	31.5	26.7	23.9	24.9	25.8	30.0	30.0
	8 月	33.3	27.8	28.3	33.5	29.3	31.0	27.0	23.3	23.3	26.9	32.1	31.1
	9 月	32.9	25.9	26.2	32.3	27.8	29.0	26.1	22.2	22.6	26.0	30.6	30.0
	10 月	27.5	22.4	23.4	28.3	23.3	23.3	25.7	21.9	22.2	25.4	30.4	30.6
	11 月	25.2	16.7	20.0	25.9	19.7	22.8	23.5	18.3	18.4	21.5	27.2	27.2
	12 月	19.4	13.1	14.1	20.4	12.8	10.9	20.6	14.1	13.4	19.0	23.9	26.7
室外最大空气含湿量 g/kg	1 月	10.95	7.87	10.00	11.55	8.80	7.51	9.07	6.01	6.20	7.37	8.77	15.99
	2 月	12.34	8.63	11.24	13.03	8.43	9.47	10.26	6.97	6.90	8.63	8.67	14.88
	3 月	14.77	11.50	14.29	13.98	12.05	12.13	12.44	8.57	9.49	10.52	12.40	17.15
	4 月	17.74	13.78	15.05	16.40	15.80	15.00	12.78	12.10	12.38	13.96	14.09	20.70
	5 月	20.35	15.89	19.31	22.00	19.53	19.19	17.15	13.40	14.80	16.19	21.71	21.98
	6 月	21.12	19.16	19.25	23.14	18.08	19.26	17.86	16.49	16.54	18.08	21.34	22.76
	7 月	23.44	21.59	20.75	23.45	19.35	21.81	18.43	17.21	17.26	17.57	23.45	21.61
	8 月	21.79	18.29	20.01	21.44	18.24	19.41	18.91	16.42	16.19	18.06	21.97	23.79
	9 月	20.15	16.97	18.02	20.63	16.71	17.86	18.48	16.01	15.54	17.41	20.81	21.26
	10 月	18.93	14.70	15.49	18.62	15.90	16.01	15.87	13.39	13.84	15.57	17.78	21.19
	11 月	14.79	11.86	14.31	15.37	13.33	13.55	12.45	10.93	10.57	14.99	12.90	18.41
	12 月	10.81	8.79	10.16	13.51	8.01	6.70	9.08	6.22	7.01	10.79	11.42	15.56

表 B.1（续）

省(自治区、直辖市)		云南	云南	云南	云南	云南	云南	云南	云南	云南	云南	云南	云南
台站名称		大理	广南	德钦	思茅	昆明	昭通	景洪	楚雄	江城	沾益	澜沧	瑞丽
台站信息	海拔,m	1 992	1 251	3 320	1 303	1 892	1 950	579	1 820	1 121	1 900	1 054	776
	纬度,°	25.7	24.1	28.5	22.8	25.0	27.3	22.0	25.0	22.6	25.6	22.6	24.0
	经度,°	100.2	105.1	98.9	101.0	102.7	103.8	100.8	101.5	101.8	103.8	99.9	97.8
室外水平面太阳总辐射照度 W/m²	1月	758	802	752	772	767	845	774	818	772	839	903	852
	2月	832	932	862	897	914	949	888	943	953	1 003	963	975
	3月	1 023	1 106	1 027	1 058	1 027	1 091	1 061	1 067	1 006	1 089	1 104	1 094
	4月	1 072	983	1 109	1 063	1 124	1 185	995	1 125	1 135	1 160	1 078	1 118
	5月	946	982	1 138	1 072	977	1 181	928	1 086	1 004	1 196	1 033	1 079
	6月	958	862	1 140	791	942	1 081	877	918	949	1 112	869	948
	7月	857	908	967	861	939	1 002	825	890	950	1 002	816	884
	8月	925	964	1 064	904	968	1 039	894	1 052	1 018	1 069	922	921
	9月	905	959	977	863	959	1 074	826	963	991	1 087	824	932
	10月	836	922	915	807	855	945	764	901	885	882	872	878
	11月	748	822	822	738	835	826	720	854	816	907	805	822
	12月	704	782	735	670	703	797	662	799	694	800	816	774
室外计算干球温度 ℃	1月	15.6	19.1	5.0	22.2	17.8	14.4	27.0	18.8	21.2	17.2	25.9	22.9
	2月	17.4	23.1	7.2	24.1	19.3	17.8	30.0	20.6	25.3	18.9	26.7	25.5
	3月	21.5	28.5	8.9	27.9	23.1	23.3	33.1	23.2	27.2	23.9	30.1	28.6
	4月	23.9	26.0	15.0	30.0	25.0	25.4	33.8	26.6	30.6	26.8	32.2	30.7
	5月	25.6	28.6	17.2	29.4	25.2	25.6	33.2	27.3	29.2	26.7	30.6	31.1
	6月	25.4	28.9	18.8	27.2	25.4	26.7	31.7	26.7	28.3	25.8	29.4	29.7
	7月	24.5	28.9	18.3	26.7	25.1	26.1	31.3	25.0	27.8	24.3	28.0	28.8
	8月	25.0	26.1	18.9	27.2	25.6	25.8	31.9	26.1	27.8	24.4	28.9	30.2
	9月	23.9	27.0	18.2	26.8	24.1	24.4	31.2	24.8	28.3	24.0	29.4	29.5
	10月	23.1	26.4	14.2	25.6	22.8	21.6	30.2	23.9	26.7	22.4	28.9	29.2
	11月	18.6	24.4	10.0	22.8	20.2	16.5	28.3	20.5	23.9	19.9	25.6	25.7
	12月	15.6	17.9	7.1	21.1	18.3	14.4	26.0	18.0	21.7	17.8	25.1	23.8
室外最大空气含湿量 g/kg	1月	7.09	9.47	5.03	10.86	7.73	6.80	13.78	8.22	12.80	7.83	11.50	11.31
	2月	9.78	10.60	6.05	11.94	7.88	6.66	14.86	9.04	13.74	9.14	12.14	12.06
	3月	8.64	13.38	7.61	15.91	10.74	8.40	17.20	10.75	14.99	9.64	11.87	12.52
	4月	12.34	14.92	8.39	15.08	12.06	12.37	20.39	12.36	17.19	12.42	14.04	16.95
	5月	15.87	19.37	10.20	17.87	15.49	16.03	21.04	15.32	19.30	14.68	18.98	19.07
	6月	18.34	19.61	13.24	19.24	17.90	17.49	21.61	17.59	20.59	17.35	19.93	20.51
	7月	18.13	20.09	14.08	20.34	17.33	18.14	21.22	17.68	20.46	17.87	20.34	20.35
	8月	18.09	20.10	14.40	18.93	17.66	16.58	21.85	17.11	20.50	16.84	20.61	20.51
	9月	16.62	18.26	12.74	18.80	16.28	14.65	21.83	16.49	19.24	16.14	19.00	19.96
	10月	14.59	16.41	10.64	16.53	14.76	13.99	19.93	15.05	17.77	15.00	18.13	18.13
	11月	13.00	13.12	7.12	14.39	11.96	11.17	18.90	13.30	15.25	9.81	15.05	18.20
	12月	7.61	9.94	4.06	14.20	10.30	6.82	15.19	10.13	14.54	8.85	13.01	14.09

685

表 B. 1（续）

省（自治区、直辖市）		云南	云南	云南	云南	西藏	西藏	西藏	西藏	西藏	西藏	西藏	西藏
台站名称		耿马	腾冲	芦西	蒙自	丁青	定日	帕里	拉萨	日喀则	昌都	林芝	狮泉河
台站信息	海拔,m	1 104	1 649	1 708	1 302	3 874	4 300	4 300	3 650	3 837	3 307	3 001	4 280
	纬度,°	23.6	25.1	24.5	23.4	31.4	28.6	27.7	29.7	29.3	31.2	29.6	32.5
	经度,°	99.4	98.5	103.8	103.4	95.6	87.1	89.1	91.1	88.9	97.2	94.5	80.1
室外水平面太阳总辐射照度 W/m²	1 月	874	825	887	814	629	832	731	717	824	680	577	776
	2 月	951	958	1009	949	692	906	804	809	880	739	664	905
	3 月	1 031	1 122	1 123	1 001	819	1 008	872	975	1 050	807	735	998
	4 月	1 077	1 115	1 136	1 085	890	1 106	925	962	1 100	911	829	1 097
	5 月	987	1 126	1 171	1 029	940	1 157	971	996	1 148	1 004	841	1 182
	6 月	897	951	1 005	958	907	1 134	939	1 100	1 141	971	862	1 190
	7 月	789	1 005	1 002	1 039	947	1 133	840	1 066	1 155	1 013	918	1 182
	8 月	905	1 024	1 015	1 003	883	1 094	1 024	1 024	1 145	950	776	1 136
	9 月	941	1 021	1 065	1 004	860	1 096	863	998	1 066	927	753	1 051
	10 月	820	883	1 028	948	746	974	846	851	971	796	673	977
	11 月	792	789	891	839	647	843	714	718	829	705	599	815
	12 月	790	775	808	785	572	774	706	651	735	579	506	704
室外计算干球温度 ℃	1 月	22.8	16.7	18.1	21.7	1.3	3.3	2.6	7.8	6.8	7.8	8.1	−0.4
	2 月	25.7	19.4	21.0	24.1	3.3	5.2	−0.5	9.4	10.3	10.7	10.6	−2.1
	3 月	27.3	21.6	23.5	27.8	8.9	7.9	4.8	15.6	11.3	14.0	14.4	5.1
	4 月	30.4	25.2	27.2	29.4	12.9	11.7	7.2	16.7	15.8	19.2	18.2	8.4
	5 月	29.9	25.2	27.7	29.9	14.4	17.8	9.9	21.2	23.0	21.8	19.6	15.5
	6 月	29.9	24.9	25.9	27.7	19.3	19.6	12.1	25.2	22.0	25.0	22.2	20.6
	7 月	28.6	24.4	25.2	28.3	21.7	18.9	12.1	22.8	21.1	25.6	22.2	22.8
	8 月	29.3	25.1	25.6	28.8	20.3	17.2	12.0	21.1	20.6	24.7	21.8	20.6
	9 月	29.1	25.0	24.6	26.8	17.8	17.1	11.9	19.6	19.3	22.5	19.4	17.0
	10 月	27.8	23.6	23.3	25.6	12.2	13.9	8.1	17.3	16.9	18.3	17.2	10.0
	11 月	25.0	20.5	21.5	22.4	8.0	8.3	7.9	12.8	13.6	14.8	14.0	2.5
	12 月	23.0	18.2	16.4	19.9	5.2	6.4	7.2	9.3	9.7	8.9	8.9	0.7
室外最大空气含湿量 g/kg	1 月	12.54	7.97	9.04	10.15	3.99	3.42	3.29	3.24	3.39	3.78	5.33	2.85
	2 月	9.90	9.85	9.18	10.88	4.68	3.07	5.23	5.14	4.73	5.67	6.38	2.05
	3 月	12.85	11.22	11.38	15.84	5.83	4.19	6.08	5.01	4.83	5.66	8.28	2.83
	4 月	14.23	13.68	12.84	15.73	7.34	6.10	6.62	7.92	7.93	8.33	9.14	4.50
	5 月	18.39	15.66	16.10	16.24	8.97	8.52	9.54	10.76	10.86	10.08	11.05	5.27
	6 月	19.20	17.03	17.56	18.04	12.01	10.76	11.46	13.82	13.40	14.99	14.73	8.18
	7 月	19.59	18.07	18.84	18.14	13.05	11.50	11.08	14.52	14.88	14.99	16.28	11.56
	8 月	20.58	18.39	18.90	18.58	12.92	11.47	11.93	14.63	14.93	14.27	15.32	9.86
	9 月	21.08	16.62	15.85	16.59	11.23	9.82	10.31	12.78	12.07	14.10	13.44	9.49
	10 月	17.69	15.72	15.24	16.22	8.62	8.09	8.48	10.00	9.90	9.86	12.30	5.60
	11 月	14.78	14.61	12.22	14.36	5.53	5.58	5.30	7.73	4.72	6.53	8.00	3.26
	12 月	10.89	11.30	9.91	10.10	4.51	4.17	4.77	3.25	3.95	4.57	5.76	2.07

表 B.1（续）

省(自治区、直辖市)		西藏	西藏	西藏	西藏	陕西	陕西	陕西	陕西	陕西	陕西	陕西	甘肃
台站名称		班戈	索县	那曲	隆子	华山	安康	宝鸡	延安	榆林	汉中	西安	乌鞘岭
台站信息	海拔,m	4 701	4 024	4 508	3 861	2 063	291	610	959	1 058	509	398	3 044
	纬度,°	31.4	31.9	31.5	28.4	34.5	32.7	34.4	36.6	38.2	33.1	34.3	37.2
	经度,°	90.0	93.8	92.1	92.5	110.1	109.0	107.1	109.5	109.7	107.0	108.9	102.9
室外水平面太阳总辐射照度 W/m²	1月	768	751	696	837	543	545	572	661	669	521	562	686
	2月	828	777	794	953	633	766	798	817	799	768	744	817
	3月	943	940	923	1 048	695	783	886	990	966	820	836	1 006
	4月	1 088	1 103	975	1 113	792	908	958	1 085	1 071	921	914	1 088
	5月	1 155	1 016	1 038	1 123	811	943	1 144	1 163	1 141	1 039	1 038	1 150
	6月	1 072	1 133	1 016	1 138	773	859	1 098	1 154	1 170	875	1 004	1 182
	7月	1 187	1 077	1 018	1 124	831	899	1 013	1 039	1 158	837	969	1 136
	8月	1 093	1 160	970	1 156	678	769	975	961	961	885	870	1 146
	9月	1 099	1 043	929	1 015	688	740	813	961	930	817	746	1 027
	10月	929	892	874	955	579	611	731	833	787	635	715	918
	11月	833	767	713	862	537	620	628	606	624	554	556	722
	12月	702	681	645	765	467	424	638	584	535	516	525	597
室外计算干球温度 ℃	1月	−4.1	−1.2	−2.8	7.9	1.2	9.5	6.7	3.3	2.8	7.8	4.6	−3.0
	2月	0.6	2.8	−0.3	9.0	3.4	13.9	11.5	8.3	8.9	11.9	10.6	−1.7
	3月	3.6	7.2	4.5	10.6	8.6	21.0	17.7	16.3	14.4	18.8	17.5	7.8
	4月	8.3	13.8	6.1	14.0	14.5	24.0	25.6	23.8	24.8	23.7	25.4	6.6
	5月	12.3	13.2	13.7	19.7	16.5	30.3	28.4	28.3	28.8	29.0	30.2	14.7
	6月	15.9	17.2	13.1	20.5	22.2	33.3	33.4	31.7	32.9	30.2	36.2	16.1
	7月	15.3	18.8	16.3	19.3	22.7	35.2	34.3	32.8	32.1	32.1	35.9	20.6
	8月	13.4	18.9	15.4	18.9	20.1	32.9	31.7	29.9	29.2	30.9	32.3	18.8
	9月	14.4	17.1	13.6	18.9	18.0	27.5	27.7	26.2	25.5	29.4	27.9	15.2
	10月	9.1	12.2	9.6	16.3	13.5	20.9	20.8	20.9	20.3	21.7	19.7	10.6
	11月	2.6	3.7	2.3	13.4	5.9	17.1	15.8	14.4	11.2	15.4	15.2	3.9
	12月	0.3	−0.8	−1.7	8.9	−1.1	9.7	11.1	7.4	3.3	8.3	6.5	1.2
室外最大空气含湿量 g/kg	1月	2.76	3.83	3.09	4.43	3.40	5.49	4.00	3.69	2.77	5.25	3.91	2.26
	2月	2.27	2.96	3.54	5.66	4.92	6.40	5.23	5.50	3.83	7.48	5.94	2.19
	3月	3.96	5.13	4.96	5.65	6.70	11.26	8.26	6.45	5.19	10.14	7.81	3.94
	4月	6.62	7.16	5.39	7.78	8.45	13.52	12.39	11.55	10.12	12.69	13.99	4.45
	5月	7.01	8.76	8.27	10.54	11.12	16.98	13.62	12.13	11.84	15.78	17.95	7.84
	6月	9.87	11.20	10.24	11.38	16.12	19.52	16.70	15.17	14.64	20.34	20.10	9.87
	7月	11.20	12.45	12.72	12.30	16.72	22.46	19.40	19.15	19.76	23.11	20.94	13.27
	8月	10.35	13.03	11.42	11.38	17.84	24.23	21.30	18.04	17.09	25.01	19.95	16.82
	9月	11.61	11.69	9.58	11.01	14.64	18.89	21.17	15.12	12.75	19.09	17.28	9.49
	10月	6.41	8.38	7.86	8.23	10.50	13.24	12.97	12.98	11.00	14.55	13.04	7.83
	11月	10.66	5.39	5.53	5.67	6.60	8.67	8.71	7.89	7.08	9.71	9.23	3.28
	12月	2.31	3.39	3.06	4.15	3.86	6.94	4.84	4.16	3.78	6.59	4.53	2.20

表 B.1（续）

省（自治区、直辖市）		甘肃	甘肃	甘肃	甘肃	甘肃	甘肃	甘肃	甘肃	甘肃	甘肃	甘肃	甘肃
台站名称		兰州	华家岭	合作	天水	平凉	张掖	敦煌	武都	民勤	玉门	西峰	酒泉
台站信息	海拔,m	1 518	2 450	2 910	1 143	1 348	1 483	1 140	1 079	1 367	1 527	1 423	1 478
	纬度,°	36.1	35.4	35.0	34.6	35.6	38.9	40.2	33.4	38.6	40.3	35.7	39.8
	经度,°	103.9	105.0	102.9	105.8	106.7	100.4	94.7	104.9	103.1	97.0	107.6	98.5
室外水平面太阳总辐射照度 W/m²	1 月	580	549	709	557	671	654	531	516	648	565	639	620
	2 月	673	696	871	726	730	737	747	639	775	732	826	695
	3 月	910	1 002	1 040	900	949	935	904	793	958	930	905	951
	4 月	1 001	1 076	1 120	1 044	1 079	1 034	1 094	925	1 053	1 093	1 022	1 036
	5 月	1 021	1 044	1 111	1 041	999	1 065	1 119	938	1 112	1 056	1 162	1 069
	6 月	987	1 129	1 153	1 001	1 075	1 078	1 147	890	1 137	1 146	1 140	1 138
	7 月	1 012	1 072	1 078	948	1 060	1 109	1 057	953	1 104	1 073	1 088	1 106
	8 月	973	1 001	1 054	905	948	1 039	1 047	929	1 057	1 051	920	1 103
	9 月	954	989	1 011	888	859	962	958	788	969	1 013	894	961
	10 月	739	919	863	696	798	858	813	665	858	870	799	826
	11 月	643	627	725	574	637	646	646	569	732	656	601	654
	12 月	472	540	662	502	592	545	472	483	575	528	577	511
室外计算干球温度 ℃	1 月	4.5	−1.3	3.9	4.6	6.3	1.7	0.0	9.0	0.0	1.7	3.9	−0.2
	2 月	8.3	0.6	0.8	7.8	7.3	8.5	8.3	12.7	6.1	5.3	6.0	5.6
	3 月	15.4	11.0	11.8	16.7	14.2	13.4	13.8	23.7	15.9	12.1	13.3	13.3
	4 月	22.2	13.0	15.4	20.6	21.8	21.1	23.0	24.0	19.8	19.7	19.4	21.7
	5 月	26.6	17.8	17.8	27.2	23.6	26.7	30.4	26.9	28.4	25.6	23.3	26.2
	6 月	29.4	18.9	19.8	29.5	30.0	31.7	33.3	31.7	31.3	31.0	28.3	30.9
	7 月	33.1	22.7	22.0	30.5	31.2	32.2	32.8	32.6	33.5	31.0	29.4	31.5
	8 月	31.7	19.6	22.2	29.1	27.8	32.4	33.6	32.1	30.8	31.5	25.8	30.0
	9 月	26.6	17.7	18.1	25.6	24.2	26.4	27.4	27.2	25.0	26.7	24.0	26.7
	10 月	19.1	10.4	13.0	19.4	17.8	19.7	21.8	23.2	19.6	17.8	16.9	18.9
	11 月	12.8	5.1	8.6	11.3	11.7	12.0	13.3	17.9	12.2	13.3	11.4	10.0
	12 月	3.3	−1.7	4.6	5.0	7.9	2.7	−0.6	9.8	1.7	4.3	2.4	0.4
室外最大空气含湿量 g/kg	1 月	2.76	3.41	2.58	3.76	4.26	2.78	2.12	5.10	2.11	2.39	4.06	2.17
	2 月	3.98	4.70	3.40	5.47	4.90	3.88	2.79	6.17	4.24	3.54	4.25	3.77
	3 月	4.58	8.23	8.43	6.64	6.30	4.27	4.66	12.20	6.06	4.68	5.61	4.52
	4 月	10.01	7.91	8.70	9.29	9.99	6.17	5.93	10.98	5.65	6.40	11.25	6.31
	5 月	12.77	10.14	10.14	12.03	12.21	9.59	8.82	13.89	9.21	10.45	11.49	9.24
	6 月	14.86	13.91	11.87	16.37	15.70	14.98	17.19	15.82	13.67	13.86	15.45	14.45
	7 月	16.05	16.08	14.23	18.42	19.96	15.11	16.82	17.88	15.82	14.34	19.25	15.30
	8 月	13.74	14.30	15.98	18.33	18.23	17.80	17.72	17.64	14.13	13.40	18.06	14.89
	9 月	12.42	12.74	10.92	13.86	13.72	11.65	9.57	15.03	15.87	8.22	14.89	12.48
	10 月	10.64	9.79	9.21	10.92	12.66	7.06	7.31	12.63	7.63	6.14	11.40	6.39
	11 月	6.06	6.22	5.78	8.13	7.32	3.60	3.80	9.69	4.18	3.41	8.20	3.94
	12 月	3.48	3.70	3.42	4.93	4.34	2.37	2.20	4.81	2.34	2.92	3.33	2.26

表 B.1（续）

省(自治区、直辖市)		甘肃	青海	青海	青海	青海	青海	青海	青海	青海	青海	青海	青海
台站名称		马鬃山	五道梁	冷湖	刚察	大柴旦	德令哈	曲麻莱	杂多	格尔木	沱沱河	河南	玉树
台站信息	海拔,m	1 770	4 613	2 771	3 302	3 174	2 982	4 176	4 068	2 809	4 535	3 501	3 682
	纬度,°	41.8	35.2	38.8	37.3	37.9	37.4	34.1	32.9	36.4	34.2	34.7	33.0
	经度,°	97.0	93.1	93.4	100.1	95.4	97.4	95.8	95.3	94.9	92.4	101.6	97.0
室外水平面太阳总辐射照度 W/m²	1 月	607	717	677	582	662	670	740	629	668	752	737	633
	2 月	779	853	816	764	813	837	820	751	825	897	856	694
	3 月	953	1 026	982	859	987	999	1 012	817	1 002	1 054	985	844
	4 月	1 040	1 106	1 096	929	1 091	1 085	1 055	944	1 112	1 141	1 100	906
	5 月	1 119	1 181	1 134	953	1 162	1 108	1 083	977	1149	1 184	1 142	932
	6 月	1 147	1 186	1 156	980	1 165	1 172	1 028	981	1 173	1 196	1 178	948
	7 月	1 086	1 163	1 144	981	1 147	1 171	1 035	972	1 169	1 191	1 146	962
	8 月	1 086	1 137	1 114	965	1 135	1 114	1 122	978	1 137	1 142	1 164	991
	9 月	987	1 038	1 016	1 005	1 047	1 046	1 023	940	1 031	1 031	1 044	911
	10 月	835	909	889	834	907	891	831	787	926	953	885	732
	11 月	670	770	722	648	736	718	727	667	749	790	758	631
	12 月	538	647	593	547	596	616	666	614	614	677	664	606
室外计算干球温度 ℃	1 月	1.5	−7.3	−0.1	−3.3	−2.8	0.0	−2.7	−1.8	1.3	−3.3	1.1	2.2
	2 月	3.8	−3.3	3.3	1.3	2.5	3.3	0.6	1.7	7.8	−4.4	4.5	6.1
	3 月	11.5	−1.6	9.4	5.9	9.7	10.3	4.3	6.1	13.8	2.8	7.8	9.5
	4 月	17.3	3.9	15.0	14.0	14.8	17.8	6.7	11.1	17.6	7.4	10.6	14.4
	5 月	23.0	8.3	19.5	13.1	17.6	19.4	11.8	12.1	20.6	9.0	14.6	16.4
	6 月	29.5	11.9	23.6	15.7	20.8	22.9	13.9	16.7	24.1	12.8	16.7	20.3
	7 月	28.9	13.4	26.1	17.8	24.3	25.2	17.2	19.4	26.7	15.8	17.4	22.1
	8 月	27.6	13.9	25.7	18.9	24.4	25.0	17.8	17.9	27.1	16.7	19.5	21.7
	9 月	23.9	10.5	18.9	13.9	20.0	20.5	13.7	15.6	21.9	12.4	15.8	20.3
	10 月	15.6	3.9	15.2	11.7	12.9	13.9	8.4	10.3	15.4	7.1	10.0	12.0
	11 月	9.4	−2.2	5.6	4.4	4.4	7.0	−1.7	3.1	7.8	−0.6	5.0	8.6
	12 月	0.1	−5.5	−2.4	−2.2	−1.1	0.1	−0.6	2.1	−0.8	−5.6	1.7	5.6
室外最大空气含湿量 g/kg	1 月	3.10	2.96	2.47	2.71	2.84	3.38	3.60	3.32	2.60	3.07	3.79	3.45
	2 月	2.68	2.82	1.92	3.42	2.72	2.94	3.36	4.89	2.32	3.21	4.31	4.40
	3 月	5.31	3.71	4.17	5.00	5.69	3.84	5.91	5.35	5.40	4.42	5.93	6.37
	4 月	5.47	5.22	4.25	7.48	3.47	5.77	5.89	6.26	4.59	5.24	6.88	6.54
	5 月	6.92	8.91	6.84	7.46	7.89	7.88	7.42	8.19	7.31	6.39	9.19	10.74
	6 月	12.83	9.92	5.28	10.32	10.92	8.75	11.15	10.86	8.86	9.56	10.66	12.02
	7 月	12.31	10.72	11.12	12.08	11.74	12.96	11.34	12.13	10.29	10.96	12.58	12.71
	8 月	11.79	11.12	11.51	10.69	10.40	14.14	11.77	11.95	14.54	11.12	14.72	13.54
	9 月	7.20	8.64	4.66	7.82	8.92	9.37	10.96	11.62	8.91	8.54	10.53	11.64
	10 月	5.28	6.45	4.20	7.10	4.84	6.10	7.59	8.17	6.38	6.60	6.86	7.67
	11 月	3.18	3.66	3.11	3.93	3.08	2.85	3.69	5.86	3.74	4.15	4.97	5.46
	12 月	1.94	2.25	2.78	2.40	2.08	2.25	3.19	3.87	2.84	3.03	2.41	2.90

表 B.1（续）

省（自治区、直辖市）		青海	青海	青海	青海	青海	宁夏	宁夏	宁夏	新疆	新疆	新疆	新疆
台站名称		玛多	茫崖	西宁	达日	都兰	中宁	盐池	银川	乌鲁木齐	伊吾	伊宁	克拉玛依
台站信息	海拔，m	4 273	2 945	2 296	3 968	3 192	1 193	1 356	1 112	947	1 729	664	428
	纬度，°	34.9	38.3	36.6	33.8	36.3	37.5	37.8	38.5	43.8	43.3	44.0	45.6
	经度，°	98.2	90.9	101.8	99.7	98.1	105.7	107.4	106.2	87.7	94.7	81.3	84.9
室外水平面太阳总辐射照度 W/m²	1 月	737	687	582	740	713	610	619	574	477	581	578	447
	2 月	889	842	760	893	829	710	725	704	639	738	713	626
	3 月	1 039	995	955	1 049	968	922	982	969	756	928	838	664
	4 月	1 102	1 104	1 031	1 135	1 108	1 016	1 010	1 019	992	1 052	999	893
	5 月	1 182	1 149	1 027	1 189	1 126	1 010	1 017	1 050	1 003	1 108	1 035	1 051
	6 月	1 187	1 177	1 028	1 194	1 166	1 046	1 055	1 079	968	1 133	1 095	990
	7 月	1 183	1 162	1 077	1 185	1 129	989	1 024	1 019	970	1 116	1 059	1 035
	8 月	1 156	1 127	1 039	1 166	1 116	942	959	976	1 021	1 047	1 004	961
	9 月	1 076	1 049	947	1 096	1 062	887	978	894	908	980	981	827
	10 月	957	896	858	952	928	808	792	788	789	826	825	599
	11 月	768	725	703	798	735	656	705	705	517	647	603	457
	12 月	667	585	587	689	617	501	546	565	475	498	489	424
室外计算干球温度 ℃	1 月	−5.0	−0.8	6.1	−1.1	1.3	5.0	2.2	1.1	−6.6	−4.5	1.6	−9.7
	2 月	−1.0	2.8	6.4	1.3	5.0	7.8	6.7	6.2	−2.8	2.8	5.6	−0.6
	3 月	1.6	10.0	12.5	4.2	8.9	16.4	16.1	15.9	10.0	8.5	17.1	12.8
	4 月	6.3	16.3	19.4	7.2	16.3	24.9	22.4	24.3	24.8	16.3	22.8	25.8
	5 月	10.2	19.8	21.6	13.1	18.3	27.0	26.7	26.7	27.8	19.2	26.9	30.4
	6 月	13.3	22.0	23.8	14.0	22.1	31.7	32.2	30.3	29.7	25.8	30.6	34.8
	7 月	13.9	25.0	25.1	17.8	23.8	33.1	30.8	32.0	32.8	26.1	32.6	36.1
	8 月	16.4	25.0	25.9	17.7	23.9	30.2	29.0	31.1	31.7	25.4	31.2	35.2
	9 月	13.3	19.4	21.1	16.4	21.7	26.1	26.1	24.5	26.7	21.4	31.3	32.6
	10 月	5.6	12.9	17.5	8.5	14.2	20.0	20.0	20.0	19.4	15.0	20.8	20.4
	11 月	−1.8	5.6	10.6	2.8	5.5	12.5	12.8	11.9	4.4	7.2	11.3	8.5
	12 月	−5.6	−1.7	4.8	−2.1	0.3	4.0	3.9	4.1	−3.9	1.1	5.1	−3.2
室外最大空气含湿量 g/kg	1 月	2.72	1.39	2.64	3.22	2.47	3.15	2.98	2.76	2.51	1.73	4.46	1.81
	2 月	3.26	2.00	3.16	4.41	3.69	3.90	4.51	4.30	3.26	2.61	4.91	3.39
	3 月	4.17	4.62	4.46	6.09	4.96	4.74	5.18	4.88	5.07	4.46	7.16	7.14
	4 月	6.23	3.70	9.11	6.60	5.07	9.44	11.70	11.37	7.90	5.19	10.05	9.98
	5 月	7.17	6.46	10.81	9.02	8.32	11.63	11.81	11.99	10.67	6.95	12.64	10.07
	6 月	9.26	9.47	11.69	10.21	11.65	16.32	14.69	15.02	11.98	11.78	14.45	12.64
	7 月	11.81	10.24	15.53	13.91	12.15	18.15	17.73	20.28	15.44	11.14	14.96	15.00
	8 月	12.33	12.40	17.44	12.10	12.58	16.12	15.55	17.04	12.84	11.96	17.18	16.74
	9 月	9.27	12.36	11.63	13.69	12.20	19.51	13.98	19.09	8.95	10.50	13.84	11.31
	10 月	7.41	4.98	7.65	7.74	6.00	9.29	11.19	8.61	8.36	5.70	8.55	7.76
	11 月	3.57	3.11	4.42	5.27	3.27	6.54	6.90	4.83	5.15	4.02	6.40	5.95
	12 月	2.12	2.18	3.00	2.96	2.40	3.32	3.56	3.43	3.09	2.63	5.12	2.84

表 B. 1（续）

省(自治区、直辖市)		新疆	新疆	新疆	新疆	新疆	新疆	新疆	新疆	新疆	新疆	新疆	新疆
台站名称		北塔山	吐鲁番	和布克赛尔	和田	哈密	哈巴河	喀什	塔城	奇台	富蕴	巴仑台	巴楚
台站信息	海拔,m	1651	37	1 294	1 375	739	534	1 291	535	794	827	1 753	1 117
	纬度,°	45.4	42.9	46.8	37.1	42.8	48.1	39.5	46.7	44.0	47.0	42.7	39.8
	经度,°	90.5	89.2	85.7	79.9	93.5	86.4	76.0	83.0	89.6	89.5	86.3	78.6
室外水平面太阳总辐射照度 W/m²	1 月	546	710	523	627	567	453	623	500	581	496	594	655
	2 月	720	845	669	776	727	551	766	649	742	646	766	819
	3 月	911	904	788	955	883	759	939	872	893	793	934	963
	4 月	1 046	1 070	960	1 018	971	951	1 037	979	1 028	938	1 060	1 088
	5 月	1 055	1 172	1 005	1 098	1 061	1 031	1 048	1 053	1 095	1 031	1 101	1 069
	6 月	1 091	1 115	1 075	1 054	1 085	1 045	1 085	1 113	1 109	1 055	1 149	1 030
	7 月	1 093	1 102	1 058	1 073	1 075	1 029	1 069	1 095	1 085	1 051	1 131	941
	8 月	1 030	1 105	1 000	1 077	1 033	948	1 031	992	1 039	970	1 104	995
	9 月	941	1 066	899	948	938	845	930	941	971	899	1 000	962
	10 月	784	994	725	825	784	695	824	777	816	737	849	842
	11 月	562	720	478	699	616	532	670	587	568	538	662	689
	12 月	469	616	439	570	479	284	544	444	483	403	509	574
室外计算干球温度 ℃	1 月	−6.6	1.0	−5.4	3.3	−2.6	−6.1	1.1	−1.7	−8.2	−9.4	0.0	1.0
	2 月	−1.3	11.5	−3.0	10.0	7.8	−3.6	7.2	1.4	−3.9	−3.5	7.1	10.0
	3 月	1.4	22.2	8.8	17.2	13.1	9.4	17.4	13.3	13.4	4.3	14.5	17.3
	4 月	13.5	28.9	14.4	25.6	23.4	23.4	25.3	25.6	21.1	18.3	16.7	25.7
	5 月	23.9	37.7	21.2	30.0	32.0	27.6	28.7	28.3	27.6	27.7	23.9	32.7
	6 月	25.4	39.4	27.6	31.7	36.1	30.1	32.1	31.5	31.1	31.1	26.2	33.8
	7 月	27.8	40.4	28.5	31.9	36.7	32.2	33.9	34.5	34.1	34.4	26.7	34.0
	8 月	26.7	40.1	27.6	33.3	35.0	30.1	32.5	32.2	32.8	31.0	26.6	33.3
	9 月	24.0	34.1	26.3	28.0	29.3	24.4	27.8	26.7	27.2	28.8	23.9	29.3
	10 月	16.3	25.9	16.3	21.7	22.6	18.8	23.9	21.5	20.8	19.8	17.1	23.9
	11 月	3.6	13.3	3.3	12.2	9.8	10.4	14.4	13.8	7.1	5.0	9.0	15.6
	12 月	−5.6	1.3	−2.9	2.8	−2.2	−4.8	3.1	0.0	−4.7	−4.4	2.1	2.2
室外最大空气含湿量 g/kg	1 月	3.41	1.74	2.55	3.20	2.85	2.24	2.76	3.37	2.41	2.28	2.57	2.36
	2 月	3.70	3.30	2.35	3.44	3.13	2.76	4.19	3.45	3.10	3.12	3.69	3.89
	3 月	4.07	6.31	5.81	5.07	5.64	5.70	5.47	6.45	6.92	4.52	5.67	4.81
	4 月	6.33	6.90	7.46	6.33	7.93	7.55	8.88	7.77	7.81	7.61	5.49	9.44
	5 月	9.43	10.90	8.24	9.88	9.70	11.02	11.86	10.23	10.48	9.81	7.94	10.37
	6 月	10.51	12.50	11.39	13.73	15.36	13.15	12.80	14.24	13.32	13.64	10.94	15.58
	7 月	11.93	15.29	15.02	19.11	18.08	14.79	14.27	15.93	13.75	12.66	12.96	16.38
	8 月	14.15	18.30	11.39	18.75	19.04	15.51	18.70	14.73	16.43	16.79	12.67	17.15
	9 月	9.74	12.96	9.21	12.59	13.20	9.89	11.70	10.90	11.73	10.95	10.03	11.45
	10 月	6.94	9.26	6.55	8.75	8.62	7.57	10.07	8.51	8.39	7.61	5.82	9.70
	11 月	4.73	7.44	4.47	4.43	5.70	5.33	5.49	6.47	5.21	5.35	3.45	4.49
	12 月	2.28	3.55	3.77	3.66	2.26	2.86	3.00	3.52	3.80	3.73	2.98	2.50

表 B.1（续）

省(自治区、直辖市)	新疆	新疆	新疆	新疆	新疆	新疆	新疆	新疆	新疆	新疆	新疆
台站名称	巴音布鲁克	库尔勒	库车	皮山	精河	若羌	莎车	铁干里克	阿勒泰	阿合奇	阿拉尔
台站信息 海拔,m	2 459	933	1 100	1 376	321	889	1 232	847	737	1 986	1 013
纬度,°	43.0	41.8	41.7	37.6	44.6	39.0	38.4	40.6	47.7	40.9	40.5
经度,°	84.2	86.1	83.0	78.3	82.9	88.2	77.3	87.7	88.1	78.5	81.1
室外水平面太阳总辐射照度 W/m² 1月	559	548	588	680	467	660	656	605	479	640	647
2月	684	736	735	763	704	814	825	745	644	789	781
3月	885	904	861	968	828	998	979	914	834	948	941
4月	981	1 006	985	1 046	984	1 111	1 033	1 001	903	1 028	1 056
5月	1 049	1 077	1 027	1 164	1 062	1 165	1 121	1 056	1 064	1 135	1 100
6月	1 080	1 089	1 085	1 181	1 129	1 173	1 124	1 099	1 110	1 159	1 147
7月	1 076	1 076	1 079	1 047	1 052	1 171	1 065	1 097	1 063	1 135	1 137
8月	982	1 042	1 025	1 041	1 060	1 136	1 080	1 041	1 012	1 118	1 091
9月	912	938	922	1 024	953	1 042	992	956	906	999	1 020
10月	796	787	813	890	794	903	850	826	743	864	871
11月	619	614	640	717	626	725	725	659	491	664	697
12月	478	513	500	595	469	591	584	533	410	553	562
室外计算干球温度 ℃ 1月	−16.1	0.0	0.4	2.6	−7.1	−0.6	0.7	0.2	−6.5	−2.3	0.1
2月	−13.3	9.4	8.9	6.9	−1.5	10.9	9.9	10.9	−2.1	4.5	10.0
3月	1.9	18.3	15.6	18.6	12.8	22.4	17.8	22.2	7.9	10.8	17.8
4月	11.2	26.7	26.9	25.6	23.7	26.4	24.8	25.0	16.7	18.1	27.7
5月	15.6	31.1	30.0	31.6	30.9	31.3	29.5	32.2	27.4	23.3	31.1
6月	18.3	34.4	32.2	33.9	35.3	37.8	31.7	35.0	29.8	25.6	33.7
7月	19.4	36.1	33.3	32.7	35.3	37.9	33.3	36.1	30.3	27.1	32.3
8月	19.4	34.2	31.9	34.4	34.8	35.1	30.9	36.0	29.4	26.6	32.4
9月	17.9	31.4	28.9	32.2	31.9	32.2	28.5	30.9	26.6	23.9	29.4
10月	9.6	20.3	20.6	21.7	20.6	25.2	20.6	24.4	17.8	16.2	22.2
11月	0.1	11.9	14.3	12.4	11.4	14.4	13.7	14.3	4.4	9.0	12.3
12月	−10.6	0.0	0.0	3.6	−2.1	2.2	5.6	2.1	−4.4	2.5	1.5
室外最大空气含湿量 g/kg 1月	1.43	2.62	2.34	2.66	2.23	2.16	2.47	2.53	2.06	2.87	2.80
2月	1.65	2.90	3.39	4.36	3.07	3.25	4.25	3.82	4.43	3.57	4.79
3月	3.99	4.81	5.86	5.82	7.06	4.33	5.52	4.82	6.27	5.46	5.88
4月	6.52	7.28	9.81	8.41	9.46	7.30	8.95	7.94	6.98	11.05	9.86
5月	7.62	13.82	13.15	10.42	10.70	10.47	13.05	10.26	10.82	8.95	13.58
6月	9.56	15.45	16.21	12.25	12.68	15.03	14.24	14.77	12.94	14.89	16.54
7月	11.52	19.04	15.92	16.76	15.12	17.87	21.88	20.47	19.40	12.64	21.52
8月	13.80	19.05	18.86	16.65	17.89	21.62	18.36	21.32	15.07	12.92	19.10
9月	8.45	17.76	13.61	15.98	12.42	16.01	14.21	15.26	11.63	11.75	18.25
10月	5.60	8.24	8.85	9.52	9.29	9.49	11.39	10.19	7.02	7.89	12.13
11月	4.34	6.04	4.02	4.09	5.15	4.13	5.42	4.40	4.80	4.36	5.40
12月	2.61	2.91	2.25	3.46	3.25	2.26	3.38	2.73	3.20	2.41	2.74

B.2 各月昼间最多风向和月平均风速

各气象台站的各月昼间(8:00～17:00)最多风向(以发生时间多少排序,取前3位)和月平均风速见表B.2。

B.2 各月昼间最多风向和月平均风速

省（自治区、直辖市）		北京	天津	河北	河北	河北	河北	河北	河北	河北	河北	河北	河北	河北	河北	河北
台站名称		北京	天津	丰宁	乐亭	保定	唐山	围场	张家口	怀来	承德	泊头	石家庄	蔚县	邢台	青龙
台站信息	海拔，m	55	5	661	12	19	29	844	726	538	386	13	81	910	78	228
	纬度，°	39.9	39.1	41.2	39.4	38.9	39.7	41.9	40.8	40.4	41.0	38.1	38.0	39.8	37.1	40.4
	经度，°	116.3	117.2	116.6	118.9	115.6	118.2	117.8	114.9	115.5	118.0	116.6	114.4	114.6	114.5	119.0
昼间最多风向[a]	1月	8;9;15	15;9;8	14;15;12	12;3;11	8;4;7	12;14;3	14;16;8	15;12;11	12;4;11	12;3;8	16;4;3	12;7;1	3;4;12	1;4;8	3;8;4
	2月	15;8;14	15;8;6	4;15;6	11;12;15	8;1;11	12;4;9	16;6;14	15;8;11	12;11;4	16;8;12	9;8;3	7;16;1	4;12;3	7;8;4	3;1;4
	3月	8;15;14	8;4;15	14;4;15	12;9;3	8;3;11	12;4;8	8;15;14	15;8;11	12;11;4	12;14;15	8;11;9	7;12;8	8;12;4	7;8;1	8;9;1
	4月	8;1;3	8;9;11	4;15;8	12;11;9	8;3;1	12;8;4	8;16;14	15;4;12	12;4;11	12;7;11	8;12;11	7;16;8	12;11;4	8;1;4	9;1;11
	5月	9;4;6	4;8;3	4;15;7	4;8;12	8;4;16	12;4;8	8;14;16	15;4;12	12;4;8	8;12;4	8;4;6	7;8;6	12;15;7	8;1;4	3;11;9
	6月	8;4;3	8;12;15	4;6;12	4;11;12	8;3;1	8;4;12	8;7;6	4;6;7	4;12;8	8;9;11	4;8;3	7;8;1	4;6;7	8;1;4	9;1;12
	7月	8;4;6	4;8;6	4;8;6	4;9;3	16;7;8	12;8;4	7;4;6	8;15;7	4;12;6	8;4;3	8;4;9	16;8;6	11;4;8	8;4;1	9;4;1
	8月	8;9;1	8;4;6	4;8;6	4;9;3	6;7;8	12;8;9	6;8;4	8;15;4	4;12;6	7;16;8	8;9;4	6;16;7	12;4;3	8;1;7	9;4;11
	9月	1;8;9	4;9;16	4;8;15	11;9;4	16;8;7	12;8;11	6;8;1	15;4;8	12;4;11	8;11;12	8;12;4	7;16;15	8;4;11	16;4;7	9;4;1
	10月	8;15;1	8;15;12	15;4;6	12;11;8	8;16;3	12;8;11	14;8;6	15;12;4	12;11;9	12;8;14	8;12;9	7;6;16	12;4;8	3;8;7	9;3;4
	11月	1;14;9	15;8;3	15;4;12	12;14;4	7;8;15	12;4;3	16;8;14	15;14;8	12;11;9	12;14;11	8;9;16	7;1;12	4;12;3	4;8;1	3;9;8
	12月	15;1;3	15;12;16	14;6;16	12;15;16	8;7;15	12;4;14	15;14;8	15;12;14	12;11;8	14;12;15	16;12;11	7;12;8	12;3;8	4;1;3	3;4;11
昼间月平均风速 m/s	1月	2.9	2.7	2.5	2.5	1.6	2.2	2.2	1.9	3.7	1.1	1.8	1.7	1.5	1.6	1.2
	2月	3.2	3.3	2.8	3.2	2.0	2.8	1.8	1.9	3.2	1.3	2.2	1.9	2.1	2.1	1.6
	3月	3.8	3.8	3.2	3.9	2.7	3.3	2.8	2.3	3.5	2.3	3.4	2.4	2.8	2.4	2.6
	4月	3.5	3.4	3.3	4.2	2.6	3.2	2.9	2.3	3.5	2.8	3.7	2.9	2.7	3.1	2.8
	5月	3.5	3.2	3.3	3.6	3.0	3.2	2.8	2.3	3.3	1.9	3.4	2.2	3.2	2.9	2.4
	6月	2.8	2.4	2.5	2.8	2.2	3.1	2.2	2.2	2.5	1.3	3.1	2.2	2.5	2.2	2.1
	7月	2.6	2.2	2.1	2.8	2.3	2.3	1.8	2.1	2.7	1.0	2.2	1.7	1.8	1.9	1.4
	8月	2.4	2.1	2.0	2.6	1.8	2.2	1.9	1.8	2.4	0.9	2.0	1.8	1.8	1.9	1.7
	9月	2.2	2.3	2.4	2.9	1.7	2.2	1.4	1.7	2.4	1.0	2.1	1.6	1.8	1.8	1.6
	10月	2.5	2.5	2.5	2.5	1.8	2.3	2.1	2.3	2.9	1.3	2.4	1.7	1.9	1.4	1.8
	11月	2.4	2.2	2.2	2.7	1.6	2.5	1.5	2.0	3.4	1.1	2.2	1.4	1.5	1.6	1.6
	12月	2.5	2.8	2.6	2.4	1.7	2.4	1.9	2.6	3.4	1.4	2.2	1.7	1.6	1.6	1.2

表 B.2（续）

省（自治区、直辖市）		山西	山西	山西	山西	山西	山西	山西	山西	山西	山西	内蒙古	内蒙古	内蒙古	内蒙古	内蒙古
台站名称		五台山	介休	原平	大同	太原	榆社	河曲	离石	运城	阳城	东胜	临河	海流图	海力素	二连浩特
台站信息	海拔,m	2 210	745	838	1 069	779	1 042	861	951	365	659	1 459	1 041	1 290	1 510	966
	纬度,°	39.0	37.0	38.8	40.1	37.8	37.1	39.4	37.5	35.1	35.5	39.8	40.8	41.6	41.5	43.7
	经度,°	113.5	111.9	112.7	113.3	112.6	113.0	111.2	111.1	111.1	112.4	110.0	107.4	108.5	106.4	112.0
昼间最多风向[a]	1月	12;9;11	12;1;9	16;15;8	16;15;8	8;12;7	12;8;1	7;12;11	9;1;12	4;11;12	4;12;6	8;14;12	4;12;14	8;15;16	8;9;7	12;3;11
	2月	12;9;14;11	12;8;9	8;15;14	8;12;16	8;6;14	8;12;16	8;12;11	9;11;12	4;6;12	4;12;6	8;12;7	8;3;12	8;14;12	12;11;9	12;9;14
	3月	9;12;11	9;1;8	8;7;16	4;8;16	8;14;12	12;8;3	8;9;14	9;12;16	8;12;9	4;7;12	8;12;9	14;8;12	8;12;15	12;11;1	12;14;4
	4月	9;12;4	8;9;1	8;6;15	16;14;8	8;12;4	8;12;1	8;12;14	6;14;9	4;6;11	12;4;6	12;8;11	3;14;4	8;12;14	12;11;9	12;14;9
	5月	12;11;4	1;8;9	16;6;8	8;15;12	8;6;7	12;8;14	8;9;11	12;11;15	6;7;12	12;4;6	12;8;7	3;12;4	8;14;9	12;7;8	9;8;12
	6月	9;14;4	12;9;16	6;7;8	8;9;14	8;14;7	8;9;11	8;7;14	9;8;6	6;9;4	4;7;6	8;12;9	4;14;8	8;14;16	12;8;1	12;15;14
	7月	4;11;9	16;1;12	7;6;8	8;6;9	7;8;4	9;8;1	8;7;12	8;16;1	6;12;8	4;7;3	8;6;3	4;8;6	8;9;16	7;15;1	4;14;12
	8月	4;12;9	16;1;15	8;6;4	4;7;8	8;6;4	8;9;15	8;12;9	1;11;12	4;1;6	6;7;4	8;12;1	4;3;12	8;4;7	12;8;1	12;8;6
	9月	9;4;12	9;12;16	8;1;9	8;15;16	12;4;8	12;11;9	8;12;7	11;12;6	7;6;4	4;6;7	8;1;12	4;3;14	8;6;1	11;12;9	12;9;14
	10月	12;9;14	8;9;1	8;7;6	8;16;7	8;4;12	12;8;14	8;7;11	9;11;12	8;12;6	6;4;12	12;8;9	12;4;11	8;14;15	12;11;9	12;14;9
	11月	12;9;11	12;16;8	8;7;6	12;8;16	8;12;6	12;16;8	8;7;12	11;9;6	8;9;4	4;12;6	12;8;14	12;11;14	8;12;7	8;9;11	12;9;14
	12月	12;11;14	9;12;8	8;6;15	15;16;12	14;8;7	8;3;9	8;14;12	9;1;12	8;11;12	12;4;6	8;12;14	12;4;14	8;15;14	8;11;9	12;9;4
昼间月平均风速 m/s	1月	7.1	2.5	1.8	2.9	2.4	1.5	0.8	2.5	2.6	1.9	2.8	1.8	2.8	5.0	3.4
	2月	6.8	3.0	2.0	3.3	3.0	2.1	1.3	2.6	2.6	2.8	3.2	2.1	3.7	5.6	4.2
	3月	7.0	3.7	2.2	3.7	3.8	2.6	2.5	2.9	2.9	2.7	4.4	2.8	4.4	7.0	4.9
	4月	7.0	3.6	3.1	3.7	4.0	2.8	3.2	3.4	3.3	3.0	4.6	2.9	5.4	6.5	6.1
	5月	7.1	2.5	2.5	4.1	2.9	3.2	2.9	3.4	3.2	2.7	3.8	2.6	5.4	6.6	4.8
	6月	5.5	3.6	2.3	3.5	2.8	2.2	2.3	3.2	3.2	2.6	3.6	2.4	4.3	5.8	5.1
	7月	4.4	2.7	1.8	3.0	2.5	1.3	1.5	2.2	2.8	1.7	3.3	2.3	3.8	5.5	3.9
	8月	4.9	1.9	1.7	2.4	2.3	1.5	1.4	2.0	2.3	1.6	3.0	1.8	3.5	4.9	3.4
	9月	4.4	2.5	1.4	2.4	1.9	1.9	1.9	2.1	2.2	1.4	3.1	1.9	3.6	5.1	4.2
	10月	7.0	2.1	1.7	2.5	2.0	2.0	1.8	2.6	2.0	1.6	3.2	2.1	4.0	5.4	4.9
	11月	7.2	2.1	1.7	3.1	2.3	1.3	1.7	2.4	1.8	1.6	3.4	2.2	3.2	6.2	4.0
	12月	8.2	2.9	2.1	2.6	2.3	1.1	1.1	2.3	2.1	2.4	3.3	1.4	2.3	5.8	3.5

表 B.2（续）

省（自治区、直辖市）		内蒙古	内蒙古	内蒙古	内蒙古	内蒙古	内蒙古	内蒙古	内蒙古	内蒙古	内蒙古	内蒙古	内蒙古	内蒙古	内蒙古	内蒙古
台站名称		化德	博克图	吉兰泰	呼和浩特	图里河	多伦	宝国吐	巴林左旗	巴音毛道	扎鲁特旗	拐子湖	新巴尔虎右旗	朱日和	林西	海拉尔
台站信息	海拔，m	1 484	739	1 143	1 065	733	1 247	401	485	1 329	266	960	556	1 152	800	611
	纬度，°	41.9	48.8	39.8	40.8	50.5	42.2	42.3	44.0	40.8	44.6	41.4	48.7	42.4	43.6	49.2
	经度，°	114.0	121.9	105.8	111.7	121.7	116.5	120.7	119.4	104.5	120.9	102.4	116.8	112.9	118.1	119.8
昼间最多风向[a]	1月	12;14;9	12;14;15	9;8;1	3;4;6	12;14;10	12;1;11	15;14;16	12;14;9	12;4;14	14;12;15	4;12;9	11;12;14	12;11;9	12;11;15	8;7;12
	2月	12;14;11	12;14;15	8;11;9	8;4;12	12;14;11	12;11;14	8;14;16	15;14;12	12;14;15	14;12;15	3;11;12	11;1;12	12;9;11	12;4;11	8;4;12
	3月	12;14;15	12;14;15	8;14;9	8;9;12	12;14;11	12;9;14	14;15;12	15;14;12	4;12;14	14;12;8	12;4;11	15;14;8	12;11;14	12;11;14	8;12;15
	4月	12;8;14	12;14;15	9;12;8	8;9;4	12;14;8	12;15;8	8;14;12	15;14;16	12;4;14	15;8;12	12;11;3	15;14;8	9;8;12	15;12;16	12;14;4
	5月	14;8;12	12;14;7	4;1;12	8;9;16	14;12;4	12;8;12	8;16;12	16;9;14	4;12;8	14;12;15	12;3;4	1;15;9	14;9;12	12;16;9	12;16;4
	6月	12;14;8	14;3;4	1;15;3	8;9;14	12;14;11	8;7;4	8;7;16	4;16;12	4;8;6	15;4;14	12;3;1	3;12;4	8;12;9	6;16;12	8;15;4
	7月	8;12;14	4;8;14	8;4;9	4;8;3	4;8;6	15;14;8	8;14;9	4;6;7	4;7;14	3;8;12	12;4;9	1;4;3	8;12;9	3;4;14	8;12;7
	8月	8;12;6	7;8;12	3;8;4	8;9;4	4;12;14	4;8;7	8;16;1	6;4;12	4;12;14	14;8;4	4;12;3	12;3;8	9;8;6	4;1;3	4;8;12
	9月	8;12;9	12;14;7	8;4;1	8;9;4	12;14;8	8;4;7	8;16;14	4;16;8	8;4;12	14;12;8	4;12;3	1;15;14	11;12;9	11;9;1	12;8;4
	10月	12;8;9	12;7;11	9;12;8	8;15;14	12;14;4	12;14;8	8;16;14	12;14;8	12;4;8	15;14;12	12;4;1	15;12;8	12;11;9	12;11;4	12;8;7
	11月	12;14;11	12;14;7	8;9;12	4;14;8	12;14;8	12;8;9	8;16;15	16;9;4	12;3;14	12;15;8	12;11;8	11;12;9	11;12;9	12;16;11	8;12;11
	12月	12;14;11	12;15;14	8;12;9	4;9;8	12;6;10	12;11;14	14;15;12	14;9;4	12;11;14	14;12;15	12;3;8	9;14;11	11;12;9	11;12;14	8;7;11
昼间月平均风速 m/s	1月	4.8	2.8	3.1	1.3	1.6	3.5	3.8	3.3	3.2	2.9	3.5	3.1	5.5	3.5	2.3
	2月	4.2	2.6	2.8	2.3	2.1	4.2	4.4	3.6	4.3	3.0	4.1	3.1	6.0	3.7	2.7
	3月	4.7	3.6	4.3	2.6	3.4	5.6	4.2	4.3	4.7	3.4	6.4	4.2	6.0	4.3	4.1
	4月	4.8	3.8	4.6	2.9	4.2	5.7	4.9	5.0	5.9	3.3	6.6	4.8	7.0	4.4	4.8
	5月	4.8	4.3	3.6	3.1	3.7	4.3	3.8	4.5	5.1	3.4	5.7	4.4	5.9	4.0	4.8
	6月	3.5	2.5	3.1	3.2	3.3	3.6	3.0	3.0	5.0	2.5	5.5	3.8	4.7	2.9	3.9
	7月	3.0	1.9	3.3	2.1	2.8	2.9	3.3	2.3	3.8	2.2	5.3	3.6	4.4	2.4	3.6
	8月	2.7	2.2	3.4	2.2	3.0	2.4	2.6	2.1	4.1	2.2	5.1	3.6	4.4	1.9	3.5
	9月	3.0	2.6	2.9	1.9	3.8	3.1	3.0	2.5	3.8	2.4	4.5	3.8	5.3	2.6	4.1
	10月	4.2	2.6	3.0	2.1	3.0	4.6	3.1	2.7	3.5	2.3	5.1	4.2	6.0	3.2	3.8
	11月	5.0	2.3	3.3	2.0	1.8	4.5	3.0	2.9	3.6	2.5	4.4	3.2	5.9	3.6	3.8
	12月	4.7	2.6	3.7	1.3	1.3	4.0	3.5	2.6	4.3	2.4	2.9	3.2	5.6	3.3	2.8

表 B.2（续）

省（自治区、直辖市）		内蒙古	内蒙古	内蒙古	内蒙古	内蒙古	内蒙古	内蒙古	内蒙古	内蒙古	内蒙古	内蒙古	内蒙古	辽宁	辽宁	辽宁
台站名称		满都拉	百灵庙	西乌珠穆沁旗	赤峰	通辽	那仁宝力格	鄂托克旗	锡林浩特	阿尔山	阿巴嘎旗	集宁	额济纳旗	丹东	大连	朝阳
台站信息	海拔,m	1 223	1 377	997	572	180	1 183	1 381	1 004	997	1 128	1 416	941	14	97	176
	纬度,°	42.5	41.7	44.6	42.3	43.6	44.6	39.1	44.0	47.2	44.0	41.0	42.0	40.1	38.9	41.6
	经度,°	110.1	110.4	117.6	119.0	122.3	114.2	108.0	116.1	119.9	115.0	113.1	101.1	124.3	121.6	120.5
昼间最多风向ᵃ	1月	12;11;9	12;9;11	12;11;9	12;4;14	12;15;14	12;8;11	8;12;4	12;9;11	14;12;7	11;8;12	12;14;6	12;4;14	1;16;8	15;16;14	8;14;1
	2月	12;11;14	12;9;11	12;11;9	9;11;1	12;14;15	8;12;3	8;12;14	8;11;12	16;15;12	11;12;4	14;12;6	12;4;6	16;15;8	8;16;15	7;8;9
	3月	12;11;14	12;11;9	11;12;14	12;11;16	14;8;16	12;11;14	8;12;16	11;12;9	15;12;14	11;12;1	12;11;9	12;4;14	8;1;15	8;16;9	8;14;12
	4月	12;14;15	12;11;8	12;14;15	11;9;15	12;15;8	12;14;11	12;8;14	12;11;15	15;14;8	12;9;14	12;11;14	12;14;4	8;7;1	8;15;14	1;8;9
	5月	12;8;9	12;8;14	15;12;16	8;9;12	12;1;16	16;12;14	12;15;16	14;9;15	14;15;12	12;4;14	14;12;6	12;14;15	8;1;9	8;15;16	8;1;9
	6月	12;11;8	9;14;16	4;16;12	8;1;9	8;16;9	8;4;12	8;12;7	9;16;8	6;7;15	4;12;3	12;14;9	4;14;12	8;1;6	8;4;9	8;9;12
	7月	8;12;11	14;12;3	12;8;4	8;4;1	8;6;4	8;4;3	7;6;8	8;16;15	7;15;6	1;8;3	4;12;3	4;12;6	8;1;6	8;4;6	8;7;9
	8月	8;4;12	8;9;6	4;8;14	8;4;3	8;16;9	8;1;12	7;8;12	8;12;7	14;6;8	8;12;4	12;4;6	12;4;14	8;1;7	8;16;1	8;16;9
	9月	12;11;9	12;9;11	12;16;9	8;12;1	8;7;12	12;8;9	8;4;7	11;8;12	15;11;14	12;11;14	12;9;11	12;14;4	1;8;3	8;9;15	8;1;9
	10月	12;14;11	12;9;11	12;11;8	11;12;9	12;14;8	12;8;16	8;12;9	12;8;9	15;12;14	12;9;11	12;11;9	12;4;14	1;8;15	8;16;15	8;16;14
	11月	11;9;12	12;11;9	11;12;9	12;9;11	8;15;12	12;1;8	8;12;16	8;9;12	14;15;16	11;12;1	12;9;11	12;4;11	15;1;7	16;8;15	8;7;1
	12月	12;14;9	12;9;11	12;11;14	12;11;9	14;12;15	12;1;9	8;12;16	9;11;12	15;16;6	12;11;9	12;14;4	12;11;3	15;16;1	15;16;14	8;14;9
昼间月平均风速 m/s	1月	5.2	3.6	3.2	3.0	4.1	2.5	2.9	3.6	2.3	2.8	2.7	2.6	3.6	5.2	1.9
	2月	5.0	4.2	3.2	2.4	4.4	2.9	2.8	3.1	2.6	2.5	3.6	2.9	3.5	5.4	2.7
	3月	6.5	5.1	3.7	3.7	5.0	5.3	4.0	4.6	4.1	4.8	3.8	4.4	3.9	5.0	3.5
	4月	6.6	5.5	4.6	3.6	5.2	5.3	4.3	5.6	5.0	5.9	4.5	4.9	3.9	5.7	3.5
	5月	6.2	4.8	4.1	3.3	4.9	6.0	3.7	4.5	4.3	5.6	3.8	3.9	3.4	4.7	3.2
	6月	5.3	3.8	3.0	2.7	4.1	4.8	3.3	4.3	3.9	4.2	3.0	3.1	3.1	4.3	3.0
	7月	4.2	3.6	2.6	2.3	3.6	4.5	3.0	3.8	3.2	3.8	2.4	3.2	2.9	4.4	2.5
	8月	4.1	3.1	2.1	1.7	3.0	3.4	2.7	3.2	3.2	3.4	2.2	3.7	2.9	4.0	2.0
	9月	5.5	4.1	2.7	2.7	3.5	3.7	2.5	3.5	4.1	3.5	3.0	3.1	2.9	4.3	2.0
	10月	5.8	4.2	3.8	2.6	4.0	4.3	2.9	4.1	4.0	4.1	3.4	3.7	3.5	4.2	2.5
	11月	5.7	4.3	2.9	2.3	3.8	3.4	2.8	4.3	2.9	3.4	2.6	3.0	4.0	4.8	2.4
	12月	7.0	3.9	3.3	2.8	3.8	2.2	3.0	3.5	2.0	2.4	2.8	3.3	3.6	5.4	2.2

表 B.2（续）

省（自治区、直辖市）		辽宁	辽宁	辽宁	辽宁	辽宁	辽宁	辽宁	吉林	吉林	吉林	吉林	吉林	吉林	吉林	吉林
台站名称		本溪	沈阳	海洋岛	清原	营口	锦州	彰武	临江	前郭尔罗斯	四平	宽甸	延吉	敦化	桦甸	长岭
台站信息	海拔，m	185	43	10	235	4	70	84	333	136	167	261	178	525	264	190
	纬度，°	41.3	41.8	39.1	42.1	40.7	41.1	42.4	41.7	45.1	43.2	40.7	42.9	43.4	43.0	44.3
	经度，°	123.8	123.4	123.2	125.0	122.2	121.1	122.5	126.9	124.9	124.3	124.8	129.5	128.2	126.8	124.0
昼间最多风向[a]	1月	3;11;12	8;14;6	14;16;1	9;4;11	8;1;15	16;8;3	15;14;16	9;8;16	14;9;16	9;8;1	12;9;11	12;4;9	12;11;9	11;4;12	12;8;16
	2月	3;12;4	9;4;12	14;9;1	4;11;8	8;16;15	8;16;7	8;15;12	8;16;9	12;9;15	8;12;11	12;9;14	12;4;11	12;11;8	11;9;12	8;14;12
	3月	9;12;8	8;15;9	8;14;12	9;11;8	8;15;16	8;16;15	8;15;12	8;9;7	12;14;9	8;12;15	12;14;9	12;4;11	12;8;9	11;9;12	12;8;15
	4月	12;11;8	8;11;9	9;4;8	9;8;11	8;12;11	8;7;12	8;12;9	9;8;11	12;8;11	8;9;12	12;8;14	12;11;4	11;12;8	11;12;9	8;9;12
	5月	8;12;4	8;9;4	12;6;9	11;9;8	8;15;7	8;9;16	8;14;12	8;9;6	9;8;6	8;12;9	8;9;12	3;4;12	4;12;8	11;1;12	8;12;9
	6月	8;9;11	8;9;7	9;4;6	9;8;12	8;7;15	8;6;4	7;8;4	8;9;16	8;9;14	9;11;8	8;9;4	4;3;12	4;8;7	11;8;3	8;4;7
	7月	4;9;8	8;9;4	4;9;8	11;4;9	8;16;7	8;1;7	8;16;1	9;8;1	8;12;1	9;8;11	12;8;9	4;12;3	6;8;4	1;9;11	8;9;12
	8月	4;8;9	8;9;3	4;9;8	9;1;11	8;16;1	8;3;16	8;7;1	8;16;7	4;8;3	8;9;16	4;6;12	3;4;12	4;14;6	9;3;1	8;7;3
	9月	4;12;3	8;3;9	8;12;1	9;11;3	8;16;6	8;16;7	8;6;16	8;16;6	8;12;16	8;12;11	12;9;4	12;11;3	8;7;12	3;11;12	8;12;6
	10月	12;8;9	8;12;14	12;16;4	9;11;8	8;7;14	8;1;3	8;12;15	16;9;8	12;14;9	8;12;9	12;4;9	12;11;1	12;8;11	11;9;12	8;12;9
	11月	4;14;16	8;16;12	12;9;4	4;9;8	8;16;7	8;16;14	8;15;12	8;16;12	12;8;16	8;9;12	14;15;12	12;11;6	12;8;11	11;9;12	12;8;9
	12月	4;12;14	8;3;15	15;16;8	11;9;8	16;8;15	8;14;16	14;8;12	16;8;4	12;8;4	8;9;11	12;4;9	12;11;3	11;12;8	11;9;12	12;8;14
昼间月平均风速 m/s	1月	2.2	3.0	5.5	2.0	3.3	2.7	3.4	0.4	2.4	2.6	1.3	3.1	2.8	2.5	3.0
	2月	2.0	3.4	4.8	2.2	3.7	3.2	4.1	0.6	2.9	3.4	2.1	3.3	2.8	2.5	3.3
	3月	2.6	3.7	5.1	3.0	4.4	3.9	6.1	1.7	3.9	4.0	2.7	4.0	3.3	4.3	4.4
	4月	3.1	4.7	4.7	3.4	5.4	4.6	6.7	2.1	4.5	4.7	2.6	3.5	4.4	4.4	4.5
	5月	2.9	4.2	3.4	3.2	4.9	4.3	6.0	1.9	3.3	4.0	1.7	2.7	2.7	3.3	4.6
	6月	2.4	3.2	3.1	2.1	3.9	3.5	4.4	1.6	3.4	3.7	1.9	2.4	2.5	2.8	3.5
	7月	2.0	3.4	3.5	2.2	3.3	3.2	3.4	1.3	3.0	3.3	1.6	2.2	2.4	2.8	3.4
	8月	2.0	3.0	3.5	2.0	3.6	3.1	3.5	1.2	2.4	3.0	1.7	1.9	2.2	2.2	2.7
	9月	2.0	3.3	3.7	1.7	3.3	2.9	4.2	1.0	2.9	3.1	1.6	2.0	2.3	2.4	3.2
	10月	2.4	3.2	4.5	2.5	3.9	3.2	4.4	1.1	3.1	3.6	1.5	2.2	3.2	3.0	4.1
	11月	2.3	3.7	4.6	1.9	3.8	2.8	3.7	0.8	2.9	3.3	1.4	2.9	3.0	2.5	3.6
	12月	2.0	3.0	5.5	1.7	3.5	2.6	3.9	0.5	2.3	2.6	1.4	2.3	2.7	2.6	3.0

表 B.2（续）

省（自治区、直辖市）		吉林	吉林	黑龙江	黑龙江	黑龙江	黑龙江	黑龙江	黑龙江	黑龙江	黑龙江	黑龙江	黑龙江	黑龙江	黑龙江	黑龙江
台站名称		长春	长白	伊春	克山	呼玛	哈尔滨	嫩江	孙吴	安达	宝清	尚志	泰来	海伦	漠河	爱辉
台站信息	海拔,m	238	1 018	232	237	179	143	243	235	150	83	191	150	240	433	166
	纬度,°	43.9	41.4	47.7	48.1	51.7	45.8	49.2	49.4	46.4	46.3	45.2	46.4	47.4	52.1	50.3
	经度,°	125.2	128.2	128.9	125.9	126.7	126.8	125.2	127.4	125.3	132.2	128.0	123.4	127.0	122.5	127.5
昼间最多风向a	1月	9;12;8	12;6;4	11;12;9	12;9;4	16;7;15	8;12;14	8;7;14	8;9;15	12;8;12	14;8;12	8;9;7	15;12;16	12;6;7	8;7;11	14;15;7
	2月	9;8;11	12;6;4	12;4;6	12;16;4	15;16;7	8;15;12	8;14;6	9;14;12	8;9;4	8;14;15	8;9;11	12;15;14	14;8;6	12;15;7	14;15;16
	3月	12;15;8	12;11;9	15;12;14	12;15;14	16;15;6	8;12;11	16;12;8	8;12;9	12;14;16	14;12;15	8;9;12	12;16;15	12;14;15	15;12;3	15;14;16
	4月	12;9;8	9;11;8	15;4;14	9;12;14	15;16;7	15;12;14	8;15;12	15;12;8	9;8;12	8;7;14	9;8;11	14;12;16	8;12;15	4;12;15	15;14;4
	5月	12;9;11	12;6;4	4;11;6	4;7;16	14;15;4	8;11;4	7;15;16	3;4;9	12;9;11	8;12;7	9;8;12	8;15;16	6;12;8	12;14;15	6;14;15
	6月	9;8;11	12;6;4	4;6;7	8;4;7	8;7;4	4;8;3	8;4;1	8;4;9	8;11;12	8;12;14	8;9;7	8;1;6	8;12;14	12;15;4	8;6;14
	7月	8;11;1	8;11;1	4;6;3	3;4;1	16;7;8	6;3;4	15;8;14	3;4;8	8;3;1	8;6;7	8;9;15	16;1;14	8;6;1	12;14;1	15;16;12
	8月	8;9;16	8;9;12	4;9;6	8;12;4	6;8;15	9;6;12	8;14;15	14;12;8	9;8;12	8;14;6	9;8;11	15;12;8	8;4;14	12;4;14	7;14;15
	9月	8;9;12	12;6;14	12;4;6	12;8;4	7;15;6	8;9;12	12;8;15	9;12;4	12;8;4	8;14;12	9;8;12	8;14;16	8;9;12	12;16;4	14;15;12
	10月	8;9;12	9;11;8	12;6;4	12;11;8	16;15;7	9;11;12	8;11;12	12;11;8	12;14;9	8;12;15	9;12;11	8;9;16	8;14;9	12;3;11	12;14;15
	11月	9;11;12	9;3;11	11;16;9	12;11;4	15;6;16	8;9;12	4;8;12	9;12;8	12;8;9	12;8;14	9;11;8	12;11;8	8;12;14	12;11;8	14;15;12
	12月	9;8;12	1;9;11	12;11;4	12;8;11	15;16;14	12;8;15	8;12;11	9;12;8	12;15;11	8;12;14	9;11;8	12;11;15	12;7;8	12;16;9	14;15;12
昼间月平均风速 m/s	1月	3.2	2.6	1.9	1.8	1.3	3.1	2.0	1.9	3.0	3.1	3.6	3.0	3.0	1.1	2.6
	2月	3.5	2.7	1.7	2.5	2.0	3.0	3.0	2.5	3.1	4.1	3.8	2.6	2.9	1.8	3.3
	3月	5.7	3.9	2.9	4.3	3.3	4.0	4.5	3.9	4.4	5.0	4.8	4.9	4.2	2.9	4.2
	4月	6.4	4.0	3.5	4.4	3.6	4.3	5.6	5.2	4.7	4.4	4.3	4.9	4.8	4.1	3.9
	5月	5.2	3.3	2.9	3.7	3.6	4.3	5.3	4.7	4.3	4.2	4.1	4.6	4.3	4.0	3.3
	6月	4.5	2.7	2.6	3.3	2.5	3.9	4.6	3.8	3.7	3.7	3.6	4.2	4.1	3.0	2.7
	7月	4.0	1.9	2.9	3.0	2.5	3.0	3.6	3.4	3.1	3.0	3.5	3.8	3.3	2.3	2.8
	8月	2.9	1.8	2.4	2.9	2.2	3.0	3.2	3.1	2.9	2.7	3.6	3.2	3.2	2.7	2.4
	9月	3.7	2.3	2.2	3.2	2.6	3.1	4.0	3.3	3.8	3.2	3.2	3.9	4.0	2.8	2.9
	10月	4.6	2.2	2.5	3.4	2.6	3.6	4.4	3.4	3.4	4.3	3.5	3.9	4.0	3.3	3.1
	11月	4.5	2.2	2.4	2.3	1.7	3.6	3.2	2.8	3.0	4.3	4.1	3.7	3.5	1.7	2.7
	12月	3.2	1.8	1.5	1.9	0.9	2.9	2.2	2.0	2.5	3.0	3.6	2.6	2.7	1.2	1.9

表 B.2（续）

省（自治区、直辖市）		黑龙江	黑龙江	黑龙江	黑龙江	黑龙江	黑龙江	黑龙江	上海	江苏	江苏	江苏	江苏	江苏	江苏	江苏
台站名称		牡丹江	福锦	绥芬河	虎林	通河	鸡西	齐齐哈尔	上海	东台	南京	吕四	射阳	徐州	溧阳	赣榆
台站信息	海拔，m	242	65	498	103	110	234	148	4	5	7	10	7	42	8	10
	纬度，°	44.6	47.2	44.4	45.8	46.0	45.3	47.4	31.4	32.9	32.0	32.1	33.8	34.3	31.4	34.8
	经度，°	129.6	132.0	131.2	133.0	128.7	131.0	123.9	121.5	120.3	118.8	121.6	120.3	117.2	119.5	119.1
昼间最多风向ᵃ	1月	12;8;9	12;14;15	12;11;9	15;11;16	12;11;9	12;11;9	14;12;16	12;4;16	1;12;14	1;8;16	14;16;15	12;14;11	4;3;11	4;12;1	15;3;11
	2月	12;8;14	12;11;14	12;11;4	9;15;8	12;8;9	12;11;14	12;14;8	1;4;16	1;12;4	1;3;4	16;3;4	12;4;14	4;3;14	4;1;3	3;4;12
	3月	12;11;8	12;14;11	12;11;4	12;15;14	12;9;8	12;15;11	12;14;16	4;3;12	3;12;4	4;8;3	4;3;8	4;8;1	3;4;12	4;12;3	4;3;8
	4月	11;12;9	12;3;16	12;4;11	8;12;14	12;1;9	12;14;11	12;8;14	4;9;12	4;8;12	4;7;8	4;1;8	8;4;12	4;3;11	4;3;1	4;9;8
	5月	12;8;9	9;4;12	12;11;4	8;12;6	4;12;1	12;3;4	16;8;6	12;4;3	4;12;3	4;7;12	6;8;1	9;4;3	11;12;9	4;12;3	4;8;3
	6月	12;11;9	4;6;3	4;12;3	8;9;14	3;4;8	4;12;9	8;6;4	4;3;6	4;8;3	4;6;12	4;8;12	6;4;8	4;6;3	4;9;6	4;8;7
	7月	8;9;12	12;8;14	12;4;11	8;4;7	4;8;3	12;9;14	8;16;9	4;8;11	4;8;3	4;3;6	8;4;6	8;6;7	4;3;8	4;3;8	8;4;6
	8月	8;12;4	12;6;14	12;4;11	8;12;15	12;3;8	12;14;4	8;12;14	4;3;1	4;3;6	4;1;3	7;4;8	15;8;6	4;3;1	4;3;12	4;3;8
	9月	12;11;8	12;14;7	12;11;3	12;8;11	12;4;8	12;11;9	14;12;8	4;3;16	1;16;12	1;3;4	1;4;16	3;4;1	4;3;1	4;3;12	4;8;11
	10月	11;12;8	12;14;6	12;11;4	12;11;4	12;8;4	12;11;8	12;8;14	3;16;1	1;15;4	4;3;6	3;1;4	4;3;14	4;6;12	4;3;1	4;8;16
	11月	12;8;12	12;14;1	12;11;4	11;12;15	12;4;11	12;14;8	12;14;8	4;15;12	4;15;12	4;12;8	12;4;16	14;12;15	4;12;15	12;4;11	8;12;9
	12月	8;12;11	12;11;14	12;11;4	14;12;11	12;4;8	12;11;14	14;12;8	16;12;14	8;9;11	12;1;16	12;8;11	12;14;15	11;9;4	12;4;1	11;12;8
昼间月平均风速 m/s	1月	2.6	4.2	4.0	2.3	5.2	4.6	2.5	3.3	2.7	2.2	3.8	3.4	2.7	2.4	2.5
	2月	2.6	4.0	5.6	2.6	6.0	4.7	3.6	3.5	2.8	2.5	4.1	3.6	3.2	2.8	3.0
	3月	3.8	4.1	4.3	3.9	5.8	5.1	3.9	4.0	3.5	2.9	4.6	3.9	3.1	2.8	3.1
	4月	3.4	4.2	3.9	3.7	6.3	4.6	4.9	3.8	3.4	2.9	4.3	4.4	3.1	2.9	3.8
	5月	3.2	4.7	3.2	3.4	5.0	4.3	3.6	3.8	3.4	2.5	3.8	4.0	3.2	2.5	3.4
	6月	2.6	3.6	3.4	2.8	3.9	3.6	4.1	3.2	3.0	2.4	3.9	4.1	2.6	2.8	3.2
	7月	2.2	3.4	2.9	2.5	3.5	3.3	3.4	4.0	2.8	2.4	3.8	3.8	2.8	2.6	2.8
	8月	2.2	3.5	2.7	2.4	3.7	3.0	2.9	3.9	3.0	2.5	4.1	3.6	2.4	2.5	2.7
	9月	2.5	3.4	3.7	3.1	3.8	3.8	3.7	4.0	3.0	2.7	4.1	3.6	2.4	2.5	2.9
	10月	2.9	4.1	4.6	3.7	4.4	4.3	3.7	3.4	2.7	2.0	3.6	3.4	2.1	2.2	2.4
	11月	2.8	4.3	4.8	3.1	4.8	4.1	3.2	3.3	2.8	2.2	3.5	3.2	2.0	2.0	2.0
	12月	2.4	4.3	4.7	2.9	3.9	3.9	2.5	3.6	2.4	2.0	3.4	3.6	2.3	2.1	2.3

表 B.2（续）

省（自治区、直辖市）		浙江	浙江	浙江	浙江	浙江	浙江	浙江	浙江	浙江	安徽	安徽	安徽	安徽	安徽	安徽
台站名称		临海	丽水	大陈岛	定海	嵊州	嵊泗	杭州	石浦	衢县	亳州	合肥	安庆	芜湖	蚌埠	阜阳
台站信息	海拔，m	9	60	84	37	108	81	43	127	71	42	36	20	16	22	33
	纬度，°	28.9	28.5	28.5	30.0	29.6	30.7	30.2	29.2	29.0	33.9	31.9	30.5	31.3	33.0	32.9
	经度，°	121.1	119.9	121.9	122.1	120.8	122.5	120.2	122.0	118.9	115.8	117.2	117.1	118.4	117.4	115.7
昼间最多风向[a]	1月	4;12;11	4;1;12	16;15;1	14;16;15	1;11;12	15;16;3	14;8;15	16;15;14	4;3;1	12;15;4	3;4;15	1;16;3	1;4;16	12;4;6	8;1;16
	2月	12;1;3	4;12;8	16;8;1	15;16;14	9;1;8	16;15;8	8;4;16	16;1;14	4;1;3	4;16;6	3;4;1	1;9;3	1;12;4	4;3;7	4;6;8
	3月	3;12;14	4;1;6	16;8;12	6;15;8	1;11;9	1;8;16	4;14;8	1;16;9	3;1;4	4;8;6	4;15;8	1;3;9	4;3;12	4;3;1	4;6;7
	4月	4;12;3	4;8;1	16;8;1	7;8;15	8;11;1	8;4;3	8;4;16	4;1;6	3;4;1	9;8;16	8;4;1	1;3;8	1;4;8	4;8;3	4;12;6
	5月	3;8;14	4;1;3	8;1;4	6;16;14	8;9;6	8;6;7	4;3;15	9;12;6	1;3;4	8;4;9	4;6;15	1;3;4	4;12;8	4;6;3	4;6;7
	6月	7;12;1	8;4;6	8;9;1	6;4;7	9;11;8	7;8;4	8;4;6	9;11;8	3;4;1	4;7;6	4;8;14	8;1;9	4;8;1	4;8;6	8;9;12
	7月	1;8;4	8;4;6	8;7;9	6;8;4	8;11;9	8;4;7	8;4;6	9;3;1	4;11;3	8;4;9	8;6;4	9;8;1	9;4;8	8;4;6	9;8;4
	8月	8;12;7	4;9;12	8;16;1	7;8;6	1;4;11	4;7;8	4;8;7	1;9;6	3;4;11	8;1;4	4;15;12	1;3;8	4;12;1	3;1;4	4;3;6
	9月	3;4;6	1;4;9	8;1;16	1;16;4	1;3;8	1;4;16	16;15;1	1;16;6	4;3;11	4;16;15	16;4;14	1;4;9	1;4;8	4;3;9	4;6;3
	10月	12;16;14	6;4;8	16;15;1	16;15;3	16;9;8	16;1;15	16;4;8	1;16;9	3;4;1	4;16;3	4;16;15	1;3;4	4;1;14	4;1;8	4;6;9
	11月	4;12;9	8;4;1	16;1;8	15;16;14	8;1;9	15;1;16	8;15;14	16;1;15	4;12;3	8;6;12	4;15;12	1;8;3	12;4;1	12;4;8	4;12;8
	12月	12;4;3	8;4;9	16;1;12	15;14;16	1;8;4	15;16;14	8;16;15	16;15;1	3;1;4	8;1;16	12;4;1	1;4;3	1;4;16	1;12;4	4;15;14
昼间月平均风速 m/s	1月	1.1	1.6	7.9	3.4	2.6	6.8	2.1	5.1	2.6	2.6	3.3	3.7	2.9	2.7	2.7
	2月	1.7	1.9	6.6	3.9	2.6	6.3	2.4	4.9	2.1	3.5	3.2	3.8	3.4	3.5	3.2
	3月	1.6	1.5	6.7	3.7	2.7	7.4	2.3	4.9	3.4	3.7	3.7	3.8	3.2	3.5	4.2
	4月	1.4	1.7	6.0	3.7	2.6	6.9	2.6	4.8	2.5	3.6	3.5	3.4	3.0	3.6	3.3
	5月	1.5	1.9	4.7	3.3	2.3	5.9	2.6	4.1	3.0	3.3	3.5	2.9	2.8	3.5	3.6
	6月	1.4	1.3	6.3	3.1	1.7	5.7	2.3	3.9	2.3	2.9	3.3	3.6	3.0	3.3	3.4
	7月	1.6	1.9	6.8	4.1	2.5	6.2	2.5	5.2	2.5	2.6	3.8	4.0	2.6	3.3	2.8
	8月	1.8	1.6	6.6	4.0	2.1	6.8	2.9	5.4	3.4	3.1	3.3	3.6	3.0	2.7	3.0
	9月	2.1	1.6	6.6	3.9	2.3	6.9	2.7	5.7	2.7	2.6	3.1	4.0	3.1	3.3	2.9
	10月	1.4	1.6	7.2	3.4	2.2	6.3	2.0	5.3	2.8	2.5	2.8	3.1	2.8	3.0	2.7
	11月	1.1	1.3	7.8	3.1	2.5	6.7	2.0	5.0	2.5	2.7	2.9	3.1	2.4	3.0	3.3
	12月	1.3	1.7	7.4	3.5	2.8	6.6	1.9	5.3	2.9	2.9	2.5	3.0	2.6	2.6	3.4

表 B.2（续）

省（自治区、直辖市）		安徽	安徽	福建	福建	福建	福建	福建	福建	福建	福建	福建	福建	福建	江西	江西
台站名称		霍山	黄山	九仙山	南平	厦门	平潭	永安	浦城	漳平	福州	福鼎	邵武	长汀	修水	南城
台站信息	海拔,m	68	1836	1651	128	139	31	204	275	203	85	38	219	311	147	82
	纬度,°	31.4	30.1	25.7	26.6	24.5	25.5	26.0	27.9	25.3	26.1	27.3	27.3	25.9	29.0	27.6
	经度,°	116.3	118.2	118.1	118.0	118.1	119.8	117.4	118.5	117.4	119.3	120.2	117.5	116.4	114.6	116.7
昼间最多风向a	1月	4;16;12	14;9;8	12;14;8	1;8;16	4;12;3	1;16;4	16;1;4	12;14;15	4;6;8	12;14;6	8;6;7	12;4;6	12;14;8	16;15;14	15;16;8
	2月	4;16;3	8;12;9	4;3;9	16;1;8	4;3;12	1;16;3	1;16;14	16;14;15	12;4;1	14;6;12	7;8;6	4;12;6	12;8;14	16;15;12	16;8;15
	3月	4;12;14	14;9;12	9;11;8	16;8;1	4;1;12	1;3;16	1;16;8	16;8;7	4;16;12	6;12;1	7;6;1	14;4;6	12;14;8	16;15;14	16;15;14
	4月	4;3;12	12;14;11	9;11;12	16;6;1	4;12;8	1;8;9	1;8;12	8;16;7	4;7;6	6;9;8	8;7;6	4;15;11	8;12;14	15;16;14	8;16;1
	5月	12;3;1	12;8;14	11;9;1	16;8;7	4;3;8	1;8;9	8;1;7	8;16;7	4;6;12	6;8;7	8;4;7	4;14;12	8;12;9	12;16;14	16;14;8
	6月	4;9;12	12;15;9	11;9;6	7;4;6	8;4;12	9;11;1	9;8;12	8;12;7	4;6;12	6;9;8	7;6;8	4;9;12	8;6;12	16;15;11	8;7;15
	7月	4;9;12	12;8;9	4;3;8	7;6;4	12;6;7	9;8;1	8;4;14	8;7;16	12;4;8	6;4;8	6;4;8	4;8;12	8;7;1	8;16;12	8;16;9
	8月	4;1;12	4;12;15	9;11;12	7;8;6	12;8;7	8;9;7	8;14;11	8;6;7	12;1;4	6;12;7	16;6;4	4;8;12	12;8;3	16;8;9	8;16;1
	9月	4;12;3	4;14;6	4;12;16	16;1;8	4;1;3	1;3;16	16;14;12	16;12;8	12;9;4	12;8;14	8;15;9	4;14;8	14;4;12	16;1;15	16;8;1
	10月	4;12;3	4;3;12	3;4;12	16;1;7	4;1;3	1;3;4	1;15;4	12;14;16	4;6;16	14;12;1	6;16;1	12;14;4	14;12;8	16;12;14	14;15;16
	11月	3;4;12	12;9;8	3;4;6	16;4;8	4;1;12	3;1;4	4;1;15	11;12;15	12;16;3	14;12;1	1;8;4	4;14;6	12;14;11	16;15;14	16;8;1
	12月	1;14;3	15;4;14	4;11;6	16;1;7	4;12;3	1;16;3	16;12;14	16;15;12	4;6;14	12;14;6	8;7;6	11;12;15	12;4;9	16;15;14	14;15;16
昼间月平均风速 m/s	1月	1.5	5.7	5.4	1.2	2.1	4.8	1.7	1.7	1.0	2.7	1.3	0.5	1.6	0.9	3.4
	2月	2.0	5.1	5.2	1.0	2.3	5.3	1.8	2.3	1.0	2.8	1.7	0.7	1.7	1.1	3.3
	3月	2.4	5.4	6.0	0.9	2.3	4.2	1.9	1.9	1.1	2.6	1.5	1.1	1.2	1.2	3.3
	4月	2.2	4.7	6.1	1.2	2.3	3.6	2.0	1.8	1.0	2.7	1.7	1.5	1.6	1.2	3.3
	5月	2.0	4.5	5.2	1.1	2.1	4.1	2.0	2.1	1.4	3.0	1.9	0.8	1.4	1.3	2.9
	6月	2.4	5.0	8.1	1.1	2.5	4.1	2.2	2.0	1.6	3.0	1.7	0.7	1.5	1.4	3.0
	7月	2.2	4.4	6.7	1.3	2.7	4.2	2.5	2.4	1.6	3.5	2.3	1.2	1.4	1.4	4.0
	8月	2.1	4.0	6.7	1.4	2.5	4.0	2.3	2.2	1.4	3.6	2.0	0.9	1.2	1.4	3.1
	9月	1.8	3.3	5.3	1.2	2.6	4.7	2.1	2.0	1.3	3.4	2.0	1.0	1.9	1.2	2.8
	10月	1.5	3.8	5.2	1.4	2.9	5.6	1.8	2.2	1.1	3.1	1.8	1.3	1.7	1.1	3.0
	11月	1.3	5.0	5.9	1.1	3.0	4.6	1.7	1.9	1.0	2.9	1.5	0.8	1.8	1.0	3.3
	12月	1.4	5.1	4.8	1.2	2.4	4.1	1.4	1.9	1.0	2.8	1.0	1.2	1.9	1.3	2.9

表 B.2 (续)

省(自治区、直辖市)		江西	江西	江西	江西	江西	江西	江西	江西	山东	山东	山东	山东	山东	山东	山东
台站名称		南昌	吉安	宜春	寻乌	广昌	庐山	景德镇	赣州	兖州	定陶	惠民	成山头	日照	沂源	泰山
台站信息	海拔,m	50	78	129	299	142	1 165	60	138	53	49	12	47	37	302	1 536
	纬度,°	28.6	27.1	27.8	25.0	26.9	29.6	29.3	25.9	35.6	35.1	37.5	37.4	35.4	36.2	36.3
	经度,°	115.9	115.0	114.4	115.7	116.3	116.0	117.2	115.0	116.9	115.6	117.5	122.7	119.5	118.2	117.1
昼间最多风向a	1月	1;16;15	16;1;8	12;3;4	16;1;8	16;15;1	16;8;1	1;16;12	16;15;3	15;8;3	8;1;16	12;11;9	15;14;8	12;16;15	12;4;11	12;11;9
	2月	1;3;9	16;15;1	4;12;3	16;1;6	16;8;1	8;16;4	1;4;15	16;15;1	8;9;4	8;4;16	4;8;12	16;8;15	4;12;8	1;12;4	14;9;16
	3月	14;16;8	16;8;7	3;12;4	1;8;9	1;8;16	16;8;1	16;12;14	11;16;1	8;1;4	8;4;9	9;12;3	8;15;16	8;16;4	1;4;3	12;8;9
	4月	16;9;1	8;16;1	12;3;4	6;8;7	16;8;1	16;8;4	1;9;12	15;8;11	8;15;14	8;4;16	9;12;8	8;15;14	8;4;3	4;9;11	9;4;8
	5月	16;8;1	16;15;14	12;4;1	6;1;8	8;6;16	8;1;4	16;12;4	8;11;9	8;16;6	6;8;12	9;12;4	8;15;7	4;6;8	4;9;12	4;9;1
	6月	9;1;4	8;7;15	12;4;3	7;8;4	8;7;4	16;8;1	16;8;1	8;3;12	8;6;4	8;7;4	8;9;14	8;7;15	4;6;8	4;6;8	9;4;8
	7月	9;4;11	6;8;9	12;1;4	6;8;4	8;7;11	8;7;16	9;16;12	8;11;9	4;8;6	8;4;7	8;12;4	8;15;7	4;6;7	4;1;8	9;8;4
	8月	1;16;9	8;16;9	4;12;6	7;6;16	8;1;16	8;7;16	4;8;15	11;8;12	1;4;8	4;8;6	1;8;9	14;8;15	4;15;3	4;1;6	4;1;9
	9月	3;4;1	16;14;15	4;12;1	16;6;1	16;1;8	1;3;8	16;1;8	16;8;15	4;1;8	8;4;16	9;8;1	16;8;1	4;12;16	1;4;9	4;9;1
	10月	1;3;4	16;8;15	4;3;12	1;16;3	16;15;1	16;4;15	16;3;15	15;16;14	8;6;1	8;6;1	9;12;8	8;15;16	8;16;12	12;9;3	8;9;16
	11月	16;14;12	16;8;1	12;1;3	11;4;8	16;1;8	16;15;8	16;15;1	15;3;12	8;4;6	8;15;1	11;8;12	14;15;16	12;8;16	12;1;4	9;14;11
	12月	4;3;11	16;1;8	12;3;4	1;8;3	1;16;8	16;8;1	12;16;1	15;16;14	8;1;4	8;16;12	1;12;8	15;8;14	12;8;11	12;11;6	12;11;8
昼间月平均风速 m/s	1月	2.0	1.6	1.9	1.9	1.6	2.5	1.6	1.1	2.8	3.3	3.1	7.0	3.8	2.5	6.6
	2月	2.5	1.5	2.2	1.6	1.7	3.3	1.7	1.3	3.4	3.3	4.0	6.6	3.9	2.6	5.5
	3月	1.8	2.3	2.3	1.4	1.7	3.8	1.6	1.4	4.0	3.7	4.5	6.4	4.5	3.3	6.0
	4月	2.0	2.2	2.3	1.3	1.8	4.0	1.6	1.4	4.2	4.0	4.7	6.6	4.0	3.5	5.9
	5月	1.6	1.9	2.0	1.3	1.7	3.6	1.5	1.2	3.9	3.3	3.7	5.5	4.2	3.0	6.3
	6月	2.1	2.4	2.1	1.3	1.7	3.8	1.7	1.7	3.5	3.7	3.4	4.8	3.6	2.9	4.8
	7月	2.7	2.3	1.9	1.6	2.1	3.6	1.8	1.9	2.9	3.1	3.0	4.9	3.5	2.5	4.6
	8月	2.1	2.3	2.0	1.5	1.8	3.4	2.2	1.3	2.9	2.8	2.9	4.9	3.6	2.5	4.1
	9月	2.4	2.2	1.9	1.7	1.9	3.7	2.0	1.7	2.8	2.6	3.1	5.9	3.8	2.5	4.4
	10月	2.1	1.6	1.8	1.8	1.9	3.0	1.8	1.5	2.7	2.7	3.1	7.1	4.0	2.6	5.3
	11月	1.9	1.5	1.4	1.7	1.7	3.0	1.3	1.3	2.7	2.8	3.2	6.8	3.8	2.2	6.8
	12月	1.7	1.0	1.5	1.9	1.4	2.9	1.4	1.3	2.6	2.6	3.1	6.7	3.7	2.3	7.8

表 B.2（续）

省（自治区、直辖市）		山东	山东	山东	山东	山东	山东	山东	山东	山东	河南	河南	河南	河南	河南	河南
台站名称		济南	海阳	潍坊	莘县	费县	长岛	陵县	青岛	龙口	信阳	南阳	卢氏	固始	孟津	安阳
台站信息	海拔,m	169	64	22	38	120	40	19	77	5	115	131	570	58	333	64
	纬度,°	36.6	36.8	36.8	36.2	35.3	37.9	37.3	36.1	37.6	32.1	33.0	34.1	32.2	34.8	36.1
	经度,°	117.1	121.2	119.2	115.7	118.0	120.7	116.6	120.3	120.3	114.1	112.6	111.0	115.7	112.4	114.4
昼间最多风向ª	1月	1;8;9	12;14;15	12;8;14	8;7;16	14;4;12	16;9;12	8;1;4	15;16;8	8;12;11	15;4;1	1;8;4	1;4;8	3;1;4	14;12;1	8;7;16
	2月	4;1;6	8;12;14	8;9;12	8;7;4	4;1;14	16;12;8	8;1;9	8;15;14	8;12;16	12;1;15	1;4;9	1;8;9	4;6;14	1;4;12	8;16;1
	3月	8;14;9	8;14;12	8;14;12	1;8;9	12;9;4	8;4;1	8;1;4	8;7;15	12;8;9	8;15;1	8;3;9	3;1;8	4;6;12	12;8;3	8;16;7
	4月	9;8;15	8;1;4	8;14;12	8;15;16	4;6;12	8;4;11	8;1;9	7;8;15	12;8;9	15;8;16	8;4;9	4;8;1	12;4;1	4;12;1	8;1;7
	5月	1;8;12	8;12;6	6;8;4	8;14;16	4;6;12	4;8;14	8;9;4	7;8;4	8;12;16	1;8;12	3;8;1	8;1;9	4;12;6	3;1;8	8;7;16
	6月	4;14;8	7;8;4	8;7;6	8;6;16	4;6;12	4;9;8	8;9;4	8;7;6	8;12;16	8;16;4	8;9;1	3;8;9	4;6;12	4;9;1	8;1;16
	7月	8;6;9	7;8;6	8;7;6	8;7;15	4;9;6	4;8;11	8;4;9	8;7;6	8;16;1	8;4;6	8;4;1	8;9;3	8;9;6	8;12;4	8;7;4
	8月	4;1;8	8;3;6	8;4;6	8;16;9	4;9;14	4;8;11	8;4;1	8;14;16	8;1;16	4;15;1	1;4;16	1;4;9	4;6;8	1;4;3	8;7;16
	9月	9;8;6	8;1;16	8;16;14	1;14;8	4;1;12	9;1;12	4;1;8	15;8;6	12;8;1	16;8;4	8;4;3	8;11;3	4;6;3	1;4;3	8;1;16
	10月	9;8;1	8;15;14	8;12;14	8;6;16	14;4;12	12;16;8	8;1;9	15;8;16	12;9;8	16;12;4	4;1;3	12;14;15	4;12;1	12;14;1	8;7;16
	11月	12;8;15	12;15;14	12;8;14	8;7;16	4;14;12	9;12;11	8;4;3	15;8;9	8;9;1	4;15;14	1;8;4	1;3;15	12;4;14	12;14;1	15;8;7
	12月	9;8;12	12;14;11	12;14;8	16;1;8	14;4;6	9;11;8	8;12;16	15;14;16	8;9;12	15;14;8	3;1;4	1;3;8	12;14;4	14;12;4	8;1;15
昼间月平均风速 m/s	1月	3.0	4.5	4.0	3.0	2.2	6.2	3.5	4.9	3.8	3.1	2.8	1.2	2.8	3.3	2.3
	2月	3.7	4.8	4.0	3.6	2.2	6.4	3.2	4.7	4.3	3.1	2.9	1.7	3.2	3.5	3.1
	3月	4.1	5.5	5.1	4.3	2.7	5.6	4.0	4.6	4.7	3.7	3.0	1.9	3.4	3.5	3.8
	4月	4.7	5.3	4.9	3.7	3.6	5.7	4.6	4.9	4.6	3.6	3.1	2.3	3.1	4.2	4.5
	5月	4.2	5.7	4.5	3.5	3.3	4.5	4.3	5.2	4.4	2.8	2.8	1.6	3.3	3.5	3.8
	6月	3.9	4.0	4.7	3.5	2.8	4.2	3.8	4.3	4.0	3.0	2.5	1.4	2.9	3.6	3.3
	7月	2.8	4.4	3.8	2.7	2.0	4.6	2.7	4.1	3.7	3.1	2.5	1.3	2.7	3.0	2.7
	8月	3.2	4.1	3.0	2.5	2.3	4.2	2.8	4.1	4.0	2.9	2.5	0.9	2.8	2.6	2.7
	9月	2.9	4.0	3.0	2.3	2.4	4.3	2.5	4.0	3.6	3.0	2.4	1.0	2.7	2.9	2.6
	10月	3.4	4.6	3.8	2.6	2.4	5.8	3.2	4.6	3.7	2.8	1.9	0.8	2.7	2.5	2.7
	11月	2.9	4.3	3.5	2.6	1.7	5.9	3.0	4.6	4.1	2.7	2.3	0.9	2.8	3.1	2.5
	12月	3.1	4.5	3.6	2.6	2.4	6.1	2.9	5.0	3.9	2.7	2.4	1.0	2.6	3.4	2.4

表 B.2（续）

省（自治区、直辖市）		河南	河南	河南	湖北	湖北	湖北	湖北	湖北	湖北	湖北	湖北	湖北	湖南	湖南	湖南
台站名称		西华	郑州	驻马店	光化	宜昌	恩施	房县	枣阳	武汉	江陵	钟祥	麻城	南岳	岳阳	常德
台站信息	海拔,m	53	111	83	91	134	458	435	127	23	33	66	59	1 268	52	35
	纬度,°	33.8	34.7	33.0	32.4	30.7	30.3	32.0	32.2	30.6	30.3	31.2	31.2	27.3	29.4	29.1
	经度,°	114.5	113.7	114.0	111.7	111.3	109.5	110.8	112.7	114.1	112.2	112.6	115.0	112.7	113.1	111.7
昼间最多风向a	1月	12;15;16	12;3;8	14;12;8	4;16;1	4;7;6	8;12;6	4;11;12	4;6;8	1;9;16	4;1;8	16;6;9	16;1;12	16;8;1	1;12;16	16;1;4
	2月	4;8;6	3;12;4	4;1;8	4;16;6	8;4;7	12;11;9	4;9;3	4;15;1	1;4;3	1;8;3	16;14;15	16;8;1	8;16;1	16;1;9	12;14;8
	3月	8;4;9	8;3;12	12;4;1	4;6;12	4;6;8	8;12;4	4;12;11	8;4;15	1;4;8	8;1;8	8;15;16	16;1;8	8;16;9	1;16;15	16;4;8
	4月	8;4;12	3;8;4	12;4;14	4;7;6	4;8;7	12;8;4	4;12;11	4;6;15	4;16;3	8;1;9	15;7;16	16;8;9	8;9;16	12;11;3	16;8;12
	5月	4;8;3	12;4;7	4;14;12	8;4;15	4;8;12	8;12;14	11;12;9	6;12;4	4;1;15	8;1;9	15;8;7	16;8;1	8;9;11	12;11;15	4;8;16
	6月	4;8;3	8;4;6	8;14;6	8;7;4	6;8;4	8;12;4	4;12;9	6;8;7	4;12;9	9;8;1	8;7;15	8;9;1	9;8;4	11;12;7	8;16;4
	7月	8;15;4	4;7;8	8;4;12	4;6;8	8;4;6	12;8;4	4;9;12	4;8;1	8;9;12	8;1;9	8;14;16	8;9;16	8;9;16	9;8;12	8;16;4
	8月	4;8;1	4;3;7	1;4;14	4;12;8	8;7;4	12;9;15	4;1;11	12;6;9	1;4;16	8;9;7	15;14;16	16;1;15	9;8;1	1;12;3	16;4;8
	9月	8;4;1	2;3;1	4;14;8	4;8;1	4;8;6	12;8;9	4;6;3	12;1;4	1;6;4	1;16;8	16;15;9	1;8;16	16;1;15	1;12;15	16;12;1
	10月	4;12;8	12;8;14	14;3;6	12;8;14	4;6;15	12;8;9	4;12;11	4;12;15	4;3;1	8;1;9	16;15;9	16;8;14	16;15;4	1;12;4	16;1;4
	11月	8;15;1	13;3;12	12;14;4	1;8;4	4;7;6	1;12;8	4;3;12	4;12;1	15;1;7	1;16;8	16;8;15	16;15;8	1;4;16	1;12;6	16;8;4
	12月	16;15;8	12;3;4	14;12;16	4;8;7	4;6;7	12;4;8	4;12;11	12;1;14	1;12;3	1;3;4	15;16;8	1;16;9	16;4;9	16;1;15	12;1;4
昼间月平均风速 m/s	1月	2.4	2.9	2.5	1.8	1.6	1.1	1.3	2.0	1.1	2.3	3.3	2.0	4.6	2.6	1.9
	2月	2.5	2.9	2.9	2.4	1.6	1.1	1.4	2.2	1.4	2.2	3.1	2.0	5.3	2.7	1.7
	3月	2.9	3.1	2.9	2.5	1.5	1.5	2.3	2.2	1.5	3.0	3.1	2.5	4.1	3.0	1.9
	4月	2.8	3.2	2.8	2.4	2.0	1.5	1.7	2.5	1.6	2.9	3.6	2.6	5.6	2.8	2.1
	5月	2.0	3.3	3.0	2.3	1.7	1.0	1.6	2.5	1.5	2.7	2.8	2.5	4.6	2.5	2.0
	6月	1.7	2.8	2.8	2.4	2.0	1.2	1.4	2.4	1.5	2.9	3.0	2.1	6.2	2.4	1.9
	7月	1.5	2.1	2.6	2.3	2.0	1.3	1.3	1.9	1.8	3.3	3.0	2.7	3.5	2.7	2.2
	8月	2.0	2.1	2.2	1.9	1.8	1.5	1.4	1.8	1.6	2.8	3.3	2.6	2.9	3.1	2.4
	9月	1.7	1.9	2.2	1.9	1.7	1.4	1.4	1.9	1.6	2.8	3.1	2.5	2.3	2.9	1.9
	10月	1.6	2.3	2.3	1.8	1.3	1.2	1.0	1.7	1.3	2.4	2.8	2.1	3.0	2.4	1.7
	11月	2.0	2.5	2.4	2.0	1.4	1.0	1.1	1.8	1.1	2.1	2.7	2.1	4.0	2.1	1.6
	12月	2.2	2.4	2.5	1.8	1.2	0.9	1.1	1.4	1.1	1.7	3.0	1.6	3.7	2.4	1.8

表 B.2（续）

省（自治区、直辖市）		湖南	湖南	湖南	湖南	湖南	湖南	湖南	湖南	广东	广东	广东	广东	广东	广东	广东
台站信息	台站名称	武冈	沅陵	芷江	通道	邵阳	郴州	长沙	零陵(永州)	上川岛	佛冈	信宜	广州	梅州	汕头	汕尾
	海拔,m	340	143	273	397	248	185	68	174	18	68	84	42	84	3	5
	纬度,°	26.7	28.5	27.5	26.2	27.2	25.8	28.2	26.2	21.7	23.9	22.4	23.2	24.3	23.4	22.8
	经度,°	110.6	110.4	109.7	109.8	111.5	113.0	112.9	111.6	112.8	113.5	110.9	113.3	116.1	116.7	115.4
昼间最多风向[a]	1月	16;15;1	1;4;3	4;3;1	16;1;8	4;1;3	1;16;3	15;14;12	16;1;7	1;3;16	4;3;12	1;16;8	1;8;4	12;14;8	3;1;4	1;4;6
	2月	16;1;15	3;16;1	1;4;3	16;8;15	4;1;16	16;1;14	14;12;15	16;3;1	1;3;6	4;3;9	1;16;8	15;8;7	12;14;16	1;4;3	6;1;4
	3月	16;15;1	9;16;1	3;1;4	16;9;1	4;16;3	16;4;6	14;9;8	16;1;15	4;6;1	3;4;1	8;16;1	15;4;7	14;4;12	3;4;1	4;3;16
	4月	16;4;15	1;16;4	4;8;1	8;15;16	4;16;3	16;8;15	15;8;12	1;16;8	4;8;6	14;4;12	8;9;1	6;4;8	12;14;8	1;3;4	6;4;9
	5月	16;1;4	16;1;4	4;6;1	9;8;1	4;7;6	16;6;4	15;14;4	1;8;16	8;6;1	4;9;1	8;14;9	7;4;6	8;4;1	3;7;8	4;6;9
	6月	16;11;15	9;1;16	1;4;3	8;16;9	7;4;8	8;7;4	8;14;6	7;8;1	8;6;4	9;4;8	8;9;12	7;8;4	4;9;12	8;9;12	9;12;6
	7月	9;1;4	1;4;9	1;4;12	8;9;16	7;8;9	8;9;6	8;9;4	7;8;6	4;8;7	9;12;4	8;4;9	4;12;11	8;4;12	8;11;7	9;4;11
	8月	16;1;6	4;1;3	1;4;12	8;9;1	16;11;12	9;6;8	14;8;9	4;16;1	12;8;6	9;12;4	8;9;1	15;4;7	12;9;14	12;8;11	9;12;4
	9月	4;15;8	3;1;4	1;4;9	15;1;16	4;9;3	14;16;1	15;14;4	3;1;4	1;16;4	4;3;9	16;14;1	1;6;4	4;12;14	4;1;3	4;1;6
	10月	3;16;4	1;16;3	1;9;4	1;16;15	4;11;16	16;1;14	14;15;12	16;8;1	1;4;3	4;1;9	1;16;9	1;4;3	12;15;16	1;4;6	3;4;1
	11月	16;15;3	1;3;16	1;9;4	14;16;1	4;16;15	16;15;14	8;15;12	1;16;8	1;3;16	4;3;1	16;14;1	15;4;3	14;12;4	3;1;4	4;1;3
	12月	15;16;1	1;3;4	3;1;4	16;15;14	4;7;3	16;14;1	14;12;15	1;3;15	1;16;3	4;3;1	16;8;9	1;15;4	14;12;15	1;4;16	4;3;1
昼间月平均风速 m/s	1月	1.1	1.8	2.0	2.4	1.7	1.5	2.6	3.0	5.9	2.6	2.0	2.1	1.4	2.4	3.1
	2月	1.3	1.7	2.1	2.6	1.8	1.3	2.1	2.9	5.3	2.6	2.2	2.1	1.5	2.5	3.2
	3月	1.6	1.7	1.7	2.2	1.6	1.4	2.7	2.6	4.7	2.3	2.2	1.7	1.5	2.5	3.0
	4月	1.8	1.8	2.4	2.9	1.9	1.9	2.7	2.8	4.3	2.2	2.4	2.0	1.6	2.9	3.0
	5月	1.5	1.6	1.4	2.2	2.2	1.7	2.3	2.7	4.1	1.9	2.0	1.9	1.8	2.6	3.3
	6月	2.0	2.0	1.6	2.4	2.1	1.9	2.7	3.0	4.6	2.3	2.4	2.2	1.8	3.3	3.4
	7月	1.7	2.1	1.9	2.6	2.3	2.5	2.8	3.6	4.0	2.2	2.0	2.1	2.0	3.3	3.5
	8月	2.3	2.2	2.3	2.9	2.0	1.6	2.7	2.9	3.5	1.9	1.7	1.9	1.7	3.0	3.8
	9月	1.3	1.8	1.8	2.7	1.9	1.7	2.6	3.0	5.2	1.8	2.6	1.7	1.6	2.8	3.0
	10月	1.5	1.6	1.9	2.4	1.5	1.1	2.8	3.1	5.5	2.2	1.9	2.1	1.5	2.7	3.3
	11月	1.2	1.7	1.9	2.2	1.6	1.1	2.4	2.7	6.4	2.8	2.9	1.9	1.5	2.7	3.4
	12月	0.8	1.7	1.7	1.9	1.4	1.4	2.6	3.0	6.2	2.7	2.7	1.9	1.3	2.5	3.2

表 B.2（续）

省（自治区、直辖市）		广东	广东	广东	广东	广东	广东	广东	广东	广西	广西	广西	广西	广西	广西	广西
台站名称		河源	深圳	湛江	连州	连平	阳江	韶关	高要	北海	南宁	柳州	桂平	桂林	梧州	河池
台站信息	海拔,m	41	18	28	98	214	22	68	12	16	126	97	44	166	120	214
	纬度,°	23.7	22.6	21.2	24.8	24.4	21.9	24.8	23.1	21.5	22.6	24.4	23.4	25.3	23.5	24.7
	经度,°	114.7	114.1	110.4	112.4	114.5	112.0	113.6	112.5	109.1	108.2	109.4	110.1	110.3	111.3	108.1
昼间最多风向^a	1月	1;3;4	1;4;16	4;16;6	16;12;9	16;1;7	3;1;4	14;15;12	1;16;4	16;4;8	3;4;15	15;14;1	14;3;1	16;1;3	16;4;15	4;1;12
	2月	1;3;4	1;4;6	16;1;4	14;12;15	16;1;14	1;3;4	16;15;8	3;1;15	16;4;6	1;4;3	1;16;8	15;3;8	1;16;4	14;4;1	4;3;1
	3月	16;15;8	4;1;6	4;6;1	12;14;8	8;1;16	6;3;1	8;16;9	3;1;4	16;4;6	4;15;7	14;8;1	14;1;8	1;16;8	15;4;14	4;1;3
	4月	8;9;6	4;6;1	4;6;7	8;16;15	8;16;7	6;8;3	8;16;9	3;1;8	6;16;4	8;1;6	8;12;1	14;8;1	8;16;1	14;15;4	4;1;3
	5月	8;6;9	9;6;4	4;7;6	14;9;12	8;6;7	8;6;4	8;15;7	1;4;8	8;9;4	8;15;6	8;1;14	14;8;1	1;8;16	4;15;11	4;1;3
	6月	8;6;7	9;8;4	8;12;9	9;8;12	8;7;6	8;6;7	8;7;12	3;4;7	8;6;12	8;6;4	8;14;1	8;15;9	8;7;6	4;9;8	4;12;8
	7月	8;6;9	9;4;3	6;8;4	8;9;6	8;7;9	8;6;9	8;9;12	7;8;1	8;9;4	6;8;9	8;7;9	8;15;7	8;9;11	12;4;8	4;12;6
	8月	8;4;12	8;4;1	6;8;12	12;8;14	8;15;12	8;9;1	8;9;16	8;4;1	8;9;4	4;8;9	1;8;14	8;15;14	15;1;4	15;6;14	4;12;1
	9月	4;16;1	1;4;6	4;1;16	15;12;14	16;8;15	1;14;4	16;15;16	1;3;12	16;4;9	4;3;16	1;12;15	15;3;1	1;3;16	14;12;6	12;16;4
	10月	8;14;12	4;1;6	1;16;6	16;14;4	16;4;1	1;3;4	14;16;15	1;3;4	16;6;4	4;15;1	15;1;14	14;1;3	1;16;4	15;14;4	4;12;1
	11月	4;3;1	1;4;3	16;1;4	15;16;12	16;1;8	1;3;4	14;12;16	1;3;16	6;16;4	4;15;1	1;3;14	3;15;4	1;16;8	4;15;16	4;1;3
	12月	16;3;14	1;3;4	16;1;6	12;16;4	16;12;1	1;3;4	16;14;15	1;16;9	16;4;1	1;4;16	16;12;1	1;14;16	1;3;16	4;15;1	3;1;4
昼间月平均风速 m/s	1月	1.7	3.0	3.1	0.8	1.6	3.1	2.6	2.6	5.0	1.2	1.8	1.3	3.2	1.0	1.3
	2月	1.9	2.4	3.0	1.0	1.6	3.1	2.5	3.0	4.5	1.3	2.1	1.2	2.9	1.2	1.3
	3月	1.7	2.9	3.1	1.0	1.5	3.1	2.3	2.5	4.6	1.6	2.1	1.2	2.6	1.2	1.7
	4月	1.4	2.7	3.9	1.3	1.3	3.3	3.0	2.9	4.1	2.1	2.2	1.5	2.7	1.3	1.6
	5月	1.4	2.7	3.6	1.0	1.6	2.8	2.5	2.4	4.0	2.1	2.5	1.5	2.1	1.3	1.6
	6月	1.8	2.8	3.7	0.9	2.1	3.4	3.1	2.8	3.7	2.1	2.3	2.0	2.4	1.6	1.8
	7月	1.8	2.7	3.6	1.9	2.2	3.5	2.7	2.5	4.1	1.7	2.6	2.1	2.5	1.4	1.5
	8月	1.5	2.2	3.0	1.2	1.6	3.2	2.7	2.6	3.5	1.8	2.3	1.8	2.3	1.4	1.5
	9月	1.7	2.9	3.5	1.2	1.8	2.8	2.3	3.1	3.9	1.7	2.3	1.6	3.1	1.3	1.5
	10月	1.5	3.1	3.3	1.2	1.7	3.2	2.2	2.5	4.2	1.7	2.0	1.5	3.1	1.3	1.4
	11月	2.0	2.9	3.2	0.9	1.9	3.1	2.2	2.9	4.3	1.6	2.1	1.4	3.3	1.2	1.4
	12月	1.6	2.7	3.0	0.8	1.7	2.9	2.0	2.7	4.8	1.1	1.9	1.3	2.8	1.2	1.2

表 B.2（续）

省（自治区、直辖市）		广西	广西	广西	广西	广西	海南	海南	海南	海南	海南	重庆	重庆	重庆	重庆	重庆
台站名称		百色	蒙山	那坡	钦州	龙州	三亚	东方	儋州	海口	琼海	万源	奉节	梁平	西阳	重庆
台站信息	海拔，m	177	145	794	6	129	7	8	169	24	25	674	303	455	665	260
	纬度，°	23.9	24.2	23.3	22.0	22.4	18.2	19.1	19.5	20.0	19.2	32.1	31.0	30.7	28.8	29.6
	经度，°	106.6	110.5	106.0	108.6	106.8	109.5	108.6	109.6	110.4	110.5	108.0	109.5	107.8	108.8	106.5
昼间最多风向a	1月	8;7;12	12;4;14	9;16;8	15;16;8	4;14;6	4;11;15	16;1;11	4;1;6	1;4;6	4;15;6	15;8;7	8;4;1	3;1;12	6;7;15	14;12;4
	2月	8;7;4	12;4;15	8;9;14	16;8;1	4;6;8	4;8;11	1;16;9	3;4;1	1;3;4	4;14;1	15;8;14	3;4;1	1;3;12	16;6;7	15;14;4
	3月	8;7;12	12;4;14	9;8;11	16;8;15	4;12;6	4;8;11	16;1;8	4;6;14	4;1;8	4;6;8	15;8;7	8;1;9	1;12;11	16;7;6	15;14;4
	4月	8;6;7	12;4;14	9;8;7	8;16;7	4;6;14	8;4;9	8;16;11	4;8;6	4;7;8	8;6;4	8;15;6	16;9;8	1;3;12	6;16;1	4;15;14
	5月	6;7;4	4;12;14	12;8;9	8;15;16	6;4;8	12;8;11	8;12;16	6;12;8	7;6;3	8;7;4	8;15;9	8;15;16	3;1;9	7;6;16	4;15;3
	6月	7;8;6	4;8;6	8;9;12	8;7;4	14;12;6	8;9;11	8;7;9	8;12;6	8;7;6	8;7;4	8;15;9	8;3;1	1;3;12	6;7;8	15;14;12
	7月	8;7;6	4;7;12	9;8;6	8;7;4	4;14;6	8;11;4	8;9;12	12;8;9	8;6;7	6;9;8	8;7;15	8;16;9	14;1;3	6;7;8	14;15;7
	8月	12;8;14	12;4;3	16;12;1	8;4;6	14;4;15	11;12;9	8;9;11	8;12;14	8;14;12	8;4;7	9;16;14	16;4;6	3;1;12	7;8;12	14;15;4
	9月	8;6;12	12;4;14	9;16;12	15;16;4	6;4;12	11;4;9	8;4;1	1;8;4	15;4;7	4;15;14	8;9;15	4;9;16	1;3;14	6;14;7	4;15;14
	10月	8;12;11	12;14;15	12;16;8	16;15;8	4;12;8	4;11;12	16;15;1	1;6;4	4;15;3	4;3;15	14;8;15	1;16;8	1;3;12	6;16;14	15;14;3
	11月	8;9;7	12;14;15	9;16;6	15;16;8	4;3;12	4;11;3	1;15;3	4;1;6	1;15;4	4;3;14	14;8;15	8;16;15	1;4;3	4;7;16	15;4;6
	12月	8;12;7	12;14;4	12;16;6	16;15;1	4;14;1	4;6;1	1;16;3	4;3;1	15;1;16	16;4;15	15;16;6	8;3;4	1;3;12	6;16;4	15;8;11
昼间月平均风速 m/s	1月	1.7	1.8	1.5	2.6	1.8	2.1	4.8	2.6	2.7	2.9	2.4	1.5	1.7	0.7	1.1
	2月	2.0	1.8	1.8	2.8	1.9	1.8	4.4	2.6	2.3	3.0	1.8	1.6	1.4	0.8	1.3
	3月	2.4	2.0	2.1	2.7	1.6	1.9	4.3	2.5	2.2	3.1	2.9	2.0	1.4	0.7	1.8
	4月	2.4	1.6	2.0	3.1	1.8	2.3	5.1	2.4	2.5	3.3	2.7	2.1	1.6	1.0	1.8
	5月	2.3	1.4	1.7	3.2	1.8	2.4	4.8	2.0	2.4	3.0	2.4	1.9	1.7	0.9	1.8
	6月	2.2	1.7	1.6	3.1	1.3	2.5	6.8	2.5	2.4	3.2	2.2	1.6	1.6	1.0	1.7
	7月	2.2	1.9	0.9	3.2	1.5	2.2	6.2	2.8	2.5	3.3	2.0	1.4	1.9	1.3	1.9
	8月	1.8	1.5	1.3	2.4	1.5	2.9	4.7	2.5	2.1	2.8	2.0	1.4	1.8	0.8	2.0
	9月	2.0	1.7	1.2	2.8	1.6	2.3	4.0	2.4	2.1	2.4	1.9	1.9	1.8	0.7	1.9
	10月	1.5	1.7	1.7	2.4	1.3	2.1	5.4	2.5	2.8	2.9	1.9	1.7	1.7	0.5	1.4
	11月	1.6	1.5	1.3	3.2	1.5	2.3	5.4	2.6	2.8	2.8	2.0	1.5	1.3	0.6	1.3
	12月	1.4	1.6	1.5	3.0	1.4	1.9	5.7	2.8	2.5	2.7	1.4	1.1	1.2	0.5	1.0

表 B.2（续）

省（自治区、直辖市）		四川	四川	四川	四川	四川	四川	四川	四川	四川	四川	四川	四川	四川	四川	四川
台站信息	台站名称	九龙	会理	南充	宜宾	峨眉山	巴塘	平武	康定	德格	成都	松潘	泸州	理塘	甘孜	稻城
	海拔,m	2 994	1 788	310	342	3 049	2 589	894	2 617	3 185	508	2 852	336	3 950	3 394	3 729
	纬度,°	29.0	26.7	30.8	28.8	29.5	30.0	32.4	30.1	31.8	30.7	32.7	28.9	30.0	31.6	29.1
	经度,°	101.5	102.3	106.1	104.6	103.3	99.1	104.5	102.0	98.6	104.0	103.6	105.4	100.3	100.0	100.3
昼间最多风向[a]	1月	7;6;4	8;7;9	1;16;14	1;6;12	16;9;14	8;9;1	6;4;1	4;6;3	8;9;6	1;16;9	8;1;9	8;1;12	11;7;9	8;12;9	12;4;9
	2月	6;7;14	8;7;6	16;15;3	1;4;12	12;11;16	9;1;8	6;7;4	4;6;3	8;9;4	1;8;16	8;16;1	12;3;8	12;11;9	12;8;11	12;11;4
	3月	7;6;15	8;7;11	16;7;8	1;12;8	11;8;12	9;8;11	4;6;14	4;3;8	8;9;6	4;9;8	8;16;9	14;8;4	11;8;12	11;12;9	12;9;11
	4月	7;6;15	8;7;9	15;16;9	1;4;3	12;7;11	9;1;8	4;14;6	4;3;6	8;1;9	1;9;8	8;16;1	4;12;6	8;12;6	4;8;12	12;11;9
	5月	7;6;14	8;7;6	16;7;15	12;14;1	12;14;11	9;8;6	16;6;9	4;3;7	8;16;1	8;1;9	8;16;7	4;12;9	11;6;8	12;8;4	11;9;8
	6月	7;6;14	8;7;6	8;7;15	1;12;3	12;11;6	12;8;1	16;8;6	4;3;6	8;9;16	8;1;9	8;16;9	14;8;9	8;7;6	8;4;12	3;12;4
	7月	7;8;6	8;7;15	6;8;7	12;1;8	12;11;6	8;3;9	6;9;16	4;3;6	8;9;16	8;9;12	8;16;9	4;12;8	4;6;7	8;7;4	4;9;3
	8月	7;6;12	8;16;7	8;9;4	12;11;1	6;14;16	9;8;11	4;12;15	4;3;6	8;6;7	1;8;12	8;16;7	12;9;8	8;7;4	8;4;6	4;3;8
	9月	7;8;6	8;7;16	8;11;15	8;1;12	15;7;14	9;4;1	6;4;12	4;3;7	8;9;1	10;8;14	8;16;7	12;9;4	6;7;8	8;12;6	7;3;8
	10月	7;8;6	8;6;6	4;1;8	4;14;1	12;14;7	9;4;8	16;6;9	4;3;8	8;9;16	8;1;14	8;16;1	14;4;8	7;8;6	12;8;6	9;12;4
	11月	7;8;6	8;6;3	4;16;8	1;12;6	12;14;11	8;9;4	4;14;16	4;6;3	7;6;8	8;9;3	8;16;1	4;1;8	8;7;6	8;4;7	12;4;1
	12月	7;6;12	8;7;6	15;16;1	1;12;4	11;9;16	8;4;6	8;6;16	4;3;6	8;6;9	16;1;8	8;1;16	12;14;1	14;12;11	8;12;6	12;11;4
昼间月平均风速 m/s	1月	2.9	2.4	0.7	0.7	2.2	1.4	0.3	4.1	1.5	1.2	1.2	0.8	2.5	2.1	3.0
	2月	3.2	2.7	1.0	0.9	2.9	1.6	0.4	4.4	1.2	1.3	1.7	0.9	3.5	2.1	3.6
	3月	3.4	3.4	1.4	1.1	3.0	1.9	0.5	4.8	2.0	1.9	1.6	1.3	3.0	3.2	4.3
	4月	3.8	3.2	1.5	1.2	2.6	1.2	0.7	4.6	1.9	1.9	1.6	1.4	2.9	2.7	3.4
	5月	3.9	2.0	1.3	1.2	2.6	1.7	0.9	4.2	1.9	1.9	1.7	1.2	2.7	2.5	3.0
	6月	3.5	1.9	1.1	1.2	2.3	1.1	0.8	3.3	1.8	1.6	1.4	1.2	2.3	1.5	2.4
	7月	3.6	1.2	1.3	1.1	1.8	0.9	0.8	3.5	1.5	1.6	1.6	1.4	1.8	1.6	1.6
	8月	3.6	1.2	1.3	0.9	2.3	0.9	0.6	3.6	1.8	1.8	1.2	1.4	1.8	1.5	1.7
	9月	3.3	1.4	1.5	1.1	2.3	0.6	0.5	3.6	1.8	1.6	1.5	1.2	1.9	1.5	2.0
	10月	3.2	1.6	1.2	0.8	2.2	0.9	0.5	3.8	1.6	1.3	1.1	1.0	2.2	1.8	1.8
	11月	2.7	1.7	1.0	0.7	2.8	1.0	0.2	3.9	1.7	1.1	1.1	0.9	2.1	1.5	2.1
	12月	3.0	1.9	0.8	0.8	2.8	0.5	0.6	3.0	1.3	1.1	0.8	1.0	1.9	1.6	2.3

表 B.2（续）

省（自治区、直辖市）		四川	四川	四川	四川	四川	四川	四川	四川	贵州	贵州	贵州	贵州	贵州	贵州	贵州
台站名称		绵阳	色达	若尔盖	西昌	达州	阆中	雅安	马尔康	三穗	兴仁	威宁	思南	榕江	毕节	独山
合站信息	海拔,m	522	3 896	3 441	1 599	344	385	629	2 666	631	1 379	2 236	418	287	1 511	971
	纬度,°	31.5	32.3	33.6	27.9	31.2	31.6	30.0	31.9	27.0	25.4	26.9	28.0	26.0	27.3	25.8
	经度,°	104.7	100.3	103.0	102.3	107.5	106.0	103.0	102.2	108.7	105.2	104.3	108.3	108.5	105.2	107.6
昼间最多风向a	1月	4;1;6	12;14;11	12;1;8	8;7;6	1;3;4	12;8;1	3;1;4	12;9;14	1;16;8	4;3;8	8;7;9	4;6;3	1;8;16	4;6;1	16;8;7
	2月	4;3;1	12;14;11	12;9;8	8;6;7	1;8;16	14;4;8	3;8;1	12;14;6	1;16;8	1;4;6	9;6;16	1;16;6	1;8;6	4;15;6	6;16;15
	3月	4;6;3	12;11;14	12;4;14	8;6;9	1;3;4	14;4;8	4;3;8	12;14;6	16;4;1	4;1;3	8;14;6	1;16;6	1;12;6	4;6;1	8;16;6
	4月	4;3;1	12;4;14	12;1;8	4;8;6	1;4;3	4;1;6	4;3;9	14;12;6	16;8;4	4;1;9	8;16;9	8;1;16	1;8;4	4;6;1	7;6;16
	5月	4;8;11	14;6;15	4;8;12	4;8;6	1;8;3	6;8;14	3;9;4	12;14;8	4;16;9	8;4;6	16;8;7	1;6;16	1;3;4	4;12;14	7;6;16
	6月	4;7;12	4;14;6	3;1;8	8;15;1	1;8;4	6;7;4	4;9;3	12;14;8	1;16;4	4;9;1	8;16;9	1;16;4	8;1;4	4;6;14	8;6;7
	7月	7;12;1	4;6;7	8;7;4	8;4;11	1;6;8	8;6;14	9;4;3	14;12;16	4;6;9	8;4;6	8;16;9	8;6;7	8;9;4	4;6;12	7;8;16
	8月	12;8;4	6;4;14	4;8;12	8;6;4	1;6;4	6;8;4	9;1;8	12;14;4	1;4;12	4;6;8	7;8;6	7;3;4	8;1;11	6;4;12	7;16;8
	9月	4;3;1	4;6;8	8;4;9	8;12;11	1;8;4	4;16;1	4;11;9	14;12;11	1;4;16	4;6;9	8;16;6	8;1;3	8;4;12	4;16;6	6;16;8
	10月	4;8;1	11;4;12	8;4;14	8;6;9	1;3;4	8;14;1	3;9;4	12;14;9	4;1;16	4;1;8	16;8;6	1;8;14	1;3;6	4;6;16	16;8;6
	11月	4;12;3	12;9;11	12;8;11	4;7;8	1;8;4	14;8;6	3;8;1	12;8;11	1;16;15	4;1;8	6;8;15	1;16;4	3;8;1	4;15;6	8;6;16
	12月	6;4;1	12;15;14	8;12;14	8;16;7	1;4;12	14;8;6	3;4;1	12;9;11	1;4;16	4;1;6	8;12;16	4;3;1	1;8;6	4;6;3	16;7;14
昼间月平均风速 m/s	1月	1.0	3.4	2.1	1.5	1.3	0.9	1.0	1.1	1.9	3.0	3.5	1.0	1.2	1.0	2.7
	2月	1.0	3.2	3.2	1.5	1.4	0.8	1.0	1.5	2.2	3.0	3.6	1.4	1.3	1.3	2.9
	3月	1.5	3.9	3.3	2.1	1.9	1.3	1.3	1.7	2.1	3.0	4.2	1.5	1.1	1.5	2.5
	4月	1.8	2.8	3.4	1.8	1.9	1.2	1.4	1.8	2.2	3.4	3.9	1.7	1.5	1.7	2.9
	5月	2.2	2.9	2.8	1.7	1.8	1.1	1.5	1.8	2.2	3.0	3.6	1.3	1.2	1.4	3.4
	6月	1.5	2.5	2.7	1.0	1.8	1.1	1.2	1.4	2.0	2.3	3.2	1.6	1.0	1.4	3.1
	7月	1.5	2.1	2.4	1.0	1.9	1.4	1.5	1.5	2.3	2.0	3.1	2.1	1.4	1.4	2.9
	8月	1.5	2.0	2.3	0.9	1.9	0.9	1.2	1.1	2.2	1.7	3.1	1.7	1.5	1.7	2.5
	9月	1.4	1.8	2.6	1.1	1.9	1.3	1.0	1.5	2.3	2.5	3.2	1.8	1.0	1.3	2.5
	10月	1.1	1.9	2.4	1.2	1.5	1.0	0.9	1.0	2.1	2.0	3.2	1.1	1.1	1.0	2.9
	11月	1.0	2.2	3.1	0.9	1.2	0.7	1.0	0.8	1.9	2.2	3.3	1.4	1.2	1.2	2.7
	12月	0.9	2.2	2.8	1.2	1.4	0.6	0.9	0.9	1.8	2.2	3.2	0.9	0.9	0.9	3.0

表 B.2（续）

省（自治区、直辖市）		贵州	贵州	贵州	云南	云南	云南	云南	云南	云南	云南	云南	云南	云南	云南	云南
台站名称		罗甸	贵阳	遵义	临沧	丽江	会泽	保山	元谋	勐腊	大理	广南	德钦	思茅	昆明	昭通
台站信息	海拔，m	441	1 223	845	1 503	2 394	2 110	1 649	1 120	633	1 992	1 251	3 320	1 303	1 892	1 950
	纬度，°	25.4	26.6	27.7	24.0	26.8	26.4	25.1	25.7	21.5	25.7	24.1	28.5	22.8	25.0	27.3
	经度，°	106.8	106.7	106.9	100.2	100.5	103.3	99.2	101.9	101.6	100.2	105.1	98.9	101.0	102.7	103.8
昼间最多风向ᵃ	1月	4;1;6	1;4;8	6;1;4	11;12;8	12;11;14	12;4;11	7;6;12	8;9;7	8;4;7	4;8;6	1;8;12	4;3;12	8;12;9	11;8;9	8;16;15
	2月	4;1;6	1;4;8	4;8;6	12;14;11	12;11;14	12;4;3	8;12;9	8;7;11	8;4;7	4;8;12	9;3;16	3;4;12	9;8;12	9;8;7	8;16;15
	3月	1;4;16	1;4;3	6;8;4	12;14;4	12;11;14	12;4;1	12;8;9	8;7;12	8;4;9	4;7;6	11;9;8	3;4;12	9;11;8	11;9;12	8;15;9
	4月	4;1;6	1;8;3	1;4;3	12;8;6	12;11;4	12;4;1	8;9;12	8;7;11	8;9;6	4;6;8	8;4;12	4;3;12	11;8;12	11;9;8	8;16;12
	5月	4;14;6	8;4;1	8;7;1	4;14;8	12;11;4	12;11;1	8;9;12	8;4;7	8;1;12	4;8;6	8;9;1	4;3;12	8;9;11	9;7;8	8;4;15
	6月	12;4;6	9;6;8	8;6;14	16;8;1	12;6;4	11;12;1	8;12;6	8;6;7	8;4;7	4;15;3	1;8;16	4;3;12	8;9;11	11;8;9	7;8;15
	7月	12;4;6	8;9;4	6;8;4	1;4;3	4;6;7	12;11;3	8;4;9	6;7;8	8;7;4	4;12;14	4;1;8	4;3;1	8;9;12	4;8;7	7;4;15
	8月	4;1;12	8;9;4	6;8;4	16;8;4	4;6;3	12;4;11	4;8;6	8;14;1	8;7;9	4;6;3	1;6;4	4;3;12	8;4;9	6;8;4	8;7;15
	9月	1;8;9	8;9;4	8;9;15	8;4;16	4;6;12	1;11;3	8;9;4	7;8;4	8;4;1	15;12;4	1;4;3	4;3;12	8;9;11	8;7;6	8;4;15
	10月	4;8;12	8;1;4	6;1;8	6;4;8	12;4;11	12;4;11	8;9;4	6;8;14	8;7;6	4;12;3	1;3;12	3;4;12	8;11;12	8;9;7	8;15;11
	11月	1;4;6	8;4;1	6;1;7	4;16;12	12;4;11	3;12;11	8;4;9	7;8;6	8;4;7	4;6;12	8;9;14	4;12;8	8;11;9	8;9;4	8;7;4
	12月	4;1;6	4;1;8	6;1;4	4;6;3	12;11;6	11;12;1	8;9;12	8;4;7	8;4;16	4;6;16	1;8;9	12;4;3	8;11;9	8;9;11	8;7;11
昼间月平均风速 m/s	1月	0.7	2.4	1.3	2.3	3.7	4.6	0.4	2.3	0.8	3.5	2.5	1.9	1.4	2.8	1.8
	2月	0.7	2.1	1.3	1.8	4.5	3.9	1.5	3.3	1.0	4.1	2.5	2.3	1.7	3.2	2.4
	3月	0.9	2.5	1.7	2.5	4.8	5.7	1.4	3.5	1.2	3.7	3.3	1.8	1.9	3.8	2.3
	4月	0.8	2.7	1.7	2.2	4.6	3.7	1.2	3.0	1.2	3.4	2.9	2.5	2.0	3.6	2.8
	5月	1.1	2.8	1.9	1.8	3.7	3.5	1.3	2.7	1.5	2.8	2.5	2.4	1.7	2.9	1.5
	6月	1.0	2.9	1.8	1.4	3.0	2.7	0.9	2.5	1.2	1.8	2.2	1.9	1.5	2.3	1.5
	7月	0.6	3.2	2.4	1.5	2.2	2.0	1.1	1.5	1.2	1.8	1.9	1.6	1.2	1.8	1.3
	8月	0.8	2.8	2.0	1.3	2.4	1.9	0.9	1.5	0.9	1.6	1.5	1.5	1.3	2.2	1.1
	9月	0.8	3.1	1.7	1.7	2.6	2.2	0.9	1.5	1.1	1.8	1.8	1.5	1.4	1.9	1.6
	10月	0.8	2.6	1.3	1.5	2.8	2.6	0.7	2.0	1.1	1.9	1.9	2.2	1.2	2.1	1.2
	11月	0.6	2.8	1.3	1.5	2.8	2.8	1.0	1.0	0.9	1.8	1.8	1.8	1.1	2.0	1.3
	12月	0.8	2.3	1.1	1.4	3.4	3.7	0.7	1.9	0.6	2.2	1.4	1.7	1.2	2.5	1.0

表 B.2 （续）

省（自治区、直辖市）		云南	云南	云南	云南	云南	云南	云南	云南	云南	云南	西藏	西藏	西藏	西藏	西藏
台站名称		景洪	楚雄	江城	沾益	澜沧	瑞丽	耿马	腾冲	芦西	蒙自	丁青	定日	帕里	拉萨	日喀则
台站信息	海拔,m	579	1 820	1 121	1 900	1 054	776	1 104	1 649	1 708	1 302	3 874	4 300	4 300	3 650	3 837
	纬度,°	22.0	25.0	22.6	25.6	22.6	24.0	23.6	25.1	24.5	23.4	31.4	28.6	27.7	29.7	29.3
	经度,°	100.8	101.5	101.8	103.8	99.9	97.8	99.4	98.5	103.8	103.4	95.6	87.1	89.1	91.1	88.9
昼间最多风向[a]	1月	4;6;8	8;9;12	4;6;11	8;9;7	8;12;11	8;11;12	12;4;9	8;16;9	8;9;11	8;7;6	14;8;12	12;9;11	4;9;6	4;6;12	14;1;9
	2月	8;4;9	9;14;12	12;9;8	8;9;16	8;12;11	8;9;11	12;14;9	8;9;16	11;8;9	8;7;4	14;8;12	12;9;8	8;4;7	12;4;14	12;16;8
	3月	4;14;9	9;8;14	12;4;6	11;8;9	12;11;8	8;11;12	12;9;8	8;9;7	8;11;9	7;8;4	14;12;8	9;12;8	8;4;9	12;4;14	9;14;8
	4月	8;6;4	9;11;12	12;4;8	8;9;11	11;12;8	8;11;9	12;9;4	8;9;16	8;11;9	8;7;4	4;14;6	12;11;8	8;9;4	12;4;3	9;8;12
	5月	4;6;8	9;8;6	4;6;12	8;7;9	8;4;7	8;11;9	12;8;9	8;9;16	8;9;11	8;7;6	14;12;4	12;8;4	8;4;6	4;12;6	8;4;12
	6月	8;4;6	9;4;8	4;8;9	8;7;9	8;4;7	11;8;9	8;14;1	8;9;12	8;11;9	7;8;6	14;4;12	8;4;9	4;6;7	4;14;12	6;16;4
	7月	6;8;4	9;8;6	4;12;8	8;7;9	8;3;12	11;8;12	8;12;9	8;9;16	8;9;12	8;7;6	4;14;6	4;8;12	4;6;8	4;12;6	1;8;4
	8月	4;1;6	6;4;8	4;12;9	8;7;6	8;3;7	11;8;9	8;9;4	8;7;9	8;1;4	8;16;6	4;12;6	8;4;12	4;6;7	4;12;8	16;6;8
	9月	4;8;14	8;4;6	6;4;12	8;7;16	8;3;7	8;4;9	8;4;6	8;9;16	8;9;12	8;7;6	4;6;8	4;8;6	14;4;6	14;4;6	6;7;16
	10月	4;6;8	8;7;4	4;12;6	8;7;9	7;3;8	4;3;11	8;1;4	8;9;16	8;9;7	8;7;6	4;14;8	11;9;12	4;6;8	12;4;14	6;16;8
	11月	4;8;9	9;8;6	6;4;12	8;9;7	12;8;7	8;9;11	8;7;4	8;16;3	8;9;7	8;7;16	14;12;8	12;14;6	4;6;8	4;12;9	4;9;1
	12月	6;4;8	9;4;8	4;9;12	8;9;11	9;8;7	8;9;12	8;12;4	8;9;16	8;11;9	8;7;6	8;14;6	12;9;11	4;8;15	4;3;12	16;1;14
昼间月平均风速 m/s	1月	0.9	1.5	1.0	3.7	1.7	0.9	0.8	2.5	4.5	3.1	2.0	3.4	4.3	1.9	1.6
	2月	1.1	2.1	1.2	4.1	2.1	1.2	1.3	2.4	4.8	3.5	1.7	4.7	3.2	2.4	2.1
	3月	0.8	2.5	1.4	5.0	2.0	1.5	1.7	2.9	6.1	3.5	2.5	4.2	4.1	2.9	2.5
	4月	1.3	3.1	1.2	4.5	2.2	1.9	1.8	2.4	5.3	3.5	2.4	4.4	4.4	2.6	2.5
	5月	1.1	2.7	1.4	3.5	1.5	1.5	1.2	2.0	5.0	2.9	2.1	3.1	4.9	2.4	2.1
	6月	1.4	2.2	0.9	3.3	1.2	1.3	1.1	2.3	3.6	2.6	2.2	3.1	5.4	1.9	1.4
	7月	1.4	1.6	0.9	2.6	1.3	1.4	1.0	2.5	3.1	2.0	1.6	2.1	4.4	1.8	1.0
	8月	0.9	1.4	1.1	2.3	1.3	1.4	1.0	1.8	2.3	1.7	1.4	1.8	3.7	1.9	1.2
	9月	0.8	1.4	0.9	2.6	1.2	1.3	0.9	1.8	2.5	2.1	1.3	2.0	3.9	1.9	1.4
	10月	0.9	1.6	1.0	3.0	1.2	1.0	0.8	1.9	2.9	2.5	1.4	2.3	4.6	1.7	1.4
	11月	0.5	1.3	1.1	3.5	1.3	1.0	0.6	2.5	3.7	2.4	1.4	2.4	4.4	1.8	1.7
	12月	0.7	1.8	0.9	3.9	1.1	0.7	0.5	2.3	3.1	3.0	1.3	2.8	4.4	1.5	1.2

表 B.2（续）

省（自治区、直辖市）		西藏	西藏	西藏	西藏	西藏	西藏	西藏	陕西	陕西	陕西	陕西	陕西	陕西	陕西	甘肃
台站名称		昌都	林芝	狮泉河	班戈	索县	那曲	隆子	华山	安康	宝鸡	延安	榆林	汉中	西安	乌鞘岭
台站信息	海拔,m	3 307	3 001	4 280	4 701	4 024	4 508	3 861	2 063	291	610	959	1 058	509	398	3 044
	纬度,°	31.2	29.6	32.5	31.4	31.9	31.5	28.4	34.5	32.7	34.4	36.6	38.2	33.1	34.3	37.2
	经度,°	97.2	94.5	80.1	90.0	93.8	92.1	92.5	110.1	109.0	107.1	109.5	109.7	107.0	108.9	102.9
昼间最多风向[a]	1月	11;9;8	8;7;6	12;3;11	12;9;14	12;11;14	12;14;8	12;8;9	12;8;11	1;4;3	4;14;12	9;4;12	15;8;14	4;8;1	3;1;12	16;7;15
	2月	14;12;16	6;7;8	11;12;9	12;9;14	12;14;1	11;12;9	8;9;12	12;8;9	3;12;4	4;3;12	9;3;11	12;8;7	4;8;3	1;3;9	16;8;7
	3月	8;9;11	6;8;7	11;12;8	12;11;14	12;11;6	11;12;8	12;8;9	8;4;12	1;12;3	4;6;12	3;9;1	14;7;8	1;4;8	1;12;9	15;7;16
	4月	8;7;6	6;7;8	9;11;12	12;9;14	12;4;11	12;11;14	8;12;14	4;12;8	1;4;12	4;12;14	9;1;12	15;14;6	4;3;12	1;12;4	16;15;6
	5月	8;6;1	4;7;8	11;12;9	12;14;11	4;12;1	8;9;12	8;6;12	12;9;4	12;1;8	4;12;14	9;3;11	15;8;12	4;8;1	12;1;4	16;6;15
	6月	8;12;1	8;6;4	12;11;9	14;4;8	12;7;8	4;9;8	6;4;8	12;4;11	1;12;8	4;12;14	9;4;11	8;7;15	4;3;8	1;4;12	15;7;14
	7月	8;9;11	8;7;9	12;11;9	8;9;4	4;6;12	4;8;6	4;8;6	8;12;9	1;4;8	4;12;1	3;9;4	8;7;15	3;4;1	12;9;1	8;7;16
	8月	8;9;14	8;7;14	11;12;8	1;4;8	12;15;4	8;12;4	4;6;8	4;8;12	4;3;1	4;9;12	8;1;4	6;8;4	4;1;6	1;3;12	16;7;6
	9月	8;11;9	7;8;6	9;12;11	8;12;1	4;7;8	8;4;3	4;8;12	9;12;4	11;1;12	4;6;9	4;8;9	7;8;14	4;12;3	1;12;3	15;14;6
	10月	8;11;9	6;8;7	11;9;12	9;12;11	12;4;11	11;9;12	8;4;9	8;12;9	12;4;8	4;12;9	9;8;3	8;7;14	4;1;8	12;1;3	16;15;7
	11月	8;9;11	7;6;8	11;3;12	9;11;12	12;16;15	11;9;12	8;9;12	12;11;8	4;12;3	4;12;14	9;8;3	12;8;14	4;3;8	3;8;1	14;16;7
	12月	8;12;9	6;7;8	11;9;12	12;9;11	1;12;16	12;8;14	8;12;9	12;14;9	1;4;3	4;12;8	9;8;11	7;8;15	4;3;8	12;1;3	15;7;14
昼间月平均风速 m/s	1月	1.2	2.6	2.1	4.9	1.6	4.0	3.0	5.6	1.4	1.5	1.5	1.1	1.1	1.5	5.1
	2月	1.5	3.7	3.8	6.1	3.0	5.2	3.2	4.9	1.8	1.6	1.4	3.1	1.6	2.3	6.0
	3月	1.9	3.6	3.6	5.5	2.8	4.4	4.1	4.7	2.0	2.2	1.8	3.3	1.9	2.2	7.1
	4月	1.8	3.2	3.6	5.5	3.2	5.5	3.8	4.7	2.0	2.2	2.0	3.2	2.0	2.4	6.8
	5月	1.4	2.8	4.0	4.6	2.5	4.0	3.8	4.2	1.8	2.1	2.1	3.4	1.8	2.5	6.5
	6月	1.3	2.5	4.1	4.1	1.8	3.0	3.1	3.3	1.8	1.9	1.8	2.9	1.9	1.6	6.0
	7月	1.2	1.8	3.2	3.4	1.5	3.0	3.0	3.5	1.7	2.4	1.7	2.4	2.2	2.0	5.6
	8月	0.8	1.8	2.6	3.3	1.6	2.4	2.7	3.1	1.9	2.0	1.6	2.6	1.8	1.7	5.9
	9月	1.1	2.1	2.8	3.2	1.9	2.4	2.7	3.7	1.4	1.5	1.4	2.5	1.5	2.1	5.7
	10月	1.1	3.1	2.6	4.5	2.3	3.5	2.9	4.2	1.3	1.3	1.6	2.5	1.5	1.4	5.6
	11月	1.0	2.9	2.3	5.3	2.0	3.0	3.0	5.4	1.3	1.3	1.2	2.1	1.2	1.0	5.6
	12月	0.9	2.7	2.0	5.5	1.9	3.4	2.7	5.4	1.4	1.2	1.0	1.9	1.1	1.4	5.2

表 B.2 （续）

省（自治区、直辖市）		甘肃	甘肃	甘肃	甘肃	甘肃	甘肃	甘肃	甘肃	甘肃	甘肃	甘肃	甘肃	甘肃	青海	青海
台站名称		兰州	华家岭	合作	天水	平凉	张掖	敦煌	武都	民勤	玉门	西峰	酒泉	马鬃山	五道梁	冷湖
台站信息	海拔，m	1 518	2 450	2 910	1 143	1 348	1 483	1 140	1 079	1 367	1 527	1 423	1 478	1 770	4 613	2 771
	纬度，°	36.1	35.4	35.0	34.6	35.6	38.9	40.2	33.4	38.6	40.3	35.7	39.8	41.8	35.2	38.8
	经度，°	103.9	105.0	102.9	105.8	106.7	100.4	94.7	104.9	103.1	97.0	107.6	98.5	97.0	93.1	93.4
昼间最多风向[a]	1月	3;4;15	6;8;16	15;12;16	4;3;15	4;6;14	14;7;12	4;1;12	8;6;9	12;4;15	12;4;14	8;7;6	4;15;8	12;11;4	12;13;11	12;8;11
	2月	4;3;7	6;4;16	6;15;4	4;6;12	4;6;12	14;12;8	12;11;4	7;6;8	12;4;14	12;4;3	8;12;15	4;12;14	12;11;9	12;11;9	12;13;8
	3月	4;16;1	6;7;1	15;3;12	6;4;8	4;12;14	15;14;12	1;12;14	7;8;4	4;12;14	4;12;3	8;7;3	4;15;14	12;14;4	12;11;8	12;14;11
	4月	1;4;12	6;16;7	15;4;1	4;8;7	4;14;6	14;15;7	12;1;16	6;7;1	12;4;14	12;4;1	8;15;14	4;15;3	12;15;11	12;11;8	14;12;15
	5月	4;1;3	6;16;7	15;4;8	4;6;3	4;12;14	7;12;15	3;1;12	6;8;4	4;12;14	12;4;3	8;16;9	4;12;6	15;12;14	12;3;16	12;13;14
	6月	4;1;7	7;6;14	4;6;15	3;1;4	4;14;6	8;14;15	1;12;16	8;7;12	4;6;14	4;3;12	8;14;9	4;3;15	15;12;16	3;4;12	14;12;15
	7月	4;6;3	6;16;15	15;12;4	4;8;3	4;6;12	14;4;8	16;12;1	8;12;7	4;12;3	4;1;12	8;4;6	4;7;3	12;15;16	12;4;15	14;12;4
	8月	4;3;12	6;7;4	15;4;8	4;3;7	4;12;14	14;8;6	1;3;15	8;6;4	4;12;6	4;12;3	8;6;4	4;1;15	12;4;15	4;3;16	13;12;14
	9月	6;3;1	6;4;7	15;8;4	4;6;3	4;6;12	14;12;15	1;12;3	8;7;4	4;12;1	4;12;1	8;4;6	4;15;3	14;15;12	12;13;4	12;14;16
	10月	1;3;4	6;16;8	15;16;1	4;6;14	4;12;6	15;7;12	1;12;4	8;7;6	4;12;15	12;4;3	8;12;15	4;1;3	12;11;14	12;11;8	12;14;1
	11月	4;16;11	7;6;8	16;15;4	4;3;12	4;12;6	14;8;6	12;4;1	8;7;6	12;15;14	12;4;11	8;7;15	4;15;3	11;12;15	12;11;13	12;7;11
	12月	4;1;15	16;6;4	16;8;15	4;3;6	4;12;14	14;8;7	12;11;4	8;9;7	12;4;11	12;4;3	15;14;8	4;6;7	12;11;8	12;11;9	12;14;8
昼间月平均风速 m/s	1月	0.8	3.3	1.7	0.7	2.1	2.3	2.2	1.0	2.7	4.2	2.6	2.3	3.9	7.0	2.4
	2月	0.5	4.3	1.5	1.1	2.4	2.4	2.6	1.7	3.8	4.1	3.2	2.2	4.3	7.2	3.7
	3月	1.3	5.4	2.2	1.6	2.7	3.0	2.5	2.0	3.4	4.7	3.5	3.2	5.5	7.9	4.4
	4月	1.5	5.3	1.8	1.2	2.8	3.0	3.1	2.2	4.0	5.1	3.4	3.7	5.7	6.2	5.2
	5月	1.5	5.7	2.5	1.5	2.9	2.9	3.1	1.9	3.8	3.9	3.3	3.0	5.1	4.2	4.7
	6月	1.6	5.0	2.2	1.2	2.7	2.5	2.3	1.9	3.0	3.0	3.2	2.8	4.5	3.9	5.0
	7月	1.4	4.6	1.7	1.5	2.6	2.5	2.1	2.5	2.9	3.1	3.6	2.8	5.1	4.0	4.7
	8月	1.3	3.7	1.6	1.4	2.6	2.4	2.2	2.2	3.4	3.0	3.0	2.8	4.0	3.9	4.5
	9月	0.8	4.6	1.3	1.2	2.2	2.0	1.9	1.8	2.9	3.2	2.9	2.8	3.9	3.7	4.0
	10月	0.6	4.9	1.5	1.0	2.3	1.9	1.9	1.9	3.0	3.5	2.9	2.0	4.5	4.6	3.6
	11月	0.4	4.1	1.1	1.0	2.2	2.4	2.1	1.1	2.9	4.3	2.6	2.5	4.2	5.9	2.4
	12月	0.5	3.7	1.3	0.8	2.3	2.2	2.2	1.0	2.1	3.9	2.5	2.0	3.4	7.2	1.9

表 B.2（续）

省（自治区、直辖市）		青海	青海	青海	青海	青海	青海	青海	青海	青海	青海	青海	青海	青海	青海	宁夏
台站名称		刚察	大柴旦	德令哈	曲麻莱	杂多	格尔木	沱沱河	河南	玉树	玛多	茫崖	西宁	达日	都兰	中宁
台站信息	海拔，m	3 302	3 174	2 982	4 176	4 068	2 809	4 535	3 501	3 682	4 273	2 945	2 296	3 968	3 192	1 193
	纬度，°	37.3	37.9	37.4	34.1	32.9	36.4	34.2	34.7	33.0	34.9	38.3	36.6	33.8	36.3	37.5
	经度，°	100.1	95.4	97.4	95.8	95.3	94.9	92.4	101.6	97.0	98.2	90.9	101.8	99.7	98.1	105.7
昼间最多风向[a]	1月	8;7;6	12;2;9	5;4;3	12;7;8	11;9;4	12;13;11	12;11;4	12;9;14	12;11;9	12;9;8	14;4;15	2;1;7	12;3;11	7;6;12	12;3;9
	2月	8;6;7	12;9;14	5;3;1	12;13;11	11;9;12	12;13;3	12;11;14	12;14;4	12;11;9	12;9;11	9;8;12	8;9;6	12;3;14	12;6;7	12;3;11
	3月	8;12;6	12;11;13	12;8;9	12;11;7	12;11;9	12;13;11	12;13;14	14;5;12	12;4;11	12;14;13	12;8;9	6;8;4	12;8;15	12;6;11	12;3;4
	4月	7;8;6	12;9;11	12;9;3	12;8;11	11;12;9	12;14;11	12;11;14	12;14;15	12;9;4	12;13;11	12;8;3	8;9;10	12;8;11	12;7;14	12;7;3
	5月	8;7;4	12;11;9	3;12;5	12;11;8	4;11;12	12;14;11	12;13;11	6;5;8	4;12;6	12;11;6	12;15;10	7;5;8	3;12;2	11;12;4	12;3;4
	6月	8;10;5	12;11;8	8;4;11	8;12;6	12;4;3	12;13;2	4;3;2	6;8;7	1;4;3	3;1;5	6;3;7	8;4;15	2;12;3	12;6;14	8;12;4
	7月	8;7;16	12;11;9	12;6;4	12;8;7	4;12;3	12;14;9	13;12;15	4;14;1	4;12;3	4;1;8	10;5;8	4;8;6	1;12;3	12;6;9	12;7;1
	8月	4;8;6	12;11;9	4;8;9	12;8;6	4;3;11	12;14;11	4;3;1	4;6;14	4;9;6	8;1;12	8;12;6	9;8;4	1;3;4	12;13;11	8;12;4
	9月	8;6;15	12;9;8	8;12;3	12;6;14	4;12;8	12;13;11	4;12;11	8;6;14	12;9;1	12;3;13	8;7;12	11;8;12	4;1;11	12;14;7	12;1;4
	10月	8;12;7	12;11;8	4;3;8	12;4;6	9;11;12	12;14;11	12;13;14	4;6;12	4;3;12	8;12;9	6;7;4	8;4;9	12;4;13	12;14;6	12;1;9
	11月	8;11;12	12;11;10	4;8;3	12;8;9	8;11;4	12;13;3	12;13;14	12;9;11	8;11;12	9;10;11	8;12;9	4;7;15	12;13;8	12;6;5	12;3;4
	12月	12;11;8	12;9;14	4;3;8	12;11;14	12;11;9	12;1;3	12;4;6	12;13;15	12;11;4	12;9;11	8;9;7	8;6;1	12;14;4	7;12;6	12;11;1
昼间月平均风速 m/s	1月	2.7	1.5	1.6	3.5	2.0	2.2	6.7	2.8	1.7	3.8	1.5	1.0	2.6	2.1	4.2
	2月	3.5	2.5	1.6	3.6	2.3	2.5	5.8	3.1	1.9	4.5	1.9	1.2	3.6	2.6	4.3
	3月	4.4	3.1	2.4	3.9	3.1	2.8	5.7	3.4	2.4	4.6	3.4	1.6	3.6	2.7	4.7
	4月	3.5	3.2	2.6	3.9	3.3	3.1	7.4	4.1	2.2	4.9	3.2	1.8	3.3	2.7	5.0
	5月	3.7	3.5	2.3	3.0	2.4	3.1	4.8	3.4	1.9	3.8	4.0	1.5	2.9	2.8	4.5
	6月	3.3	2.9	2.0	2.7	2.1	2.5	4.1	2.7	1.0	3.8	3.4	1.1	2.3	2.3	4.1
	7月	3.2	2.8	2.0	2.6	2.1	2.5	4.0	2.1	1.2	3.4	3.1	1.0	2.6	2.2	3.8
	8月	2.7	2.8	1.5	2.4	1.8	2.6	3.1	2.1	1.1	3.4	3.0	0.9	2.3	2.2	3.8
	9月	2.8	2.9	1.6	2.3	1.7	2.3	4.1	2.3	1.0	3.5	2.7	0.9	1.9	1.9	3.5
	10月	3.3	2.5	1.8	2.5	2.3	2.2	4.2	2.4	0.9	3.2	2.0	0.9	2.4	2.2	3.2
	11月	3.5	1.7	1.5	2.8	1.7	2.1	4.7	2.8	1.5	3.8	1.5	1.0	3.1	2.5	3.5
	12月	3.6	1.4	1.3	2.9	2.1	2.3	5.3	2.4	1.3	2.9	1.1	0.9	3.1	2.2	3.6

表 B.2（续）

省（自治区、直辖市）		宁夏	宁夏	新疆	新疆	新疆	新疆	新疆	新疆	新疆	新疆	新疆	新疆	新疆	新疆	新疆
台站名称		盐池	银川	乌鲁木齐	伊吾	伊宁	克拉玛依	北塔山	吐鲁番	和布克赛尔	和田	哈密	哈巴河	喀什	塔城	奇台
台站信息	海拔，m	1 356	1 112	947	1 729	664	428	1 651	37	1 294	1 375	739	534	1 291	535	794
	纬度，°	37.8	38.5	43.8	43.3	44.0	45.6	45.4	42.9	46.8	37.1	42.8	48.1	39.5	46.7	44.0
	纬度，°	107.4	106.2	87.7	94.7	81.3	84.9	90.5	89.2	85.7	79.9	93.5	86.4	76.0	83.0	89.6
昼间最多风向a	1月	12;11;7	16;4;3	1;3;8	3;4;12	3;4;1	9;4;8	4;7;8	4;6;9	4;14;16	12;4;3	4;1;12	4;3;12	8;6;7	4;3;11	8;7;12
	2月	12;4;8	15;16;7	1;16;9	3;4;12	4;3;1	3;9;8	4;7;3	4;1;12	4;1;11	4;1;14	4;12;3	4;12;3	8;7;4	4;15;12	12;7;4
	3月	12;8;11	15;16;8	16;1;4	3;4;12	4;12;3	4;8;6	14;4;8	4;8;6	4;12;6	12;4;16	4;6;12	4;12;14	4;3;7	4;9;6	12;4;14
	4月	8;12;11	8;7;12	15;16;4	3;12;4	4;3;9	4;12;3	12;14;11	4;8;9	12;4;11	12;14;16	12;4;6	12;4;11	4;7;8	4;12;8	12;14;4
	5月	8;4;12	8;15;4	16;15;14	3;1;12	12;4;6	8;6;4	12;14;16	4;8;6	12;9;4	12;14;4	12;8;4	12;11;4	12;4;8	4;8;12	12;4;7
	6月	8;12;14	8;16;14	15;16;8	12;4;1	4;12;3	12;3;4	12;14;11	4;8;12	9;8;11	14;12;15	4;6;11	12;11;6	4;8;7	8;6;12	12;14;8
	7月	8;4;6	8;7;16	15;14;7	12;3;4	6;4;9	8;4;14	12;8;7	8;6;4	9;8;1	12;14;4	4;1;6	12;11;9	7;8;3	6;8;9	14;8;12
	8月	8;6;12	8;16;15	16;14;6	3;4;12	4;11;12	4;12;8	12;14;11	6;8;4	12;8;9	12;14;16	3;4;1	12;4;11	6;8;9	12;9;8	12;14;4
	9月	8;6;4	16;8;15	14;16;15	3;4;1	4;12;8	8;4;7	12;14;15	4;6;8	12;9;8	12;14;4	4;7;9	12;4;11	3;4;6	12;4;6	12;4;14
	10月	4;12;8	8;4;7	14;16;1	3;4;12	4;6;14	4;3;12	12;14;15	4;6;8	4;8;12	12;9;14	4;6;12	4;12;3	8;12;4	4;6;16	12;4;8
	11月	12;8;11	8;15;16	1;3;16	1;12;6	4;1;3	8;4;3	6;8;4	4;3;9	4;14;9	12;9;14	6;4;8	4;12;3	8;7;3	15;12;8	14;8;12
	12月	12;11;8	4;8;15	1;3;8	3;4;12	4;3;6	8;4;9	7;4;6	4;8;6	4;11;9	12;4;14	4;1;3	4;12;3	4;6;8	16;4;7	12;7;8
昼间月平均风速 m/s	1月	3.1	2.1	1.7	2.7	1.2	1.0	1.3	0.1	1.0	1.7	1.1	5.5	1.5	2.2	1.9
	2月	3.5	2.7	2.6	3.1	1.6	0.9	1.5	0.6	1.3	2.3	1.5	4.2	1.7	2.5	2.0
	3月	4.7	2.8	2.8	3.7	2.7	2.7	2.0	1.0	2.0	2.5	2.1	3.8	2.2	2.9	2.8
	4月	4.2	4.1	3.4	3.9	3.0	4.1	4.4	1.1	3.2	2.4	2.3	4.2	2.8	3.5	3.3
	5月	3.9	3.2	3.2	4.2	2.6	4.2	5.1	1.3	2.6	2.4	1.8	3.6	2.7	2.9	3.3
	6月	4.3	3.3	3.8	3.3	2.6	4.3	5.1	1.1	3.2	2.8	1.4	2.9	2.7	3.1	3.5
	7月	3.1	2.9	2.8	3.2	2.3	3.6	4.4	1.1	2.2	2.4	1.1	2.6	2.8	2.3	2.5
	8月	3.3	2.8	3.1	2.9	2.3	3.7	4.0	0.9	2.4	2.2	1.1	2.4	2.5	2.7	2.5
	9月	2.9	2.4	2.9	3.3	2.0	3.5	4.1	0.9	2.6	2.3	0.8	3.3	2.1	2.7	2.9
	10月	3.3	2.6	2.3	3.3	1.9	2.9	3.2	0.4	1.7	2.1	0.7	3.8	1.7	2.5	2.6
	11月	3.2	2.6	1.9	3.3	1.5	2.0	2.0	0.2	1.2	2.0	1.3	3.7	1.4	1.7	2.2
	12月	3.3	2.2	1.8	2.9	1.3	1.0	1.6	0.3	1.1	1.7	0.6	4.9	1.4	1.9	2.1

表 B.2（续）

省（自治区、直辖市）		新疆	新疆	新疆	新疆	新疆	新疆	新疆	新疆	新疆	新疆	新疆	新疆	新疆	新疆
台站名称		富蕴	巴仑台	巴楚	巴音布鲁克	库尔勒	库车	皮山	精河	若羌	莎车	铁干里克	阿勒泰	阿合奇	阿拉尔
台站信息	海拔，m	827	1 753	1 117	2 459	933	1 100	1 376	321	889	1 232	847	737	1 986	1 013
	纬度，°	47.0	42.7	39.8	43.0	41.8	41.7	37.6	44.6	39.0	38.4	40.6	47.7	40.9	40.5
	经度，°	89.5	86.3	78.6	84.2	86.1	83.0	78.3	82.9	88.2	77.3	87.7	88.1	78.5	81.1
昼间最多风向[a]	1月	12;3;6	8;16;15	1;16;9	3;9;1	4;12;8	12;4;9	4;12;3	8;16;15	12;4;9	1;4;16	12;4;8	1;12;16	4;11;3	4;3;8
	2月	12;8;6	8;7;16	8;1;4	4;9;11	8;12;3	9;11;16	1;12;4	16;1;8	1;12;9	14;1;16	12;14;4	8;4;3	4;11;9	9;8;1
	3月	12;9;3	8;15;15	1;11;12	4;9;11	11;12;3	4;8;11	12;14;4	1;8;7	1;3;12	12;14;15	4;12;3	4;12;6	4;3;11	1;3;12
	4月	12;8;11	8;14;16	1;9;4	4;12;9	12;11;3	4;8;9	12;14;4	15;16;8	3;1;4	16;14;3	4;1;3	12;4;8	3;4;9	12;4;1
	5月	12;11;9	16;8;4	1;12;9	4;9;15	3;12;1	4;15;8	14;1;12	16;1;8	1;3;12	14;1;15	4;3;12	12;4;6	12;11;3	1;16;4
	6月	12;11;9	8;16;7	1;4;3	4;16;11	12;4;11	4;9;8	12;14;4	16;15;12	12;1;3	14;1;8	4;3;6	12;14;9	11;4;12	1;14;16
	7月	12;9;11	8;16;15	1;3;4	9;4;16	3;1;4	4;8;9	14;15;12	16;15;12	4;16;12	1;14;15	4;3;8	12;8;4	11;12;3	16;4;1
	8月	12;11;9	8;16;9	1;4;3	9;8;11	1;3;8	8;15;9	14;1;6	15;14;16	1;12;4	8;14;1	4;3;12	12;8;6	9;11;4	1;16;15
	9月	12;9;14	8;16;9	1;4;12	4;9;8	1;11;12	9;16;8	16;14;12	3;12;15	1;16;12	14;4;3	4;12;3	12;4;6	12;4;9	1;14;4
	10月	12;11;8	8;16;7	1;3;8	4;11;9	12;8;4	8;16;9	12;15;14	8;1;4	1;4;12	16;1;14	4;12;14	6;4;12	9;1;11	4;12;8
	11月	12;3;8	16;8;15	6;4;8	4;12;3	9;8;1	9;4;11	15;6;12	7;15;1	16;4;12	1;4;14	4;12;11	4;1;12	4;11;9	9;8;4
	12月	16;15;4	15;16;8	12;9;1	11;9;4	8;11;9	4;11;9	4;14;12	1;8;16	12;16;4	4;14;1	12;11;9	3;12;1	4;11;3	9;12;8
昼间月平均风速 m/s	1月	0.3	1.6	0.8	1.1	2.0	1.6	1.4	0.8	2.3	1.0	1.3	0.9	2.5	1.1
	2月	0.3	2.2	1.9	1.6	2.7	2.0	1.3	1.1	2.6	1.3	1.6	1.2	2.3	1.0
	3月	1.4	2.7	1.9	4.1	2.9	2.9	2.1	1.5	3.0	2.1	2.4	2.0	2.8	2.1
	4月	3.2	2.0	2.2	4.9	3.6	2.7	1.8	2.0	3.4	1.6	3.2	3.9	2.7	2.5
	5月	3.1	1.3	2.0	4.6	3.3	2.9	1.4	1.9	3.7	2.0	3.4	3.6	2.3	2.1
	6月	3.8	1.9	1.5	4.0	2.4	2.7	2.2	2.0	3.0	1.9	2.5	3.1	2.4	1.9
	7月	3.2	1.1	1.2	3.8	2.9	2.6	2.4	1.8	2.8	1.7	2.0	2.5	2.5	1.7
	8月	3.1	1.3	1.4	3.3	2.2	2.4	1.3	1.3	2.5	1.6	1.8	2.6	2.2	1.8
	9月	2.6	1.7	1.2	3.1	2.4	2.0	1.0	1.4	2.6	1.0	2.0	2.7	2.1	1.4
	10月	1.6	1.7	1.4	3.3	2.6	2.0	1.7	0.7	2.3	0.9	1.8	2.7	2.2	1.1
	11月	0.8	1.8	1.1	2.3	2.3	1.8	1.6	1.2	2.4	0.9	1.5	1.6	2.4	0.9
	12月	0.2	1.8	0.6	1.5	1.9	1.6	1.8	0.5	1.9	0.7	1.1	1.0	2.2	0.8

[a] 数字1～16分别代表北、北东北、东北、东北东、东、东南东、东南、南东南、南、南西南、南西、西南西、西、西北西、西北、北西北16方位，按出现频率最多依次排序。

附　录　C
（资料性附录）
温室常用覆盖材料性能

温室常用覆盖材料性能见表C.1。

表C.1　温室常用覆盖材料性能

材料名称	传热系数 W/(m²·℃)	可见光辐射 透射率	备注
透光性覆盖材料			
浮法玻璃,3 mm	6.8	0.88	
浮法玻璃,4 mm		0.87	
浮法玻璃,5 mm	6.7	0.86	
低铁玻璃,3 mm	6.3	0.90~0.92ᵃ	
低铁玻璃,4 mm~5 mm	6.3~6.4		
双层玻璃,密封的	3.7		
双层玻璃,25 mm厚,密封的	3.0	0.71ᵃ	
普通聚乙烯(PE)薄膜,0.15 mm	6.7	0.85	
紫外线稳定聚乙烯(PE)薄膜,0.10 mm,0.15 mm	6.3	0.87ᵃ	
阻红外线聚乙烯(PE)薄膜,0.10 mm,0.15 mm	5.7	0.82ᵃ	
双层聚乙烯(PE)薄膜	4.0		
双层聚乙烯(PE)薄膜,阻红外线	2.8		
聚氟乙烯(PVF)薄膜,0.05 mm,0.10 mm	5.7	0.92ᵃ	
乙烯-醋酸乙烯聚物(EVA)薄膜		0.87	
乙烯-四氟乙烯(ETFE)薄膜		0.93	
单层聚碳酸酯波纹板	6.2~6.8		
单层玻璃纤维波纹板,FRP	5.7	0.88ᵃ	
硬质丙烯酸中空板,8 mm,16 mm	3.2~3.5	0.83ᵃ	
聚碳酸酯中空板,6 mm	3.5	0.79	
聚碳酸酯中空板,8 mm	3.3	0.79	
聚碳酸酯中空板,10 mm	3.0	0.76	
聚苯乙烯填充的硬质丙烯酸板	0.57		32 mm厚的硬质丙烯酸板 之间填充聚苯乙烯球粒
玻璃上方双层聚乙烯膜	2.8		
非透光性墙体材料			
混凝土,100 mm厚	4.4		
混凝土,200 mm厚	3.3		
内表面抹灰砖墙,24墙	2.08		
内表面抹灰砖墙,37墙	1.57		
内表面抹灰砖墙,49墙	1.27		
ᵃ　波长范围为400 nm~700 nm,入射角为0°。			

附　录　D
（资料性附录）
蒸腾蒸发热量损失系数

D.1　蒸腾蒸发热量损失系数与室内温度升高值和通风率的关系

当室外辐射照度 $E=900$ W/m² 、温室覆盖层的太阳辐射透射率 $\tau=0.80$ 、温室围护结构覆盖层面积与温室地面面积的比值 $A_g/A_s=1.2$ 、温室覆盖层传热系数 $K_k=4.0$ W/(m² · ℃)时,蒸腾蒸发热量损失系数 β 与室内温度升高值和通风率 q 的关系如图 D.1 所示。其中,粗线代表无湿帘情况,进风温度等于室外温度 $t_j=t_o=33$ ℃;细线代表有湿帘情况,进风温度 $t_j=26$ ℃。

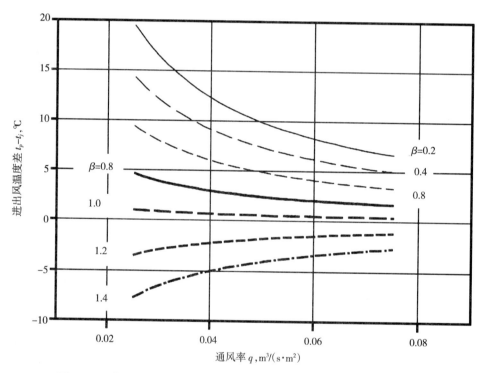

图 D.1　蒸腾蒸发热量损失系数与进出风温度差和通风率的关系

D.2　蒸腾蒸发热量损失系数与通风率的关系

当叶面积指数 LAI 等于 1.32 m²/m² 、室外空气温度 t_o 为 36.8℃时,蒸腾蒸发热量损失系数 β 与通风率 q 的关系如图 D.2 所示。其中,虚线代表有湿帘的情况,实线代表无湿帘的情况。曲线 a、b、c、d 和 e 分别为室外空气含湿量 3.3 g/kg、8.4 g/kg、14.4 g/kg、21.4 g/kg 和 29.9 g/kg 的情况。

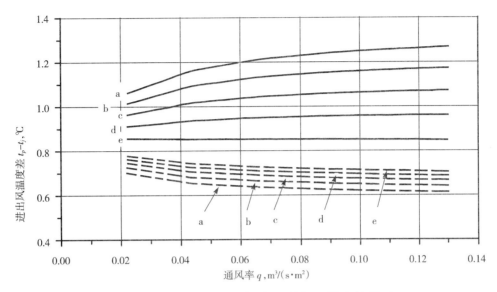

图 D.2 蒸腾蒸发热量损失系数与通风率的关系

D.3 蒸腾蒸发热量损失系数与叶面积指数的关系

当通风率 q 为 0.087 m³/(s·m²)、室外空气温度 t_o 为 36.8℃时,蒸腾蒸发热量损失系数 β 与叶面积指数 LAI 的关系如图 D.3 所示。其中,虚线代表有湿帘的情况,实线代表无湿帘的情况。曲线 a、b、c、d 和 e 分别为室外空气含湿量 3.3 g/kg、8.4 g/kg、14.4 g/kg、21.4 g/kg 和 29.9 g/kg 的情况。

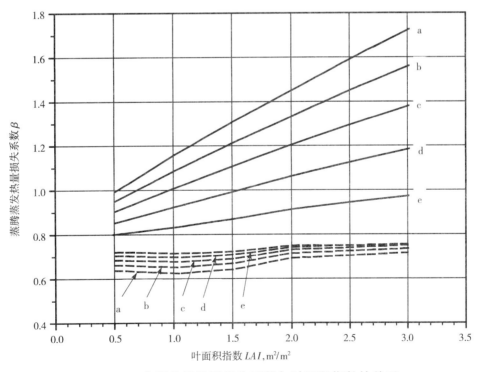

图 D.3 蒸腾蒸发热量损失系数与叶面积指数的关系

附　录　E

（资料性附录）

CO_2 质量浓度换算

CO_2 质量浓度换算见表 E.1。

表 E.1　CO_2 质量浓度换算

CO_2 浓度 μL/L	CO_2 质量浓度 mg/m³			
	0℃	10℃	20℃	30℃
300	589.3	568.5	549.1	531.0
310	608.9	587.4	567.4	548.7
320	628.6	606.4	585.7	566.4
330	648.2	625.3	604.0	584.1
340	667.9	644.3	622.3	601.8
350	687.5	663.2	640.6	619.5
360	707.1	682.2	658.9	637.2
370	726.8	701.1	677.2	654.9
380	746.4	720.1	695.5	672.6
390	766.1	739.0	713.8	690.3
400	785.7	758.0	732.1	708.0

附　录　F
（资料性附录）
通风风口特性及通风系统阻力

F.1　几种类型进、出风口局部阻力系数

几种类型的进、出风口局部阻力系数 ξ 见表 F.1。

表 F.1　几种类型进、出风口局部阻力系数

窗扇结构	窗扇高长比 h/l	开启角度 a °				
		15	30	45	60	90
单层窗上悬	1∶∞	30.8	9.15	5.15	3.54	2.59
	1∶2	20.6	6.90	4.00	3.18	2.59
	1∶1	16.0	5.65	3.68	3.07	2.59
单层窗上悬	1∶∞	30.8	8.60	4.70	3.30	2.51
	1∶2	17.3	6.90	4.00	3.07	2.51
	1∶1	11.1	4.90	3.18	2.51	2.22
单层窗中悬	1∶∞	59.0	13.6	6.55	3.18	2.68
	1∶2	—	—	—	—	—
	1∶1	45.3	11.1	5.15	3.18	2.43
普通风口	—	2.37				
大门、跨间膛孔	—	1.56				
注：h 代表窗扇高度，l 代表窗扇长度。						

F.2　风口空气流量增加率与进、出风口面积比值的关系

风口空气流量增加率与进、出风口面积比值的关系见图 F.1。

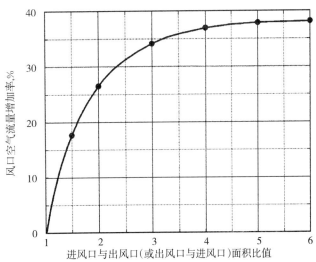

图 F.1　风口空气流量增加率与进、出风口面积比值的关系

F.3 典型温室风机运行工况的静压

典型温室风机运行工况的静压见表 F.2。

表 F.2 典型温室风机运行工况的静压

风机工作方式	静压,Pa
循环风机	0
排风风机,室外无风及无障碍	10.0～25.0
排风风机,进风通过湿帘装置	25.0～125.0
排风风机,有室外风影响	25.0～125.0
管道送风	12.5～37.5

F.4 室外风对风机的气流阻力

室外风对风机的气流阻力见表 F.3。

表 F.3 室外风对风机的气流阻力

项　　目	室外风速（级数） m/s	气流阻力 Pa
逆风排风（无遮风情况）	2.2(2 级)	5.0
	4.5(3 级)	12.5
	6.5(4 级)	25.0
	9.0(5 级)	50.0

F.5 百叶窗、风机护罩对风机的气流阻力

百叶窗、风机护罩对风机的气流阻力见表 F.4。

表 F.4 百叶窗、风机护罩对风机的气流阻力

项　　目		气流阻力,Pa
百叶窗	干净的	5.0～25.0
	脏的	12.5～50.0
干净的风机护罩	金属网	12.5～37.5
	圆环	2.5～5.0

F.6 可防控各类害虫的防虫网最大孔口尺寸及相当目数

可防控各类害虫的防虫网最大孔口尺寸及相当目数见表 F.5。

表 F.5 可防控各类害虫的防虫网最大孔口尺寸及相当目数

害虫种类	孔口尺寸,mm	相当目数
斑潜蝇(Leaf miniers)	0.64	
粉虱(White fly)	0.46	40
蚜虫(Aphid)	0.34	
温室白粉虱(Greenhouse white fly)	0.29	52
银叶白粉虱(Silverleaf white fly)	0.24	
牧草虫(Thrips)	0.19	78

F.7 几种典型防虫网在不同气流速度下的气流阻力

几种典型防虫网在不同气流速度下的气流阻力见图 F.2。

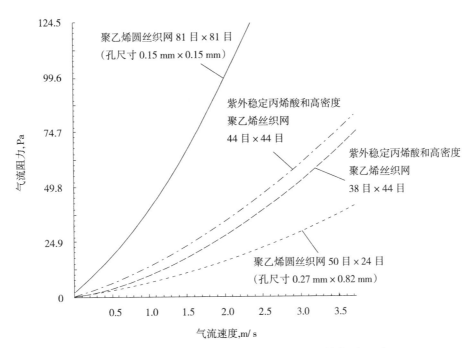

图 F.2 几种防虫网在不同气流速度下的气流阻力

参 考 文 献

[1]李天来,2013. 日光温室蔬菜栽培理论与实践[M]. 北京:中国农业出版社.

[2]孙红梅,2015. 设施花卉栽培技术[M]. 郑州:中原农民出版社.

[3]张晴原,杨洪兴,2012. 建筑用标准气象数据手册(第二版)[M]. 北京:中国建筑工业出版社.

[4]ANSI/ASAE. ANSI/ASAE EP406. 4 Heating,Ventilating and Cooling Greenhouses.

[5]D. H. Willits,2003. Cooling Fan-Ventilated Greenhouses:a Modelling Study[J]. Biosystems Engineering,84(3): 315 - 329.

[6]2013 ASHRAE Handbook—Fundamentals.

参 考 文 献

ICS 65.020.20
B 01

中华人民共和国农业行业标准

NY/T 3202—2018

标准化剑麻园建设规范

Regulation for construction of the standardized sisal garden

2018-03-15 发布

2018-06-01 实施

中华人民共和国农业部 发布

NY/T 3202—2018

前　　言

本标准按照 GB/T 1.1—2009 给出的规则起草。

本标准由农业部农垦局提出。

本标准由农业部热带作物及制品标准化技术委员会归口。

本标准起草单位:中国热带农业科学院南亚热带作物研究所。

本标准主要起草人:周文钊、李俊峰、张燕梅、鹿志伟、陆军迎、杨子平。

标准化剑麻园建设规范

1 范围

本标准规定了标准化剑麻园建设的术语和定义、园地要求、麻园建设、麻园管理和质量控制等技术要求。

本标准适用于剑麻品种 H.11648 的园地建设,其他剑麻品种的麻园建设可参照执行。

2 规范性引用文件

下列文件对于本文件的应用是必不可少的。凡是注日期的引用文件,仅注日期的版本适用于本文件。凡是不注日期的引用文件,其最新版本(包括所有的修改单)适用于本文件。

NY/T 222　剑麻栽培技术规程

NY/T 1803　剑麻主要病虫害防治技术规程

NY/T 2448　剑麻种苗繁育技术规程

NY/T 3194　剑麻　叶片

3 术语和定义

NY/T 2448 界定的以及下列术语和定义适用于本文件。

3.1

腋芽苗　axillary bud seedling

植株茎尖生长点受破坏后,由腋芽萌发而形成的小苗。

[NY/T 2448,定义 3.1]

3.2

珠芽苗　bulbil seedling

植株抽轴开花后,由花柄离层下方的芽点发育形成的小苗。

3.3

吸芽苗　sucker seedling

剑麻植株地下走茎顶芽长出地面而形成的小苗。

4 园地要求

4.1 环境条件

年平均气温 21℃以上,极端低温不低于 1℃,年降水量 1 200 mm～1 800 mm,土壤 pH 5.5～7.0。

4.2 园地选择

应符合 NY/T 222 的要求。

4.3 园地规模

集中连片,核心小区面积 15 hm² 以上,连片规模 200 hm² 以上。

4.4 园地基础设施

园地水、电设施配套,道路系统完整。

4.5 园地规划

4.5.1 生产区规划

园地建设前应对生产用地、苗圃用地、居民点、纤维加工厂规模及地点等进行全面规划,合理布局道路、防护林、居民点和纤维加工厂;一个居民点管理面积以 100 hm²～150 hm² 为宜。纤维加工厂应设置在水源充足、叶片运输较集中的场所。

4.5.2 麻园规划

应符合 NY/T 222 的要求。

4.5.3 道路规划

应符合 NY/T 222 的要求。

4.5.4 防护林规划

有强台风为害的园地应在麻园四周道路外侧设置防护林。在平地或缓坡地按垂直于主风方向设计主林带,与主林带垂直设置副林带。丘陵地沿山脊分水线设置山脊林带;坡面较宽时可设置从山顶到山脚的主林带,坡面长于 150 m 时在坡面上按等高线与水流垂直方向设计副林带;主林带宽 10 m～15 m,副林带宽 6 m～8 m。主林带之间距离为 200 m～250 m,副林带之间距离为 250 m～280 m,林带网格面积控制在 5 hm²～7 hm²。

4.5.5 苗圃地规划

园地可根据种植面积的 10% 规划苗圃基地。苗圃地应合理设计道路、排水系统和沤肥池。1 hm² 以上苗圃可设计 3 m 宽的"十"字路,苗圃外围应挖沟筑埂以截径流和防止畜禽进入。

5 麻园建设

5.1 麻园开垦

5.1.1 修筑排水系统

麻园应根据园地的地形地势设置相应的排水系统。平地或缓坡地按麻园的地形、地势修筑排水沟和防冲刷沟,沟的宽度和深度以能排除积水为宜。丘陵地修筑向内倾斜的梯田,在内壁挖深、宽各为 15 cm～20 cm 的排水沟,道路内侧应修筑排水沟,并在汇水面大的地方设置排水沟和防冲刷沟。

5.1.2 开垦方法

麻园开垦应在前一年雨季末期进行,机耕深度不少于 40 cm,尽量保留和利用表土。开垦方法按照 NY/T 222 的规定执行。

5.2 植前准备

5.2.1 种苗准备

5.2.1.1 种苗培育

应选择经母株繁殖出的嫩、壮、无病虫害腋芽苗或高产田高产植株的珠芽苗作为种苗培育材料。种苗培育方法按照 NY/T 2448 的规定执行。

5.2.1.2 种苗规格与要求

麻园种植用种苗应来源于优良植株,并应经过疏植培育。种苗规格应达到 NY/T 222 中剑麻种苗分级标准界定的 2 级种苗以上指标,即苗高 60 cm、叶片 35 片以上、苗重 4 kg 以上、苗龄 12 个～18 个月、无病虫害。

5.2.1.3 种苗处理

种苗应提前起苗,让种苗自然风干 2 d～3 d 后种植。起苗时应对种苗进行处理,切去老根,切平老茎,保留老茎 1 cm～1.5 cm,以促进萌生新根。起苗后 48 h 内应对种苗切口进行消毒,雨天不起苗,挖苗后应及时分级和运输,避免堆积。

注:种苗切口消毒可用 40% 多·硫悬浮剂 150 倍～200 倍和 72% 甲霜·锰锌 300 倍混合均匀喷雾。

5.2.2 定标

麻园实行双行种植,大行距 3.8 m～4.0 m,小行距 1.0 m～1.2 m,株距 0.9 m～1.2 m。应按麻园规划的要求将运输道、人行道做出标示,按预定株行距定标。平地采用南北行向,坡地按水平等高定标。

5.2.3 起畦与施基肥

基肥以有机肥为主,配合磷、钾、钙肥,钙肥(如石灰)应结合备耕时撒施,其他肥料进行穴施或种植小行内撒施。穴施的穴长50 cm、宽50 cm、深25 cm~30 cm;磷钾肥撒施于有机肥面上,最后起种植畦,并覆盖好肥料,要求畦高20 cm~30 cm、畦宽2.0 m~2.2 m,畦面呈龟背形。施肥量参见附录A。

5.3 定植

5.3.1 定植时间

每年5月前定植完毕,应避免高温多雨天气定植。

5.3.2 种植方法

按种苗大小分区定植,定植深度以覆土深不超过麻茎绿白交界处2 cm为宜。定植时避免泥土埋入叶轴基部,种苗头部不应直接接触肥料,覆土稍加压实,做到"浅、稳、正、直、齐",小行间略呈龟背形。

5.3.3 查苗补苗

植后3个月内,应经常查苗,及时把倒伏的麻苗扶正种好,确保植株生长整齐。定植时埋土过深的要把土扒开或拔起重新种植,对受损伤难以恢复生机的麻苗应进行补种。

6 麻园管理

6.1 田间管理

6.1.1 除草与中耕松土

未开割麻园及时中耕除草,应控制使用化学除草剂,禁止使用草甘膦除草剂。开割麻园除去灌木、高草和恶草,及时清除行间的吸芽苗,每年割叶后1个~3个月内在大行间离麻株50 cm~100 cm进行带状中耕松土,深度25 cm~35 cm。中耕应把土块耙碎,以利根系生长。

6.1.2 小行覆盖与培土

5龄以上麻园于小行间用堆沤处理过的麻渣或有机肥进行覆盖,每3年1次,覆盖后进行培土,培土厚度以麻渣或有机肥不外露、小行畦不积水且畦面明显高出地面为宜。

6.2 施肥管理

麻园施肥按NY/T 222的规定执行。施肥量参见附录A。

6.3 病虫害防治

按NY/T 1803的规定执行。

6.4 叶片收获与分级

麻园割叶按NY/T 222的规定执行,叶片质量分级按NY/T 3194的规定执行。

7 质量控制

7.1 化学投入品管理

农药、化肥等投入品的购买、存放、使用及包装容器回收处理,实行专人负责,建立进出库档案。

7.2 产品检测

包括剑麻种苗、叶片纤维含量的检测,应由具备业务资质的单位进行抽样检测,并对抽样及检测过程做详细记录。

附　录　A

（资料性附录）

剑麻园施肥参考量

剑麻园施肥参考量见表 A.1。

表 A.1　剑麻园施肥参考量

单位为千克每 667 平方米每次

种　类	施肥量			说　明
	定植基肥	未开割麻园追肥	开割麻园追肥	
有机肥	5 000～6 000	3 000	3 000	以优质腐熟栏肥或滤泥计
	—	8 000	8 000	以麻渣计
生物有机肥	600	300	300	以有机质含量 40% 以上（干基计）
氮肥	—	20～25	25～35	以尿素计
磷肥	75	40～45	45	以过磷酸钙计
钾肥	45	30～35	35	以氯化钾计
钙肥	150	120～150	120～150	以石灰计
剑麻专用生物配方肥	400～500	200	200	按剑麻营养配制的有机无机复混肥计
注 1：施用其他化肥按表列品种肥分含量折算。				
注 2：有机肥与生物有机肥只选其中一种配合氮、磷、钾、钙肥施用或仅选剑麻专用生物配方肥配合钙肥施用。				

ICS 65.040.30
P 35

中华人民共和国农业行业标准

NY/T 3206—2018

温室工程　催芽室性能测试方法

Greenhouse engineering—Test method for performance of accelerating germination chamber

2018-03-15 发布

2018-06-01 实施

中华人民共和国农业部 发布

前　言

本标准按照GB/T 1.1—2009给出的规则起草。

本标准由农业部农业机械化管理司提出。

本标准由全国农业机械标准化技术委员会农业机械化分技术委员会(SAC/TC 201/SC 2)归口。

本标准起草单位:农业部规划设计研究院。

本标准主要起草人:张跃峰、王莉、李恺、何芬。

温室工程 催芽室性能测试方法

1 范围

本标准规定了温室工程催芽室的术语和定义、测试条件和测试方法。

本标准适用于温室工程催芽室。类似作物生长用途气候环境调控室可参照执行。

2 术语和定义

下列术语和定义适用于本文件。

2.1

催芽室 accelerating germination chamber

带有环境调节设备和/或装置用于促进种子发芽或生长的专用设施，其内部温度、湿度、光照和风速等相关环境参数可按要求进行调控。

2.2

工作时间系数 operation time-coefficient

在一个工作周期内制冷或制热设备实际运行时间与该工作周期总时间的比值。

2.3

工作启动频次 operating frequency

在一个工作周期内制冷或制热设备运行启动次数与该工作周期总时间的比值。

3 测试条件

3.1 催芽室外部环境应满足下列测试条件：

a) 环境温度（日最高气温）：夏季25℃～35℃（制冷测试试验），冬季5℃～15℃（制热测试试验）；

b) 大气压力：86 kPa～106 kPa；

c) 试验电压：380(220) V×(1%±7%)。

3.2 性能测试时以一种催芽室适用种子作为催芽对象，测试时须在不少于额定催芽量90%的条件下进行，测试设定目标温度为该种子催芽适宜温度。

3.3 测试仪器应经过计量检定或校准，且在有效期内。测试仪器的量程和准确度要求参见附录A。

4 测试方法

4.1 布点原则

4.1.1 测点布置应在工作区内，距催芽室顶面0.5 m～0.8 m，其他内表面（包括墙面和底面）0.3 m～0.5 m，划分若干水平和垂直的测量断面，形成交叉网格，网格交叉点为测点。分上、中、下等间距3个平面，每个平面最少设9点，等间距网格划分形成交叉测点，见图1。各测点水平测量断面遇到置物架应就近取置物架层与层的中间，遇有障碍物应相距5 cm～7 cm。

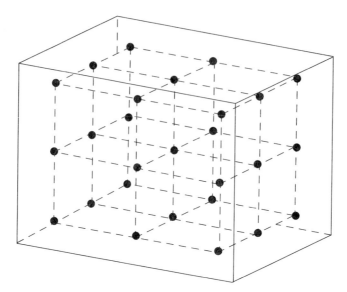

图 1 环境参数测点布置示意

4.1.2 光照测点布置应根据光源位置,等量选择距离光源最近和最远的测点数,水平测量断面应选择在置物架层的上表面。

4.2 催芽室温度的测定

4.2.1 温度测试方法

温度传感器按 4.1.1 的要求进行布置,将控制温度调节到所需温度,开启制热(或制冷)设备、加湿机构及风机并开始计时,待催芽室内的平均温度达到预定温度并稳定后,24 h 内每隔 10 min 采集温度数据和时间,同时记录控温装置显示温度。从开始制热(或制冷)到催芽室内的平均温度达到预定温度并稳定的时间为升温(或降温)时间。

4.2.2 平均工作温度

平均工作温度按式(1)计算。

$$\overline{T}=\frac{1}{n\times N}\sum_{j=1}^{N}\sum_{i=1}^{n}t_{i,j} \quad\cdots\cdots\cdots\cdots\cdots\cdots\cdots\cdots\cdots (1)$$

式中:

$\overline{T}$ ——平均工作温度,单位为摄氏度(℃);

n ——测点数量;

N ——测试周期内按一定时间间隔顺序进行测量的总次数;

$t_{i,j}$ ——第 j 次测试中第 i 测点的温度,单位为摄氏度(℃)。

4.2.3 温度波动度

温度波动度按式(2)计算。

$$\Delta t_a=\frac{1}{2}(\max_{j=1,\cdots,N}\{\bar{t}_j\}-\min_{j=1,\cdots,N}\{\bar{t}_j\}) \quad\cdots\cdots\cdots\cdots\cdots\cdots\cdots\cdots (2)$$

式中:

Δt_a ——温度波动度,单位为摄氏度(℃);

$\bar{t}_j$ ——第 j 次测试中各测点的平均温度,单位为摄氏度(℃)。

4.2.4 温度均匀度

温度均匀度按式(3)计算。

$$\Delta t_b=\frac{1}{N}\sum_{j=1}^{N}(t_{i\max,j}-t_{i\min,j}) \quad\cdots\cdots\cdots\cdots\cdots\cdots\cdots\cdots (3)$$

式中：

Δt_b ——温度均匀度，单位为摄氏度（℃）；

$t_{imax,j}$——第 j 次测试中各测点中的最高温度，单位为摄氏度（℃）；

$t_{imin,j}$——第 j 次测试中各测点中的最低温度，单位为摄氏度（℃）。

4.2.5 温度示值误差

温度示值误差按式（4）计算。

$$\Delta t_m = t_m - t_a \quad \cdots\cdots\cdots\cdots\cdots\cdots\cdots\cdots\cdots\cdots\cdots\cdots\cdots\cdots\cdots (4)$$

式中：

Δt_m ——温度示值误差；

t_m ——某测试时刻温度控制装置显示温度，单位为摄氏度（℃）；

t_a ——某测试时刻各测点温度的平均值，单位为摄氏度（℃）。

4.2.6 最大升温（降温）时间、温度可调范围

设定室内工作温度的目标值为设备标定的可调范围上限（或下限），开启运行制热（或制冷）设备，记录从设备启动至达到设定温度的时间。

连续测量记录时，采样间隔不大于 5 min。从温度稳定后的连续 2 h 数据中，按式（1）计算得出温度可调范围的上限值 t_{max}（或下限值 t_{min}）。

4.3 催芽室平均相对湿度的测定

湿度传感器按 4.1.1 的要求进行布置。如条件不具备时可选取室内中心点作为测点进行测试。在测试温度的同时测试并记录相对湿度，平均相对湿度按式（5）计算。

$$\overline{RH} = \frac{1}{n \times N} \sum_{j=1}^{N} \sum_{i=1}^{n} RH_{i,j} \quad \cdots\cdots\cdots\cdots\cdots\cdots\cdots\cdots\cdots\cdots\cdots (5)$$

式中：

$\overline{RH}$ ——平均相对湿度；

$RH_{i,j}$——第 j 次记录时第 i 测点的相对湿度值。

4.4 催芽室光照度的测定

4.4.1 平均最大光照度

将室内补光光源全部开启，按 4.1.2 布点测试并记录各点的光照度。平均最大光照度按式（6）计算。

$$\overline{I} = \frac{1}{n} \sum_{i=1}^{n} I_i \quad \cdots\cdots\cdots\cdots\cdots\cdots\cdots\cdots\cdots\cdots\cdots\cdots\cdots\cdots (6)$$

式中：

$\overline{I}$ ——平均最大光照度，单位为勒克斯（lx）；

I_i——第 i 测点的光照度，单位为勒克斯（lx）。

4.4.2 最大光照均匀度

最大光照均匀度按式（7）计算。

$$\Delta I = \frac{1}{\overline{I}} \min_{i=1,\cdots,n} \{I_i\} \quad \cdots\cdots\cdots\cdots\cdots\cdots\cdots\cdots\cdots\cdots\cdots (7)$$

式中：

ΔI——最大光照均匀度，单位为勒克斯（lx）。

4.5 催芽室风速的测定

4.5.1 最大风速

风速传感器按 4.1.1 的要求进行布置，将送风设备调至最大送风状态下，转动探头找出风速最大位置，最大风速按式（8）计算。

$$v_{max} = \max_{i=1,\cdots,n} \{v_i\} \quad \cdots\cdots\cdots\cdots\cdots\cdots\cdots\cdots\cdots\cdots\cdots\cdots\cdots\cdots\cdots\cdots\cdots (8)$$

式中：

v_{max}——最大风速，单位为米每秒(m/s)；

v_i——第 i 测点的风速，单位为米每秒(m/s)。

4.5.2 风速差

风速差按式(9)计算。

$$\Delta v = \max_{i=1,\cdots,n} \{v_i\} - \min_{i=1,\cdots,n} \{v_i\} \quad \cdots\cdots\cdots\cdots\cdots\cdots\cdots\cdots\cdots\cdots\cdots\cdots\cdots (9)$$

式中：

Δv——风速差，单位为米每秒(m/s)。

4.6 催芽室能耗的测定

4.6.1 日总耗电量

在测试温度、湿度等室内参数的同时，测定并记录 24 h 的总耗电量。

4.6.2 单位容积日耗电量

单位容积日耗电量按式(10)计算。

$$q_V = \frac{Q_{TED}}{V} \quad \cdots\cdots\cdots\cdots\cdots\cdots\cdots\cdots\cdots\cdots\cdots\cdots\cdots\cdots\cdots\cdots\cdots (10)$$

式中：

q_V——单位容积日耗电量，单位为千瓦时每立方米(kW·h/m³)；

Q_{TED}——日总耗电量，单位为千瓦时(kW·h)；

V——催芽室容积，单位为立方米(m³)。

4.6.3 单位面积日耗电量

单位面积日耗电量按式(11)计算。

$$q_S = \frac{Q_{TED}}{S} \quad \cdots\cdots\cdots\cdots\cdots\cdots\cdots\cdots\cdots\cdots\cdots\cdots\cdots\cdots\cdots\cdots\cdots (11)$$

式中：

q_S——单位面积日耗电量，单位为千瓦时每平方米(kW·h/m²)；

S——催芽面积为单盘容器面积与苗盘数量的乘积，单位为平方米(m²)。

4.6.4 单位质量种子日耗电量

单位质量种子日耗电量按式(12)计算。

$$q_M = \frac{Q_{TED}}{M} \quad \cdots\cdots\cdots\cdots\cdots\cdots\cdots\cdots\cdots\cdots\cdots\cdots\cdots\cdots\cdots\cdots\cdots (12)$$

式中：

q_M——单位质量种子日耗电量，单位为千瓦时每千克(kW·h/kg)；

M——催芽处理的种子质量，单位为千克(kg)。

4.6.5 千粒(或穴)种子日耗电量

千粒(或穴)种子日耗电量按式(13)计算。

$$q_X = \frac{Q_{TED}}{X} \times 1000 \quad \cdots\cdots\cdots\cdots\cdots\cdots\cdots\cdots\cdots\cdots\cdots\cdots\cdots\cdots (13)$$

式中：

q_X——千粒(或穴)种子日耗电量，单位为千瓦时(kW·h)；

X——催芽处理的种子粒数或穴盘播种穴数。

4.6.6 工作时间系数和工作启动频次

在测试温度、湿度等室内参数的同时,记录温度稳定后 24 h 内设备启动运行的次数和每次启动运行持续时间,工作时间系数按式(14)计算,工作启动频次按式(15)计算。

$$\zeta = \frac{1}{24}\sum_c x_{oi} \quad\text{……………………………………} (14)$$

式中:

ζ ——工作时间系数;

x_{oi} ——制冷(或制热)设备第 i 次启动运行持续时间,单位为小时(h);

c ——设备启动运行的计数。

$$f = \frac{C}{24} \quad\text{……………………………………} (15)$$

式中:

f ——工作启动频次,单位为次每小时(1/h);

C ——温度稳定后 24 h 内制冷(或制热)设备启动运行的次数。

附　录　A

（资料性附录）

试验用仪器设备的测量范围和准确度

试验用仪器设备的测量范围和准确度见表 A.1。

表 A.1　试验用仪器设备的测量范围和准确度

测量参数名称	测量范围	准确度
温度	−40℃～80℃	分辨率不大于 0.1℃,允许误差±0.2℃
相对湿度	10%～90%	分辨率不大于 1%,允许误差±5%
光照度	不小于 10 000 lx	允许误差±5%示值
风速	0.1 m/s～10 m/s	分辨率不大于 0.05m/s,允许误差±(0.05+3%示值) m/s
电功率	以电流计,不小于 50 A	以电流计,允许误差±(0.01+0.5%示值)A

ICS 65.040.01
P 35

中华人民共和国农业行业标准

NY/T 3223—2018

日光温室设计规范

Code for design of Chinese solar greenhouse

2018-03-15 发布

2018-06-01 实施

中华人民共和国农业部 发布

前　言

本标准按照 GB/T 1.1—2009 给出的规则起草。

本标准由农业部发展计划司提出并归口。

本标准起草单位:农业部规划设计研究院。

本标准主要起草人:周长吉、张秋生、闫俊月、何芬、魏晓明、李明、杜孝明、王莉、盛宝永、徐开亮、闫冬梅。

日光温室设计规范

1 范围

本标准规定了日光温室建设选址以及场区、建筑、结构、通风与降温、采暖、卷被用电动机与卷被轴的选型和电气的设计方法。

本标准适用于日光温室的建筑单体设计和日光温室群的场区规划设计。

2 规范性引用文件

下列文件对于本文件的应用是必不可少的。凡是注日期的引用文件,仅注日期的版本适用于本文件。凡是不注日期的引用文件,其最新版本(包括所有的修改单)适用于本文件。

GB/T 23393—2009　设施园艺工程术语

GB 50010　混凝土结构设计规范

GB 50018　冷弯薄壁型钢结构技术规范

GB 50176—2016　民用建筑热工设计规范

GB/T 51183　农业温室结构荷载规范

NY/T 1145　温室地基基础设计、施工与验收技术规范

NY/T 2133　温室湿帘-风机降温系统设计规范

3 术语和定义

GB/T 23393—2009界定的以及下列术语和定义适用于本文件。为了便于使用,以下重复列出了相关标准中的某些术语和定义。

3.1

日光温室　Chinese solar greenhouse

由＜保温或＞保温蓄热墙体、保温后屋面和采光前屋面构成的可充分利用太阳能,夜间用保温材料对采光屋面外覆盖保温,可进行作物越冬生产的单屋面温室。

注:改写GB/T 23393—2009,定义3.10。

3.2

琴弦式日光温室　suspension cable greenhouse

由横向拱架和纵向钢丝共同承载屋面荷载的日光温室。

3.3

门斗　buffer room

在日光温室出入口设置的起挡风、御寒、缓冲等作用的建筑过渡空间。

3.4

最低作业高度　lowest working height

距离前屋面墙体(或基础顶)内表面0.5 m地面处前屋面的净空高度。

3.5

跨度　span

支撑屋面骨架两端墙体(基础、梁垫)轴线之间的距离。

3.6

净跨 net span

后墙内侧至前墙（或基础顶）内侧的距离。

3.7

脊高 ridge hight

从前屋面基础顶面到屋脊的高差。

3.8

后墙高度 north wall height in greenhouse

后墙内侧与后屋面交线到室内地坪标高之间的距离。

3.9

后墙檐高 eaves height of north wall

后墙外侧最高点与室外地坪标高之间的距离。

3.10

前屋面角 front roof angle

屋脊与前屋面底脚的连线和室内水平面之间夹角。

3.11

后屋面水平投影宽度 projection width of back-roof on floor

后屋面从屋脊到后墙内表面部分在水平面上的投影尺寸。

3.12

日序数 ordinal day

从计算日至当年1月1日起的天数。

3.13

流滴性 anti-drop property

温室透光覆盖材料将其内表面上凝结水滴铺展成水膜状的能力。

3.14

被动式蓄放热墙体 passive heat storage wall

被动接受太阳辐射和边界空气热量并将其以热能形式储存一定时间后,随边界空气温度的降低将储存热量重新释放到边界空气的墙体。

3.15

蓄热系数 heat storage coefficient

当某一足够厚度的单一材料层一侧受到谐波热作用时,表面温度将按同一周期波动,通过表面的热流波幅与表面温度波幅的比值。

3.16

热阻 thermal resistance

表征围护结构本身或其中某层材料阻抗传热能力的物理量。

4 选址

4.1 日光温室宜选择在种植季节日照百分率高于50%、最冷月平均温度低于0℃的地区建设。

4.2 日光温室宜选择在一般农田或非耕地建设,不应选择在基本农田建设。

4.3 日光温室建设场地宜选择背风、向阳、地下水位低、平整或分区平整的地块。

4.4 日光温室建设应避开低洼、积水的场地,避开泥石流、滑坡地段,避开雷击、冰雹多发和风口地区,避开污染工业区下风区和洪水淹没线以下区。

4.5 在坡地上分区平整建设日光温室时,阳坡地形坡度不宜大于 30°,阴坡地形坡度不宜大于 10°。

4.6 日光温室建设场地应有充足的水源和可靠的电源,交通运输便利。

4.7 日光温室建设场地工程地质应能满足结构承载的要求。

5 场区设计

5.1 占地面积较大的日光温室群应分区布置,每个分区的边长不宜超过 500 m,分区之间道路宽度宜为 6 m～8 m,分区内道路宜为沙石路面,分区之间道路可为混凝土路面。

5.2 单体日光温室宜东西走向,南偏西或南偏东不宜超过 10°。布置偏向应结合当地气候条件确定:
    a) 室外最低温度高于−10℃的地区宜偏东布置;
    b) 室外最低温度低于−20℃或冬季晨雾较多的地区宜偏西布置。

5.3 一端设门斗的日光温室,场区设计应符合下列要求:
    a) 南北方向排列的一列日光温室,门斗应布置在同一侧;
    b) 东西方向排列的一排日光温室,门斗应结合道路相邻排列。

5.4 每个分区内相邻日光温室东西方向之间的距离宜按下列要求设计:
    a) 门斗侧:3 m～6 m;
    b) 无门斗侧:2 m～4 m。

5.5 相邻日光温室南北方向之间的距离应保证种植季节温室满地面晴天一天内不少于 4 h 的日照时间,有明确种植要求时可按具体要求确定,计算方法见附录 A,其中下挖式日光温室可按室外标高地面计算。

5.6 日光温室东、南、西三面不应有影响温室采光的遮挡物。

5.7 相邻日光温室南北方向之间可布置塑料大棚等,不影响日光温室采光的保护地设施。

5.8 日光温室场区应规划设计供水和排水设施,不得在场区内形成内涝,排水沟应结合道路布置。

5.9 场区道路旁可设计适当面积的低矮型绿化带。

5.10 废弃物处置设施应布置在场内下风向或场外。

5.11 场区设计应根据生产规模和生产工艺,合理布局场区管理设施、生产辅助设施和公共卫生设施等。

6 建筑设计

6.1 主体尺寸确定

6.1.1 日光温室主体尺寸应包括长度、跨度、脊高、后墙高度、后屋面水平投影宽度和地面下挖深度,见附录 B。

6.1.2 日光温室主体尺寸确定应遵循下列原则:
    a) 保证越冬生产时冬至日正午前后至少 4 h 时段(10:00～14:00)内,太阳直射光线与温室前屋面从前底脚到屋脊连线形成平面的入射角不应大于 43°;
    注:日光温室不进行越冬生产时,温室总体尺寸可按冬春实际生产季节日照时间最短日确定。
    b) 保证越夏生产时夏至日温室种植区靠后墙最近一株作物的冠层应全天能接受到太阳直射光照射。
    注:日光温室不进行越夏生产时,温室总体尺寸可按夏秋实际生产季节日照时间最长日确定。

6.1.3 日光温室的长度宜为 60 m～120 m,可根据地形尺寸、湿帘-风机降温系统布置间距、卷帘机工作长度、室内物料的经济运输距离等因素确定。

6.1.4 日光温室跨度宜为 6 m～12 m,可根据建设地的地理纬度按表1采用。

表 1 不同地理纬度地区日光温室跨度

纬度,°	≤35	35～39	39～45	≥45
跨度,m	10～12	9～12	8～10	6～9
注:同纬度地区,可根据冬季室外温度的高低,适当减小(温度低的地区)或增大(温度高的地区)日光温室跨度。				

6.1.5 日光温室的脊高可按式(1)～式(7)计算。

$$H = \frac{L_0 + (H_1 - D_p)(\sin^{-2}h_x - 1)^{1/2} - P_1}{(\sin^{-2}\alpha - 1)^{1/2} + (\sin^{-2}h_x - 1)^{1/2}} \cdots\cdots (1)$$

式中:

H ——日光温室脊高,单位为米(m);

L_0 ——日光温室净跨,单位为米(m);

H_1 ——夏季温室内作物的植株高度,单位为米(m),吊蔓作物一般取 2.0 m;

D_p ——日光温室室内外地面高差,单位为米(m),下挖地面为正;

h_x ——夏季计算日正午太阳高度角,单位为度(°);

P_1 ——日光温室走道宽度,单位为米(m),一般取 0.6 m～0.8 m;

α ——温室前屋面角,单位为度(°)。

$$\alpha = \arcsin\left[\frac{\sin(47° - h_d)}{\cos\gamma}\right] \cdots\cdots (2)$$

式中:

h_d ——冬季计算日上午 10 时太阳高度角,单位为度(°);

γ ——冬季计算日上午 10 时的太阳方位角,单位为度(°)。

$$h_x = \arcsin(\sin\varphi\sin\delta_x + \cos\varphi\cos\delta_x) \cdots\cdots (3)$$

式中:

φ ——温室建设地的地理纬度,单位为度(°);

δ_x ——夏季计算日太阳赤纬角,单位为度(°),周年生产温室取夏至日,$\delta_x = 23.45°$。

$$h_d = \arcsin\left(\sin\varphi\sin\delta_d + \frac{\sqrt{3}}{2} \times \cos\varphi\cos\delta_d\right) \cdots\cdots (4)$$

式中:

δ_d ——冬季计算日太阳赤纬角,单位为度(°),越冬生产温室取冬至日,$\delta_d = -23.45°$。

$$\delta_x = 23.45\sin\left(360 \times \frac{284 + N_x}{365}\right) \cdots\cdots (5)$$

式中:

N_x ——夏季计算日的日序数,周年生产温室取夏至日,$N_x = 172$。

$$\delta_d = 23.45\sin\left(360 \times \frac{284 + N_d}{365}\right) \cdots\cdots (6)$$

式中:

N_d ——冬季计算日的日序数,越冬生产温室取冬至日,$N_d = 354$。

$$\gamma = \arcsin\left(\frac{\cos\delta_d}{2\cos h_d}\right) \cdots\cdots (7)$$

6.1.6 日光温室后屋面水平投影宽度宜按式(8)计算。

$$P = P_1 + (H + D_p - H_1)\sqrt{\sin^{-2}h_x - 1} \cdots\cdots (8)$$

式中:

P ——日光温室后屋面水平投影宽度,单位为米(m)。

6.1.7 日光温室后墙高度宜按式(9)计算,且不宜低于 1.80 m。

$$H_2 = H + D_p - P\tan\theta \cdots\cdots\cdots (9)$$

式中:

H_2——日光温室后墙高度,单位为米(m);

θ ——日光温室后屋面仰角,单位为度(°),应满足建设地日光温室春季作物定植时,后屋面白天都有太阳直射光照射的要求,一般取 40°~45°,在纬度高的地区取小值,纬度低的地区取大值。

6.1.8 日光温室地面下挖深度不宜大于 0.6 m。

6.2 建筑构造尺寸确定

6.2.1 日光温室建筑构造尺寸应包括前屋面活动门尺寸、山墙台阶尺寸。

6.2.2 日光温室前屋面可设供作业机具出入的可拆装活动门,宽度不宜小于 2.0 m,高度不宜小于 1.6 m。

6.2.3 日光温室宜在山墙设置屋面检修或操作上人台阶,台阶宽度不宜小于 200 mm,高度不宜大于 300 mm,长度不宜小于 300 mm。

6.2.4 山墙不设台阶的日光温室应在山墙或后墙安装固定式或活动式屋面检修或操作上人梯,梯子宽度不宜小于 600 mm,踏步高度不宜大于 300 mm。

6.2.5 日光温室从门斗进入日光温室可设坡道或台阶。

6.3 墙体设计

6.3.1 日光温室墙体应包括后墙和山墙,下挖地面温室还应包括前墙。

6.3.2 日光温室墙体可分为单一材质墙体和异质复合墙体。

6.3.3 日光温室被动式蓄放热墙体应具备保温和蓄热双重功能。

6.3.4 日光温室被动式蓄放热异质复合墙体应由蓄热层和保温层构成,并应将蓄热层置于温室内侧,保温层置于温室外侧。蓄热层可采用夯实黏土、实心砖砌体或石块等蓄热系数大的材料,保温层宜采用导热系数小的材料。

6.3.5 被动式蓄放热异质复合墙体采用夯实黏土或石块做蓄热层时,蓄热层厚度宜为 0.5 m;采用实心砖砌体时,蓄热层厚度宜为 0.37 m 或 0.50 m。

6.3.6 日光温室墙体应满足表 2 低限热阻的要求。

表 2 日光温室墙体低限热阻

围护结构保温设计室外计算温度 ℃	异质复合墙低限热阻 (m²·℃)/W	单一材质土墙低限热阻 (m²·℃)/W
−4	3.3	1.5
−8	3.8	1.8
−12	4.3	2.0
−18	4.9	2.3
−21	5.2	2.5
−27	5.8	2.7

6.3.7 围护结构保温设计室外温度计算按 GB 50176—2016 附录 A 的规定取值,参见附录 C。

6.4 后屋面及保温被热阻设计

6.4.1 日光温室后屋面应由承重层、保温层和防水层组成。其中,保温层低限热阻(热阻最小值)应满足式(10)的要求。

$$R_b = \sqrt{(T_i - T_o)/1.5} - 1/\alpha_i - 1/\alpha_o \cdots\cdots\cdots (10)$$

式中:

R_b——后屋面保温层低限热阻,单位为平方米摄氏度每瓦[(m²·℃)/W];

T_i——日光温室保温设计室内计算温度,单位为摄氏度(℃),应根据种植作物的要求确定,种植喜温果菜时宜不低于8℃,种植普通叶菜时宜不低于5℃;

T_o——围护结构保温设计室外计算温度,单位为摄氏度(℃),参见附录C;

注:日光温室不越冬生产时,围护结构保温设计室外计算温度可按生产季节累年最低一日平均温度计算。

α_i——围护结构内表面换热系数,单位为瓦每平方米摄氏度[W/(m²·℃)];

α_o——围护结构外表面换热系数,单位为瓦每平方米摄氏度[W/(m²·℃)]。

6.4.2 日光温室保温被热阻最小值应满足式(11)要求。

$$R_f = 1.67 \times \frac{(T_i - T_o)L_f}{(T_s - T_i)L_0}(\frac{d_s}{\lambda_s} + 1/\alpha_i) - 1/\alpha_i - 1/\alpha_o \cdots\cdots\cdots\cdots\cdots (11)$$

式中:

R_f——保温被热阻,单位为平方米摄氏度每瓦[(m²·℃)/W];

T_s——日光温室内土壤深度为0.2 m处的平均温度,单位为摄氏度(℃),应根据种植作物的要求确定,种植喜温果菜时宜不低于18℃,种植普通叶菜时宜不低于15℃;

L_f——日光温室前屋面曲线长度,单位为米(m);

d_s——土壤计算深度,单位为米(m),可取0.2 m;

λ_s——土壤导热系数,单位为瓦每米摄氏度[W/(m·℃)],当缺乏相关资料时可取 1.16 W/(m·℃)。

6.5 前屋面设计

6.5.1 日光温室前屋面形状宜为弧形,弧形的选型应兼顾承重、采光、防风、排水和紧固压膜线等功能。

6.5.2 日光温室最低作业高度不宜低于1.0 m。

6.5.3 日光温室前屋面在屋脊处的坡度不应小于8°,在前屋面底脚部位的坡度不宜小于60°。

6.5.4 支撑塑料薄膜的拱架间距宜为0.8 m~1.2 m。

6.5.5 日光温室透光覆盖材料的透光率不宜小于85%。

6.5.6 日光温室用塑料薄膜的流滴性保持期不宜少于6个月。

6.5.7 塑料薄膜作为透光覆盖材料时应采取措施张紧塑料薄膜。

6.5.8 除通风口处以外,其他部位的塑料薄膜应固定可靠、密封良好。

6.6 门斗设计

6.6.1 长度100 m及以下的日光温室可设置1个门斗,门斗建筑面积不宜大于15 m²;长度超过100 m的日光温室可设置2个门斗,总建筑面积不得超过24 m²。

6.6.2 门斗可设置在温室外,也可设置在温室内。

6.6.3 门斗宜设置在日光温室的端部或中部。

6.6.4 门斗不应设计为2层建筑,也不宜设计为半地下式结构。

6.6.5 室外门斗地面标高应高于室外地坪标高0.1 m以上。

6.6.6 室外门斗宜在南侧墙面设置门窗。

6.6.7 室外门斗设置不得影响卷被机作业,室内门斗设置不得影响室内保温幕的操作。

6.6.8 门斗与温室连接口应安装保温门或双层保温帘,并密封良好。

6.6.9 室外门斗应能承载建设地结构设计风雪荷载,并根据门斗的使用功能合理设计采暖、屋面保温和防水。

6.6.10 门斗的门洞尺寸不宜小于750 mm×2 100 mm(宽×高)。

6.6.11 室外门斗的窗洞尺寸不宜大于1 200 mm×1 500 mm(宽×高)。

7 结构设计

7.1 一般要求

7.1.1 日光温室结构设计使用寿命不应低于10年。

7.1.2 日光温室设计荷载应符合GB/T 51183的要求。

7.1.3 日光温室结构可按承载能力极限状态进行设计,可不考虑地震作用。

7.1.4 日光温室结构设计文件中应注明设计使用年限、材料牌号或强度等级等技术要求。

7.1.5 钢结构构件宜采用热浸镀锌防腐处理,琴弦式日光温室的纵向钢丝应采用镀锌钢丝。

7.1.6 压膜线应符合下列要求:

　　a) 压膜线材料应质地柔软,表面光滑;

　　b) 压膜线抗拉强度应满足结构设计要求;

　　c) 压膜线不应采用钢丝。

7.2 结构强度设计

7.2.1 日光温室结构形式可分为无柱和有柱2种。在保障承载的条件下,应尽量减少室内立柱或选择无柱结构。

7.2.2 日光温室结构作用荷载应符合下列要求:

　　a) 琴弦式日光温室的纵向钢丝的初始预拉力宜大于1.50 kN,纵向钢丝应在山墙两端固定牢固;

　　b) 日光温室恒荷载可按保温被均匀布置时考虑;

　　c) 对有卷帘机作用的骨架恒荷载应验算卷帘机在跨中及屋脊2种集中荷载情况,集中荷载包括卷起的保温被、卷被轴或卷被芯和传动装置重量。

7.2.3 日光温室结构强度计算应符合下列要求:

　　a) 日光温室钢结构设计应符合GB 50018的要求;

　　b) 日光温室钢结构受压构件的长细比不宜超过220,构造应符合GB 50018的要求;

　　c) 日光温室钢筋混凝土拱架和立柱设计应符合GB 50010的要求;

　　d) 基础设计应符合NY/T 1145的要求。

7.3 结构构造要求

7.3.1 排架结构承力拱架的间距不宜大于1.2 m,纵向系杆的间距不宜大于2.0 m,且不得影响塑料薄膜的压紧。

7.3.2 琴弦式日光温室结构承力拱架的间距不宜大于3 m,相邻两榀承力拱架之间支撑副杆间距不宜大于1.2 m,纵向钢丝间距不宜大于0.3 m,固定钢丝地锚埋深不宜小于1.0 m。

7.3.3 平面桁架应有保证平面外稳定的措施。

8 通风与降温设计

8.1 通风设计

8.1.1 日光温室宜采用自然通风。通风口宜设置在温室前屋面脊部、中部、底部或后屋面,通风口总面积不应小于温室地面面积的15%。

8.1.2 如在后墙设置通风口,可采用矩形或圆形,间距3.0 m~6.0 m,通风口下沿距室内走道的高度不宜低于1.0 m,后墙通风口总面积不应大于后墙面积的3%。冬季应采取密封措施,防止冷风渗入室内。严寒地区不应在后墙设置通风口。

　　注:严寒地区指最冷月平均温度低于−10℃的地区。

8.1.3 前屋面通风口应沿温室长度方向通长设置或均匀间隔设置,通风口宽度宜为0.5 m~1.5 m。

8.1.4 前屋面通风口可采用扒缝、卷膜或悬窗等形式。采用扒缝和卷膜开窗时,活动膜和固定膜的搭接宽度宜为 0.2 m～0.3 m。卷膜或悬窗通风口应配套手动、电动或自动控制设备。

8.1.5 前屋面通风口用于寒冷季节通风时,可在室内增设防风膜。

8.1.6 通风口处应配置与种植作物防虫要求相适应的防虫网。

8.1.7 屋脊通风口应配置防止塑料薄膜出现水兜的支撑网。

8.2 降温设计

8.2.1 日光温室可采用湿帘-风机或/和遮阳方式进行降温。

8.2.2 采用湿帘-风机方式降温时,湿帘面积和风机风量应按 NY/T 2133 的规定确定。

8.2.3 温室长度不超过 60 m 时,风机和湿帘应分别设置在温室两端山墙上,且风机应设置在建设地夏季主导风下风向的一侧;温室长度为 60 m～120 m 时,应设置两套湿帘-风机降温装置,风机宜置于温室两端山墙,湿帘置于温室后墙中部或者在温室中部敞开 3 m～5 m 塑料薄膜增设两堵山墙安装湿帘;温室长度超过 120 m 时,不宜在温室长度方向采用湿帘-风机方式降温。

8.2.4 湿帘高度应根据温室高度确定,不宜超过 1.8 m,且不应小于 1.2 m。湿帘安装洞口下沿距离室外地面不应小于 0.2 m。

8.2.5 风机安装高度宜兼顾种植作物的种类和种植方式,风机下沿距离室外地面不应低于 0.3 m,且不应超过 1.0 m。如在同一墙面安装多台风机时,风机间距离应为 0.3 m～0.5 m。

8.2.6 采用外遮阳方式降温时,遮阳网与温室屋面距离不应小于 0.3 m,且不得与卷被机、保温被发生干涉。

8.2.7 采用内遮阳方式降温时,宜选用透气型遮阳网,遮阳网距离作物冠层不应小于 0.5 m。

8.2.8 内外遮阳网应配置手动或自动启闭设备。

9 采暖设计

9.1 一般要求

9.1.1 生产季节室外最低温度低于-20℃的地区或种植作物对室内温度的保证率要求较高时,日光温室可配套供暖设施。

9.1.2 供暖方式应根据日光温室的管理模式、能源状况及政策、节能环保等要求,通过技术经济比较确定。

9.1.3 供暖设施宜配套温度自动控制系统。

9.2 供暖热负荷

9.2.1 日光温室供暖热负荷室内计算温度应根据种植作物的要求参照表3确定。

表3 日光温室供暖热负荷室内计算温度

种植作物	热带作物	普通花卉	喜温果菜	叶菜	育苗	草莓
室内计算温度 ℃	20	16	12	5	15	5

9.2.2 日光温室供暖热负荷室外计算温度应按 GB 50176—2016 附录 A 取值,参见附录 C。

9.2.3 日光温室供暖热负荷应按式(12)计算。

$$Q_h = Q_w + Q_f + Q_v \cdots\cdots\cdots\cdots\cdots (12)$$

式中:

Q_h——日光温室供暖热负荷,单位为瓦(W);

Q_w——通过墙体、后屋面和前屋面等围护结构的传热量,单位为瓦(W);

Q_f——地中传热量,单位为瓦(W);

Q_v——冷风渗透耗热量,单位为瓦(W)。

9.2.4 通过围护结构的传热量应按式(13)计算。

$$Q_w = \sum_j K_j A_{gj}(t_i - t_o) \quad\cdots\cdots(13)$$

式中:

K_j ——日光温室各部分围护结构(包括前屋面、后墙、山墙、后屋面及门窗)的传热系数,单位为瓦每平方米摄氏度$[W/(m^2 \cdot ℃)]$;

A_{gj} ——日光温室各部分围护结构的面积,单位为平方米(m^2);

t_i ——供暖热负荷室内计算温度,单位为摄氏度(℃);

t_o ——供暖热负荷室外计算温度,单位为摄氏度(℃)。

9.2.4.1 异质复合材料围护结构的传热系数应按式(14)计算。

$$\frac{1}{K} = \frac{1}{\alpha_i} + \sum_k \frac{\delta_k}{\lambda_k} + \frac{1}{\alpha_o} \quad\cdots\cdots(14)$$

式中:

α_i, α_o ——围护结构内、外表面换热系数,单位为瓦每平方米摄氏度$[W/(m^2 \cdot ℃)]$,分别取值8.7 $W/(m^2 \cdot ℃)$和23 $W/(m^2 \cdot ℃)$;

δ_k ——各层材料的厚度,单位为米(m);

λ_k ——各层材料的导热系数,单位为瓦每米摄氏度$[W/(m \cdot ℃)]$,参见附录D取值。

9.2.4.2 日光温室前屋面传热系数应按透光覆盖材料和保温被形成的异质复合材料结构计算。

9.2.4.3 下挖式日光温室的围护结构传热量只计算室外地坪标高以上部分围护结构的传热量。

9.2.5 地中传热量应按式(15)计算。

$$Q_f = 2WK_d(t_i - t_o) \quad\cdots\cdots(15)$$

式中:

W ——日光温室长度,单位为米(m);

K_d ——地面传热系数,单位为瓦每平方米摄氏度$[W/(m^2 \cdot ℃)]$,取为0.47 $W/(m^2 \cdot ℃)$。

注:日光温室前屋面底脚设计防寒沟或附加保温层热阻达到1.1 $(m^2 \cdot ℃)/W$时可不考虑地面传热。

9.2.6 冷风渗透耗热量应按式(16)和式(17)计算。

$$Q_v = L_v \rho_a C_p(t_i - t_o) \quad\cdots\cdots(16)$$

式中:

L_v——日光温室缝隙的渗透通风量,单位为立方米每秒(m^3/s);

ρ_a ——空气密度,单位为千克每立方米(kg/m^3),按1.29 kg/m^3取值;

C_p——空气的定压比热容,单位为焦耳每千克摄氏度$[J/(kg \cdot ℃)]$,取$C_p = 1\,030\ J/(kg \cdot ℃)$。

$$L_v = nV/3600 \quad\cdots\cdots(17)$$

式中:

n ——日光温室夜间密闭情况下的换气次数,单位为次每小时(次/h),$n = 0.1\sim 0.5$,根据日光温室的密封性取值;

V ——日光温室内部体积,单位为立方米(m^3)。

9.3 采暖设备配置

9.3.1 热水采暖系统

9.3.1.1 热水采暖系统供回水温度宜按75℃/50℃设计,供水温度不宜大于85℃,供回水温差不宜小于20℃。

9.3.1.2 热水采暖系统宜选用圆翼型散热器或光面管散热器,散热器宜布置在温室后墙或前屋面底部,也可布置在作物垄间或苗床下。

9.3.1.3 散热器双排或多排布置时,散热器之间间距不应小于下列规定:
  a) 圆翼散热器:250 mm;
  b) 光管散热器:200 mm。

9.3.1.4 供水系统宜采用同程式。

9.3.1.5 散热器长度可按式(18)计算。

$$L_s = Q_h / q \cdots\cdots\cdots\cdots\cdots\cdots\cdots\cdots\cdots\cdots\cdots\cdots\cdots\cdots\cdots (18)$$

式中:
L_s——散热器长度,单位为米(m);
Q_h——日光温室供暖热负荷,单位为瓦(W);
q——散热器单位长度的散热量,单位为瓦每米(W/m),取值参照表4和表5。

表 4 热浸镀锌钢制圆翼散热器(DN65)在不同温度下的散热量

供回水平均温度与室内温度之差,℃	35	40	45	50	55	60	65	70	75
单位长度散热量,W/m	252	300	351	404	480	514	566	631	692

表 5 常用管径光管在不同室温下的散热量

单位为瓦每米

供回水温度 ℃	室温 ℃	光管规格(直径×壁厚) mm							
		21.3×2.75	26.8×2.75	33.5×3.25	42.3×3.25	48×3.5	60×3.5	76×3.5	89×3.5
75/50	10	17	21	63	80	79	98	125	147
	12	16	20	61	77	76	95	121	141
	14	14	18	56	71	70	87	110	129
	16	13	17	54	68	67	83	105	124
	18	12	16	51	65	74	79	101	118
	20	11	15	49	62	61	76	97	113

9.3.1.6 热水锅炉额定效率应达到70%以上,锅炉总装机容量按供暖热负荷的1.1倍计算。

9.3.2 热风供暖系统

9.3.2.1 日光温室热风供暖系统可采用热风炉或热水暖风机供暖。

9.3.2.2 送风管宜为带有均匀送风孔的透明塑料薄膜管,直径宜为0.3 m~0.4 m,单根长度不宜大于60 m,送风温度不应超过45℃。

9.3.2.3 送风管宜沿温室长度方向布置在温室中部或走道上部距离作物冠层不小于0.5 m的位置。

9.3.2.4 热风送风量可按式(19)计算确定。

$$L_h = \frac{Q_h}{\rho_a C_p (t_{sf} - t_{rk})} \cdots\cdots\cdots\cdots\cdots\cdots\cdots\cdots\cdots\cdots\cdots\cdots (19)$$

式中:
L_h——热风供暖系统的送风量,单位为立方米每小时(m³/s);
t_{sf}——送风温度,单位为摄氏度(℃);
t_{rk}——入口空气温度,单位为摄氏度(℃)。当入口为室外空气时,$t_{rk} = t_o$;当入口在室内时,$t_{rk} = t_i$。

9.3.2.5 热风供暖系统容量可按供暖热负荷的1.05倍~1.1倍计算。

9.3.3 苗床电加热供暖

9.3.3.1 日光温室冬季育苗可采用电热线局部加温。

9.3.3.2 电热线在土层的埋深宜为 0.1 m～0.5 m，下部应铺设 0.1 m～0.2 m 厚聚苯板等绝热材料。

9.3.3.3 苗床设计采暖负荷可按式（20）计算。

$$Q_{mh} = q_m W_m L_m \quad\cdots\cdots\cdots\cdots\cdots\cdots\cdots\cdots\cdots\cdots\cdots\cdots\cdots\cdots \text{(20)}$$

式中：

Q_{mh}——苗床设计采暖负荷，单位为瓦（W）；

q_m——苗床单位面积需热量，单位为瓦每平方米（W/m²），取值为 80 W/m²～120 W/m²；

W_m——苗床宽度，单位为米（m）；

L_m——苗床长度，单位为米（m）。

9.3.3.4 电热线总功率可按苗床设计采暖负荷的 1.05 倍～1.18 倍取值。

9.3.3.5 电热线长度可按式（21）计算。

$$l = P_r / q_a \quad\cdots\cdots\cdots\cdots\cdots\cdots\cdots\cdots\cdots\cdots\cdots\cdots\cdots\cdots \text{(21)}$$

式中：

l——电热线总长度，单位为米（m）；

P_r——电热线总功率，单位为瓦（W）；

q_a——电热线单位长度功率，单位为瓦每米（W/m），咨询生产厂家产品手册确定。

9.3.3.6 每个栽培床布置电热线数量可按式（22）计算。

$$m = \frac{l - (W_m - 2a)}{L_m - 2b} \quad\cdots\cdots\cdots\cdots\cdots\cdots\cdots\cdots\cdots\cdots\cdots \text{(22)}$$

式中：

m——每个栽培床布置电热线数量，单位为根；

a——栽培床长度方向上的最外边加热线与苗床边的距离，单位为米（m），取值 0.05 m～0.15 m；

b——加热线弯头与苗床边的距离，单位为米（m），取值 0.05 m～0.2 m。

9.3.3.7 电热线间距可按式（23）计算。

$$d_l = (W_m - 2a) / (m - 1) \quad\cdots\cdots\cdots\cdots\cdots\cdots\cdots\cdots\cdots\cdots \text{(23)}$$

式中：

d_l——电热线间距，单位为米（m）。

10 卷被用电动机和卷被轴的选型设计

10.1 保温被位于最高点时，被卷半径可按式（24）计算。

$$r = \sqrt{r_0^2 + S\delta_b / \pi} \quad\cdots\cdots\cdots\cdots\cdots\cdots\cdots\cdots\cdots\cdots\cdots \text{(24)}$$

式中：

r——保温被位于最高点时被卷半径，单位为米（m）；

r_0——卷轴式卷帘机的卷被轴半径或卷绳式卷帘机的芯轴半径，单位为米（m）。

注：卷轴式卷帘机的卷被轴半径可假设，根据强度和扭转刚度验算后最终确定。

δ_b——保温被实际安装厚度，单位为米（m），应按材料单层或双层厚度计算；

注：保温被单边搭接宽度大于保温被宽度20%时，实际安装厚度按材料双层厚度计算。

S——保温被活动部分长度，单位为米（m），可近似按日光温室前屋面曲线长度加 0.4 m～0.6 m 计算；

π——圆周率，$\pi = 3.14$。

10.2 保温被卷起部分重量可按式（25）计算。

$$G = L_1 S q_1 g \quad \cdots\cdots\cdots\cdots\cdots\cdots\cdots\cdots\cdots\cdots\cdots\cdots\cdots\cdots \quad (25)$$

式中：

G —— 保温被卷起部分重量，单位为牛顿（N）；

L_1 —— 单台卷帘机卷被轴或芯轴长度，单位为米（m）；

q_1 —— 保温被单位面积质量，单位为千克每平方米（kg/m²），应按安装后保温被总质量折算到日光温室前屋面弧面面积上，并按潮湿或吸水状态考虑；

g —— 重力加速度，单位为牛顿每千克（N/kg），$g = 9.8$ N/kg。

10.3 卷绳式卷帘机传动装置最大输出扭矩可按式（26）计算，保温被位于最高点时受力示意见图1。

$$M_{s,\max} = S_k (G + G_1) r_1 (f_1 \cos\alpha_1 + \sin\alpha_1)/2 \cdots\cdots\cdots\cdots\cdots\cdots \quad (26)$$

式中：

$M_{s,\max}$ —— 卷绳式卷被传动装置最大输出扭矩，单位为牛顿米（N·m）；

S_k —— 载荷系数，无量纲，根据温室钢结构安装和使用工况，可取 1.5～2.5；

G_1 —— 保温被芯轴重量，单位为牛顿（N）；

r_1 —— 卷绳式卷帘机的卷被轴半径，单位为米（m）；

f_1 —— 保温被被卷与前屋面之间的静摩擦系数，无量纲，按 0.3～0.5 取值；

α_1 —— 保温被位于最高点时，被卷与温室前屋面曲线相切点与屋脊点所连直线和水平线的夹角，单位为度（°）。

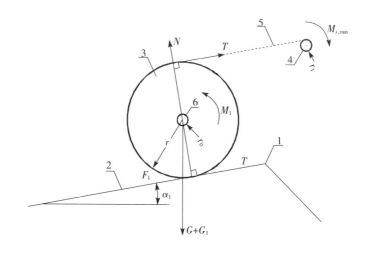

说明：

1——日光温室屋脊；

2——日光温室前屋面；

3——保温被被卷；

4——卷被轴；

5——卷被绳；

6——保温被芯轴；

$G+G_1$——保温被卷起部分重量和保温被芯轴重量之和；

N ——前屋面对保温被被卷的支撑力；

T ——卷被绳拉力；

F_1 ——前屋面对保温被被卷的静滑动摩擦力；

M_1 ——前屋面对保温被被卷的滚动摩阻力偶。

图 1 卷绳式卷帘机保温被卷到最高点时受力示意图

10.4 卷轴式卷帘机传动装置最大输出扭矩可按式（27）计算，保温被位于最高点时受力示意见图2。

$$M_{z,\max} = S_k (G + G_2)(f_2 \cos\alpha_1 + r \sin\alpha_1) \quad \cdots\cdots\cdots\cdots\cdots\cdots\cdots \quad (27)$$

式中：

$M_{z,\max}$ —— 卷轴式卷帘机传动装置最大输出扭矩，单位为牛顿米（N·m）；

G_2 —— 减速机、电动机、卷被机构和卷被轴重量之和，单位为牛顿（N）；

f_2 —— 保温被被卷与前屋面之间的滚动摩阻系数，单位为米（m），按 0.03 m～0.05 m 取值。

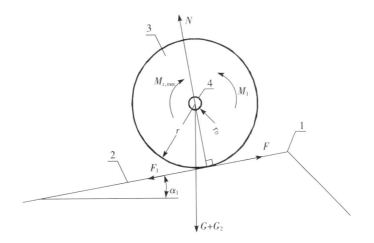

说明：
1 ——日光温室屋脊；
2 ——日光温室前屋面；
3 ——保温被卷；
4 ——卷被轴；
$G+G_2$——保温被卷起部分重量、减速机、电动机、卷被机构和卷被轴重量之和；

N ——前屋面对保温被卷的支撑力；
F ——保温被固定端对保温被卷拉力；
F_1 ——前屋面对保温被卷的静滑动摩擦力；
M_1 ——前屋面对保温被卷的滚动摩阻力偶。

图 2 卷轴式卷被机保温被卷到最高点时受力示意图

10.5 卷帘机电动机输出功率计算方法

10.5.1 卷帘机电动机输出功率可按式（28）计算，选型电动机额定功率应大于计算值。

$$P_m = K_m M_{b,\max} n_1 / 9550 i \eta \cdots\cdots\cdots\cdots\cdots\cdots\cdots\cdots (28)$$

式中：

P_m ——卷被机电动机输出功率，单位为千瓦（kW）；

K_m ——综合工况系数，无量纲，可取 $1.2 \sim 1.5$。

$M_{b,\max}$ ——卷被传动装置最大输出扭矩，单位为牛顿米（N·m）；

n_1 ——卷帘机电动机输出转速，单位为转每分（r/min）；

i ——传动装置的总传动比，无量纲；

η ——传动装置总机械传动效率，无量纲。

10.5.2 卷帘机传动装置总传动比为电动机输出轴转速与卷被轴转速之比，也等于各级传动机构传动比的乘积。

10.5.3 传动装置总机械传动效率为各级传动机构、各对轴承和各联轴器等机械传动效率的乘积，各级传动机构、各对轴承和各联轴器等机械传动效率，可根据其传动类别和传动形式，查阅机械设计手册或减速器产品手册确定。

10.6 卷被轴宜采用圆钢管，尺寸应满足强度和扭转刚度要求。

10.7 卷被传动装置采用单输出轴时，卷被轴最大扭矩按卷被传动装置最大输出扭矩取值；卷被传动装置采用双输出轴时，卷被轴最大扭矩按卷被传动装置最大输出扭矩一半取值。

10.7.1 采用强度计算时，卷被轴截面尺寸应按式（29）计算。

$$\frac{16 D M_{\max}^n}{(D^4 - d^4)\pi} \leqslant [\tau] \cdots\cdots\cdots\cdots\cdots\cdots\cdots\cdots\cdots (29)$$

式中：

$[\tau]$ ——卷被轴材料的许用剪应力，单位为牛顿每平方米（N/m²），与材料特性有关，查阅机械设计手册，对于普通碳素结构钢钢材，可取 130×10^6 N/m²；

$M_{\max}^n$ ——卷被轴最大扭矩，单位为牛顿米（N·m）；

D ——卷被轴外径,单位为米(m);

d ——卷被轴内径,单位为米(m)。

注:卷被轴按等截面计算。

10.7.2 采用扭转刚度计算时,卷被轴裁面尺寸应按式(30)计算。

$$\frac{2880M_{max}^n}{G_n\pi^2(D^4-d^4)} \leqslant [\theta] \quad\cdots\cdots\cdots\cdots\cdots\cdots\cdots\cdots\cdots\cdots\cdots\cdots (30)$$

式中:

$[\theta]$ ——卷被轴的许用扭转角,单位为度每米(°/m),可取 1.5°~2.0°;

G_n ——卷被轴材料的剪切弹性模量,单位为牛每平方米(N/m²),对于钢材可取 80×10⁹ N/m²。

11 电气设计

11.1 场区供电系统总体设计

11.1.1 日光温室供电系统负荷等级宜采用 3 级。

11.1.2 日光温室场区供电电压等级应根据用电容量、供电距离、建设地供电网现状及其发展规划等因素,经技术经济比较后确定。

11.1.3 日光温室场区供电宜自成系统,且系统应简单可靠,并便于管理维修。

11.1.4 日光温室场区供配电系统线路宜采用电缆地下敷设方式。

11.1.5 日光温室供电宜采用链式供电系统,每个链式供电回路的日光温室栋数不宜超过 5 栋。

11.2 日光温室供配电

11.2.1 日光温室(门斗除外)的灯具、电源插座、开关和控制箱等电气设备应采用密闭型。

11.2.2 插座配电回路应设剩余电流动作保护器,剩余动作电流不应超过 30 mA。

11.3 照明及补光

11.3.1 日光温室内可沿走道布置照明灯具,灯具安装间距宜为 10 m~15 m。灯具光源功率宜为 25 W~40 W。

11.3.2 场区照明宜采用庭院灯,灯距宜为 15 m~25 m,灯高宜为 3.5 m~5.0 m。

11.3.3 根据生产需要日光温室可设计人工补光,补光光源宜选用农用节能灯。

11.4 日光温室动力

11.4.1 日光温室的动力设备可包括卷被机、电动卷膜(开窗)机、风机、湿帘水泵、灌溉水泵等。

11.4.2 卷被机、开窗机、拉幕机、电动卷膜(开窗)机应自带限位开关。

11.4.3 风机、湿帘水泵宜采用手动控制,生产工艺需要时可采用温度自动控制方式。

11.4.4 灌溉水泵可采取手动控制和自动控制 2 种方式。

11.5 日光温室防雷与接地

11.5.1 位于山坡或雷电常发区的日光温室应做防雷设计。

11.5.2 日光温室应按需要设置功能接地和保护接地。

11.5.3 日光温室低压配电系统宜采用 TN-C-S 或 TN-S 系统。

11.5.4 日光温室电源进户处应设总等电位联结端子板,并与下列金属体连接:

    a) 保护导体(PE)和保护接地中性导体(PEN)干线;

    b) 接地装置中的接地干线;

    c) 日光温室的金属管道;

    d) 便于连接的日光温室金属构件的导电部分,如钢骨架等。

11.5.5 设置电子信息系统或物联网系统的日光温室,雷击电磁脉冲应按 D 级防护等级设计。

11.6 日光温室环境监测

11.6.1 日光温室群宜设置室外气象站。

11.6.2 日光温室内可设置空气温度、空气相对湿度、光照、二氧化碳、土壤温度等环境因子监测仪器设备。

<h1>附 录 A</h1>

（规范性附录）

<h2 style="text-align:center">日光温室间距计算方法</h2>

A.1 平地上建设日光温室的间距

平地上建设日光温室的间距按式（A.1）～式（A.5）计算。

$$D = H_0 \, ctgh \cos r \quad\cdots\cdots\cdots\cdots\cdots\cdots\cdots\cdots\cdots\cdots\cdots\cdots\cdots\cdots \text{(A.1)}$$

式中：

D ——前一栋温室屋脊（或后墙外皮）至后一栋温室前沿之间的距离（见图 A.1），单位为米（m）；

H_0——温室屋脊处最高点高度（或后墙檐高），单位为米（m）；

h ——当地时间给定时刻的太阳高度角，单位为度（°），按式（A.2）计算；

r ——太阳光线水平面投影线与温室屋脊垂线之间的夹角，单位为度（°），按式（A.4）计算。

$$\sin h = \sin\varphi \sin\delta + \cos\varphi \cos\delta \cos\omega \quad\cdots\cdots\cdots\cdots\cdots\cdots\cdots\cdots\cdots \text{(A.2)}$$

式中：

φ ——建设地地理纬度，单位为度（°），北方地区主要地区的地理纬度参见附录 C；

δ ——太阳赤纬角，单位为度（°），按式（A.3）计算；

ω ——太阳时角，单位为度（°），上午为正，下午为负。

$$\delta = 23.45\sin[360(284 + N)/365] \quad\cdots\cdots\cdots\cdots\cdots\cdots\cdots\cdots\cdots \text{(A.3)}$$

式中：

N——日序数。

$$r = A \pm \alpha \quad\cdots\cdots\cdots\cdots\cdots\cdots\cdots\cdots\cdots\cdots\cdots\cdots\cdots\cdots\cdots\cdots \text{(A.4)}$$

式中：

α——温室方位角，即屋脊垂线与正南方向的夹角，单位为度（°），"±"的确定应根据温室的朝向和太阳方位，按表 A.1 选取；

A ——当地时间任意时刻的太阳方位角，单位为度（°），按式（A.5）计算。

$$\sin A = \cos\delta \sin\omega / \cos h \quad\cdots\cdots\cdots\cdots\cdots\cdots\cdots\cdots\cdots\cdots\cdots\cdots \text{(A.5)}$$

表 A.1 温室采光和太阳方位与温室朝向的关系

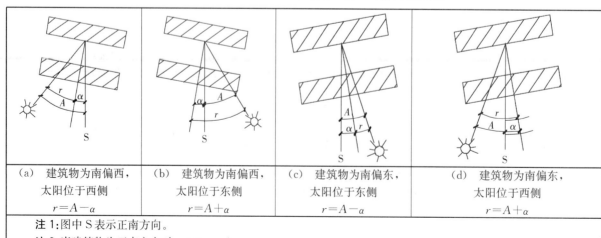

（a） 建筑物为南偏西，太阳位于西侧 $r=A-\alpha$	（b） 建筑物为南偏西，太阳位于东侧 $r=A+\alpha$	（c） 建筑物为南偏东，太阳位于东侧 $r=A-\alpha$	（d） 建筑物为南偏东，太阳位于西侧 $r=A+\alpha$

注1：图中 S 表示正南方向。
注2：当建筑物为正南方向时，$a=0$，$r=A$。

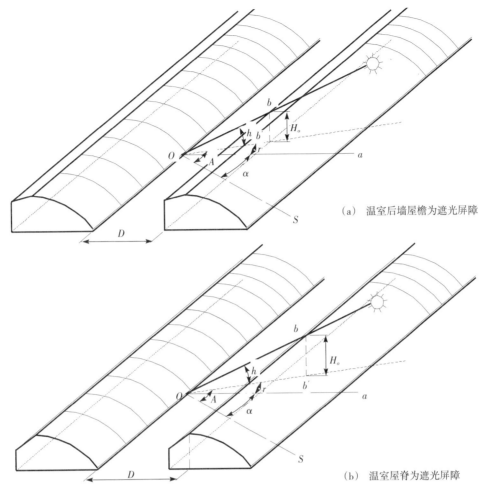

（a） 温室后墙屋檐为遮光屏障

（b） 温室屋脊为遮光屏障

注：判断图 A.1 中 D 和 H_0 究竟是(a)还是(b)的依据是看计算时间的太阳高度角 h。如果 h 大于日光温室的后屋面坡度（这里的后屋面坡度指温室屋脊与后墙挑檐连线与水平面的夹角），则后墙挑檐为遮光物，D 和 H_0 按图(a)计算；反之，如果 h 小于后屋面坡度，则温室屋脊为遮光物，D 和 H_0 应按图(b)计算。保温被未卷起时屋脊为最高点，保温被卷起时被卷顶部可能为最高点。

图 A.1　温室间距确定方法

A.2　坡地上建设日光温室的间距

A.2.1　阳坡上建设日光温室的间距可按式（A.6）计算。

$$D = H_0 - \Delta h \quad\cdots\cdots\cdots\cdots\cdots\cdots\cdots\cdots\cdots\cdots\cdots\cdots（A.6）$$

式中：

D ——前一栋温室屋脊（或后墙外皮）至后一栋温室前沿之间的距离（见图 A.1），单位为米（m）；

H_0 ——温室屋脊处最高点高度（或后墙檐高），单位为米（m）；

Δh ——相邻两栋温室室外设计地坪标高之差，单位为米（m）。

注：计算出的 D 小于 1.0 m 时，实际按 1.0 m 设计。

A.2.2　阴坡上建设日光温室的间距按式（A.7）计算。

$$D = H_0 + \Delta h \quad\cdots\cdots\cdots\cdots\cdots\cdots\cdots\cdots\cdots\cdots\cdots\cdots（A.7）$$

附　录　B

（规范性附录）

日光温室各部位尺寸和名称

B.1　日光温室各部位尺寸

见图 B.1。

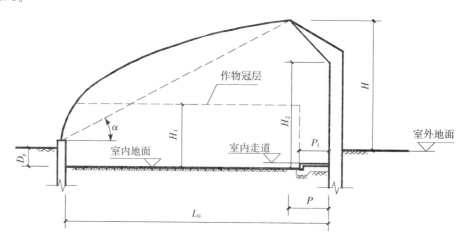

说明：

D_p ——日光温室室内外地面高差；

H ——日光温室脊高；

H_1 ——夏季温室内作物的植株高度；

H_2 ——日光温室后墙高度；

L_0 ——日光温室净跨；

P ——日光温室后屋面水平投影宽度；

P_1 ——日光温室走道宽度；

α ——温室前屋面角。

图 B.1　日光温室各部位尺寸

B.2　日光温室各部位名称

见图 B.2。

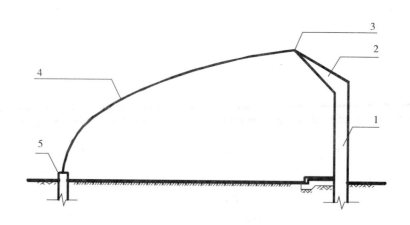

说明：

1——后墙；

2——后屋面；

3——屋脊；

4——前屋面；

5——前屋面基础。

图 B.2　日光温室各部位名称

附 录 C
（资料性附录）
日光温室室外温度计算参数

日光温室室外温度计算参数见表 C.1。

表 C.1 日光温室室外温度计算参数

地 区		纬度 °	采暖室外计算温度 ℃	围护结构保温设计室外计算温度 ℃
北京	北京	39.93	−7	−11.8
天津	天津	39.10	−7	−12.1
黑龙江	哈尔滨	45.75	−22.4	−30.9
	漠河	52.13	−36.3	−41.9
	呼玛	51.72	−32.6	−38.1
	黑河	50.25	−28.9	−37.3
	嫩江	49.17	−30.1	−35.5
	孙吴	49.43	−29.2	−34.4
	克山	48.05	−26.3	−34.0
	齐齐哈尔	47.38	−23.2	−32.1
	海伦	47.43	−25.8	−35.0
	伊春	47.72	−27.2	−34.0
	富锦	47.23	−24.0	−30.3
	泰来	46.40	−21.7	−30.7
	安达	46.38	−23.6	−33.4
	宝清	46.32	−22.4	−29.1
	通河	45.97	−25.5	−34.6
	尚志	45.22	−24.9	−33.1
	鸡西	45.28	−21.0	−28.4
	虎林	45.77	−22.8	−28.5
	牡丹江	45.57	−21.8	−30.1
	绥芬河	44.38	−21.3	−28.1
吉林	长春	43.90	−20.8	−30.1
	前郭尔罗斯	45.08	−21.9	−32.4
	长岭	44.25	−20.9	−29.8
	四平	43.18	−19.8	−28.8
	敦化	43.37	−21.5	−29.8
	桦甸	42.98	−24.6	−34.2
	延吉	42.88	−17.8	−23.7
	临江	41.72	−20.4	−28.6
	集安	41.10	−16.4	−24.6
	长白	41.35	−22.0	−30.2
辽宁	沈阳	41.77	−18.1	−26.8
	彰武	42.42	−18.0	−28.0
	清源	42.10	−20.3	−30.1

表 C.1（续）

地 区		纬度 °	采暖室外计算温度 ℃	围护结构保温设计室外计算温度 ℃
辽宁	朝阳	41.55	−13.7	−21.7
	锦州	41.13	−13.0	−20.6
	本溪	41.32	−18.5	−28.6
	营口	40.67	−14.6	−23.3
	宽甸	40.72	−16.0	−26.4
	丹东	40.05	−11.8	−20.9
	大连	38.90	−9.0	−16.3
内蒙古	呼和浩特	40.82	−15.6	−22.7
	图里河	50.45	−35.2	−41.5
	海拉尔	49.22	−31.1	−40.4
	新巴尔虎右旗	48.67	−26.6	−37.6
	博克图	48.77	−26.1	−34.7
	东乌珠穆沁旗	45.52	−25.8	−33.4
	额济纳旗	41.95	−14.6	−26.7
	拐子湖	41.37	−15.5	−24.8
	巴音毛道	40.75	−16.0	−26.2
	二连浩特	43.65	−23.8	−28.8
	那仁宝拉格	44.62	−26.5	−32.2
	满都拉	42.53	−19.0	−25.8
	阿巴嘎旗	44.02	−26.5	−32.7
	海力素	41.45	−19.1	−25.4
	朱日和	42.40	−20.6	−26.3
	乌拉特后旗	41.57	−18.1	−23.6
	达尔罕茂明安联合旗	41.70	−20.3	−30.1
	化德	41.90	−21.0	−26.4
	集宁	41.03	−18.1	−22.8
	吉兰泰	39.78	−13.8	−25.7
	临河	40.77	−13.7	−21.5
	鄂托克旗	39.10	−14.8	−21.2
	东胜	39.83	−15.5	−21.5
	西乌珠穆沁旗	44.58	−24.6	−30.6
	扎鲁特旗	44.57	−17.3	−24.1
	巴林左旗	43.98	−18.3	−24.7
	锡林浩特	43.95	−24.6	−29.5
	林西	43.60	−18.8	−24.6
	通辽	43.60	−18.6	−29.0
	多伦	42.18	−22.7	−29.9
	赤峰	422.27	−16.2	−21.0
	宝国吐	42.33	−16.5	−21.5
山东	济南	36.60	−5.2	−10.5
	德州	37.33	−6.7	−13.1
	惠民县	37.50	−6.7	−12.8
	长岛	37.93	−4.2	−9.3
	龙口	37.62	−4.5	−8.5
	成山头	37.40	−3.7	−9.7
	莘县	36.23	−5.9	−12.3
	沂源	36.18	−6.0	−11.3
	潍坊	36.77	−6.6	−12.0

表 C.1（续）

地　　区		纬度 °	采暖室外计算温度 ℃	围护结构保温设计室外计算温度 ℃
山东	青岛	36.07	−3.8	−9.0
	海阳	36.77	−5.1	−10.8
	定陶	35.10	−4.4	−9.6
	兖州	35.57	−4.6	−9.5
	日照	35.43	−3.5	−8.5
河北	石家庄	38.03	−5.3	−9.6
	蔚县	39.83	−15.2	−23.6
	邢台	37.07	−4.8	−8.7
	丰宁	41.22	−14.2	−18.4
	围场	41.93	−16.6	−22.0
	张家口	40.78	−12.7	−17.6
	怀来	40.40	−10.9	−15.6
	承德	40.98	−13.7	−18.2
	青龙	40.40	−12.0	−19.0
	唐山	39.67	−7.9	−13.6
	乐亭	39.43	−8.9	−14.0
	保定	38.85	−6.4	−12.5
河南	郑州	34.72	−3.5	−6.0
	安阳	36.05	−4.9	−10.3
	孟津	34.82	−4.0	−8.6
	南阳	33.03	−1.4	−7.3
	西华	33.78	−2.5	−7.1
	驻马店	33.00	−2.1	−7.1
	信阳	32.13	−1.5	−6.1
	固始	32.17	−1.0	−6.5
山西	太原	37.78	−9.0	−16.4
	大同	40.10	−15.6	−21.8
	河曲	39.38	−15.7	−24.1
	原平	38.75	−11.2	−17.9
	离石	37.5	−114	−19.6
	榆社	37.07	−10.6	−18.8
	介休	37.03	−8.2	−16.0
	运城	35.05	−3.5	−10.2
	阳城	35.48	−5.9	−11.9
陕西	西安	34.30	−2.4	−8.4
	榆林	38.23	−13.5	−22.9
	延安	36.60	−8.9	−17.4
	宝鸡	34.35	−0.7	−8.0
	汉中	33.07	0.7	−2.4
	安康	32.72	1.6	−2.2
甘肃	兰州	36.05	−6.6	−12.9
	马鬃山	41.80	−17.4	−29.5
	敦煌	40.15	−11.8	−188
	玉门	40.27	−14.3	−24.8
	酒泉	39.77	−14.4	−25.8
	张掖	38.93	−13.1	−23.7
	民勤	38.63	−12.4	−21.8
	乌鞘岭	37.20	−16.9	−23.2

表 C. 1（续）

地 区		纬度 °	采暖室外计算温度 ℃	围护结构保温设计室外计算温度 ℃
甘肃	华家岭	35.38	−13.2	−20.7
	平凉	35.55	−8.1	−14.9
	西峰	35.73	−8.2	−15.5
	合作	35.00	−12.5	−19.4
	武都	33.40	1.3	2.9
	天水	34.58	−4.1	−10.1
宁夏	银川	38.47	−11.2	−18.2
	中宁	37.48	−9.9	−18.2
	盐池	37.80	−12.6	−20.6
青海	西宁	36.62	−11.5	−17.8
	茫崖	38.25	−13.8	−18.1
	冷湖	38.83	−15.6	−22.8
	大柴旦	37.85	−16.7	−22.5
	德令哈	37.37	−14.1	−20.2
	刚察	37.33	−16.8	−25.0
	格尔木	36.42	−11.2	−16.0
	都兰	36.30	−13.6	−19.2
	五道梁	35.22	−21.1	−25.9
	沱沱河	34.22	−22.5	−30.7
	杂多	32.90	−15.8	−24.1
	曲麻莱	34.13	−19.1	−25.3
	玉树	33.02	−11.5	−20.9
	玛多	34.92	−20.6	−29.3
	达日	33.75	−17.8	−25.8
	河南	34.73	−17.5	−29.1
新疆	乌鲁木齐	43.80	−17.8	−25.4
	哈巴河	48.5	−22.9	−34.8
	阿勒泰	47.73	−23.4	−35.2
	富蕴	46.98	−26.9	−37.4
	塔城	46.73	−17.8	−28.8
	和布克赛尔	46.78	−17.9	−27.0
	克拉玛依	45.60	−20.8	−26.5
	北塔山	45.37	−19.1	−29.4
	精河	44.62	−20.1	−25.8
	奇台	44.02	−24.1	−31.4
	伊宁	4395	−14.5	−21.4
	巴仑台	42.73	−12.3	−16.5
	七角井	43.22	−13.6	−18.1
	巴音布鲁克	43.03	−33.2	−38.1
	吐鲁番	42.93	−10.4	−14.6
	库车	41.72	−10.9	−15.9
	库尔勒	41.75	−10.7	−15.7
	喀什	39.47	−8.7	−12.6
	阿合奇	40.93	−13.4	−17.3
	巴楚	39.80	−9.4	−13.2
	阿拉尔	40.50	−10.8	−14.5
	铁干里克	40.63	−11.9	−15.2
	若羌	39.03	−10.7	−15.3

表 C.1（续）

地 区		纬度 °	采暖室外计算温度 ℃	围护结构保温设计室外计算温度 ℃
新疆	莎车	39.43	−8.7	−15.2
	皮山	37.62	−8.6	−16.1
	和田	37.13	−7.8	−17.1
	伊吾	43.27	−16.7	−23.5
	哈密	42.82	−15.3	−22.7
西藏	拉萨	29.67	−3.7	−7.7
	狮泉河	32.50	−16.5	−27.8
	班戈	31.38	−15.8	−22.8
	那取	31.48	−16.2	−23.3
	申扎	30.95	−14.1	−18.6
	日喀则	29.25	−6.8	−9.8
	定日	28.63	−10.0	−18.9
	隆子	28.42	−6.3	−10.0
	帕里	27.73	−15.1	−23.1
	索县	31.88	−15.0	−3.8
	丁青	31.42	−9.4	−13.7
	昌都	31.15	−5.3	−9.4
	林芝	29.57	−1.4	−3.8
安徽	合肥	31.78	−0.6	−6.4
	亳州	33.88	−2.5	−7.7
	阜阳	32.87	−1.8	−8.5
	蚌埠	32.92	−17	−7.0
	霍山	31.4	−0.8	−5.5
	芜湖	31.15	0	−4.2
	安庆	30.53	0.8	−3.5
江苏	南京	32.00	−0.7	−4.5
	徐州	34.28	−3.0	−7.9
	赣榆	34.83	−3.2	−8.6
	射阳	33.77	−2.0	−6.0
	东台	32.87	−1.1	−5.4
	吕泗	32.07	0.1	−4.0
	溧阳	31.43	−0.1	−3.9

附 录 D
（资料性附录）
日光温室常用围护材料导热系数

日光温室常用围护材料导热系数见表D.1。

表 D.1 日光温室常见围护材料导热系数

单位为瓦每米摄氏度

建筑材料	导热系数	建筑材料	导热系数
干草	0.047	加气泡沫混凝土	0.19～0.22
稻壳	0.06	黏土-沙抹面	0.698
稻草板	0.13	夯实黏土	0.93～1.16
石棉水泥板	0.52	加草黏土	0.58～0.76
聚苯乙烯泡沫塑料	0.047	轻质黏土	0.47
聚氯乙烯硬泡沫塑料	0.048	砾石	2.04
膨胀蛭石	0.1～0.14	玻璃棉、沥青玻璃棉毡	0.058
膨胀珍珠岩	0.058～0.07	沥青矿棉板	0.093～0.116
沥青膨胀珍珠岩	0.081	矿棉、沥青矿棉毡	0.07
锅炉渣	0.29	石棉毡	0.016
粉煤灰	0.23	麦秸泥抹面	0.7
砂浆砌筑黏土砖砌体	0.76～0.81	PE编织布	0.33
炉渣砖砌体	0.81	无纺布	0.058
水泥砂浆	0.93	再生棉针刺毡	0.058
石灰水水泥砂浆	0.87	镀铝编织布	0.33
石灰砂浆	0.81	再生棉	0.027～0.064
钢筋混凝土	1.74	珍珠棉	0.035～0.038

ICS 27
F 13

中华人民共和国农业行业标准

NY/T 3239—2018

沼气工程远程监测技术规范

Technical specification of remote monitoring for biogas engineering

2018-05-07 发布

2018-09-01 实施

中华人民共和国农业农村部 发布

NY/T 3239—2018

目　次

前言

1 范围

2 规范性引用文件

3 术语和定义

4 一般规定

5 监测参数

6 数据采集

7 数据传输

8 数据处理

9 信息管理

10 数据安全

11 求助和报警

附录 A(资料性附录)　沼气工程在线监测仪器的安转位置

附录 B(规范性附录)　原料、沼渣和沼液中挥发性固体含量(VS)的测定

附录 C(规范性附录)　信息采集与传输终端身份认证过程和数据加密

附录 D(规范性附录)　信息采集与传输终端和沼气工程监测中心通信过程

附录 E(规范性附录)　沼气工程监测中心收发数据编码格式

前　言

本标准按照 GB/T 1.1—2009 给出的规则起草。

本标准由农业农村部科技教育司提出。

本标准由全国沼气标准化技术委员会(SAC/TC 515)归口。

本标准起草单位:农业农村部农业生态与资源保护总站、北京三益能源环保发展股份有限公司、中国石油大学(北京)新能源研究院、武汉四方光电科技有限公司、青岛天人环境股份有限公司、杭州能源环境工程有限公司、中节能绿碳环保有限公司、北京保利泰达仪器设备有限公司、北京盈和瑞环保工程有限公司、山东十方环保能源股份有限公司。

本标准主要起草人员:董保成、李景明、李克磊、江皓、刘林、李航、熊友辉、寿亦丰、段冠军、孙立国、尹建锋、李梁、徐文勇、孙丽英、李冰峰、梁建鹏。

沼气工程远程监测技术规范

1 范围

本标准规定了沼气工程远程监测的适用范围、监测参数、设备和数据传输要求。

本标准适用于新建、扩建与改建的特大型、大型、中小型沼气工程,本标准不适用于户用沼气池和生活污水净化沼气池。本标准不限制系统扩展其他的信息内容,在扩展内容时不应与本标准中所使用或保留的控制命令相冲突。

2 规范性引用文件

下列文件对于本文件的应用是必不可少的。凡是注日期的引用文件,仅注日期的版本适用于本文件。凡是不注日期的引用文件,其最新版本(包括所有的修改单)适用于本文件。

GB/T 6679 固体化工产品采样通则

GB/T 6920 水质pH值的测定 玻璃电极法

GB/T 12999 水质采样样品的保存和管理技术规定

GB/T 17626 电磁兼容 试验和测量技术

GB 17859 计算机信息系统安全保护划分准则

GB/T 20273 信息安全技术 数据库管理系统安全技术要求

GB/T 21028 信息安全技术 服务器安全技术要求

GB/Z 24364 信息安全技术 信息安全风险管理指南

GB/T 25056 信息安全技术 证书认证系统密码及其相关安全技术规范

GB/T 28452 信息安全技术 应用软件系统通用安全技术要求

GB/T 51063 大中型沼气工程技术规范

HJ/T 20 工业固体废物采样制样技术规范

NY 525 有机肥料

NY/T 667 沼气工程规模分类

NY/T 1221 规模化畜禽养殖场沼气工程运行、维护及其安全技术规程

3 术语和定义

下列术语和定义适用于本文件。

3.1

沼气工程远程监测系统 remote monitoring system for biogas engineering

以物联网技术为依托,对联网的沼气站点的运行状态信息进行数据采集、汇总、计算、分析、管理和预警的系统,是由沼气工程监测中心、联网监测沼气工程用户、信息采集与传输终端组成。

3.2

沼气工程监测中心 monitoring center of biogas engineering

对联网的沼气工程设施运行状态信息进行数据采集、传输、存储和监测,同时对联网监测沼气工程用户的信息进行集中接收、存储和管理的系统。

3.3

联网监测沼气工程用户 user of biogas engineering capable of online monitoring

使用沼气工程远程监测系统监测、维护沼气工程正常运营的用户,将沼气工程设施运行状态信息传

送到沼气工程监测中心的信息采集点,包括沼气站点业主、各级行业主管部门。

3.4

信息采集与传输终端 information collection and transmission terminal

设置在联网监测沼气工程用户端,采集工程单元的设施运行状态信息所使用的仪器仪表、传感器、数据采集器、数据传输仪等终端设备。

4 一般规定

4.1 沼气工程远程监测系统从底层逐级向上可分为信息采集与传输终端、联网监测沼气工程用户和沼气工程监测中心3个层次,沼气工程远程监测系统结构见图1,监测系统网络结构见图2。

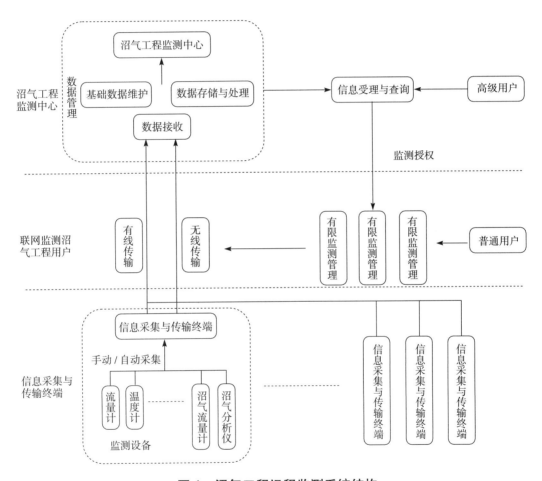

图 1 沼气工程远程监测系统结构

4.2 通过沼气工程监测中心设定的权限,监测管理部门按照其权限可以查询全国沼气工程的全部上传数据,数据上传顺序由沼气工程监测中心统一分配。

4.3 沼气工程监测中心设定有限监测用户的权限,信息采集与传输终端和有限监测部门按照其权限可以查询各自管辖范围内沼气工程的全部上传参数。

4.4 联网监测沼气工程用户须按照监测系统配置要求安装监测设备和信息采集与传输终端,并承担监测设备和信息采集与传输终端的维护与管理。

4.5 现场传输装置须具有防雷、防爆、防腐、防潮功能,沼气工程所有相关设备应满足如下要求:工作温度范围−10℃～50℃;极端条件下增加保护措施,应能够在该工程实际运营和高湿、高浓度硫化氢环境中长时间稳定工作至少3年以上。

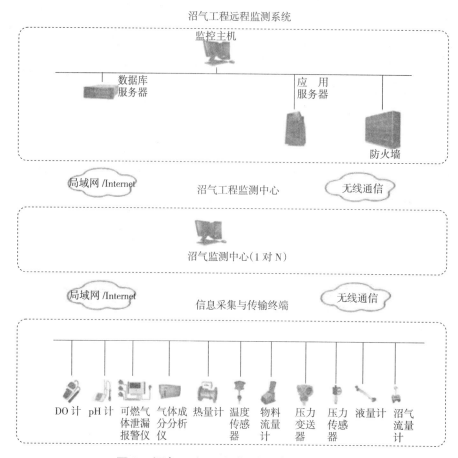

沼气工程远程监测系统

监控主机

数据库
服务器

应用
服务器

防火墙

局域网/Internet　　　沼气工程监测中心　　　无线通信

沼气监测中心(1对N)

局域网/Internet　　　信息采集与传输终端　　　无线通信

DO计　pH计　可燃气　气体成　热量计　温度　物料　压力　压力　液量计　沼气
　　　　　　体泄漏　分分析　　　传感　流量　变送　传感　　　流量
　　　　　　报警仪　仪　　　　器　　计　　器　　器　　　　计

图2　沼气工程远程监测系统网络结构

4.6　信息采集与传输终端应符合 GB/T 17626 等监测系统、国家和行业相关电磁兼容性标准的要求。

4.7　信息采集与传输终端的平均无故障时间(MTBF)应遵循指标规范和行业规则。

4.8　对于故障监测设备的更换不能影响信息采集与传输终端其他部分的正常工作。

4.9　监测设备更换后,信息采集与传输终端向沼气工程监测中心传输新监测设备测得的数据,但应记录新旧设备的显示基数。

4.10　严禁在信息采集与传输终端上设计后台程序,使信息采集与传输终端受到非法远程控制或私自远传数据包到其他服务器。

5　监测参数

5.1　沼气工程的在线监测参数和上传至沼气工程监测中心的参数应符合表1的规定。

表1　沼气工程在线监测参数

工段	参　数	一类项目	二类项目	三类项目	单位	采集频率	采集方式	数据精度	当期值	累计值	备　注
原料预处理	种类	√	√	√		1周	手动		√		
	数量	√	√	√	t	1周	手动	保留2位小数	√	√	
	温度	√	√		℃	2 h	自动		√		
	挥发性固体(VS)	√	√		%	1月	手动	保留2位小数	√		
	总固体(TS)	√	√		%	1月	手动	保留2位小数	√		

表1（续）

工段	参　数	一类项目	二类项目	三类项目	单位	采集频率	采集方式	数据精度	当期值	累计值	备　注
厌氧消化	发酵罐内料液底部温度	√	√		℃	2 h	自动		√		
	发酵罐内料液中部温度	√	√	√	℃	2 h	自动		√		
	发酵罐内料液上部温度	√	√		℃	2 h	自动		√		
	液位仪	√	√		m	15 min	自动	保留1位小数	√		
	pH	√	√			15 min	自动		√		
	罐体压力	√	√		kPa	15 min	自动	保留2位小数	√		
	TS	√			‰	1月	手动	保留2位小数	√		
	VFA（自选）	√			‰	1月	手动	保留2位小数	√		
沼气净化	净化后流量	√	√	√	m³/h	15 min	自动	保留2位小数	√	√	
	温度	√	√	√	℃	15 min	自动		√		
	压力	√	√	√	kPa	15 min	自动	保留2位小数	√		
	CH₄浓度	√	√	√	‰	15 min	自动	保留2位小数	√		
	CO₂浓度	√			‰	15 min	自动	保留2位小数	√		
	H₂S浓度	√	√		‰	15 min	自动	保留2位小数	√		
	O₂浓度	√			‰	15 min	自动	保留2位小数	√		
	泄露报警	√	√	√		30 s	自动		√	√	
沼气存储	储量	√	√		m³	15 min	自动	保留2位小数	√		
	温度	√	√	√	℃	15 min	自动		√		
	压力	√	√	√	kPa	15 min	自动	保留2位小数	√		
	泄露报警	√	√	√		30 s	自动		√	√	
沼气提纯	流量	√	√		m³/h	15 min	自动	保留2位小数	√		
	温度	√	√		℃	15 min	自动		√		
	压力	√	√		kPa	15 min	自动	保留2位小数	√		
	CH₄浓度	√	√		‰	15 min	自动	保留2位小数	√		
	CO₂浓度	√	√		‰	15 min	自动	保留2位小数	√		
	H₂S浓度	√	√		‰	15 min	自动	保留2位小数	√		
	O₂浓度	√	√		‰	15 min	自动	保留2位小数	√		
	泄露报警	√	√			30 s	自动		√	√	
沼气发电	装机容量	√	√	√	kW		手动		√		若所产沼气全用于发电，则无需监测此项目
	流量	√	√	√	m³/h	15 min	自动		√	√	
	温度	√	√	√	℃	15 min	自动		√		
	压力	√	√	√	kPa	15 min	自动	保留2位小数	√		
	瞬时电压	√	√	√	V	15 min	自动		√		
	瞬时电流	√	√	√	A	15 min	自动		√		
	发电量	√	√	√	kW·h	1 d	自动	保留2位小数	√	√	
	泄露报警	√	√			30 s	自动		√	√	
沼气供热	流量	√	√	√	m³/h	15 min	自动	保留2位小数	√		
	温度	√	√	√	℃	15 min	自动		√		
	压力	√	√	√	kPa	15 min	自动	保留2位小数	√		
	产生热量	√	√		kJ	1 d	自动	保留2位小数	√	√	
沼液处理	数量	√	√	√	m³	1 d	手动		√		
	去向记录	√	√	√		1 d	手动		√		
	TS	√	√		‰	1月	手动	保留2位小数	√		
	有机质含量	√			‰	1月	手动	保留2位小数	√		
	N、P、K含量	√			g/kg	1月	手动	保留2位小数	√		

表 1（续）

工段	参 数	一类项目	二类项目	三类项目	单位	采集频率	采集方式	数据精度	当期值	累计值	备 注
沼渣处理	数量	√	√	√	m³(t)	1 d	手动		√	√	
	去向记录	√	√	√		1 d	手动			√	
	TS	√	√		%	1月	手动	保留 2 位小数	√		
	有机质含量	√			%	1月	手动	保留 2 位小数	√		
	N、P、K 含量	√			g/kg	1月	手动	保留 2 位小数	√		
资源消耗	用水量	√	√	√	m³	1 d	手动	保留 2 位小数		√	
	用电量	√	√	√	kW·h	1 d	自动	保留 2 位小数		√	
	耗煤、生物质燃料等或沼气量	√	√	√	t(m³)	1 d	手动	保留 2 位小数		√	
	添加剂、脱硫剂耗材	√	√	√	kg	1月	手动			√	
外部环境	环境温度	√	√	√	℃	1 h	自动		√		
	地理位置	√	√	√	经纬度		手动				

5.2 按照 NY/T 667 的规定,特大型沼气工程的在线监测参数应符合一类项目,大型沼气工程的在线监测参数应符合二类项目,中小型沼气工程的在线监测参数应符合三类项目。

6 数据采集

6.1 信息采集与传输终端应具有模拟或数字输入、输出接口,接口应满足数据传输的基本配置要求,232/485 光电隔离型串口不低于 4 个,以太网口数量不低于 2 个,连接到自动化设备实现数据采集,并连接到沼气工程监测中心实现数据交换和收发指令。

6.2 信息采集与传输终端应支持根据沼气工程监测中心命令采集和主动定时采集两种数据采集模式,主动定时采集时间由联网监测沼气工程用户和沼气工程监测中心统一约定,联网监测沼气工程用户可按照一定的时间间隔依次上传数据,数据采集频率可根据具体需要灵活设置。

6.3 沼气工程在线监测仪器设备安装位置和质量应符合 GB/T 51063、NY/T 1221 等标准的规定,设备仪表的安装位置参见附录 A。

6.4 沼气生产用原料、沼肥的收集与运输宜采用车载地理信息系统对原料和沼肥的收集地点、运输路径和车辆能耗进行监测。

6.5 计量器具应按国家计量法进行标定,监测设备仪表参数精度应符合表 2 的规定。

表 2 监测设备精度要求

监测仪表		精度要求	备 注
沼气流量计	精度等级	不低于 1.5 级	
	量程比	大于 20 倍	
	压损	小于 250 Pa	
物料流量计	精度	≤±5%FS	
气体成分分析仪	CH_4	≤±2%FS(其他) ≤±0.5%FS(特大型沼气工程)	
	CO_2	≤±2%FS(其他)	
	O_2	≤±3%FS(其他)	
	H_2S	≤±3%FS(其他)	
温度传感器	精度	≤±1℃	
压力传感器	精度	≤±0.5%FS	
压力变送器	精度	≤±0.5%FS	

表 2（续）

监测仪表	精度要求		备　注
pH 计	精度	不低于 0.1 级	
DO 计	精度	≤±0.01 mg/L	
液位计	精度	≤±0.5%FS	
可燃气体泄漏报警仪	精度	≤3%LEL	
热量计	精度	≤±0.2%	
注:FS 为满量程精度,LEL 为示值误差。			

6.6 各联网监测沼气工程用户应建设或委托标准化实验室对沼气工程的各项性能指标进行定期标定和校准。

6.7 为保证原料、沼渣和沼液成分监测数据的可靠性,数据应通过采样和实验室分析测试后上传。

6.8 原料与沼渣的采集应按照 HJ/T 20 的有关规定执行,沼液的采集应按照 GB/T 12999 的有关规定执行。

6.9 样品的干物质(总固体 TS 含量)含量测定应按照 NY 525 的有关规定执行。

6.10 原料、沼渣和沼液中的挥发性固体(VS)含量测定按照附录 B 的规定执行。

6.11 沼液 pH 测定应按照 GB/T 6920 的有关规定执行。

6.12 沼液和沼渣的总氮、总磷和总钾的测定,应按照 GB/T 6679 和 NY 525 的有关规定执行。

7 数据传输

7.1 信息采集与传输终端和沼气工程监测中心之间的网络传输

7.1.1 信息采集与传输终端采集各仪器仪表、控制器、传感器等设备数据时,应使用基于各自动化设备专用协议的数据网络,进行数据远传时在传输层使用 TCP 协议。

7.1.2 数据远传时,沼气工程监测中心建立 TCP 监听,信息采集与传输终端发起对沼气工程监测中心的连接,TCP 建立后信息采集与传输终端进行数据上传,信息采集与传输终端数据上传成功后断开 TCP 连接。

7.1.3 TCP 连接建立后,沼气工程监测中心应对信息采集与传输终端进行身份认证,使用安全证书加密信息,保证数据安全,具体认证过程见附录 C。

7.1.4 信息采集与传输终端和沼气工程监测中心中间传输的数据和命令应进行加密,具体加密方法见附录 C。

7.1.5 身份验证完成后,沼气工程监测中心通过心跳包对信息采集与传输终端进行授时,并校验数据采集模式。

7.1.6 在主动定时发送模式下,当网络发生故障时,信息采集与传输终端应存储未能正常实时上报的数据,待网络连接恢复正常后进行断点续传。

7.1.7 当因计量装置或信息采集与传输终端故障未能正确采集沼气工程点数据时,信息采集与传输终端应向沼气工程监测中心发送故障信息。

7.1.8 信息采集与传输终端应将采集到的站点数据进行定时远传至沼气工程监测中心,默认各信息采集与传输终端每 1 h 上传 1 次。

7.1.9 如因传输网络故障等原因未能将数据定时远传,则待传输网络恢复正常后信息采集与传输终端应利用存储的数据进行断点续传。

7.2 信息采集与传输终端和沼气工程监测中心之间的数据传输

7.2.1 在远传前,信息采集与传输终端应对数据包进行加密处理,传送流程图见附录 D。

7.2.2 本系统的应用层数据包使用文本格式,以文本形式远传,所有信息采集与传输终端和沼气工程监测中心的交互数据包中均包含对应的沼气工程点编码和信息采集与传输终端编码,数据编码格式见附录 E。

7.2.3 身份验证

a) 请求数据包;

b) 使用安全证书进行加密;

c) MD5 值数据包:包含验证 MD5 值;

d) 认证结果数据包:包含认证结果。

7.2.4 系统授时和心跳

a) 请求数据包;

b) 响应数据包:系统时间;

c) 对信息采集与传输终端进行心跳监测。

7.2.5 配置验证

a) 请求数据包;

b) 响应数据包:包含设定的数据采集周期。

7.2.6 数据远传包

a) 当信息采集与传输终端处理沼气工程点数据时,包含数据包编号、站点数据分类/分项编码、采集时间、生产过程数据;

b) 当进行断点续传时,还需包含要断点续传数据包的总数和编号;

c) 在不影响系统基本功能的前提下,可以对数据包格式进行扩展。

8 数据处理

8.1 信息采集与传输终端数据处理

8.1.1 信息采集与传输终端支持对监测设备采集数据的解析。

8.1.2 信息采集与传输终端根据远传数据包格式,在数据包中添加采集对象类型、时间、编码等附加信息,进行数据打包。

8.1.3 信息采集与传输终端数据包含监测设备(仪表)采集原始数据、上传点位信息、采集器(仪表)单位及倍率信息。

8.1.4 信息采集与传输终端采集数据一般验证方法:根据采集装置量程的最大值和最小值进行验证,凡小于最小值或者大于最大值的采集读数属于无效数据。

8.1.5 信息采集与传输终端需要支持对已采集的数据一定时期的存储功能,保证能够对采集数据存储至少 3 个月时间。

8.1.6 信息采集与传输终端应具有自动选择使用有线方式或 3G、4G 等无线传输方式传输数据的功能;沼气工程监测中心应优先使用有线方式或移动传输网络等接入传输网络,为保证线路通畅可以使用专线和光纤连接,带宽要求 10 M,并具有固定的 IP 地址。

8.2 沼气工程监测中心数据处理

8.2.1 沼气工程监测中心需要对信息采集与传输终端上传数据进行数据存储,保证能够对采集数据存储至少 3 年时间。

8.2.2 沼气工程监测中心需要对信息采集与传输终端上传数据进行处理,包括数据转化计算、分类汇总、数据补数、数据平数、指标计算等数据处理。

9 信息管理

9.1 沼气工程监测中心对所有采集数据进行统一汇总、计算和分析,然后以图表和分析报告的形式按相应权限进行展示呈现。

9.2 沼气工程监测中心应能提供数据整合与协同服务、智能查询服务、统计分析服务、空间可视化服务和模型管理服务。

9.3 沼气工程监测中心需定期核查其是否正常工作,保证沼气工程监测中心的安全、无中断、无停机的工作。

9.4 沼气工程监测中心应具有稽查功能,数据补录功能,发送采集指令的功能,仪器仪表、数据中心运行状态监测功能,仪器仪表更换管理功能,预警功能。

9.5 沼气工程监测中心建设必须满足高性能、高并发的性能要求,满足后期持续增加联网监测沼气工程用户的性能要求。

9.6 沼气工程监测中心管理软件应提供直观的站点统计报告,报告应根据维修数据和其他监测数据分析显示站点的安全运行水平。

10 数据安全

10.1 信息采集与传输终端、有限监测管理部门和监测管理部门的数据安全保护划分应按照 GB 17859 的有关规定执行。

10.2 数据处理和使用过程中,应按照 GB/T 20273、GB/T 21028、GB/T 25056 和 GB/T 28452 的有关规定执行。

10.3 数据安全的风险管理应按照 GB/Z 24364 的有关规定执行。

11 求助和报警

11.1 信息采集与传输终端应提供紧急求助按钮,让沼气工程监测中心在极端情况下可以及时介入,以减少可能的安全事故。

11.2 沼气工程监测中心应根据监测到的异常数据分析判断可能出现的异常状况,并及时通知管理部门和项目承担单位。

附　录　A

（资料性附录）

沼气工程在线监测仪器的安装位置

A.1　典型全混式厌氧工艺沼气工程在线监测仪器的安装位置示意图

见图 A.1。

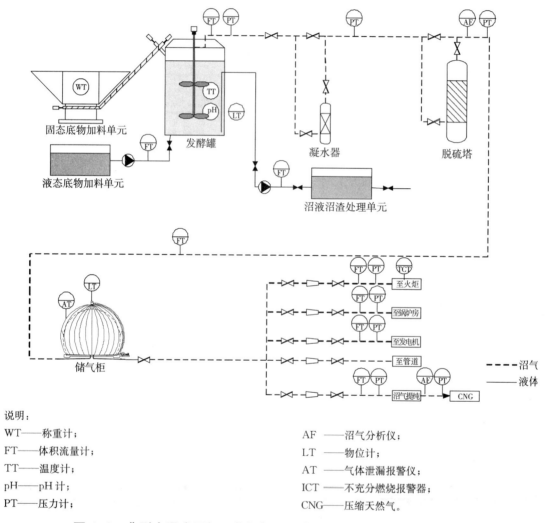

说明：

WT——称重计；
FT——体积流量计；
TT——温度计；
pH——pH 计；
PT——压力计；

AF——沼气分析仪；
LT——物位计；
AT——气体泄漏报警仪；
ICT——不充分燃烧报警器；
CNG——压缩天然气。

图 A.1　典型全混式厌氧工艺沼气工程在线监测仪器的安装位置示意图

A.2 典型车库式厌氧工艺沼气工程在线监测仪表的安装位置示意图

见图 A.2。

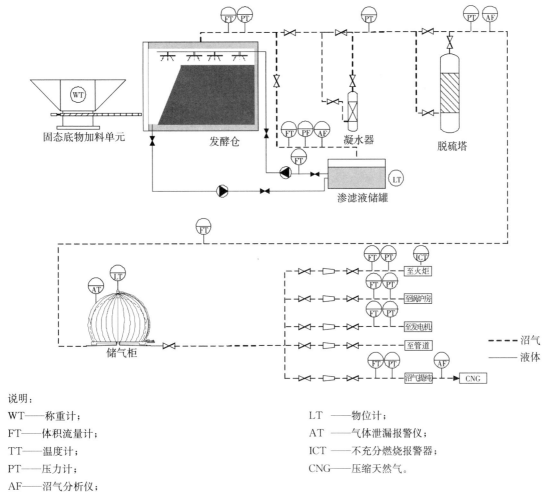

说明：

WT——称重计；
FT——体积流量计；
TT——温度计；
PT——压力计；
AF——沼气分析仪；

LT ——物位计；
AT ——气体泄漏报警仪；
ICT——不充分燃烧报警器；
CNG——压缩天然气。

图 A.2 典型车库式厌氧工艺沼气工程在线监测仪表的安装位置示意图

附 录 B

（规范性附录）

原料、沼渣和沼液中挥发性固体含量(VS)的测定

挥发性固体的测定应在测定完总固体含量后进行。准确称量坩埚，记为 m_0（精准到 0.001 g）。把完成总固体含量测定后的样品放入坩埚中，准确称量，记为 m_1（精确到 0.001 g）。放入马弗炉中，在（550±2）℃温度下燃烧 2 h，然后立即取出，放入干燥器中，冷却至室温，准确称量，记为 m_2（精准到 0.001 g）。挥发性固体含量按式(B.1)计算。

$$VS = \frac{m_1 - m_2}{m_1 - m_0} \times 100 \quad \cdots\cdots\cdots\cdots\cdots\cdots\cdots\cdots\cdots\cdots\cdots\cdots \quad (B.1)$$

式中：

VS——挥发性固体含量，单位为百分率(%)；

m_0——坩埚重量，单位为克(g)；

m_1——放入样品后样品和坩埚重量，单位为克(g)；

m_2——放入马弗炉中，在（550±2）℃温度下燃烧 2 h，干燥冷却后样品和坩埚的重量，单位为克(g)。

测定数据精确至 0.1%。

附　录　C
（规范性附录）
信息采集与传输终端身份认证过程和数据加密

C.1　身份认证过程

沼气工程监测中心使用 MD5 算法进行信息采集与传输终端身份认证,密钥长度为 128 bit,具体过程如下:

a)　沼气数据中心使用安全证书,生成公钥和私钥,将公钥交给信息管理平台;

b)　TCP 连接建立成功后,信息采集与传输终端向沼气工程监测中心发送使用私钥加密的身份认证请求和 MD5 值;

c)　沼气工程监测中心将接收到的 MD5 值和本地计算结果相比较,如果一致,则使用本地存储公钥解密,解密得到身份认证请求信息则认证成功;否则,失败。

认证密钥存储在沼气工程监测中心和信息采集与传输终端的本地文件系统中,沼气工程监测中心可以通过网络发布新的认证密钥,采集与传输终端可以通过网络进行更新。

C.2　数据加密

使用 AES 加密算法对文本数据包进行加密,密钥长度为 128 bit。加密密钥存储在沼气工程监测中心和信息采集与传输终端的本地存储设备中,沼气工程监测中心可以通过网络发布新的认证密钥,采集与传输终端可以通过网络进行更新。

附　录　D

（规范性附录）

信息采集与传输终端和沼气工程监测中心通信过程

信息采集与传输终端和沼气工程监测中心通信过程见图D.1。

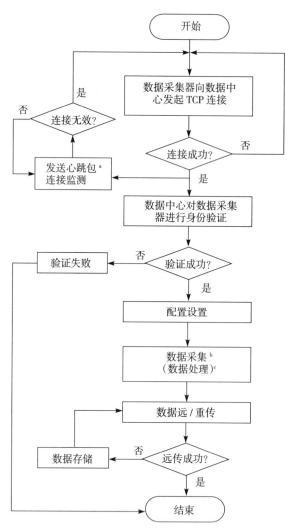

a　连接成功后信息采集与传输终端定时向沼气工程监测中心发送心跳包以保持连接的有效性。

b　信息采集与传输终端根据系统配置在主动定时和被动查询模式间选择。

c　信息采集与传输终端对生产过程数据的处理功能根据系统配置选择。

图D.1　信息采集与传输终端和沼气工程监测中心通信过程

附 录 E

（规范性附录）

沼气工程监测中心收发数据编码格式

E.1 通信协议数据结构

所有通信包都是十六进制数字组成（帧头除外），见图 E.1。

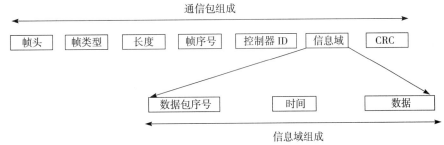

图 E.1 通信协议数据结构组成

E.1.1 通信包结构组成

见表 E.1。

表 E.1 通信包结构组成

名称	类型	长度	描 述
帧头	ASCII	3	固定为"CBC"
帧类型	十六进制整数	1	命令号，区分不同的命令
长度	十六进制整数	2	包括帧序号、现场机 ID 和信息域的字节长度。即 10 bytes＋信息域长度
帧序号	十六进制整数	2	用于上位机收到该帧后，发送确认帧
控制器 ID	十六进制整数	8	每台现场机的唯一标识码，出厂时设置
CRC	十六进制整数	2	数据段的校验结果，如果 CRC 错，则执行超时

E.1.2 帧类型（命令号）

见表 E.2。

表 E.2 帧类型（命令号）

帧类型（命令号）	命令内容	发送方向
0x00	短信交互	上位机←→现场机
0x01	读取实时数据及开关量	上位机→现场机
0x02	发送实时数据及开关量	现场机→上位机 上位机接收到数据需发送确认帧
0x03	上位机确认帧	上位机→现场机
0x04	开关量控制（远程控制）	上位机→现场机
0x05	返回开关量信息	现场机→上位机
0x08	心跳包	现场机→上位机 上位机不发送确认帧
0x10	重新远程升级	上位机→现场机
0x60	身份认证	现场机→上位机
注：命令号包括但不局限于上面几种，可根据实际情况进行扩展。		

E.1.3 控制器 ID 编码规则

见表 E.3。

表 E.3 控制器 ID 编码规则

Byte1	Byte2	Byte3	Byte4	Byte5	Byte6	Byte7～Byte12
省市行政区域编码,如:52 50 48 表示"湖北省武汉市"			区县行政区域编码,和省市行政区编码一起使用,如:49 48 50 表示"江岸区"			表示沼气站点编码,如:48 48 48 48 48 49 表示"000001"
注1:Byte1～Byte6 一起表示具体行政区,如:52 50 48 49 48 50 表示湖北省武汉市江岸区。						
注2:站点编码根据具体情况可扩展。						

E.2 数据类型

E.2.1 整型数(INTEGER,2BYTES)的存储格式为 2 个字节:

a) 无符号整型数:0～65,535;

b) 2 个字节的整型数传送顺序为:先传高字节,再传低字节;使用十六进制传输,先传高 4 位,再传低 4 位。如整型数 07DFH(H 代表十六进制 Hexadecimal),传送顺序为 0－＞7－＞D－＞F)。

E.2.2 浮点数的存储格式为 4 个字节,十六进制传输,发送时按阶码及符号位、尾数高位、尾数中位和尾数低位的先后顺序发送。浮点数采用 IEEE32 位标准浮点数格式,长度为 32 bits,格式见表 E.4。

表 E.4 浮点数传输格式

D31	D30～D23	D22～D16	D15～D8	D7～D0
浮点数符号 S	阶码	尾数高位	尾数中位	尾数低位
注1:若阶码为 E,尾数为 M,则有:浮点数值＝±$(1+M×2^{-23})$・2^{E-127}。				
注2:浮点数的正负取决于符号位 S 的值,S＝1 表示浮点数为负,S＝0 则表示浮点数为正。例如:当 32 位浮点数为 40H,A0H,00H,00H 时,即 S＝0,E＝129,M＝2^{21},则:浮点数值＝$(1+2^{21}×2^{-23})$・$2^{129-127}$＝5.0。				

E.2.3 日期时间采用如表 E.5 所示的格式进行传输,例如:2012 年 12 月 31 日 09 时 36 分 00 秒,表示成整型数 2012,12,31,09,36,00。格式参见整型数。

表 E.5 日期时间传输格式

日期时间	范 围	字节数
年	0～255(起始位 1900 年)	1 byte
月	1～12	1 byte
日	1～31	1 byte
时	0～23	1 byte
分	0～59	1 byte
秒	0～59	6 bytes

E.3 信息域

E.3.1 沼气工程的信息域组成见表 E.6。信息域详细定义见表 E.7。

表 E.6 沼气工程的信息域组成

4 bytes	6 bytes	98 bytes
数据包序号	时间	数据段
注:数据段根据实际情况可扩展。		

表 E.7 沼气工程的信息域详细定义

字节数	内容释义	详 解
4 bytes	数据包序号	
6 bytes	时间	
4 bytes	开关量有效字节	
	Byte 0—bit 0	加药阀
	Byte 0—bit 1	酸碱阀门
	Byte 0—bit 2	进料泵
	Byte 0—bit 3	搅拌泵
	Byte 0—bit 4	排风扇
	Byte 0—bit 5	声光报警
	Byte 0—bit 6	发酵罐1进料阀
	Byte 0—bit 7	发酵罐1出料阀
	Byte1—bit 0	发酵罐1循环泵
	Byte 1—bit 1	发酵罐1搅拌器A
	Byte 1—bit 2	发酵罐1搅拌器B
	Byte 1—bit 3	发酵罐1搅拌器C
	Byte 1—bit 4	发酵罐2进料阀
	Byte 1—bit 5	发酵罐2出料阀
	Byte 1—bit 6	发酵罐2循环泵
	Byte 1—bit 7	发酵罐2搅拌器A
	Byte 2—bit 0	发酵罐2搅拌器B
	Byte 2—bit 1	发酵罐2搅拌器C
	Byte 2—bit 2	发酵罐3进料阀
	Byte 2—bit 3	发酵罐3出料阀
	Byte 2—bit 4	发酵罐3循环泵
	Byte 2—bit 5	发酵罐3搅拌器A
	Byte2—bit 6	发酵罐3搅拌器B
	Byte 2—bit 7	发酵罐3搅拌器C
	Byte 3—bit 0	增压泵
	Byte 3—bit 1	预留
	Byte 3—bit 2	预留
	Byte 3—bit 3	预留
	Byte 3—bit 4	预留
	Byte 3—bit 5	预留
	Byte 3—bit 6	预留
	Byte 3—bit 7	预留
4 bytes	开关量状态字节	（缺检测和赋值）
	Byte 0—bit 0	加药阀
	Byte 0—bit 1	酸碱阀门
	Byte 0—bit 2	进料泵
	Byte 0—bit 3	搅拌泵
	Byte 0—bit 4	排风扇
	Byte 0—bit 5	声光报警
	Byte 0—bit 6	发酵罐1进料阀
	Byte 0—bit 7	发酵罐1出料阀
	Byte1—bit 0	发酵罐1循环泵
	Byte 1—bit 1	发酵罐1搅拌器A

表 E.7（续）

字节数	内容释义	详　解
	Byte 1—bit 2	发酵罐 1 搅拌器 B
	Byte 1—bit 3	发酵罐 1 搅拌器 C
	Byte 1—bit 4	发酵罐 2 进料阀
	Byte 1—bit 5	发酵罐 2 出料阀
	Byte 1—bit 6	发酵罐 2 循环泵
	Byte 1—bit 7	发酵罐 2 搅拌器 A
	Byte 2—bit 0	发酵罐 2 搅拌器 B
	Byte 2—bit 1	发酵罐 2 搅拌器 C
	Byte 2—bit 2	发酵罐 3 进料阀
	Byte 2—bit 3	发酵罐 3 出料阀
	Byte 2—bit 4	发酵罐 3 循环泵
	Byte 2—bit 5	发酵罐 3 搅拌器 A
	Byte2—bit 6	发酵罐 3 搅拌器 B
	Byte 2—bit 7	发酵罐 3 搅拌器 C
	Byte 3—bit 0	增压泵
	Byte 3—bit 1	预留
	Byte 3—bit 2	预留
	Byte 3—bit 3	预留
	Byte 3—bit 4	预留
	Byte 3—bit 5	预留
	Byte 3—bit 6	预留
	Byte 3—bit 7	预留
5 bytes	模拟量有效字节	
	Byte 0—bit 0	CH_4 浓度
	Byte 0—bit 1	CO_2 浓度
	Byte 0—bit 2	H_2S 浓度
	Byte 0—bit 3	O_2 浓度
	Byte 0—bit 4	空气中 CH_4 浓度
	Byte 0—bit 5	进水温度
	Byte 0—bit 6	出水温度
	Byte 0—bit 7	预混池 pH
	Byte1—bit 0	预混池温度
	Byte 1—bit 1	预混池 TS 浓度
	Byte 1—bit 2	发酵罐 1 pH
	Byte 1—bit 3	发酵罐 1 上层温度
	Byte 1—bit 4	发酵罐 1 下层温度
	Byte 1—bit 5	发酵罐 1 液位高度
	Byte 1—bit 6	发酵罐 1 沼气压力
	Byte 1—bit 7	发酵罐 1 进料流量
	Byte 2—bit 0	发酵罐 1 出料流量
	Byte 2—bit 1	发酵罐 2 pH
	Byte 2—bit 2	发酵罐 2 上层温度
	Byte 2—bit 3	发酵罐 2 下层温度
	Byte 2—bit 4	发酵罐 2 液位高度
	Byte 2—bit 5	发酵罐 2 沼气压力
	Byte2—bit 6	发酵罐 2 进料流量

表 E.7（续）

字节数	内容释义	详　解
	Byte 2—bit 7	发酵罐 2 出料流量
	Byte 3—bit 0	发酵罐 3 pH
	Byte 3—bit 1	发酵罐 3 上层温度
	Byte 3—bit 2	发酵罐 3 下层温度
	Byte 3—bit 3	发酵罐 3 液位高度
	Byte 3—bit 4	发酵罐 3 沼气压力
	Byte 3—bit 5	发酵罐 3 进料流量
	Byte 3—bit 6	发酵罐 3 出料流量
	Byte 3—bit 7	沼气温度
	Byte 3—bit 0	沼气压力
	Byte 3—bit 1	沼气流量
	Byte 3—bit 2	预留
	Byte 3—bit 3	预留
	Byte 3—bit 4	预留
	Byte 3—bit 5	预留
	Byte 3—bit 6	预留
	Byte 3—bit 7	预留
3 bytes	CH_4 浓度	
3 bytes	CO_2 浓度	
3 bytes	H_2S 浓度	
3 bytes	O_2 浓度	
3 bytes	空气中 CH_4 浓度	
2 bytes	进水温度	
2 bytes	出水温度	
2 bytes	预混池 pH	
2 bytes	预混池温度	
2 bytes	预混池 TS 浓度	
2 bytes	发酵罐 1 pH	
2 bytes	发酵罐 1 上层温度	
2 bytes	发酵罐 1 下层温度	
2 bytes	发酵罐 1 液位高度	
2 bytes	发酵罐 1 沼气压力	
2 bytes	发酵罐 1 进料流量	
2 bytes	发酵罐 1 出料流量	
2 bytes	发酵罐 2 pH	
2 bytes	发酵罐 2 上层温度	
2 bytes	发酵罐 2 下层温度	
2 bytes	发酵罐 2 液位高度	
2 bytes	发酵罐 2 沼气压力	
2 bytes	发酵罐 2 进料流量	
2 bytes	发酵罐 2 出料流量	
2 bytes	发酵罐 3 pH	
2 bytes	发酵罐 3 上层温度	
2 bytes	发酵罐 3 下层温度	
2 bytes	发酵罐 3 液位高度	
2 bytes	发酵罐 3 沼气压力	

表 E.7（续）

字节数	内容释义	详　解
2 bytes	发酵罐 3 进料流量	
2 bytes	发酵罐 3 出料流量	
2 bytes	沼气温度	
2 bytes	沼气压力	
2 bytes	沼气流量	
4 bytes	累积流量	Float 型
2 bytes	沼气单位	$0—m^3/h,256—kg/h$
2 bytes	标况介质密度	
2 bytes	预留	
2 bytes	预留	

E.3.2　中小型沼气工程的信息域组成见表 E.8。信息域详细定义见表 E.9。

表 E.8　中小型沼气工程的信息域组成

4 bytes	6 bytes	20 bytes
数据包序号	时间	数据段
注:数据段根据实际情况可扩展。		

表 E.9　中小型沼气工程的信息域详细定义

字节数	内容释义	详　解
4 bytes	数据包序号	
6 bytes	时间	
2 bytes	开关量状态字节	
	Byte 0—bit 0	电磁阀
	Byte 0—bit 1	预留
	Byte 0—bit 2	预留
	Byte 0—bit 3	预留
	Byte 0—bit 4	预留
	Byte 0—bit 5	预留
	Byte 0—bit 6	预留
	Byte 0—bit 7	预留
	Byte1—bit 0	预留
	Byte 1—bit 1	预留
	Byte 1—bit 2	预留
	Byte 1—bit 3	预留
	Byte 1—bit 4	预留
	Byte 1—bit 5	预留
	Byte 1—bit 6	预留
	Byte 1—bit 7	预留
4 bytes	CH_4 浓度	Float 型
4 bytes	沼气温度	Float 型
4 bytes	沼气瞬时流量	Float 型
4 bytes	累积流量百位上	Float 型
4 bytes	累积流量百位下	Float 型
2 bytes	沼气压力	
1 byte	数据帧类型	1:联户　0:热式（无浓度）
1 byte	BF3000 通信状态	1:正常　0:错误

E.3.3 信息域数据种类和精度范围见表 E.10。

表 E.10 信息域数据种类和精度范围

数据类型	范 围	精度及单位
温度值	−10～100	0.1℃
pH	0～14	0.1
压力	0～10	0.01 kPa
TS浓度	0～1	0.1
液位高度	150～5 480	3 mm
流量		0.1 m³/h
CH_4 浓度	0～9 999	详见注释
CO_2 浓度	0～9 999	详见注释
O_2 浓度	0～9 999	详见注释
H_2S 浓度	0～9 999	详见注释

E.3.4 每种气体以 3 个字节表示气体浓度:[GasInfo]、[Gas_H]、[Gas_L]。

[GasInfo]为气体信息,具体见表 E.11。

表 E.11 [GasInfo]详细信息

Bit7	Bit6	Bit5	Bit4	Bit3	Bit2	Bit1	Bit0
气体警告		气体浓度单位			小数点位		

气体警告 Bit6 和 Bit7 的具体信息见表 E.12。

表 E.12 Bit6 和 Bit7 的值和含义

Bit 位数	值	含 义
Bit6	0	无警告
Bit6	1	高限警告
Bit7	0	无警告
Bit7	1	低限警告

气体浓度单位 Bit5 和 Bit4 的具体信息见表 E.13。

表 E.13 Bit5 和 Bit4 的值和含义

数值	含 义
0	%
1	μL/L
2	mg/m³

小数点位 Bit3、Bit2、Bit1 和 Bit0 的具体信息见表 E.14。

表 E.14 Bit3、Bit2、Bit1 和 Bit0 的值和含义

数值	含 义	范例
0	整数	9 999
1	1位小数	999.9
2	2位小数	99.99
3	3位小数	9.999

[Gas_H]、[Gas_L]表示气体浓度,为一个整型数。浓度＝[Gas_H]×256＋[Gas_L]

ICS 65.040.10
P 35

中华人民共和国农业行业标准

NY/T 3337—2018
代替 NYJ/09—2005

生物质气化集中供气站建设标准

Construction criterion for station of biomass gasification

2018-12-19 发布

2019-06-01 实施

中华人民共和国农业农村部 发布

目　次

前言

1　范围

2　规范性引用文件

3　术语和定义

4　建设要求

5　工艺与设备

6　建筑与建设用地

7　配套工程与环境保护

8　主要技术经济指标

前　言

本标准按照 GB/T 1.1—2009 给出的规则起草。

本标准代替 NYJ/09—2005 的全部文件。

本标准由农业农村部发展规划司负责管理,中国农村能源行业协会负责条文解释。在标准执行过程中如发现需要修改或补充之处,请将意见和有关资料寄送至农业农村部工程建设服务中心(北京市海淀区学院南路 59 号,邮政编码:100081),以供修订时参考。

本标准与前一版本相比的主要技术变化如下:

——将前一版本标准中焦油和灰尘的含量应不大于 50 mg/Nm³ 调整为焦油和灰尘的含量应不大于 15 mg/Nm³;

——完善了生物质气化集中供气站工艺流程;

——增加了定容式钢制气柜使用的要求;

——气化集中供气站应配套建设燃气加臭和污水处理设施的要求。

本标准由农业农村部发展规划司提出并归口。

本标准起草单位:中国农村能源行业协会。

本标准参编单位:农业农村部规划设计研究院、北京市公用事业科学研究所、山东大学、中国科学院广州能源研究所、农业农村部节能产品及设备质量监督检验测试中心(哈尔滨)、合肥天焱绿色能源开发有限公司、沈阳贝龙生物质能工程有限公司、吉林天煜新型能源工程有限公司、山东百川同创能源有限公司、南京万物新能源科技有限公司。

本标准主要起草人:肖明松、王孟杰、张榕林、董玉平、马隆龙、佟启玉、刘勇、王如汉、李海燕、史诗长。

本标准所代替标准的历次版本发布情况为:

——NYJ/09—2005。

生物质气化集中供气站建设标准

1 范围

本标准规定了生物质气化集中供气站建设要求、工艺与设备、建筑与建设用地、配套工程和环境保护和主要技术经济指标等。

本标准适用于供气能力为 500 m³/d～5 000 m³/d 的新建和改扩建生物质气化集中供气站建设。

2 规范性引用文件

下列文件对于本文件的应用是必不可少的。凡是注日期的引用文件,仅注日期的版本适用于本文件。凡是不注日期的引用文件,其最新版本(包括所有的修改单)适用于本文件。

GB 8978 污水综合排放标准

GB 50016 建筑设计防火规范

NB/T 34011 生物质气化集中供气污水处理装置技术条件

NY/T 443 秸秆气化供气系统技术条件及验收规范

3 术语和定义

下列术语和定义适用于本文件。

3.1

生物质气化 biomass gasification

将生物质燃料在缺氧条件下,热解产生以一氧化碳为主要成分的可燃气体的转化过程。

3.2

氧化气化 oxidation gasify

生物质在高温缺氧的条件下热解,生成以一氧化碳为主的可燃气的过程。

3.3

热解气化 hydrogenation gasify

生物质在无氧条件下热解生成可燃气、焦油、木醋液及焦炭的过程。

3.4

供气能力 biogas supply capacity

生物质气化集中供气站日平均向用户提供燃气的数量。

4 建设要求

4.1 建设规模与项目构成

4.1.1 生物质气化集中供气站建设规模可根据日供气能力按下列规定划分:

a) 一类:3 000 m³/d<供气能力≤5 000 m³/d;

b) 二类:1 000 m³/d<供气能力≤3 000 m³/d;

c) 三类:500 m³/d<供气能力≤1 000 m³/d。

4.1.2 建设规模应根据当地资源、居民收入水平、用户数等条件确定。

4.1.3 工程项目构成可包括下列内容:

a) 生产设施:生物质气化间、原料加工间、原料储藏间、燃气净化间、储气柜等;

b) 辅助生产设施、公用配套设施:机修间、供配电、给排水、燃气输送管网、锅炉房、污水处理等设施;

c) 管理、生活设施:办公室、休息室、浴室、门卫等。

4.1.4 新建项目应充分利用当地交通设施、水电管线、排污设施等基础设施;改扩建项目应充分利用现有设施和社会公用设施。

4.2 选址与建站条件

4.2.1 选址

4.2.1.1 供气站选址应根据当地乡镇规划、生物质资源、居民集中程度、燃气输配安全要求等条件确定。

4.2.1.2 供气站应具备下列建设条件:

a) 当地生物质资源丰富,有建气化站要求,基层领导重视,具有运行管理能力;

b) 具备满足生产的水源和电源;

c) 交通、通信方便。

4.2.1.3 供气站与下列场所距离应大于 25 m:

a) 居民生活区、闹市区、文化娱乐场所;

b) 生产或储存易燃、易爆及其他危险物品的场所;

c) 生活用水、地下水供应场所。

5 工艺与设备

5.1 气化工艺

5.1.1 供气站工艺可根据当地需求和原料等条件确定,可选用生物质固定床气化、流化床气化和干馏热解气化工艺。

5.1.2 供气站工艺流程可按图1确定。

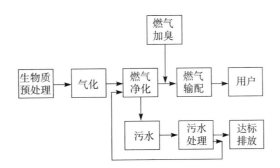

图 1 供气站工艺流程示意图

5.1.3 燃气净化工艺应根据需要确定,可选择旋风分离、沉降、洗涤、吸附、电捕等工艺。

5.1.4 冬季极端温度在冰点以下的地区应选择干式储气工艺,其他地区可选择干式或湿式储气工艺。

5.2 设备

5.2.1 供气站气化机组应选用高效、节能、性能稳定的产品。

5.2.2 气化机组产气能力应大于供气高峰时供气量的1.2倍,气化率或热能转换率应大于70%,标准状态下的燃气低位热值应大于 4 600 kJ/m³,一氧化碳和氧含量应分别小于20%和1%。

5.2.3 燃气净化装置应根据气化机组单位时间最大产气量确定,并具有除尘、净化、冷却功能。

5.2.4 净化后标准状态下的燃气焦油和灰尘含量应小于 15 mg/m³。

5.2.5 配套原料加工及上料机构工作能力应大于2倍以上气化机组满负荷工作原料消耗量。

5.2.6 原料加工及上料机构应运行稳定,具有防卡涩、堵塞等保护措施。

5.2.7 干式和湿式储气柜容积应大于集中供气站日供气量的30%,额定供气压力应满足最远端用户灶前压力,但储气柜出口最大压力不得大于4 kPa。

5.2.8 湿式储气柜宜采用金属结构,冬季冰点以下地区应采取保温措施。

5.2.9 干式和湿式储气柜应配有容积指示标尺和压力安全装置,进口应设置安全水封装置,出口应设置阻火器。

5.2.10 定容式钢制气柜最大压力应低于0.1 MPa,并配有压力显示和报警装置。

5.2.11 气化间应设防爆型排风设备。

5.2.12 燃气输送管网应符合下列要求:
a) 应选择钢管和中高密度聚乙烯管;
b) 燃气管网承受压力大于30 kPa;
c) 供气压力均匀,用户灶前压力符合要求;
d) 高寒地区地埋燃气输送管应在冰冻层以下。

5.2.13 燃气灶具选配应符合下列要求:
a) 点火容易,燃烧稳定,方便操作及维修;
b) 在3/4额定压力下应满足炊事要求,在1.5倍额定压力下不应产生黄焰。

5.2.14 燃气排送机应选用专用的罗茨鼓风机或水环真空泵,并配备防爆电机。

5.2.15 气化、净化、排送设备应配置压力、温度、燃气流量等显示仪表。

5.2.16 燃气加臭装置应符合NY/T 443的规定。

5.2.17 供气站应配套建设污水处理设施,污水处理能力应符合NB/T 34011的规定。

6 建筑与建设用地

6.1 建筑

6.1.1 供气站耐火等级应符合国家标准GB 50016的规定,原料储藏间、气化间、粉碎投料间、储气柜厂房建筑耐火等级不应低于二级。

6.1.2 供气站生产建筑层高应符合下列要求:
a) 气化间及原料储藏间层高不低于4.8 m;
b) 储气柜径高比宜为(1:1)~(1:1.5)。

6.1.3 供气站主要生产、辅助生产用房结构形式应符合下列规定:
a) 气化净化间、原料加工间、机修间、机房等宜采用砖混结构;
b) 原料储藏间宜采用防风、防雨轻钢结构。

6.1.4 储气柜布置应符合GB 50016的规定,储气装置、气化炉和原料储存场所防火间距应大于15 m,地埋式储气罐防火间距可减少一半。储气装置、气化炉与其他建筑防火间距不应小于25 m。

6.1.5 供气站应有绿化设计。绿化覆盖率应符合国家有关规定及当地规划要求。

6.1.6 供气站应配有防火安全设施。

6.1.7 储气柜防雷应符合NY/T 443的规定。

6.1.8 建筑结构抗震能力应符合NY/T 443的规定。

6.2 建设用地

6.2.1 生产设施建筑面积指标可按表1确定。

表 1 生产设施建筑面积指标

生产设施	建设规模		
	一类,m²	二类,m²	三类,m²
气化、净化间	324～540	108～324	72～108
原料加工	216～360	90～216	54～90
原料储藏间	600～1 000	200～600	100～200
储气柜	200～250	150～200	100～150
机房(含配电间)	36	36	36
污水处理	36	36	36
注:表中指标按规模取值,规模大的取上限,规模小的取下限。			

6.2.2 辅助生产、管理和生活设施建筑面积可按表2确定。

表 2 辅助生产、管理和生活建筑面积指标

辅助设施	建设规模		
	一类,m²	二类,m²	三类,m²
机修间	72	72	72
办公、休息间	36	24	24
门房	24	16	12

6.2.3 建设用地必须坚持科学、合理、节约的原则。

6.2.4 站区布置应符合使用、环保、防火等要求,应分区明确、流程合理、布局紧凑。

6.2.5 建筑覆盖率不小于占地面积的50%。

6.2.6 建设用地指标宜按表3确定。

表 3 建设用地指标

建设规模	一类,m²	二类,m²	三类,m²
建设用地	3 100～4 700	1 500～3 100	1 000～1 500
注:表中指标按规模取值,规模大的取上限,规模小的取下限。			

7 配套工程与环境保护

7.1 配套工程

7.1.1 供电负荷等级应符合下列规定:

　　a) 一类和二类供气站应为二级负荷;

　　b) 三类供气站应为三级负荷。

7.1.2 供气站水源应能保证连续供应。

7.1.3 气化间、原料加工及储料间应采用防尘、防爆型电气设备及灯具。

7.1.4 供气站应设置电话通信设施。

7.1.5 污水处理装置应符合NB/T 34011的规定,排放应符合GB 8978的规定。

7.2 环境保护

7.2.1 供气站工程建设应符合国家有关环境保护和职业安全卫生的规定,采取有效措施消除或减少污染和不安全因素。

7.2.2 供气站生产污水应根据污水成分采取相应的处理措施,处理后的污水必须达标排放。

7.2.3 车间噪声应控制在80 dB以下,应选用低噪声设备,或采用隔声、消声等控制措施。

8 主要技术经济指标

8.1 工程项目投资估算指标

宜按表4指标控制。

表4 不同气化形式的工程项目投资估算指标

不同形式气化站	单位投资,元/m³
固定床氧化气化供气站	1 000～1 200
热解气化站	1 200～1 600
流化床气化站	1 600～2 000

8.2 工程项目投资比例

宜按表5确定。

表5 工程项目投资构成

工程项目	占总投资比例,%
建筑安装工程	36
气化供气系统	18
燃气输配系统	37
其他	9

8.3 建设工期

应按表6确定。

表6 建设工期

建设规模	一类,月	二类,月	三类,月
建设工期	6～9	5～6	4～5

注:表中指标按规模取值,每类中规模大的取上限,规模小的取下限。

8.4 供气站劳动定员

可按表7估算。

表7 劳动定员

建设规模	固定床生物质气化集中供气站 个	热解生物质气化集中供气站 个	流化床生物质气化集中供气站 个
一类	8～12	12～14	12～14
二类	6～8	8～10	8～10
三类	4～6	6～8	6～8

注:劳动定员按规模取值,规模大的取上限,规模小的取下限。

附录

中华人民共和国农业部公告
第 2656 号

《农产品分类与代码》等 68 项标准业经专家审定通过,现批准发布为中华人民共和国农业行业标准,自 2018 年 6 月 1 日起实施。

特此公告。

附件:《农产品分类与代码》等 68 项农业行业标准目录

农业部

2018 年 3 月 15 日

附件：

《农产品分类与代码》等 68 项农业行业标准目录

序号	标准号	标准名称	代替标准号
1	NY/T 3177—2018	农产品分类与代码	
2	NY/T 3178—2018	水稻良种繁育基地建设标准	
3	NY/T 3179—2018	甘蔗脱毒种苗检测技术规范	
4	NY/T 3180—2018	土壤墒情监测数据采集规范	
5	NY/T 3181—2018	缓释类肥料肥效田间评价技术规程	
6	NY/T 1979—2018	肥料和土壤调理剂　标签及标明值判定要求	NY 1979—2010
7	NY/T 1980—2018	肥料和土壤调理剂　急性经口毒性试验及评价要求	NY 1980—2010
8	NY/T 3182—2018	鹅肥肝生产技术规范	
9	NY/T 3183—2018	圩猪	
10	NY/T 3184—2018	肝用鹅生产性能测定技术规程	
11	NY/T 3185—2018	家兔人工授精技术规程	
12	NY/T 3186—2018	羊冷冻精液生产技术规程	
13	NY/T 3187—2018	草种子检验规程　活力的人工加速老化测定	
14	NY/T 3188—2018	鸭浆膜炎诊断技术	
15	NY/T 571—2018	马腺疫诊断技术	NY/T 571—2002
16	NY/T 1185—2018	马流行性感冒诊断技术	NY/T 1185—2006
17	NY/T 3189—2018	猪饲养场兽医卫生规范	
18	NY/T 1466—2018	动物棘球蚴病诊断技术	NY/T 1466—2007
19	NY/T 3190—2018	猪副伤寒诊断技术	
20	NY/T 3191—2018	奶牛酮病诊断及群体风险监测技术	
21	NY/T 3192—2018	木薯变性燃料乙醇生产技术规程	
22	NY/T 3193—2018	香蕉等级规格	
23	NY/T 3194—2018	剑麻　叶片	
24	NY/T 3195—2018	热带作物种质资源抗病虫鉴定技术规程　橡胶树棒孢霉落叶病	
25	NY/T 3196—2018	热带作物病虫害检测鉴定技术规程　芒果畸形病	
26	NY/T 3197—2018	热带作物种质资源抗病虫鉴定技术规程　橡胶树炭疽病	
27	NY/T 3198—2018	热带作物种质资源抗病虫性鉴定技术规程　芒果细菌性黑斑病	
28	NY/T 3199—2018	热带作物主要病虫害防治技术规程　木菠萝	
29	NY/T 3200—2018	香蕉种苗繁育技术规程	
30	NY/T 3201—2018	辣木生产技术规程	
31	NY/T 3202—2018	标准化剑麻园建设规范	
32	NY/T 2667.8—2018	热带作物品种审定规范　第 8 部分：菠萝	
33	NY/T 2668.8—2018	热带作物品种试验技术规程　第 8 部分：菠萝	
34	NY/T 2667.9—2018	热带作物品种审定规范　第 9 部分：枇杷	
35	NY/T 2668.9—2018	热带作物品种试验技术规程　第 9 部分：枇杷	
36	NY/T 2667.10—2018	热带作物品种审定规范　第 10 部分：番木瓜	
37	NY/T 2668.10—2018	热带作物品种试验技术规程　第 10 部分：番木瓜	

（续）

序号	标准号	标准名称	代替标准号
38	NY/T 462—2018	天然橡胶初加工机械　燃油炉　质量评价技术规范	NY/T 462—2001
39	NY/T 262—2018	天然橡胶初加工机械　绉片机	NY/T 262—2003
40	NY/T 3203—2018	天然橡胶初加工机械　乳胶离心沉降器　质量评价技术规范	
41	NY/T 3204—2018	农产品质量安全追溯操作规程　水产品	
42	NY/T 3205—2018	农业机械化管理统计数据审核	
43	NY/T 3206—2018	温室工程　催芽室性能测试方法	
44	NY/T 1550—2018	风送式喷雾机　质量评价技术规范	NY/T 1550—2007
45	NY/T 3207—2018	农业轮式拖拉机技术水平评价方法	
46	NY/T 3208—2018	旋耕机　修理质量	
47	NY/T 3209—2018	铡草机　安全操作规程	
48	NY/T 990—2018	马铃薯种植机械　作业质量	NY/T 990—2006
49	NY/T 3210—2018	农业通风机　性能测试方法	
50	NY/T 3211—2018	农业通风机　节能选用规范	
51	NY/T 346—2018	拖拉机和联合收割机驾驶证	NY 346—2007 NY 1371—2007
52	NY/T 347—2018	拖拉机和联合收割机行驶证	NY 347.1～ 347.2—2005
53	NY/T 3212—2018	拖拉机和联合收割机登记证书	
54	NY/T 3213—2018	植保无人飞机　质量评价技术规范	
55	NY/T 1408.4—2018	农业机械化水平评价　第4部分:农产品初加工	
56	NY/T 3214—2018	统收式棉花收获机　作业质量	
57	NY/T 1412—2018	甜菜收获机械　作业质量	NY/T 1412—2007
58	NY/T 1451—2018	温室通风设计规范	NY/T 1451—2007
59	NY/T 1772—2018	拖拉机驾驶培训机构通用要求	NY/T 1772—2009
60	NY/T 3215—2018	拖拉机和联合收割机检验合格标志	
61	NY/T 3216—2018	发芽糙米	
62	NY/T 3217—2018	发酵菜籽粕加工技术规程	
63	NY/T 3218—2018	食用小麦麸皮	
64	NY/T 3219—2018	机采机制茶叶加工技术规程　长炒青	
65	NY/T 3220—2018	食用菌包装及储运技术规范	
66	NY/T 3221—2018	橙汁胞等级规格	
67	NY/T 3222—2018	工夫红茶加工技术规范	
68	NY/T 3223—2018	日光温室设计规范	

中华人民共和国农业农村部公告
第 23 号

一、《畜禽屠宰术语》等 57 项标准业经专家审定通过,现批准发布为中华人民共和国农业行业标准,自 2018 年 9 月 1 日起实施。

二、自本公告发布之日起废止《饲料级混合油》(NY/T 913—2004)农业行业标准。

特此公告。

附件:《畜禽屠宰术语》等 57 项农业行业标准目录

农业农村部

2018 年 5 月 7 日

附件：

《畜禽屠宰术语》等 57 项农业行业标准目录

序号	标准号	标准名称	代替标准号
1	NY/T 3224—2018	畜禽屠宰术语	
2	NY/T 3225—2018	畜禽屠宰冷库管理规范	
3	NY/T 3226—2018	生猪宰前管理规范	
4	NY/T 3227—2018	屠宰企业畜禽及其产品抽样操作规范	
5	NY/T 3228—2018	畜禽屠宰企业信息系统建设与管理规范	
6	NY/T 3229—2018	苏禽绿壳蛋鸡	
7	NY/T 3230—2018	京海黄鸡	
8	NY/T 3231—2018	苏邮 1 号蛋鸭	
9	NY/T 3232—2018	太湖鹅	
10	NY/T 3233—2018	鸭坦布苏病毒病诊断技术	
11	NY/T 560—2018	小鹅瘟诊断技术	NY/T 560—2002
12	NY/T 3234—2018	牛支原体 PCR 检测方法	
13	NY/T 3235—2018	羊传染性脓疱诊断技术	
14	NY/T 3236—2018	活动物跨省调运风险分析指南	
15	NY/T 3237—2018	猪繁殖与呼吸综合征间接 ELISA 抗体检测方法	
16	NY/T 3238—2018	热带作物种质资源　术语	
17	NY/T 454—2018	澳洲坚果　种苗	NY/T 454—2001
18	NY/T 3239—2018	沼气工程远程监测技术规范	
19	NY/T 288—2018	绿色食品　茶叶	NY/T 288—2012
20	NY/T 436—2018	绿色食品　蜜饯	NY/T 436—2009
21	NY/T 471—2018	绿色食品　饲料及饲料添加剂使用准则	NY/T 471—2010、NY/T 2112—2011
22	NY/T 749—2018	绿色食品　食用菌	NY/T 749—2012
23	NY/T 1041—2018	绿色食品　干果	NY/T 1041—2010
24	NY/T 1050—2018	绿色食品　龟鳖类	NY/T 1050—2006
25	NY/T 1053—2018	绿色食品　味精	NY/T 1053—2006
26	NY/T 1327—2018	绿色食品　鱼糜制品	NY/T 1327—2007
27	NY/T 1328—2018	绿色食品　鱼罐头	NY/T 1328—2007
28	NY/T 1406—2018	绿色食品　速冻蔬菜	NY/T 1406—2007
29	NY/T 1407—2018	绿色食品　速冻预包装面米食品	NY/T 1407—2007
30	NY/T 1712—2018	绿色食品　干制水产品	NY/T 1712—2009
31	NY/T 1713—2018	绿色食品　茶饮料	NY/T 1713—2009
32	NY/T 2104—2018	绿色食品　配制酒	NY/T 2104—2011
33	NY/T 3240—2018	动物防疫应急物资储备库建设标准	
34	SC/T 1136—2018	蒙古鲌	
35	SC/T 2083—2018	鼠尾藻	
36	SC/T 2084—2018	金乌贼	

附　录

序号	标准号	标准名称	代替标准号
37	SC/T 2086—2018	圆斑星鲽　亲鱼和苗种	
38	SC/T 2088—2018	扇贝工厂化繁育技术规范	
39	SC/T 4039—2018	合成纤维渔网线试验方法	
40	SC/T 4043—2018	渔用聚酯经编网通用技术要求	
41	SC/T 8030—2018	渔船气胀救生筏筏架	
42	SC/T 8144—2018	渔船鱼舱玻璃纤维增强塑料内胆制作技术要求	
43	SC/T 8154—2018	玻璃纤维增强塑料渔船真空导入成型工艺技术要求	
44	SC/T 8155—2018	玻璃纤维增强塑料渔船船体脱模技术要求	
45	SC/T 8156—2018	玻璃钢渔船水密舱壁制作技术要求	
46	SC/T 8161—2018	渔业船舶铝合金上层建筑施工技术要求	
47	SC/T 8165—2018	渔船LED水上集鱼灯装置技术要求	
48	SC/T 8166—2018	大型渔船冷盐水冻结舱钢质内胆制作技术要求	
49	SC/T 8169—2018	渔船救生筏安装技术要求	
50	SC/T 9601—2018	水生生物湿地类型划分	
51	SC/T 9602—2018	灌江纳苗技术规程	
52	SC/T 9603—2018	白鲸饲养规范	
53	SC/T 9604—2018	海龟饲养规范	
54	SC/T 9605—2018	海狮饲养规范	
55	SC/T 9606—2018	斑海豹饲养规范	
56	SC/T 9607—2018	水生哺乳动物医疗记录规范	
57	SC/T 9608—2018	鲸类运输操作规程	

国家卫生健康委员会　农业农村部　国家市场监督管理总局公告
2018 年第 6 号

　　根据《中华人民共和国食品安全法》规定,经食品安全国家标准审评委员会审查通过,现发布《食品安全国家标准　食品中百草枯等 43 种农药最大残留限量》(GB 2763.1—2018)等 9 项食品安全国家标准。其编号和名称如下：

　　GB 2763.1—2018 食品安全国家标准　食品中百草枯等 43 种农药最大残留限量

　　GB 23200.108—2018 食品安全国家标准　植物源性食品中草铵膦残留量的测定　液相色谱-质谱联用法

　　GB 23200.109—2018 食品安全国家标准　植物源性食品中二氯吡啶酸残留量的测定　液相色谱-质谱联用法

　　GB 23200.110—2018 食品安全国家标准　植物源性食品中氯吡脲残留量的测定　液相色谱-质谱联用法

　　GB 23200.111—2018 食品安全国家标准　植物源性食品中唑嘧磺草胺残留量的测定　液相色谱-质谱联用法

　　GB 23200.112—2018 食品安全国家标准　植物源性食品中 9 种氨基甲酸酯类农药及其代谢物残留量的测定　液相色谱-柱后衍生法

　　GB 23200.113—2018 食品安全国家标准　植物源性食品中 208 种农药及其代谢物残留量的测定　气相色谱-质谱联用法

　　GB 23200.114—2018 食品安全国家标准　植物源性食品中灭瘟素残留量的测定　液相色谱-质谱联用法

　　GB 23200.115—2018 食品安全国家标准　鸡蛋中氟虫腈及其代谢物残留量的测定　液相色谱-质谱联用法

　　以上标准自发布之日起 6 个月正式实施。

国家卫生健康委员会
农业农村部
国家市场监督管理总局
2018 年 6 月 21 日

中华人民共和国农业农村部公告
第 50 号

《肥料登记田间试验通则》等 89 项标准业经专家审定通过,现批准发布为中华人民共和国农业行业标准,自 2018 年 12 月 1 日起实施。

特此公告。

附件:《肥料登记田间试验通则》等 89 项农业行业标准目录

农业农村部

2018 年 7 月 27 日

附件：

《肥料登记田间试验通则》等89项农业行业标准目录

序号	标准号	标准名称	代替标准号
1	NY/T 3241—2018	肥料登记田间试验通则	
2	NY/T 3242—2018	土壤水溶性钙和水溶性镁的测定	
3	NY/T 3243—2018	棉花膜下滴灌水肥一体化技术规程	
4	NY/T 3244—2018	设施蔬菜灌溉施肥技术通则	
5	NY/T 3245—2018	水稻叠盘出苗育秧技术规程	
6	NY/T 3246—2018	北部冬麦区小麦栽培技术规程	
7	NY/T 3247—2018	长江中下游冬麦区小麦栽培技术规程	
8	NY/T 3248—2018	西南冬麦区小麦栽培技术规程	
9	NY/T 3249—2018	东北春麦区小麦栽培技术规程	
10	NY/T 3250—2018	高油酸花生	
11	NY/T 3251—2018	西北内陆棉区中长绒棉栽培技术规程	
12	NY/T 3252.1—2018	工业大麻种子　第1部分:品种	
13	NY/T 3252.2—2018	工业大麻种子　第2部分:种子质量	
14	NY/T 3252.3—2018	工业大麻种子　第3部分:常规种繁育技术规程	
15	NY/T 1609—2018	水稻条纹叶枯病测报技术规范	NY/T 1609—2008
16	NY/T 3253—2018	农作物害虫性诱监测技术规范(夜蛾类)	
17	NY/T 3254—2018	菜豆象监测规范	
18	NY/T 3255—2018	小麦全蚀病监测与防控技术规范	
19	NY/T 3256—2018	棉花抗烟粉虱性鉴定技术规程	
20	NY/T 3257—2018	水稻稻瘟病抗性室内离体叶片鉴定技术规程	
21	NY/T 3258—2018	油菜品种菌核病抗性离体鉴定技术规程	
22	NY/T 3259—2018	黄河流域棉田盲椿象综合防治技术规程	
23	NY/T 3260—2018	黄淮海夏玉米病虫草害综合防控技术规程	
24	NY/T 3261—2018	二点委夜蛾综合防控技术规程	
25	NY/T 3262—2018	番茄褪绿病毒病综合防控技术规程	
26	NY/T 3263.1—2018	主要农作物蜜蜂授粉及病虫害绿色防控技术规程　第1部分:温室果蔬(草莓、番茄)	
27	NY/T 3264—2018	农用微生物菌剂中芽胞杆菌的测定	
28	NY/T 2062.5—2018	天敌昆虫防治靶标生物田间药效试验准则　第5部分:烟蚜茧蜂防治保护地桃蚜	
29	NY/T 2062.6—2018	天敌昆虫防治靶标生物田间药效试验准则　第6部分:大草蛉防治保护地桃蚜	
30	NY/T 2063.5—2018	天敌昆虫室内饲养方法准则　第5部分:烟蚜茧蜂室内饲养方法	
31	NY/T 2063.6—2018	天敌昆虫室内饲养方法准则　第6部分:大草蛉室内饲养方法	
32	NY/T 3265.1—2018	丽蚜小蜂使用规范　第1部分:防控蔬菜温室粉虱	
33	NY/T 3266—2018	境外引进农业植物种苗隔离检疫场所管理规范	

附　录

（续）

序号	标准号	标准名称	代替标准号
34	NY/T 3267—2018	马铃薯甲虫防控技术规程	
35	NY/T 3268—2018	柑橘溃疡病防控技术规程	
36	NY/T 701—2018	莼菜	NY/T 701—2003
37	NY/T 3269—2018	脱水蔬菜　甘蓝类	
38	NY/T 3270—2018	黄秋葵等级规格	
39	NY/T 3271—2018	甘蔗等级规格	
40	NY/T 3272—2018	棉纤维物理性能试验方法　AFIS单纤维测试仪法	
41	NY/T 3273—2018	难处理农药水生生物毒性试验指南	
42	NY/T 3274—2018	化学农药　穗状狐尾藻毒性试验准则	
43	NY/T 3275.1—2018	化学农药　天敌昆虫慢性接触毒性试验准则　第1部分：七星瓢虫	
44	NY/T 3275.2—2018	化学农药　天敌昆虫慢性接触毒性试验准则　第2部分：赤眼蜂	
45	NY/T 3276—2018	化学农药　水体田间消散试验准则	
46	NY/T 3277—2018	水中88种农药及代谢物残留量的测定　液相色谱-串联质谱法和气相色谱-串联质谱法	
47	NY/T 3278.1—2018	微生物农药　环境增殖试验准则　第1部分：土壤	
48	NY/T 3278.2—2018	微生物农药　环境增殖试验准则　第2部分：水	
49	NY/T 3278.3—2018	微生物农药　环境增殖试验准则　第3部分：植物叶面	
50	NY/T 1464.68—2018	农药田间药效试验准则　第68部分：杀虫剂防治杨梅果蝇	
51	NY/T 1464.69—2018	农药田间药效试验准则　第69部分：杀虫剂防治樱桃梨小食心虫	
52	NY/T 1464.70—2018	农药田间药效试验准则　第70部分：杀菌剂防治茭白胡麻叶斑病	
53	NY/T 1464.71—2018	农药田间药效试验准则　第71部分：杀菌剂防治杨梅褐斑病	
54	NY/T 1464.72—2018	农药田间药效试验准则　第72部分：杀菌剂防治猕猴桃溃疡病	
55	NY/T 1464.73—2018	农药田间药效试验准则　第73部分：杀菌剂防治烟草病毒病	
56	NY/T 1464.74—2018	农药田间药效试验准则　第74部分：除草剂防治葱田杂草	
57	NY/T 1464.75—2018	农药田间药效试验准则　第75部分：植物生长调节剂保鲜鲜切花	
58	NY/T 1464.76—2018	农药田间药效试验准则　第76部分：植物生长调节剂促进花生生长	
59	NY/T 3279.1—2018	病毒微生物农药　苜蓿银纹夜蛾核型多角体病毒　第1部分：苜蓿银纹夜蛾核型多角体病毒母药	
60	NY/T 3279.2—2018	病毒微生物农药　苜蓿银纹夜蛾核型多角体病毒　第2部分：苜蓿银纹夜蛾核型多角体病毒悬浮剂	

（续）

序号	标准号	标准名称	代替标准号
61	NY/T 3280.1—2018	病毒微生物农药　棉铃虫核型多角体病毒　第1部分:棉铃虫核型多角体病毒母药	
62	NY/T 3280.2—2018	病毒微生物农药　棉铃虫核型多角体病毒　第2部分:棉铃虫核型多角体病毒水分散粒剂	
63	NY/T 3280.3—2018	病毒微生物农药　棉铃虫核型多角体病毒　第3部分:棉铃虫核型多角体病毒悬浮剂	
64	NY/T 3281.1—2018	病毒微生物农药　小菜蛾颗粒体病毒　第1部分:小菜蛾颗粒体病毒悬浮剂	
65	NY/T 3282.1—2018	真菌微生物农药　金龟子绿僵菌　第1部分:金龟子绿僵菌母药	
66	NY/T 3282.2—2018	真菌微生物农药　金龟子绿僵菌　第2部分:金龟子绿僵菌油悬浮剂	
67	NY/T 3282.3—2018	真菌微生物农药　金龟子绿僵菌　第3部分:金龟子绿僵菌可湿性粉剂	
68	NY/T 3283—2018	化学农药相同原药认定规范	
69	NY/T 3284—2018	农药固体制剂傅里叶变换衰减全反射红外光谱采集操作规程	
70	NY/T 788—2018	农作物中农药残留试验准则	NY/T 788—2004
71	NY/T 3285—2018	播娘蒿对乙酰乳酸合成酶抑制剂类除草剂靶标抗性检测技术规程	
72	NY/T 3286—2018	荠菜对乙酰乳酸合成酶抑制剂类除草剂靶标抗性检测技术规程	
73	NY/T 3287—2018	日本看麦娘对乙酰辅酶A羧化酶抑制剂类除草剂靶标抗性检测技术规程	
74	NY/T 3288—2018	菵草对乙酰辅酶A羧化酶抑制剂类除草剂靶标抗性检测技术规程	
75	NY/T 3289—2018	加工用梨	
76	NY/T 3290—2018	水果、蔬菜及其制品中酚酸含量的测定　液质联用法	
77	NY/T 3291—2018	食用菌菌渣发酵技术规程	
78	NY/T 3292—2018	蔬菜中甲醛含量的测定　高效液相色谱法	
79	NY/T 3293—2018	黄曲霉生防菌活性鉴定技术规程	
80	NY/T 3294—2018	食用植物油料油脂中风味挥发物质的测定　气相色谱质谱法	
81	NY/T 3295—2018	油菜籽中芥酸、硫代葡萄糖苷的测定　近红外光谱法	
82	NY/T 3296—2018	油菜籽中硫代葡萄糖苷的测定　液相色谱-串联质谱法	
83	NY/T 3297—2018	油菜籽中总酚、生育酚的测定　近红外光谱法	
84	NY/T 3298—2018	植物油料中粗蛋白质的测定　近红外光谱法	
85	NY/T 3299—2018	植物油料中油酸、亚油酸的测定　近红外光谱法	
86	NY/T 3300—2018	植物源性油料油脂中甘油三酯的测定　液相色谱-串联质谱法	
87	NY/T 3301—2018	农作物主要病虫自然危害损失率测算准则	
88	NY/T 3302—2018	小麦主要病虫害全生育期综合防治技术规程	
89	NY/T 3303—2018	葡萄无病毒苗木繁育技术规程	

中华人民共和国农业农村部公告
第 111 号

根据《中华人民共和国农业转基因生物安全管理条例》规定,《转基因植物及其产品成分检测　基因组 DNA 标准物质制备技术规范》等 17 项标准业经专家审定通过,现批准发布为中华人民共和国国家标准,自 2019 年 6 月 1 日起实施。

特此公告。

附件:《转基因植物及其产品成分检测　基因组 DNA 标准物质制备技术规范》等 17 项国家标准目录

农业农村部

2018 年 12 月 19 日

附件：

《转基因植物及其产品成分检测　基因组 DNA 标准物质
制备技术规范》等 17 项国家标准目录

序号	标准号	标准名称	代替标准号
1	农业农村部公告第 111 号—1—2018	转基因植物及其产品成分检测　基因组 DNA 标准物质制备技术规范	
2	农业农村部公告第 111 号—2—2018	转基因植物及其产品成分检测　基因组 DNA 标准物质定值技术规范	
3	农业农村部公告第 111 号—3—2018	转基因植物及其产品成分检测　抗虫耐除草剂棉花 GHB119 及其衍生品种定性 PCR 方法	
4	农业农村部公告第 111 号—4—2018	转基因植物及其产品成分检测　抗虫耐除草剂棉花 T304-40 及其衍生品种定性 PCR 方法	
5	农业农村部公告第 111 号—5—2018	转基因植物及其产品成分检测　抗虫水稻 T2A-1 及其衍生品种定性 PCR 方法	
6	农业农村部公告第 111 号—6—2018	转基因植物及其产品成分检测　抗病番木瓜 55-1 及其衍生品种定性 PCR 方法	
7	农业农村部公告第 111 号—7—2018	转基因植物及其产品成分检测　抗虫玉米 Bt506 及其衍生品种定性 PCR 方法	
8	农业农村部公告第 111 号—8—2018	转基因植物及其产品成分检测　耐除草剂玉米 C0010.1.1 及其衍生品种定性 PCR 方法	
9	农业农村部公告第 111 号—9—2018	转基因植物及其产品成分检测　抗虫大豆 DAS-81419-2 及其衍生品种定性 PCR 方法	
10	农业农村部公告第 111 号—10—2018	转基因植物及其产品成分检测　耐除草剂大豆 SYHT0H2 及其衍生品种定性 PCR 方法	
11	农业农村部公告第 111 号—11—2018	转基因植物及其产品成分检测　耐除草剂大豆 DAS-444Ø6-6 及其衍生品种定性 PCR 方法	
12	农业农村部公告第 111 号—12—2018	转基因动物及其产品成分检测　合成的 ω-3 脂肪酸去饱和酶基因（sFat-1）定性 PCR 方法	
13	农业农村部公告第 111 号—13—2018	转基因植物环境安全检测　外源杀虫蛋白对非靶标生物影响　第 1 部分:日本通草蛉幼虫	
14	农业农村部公告第 111 号—14—2018	转基因植物环境安全检测　外源杀虫蛋白对非靶标生物影响　第 2 部分:日本通草蛉成虫	
15	农业农村部公告第 111 号—15—2018	转基因植物环境安全检测　外源杀虫蛋白对非靶标生物影响　第 3 部分:龟纹瓢虫幼虫	
16	农业农村部公告第 111 号—16—2018	转基因植物环境安全检测　外源杀虫蛋白对非靶标生物影响　第 4 部分:龟纹瓢虫成虫	
17	农业农村部公告第 111 号—17—2018	转基因生物良好实验室操作规范　第 2 部分:环境安全检测	

中华人民共和国农业农村部公告
第 112 号

《农产品检测样品管理技术规范》等 79 项标准业经专家审定通过,现批准发布为中华人民共和国农业行业标准,自 2019 年 6 月 1 日起实施。

特此公告。

附件:《农产品检测样品管理技术规范》等 79 项农业行业标准目录

农业农村部

2018 年 12 月 19 日

附件：

《农产品检测样品管理技术规范》等79项农业行业标准目录

序号	标准号	标准名称	代替标准号
1	NY/T 3304—2018	农产品检测样品管理技术规范	
2	NY/T 3305—2018	草原生态牧场管理技术规范	
3	NY/T 3306—2018	草原有毒棘豆防控技术规程	
4	NY/T 3307—2018	动物毛纤维源性成分鉴定　实时荧光定性PCR法	
5	NY/T 3308—2018	动物皮张源性成分鉴定　实时荧光定性PCR法	
6	NY/T 3309—2018	肉类源性成分鉴定　实时荧光定性PCR法	
7	NY/T 3310—2018	苏丹草和高丹草品种真实性鉴别　SSR标记法	
8	NY/T 3311—2018	莱芜黑山羊	
9	NY/T 3312—2018	宜昌白山羊	
10	NY/T 3313—2018	生乳中β-内酰胺酶的测定	
11	NY/T 3314—2018	生乳中黄曲霉毒素 M_1 控制技术规范	
12	NY/T 1234—2018	牛冷冻精液生产技术规程	NY/T 1234—2006
13	NY/T 3315—2018	饲料原料　骨源磷酸氢钙	
14	NY/T 3316—2018	饲料原料　酿酒酵母提取物	
15	NY/T 3317—2018	饲料原料　甜菜粕颗粒	
16	NY/T 3318—2018	饲料中钙、钠、磷、镁、钾、铁、锌、铜、锰、钴和钼的测定　原子发射光谱法	
17	NY/T 3319—2018	植物性饲料原料中镉的测定　直接进样原子荧光法	
18	NY/T 3320—2018	饲料中苏丹红等8种脂溶性色素的测定　液相色谱-串联质谱法	
19	NY/T 3321—2018	饲料中L-肉碱的测定	
20	NY/T 3322—2018	饲料中柠檬黄等7种水溶性色素的测定　高效液相色谱法	
21	NY/T 688—2018	橡胶树品种类型	NY/T 688—2003
22	NY/T 607—2018	橡胶树育种技术规程	NY/T 607—2002
23	NY/T 1686—2018	橡胶树育苗技术规程	NY/T 1686—2009
24	NY/T 3323—2018	橡胶树损伤鉴定	
25	NY/T 1811—2018	天然生胶　凝胶制备的技术分级橡胶生产技术规程	NY/T 1811—2009
26	NY/T 3324—2018	剑麻制品　包装、标识、储存和运输	
27	NY/T 3325—2018	菠萝叶纤维麻条	
28	NY/T 3326—2018	菠萝叶纤维精干麻	
29	NY/T 258—2018	剑麻加工机械　理麻机	NY/T 258—2007
30	NY/T 3327—2018	莲雾　种苗	
31	NY/T 3328—2018	辣木种苗生产技术规程	
32	NY/T 3329—2018	咖啡种苗生产技术规程	
33	NY/T 2667.11—2018	热带作物品种审定规范　第11部分:胡椒	
34	NY/T 2667.12—2018	热带作物品种审定规范　第12部分:椰子	
35	NY/T 2668.11—2018	热带作物品种试验技术规程　第11部分:胡椒	
36	NY/T 2668.12—2018	热带作物品种试验技术规程　第12部分:椰子	

（续）

序号	标准号	标准名称	代替标准号
37	NY/T 3330—2018	辣木鲜叶储藏保鲜技术规程	
38	NY/T 3331—2018	热带作物品种资源抗病虫鉴定技术规程　咖啡锈病	
39	NY/T 484—2018	毛叶枣	NT/T 484—2002
40	NY/T 1521—2018	澳洲坚果　带壳果	NY/T 1521—2007
41	NY/T 691—2018	番木瓜	NY/T 691—2003
42	NY/T 3332—2018	热带作物种质资源抗病性鉴定技术规程　荔枝霜疫霉病	
43	NY/T 3333—2018	芒果采收及采后处理技术规程	
44	NY/T 3334—2018	农业机械　自动导航辅助驾驶系统　质量评价技术规范	
45	NY/T 3335—2018	棉花收获机　安全操作规程	
46	NY/T 3336—2018	饲料粉碎机　安全操作规程	
47	NY/T 1645—2018	谷物联合收割机适用性评价方法	NY/T 1645—2008
48	NY/T 3337—2018	生物质气化集中供气站建设标准	NYJ/09—2005
49	NY/T 3338—2018	杏干产品等级规格	
50	NY/T 3339—2018	甘薯储运技术规程	
51	NY/T 3340—2018	叶用芥菜腌制加工技术规程	
52	NY/T 3341—2018	油菜籽脱皮低温压榨制油生产技术规程	
53	NY/T 629—2018	蜂胶及其制品	NY/T 629—2002
54	NY/T 3342—2018	花生中白藜芦醇及白藜芦醇苷异构体含量的测定　超高效液相色谱法	
55	NY/T 3343—2018	耕地污染治理效果评价准则	
56	SC/T 2078—2018	褐菖鲉	
57	SC/T 2082—2018	坛紫菜	
58	SC/T 2087—2018	泥蚶　亲贝和苗种	
59	SC/T 2089—2018	大黄鱼繁育技术规范	
60	SC/T 3035—2018	水产品包装、标识通则	
61	SC/T 3051—2018	盐渍海蜇加工技术规程	
62	SC/T 3052—2018	干制坛紫菜加工技术规程	
63	SC/T 3207—2018	干贝	SC/T 3207—2000
64	SC/T 3221—2018	蛤蜊干	
65	SC/T 3310—2018	海参粉	
66	SC/T 3311—2018	即食海蜇	
67	SC/T 3403—2018	甲壳素、壳聚糖	SC/T 3403—2004
68	SC/T 3405—2018	海藻中褐藻酸盐、甘露醇含量的测定	
69	SC/T 3406—2018	褐藻渣粉	
70	SC/T 4041—2018	高密度聚乙烯框架深水网箱通用技术要求	
71	SC/T 4042—2018	渔用聚丙烯纤维通用技术要求	
72	SC/T 4044—2018	海水普通网箱通用技术要求	
73	SC/T 4045—2018	水产养殖网箱浮筒通用技术要求	
74	SC/T 5706—2018	金鱼分级　草金鱼	
75	SC/T 5707—2018	金鱼分级　和金	
76	SC/T 6010—2018	叶轮式增氧机通用技术条件	SC/T 6010—2001
77	SC/T 6076—2018	渔船应急无线电示位标技术要求	
78	SC/T 7002.8—2018	渔船用电子设备环境试验条件和方法　正弦振动	SC/T 7002.8—1992
79	SC/T 7002.10—2018	渔船用电子设备环境试验条件和方法　外壳防护	SC/T 7002.10—1992

图书在版编目（CIP）数据

中国农业行业标准汇编. 2020. 综合分册/农业标准出版分社编 . —北京：中国农业出版社，2020.1
（中国农业标准经典收藏系列）
ISBN 978-7-109-26134-1

Ⅰ. ①中⋯　Ⅱ. ①农⋯　Ⅲ. ①农业－行业标准－汇编－中国　Ⅳ. ①S-65

中国版本图书馆 CIP 数据核字（2019）第 241072 号

中国农业行业标准汇编（2020）　综合分册
ZHONGGUO NONGYE HANGYE BIAOZHUN HUIBIAN（2020）
ZONGHE FENCE

中国农业出版社出版
地址：北京市朝阳区麦子店街 18 号楼
邮编：100125
责任编辑：刘　伟　冀　刚
版式设计：韩小丽　　责任校对：周丽芳
印刷：北京印刷一厂
版次：2020 年 1 月第 1 版
印次：2020 年 1 月北京第 1 次印刷
发行：新华书店北京发行所
开本：880mm×1230mm　1/16
印张：51.5
字数：1 800 千字
定价：520.00 元